Ose

Elektrotechnik für Ingenieur:innen

Ihr Plus – digitale Zusatzinhalte!

Auf unserem Download-Portal finden Sie zu diesem Titel kostenloses Zusatzmaterial. Geben Sie dazu einfach diesen Code ein:

plus-2cyci-za3v2

plus.hanser-fachbuch.de

Rainer Ose

Elektrotechnik für Ingenieur:innen

Grundlagen

7., überarbeitete und erweiterte Auflage

Der Autor:
Prof. Dr.-Ing. Rainer Ose, Ostfalia Hochschule für angewandte Wissenschaften, Wolfenbüttel, Fakultät Elektrotechnik

Bibliografische Information der Deutschen Nationalbibliothek:
Die Deutsche Nationalbibliothek verzeichnet diese Publikation in der Deutschen Nationalbibliografie; detaillierte bibliografische Daten sind im Internet über http://dnb.d-nb.de abrufbar.

Internet: www.hanser-fachbuch.de

Lektorat: Dipl.-Ing. Natalia Silakova-Herzberg
Herstellung: Frauke Schafft
Coverkonzept: Marc Müller-Bremer, www.rebranding.de, München
Titelbild: Titelmotiv: © shutterstock.com/wisawa222
Satz: Rainer Ose
Druck und Bindung: Friedrich Pustet GmbH & Co. KG, Regensburg
Printed in Germany

Print-ISBN 978-3-446-47479-6
E-Book-ISBN 978-3-446-47480-2

Vorwort zur 7. Auflage

Das vorliegende Lehrbuch gliedert sich in die drei klassischen Grundlagenbereiche:
Gleichstromlehre – Wechselstromtechnik – Elektrische und magnetische Felder.

Es ist als studienbegleitendes Material für Studierende aller technischen Studienrichtungen an Hochschulen/Fachhochschulen konzipiert. Im Vordergrund stehen Betrachtungen zu Vorgängen in elektrischen Stromkreisen aus der Sicht der Schaltungstechnik. Damit wird das Ziel verfolgt, das in den Vorlesungen „Grundlagen der Elektrotechnik" vermittelte Grundlagenwissen in anwendungsbereiter Form für die nachfolgenden Lehrveranstaltungen bereitzustellen.

Die theoretischen Grundlagen werden zu jedem Kapitel so dargelegt, dass die Studierenden die Vorlesungsmitschrift und den eventuell versäumten Stoff in effektiver Form selbstständig aufarbeiten können. Dazu dienen u.a. Modelle und Analogien, die komplizierte Sachverhalte in möglichst einfacher und leicht verständlicher Form darlegen sollen. Zur Erhöhung der Anschaulichkeit wurden viele Aussagen zusätzlich aus Diagrammen, Prinzipskizzen und Ersatzschaltungen abgeleitet.

In jedem Kapitel befinden sich Lehrbeispiele zur Erklärung typischer Erscheinungen der Elektrotechnik sowie zur Demonstration von Berechnungsmethoden und -verfahren. Soweit sie nicht die Größenordnung eines dargelegten Sachverhalts verdeutlichen sollen, sind diese Lehrbeispiele in allgemeiner Form ausgeführt. Damit gelingt es den Anwendern, den Lösungsweg schrittweise nachzuvollziehen.

Die 7. Auflage entstand durch eine vollständige Überarbeitung und Erweiterung der 5./6. Auflage des Lehrbuchs. Alle Berechnungsbeispiele (BB) befinden sich jetzt in erweiterter Form in einem neu aufgelegten Übungsbuch (ÜB). Die 7. Auflage enthält einen Anhang mit Übungsaufgaben und eine separate Formelsammlung. Alle Lösungen der Übungsaufgaben sind über das Internet zugänglich.

Wolfenbüttel, im August 2022

Rainer Ose
e-mail: r.ose@ostfalia.de

Hinweise zur Arbeit mit diesem Buch

Das vorliegende Lehrbuch sollte in Kombination mit dem Übungsbuch bearbeitet werden. Aus diesem Grund wurden zahlreiche Lehrbeispiele in das Lehrbuch und zusätzliche Übungsanteile in das neue Übungsbuch eingearbeitet. Machen Sie sich zunächst mit den theoretischen Grundlagen vertraut. Parallel dazu können Sie die Lehrbeispiele (Lehrbuch) und die Berechnungsbeispiele (BB) aus dem Übungsbuch (ÜB) durcharbeiten. ÜB: BB x.y
Diese Beispiele tragen zur Erhöhung des Verständnisses für die betrachteten Stoffgebiete bei.

- **Lehrbeispiele:**

Lehrbeispiele dienen dazu, das grundlegende Verständnis für den jeweils dargelegten Sachverhalt an einem einfachen und überschaubaren Beispiel zu entwickeln bzw. zu festigen. Sie werden im laufenden Text an den Stellen eingefügt, an denen es eventuell zusätzlichen Erklärungsbedarf gibt. Dazu zählen das Aufstellen allgemeiner Lösungsansätze und die Durchführung einfacher Berechnungen sowie die Vermittlung von Vorstellungen über ausgewählte Erscheinungen der Elektrotechnik.

- **Übungsaufgaben:** (Lösungen: https://www.ostfalia.de/cms/de/pws/ose/Buch_ET_6A/)

Im Anhang des Buches befinden sich Übungsaufgaben. Sie sollen von dem Studierenden möglichst selbstständig abgearbeitet werden. Übungsaufgaben werden im Sinne einer zielgerichteten Prüfungsvorbereitung mit der folgenden Kennzeichnung dem jeweiligen Grundlagenbereich zugeordnet:

ÜA_1 = Gleichstromlehre, ÜA_2 =Wechselstromtechnik und ÜA_3 = Felder.

Die meisten Beispiele und Übungsaufgaben können mit Simulationsprogrammen nachvollzogen werden. Entsprechende Hinweise zur Arbeit mit PSPICE findet man bei Bedarf in [11] – Kap. 1.

Inhaltsverzeichnis

I Gleichstromlehre

1 Elektrische Grundgrößen

1.1 Elektrische Ladung

Die elektrische Ladung ist eine grundlegende Eigenschaft der Materie. Alle physikalischen Zustände, Prozesse und Erscheinungen, die in der Elektrotechnik auftreten, werden durch ruhende oder bewegte elektrische Ladungen verursacht.

Elektrische Ladungen sind Bestandteil aller Atome. Um den positiv geladenen Atomkern (Protonen) existiert eine negativ geladene Atomhülle, die mit n Elektronen besetzt ist. Diese beiden Elementarteilchen tragen eine vorzeichenbehaftete Elementarladung e_0.

- Proton: positive Ladung $+e_0$
- Elektron: negative Ladung $-e_0$

$$e_0 \approx 1{,}602 \cdot 10^{-19}\ \mathrm{A{\cdot}s} \qquad (1.1)$$

Ein Atom, dem aus seiner Umgebung keine Energie zugeführt wurde, erscheint für einen externen Beobachter elektrisch neutral. Die negative Ladung der Atomhülle hebt die positive Ladung des Atomkernes nach außen hin auf.

Bewegliche Ladungen entstehen in bestimmten Stoffen z.B. durch das Herauslösen von Elektronen aus der Atomhülle. Infolge der Zufuhr von Energie (z.B. Wärme) können Elektronen die Atomhülle verlassen und stehen dann als bewegliche Ladungsträger ⊖ zur Verfügung. Das Atom besitzt in diesem Fall einen Überschuss an positiven Ladungen ⊞ seines Kernes. Der Betrag jeder positiven oder negativen Ladung ist dann ein ganzzahliges Vielfaches n der Elementarladung e_0 und wird als Ladungsmenge Q bezeichnet. Für die Einheit gilt: $[Q] = 1\ \mathrm{A{\cdot}s}$ (Amperesekunde).

$$|Q| = n \cdot e_0 \qquad (1.2)$$

Jede Ladung versetzt den sie umgebenden Raum in einen besonderen Zustand. Sie bewirkt ein elektrisches Feld (Kap. 13 bis 15) und übt damit eine Kraft $F \sim Q$ auf benachbarte Ladungen aus. Nach dem COULOMBschen Gesetz (Abschn. 15.5.2) stoßen sich Ladungen gleicher Polarität voneinander ab, und Ladungen mit verschiedenen Vorzeichen ziehen sich gegenseitig an.

Ladungen können ruhen oder sich infolge der Kraftwirkung eines elektrischen Feldes bewegen. Ob sie sich bewegen können, und wie schnell sie sich bewegen, hängt von der sie umgebenden Materie ab.

Ruhende Ladungen erhält man z.B. durch Ladungstrennung auf den Oberflächen zweier durch einen Nichtleiter getrennter Metallplatten (vgl. Kap. 15).

Bewegliche Ladungen können gerichtet transportiert werden, wenn ein äußeres elektrisches Feld auf sie einwirkt (z.B. durch Anlegen einer Spannung an einen Leiter).

Die negativen Ladungen führen dann eine Bewegung relativ zu den positiven Ladungen aus.

Der jeweilige Zustand einer Ladung (Ruhe oder Bewegung) wird demzufolge neben der von außen zugeführten Energie durch das stoffliche Medium bestimmt, in dem sich die Ladung befindet bzw. das von den betrachteten Atomen gebildet wird. Solche stofflichen Medien können fest, flüssig oder gasförmig sein.

Die weiteren Ausführungen in diesem Lehrbuch beziehen sich auf Festkörper, die in der Regel bei Raumtemperatur betrachtet werden. Man unterscheidet zwischen folgenden Stoffen:

- **Elektrischer Leiter:**

Unter einem Leiter versteht man einen leitfähigen Stoff, der eine große Anzahl von beweglichen Elektronen enthält (z.B. Kupfer mit der Konzentration $n_{\text{Cu}} \approx 9 \cdot 10^{22}$ Elektronen pro cm^3). In metallischen Leitern sind die Elektronen nur sehr schwach im Atomverband gebunden, können sich leicht lösen und stehen somit in großer Anzahl als bewegliche Ladungsträger für einen Ladungstransport zur Verfügung.
In den weiteren Ausführungen der folgenden Kapitel zur Gleichstromlehre (außer in Kap. 6) werden ausschließlich metallische Leiter betrachtet.

- **Halbleiter:**

In einem Halbleiter ist die Anzahl der beweglichen Ladungen pro Volumeneinheit im Vergleich zum metallischen Leiter um Größenordnungen von bis zu 10^{10} Elektronen / cm^3 geringer. Durch den zielgerichteten Einbau von geeigneten Fremdatomen (Dotierung) kann diese Anzahl jedoch um Größenordnungen verändert werden.

Auf Leitungsmechanismen in Halbleitern kann in diesem Lehrbuch leider nicht eingegangen werden. Es wird auf die weiterführende Literatur (z.B. [11]) verwiesen.

- **Nichtleiter (Isolator):**

Ein idealer Nichtleiter besitzt keine frei beweglichen Ladungsträger. Somit ist ein Ladungstransport nicht möglich.

Bei realen Nichtleitern sind die Elektronen fest im Gitterverband verankert, solange sie nicht entsprechend hohen Temperaturen oder starken elektrischen Feldern ausgesetzt werden. Obwohl es demzufolge keine idealen Nichtleiter geben kann, geht man in ausgewählten Fällen von dieser idealen Eigenschaft aus (z.B. Kap. 15).

1.2 Elektrische Stromstärke

Die elektrische Stromstärke i beschreibt einen Ladungstransport pro Zeiteinheit.

$$i = \frac{\mathrm{d}Q}{\mathrm{d}t} \qquad (1.3)$$

Wenn sich die Menge der transportierten Ladung über der Zeit ändert, so handelt es sich um einen zeitlich veränderlichen Strom $i = f(t)$ mit der Einheit: $[i] = 1\ \text{A}$ (AMPERE). Er wird im

Weiteren, wie auch alle anderen von der Zeit abhängigen Größen, mit einem Kleinbuchstaben i gekennzeichnet.

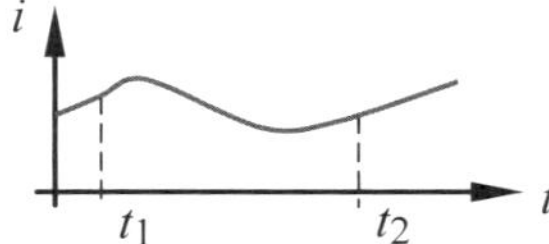

Bild 1.1: Zeitlich veränderlicher Strom

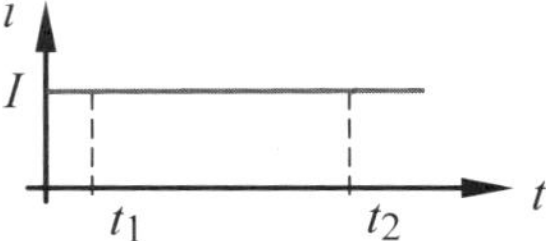

Bild 1.2: Gleichstrom

Betrachtet man einen veränderlichen Strom in einem zeitlichen Intervall (im Bild 1.1 von t_1 bis t_2), so ist die Fläche, die vom Funktionsverlauf $i = f(t)$ gegen die Zeitachse eingeschlossen wird, ein Maß für die in diesem Zeitraum Δt transportierte Ladungsmenge ΔQ:

$$\Delta Q = Q_2 - Q_1 = \int_{t_1}^{t_2} i \cdot \mathrm{d}t \tag{1.4}$$

Wird über der Zeit eine konstante Ladungsmenge bewegt, so handelt es sich um einen zeitlich unabhängigen Strom $i \neq f(t)$. Dieser Gleichstrom wird mit einem großen Buchstaben I gekennzeichnet. Nach Gleich. (1.4) erhält man jetzt die transportierte Ladungsmenge ΔQ folgende Aussage:

$$\Delta Q = Q_2 - Q_1 = \int_{t_1}^{t_2} I \cdot \mathrm{d}t = I \cdot t_2 - I \cdot t_1 = I \cdot (t_2 - t_1) = I \cdot \Delta t$$

Der elektrische Strom ist an seinen drei Hauptwirkungen erkennbar:

- **Wärmewirkung:**

Beim Transport von Ladungsträgern durch den Querschnitt eines Leiters kommt es zu einer Erwärmung des Leiters. Mit zunehmender Dichte der Strömung (Stromdichte, vgl. Kap. 14) wird diese Erwärmung größer.

- **Magnetische Wirkung:**

Bewegte elektrische Ladungen erzeugen um sich herum ein magnetisches Feld (Kap. 17).

- **Chemische Wirkung:**

In flüssigen Leitern (Elektrolyte) fließt ein Ionenstrom. Dieser Ladungstransport ist zugleich ein Massetransport, der zu einer chemischen Beeinflussung des durchströmten Stoffes führt.

Der elektrische Strom ist mit Gleich. (1.3) noch nicht vollständig beschrieben. Die Angabe seines Wertes (Vorzeichen – Zahlenwert – Einheit) ist nur in Verbindung mit einer Richtungsangabe sinnvoll.

In metallischen Leitern können sich lediglich die Elektronen (negative Ladungsträger) bewegen. Im Falle einer Bewegung sind sie die „Träger“ des Stromes. Durch das Herauslösen aus dem Atomverband hinterlassen die Elektronen positive Metallionen. Diese positiven Ionisationszustände verlagern sich im Vergleich zur Bewegung der Elektronen in entgegengesetzter Richtung (Relativbewegung der positiven Ladungsträger – vgl. Bild 1.3).

Die Grundlage für eine einheitliche Richtungsangabe[1)] bildet der Richtungssinn des Stromes. Danach wird die Richtung des elektrischen Stromes mit $I > 0$ A gegen die Bewegungsrichtung der Elektronen ⊖ definiert und mit einem Richtungspfeil gekennzeichnet.

Nach dieser Festlegung fließt der Strom mit $I > 0$ A außerhalb der Quelle vom höheren (+) zum niedrigeren (–) Energieniveau, also in Richtung der Relativbewegung - -> der positiven Ladungen ⊞. Ein Richtungspfeil gibt demzufolge die Richtung des Stromes an, mit der er mit positiven Werten durch einen Stromkreis fließt.

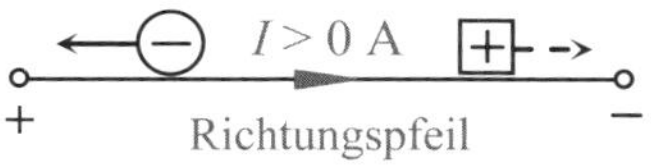

←⊖ $I > 0$ A ⊞- ->
\+ Richtungspfeil –

Bild 1.3: Richtungssinn des Stromes [Empfehlung nach DIN EN 60375] [1)]

In vielen Fällen kann diese Richtung aber nicht vorhergesagt werden. Das trifft insbesondere auf Brückenschaltungen (siehe Abschn. 4.3 und 4.4) und auf Stromkreise mit mehreren Quellen (vgl. Kap. 5) zu.

Falls die Potentialverhältnisse (vgl. Abschn. 1.3) in einem elektrischen Stromkreis (vgl. Abschn. 1.4) nicht bekannt sind, muss die Richtung eines Stromes vom Betrachter mit einem Bezugspfeil willkürlich festgelegt werden. Im Ergebnis einer Berechnung sagt das Vorzeichen des berechneten Stromes dann aus, ob er wirklich in die festgelegte Richtung fließt (positives Vorzeichen), oder ob er nicht in diese Richtung fließt (negatives Vorzeichen). Im Falle eines positiven Vorzeichens ist der Bezugspfeil zugleich der Richtungspfeil (Bild 1.3).

Obwohl Bezugspfeile beliebig festgelegt werden können, sollte man ihre Richtung während oder im Ergebnis einer Berechnung nicht mehr verändern. Da ein berechneter Strom (Vorzeichen – Zahlenwert – Einheit) nur in Verbindung mit dem festgelegten Bezugspfeil exakt interpretierbar ist, würde ein Richtungswechsel zu einer nicht nachvollziehbaren Lösung führen. Eine Aussage zum Richtungspfeil kann ja aus dem Vorzeichen des Rechenergebnisses im Zusammenhang mit dem Bezugspfeil abgeleitet werden.

In den weiteren Ausführungen dieses Lehrbuchs wird mit dem in der schaltungstechnischen Praxis üblichen Begriff „Zählpfeil" gearbeitet. Darunter ist ein willkürlich festgelegter Bezugspfeil zu verstehen, der für die jeweils betrachtete Größe einen Bezugssinn vorgibt. Ein Strom wird nur dann als positiv angesehen, wenn der gewählte Bezugssinn (Zählpfeil) mit seinem Richtungssinn (siehe Richtungspfeil im Bild 1.3) übereinstimmt.

Lehrbeispiel 1.1:

Wie viele Ladungsträger müssen bewegt werden, damit in einem Leiter eine Sekunde lang ein Strom von $I = 1$ A fließt?

Da es sich um einen Gleichstrom handelt, gilt die Gleich. (1.3) wie folgt:

$$i = \frac{\mathrm{d}Q}{\mathrm{d}t} \quad \text{mit:} \quad Q = \text{const.} \quad \Rightarrow \quad I = \frac{Q}{t}$$

Durch Einsetzen von Gleich. (1.2) erhält man: $I = \frac{|Q|}{t} = \frac{n \cdot e_0}{t} \quad \Rightarrow \quad n = \frac{I \cdot t}{e_0} \approx 6{,}25 \cdot 10^{18}$

Diese große Anzahl ist nicht mehr überschaubar. Um sich zumindest modellmäßig eine Vorstellung von der Menge der an diesem Ladungstransport beteiligten Ladungsträger zu verschaffen, werden folgende Überlegungen angestellt:

Welche Fläche könnte man überdecken, wenn jeder Ladungsträger die Größe eines Tennisballes mit einem Durchmesser $\varnothing \approx 65$ mm hätte?

Zum Bedecken eines Quadratmeters sind ca. 225 Tennisbälle erforderlich. Unsere Erde hat eine Oberfläche von rund 500 Millionen Quadratkilometern ($A \approx 5 \cdot 10^{14}\ \mathrm{m}^2$). Zum vollständigen Belegen der Erdoberfläche wären demzufolge ca. $1{,}13 \cdot 10^{17}$ Tennisbälle nötig.

Für das Beispiel mit den n Ladungsträgern bedeutet dies, dass unsere Erde 55-mal mit einer solchen Schicht überzogen werden könnte oder dass diese 55 Schichten (übereinander angeordnet) einen Belag mit einer Höhe von ca. 4 m ergeben würden!

1.3 Elektrische Spannung

Einer Ladung kann an jedem Ort eines elektrischen Kreises (Abschn. 1.4) ein definiertes Energieniveau zugeordnet werden. Bezieht man das Energieniveau dieses Punktes auf die Ladung selbst, erhält man eine Aussage zum elektrischen Potential φ.

> Das elektrische Potential φ ist ein Maß für das auf die Ladung bezogene Energieniveau eines Punktes in einem elektrischen Stromkreis.

Für einen Punkt a gilt: $\varphi_{\mathrm{a}} = \dfrac{W_{\mathrm{a}}}{Q}$

Besitzt ein Punkt b ein von a verschiedenes Potential, so existiert zwischen den beiden Punkten eine Potentialdifferenz, die man als elektrische Spannung U bezeichnet. Für die Einheit gilt: $[\varphi] = 1\ \mathrm{V}$ und $[U] = 1\ \mathrm{V}$ (Volt).

> Eine elektrische Spannung beschreibt die Differenz der Potentiale zweier Punkte in einem elektrischen Stromkreis.

Für eine Gleichspannung $u \neq f(t)$ zwischen den Punkten a und b (U_{ab}) gilt dann:

$$U_{\mathrm{ab}} = \varphi_{\mathrm{a}} - \varphi_{\mathrm{b}} \tag{1.5}$$

Zur vollständigen Beschreibung der Spannung ist eine Richtungsangabe erforderlich. Die Spannung wird mit einem Spannungszählpfeil gekennzeichnet, der z.B. vom Punkt a zum Punkt b festgelegt wurde. Besitzt nun der Punkt b ein höheres Potential als der Punkt a, so wird die Spannung gemäß Gleich. (1.5) negativ. Dieses negative Vorzeichen signalisiert den Sachverhalt, dass die Spannung U_{ab} nicht vom Punkt a zum Punkt b (sondern von b nach a) mit einem positiven Wert $U_{\mathrm{ba}} = -\,U_{\mathrm{ab}}$ abfällt.

1.4 Elektrischer Gleichstromkreis

In einem leitfähigen Medium fließt ein elektrischer Strom, wenn den beweglichen Ladungsträgern durch eine Quelle Energie zugeführt wird und die Anordnung in sich geschlossen ist (Stromkreis). Zur Verdeutlichung dieses Sachverhaltes soll zunächst ein unverzweigter elektrischer Stromkreis betrachtet werden. Er besteht im Elementarfall aus einer elektrischen Quelle und einem Verbraucher (Grundstromkreis).

Zwischen zwei Punkten a und b soll sich eine (vorerst als ideal angenommene) elektrische Quelle EQ befinden, die eine Quellenspannung $U_q > 0$ V (siehe Zählpfeil im Bild 1.4) bereitstellt. Dann liegen die Punkte a und b auf den Potentialen φ_a und φ_b mit $\varphi_a > \varphi_b$.
Es gilt: $U_q = U_{ab} = \varphi_a - \varphi_b$.

In diesem Zusammenhang muss darauf verwiesen werden, dass der Wert des Potentials eines Punktes lediglich eine Aussage relativ zum Potential eines frei wählbaren Bezugspunktes liefert. Diesem Bezugspunkt PB ordnet man ein Bezugspotential (z.B. $\varphi_{PB} = 0$ V) zu.

Wenn nun die Lage des Bezugspunktes oder das Bezugspotential selbst verändert wird, ändern sich die Potentiale aller betrachteten Punkte. Die Potentialdifferenzen (Spannungen) zwischen jeweils zwei Punkten bleiben aber unverändert.

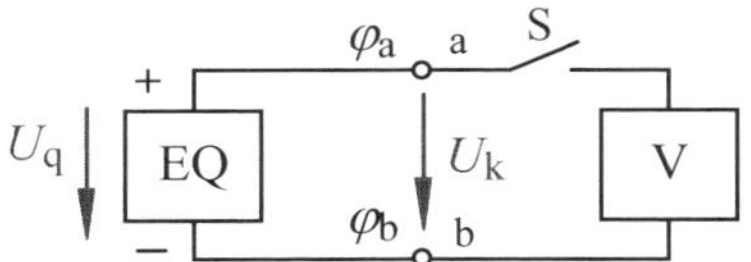

Bild 1.4: Offener elektrischer Kreis

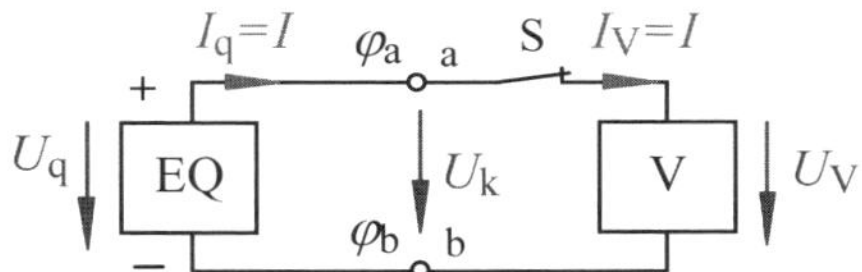

Bild 1.5: Geschlossener elektrischer Stromkreis

Bei geöffnetem Schalter S (Bild 1.4) fließt kein Strom durch den Kreis. Zwischen den Klemmen a und b liegt eine Klemmenspannung U_k, die im Bild 1.4 gleich der Quellenspannung U_q ist. Die Spannung über dem Verbraucher V ist null.

Nun wird der Kreis über den Schalter S geschlossen (Bild 1.5).
Die Quelle treibt jetzt einen Quellenstrom $I_q = I$ vom höheren (φ_a) zum niedrigeren Potential (φ_b) durch den geschlossenen elektrischen Stromkreis. In einem unverzweigten elektrischen Stromkreis fließt nur ein Strom. Dieser Strom $I_V = I$ verursacht einen Spannungsabfall U_V über dem Verbraucher, der in Richtung des fließenden Stromes weist.

Im Bild 1.6 ist ein einfaches Modell für den Ladungstransport in einem Gleichstromkreis dargestellt. Es soll zeigen, dass der elektrische Strom eine in sich geschlossene Erscheinung ist. Er wird zwar von einer elektrischen Quelle (EQ) verursacht – er selbst hat aber kein Anfang und kein Ende.

Eine bewegte Ladung verliert längs des Ladungstransportes durch einen geschlossenen Stromkreis einen Teil ihrer potentiellen Energie. Diese Energie wird der Ladung von der elektrischen Quelle wieder zugeführt. Der elektrische Strom fließt dabei in seinem geschlossenen Umlauf kontinuierlich weiter (Kontinuität des Stromes).

Zur Erläuterung dieses Sachverhaltes wird davon ausgegangen, dass eine positive Ladung im Punkt a des Bildes 1.6 ihr höchstes Energieniveau (W_a) aufweist. Längs des Ladungstransportes (siehe Richtungspfeil des Stromes) sinkt das Energieniveau dieser Ladung in Richtung des Punktes b ab. Dieses Absinken ($W\downarrow$) soll mit dem rechten Füllstandsanzeiger modellmäßig nachgebildet werden.

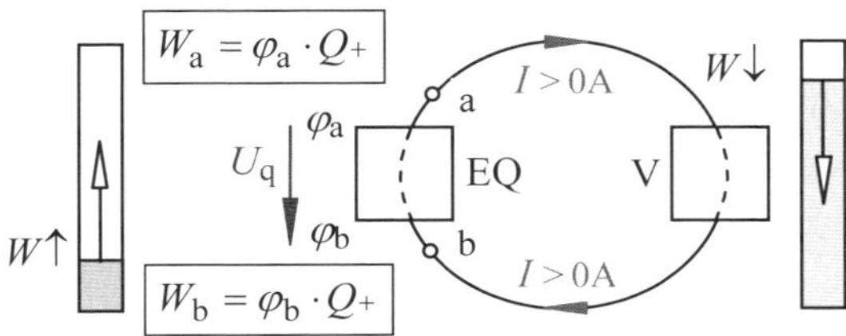

Bild 1.6: Modell zum Gleichstromkreis (U_q > 0 V)

Im Punkt b besitzt die betrachtete Ladung ihr geringstes Energieniveau. Längs dieses Ladungstransportes hat sich demzufolge nicht die Ladungsmenge verringert, sondern ihr Energieniveau ist abgesunken. Der links im Bild 1.6 dargestellte Füllstandsanzeiger soll die Arbeitsweise der Quelle modellmäßig nachbilden. Sie hebt das Energieniveau der Ladung von W_b auf den ursprünglichen Wert W_a an ($W\uparrow$). Dabei muss der Strom als in sich geschlossene Erscheinung auch durch die Quelle fließen.

Im Bild 1.7 ist noch einmal der geschlossene elektrische Stromkreis des Bildes 1.5 in vereinfachter Form dargestellt. Für den elektrischen Strom gilt: $I_q = I_V = I$.

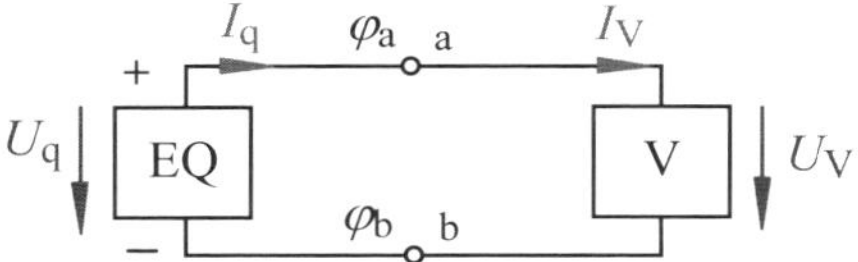

Bild 1.7: Zählpfeile im elektrischen Stromkreis

Bei der Interpretation der Richtungen der Zählpfeile stellt man folgendes fest:
Die Zählpfeile von Spannung und Strom weisen an der Quelle (Bild 1.7 – links) eine entgegengesetzte Richtung zueinander auf. Die Zählpfeile von Spannung und Strom zeigen dagegen am Verbraucher (Bild 1.7 – rechts) in die gleiche Richtung. Es muss demzufolge zwischen zwei verschiedenen Zählpfeilsystemen unterschieden werden:

- **Quellen-Zählpfeilsystem:**

Wenn die Zuordnung der Zählpfeile von Spannung und Strom eine entgegengesetzte Richtung aufweisen (siehe Bild 1.8), so wird dieser schaltungstechnische Zustand nach Vorbild einer aktiven elektrischen Quelle im Quellen-Zählpfeilsystem dargestellt.

Im Bild 1.8 ist der Quellenstrom I_q gegen den Zählpfeil der Quellenspannung U_q gerichtet. Die Quelle gibt Leistung an den Verbraucher ab (und wirkt damit als Quelle), wenn der Strom mit $I_q > 0$ A vom höheren Potential der Quelle durch einen außen angeschlossenen Verbraucher zum niedrigeren Potential der Quelle fließt. Wenn das nicht ($I_q < 0$ A) der Fall ist, dann nimmt die Quelle Leistung auf und wirkt als Verbraucher. Das ist allerdings in der hier angenommenen Situation nicht möglich.

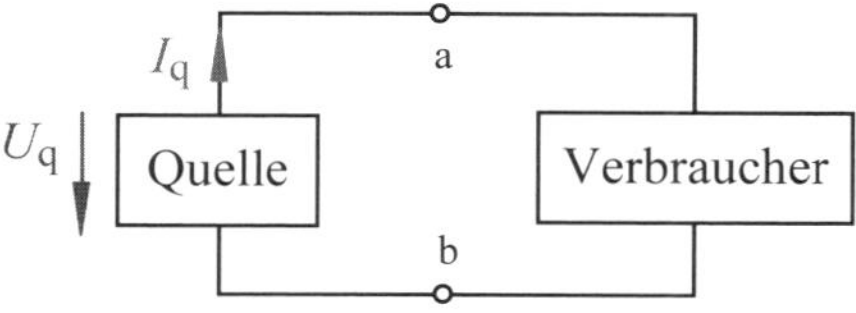

Bild 1.8: Quellen-Zählpfeilsystem

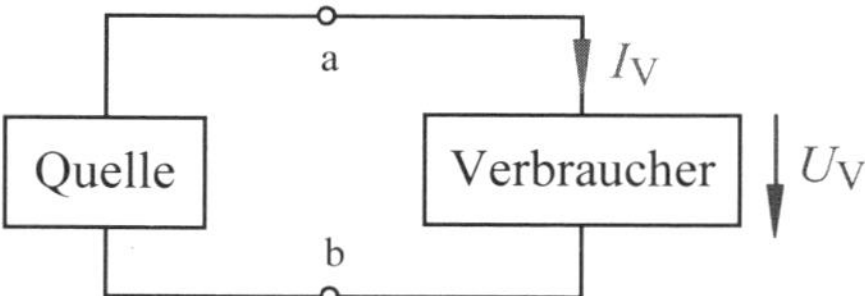

Bild 1.9: Verbraucher-Zählpfeilsystem

- **Verbraucher-Zählpfeilsystem:**

Wenn die Zuordnung der Zählpfeile von Spannung und Strom die gleiche Richtung aufweisen (siehe Bild 1.9), so wird dieser schaltungstechnische Zustand im Verbraucher-Zählpfeilsystem dargestellt. Danach hat der Strom durch den Verbraucher I_V die gleiche Richtung wie der Zählpfeil der Verbraucherspannung U_V (siehe Bild 1.7 – rechts und Bild 1.9), da ein Strom durch einen Verbraucher einen Spannungsabfall in Flussrichtung verursacht. In diesem Fall nimmt das betrachtete Element Leistung auf und wirkt als Verbraucher.

Nun sollen die in den Bildern 1.4 bis 1.9 vorgestellten Modelle im Zusammenhang mit den getroffenen Festlegungen in eine einfache schaltungstechnische Situation umgesetzt werden. Die Anordnung besteht jetzt aus einer realen linearen Spannungsquelle und einem Lastwiderstand als Verbraucher. Beide Elemente werden an den Punkten a und b zu einem unverzweigten elektrischen Stromkreis (siehe Bild 1.10) verknüpft.

Die elektrische Quelle (EQ) ist der aktive Teil dieses elektrischen Stromkreises. Ladungstrennende Kräfte im Inneren dieses Schaltelementes erzeugen eine Quellenspannung U_q und versetzen elektrische Ladungen in diesem geschlossenen Stromkreis in eine Bewegung relativ zueinander. Solche inneren Vorgänge sind mit Verlusten behaftet, die bei einer linearen Quelle durch einen ohmschen Widerstand (Innenwiderstand R_i im Bild 1.10) nachgebildet werden.

ÜB: BB 1.4

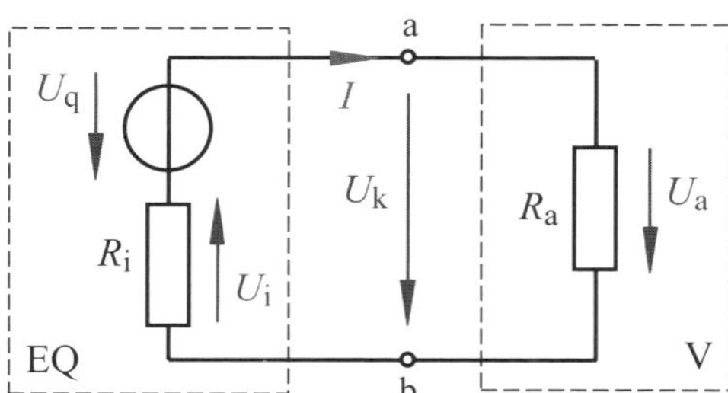

Bild 1.10: Unverzweigter elektrischer Stromkreis

Der Verbraucher (V) als der passive Teil eines elektrischen Stromkreises soll in den folgenden Betrachtungen ein linearer ohmscher Widerstand R_a sein (vgl. Abschn. 1.5 und 2.1). Er setzt die ihm zugeführte Energie in Wärme um. Die Verbindungsleitungen zwischen Quelle und Verbraucher werden als widerstandslos angenommen.

Bei einem offenen Kreis (Trennung der beiden Elemente an den Punkten a und/oder b) fließt kein Strom und der Spannungsabfall U_i über dem Innenwiderstand ist null. Über dem Lastwiderstand kann dann natürlich auch keine Spannung abfallen. Die Klemmenspannung U_k ist in diesem Fall gleich der Quellenspannung U_q.

Wird nun der Stromkreis geschlossen (Verbindung der beiden Elemente über die Punkte a und b), so fließt ein Strom I durch die Widerstände R_a und R_i.
In einem unverzweigten elektrischen Stromkreis kann nur ein Strom fließen.

Über beiden Widerständen fällt infolge dieses Stromflusses eine Spannung (U_a bzw. U_i) ab. Die Klemmenspannung U_k ist jetzt gleich dem Spannungsabfall U_a.

Es gilt: $U_k = U_a = U_q - U_i$.

Für die Spannungsquelle gilt das Quellen-Zählpfeilsystem, da die Zählpfeile von U_q und I eine entgegengesetzte Richtung aufweisen. Die Quelle gibt Leistung an die angeschlossenen Elemente ab.

Für den Innenwiderstand der Spannungsquelle R_i und für den Lastwiderstand R_a gilt das Verbraucher-Zählpfeilsystem, da die Zählpfeile von U_i und I sowie von U_a und I jeweils die gleiche Richtung aufweisen. Beide Widerstände nehmen Leistung von der Quelle auf. Der in der Praxis in der Regel nicht vernachlässigbare Innenwiderstand R_i einer elektrischen Quelle wirkt demzufolge innerhalb dieser Quelle als Verbraucher.

1.5 Widerstände im elektrischen Stromkreis

1.5.1 Bemessungsgleichung

Der ohmsche Widerstand R (vgl. auch Abschn. 2.1) beschreibt die Fähigkeit eines stofflichen Gebildes zur Begrenzung des elektrischen Stromes I. Zur Diskussion von Einflussgrößen auf diese Begrenzereigenschaft soll eine Strömung durch ein Stück Manganindraht (homogener Widerstandswerkstoff) betrachtet werden (Bild 1.11).

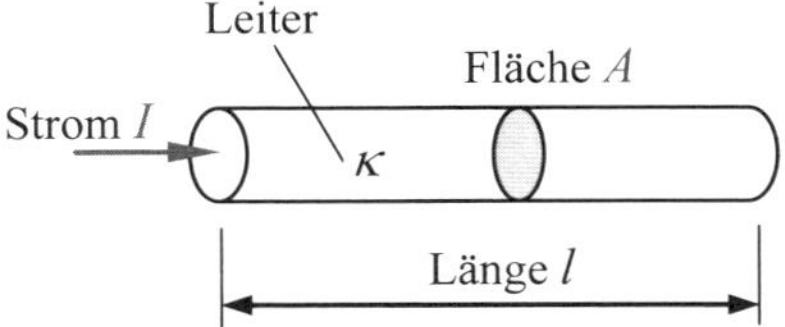

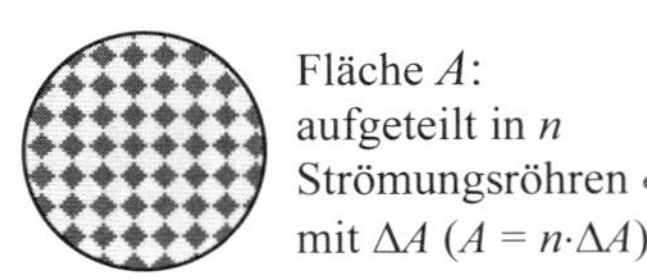

Bild 1.11: Einflussgrößen zur Begrenzung des elektrischen Stromes I

ÜB: BB 1.1

Das stoffliche Gebilde besitzt eine spezifische elektrische Leitfähigkeit κ und ist durch seine konstruktiven Daten (Länge l und Querschnitt A) gekennzeichnet. Die spezifische elektrische Leitfähigkeit κ ist eine Werkstoffkenngröße und wird durch die Dichte der frei beweglichen Ladungsträger und durch ihre Beweglichkeit im Werkstoff bestimmt. Der Kehrwert der elektrischen Leitfähigkeit ist der spezifische elektrische Widerstand ρ.

Es gilt: $\kappa = \dfrac{1}{\rho}$ mit: $[\kappa] = 1\dfrac{\text{m}}{\Omega \cdot \text{mm}^2}$ oder: $[\kappa] = 1\dfrac{\text{S}}{\text{m}}$

Der Strom durch den Leiter im Bild 1.11 wird durch folgende Maßnahmen begrenzt:

- Verringerung der Dichte der beweglichen Ladungsträger und ihrer Beweglichkeit:

Dazu muss ein Werkstoff mit einer kleineren spezifischen elektrischen Leitfähigkeit κ (also ein „schlechterer" Leiter) verwendet werden: $\kappa\downarrow \;\Rightarrow\; R\uparrow$.

- Vergrößerung der Länge l des Leiters:

Eine größere Länge des Drahtes setzt dem Stromfluss einen größeren Widerstand entgegen. Die Ladungsträger müssen einen längeren Weg zurücklegen: $l\uparrow \;\Rightarrow\; R\uparrow$.

- Verringerung des Leiterquerschnittes:

Eine Reduzierung der Fläche A bewirkt eine Verringerung der Anzahl n der verfügbaren Strömungsröhren (Bild 1.11 – rechts) und damit eine Strombegrenzung. Der Widerstand des Leiters steigt in diesem Fall an: $A\downarrow \;\Rightarrow\; R\uparrow$.

Daraus ergibt sich die Bemessungsgleichung zur Bestimmung des Widerstandes einer homogenen leitfähigen Anordnung:

$$R = \frac{l}{\kappa \cdot A} = \rho \cdot \frac{l}{A} \tag{1.6}$$

Der ohmsche Widerstand R ist eine Bauelemente-Kenngröße, die von den konstruktiven Daten (Länge und Fläche) und von der Materialkenngröße ($\kappa = 1/\rho$) abhängig ist.

Der elektrische Leitwert G wird über den Kehrwert des ohmschen Widerstandes R bestimmt.

$$G = \frac{1}{R} = \frac{\kappa \cdot A}{l} \tag{1.7}$$

Der Leitwert wird in der Praxis als reine Rechengröße verwendet. Die primären Informationen über die Einsetzbarkeit des Bauelementes „Widerstand" leitet der Schaltungstechniker vorrangig aus der Angabe des Widerstandswertes ab. Aus diesem Grund wird in den folgenden Ausführungen weitgehend auf Leitwertbetrachtungen verzichtet.

Für die Einheiten gilt: $[R] = 1\ \Omega$ (OHM) und: $[G] = 1$ S (SIEMENS).

1.5.2 Temperaturabhängigkeit

ÜB: BB 1.5

Bei Leiterwerkstoffen äußert sich eine Temperaturänderung über eine nachweisbare Widerstandsänderung des Stoffes. Der Temperaturkoeffizient α ist ein Maß dafür. Er beschreibt als Werkstoffkenngröße die auf den Widerstandswert des Stoffes bei Raumtemperatur bezogene Widerstandsänderung pro Temperaturänderung. Bei metallischen Werkstoffen ist der Temperaturkoeffizient größer als null (vgl. auch [11] – LB 2.3).

$$\alpha = \frac{\mathrm{d}R}{\mathrm{d}T} \cdot \frac{1}{R} \tag{1.8}$$

Der Widerstandswert wird bei einer definierten Temperatur wie folgt berechnet:

$$R = R_{20} \cdot (1 + \alpha \cdot \Delta T) \tag{1.9}$$

R_{20} ist der Widerstandswert bei einer Bezugstemperatur von 20 °C. α beschreibt den Temperaturkoeffizienten des für das Bauelement verwendeten Werkstoffes. Der Temperaturkoeffizient wird auch gelegentlich mit *TK* oder *TC* bezeichnet. Für ΔT ist die Temperaturänderung (aktuelle Temperatur relativ zur Bezugstemperatur) einzusetzen. Diese Berechnungsvorschrift gilt nur für den in der Schaltungstechnik interessierenden Temperaturbereich und für relativ kleine Temperaturänderungen.

1.5.3 Technische Ausführungsformen

Aus der Sicht des verfügbaren Bauelementesortimentes unterscheidet man zwischen Festwiderständen und Einstellwiderständen (vgl. auch [11] – Abschn. 2.2.1).

Festwiderstände können ein lineares oder ein nichtlineares Verhalten aufweisen. Dieses Verhalten wird mit einer Strom-Spannungs-Kennlinie $I = f(U)$ beschrieben. ÜB: BB 1.2

Lineare Widerstände werden als Drahtwiderstand (z.B. Konstantandraht), Schichtwiderstand (z.B. Kohleschicht, Metallschicht) oder als Massewiderstand hergestellt.

Nichtlineare Widerstände (z.B. Heißleiter, Kaltleiter, Varistor, Fotowiderstand, usw.; siehe [11] – Abschn. 2.3) bestehen aus einem Halbleitermaterial. Ihr Widerstandswert wird durch eine physikalische Größe (z.B. Temperatur, Spannung, Beleuchtungsstärke) beeinflusst.

Einstellwiderstände ändern ihren Widerstandswert bei Veränderung der Position eines Schleifkontaktes längs einer geraden oder kreisförmigen Widerstandsbahn. Diese Widerstandsbahn kann aus Drahtwindungen (Drahtpotentiometer) oder aus einer Widerstandsschicht (Schichtpotentiometer) bestehen. Der gewünschte Widerstandswert wird mit einem geeigneten Schleifkontakt von der Widerstandsbahn linear oder logarithmisch abgegriffen.

Tabelle 1.1: Zusammenfassung (Formelzeichen und Einheiten)

Bezeichnung	Formelzeichen	Einheit
Ladung	Q	A·s
Strom	I	A
Potential	φ	V
Spannung	U	V
Widerstand	R	Ω
Leitwert	G	S

2 Gesetze zur Berechnung elektrischer Stromkreise

2.1 Das OHMsche Gesetz

Das OHMsche Gesetz beschreibt den Zusammenhang zwischen der elektrischen Spannung und dem elektrischen Strom über die Bauelemente-Kenngröße R bzw. G als Proportionalitätsfaktor.

$$I = G \cdot U = \frac{U}{R} \tag{2.1}$$

Dieser Zusammenhang kann über die Strom-Spannungs-Kennlinie grafisch dargestellt werden. Im Falle eines ohmschen Widerstandes verläuft diese Kennlinie linear.

ÜB: BB 2.1

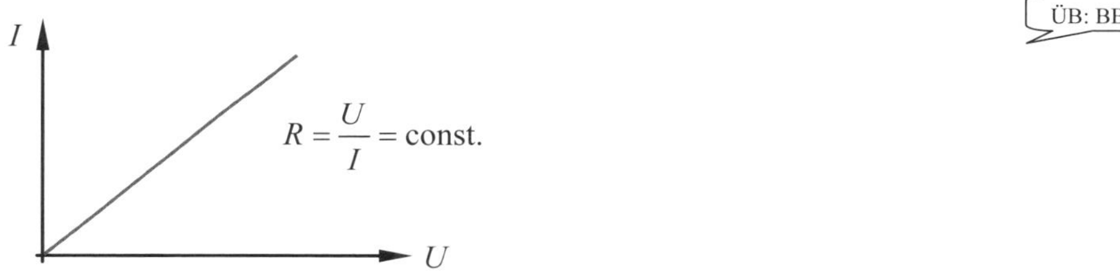

Bild 2.1: Strom-Spannungs-Kennlinie eines ohmschen Widerstandes

Bei einem Bauelement mit einer nichtlinearen Strom-Spannungs-Kennlinie wird zwischen einem Gleichstromwiderstand und einem differenziellen Widerstand (vgl. Bild 2.2) unterschieden. Beide Widerstände sind vom jeweils eingestellten Arbeitspunkt (AP) abhängig.

Der Gleichstromwiderstand wird in der Strom-Spannungs-Kennlinie $I = f(U)$ aus dem Kehrwert des Anstieges der Verbindungsgeraden vom Koordinatenursprung zum eingestellten Arbeitspunkt ermittelt.

$$R_{-} = \frac{U}{I}\Big|_{\mathrm{AP}} \tag{2.2}$$

Der differenzielle Widerstand beschreibt den Kehrwert des Anstieges der Strom-Spannungs-Kennlinie $I = f(U)$ im jeweiligen Arbeitspunkt (Tangente im Bild 2.2 – rechts). Bei linearen Widerständen sind der Gleichstromwiderstand und der differenzielle Widerstand identisch.

$$r = \frac{\mathrm{d}U}{\mathrm{d}I}\Big|_{\mathrm{AP}} \tag{2.3}$$

Bauelemente mit einer nichtlinearen Strom-Spannungs-Kennlinie haben einen vom Gleichstromwiderstand verschiedenen differenziellen Widerstand. Je nach Krümmung und Verlauf des Kennlinienbereiches, in dem der Arbeitspunkt liegt, weicht der differenzielle Widerstand vom Gleichstromwiderstand ab und besitzt gelegentlich auch ein negatives Vorzeichen (fallender Kennlinienteil).

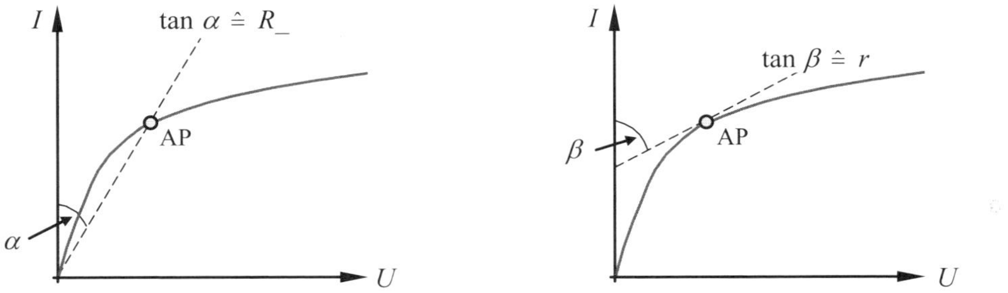

Bild 2.2: Gleichstromwiderstand (links) und differenzieller Widerstand (rechts)

Als Bauelement wird im Weiteren ein linearer Widerstand (lineare Strom-Spannungs-Kennlinie) betrachtet. Legt man an einen Widerstand eine Spannung U (Ursache), so fließt ein Strom I (Wirkung), der vom Widerstand R (Bedingung) begrenzt wird.

Ursache und Wirkung sind je nach Auffassung umkehrbar. Speist man einen Strom (Ursache) in einen Widerstand ein, so entsteht über diesem Bauelement ein Spannungsabfall (Wirkung), der vom Widerstandswert bestimmt wird (Bild 2.3).

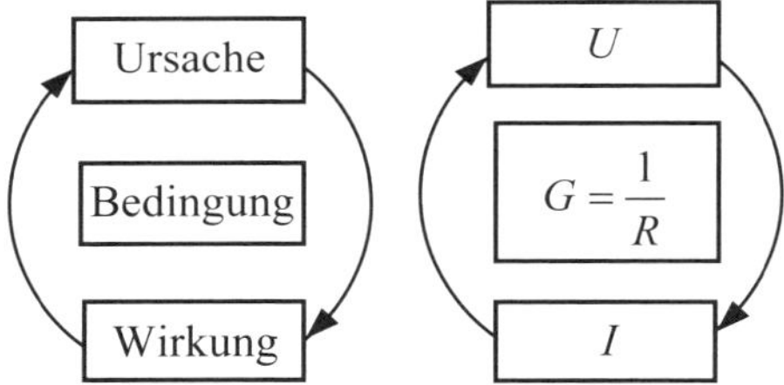

Bild 2.3: Ursache-Wirkungs-Modell

In beiden Fällen gilt, dass der Quotient von Spannung und Strom bei einem linearen Widerstand eine Konstante ergibt. Erhöht man die Spannung über einem Widerstand, so steigt im gleichen Maße der Strom linear an. Vergrößert man den Strom durch einen Widerstand, so steigt im gleichen Maße der Spannungsabfall über ihm linear an.

Zur Diskussion dieses Ursache-Wirkungs-Mechanismus soll ein einfaches gedankliches Modell (Bild 2.4) dienen. Es ist, wie jedes Modell, nur eine unvollständige Abbildung des Originals zum Zwecke der Erkenntnisgewinnung.

Für den Transport beweglicher elektrischer Ladungen von einem Punkt a zu einem Punkt b (elektrischer Strom I) ist eine Potentialdifferenz (elektrische Spannung U_{ab}) zwischen diesen zwei Punkten erforderlich. Gemäß der angegebenen Richtung des Stromes von a nach b muss für $I > 0$ das Potential im Punkt a größer als das Potential im Punkt b sein. Die Quantität des Ladungstransportes wird dann durch die Kenngröße des (zwischen diesen beiden Punkten) eingeschalteten bzw. wirksamen Bauelementes (Kehrwert des elektrischen Widerstandes $G = 1/R$) als Bedingung bestimmt.

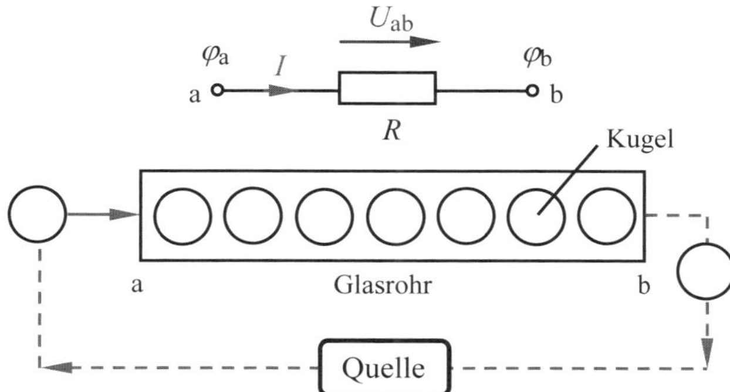

Bild 2.4: Modell zum Ladungstransport

Zur modellmäßigen Nachbildung des Bauelementes kann z.B. ein durchsichtiges Rohr mit der Länge l und einem definierten Querschnitt A eingesetzt werden. In diesem Rohr befinden sich Kugeln mit einem Durchmesser, der viel kleiner als das Kaliber des Rohres sein soll. Die Kugeln sind nicht nur längs des Leiters (Bild 2.4), sondern auch über seinem Querschnitt gleichmäßig verteilt. Das Rohr befindet sich in einer waagerechten Position.

Die Dichte der Kugeln im Rohr kann nun als Maß für die elektrische Leitfähigkeit des Bauelementes aufgefasst werden. Ein Leiterwerkstoff verfügt über viele frei bewegliche Ladungsträger pro Volumeneinheit. Die Dichte der Kugeln ist im Modell eines Leiters demzufolge sehr groß.

Ein solch einfaches Modell zum Ladungstransport ermöglicht, wenn auch nur bedingt, die anschauliche Erklärung der Bewegung von Ladungen in einem Leiter. Schiebt man z.B. auf der linken Seite eine Kugel in das Rohr, so werden alle Kugeln im Rohr um eine Position nach rechts verschoben. Die von außen eingebrachte Energie wird von einer Kugel zur anderen übertragen, sodass die letzte Kugel aus dem rechten Rohrende herausfällt. Es fließt ein Strom. Dieser Strom wird größer, wenn mehrere Kugeln gleichzeitig bzw. in einer kürzeren zeitlichen Folge in das Rohr gegeben werden. Dazu muss die Quelle mehr Kugeln liefern. Erhöht man dagegen die Begrenzereigenschaft des Rohres (Widerstand R steigt), so wird der Ladungstransport pro Zeiteinheit reduziert.

Das vorgestellte Modell spiegelt das physikalische Phänomen des Ladungstransportes nur bedingt wider. Es erklärt aber den komplizierten Prozess des Stromflusses in einer leitfähigen Anordnung mit möglichst einfachen Mitteln und eignet sich somit als praktikabler Ansatz zur Interpretation des im Bild 2.3 dargestellten Zusammenhanges zwischen Ursache und Wirkung. Zugleich wird erkennbar, dass eine elektrische Quelle sowohl eine Potentialdifferenz bereitstellt (Quellenspannung) als auch einen Strom einspeist (siehe Abschn. 3.4).

Lehrbeispiel 2.1:

Eine reale Spannungsquelle (U_q = 12 V) wird mit einem Widerstand R_a = 110 Ω belastet. Über dem Lastwiderstand liegt eine Klemmenspannung mit U_k = 11 V (vgl. Bild 1.10). Berechnen Sie mit dem OHMschen Gesetz den Strom durch die Anordnung und den Innenwiderstand der Quelle.

$$I = \frac{U_k}{R_a} = \frac{U_a}{R_a} = \frac{11\ \text{V}}{110\ \Omega} = 100\ \text{mA} \qquad \text{und:} \qquad R_i = \frac{U_i}{I} = \frac{U_q - U_k}{I} = \frac{12\ \text{V} - 11\ \text{V}}{100\ \text{mA}} = \frac{1\ \text{V}}{100\ \text{mA}} = 10\ \Omega$$

Probe: $I = \dfrac{U_q}{R_i + R_a} = \dfrac{12\ \text{V}}{120\ \Omega} = 100\ \text{mA}$

2.2 Die KIRCHHOFFschen Sätze

2.2.1 Maschensatz

Ein elektrischer Stromkreis besteht aus z Zweigen, die durch Knoten miteinander verbunden werden. Die unterschiedlichen Eigenschaften dieser Zweige und Knoten werden im Abschn. 3.1 im Zusammenhang mit den Grundstrukturen elektrischer Stromkreise diskutiert.

Ein Zweig verbindet zwei Knoten miteinander. In einem Zweig fließt demzufolge immer nur ein Strom (Zweigstrom).

Unter einer Masche versteht man einen beliebigen Umlauf, der in sich geschlossen ist. Längs dieses Umlaufes gilt der Maschensatz:

> Die Summe aller vorzeichenbehafteten Spannungen in einem geschlossenen Umlauf ist gleich null.

Dieses Gesetz gilt prinzipiell für Gleichspannungen und für zeitlich veränderliche Spannungen. Die Umlaufrichtung einer Masche ist frei wählbar. Durch das Einzeichnen von Spannungszählpfeilen (vgl. Abschn. 1.3) kann eine Masche mit dem Maschensatz analysiert werden. Als Vorzeichenregel wird festgelegt, dass alle Spannungen, die mit der gewählten Umlaufrichtung der Masche übereinstimmen, ein positives Vorzeichen erhalten.
Spannungen, deren Zählpfeile gegen den Maschenumlauf gerichtet sind, werden mit einem negativen Vorzeichen gekennzeichnet. Im Gleichstromkreis gilt:

$$\sum_{\nu=1}^{n} U_\nu = 0 \qquad (2.4)$$

Die Richtungen von Quellenspannungen sind in der Regel durch die Angabe ihrer Polarität (Vorzeichen und / oder Zählpfeil) bekannt. Ansonsten müsste der Betrachter (wie bei einer Spannung zwischen zwei Klemmen) eine Festlegung zu ihrer Polarität treffen.

Die Richtungen von Spannungsabfällen ergeben sich nach Vorbild der Richtungen der Ströme durch die entsprechenden Widerstände. Beträge und Richtungen von Zweigströmen sind dem Betrachter aber in der Regel nicht bekannt. Zu ihrer Berechnung ist eine Richtungsfestlegung durch Einzeichnen von Stromzählpfeilen erforderlich. Das Ergebnis der Berechnung trifft dann mit seinem Vorzeichen eine Aussage über die tatsächliche Richtung des jeweiligen Zweigstromes (siehe Abschn. 1.2).

Lehrbeispiel 2.2:

Man wende den Maschensatz auf den im Bild 2.5 eingezeichneten Umlauf m an.

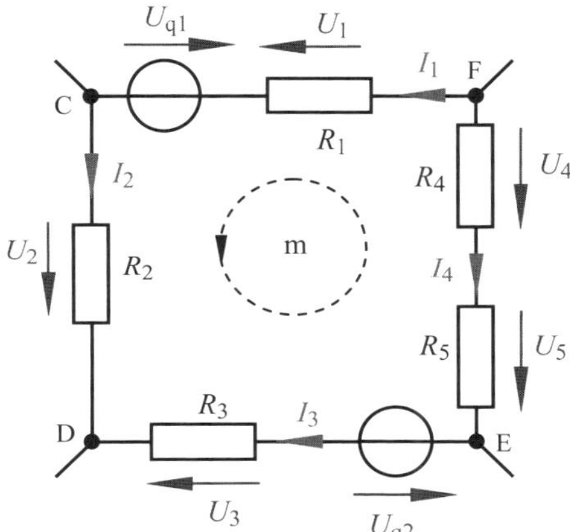

Bild 2.5: Anwendung des Maschensatzes

Der Umlauf beginnt z.B. im Punkt C. Es gilt:

$$+U_2 - U_3 + U_{q2} - U_5 - U_4 + U_1 - U_{q1} = 0$$

Durch Anwendung des OHMschen Gesetzes und Umstellung der Gleichung erhält man:

$$I_1 R_1 + I_2 R_2 - I_3 R_3 - I_4 (R_4 + R_5) = U_{q1} - U_{q2}$$

2.2.2 Knotenpunktsatz

Ein Knotenpunkt vereinigt Zweige eines elektrischen Stromkreises in einem Punkt. In diesem Punkt gilt der Knotenpunktsatz.

Die Summe aller vorzeichenbehafteten Ströme in einem Knotenpunkt ist null.

Dieses Gesetz gilt prinzipiell für Gleichströme und für zeitlich veränderliche Ströme. Durch das Einzeichnen von Stromzählpfeilen (vgl. Abschn. 1.2) kann jeder Knoten mit dem Knotenpunktsatz analysiert werden.

Als Vorzeichenregel wird festgelegt, dass zufließende Ströme mit einem positiven und abfließende Ströme mit einem negativen Vorzeichen gekennzeichnet werden.

Im Gleichstromkreis gilt:

$$\sum_{\nu=1}^{n} I_\nu = 0 \qquad (2.5)$$

Lehrbeispiel 2.3:

Welcher gesetzmäßige Zusammenhang existiert für den im Bild 2.6 dargestellten Knotenpunkt k?

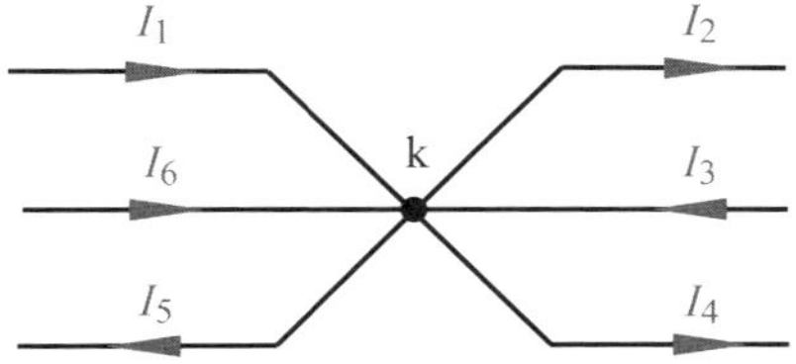

Bild 2.6: Anwendung des Knotenpunktsatzes

$+I_1 - I_2 + I_3 - I_4 - I_5 + I_6 = 0$ bzw.: $I_1 + I_3 + I_6 = I_2 + I_4 + I_5$

In einem Knotenpunkt ist demzufolge die Summe aller zufließenden Ströme ist gleich der Summe aller abfließenden Ströme.

Zur Berechnung linearer elektrischer Netzwerke (vgl. auch Kap. 5) muss bei Anwendung der KIRCHHOFFschen Sätze ein Gleichungssystem aufgestellt werden. Die Gleichungen dieses Systems müssen die Unabhängigkeitsbedingung erfüllen. Das bedeutet, dass jede Gleichung im System relevante Information tragen muss. Eine linear abhängige Gleichung trägt redundante Information. Sie sagt demzufolge nur das aus, was eine oder mehrere andere Gleichungen im System bereits ausgesagt haben.

ÜB: BB 2.2

Bei der Anwendung des Knotenpunktsatzes sind genau (k – 1) Gleichungen voneinander linear unabhängig. Die letzte Gleichung (egal, welche) stellt eine Linearkombination von mehreren Gleichungen des Gleichungssystems dar.

2.3 Energiesatz

Unter Energie versteht man das Vermögen, Arbeit zu verrichten. Energie und Arbeit haben demzufolge die gleiche Einheit.

Es gilt: $[W] = 1\,\mathrm{W \cdot s} = 1\,\mathrm{N \cdot m}$.

Die elektrische Energie W ergibt sich im Gleichstromfall aus der an einen Stromkreis angelegten Spannung, multipliziert mit der durch den Kreis bewegten Ladungsmenge.

$$W = U \cdot Q = U \cdot I \cdot t \qquad (2.6)$$

Im Rahmen von Leistungsbetrachtungen in einem elektrischen Stromkreis oder z.B. zur Kontrolle der Richtigkeit der Berechnung unbekannter Größen in einem elektrischen Netzwerk stellt man häufig eine vollständige Leistungsbilanz auf. Als Grundlage dient der Energieerhaltungssatz:

> Die Summe aller Energien in einem in sich geschlossenen System ist konstant.

Die gesamte Energiemenge, die einem geschlossenen System zugeführt wird, muss auch in diesem System umgesetzt (oder gespeichert) werden.

Die elektrische Leistung P wird im Gleichstromfall allgemein als elektrische Energie pro Zeiteinheit definiert.

$P = \frac{W}{t} = \frac{U \cdot I \cdot t}{t} = U \cdot I$ Für die Einheit gilt: $[P] = 1$ W (WATT).

Mit dem OHMschen Gesetz erhält man für einen ohmschen Verbraucher:

$$P = U \cdot I = \frac{U^2}{R} = I^2 \cdot R \qquad (2.7)$$

In einem elektrischen Stromkreis werden Leistungen durch elektrische Quellen zugeführt (Quellenleistungen), die in den Verbrauchern als Verbraucherleistungen umgesetzt werden. Nach dem Energieerhaltungssatz muss die Summe aller zugeführten Leistungen gleich der Summe aller umgesetzten Leistungen sein.

Zur Kennzeichnung dieser Leistungen und insbesondere zur Unterscheidung zwischen einer Quellen-Charakteristik und einer Verbraucher-Charakteristik arbeitet man wieder mit unterschiedlichen Zählpfeilsystemen (siehe Abschn. 1.4 und Bild 2.7).

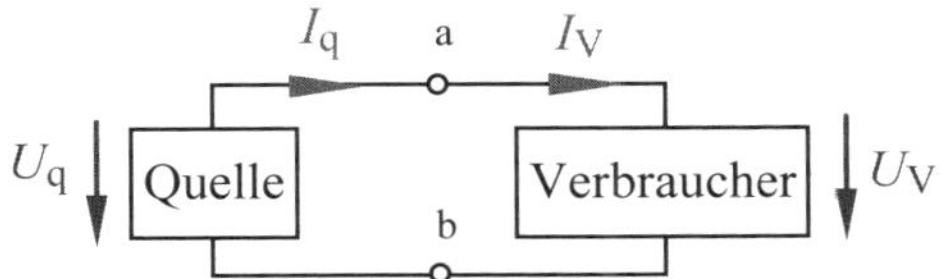

Bild 2.7: Zählpfeilsysteme für Leistungen

- **Quellen-Zählpfeilsystem:**

Elektrische Quellen geben, wenn sie als Quelle wirken, Leistung ab. Diese Leistungen werden im Quellen-Zählpfeilsystem (Q-ZPS) dargestellt. Es gilt: $P_q = U_q \cdot I_q$.

In einem elektrischen Netzwerk können bestimmte Quellen aber auch Leistung aufnehmen, wenn andere Quellen im Netzwerk (vgl. Kap. 5) dominieren. Durch diese Dominanz wird bestimmten Zweigen, in denen sich Quellen befinden, ein resultierender Zweigstrom „aufgeprägt“. Wenn dieser Strom in Richtung des Zählpfeils einer Quellenspannung fließt, nimmt diese Quelle Leistung auf und wirkt dann wie ein Verbraucher (z.B. beim Laden eines Akkumulators).

• **Verbraucher-Zählpfeilsystem:**

Elektrische Verbraucher nehmen im Betriebsfall immer Leistung auf. Diese Leistungen werden im Verbraucher-Zählpfeilsystem (V-ZPS) dargestellt. Es gilt: $P_V = U_V \cdot I_V$.

Stellt man für einen in sich abgeschlossenen elektrischen Stromkreis eine Quellen-Charakteristik im Quellen-Zählpfeilsystem und eine Verbraucher-Charakteristik im Verbraucher-Zählpfeilsystem dar, so gilt für die Leistungen:

$$\Sigma P_q = \Sigma P_V \tag{2.8}$$

Die Aufstellung von Leistungsbilanzen wird häufig auf der Grundlage des Verbraucher-Zählpfeilsystems vorgenommen. Danach erhält eine Leistung ein positives Vorzeichen, wenn die Zählpfeile von Spannung und Strom die gleiche Richtung aufweisen (Verbraucher). Sie erhält ein negatives Vorzeichen, wenn die Zählpfeile von Spannung und Strom eine entgegengesetzte Richtung aufweisen (Quelle).

- Verbraucherleistungen werden im Verbraucher-Zählpfeilsystem durch ein positives Vorzeichen gekennzeichnet.

  Es gilt: $P_V = +\, U_V \cdot I_V$

- Quellenleistungen werden im Verbraucher-Zählpfeilsystem durch ein negatives Vorzeichen gekennzeichnet.

  Es gilt: $P_q = U_q \cdot (-I_q) = -\, U_q \cdot I_q$

Das entspricht zugleich der Aussage, dass die Summe aller vorzeichenbehafteten Leistungen in einem abgeschlossenen System, das im Verbraucher-Zählpfeilsystem dargestellt wird, gleich null ist. Eine analoge Aussage gilt bei einer Darstellung von Leistungen im Quellen-Zählpfeilsystem.

$$\sum_{\nu=1}^{n} P_\nu = 0 \tag{2.9}$$

Lehrbeispiel 2.4:

ÜB: BB 2.3

Stellen Sie für das Lehrbeispiel 2.1 (Grundstromkreis – Bild 1.10) die vollständige Leistungsbilanz (dargestellt im V-ZPS) auf. *Geg.*: $U_q = 12$ V, $I = 100$ mA, $R_i = 10\ \Omega$, $R_a = 110\ \Omega$.

Lösung: $P_q = U_q \cdot (-I) = 12\,\text{V} \cdot 100\,\text{mA} = -1200\,\text{mW}$

$P_i = I^2 \cdot R_i = +100\,\text{mW}$ und: $P_a = I^2 \cdot R_a = +1100\,\text{mW}$

$\Sigma P = P_q + P_i + P_a = (-1200 + 100 + 1100)\,\text{mW} = 0$

3 Lineare elektrische Gleichstromkreise

3.1 Eigenschaften elektrischer Stromkreise

Lineare elektrische Stromkreise bestehen aus Bauelementen mit einer linearen Strom-Spannungs-Kennlinie. Jeder elektrische Stromkreis kann in einen aktiven und in einen passiven Teil getrennt werden (siehe Trennstelle A und B im Bild 3.1).
Im aktiven Teil müssen sich alle Zweige mit Quellen befinden. Der passive Teil ist dann eine reine Verbraucheranordnung. Diese Trennung wird vorerst nur an zwei Punkten (Zweipol) eines elektrischen Stromkreises vorgenommen.

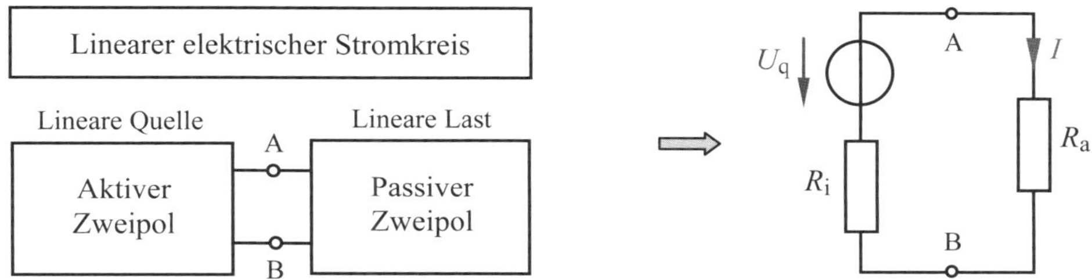

Bild 3.1: Allgemeines Modell eines elektrischen Stromkreises mit Ersatzschaltung (rechts)

Ein elektrischer Stromkreis kann eine unverzweigte oder eine verzweigte Struktur besitzen.

Im unverzweigten Stromkreis fließt nur ein Strom (Reihenschaltung). In seiner Grundstruktur besteht der unverzweigte Stromkreis lediglich aus einer realen (hier: linearen) Spannungsquelle mit U_q und R_i sowie einem (hier: linearen) Lastwiderstand R_a. Dieser Grundstromkreis wird häufig als Ersatzschaltung für einen linearen elektrischen Stromkreis verwendet (siehe Bild 3.1 – rechts).

Ein verzweigter Stromkreis ist dadurch gekennzeichnet, dass mindestens drei Ströme fließen (Bild 3.2). Ein Vergleich der Schaltungen im Bild 3.2 zeigt, dass in einem elektrischen Stromkreis mit zwei echten Knoten mehr als zwei Ströme fließen müssen.

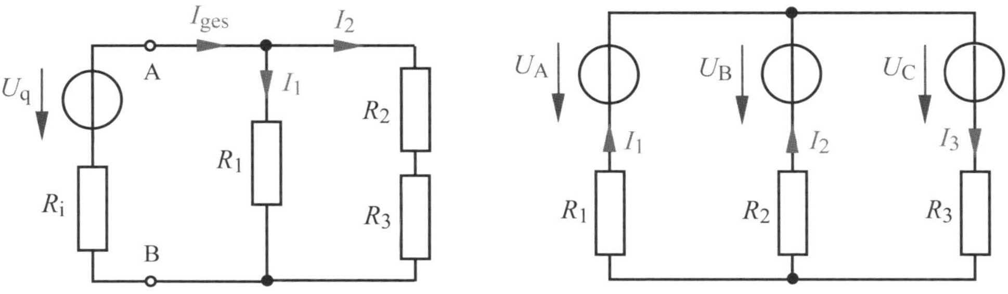

Bild 3.2: Elektrische Gleichstromkreise (links: Verzweigter Stromkreis – rechts: Elektrisches Netzwerk)

Der verzweigte Stromkreis kann die Struktur einer Parallelschaltung oder einer gemischten Schaltung aufweisen. In den folgenden Ausführungen wird unter einer gemischten Schaltung eine beliebige schaltungstechnische Kombination von Elementarschaltungen (Reihen- und Parallelschaltungen von Verbrauchern: siehe Bild 3.2 – linke Seite) verstanden.

Der Begriff des elektrischen Netzwerkes (Bild 3.2 – rechte Seite) wird für verzweigte elektrische Stromkreise verwendet. Sie verfügen über mehrere Quellen, die in der Regel in verschiedenen Zweigen positioniert sind.

Ein beliebiger elektrischer Stromkreis besteht aus z Zweigen, die durch k Knotenpunkte miteinander verbunden werden. In einem Zweig fließt immer nur ein Strom (Zweigstrom). Für die weiteren Betrachtungen gilt folgende Festlegung:

a) Ein Zweig wird als „echter“ Zweig bezeichnet, wenn mindestens ein Zweig-Bauelement vorhanden ist (Zweig 1, 2 und 3 im Bild 3.3). Ansonsten ist es ein Kurzschlusszweig (Verbindung C – C*).

b) Ein Knotenpunkt wird als „echter“ Knotenpunkt bezeichnet, wenn er von allen seinen Nachbarknoten durch einen echten Zweig getrennt ist (A, B und C ≡ C* im Bild 3.3).

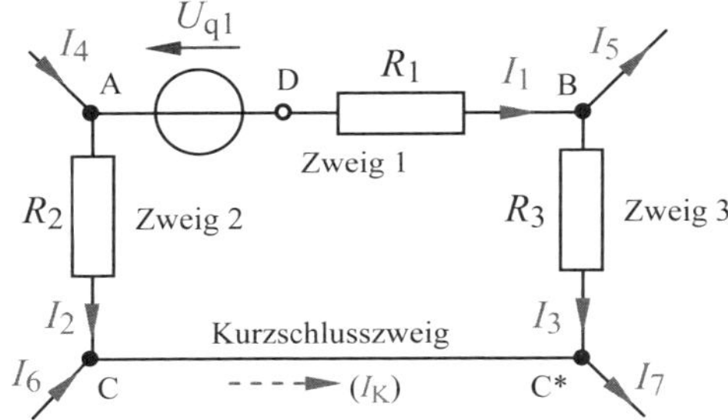

Bild 3.3: Auszug aus einem elektrischen Stromkreis

Trennt man einen echten Knoten (z.B. zum Zwecke einer übersichtlicheren schaltungstechnischen Darstellung) in zwei Teile, die durch einen Kurzschluss verbunden werden (siehe Kurzschlusszweig im Bild 3.3), so entstehen zwei unechte Knotenpunkte C und C*.

In echten und in unechten Knotenpunkten kommt es zu einer Aufteilung von Strömen. In einem verzweigten elektrischen Stromkreis mit einer Quelle teilt sich der Gesamtstrom nach dem Knotenpunktsatz in mehrere Teilströme auf.

Für das Beispiel im Bild 3.2 (linke Seite) gilt: $I_{ges} = I_1 + I_2$

Für eine eindeutige Zuordnung der Ströme (und natürlich auch der Spannungen) ist neben der Angabe der Zählpfeile auch eine sinnvolle Indizierung erforderlich. Diese Kennzeichnung wird in den weiteren Ausführungen nach Vorbild des Bauelementes vorgenommen, durch das der jeweilige Strom fließt (bzw. über dem die jeweilige Spannung abfällt). Für R_1 im Bild 3.3 gilt dann: $U_1\ (\rightarrow) = I_1 \cdot R_1$. Der in einer Rechnung gesetzte Zählpfeil ($\rightarrow$) soll bei Platzproblemen den in der Schaltung nicht mehr positionierbaren Zählpfeil ersetzen.

Durch Auszählen der echten Zweige kann die Anzahl der Ströme in einem elektrischen Stromkreis ermittelt werden. Sollte im Ergebnis der Berechnung ein Kurzschlussstrom interessant sein, kann er aus den anderen Zweigströmen berechnet werden. Für Bild 3.3 würde dann gelten: $I_2 + I_6 = (I_K) = I_7 - I_3$

Für bestimmte Betrachtungen ist die Einführung eines virtuellen Knotens sinnvoll. Er bewirkt keine Stromteilung (siehe Knoten D im Bild 3.3) und dient lediglich als Messpunkt oder als Punkt einer Trennstelle.

Die folgenden Abschnitte sind so gegliedert, dass zunächst die passiven Zweipole betrachtet werden (Abschn. 3.2 und 3.3). Daran schließen sich Ausführungen zu den aktiven Zweipolen (Abschn. 3.4) an. Im Abschn. 3.5 wird schließlich das Zusammenwirken von aktivem und passivem Zweipol diskutiert. Die Analyse und die Berechnung linearer elektrischer Netzwerke sind in ausführlicher Form Gegenstand des Kapitels 5.

3.2 Regeln zur Berechnung passiver Zweipole

3.2.1 Reihenschaltung und Spannungsteilerregel

Ausgangspunkt für die weiteren Betrachtungen ist eine aus zwei Widerständen bestehende Reihenschaltung. Eine Reihenschaltung ist dadurch gekennzeichnet, dass durch alle betrachteten Elemente derselbe Strom I fließt (Bild 3.4).

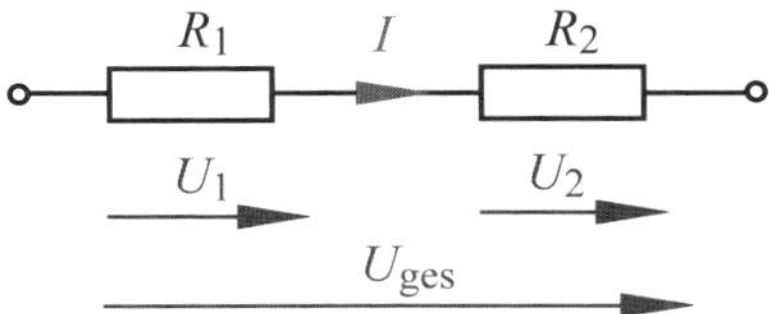

Bild 3.4: Reihenschaltung

Die Gesamtspannung wird mit dem Maschensatz [Gleich. (2.4)] aus der Summe der beiden Teilspannungen berechnet: $U_{ges} = U_1 + U_2$

Mit dem OHMschen Gesetz [Gleich. (2.1)] findet man so eine Berechnungsvorschrift zur Bestimmung des Gesamtwiderstandes R_{ges} einer Reihenschaltung.

$I \cdot R_{ges} = I \cdot R_1 + I \cdot R_2 = I \cdot (R_1 + R_2)$ bzw.: $R_{ges} = R_1 + R_2$

Ordnet man n Widerstände in einer Reihenschaltung an, so ergibt sich der Gesamtwiderstand aus der Summe der einzelnen Widerstände. Es gilt allgemein:

$$R_{ges} = \sum_{\nu=1}^{n} R_{\nu} \tag{3.1}$$

In einer Reihenschaltung teilt sich die Gesamtspannung in einzelne Teilspannungen auf.

Dieser Teilung liegt eine Gesetzmäßigkeit zugrunde, die aus der Reihenschaltung von zwei Widerständen abgeleitet wird (vgl. Bild 3.4). Der Strom in dieser Schaltung kann über drei verschiedene Ansätze berechnet werden:

$$I = \frac{U_1}{R_1} \qquad \text{oder:} \qquad I = \frac{U_2}{R_2} \qquad \text{oder:} \qquad I = \frac{U_{ges}}{R_{ges}}$$

Da dieser Strom überall gleich ist, darf man die rechten Seiten auch gleichsetzen. Dann gilt:

$$\frac{U_1}{R_1} = \frac{U_2}{R_2} = \frac{U_{ges}}{R_{ges}} = \frac{U_{ges}}{R_1 + R_2} \tag{3.2}$$

Bringt man nun noch die Spannungen auf die linke und die Widerstände auf die rechte Seite, so erhält man die folgenden drei Gleichungen:

$$\frac{U_1}{U_2} = \frac{R_1}{R_2} \tag{3.3}$$

$$\frac{U_1}{U_{ges}} = \frac{R_1}{R_1 + R_2} \tag{3.4}$$

$$\frac{U_2}{U_{ges}} = \frac{R_2}{R_1 + R_2} \tag{3.5}$$

Die verbale Interpretation dieser Gleichungen wird als Spannungsteilerregel bezeichnet.

> In einer Reihenschaltung verhalten sich zwei Spannungen so zueinander wie die Widerstände, über denen diese Spannungen abfallen.

- Die Spannungsteilerregel darf nur in einer Reihenschaltung angewendet werden.

Gemischte Schaltungen sind demzufolge erst in eine Reihenschaltung umzurechnen. Dann fließt nur noch ein Strom und man erhält einen Ansatz gemäß Gleich. (3.2).

- Parallelwiderstände zur jeweils betrachteten Reihenschaltung haben keinen Einfluss auf die aktuelle Spannungsteilung.

Lehrbeispiel 3.1:

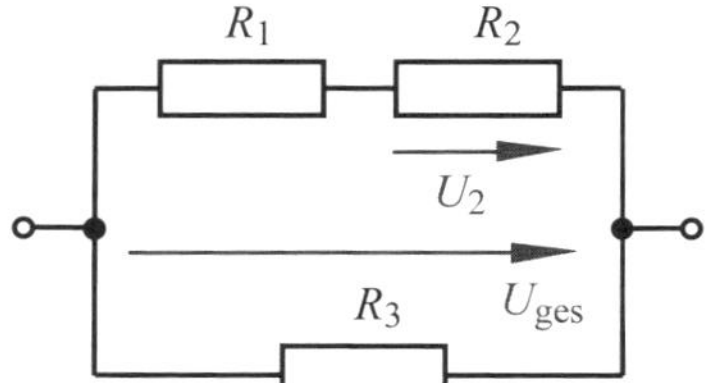

Berechnen Sie für die angegebene Schaltung den Spannungsabfall $U_2 = f(U_{ges}, R_1, R_2, R_3)$.

Lösung: $U_2 = U_{ges} \cdot \frac{R_2}{R_1 + R_2}$

Bild 3.5: Schaltung zum Lehrbeispiel 3.1

Die Spannungsteilerregel darf nur in der Reihenschaltung R_1 und R_2 angewendet werden. Der Widerstand R_3 ist ein Parallelwiderstand, der nicht an der Spannungsteilung beteiligt ist.

3.2.2 Parallelschaltung und Stromteilerregel

Eine Parallelschaltung ist dadurch gekennzeichnet, dass über allen Elementen die gleiche Spannung U anliegt (Bild 3.6).

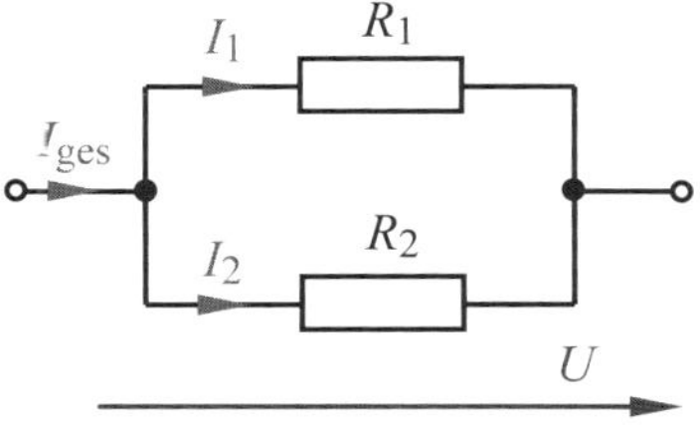

Bild 3.6: Parallelschaltung

Mit dem Knotenpunktsatz (2.5) kann eine Berechnungsvorschrift für den Gesamtwiderstand einer (vorerst aus zwei Widerständen bestehenden) Parallelschaltung abgeleitet werden.

$$I_{ges} = I_1 + I_2 \qquad \text{bzw.:} \qquad \frac{U}{R_{ges}} = \frac{U}{R_1} + \frac{U}{R_2}$$

$$\frac{1}{R_{ges}} = \frac{1}{R_1} + \frac{1}{R_2} \qquad \text{oder:} \qquad G_{ges} = G_1 + G_2$$

In einer Parallelschaltung erhält man den Gesamtleitwert durch Addition der einzelnen Leitwerte. Die Bildung des Kehrwertes führt zum Gesamtwiderstand:

$$R_{ges} = \frac{1}{\frac{1}{R_1} + \frac{1}{R_2}}$$

Für n parallele Widerstände gilt dann Gleich. (3.6):

$$R_{ges} = \frac{1}{\sum_{\nu=1}^{n} \frac{1}{R_\nu}} \qquad (3.6)$$

In gemischten Schaltungen (schaltungstechnische Kombination aus Reihen- und Parallelschaltungen) hat man häufig zwei parallele Widerstände zu berechnen. Um das Rechnen mit Leitwerten zu vermeiden (Widerstandswerte haben für den Schaltungstechniker infolge des Bezuges zum realen Bauelement einen weitaus höheren Informationsgehalt als Leitwerte), gilt im Weiteren folgende Vereinfachung für zwei parallel (//) geschaltete Widerstände:

$$R_{ges} = R_1 // R_2 = \frac{1}{\frac{1}{R_1} + \frac{1}{R_2}} = \frac{1}{\frac{R_2 + R_1}{R_1 \cdot R_2}}$$

$$R_{ges} = R_1 \,//\, R_2 = \frac{R_1 \cdot R_2}{R_1 + R_2} \tag{3.7}$$

In der schaltungstechnischen Praxis findet man auch gelegentlich den Fall, dass zwei parallel geschaltete Widerstände gleich groß sind. Für $R_1 = R_2 = R$ gilt:

$$R_{ges} = R \,//\, R = \frac{R \cdot R}{R + R} = \frac{R^2}{2 \cdot R} = \frac{R}{2}$$

Zwei gleich große Widerstände wirken in einer Parallelschaltung wie die Hälfte eines Einzelwiderstandes.

Schaltet man einen relativ großen Widerstand (z.B.: $R_2 = 1\ \text{k}\Omega$) zu einem kleinen Widerstand ($R_1 = 10\ \Omega$) parallel, so wird der Gesamtwiderstand vom kleineren Widerstandswert bestimmt ($R_{ges} \approx 9{,}9\ \Omega$). Unterscheiden sich beide Widerstandswerte um den Faktor 100 oder mehr, so kann als Näherung für den Gesamtwiderstand der kleinere Widerstandswert angenommen werden. Diese Überlegungen sind insbesondere auch als Probe für die Richtigkeit der rechnerisch ermittelten Größenordnung eines Gesamtwiderstandes geeignet.

Der Gesamtwiderstand einer Parallelschaltung ist immer kleiner als der kleinste Widerstandswert der Parallelschaltung.

In einer Parallelschaltung teilt sich der Gesamtstrom nach dem Knotenpunktsatz [Gleich. (2.5)] in einzelne Teilströme auf. Dieser Teilung liegt eine Gesetzmäßigkeit zugrunde, die aus der Parallelschaltung von zwei Widerständen abgeleitet werden soll. Die Spannung ist über allen Elementen gleich und kann über drei verschiedene Ansätze berechnet werden:

$U = I_1 \cdot R_1$ oder: $U = I_2 \cdot R_2$ oder: $U = I_{ges} \cdot R_{ges}$

Die linken Seiten dieser Gleichungen sind gleich. Dann müssen die rechten Seiten auch gleich sein. Es gilt:

$$I_1 \cdot R_1 = I_2 \cdot R_2 = I_{ges} \cdot R_{ges} \tag{3.8}$$

Bringt man nun noch die Ströme auf die linke und die Widerstände auf die rechte Seite, so erhält man die folgenden drei Gleichungen:

$$\frac{I_1}{I_2} = \frac{R_2}{R_1} \tag{3.9}$$

$$\frac{I_1}{I_{ges}} = \frac{R_{ges}}{R_1} \tag{3.10}$$

$$\frac{I_2}{I_{ges}} = \frac{R_{ges}}{R_2} \tag{3.11}$$

Die verbale Interpretation dieser Gleichungen wird als Stromteilerregel bezeichnet.

> In einer Parallelschaltung verhalten sich zwei Ströme zueinander wie die Kehrwerte der Widerstände, durch die diese Ströme fließen.

- Die Stromteilerregel darf nur in einer Parallelschaltung angewendet werden. Gemischte Schaltungen muss man erst in eine Parallelschaltung umrechnen. Nur dann liegt über allen Elementen die gleiche Spannung, und man erhält einen Ansatz gemäß Gleich. (3.8).

- Reihenwiderstände zum jeweils betrachteten Knotenpunkt haben nichts mit der aktuellen Stromteilung zu tun.

In vielen Aufgabenstellungen ist ein beliebiger Teilstrom zu berechnen. Da der Gesamtstrom über das OHMsche Gesetz relativ einfach bestimmt werden kann, ist der Ansatz $\frac{\text{Teilstrom}}{\text{Gesamtstrom}}$ von besonderem Interesse. Zur Herleitung der dieser Teilung zu Grunde liegenden Gesetzmäßigkeit wird von Gleich. (3.10) ausgegangen (vgl. Bild 3.6).

$$\frac{I_1}{I_{ges}} = \frac{R_{ges}}{R_1} = \frac{R_1 \cdot R_2}{(R_1 + R_2) \cdot R_1} = \frac{R_2}{R_1 + R_2}$$

$$\frac{I_1}{I_{ges}} = \frac{R_2}{R_1 + R_2} \qquad (3.12)$$

> Ein Teilstrom verhält sich zum Gesamtstrom wie der nicht von diesem Teilstrom durchflossene Widerstand, dividiert durch die Summe der <u>beiden</u> an der Stromteilung beteiligten Widerstände.

Die Anwendung dieser vereinfachten Form setzt voraus, dass jede gemischte Schaltung zuerst in eine aus <u>zwei</u> Widerständen bestehende Parallelschaltung umgerechnet wird.

Lehrbeispiel 3.2:

Berechnen Sie den Strom I_2 mit der Stromteilerregel und die Gesamtspannung bei Stromeinspeisung.
Geg.: I_{ges}, R_1, R_2, R_3

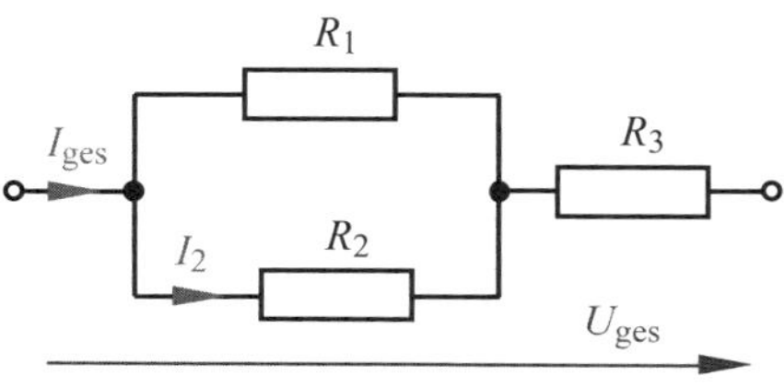

Bild 3.7: Schaltung zum Lehrbeispiel 3.2

Lösung: $I_2 = I_{ges} \cdot \frac{R_1}{R_1 + R_2}$

R_3 ist nicht an der Stromteilung beteiligt. Durch ihn fließt der Gesamtstrom.

Die Gesamtspannung kann dann über das OHMsche Gesetz ermittelt werden. Es gilt:

$$U_{ges} = I_{ges} \cdot R_{ges} = I_{ges} \cdot (R_1 \,//\, R_2 + R_3)$$

3.3 Berechnung passiver Zweipole

Die im Abschn. 3.2 dargestellten Regeln zur Berechnung passiver Zweipole sollen nun auf schaltungstechnische Konfigurationen angewendet werden, in denen eine Spannung bzw. ein Strom mehrfach geteilt werden. Bild 3.8 zeigt einen passiven Zweipol, in dem die Gesamtspannung $U_{AB} = U_1$ in die Spannungen U_2 (nicht eingezeichnet) und U_3 geteilt wird. U_5 entsteht dann aus einer weiteren Teilung der Spannung U_3 und ist somit das Ergebnis einer doppelten Spannungsteilung. Der Gesamtstrom wird im Knoten α in die Teilströme I_1 und I_2 geteilt. Der Strom I_3 entsteht durch eine weitere Stromteilung im Knoten β aus I_2 und ist somit das Ergebnis einer doppelten Stromteilung.

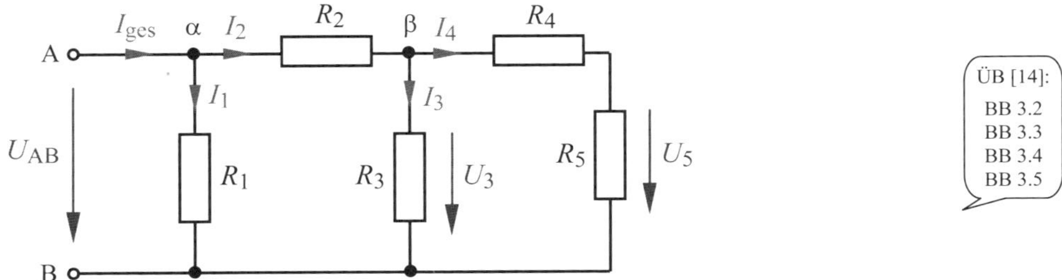

Bild 3.8: Doppelter Spannungs- und Stromteiler

Zur Berechnung der Spannung U_5 oder des Stromes I_3 müssen die Teilerregeln schrittweise angewendet werden. Es gilt:

$$\frac{U_5}{U_{AB}} = \frac{U_5}{U_3} \cdot \frac{U_3}{U_{AB}} = \frac{R_5}{R_4 + R_5} \cdot \frac{R_3 // (R_4 + R_5)}{R_2 + R_3 // (R_4 + R_5)}$$

Man betrachtet also zunächst die „innere“ Reihenschaltung (hier: $R_4 + R_5$). Durch beide Widerstände fließt der gleiche Strom (I_4). Über beiden Widerständen liegt die Spannung U_3. Der Ansatz $U_5 \,/\, U_3$ ist mit der Spannungsteilerregel (Reihenschaltung) zulässig. Nun muss die Kombination $R_3 // (R_4 + R_5)$ als Ersatzwiderstand aufgefasst werden. Über diesem Ersatzwiderstand liegt wieder die Spannung U_3. Nun kann der Ansatz für $U_3 \,/\, U_{AB}$ formuliert werden. Die Ersatz-Reihenschaltung besteht jetzt aus R_2 und $R_3 // (R_4 + R_5)$.

Die Stromteilerregel wird nach Vorbild der Gleich. (3.12) angewendet, da für jeden Knoten das Verhältnis von Teilstrom zum Gesamtstrom zu bestimmen ist.

$$\frac{I_3}{I_{ges}} = \frac{I_3}{I_2} \cdot \frac{I_2}{I_{ges}} = \frac{R_4 + R_5}{R_3 + R_4 + R_5} \cdot \frac{R_1}{R_1 + R_2 + R_3 // (R_4 + R_5)}$$

Auch hier ist darauf zu achten, dass die Teilerregeln nur für Elementarschaltungen gelten. Die Schaltung muss jetzt für jeden Knoten (α und β) gesondert in eine elementare Parallelschaltung (bestehend aus zwei Widerständen) umgerechnet werden.

Lehrbeispiel 3.3:

Gegeben ist ein R-2R-Widerstandsnetz. Mit dieser Widerstandskonfiguration können Spannungen und Ströme in der Abstufung des Dualsystems erzeugt werden. Infolge seiner einfachen Wirkungsweise ist diese Schaltung zur Erklärung mehrfacher Spannungs- und Stromteiler gut geeignet.

Berechnen Sie für die Schaltung im Bild 3.9 die Ströme I (→) in allen Längszweigen und die Spannungen über allen Querzweigen U (↓).
Geg.: U_{ges} und $R_1 = R_3 = R_5 = 2R$ sowie $R_2 = R_4 = R_6 = R_7 = R$.

ÜB: BB 3.1

Zunächst wird der Gesamtwiderstand berechnet: $R_{ges} = \{R_1 // [R_2 + R_3 // \langle R_4 + R_5 // (R_6 + R_7)\rangle]\}$.
Mit der gegebenen Vereinfachung erhält man: $R_{ges} = \{2R // [R + 2R // \langle R + 2R // (2R)\rangle]\} = R$

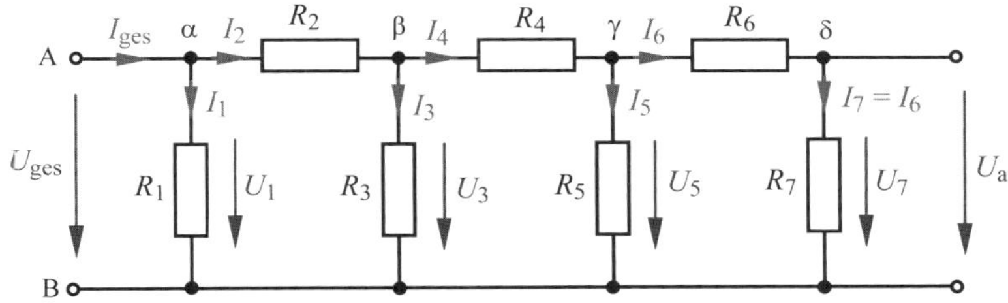

Bild 3.9: R-2R-Widerstandsnetz (Prinzip der mehrfachen Teiler)

Den Rest könnte man durch Überlegungen lösen. Im Sinne eines Lehrbeispiels sollen aber zunächst die allgemeinen Lösungsansätze angegeben werden. Dann sind die Ergebnisse der Überlegungen einfacher nachvollziehbar. Mit $U_{ges} = U_1$ und $U_a = U_7$ gilt für die Spannungen über den Querzweigen:

$$\frac{U_7}{U_5} = \frac{R_7}{R_6 + R_7} = \frac{1}{2} \quad \text{und:} \quad \frac{U_5}{U_3} = \frac{R_5 // (R_6 + R_7)}{R_4 + R_5 // (R_6 + R_7)} = \frac{2R // 2R}{R + 2R // 2R} = \frac{1}{2}$$

$$\frac{U_3}{U_1} = \frac{R_3 // \langle R_4 + R_5 // (R_6 + R_7)\rangle}{R_2 + R_3 // \langle R_4 + R_5 // (R_6 + R_7)\rangle} = \frac{\langle R + 2R // (2R)\rangle}{R + \langle R + 2R // (2R)\rangle} = \frac{1}{2}$$

Dann erhält man einen Ansatz für U_a: $\frac{U_a}{U_{ges}} = \frac{U_7}{U_1} = \frac{U_7}{U_5} \cdot \frac{U_5}{U_3} \cdot \frac{U_3}{U_1} = \frac{1}{2} \cdot \frac{1}{2} \cdot \frac{1}{2}$ (usw.)

Schlussfolgerung: Die jeweiligen Widerstände müssen schrittweise zu jeweils einer Ersatz-Reihenschaltung zusammengefasst werden. Erst dann darf die Spannungsteilerregel angewendet werden.

Mit $I_6 = I_7$ gilt für die Ströme in den Längszweigen bei Verwendung von Gleich. (3.12):

$$\frac{I_6}{I_4} = \frac{R_5}{R_5 + R_6 + R_7} = \frac{1}{2} \quad \text{und:} \quad \frac{I_4}{I_2} = \frac{R_3}{R_3 + R_4 + R_5 // (R_6 + R_7)} = \frac{2R}{2R + R + 2R // (2R)} = \frac{1}{2}$$

$$\frac{I_2}{I_{ges}} = \frac{R_1}{R_1 + R_2 + R_3 // \langle R_4 + R_5 // (R_6 + R_7)\rangle} = \frac{2R}{2R + R + 2R // \langle R + 2R // (2R)\rangle} = \frac{1}{2}$$

Schlussfolgerung: Die jeweiligen Widerstände müssen schrittweise zu jeweils einer Ersatz-Parallelschaltung zusammengefasst werden. Erst dann darf die Stromteilerregel angewendet werden und man erhält einen Ansatz für z.B. I_6 / I_{ges} durch Multiplikation der drei einzelnen Teiler.

3.4 Elektrische Quellen

Aus energetischer Sicht stellt eine elektrische Quelle ein Element zur Umformung anderer Energieformen in elektrische Energie dar. Dieses Element besitzt die Fähigkeit, durch innere physikalische Effekte Ladungsträger zu beschleunigen.

Eine elektrische Quelle hat die Aufgabe, einem elektrischen Stromkreis die für den Ladungstransport notwendige Leistung zuzuführen. Sie speist einen angeschlossenen Verbraucher sowohl mit einer Spannung U_k als auch mit einem Strom I_0.

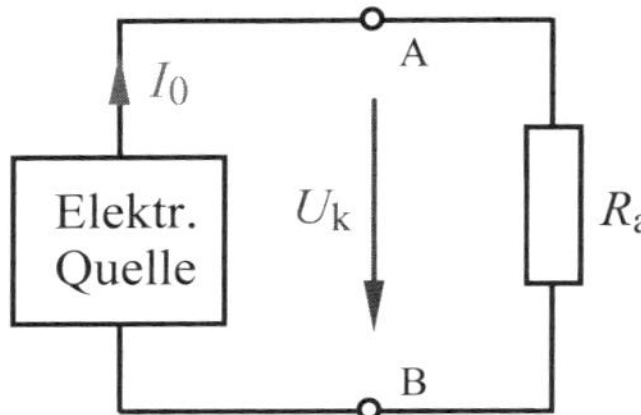

Bild 3.10: Belastete elektrische Quelle

Zur Beschreibung des Klemmenverhaltens (elektrisches Verhalten an den Punkten A und B in den Bildern 3.10 und 3.12) einer elektrischen Quelle verwendet man die Klemmenspannung U_k. Hier wird der Index k verwendet, um Verwechslungen mit dem Kurzschlussfall (Index K) auszuschließen. Die Klemmenspannung ist bei einer belasteten Quelle (Bild 3.10) gleich der Spannung U_a über dem Lastwiderstand. Bei einer leer laufenden Spannungsquelle (Bild 3.12) ist die Klemmenspannung gleich der Quellenspannung $U_k = U_q$ und bei einer leer laufenden Stromquelle gilt: $U_k = I_q \cdot R_i$.

Die Bezeichnungen Spannungsquelle bzw. Stromquelle ergeben sich aus der Eigenschaft der Quelle, dem Verbraucher entweder eine konstante Spannung bereitzustellen (Spannungseinspeisung) oder einen konstanten Strom aufzuprägen (Stromeinspeisung).

Eine aktive elektrische Quelle gibt Leistung (Quellenleistung) an den Verbraucher ab. Die Richtungskennzeichnung einer Quelle wird nach dem Quellen-Zählpfeilsystem vorgenommen. Danach sind die Zählpfeile von Quellenspannung und Quellenstrom einander entgegen gerichtet (vgl. auch Abschn. 1.4 und 2.3).

Ideale Quellen sind technisch nicht realisierbar, denn sie müssten in der Lage sein, eine unendlich große elektrische Energie aufzubringen.

Reale elektrische Quellen besitzen einen nicht vernachlässigbaren Innenwiderstand, der die Verluste bei der Wandlung in elektrische Energie einschließlich der entsprechenden Übergangswiderstände beschreibt. Das elektrische Verhalten realer Quellen wird über Ersatzschaltungen beschrieben, die neben der idealen Quellenwirkung (U_q oder I_q) den realen Innenwiderstand R_i berücksichtigen. Im Weiteren werden nur lineare Quellen betrachtet. Die Strom-Spannungs-Kennlinie einer linearen Quelle (siehe Bild 3.11) ist eine Gerade. Sie verbindet in der Funktionsdarstellung $I = f(U)$ den Kurzschlussstrom I_K (Schnittpunkt auf der Ordinatenachse) mit der Leerlaufspannung U_L (Schnittpunkt auf der Abszissenachse) und wird als Quellenkennlinie bezeichnet.

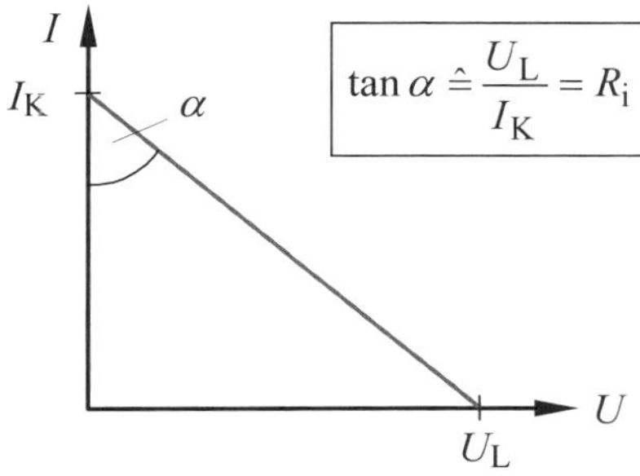

Bild 3.11: Kennlinie einer realen Quelle

Das Spannungsquellen-Ersatzschaltbild einer realen Quelle bildet den Innenwiderstand als Reihenelement zur idealen Quelle ab (Bild 3.12 – links). Eine reale Spannungsquelle stellt dem Verbraucher bei variabler Last eine nahezu konstante Spannung bereit, wenn der Innenwiderstand viel kleiner als der Lastwiderstand ist.

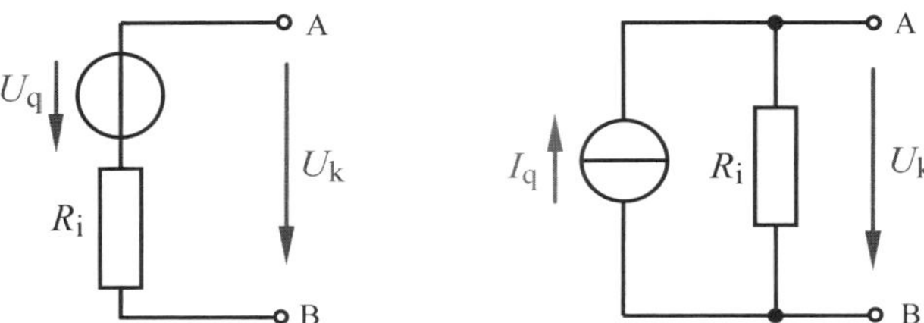

Bild 3.12: Ersatzschaltungen realer Quellen (links: Spannungsquelle – rechts: Stromquelle)

Von einer Stromquelle spricht man immer dann, wenn dem Verbraucher bei variabler Last ein konstanter Strom aufgeprägt werden kann. Das ist der Fall, wenn der Innenwiderstand viel größer als der Lastwiderstand ist. Im Stromquellen-Ersatzschaltbild wirkt der Innenwiderstand parallel zur idealen Stromquelle (Bild 3.12 – rechts).

Die bisherigen Ausführungen weisen darauf hin, dass die Bezeichnung einer Quelle letztendlich eine Auffassungssache ist. Jede Spannungsquelle liefert zugleich einen Quellenstrom, und jede Stromquelle stellt zugleich eine Quellenspannung bereit.
Eine dieser beiden elektrischen Quellengrößen ist jedoch bei einem variablen Lastwiderstand durch eine bessere Konstanz gekennzeichnet. Diese Grundgröße (Spannung oder Strom) bestimmt den jeweiligen Namen der Quelle.

Eine Aussage über das Verhältnis zwischen Innen- und Lastwiderstand macht diese Unterscheidung für den Anwender sofort deutlich. So signalisiert ein relativ kleiner Innenwiderstand ($R_i << R_a$) die Charakteristik einer Spannungsquelle. Der Anstieg der Quellenkennlinie nähert sich der Kennlinie einer idealen Spannungsquelle (Bild 3.13 – links). Ein relativ großer Innenwiderstand weist dagegen auf ein Verhalten als Stromquelle ($R_i >> R_a$) hin. Der Anstieg der Quellenkennlinie nähert sich dann der Kennlinie einer idealen Stromquelle (siehe Bild 3.13 – rechts).

Reale Quellen sind idealisierbar, wenn der jeweilige Innenwiderstand gegenüber dem Lastwiderstand vernachlässigbar ist.

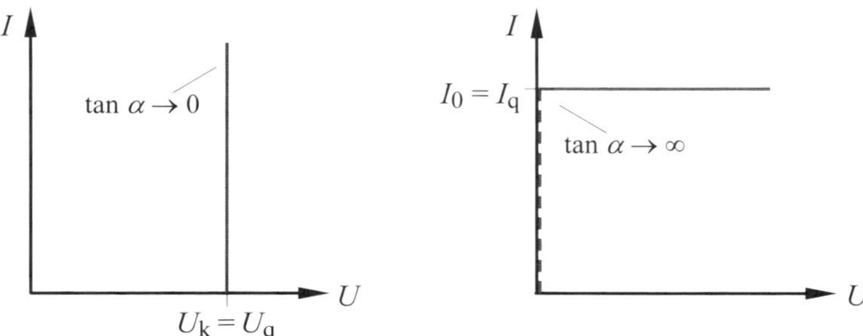

Bild 3.13: Idealisierte Quellen (links: Spannungsquelle – rechts: Stromquelle)

Spannungsquellen können gleichsinnig oder gegensinnig in Reihe geschaltet werden (siehe Bild 3.14). Bei einer gleichsinnigen Reihenschaltung addieren sich die beiden Spannungswerte. Bei einer gegensinnigen Reihenschaltung werden sie voneinander subtrahiert – siehe offener Zählpfeil im Bild 3.14: ◁— $(-\{U_{q2}\})$.

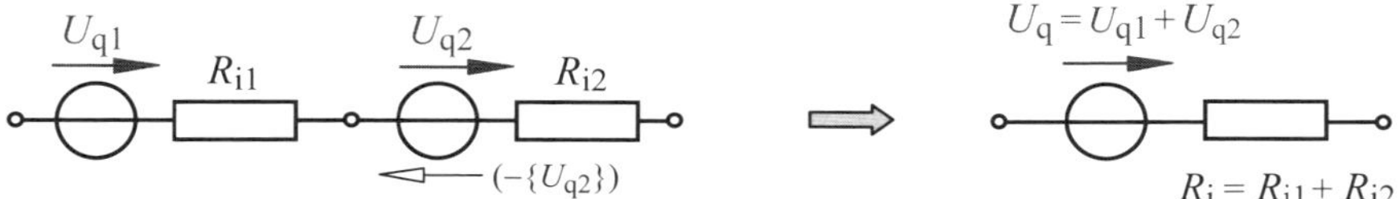

Bild 3.14: Reihenschaltung von Spannungsquellen

Eine Parallelschaltung von Spannungsquellen ist nur gleichsinnig und mit gleichen Quellenspannungswerten sinnvoll (z.B. zur Erhöhung der Kapazität beim Einsatz mehrerer Akkumulatoren). Anderenfalls kommt es zu relativ großen Ausgleichsströmen (vgl. Lehrbeispiel 3.4), die eine Quellenwirkung nach außen mehr oder minder hemmen.

Stromquellen können gleichsinnig oder gegensinnig parallel geschaltet werden.

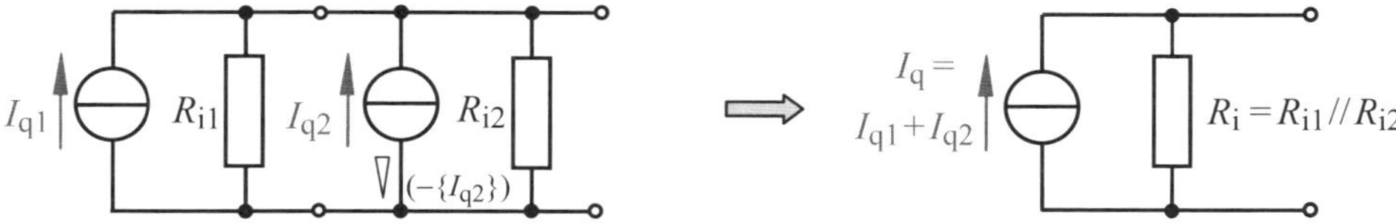

Bild 3.15: Parallelschaltung von Stromquellen

Bei einer gleichsinnigen Parallelschaltung von Stromquellen (Bild 3.15) addieren sich die Quellenströme, und bei einer gegensinnigen Parallelschaltung werden die Quellenströme voneinander subtrahiert (▽).

Für Reihenschaltungen von Stromquellen gelten die Aussagen analog zu den parallel geschalteten Spannungsquellen. Danach sollen Stromquellen nur gleichsinnig und mit gleichen Werten der Quellenströme in Reihe geschaltet werden.

Lehrbeispiel 3.4:

Über zwei Kabel mit einem Leitungswiderstand R_l = 5 mΩ werden zwei Akkumulatoren mit den Quellenspannungen U_A und U_B miteinander verbunden (z.B. Starthilfe beim Kraftfahrzeug). Die Quellen haben folgende Daten:

Quelle A: U_A = 13,6 V R_{iA} = 20 mΩ Quelle B: U_B = 13,0 V R_{iB} = 30 mΩ

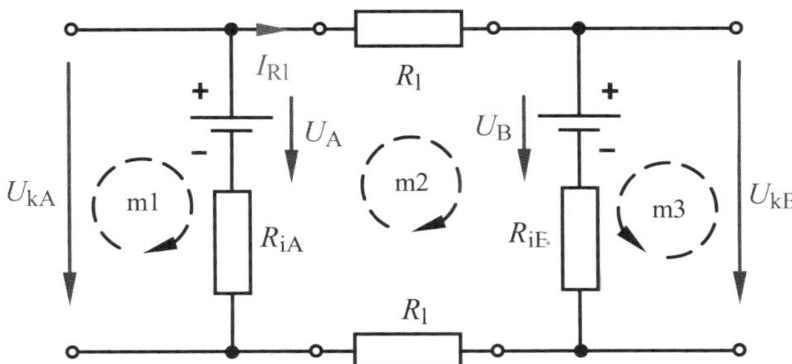

Bild 3.16: Schaltung zum Lehrbeispiel 3.4

a) Welcher Ausgleichsstrom I_{Rl} fließt in den Starter-Hilfskabeln?

b) Berechnen Sie die Klemmenspannungen U_{kA} und U_{kB} an den Akkumulatoranschlüssen.

c) Welcher Ausgleichsstrom I_{Rl} (c) würde fließen, wenn man die Akkumulatoren gegensinnig zusammenschalten würde (z.B. $U_B \uparrow$)?

d) Ermitteln Sie für den Fall c) die Klemmenspannungen U_{kA} (c) und U_{kB} (c).

Zu a) Zur Bestimmung des Stromes I_{Rl} wird der Maschensatz verwendet (m2):

$$I_{Rl} \cdot (R_l + R_{iB} + R_l + R_{iA}) + U_B - U_A = 0 \qquad \text{bzw.:} \qquad I_{Rl} = \frac{U_A - U_B}{R_{iA} + R_{iB} + 2R_l} = \frac{0{,}6\ \text{V}}{60\ \text{m}\Omega} = 10\ \text{A}$$

Zu b) Die Spannungsabfälle U_{kA} und U_{kB} kann man über die Maschen m1 und m3 ermitteln:

$$U_{kA} = U_A - I_{Rl} \cdot R_{iA} = 13{,}4\ \text{V} \qquad \text{und:} \qquad U_{kB} = U_B + I_{Rl} \cdot R_{iB} = 13{,}3\ \text{V}$$

Zu c) Die Masche m2 erfasst jetzt die Quelle U_B ($\uparrow$) mit einem negativen Vorzeichen:

$$I_{Rl} \cdot (R_l + R_{iB} + R_l + R_{iA}) - U_B - U_A = 0$$

Somit addieren sich die Werte der Quellenspannungen und es fließt ein großer Ausgleichsstrom.

$$I_{Rl}(\text{c}) = \frac{U_A + U_B}{R_{iA} + R_{iB} + 2R_l} = \frac{26{,}6\ \text{V}}{60\ \text{m}\Omega} = 443{,}\bar{3}\ \text{A}$$

Zu d) $U_{kA}(\text{c}) = U_A - I_{Rl}(\text{c}) \cdot R_{iA} = 4{,}73\ \text{V}$ und: $U_{kB}(\text{c}) = -U_B + I_{Rl}(\text{c}) \cdot R_{iB} = 0{,}3\ \text{V}$

Der Vergleich mit b) zeigt, dass sich die Klemmenspannungen infolge des großen Ausgleichsstromes stark verändern. Die ursprünglichen Leerlaufspannungen der Quellen verlieren ihre Wirkung.

3.5 Lastfälle im Grundstromkreis

In diesem Abschnitt soll das Zusammenwirken eines aktiven und eines passiven Zweipols (hier: einer realen linearen Quelle und eines linearen Lastwiderstandes, siehe Bilder 3.12 und 3.17) betrachtet werden. Die Quelle wird als Spannungsquelle aufgefasst und mit einem variablen Widerstand $0 \leq R_a \leq \infty$ belastet. In dieser Reihenschaltung fließt ein Strom $I = I_a$.

ÜB: BB 3.8

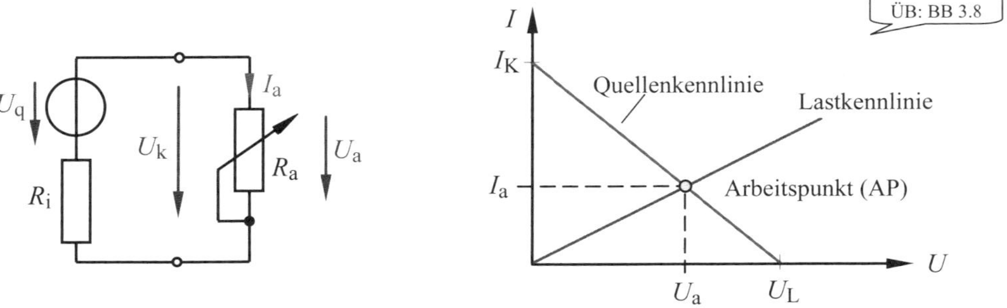

Bild 3.17: Grundstromkreis mit variabler Last (links) und Darstellung eines Lastfalles (rechts)

Die beiden Last-Grenzfälle werden mit den Begriffen Kurzschluss ($R_a \rightarrow 0$) und Leerlauf ($R_a \rightarrow \infty$) bezeichnet.

Im Kurzschlussfall (K) gilt: $U_a(\mathrm{K}) = U_k = 0$ und: $I_a(\mathrm{K}) = \dfrac{U_q}{R_i} = I_K$

Im Leerlauffall (L) gilt: $U_a(\mathrm{L}) = U_k = U_q = U_L$ und: $I_a(\mathrm{L}) = 0$

3.5.1 Leistung und Wirkungsgrad

Der Leistungsumsatz P_a in einem Lastwiderstand R_a ist vom Spannungsabfall U_a über der Last und vom Strom I_a durch die Last abhängig.

Im Kurzschlussfall fließt der maximal mögliche Strom (Kurzschlussstrom I_K). Es fällt jedoch keine Spannung über $R_a = 0$ ab, und es wird demzufolge auch keine Leistung in R_a umgesetzt. Es gilt: $P_a\,(\mathrm{K}) = 0 \cdot I_K = 0$ W.

Im Leerlauffall liegt die maximal mögliche Spannung (Leerlaufspannung U_L) über dem Lastwiderstand. Jetzt fließt aber kein Strom mehr ($R_a \rightarrow \infty$), sodass auch in diesem Fall keine Leistung in R_a umgesetzt wird. Es gilt: $P_a\,(\mathrm{L}) = U_L \cdot 0 = 0$ W.

Alle Betriebsfälle $0 < R_a < \infty$ liegen zwischen dem Leerlauffall und dem Kurzschlussfall (Bild 3.17 – rechts). Sie sind durch einen definierten Leistungsumsatz P_a im Lastwiderstand gekennzeichnet. Die jeweilige Leistung $P_a = U_a \cdot I_a$ wird von der Lage des Arbeitspunktes in der Strom-Spannungs-Kennlinie (Bild 3.17) bestimmt. Bezieht man die im Lastwiderstand umgesetzte Leistung $P_a = P_{ab}$ auf die von der Quelle zugeführte Leistung P_{zu}, so erhält man den Wirkungsgrad für eine der beiden Ersatzschaltungen (Spannungs- oder Stromquelle) eines elektrischen Stromkreises.

$$\eta = \frac{P_{ab}}{P_{zu}} \tag{3.13}$$

Die im Lastwiderstand umgesetzte Leistung P_{ab} wird über das Verbraucher-Zählpfeilsystem und die von der Quelle zugeführte Leistung P_{zu} wird über das Quellen-Zählpfeilsystem beschrieben. Dieser Wirkungsgrad gilt immer nur für eine vom Anwender definierte Schnittstelle, die den elektrischen Stromkreis in einen aktiven und einen passiven Zweipol trennt.

Der Wirkungsgrad einer schaltungstechnischen Anordnung beschreibt das Verhältnis von der im Lastwiderstand umgesetzten Leistung zu der durch die Quelle zugeführten Leistung.

Beschreibt man den aktiven Zweipol über eine reale Spannungsquelle (Bild 3.12 – links), so ergibt sich folgender Wirkungsgrad:

$$\eta_U = \frac{P_a}{P_q} = \frac{U_a \cdot I_a}{U_q \cdot I_a} = \frac{U_a}{U_q} = \frac{R_a}{R_i + R_a} \tag{3.14}$$

Fasst man dagegen den aktiven Zweipol als reale Stromquelle auf (Bild 3.12 – rechts), so ergibt sich ein anderer Wirkungsgrad:

$$\eta_I = \frac{P_a}{P_q} = \frac{U_a \cdot I_a}{U_a \cdot I_q} = \frac{I_a}{I_q} = \frac{R_i}{R_i + R_a} \tag{3.15}$$

Addiert man die beiden Wirkungsgrade, so erhält man folgende Aussage:

$$\eta_U + \eta_I = \frac{R_a}{R_i + R_a} + \frac{R_i}{R_i + R_a} = 1$$

Das bedeutet, dass sich die Wirkungsgrade einer Anordnung mit einer realen Spannungsquelle und einer Anordnung mit einer realen Stromquelle zu 100 % (ideale elektrische Quelle) ergänzen. Fasst man eine belastete reale Spannungsquelle mit dem Wirkungsgrad η_U als eine belastete reale Stromquelle mit dem Wirkungsgrad η_I auf, so verändert sich der Wert des Wirkungsgrades auf $\eta_I = 1 - \eta_U$ (und umgekehrt).

Eine ideale Spannungsquelle ($R_i = 0$) würde infolge $U_a = U_q$ einen Wirkungsgrad von 100% aufweisen. Eine ideale Stromquelle ($R_i \to \infty$) hätte dann mit $I_a = I_q$ ebenfalls den Wirkungsgrad von 100%. Ideale Quellen gibt es aber nicht.

3.5.2 Anpassungsfall

Viele praktische Anwendungsfälle (insbesondere in der Nachrichten- und Datentechnik) verfolgen das Ziel, die geringen Leistungen, die innerhalb eines Übertragungsprozesses verfügbar sind, in maximaler Form im Lastwiderstand umzusetzen. Hier steht die Frage nach der Größe des Lastwiderstandes für $P_a \to$ max. im Vordergrund.

Eine Funktion $y = f(x)$ durchläuft an der Stelle x ein Maximum (oder ein Minimum), an der der Anstieg der Funktion gleich null ist. Für die weiteren Überlegungen interessiert hier der Zusammenhang $P_a = f(R_a)$.

Mit $I_a = \dfrac{U_q}{R_i + R_a}$ erhält man: $P_a = U_a \cdot I_a = I_a^2 \cdot R_a = \dfrac{U_q^2 \cdot R_a}{(R_i + R_a)^2}$

Zur Bestimmung des Anstieges der Funktion wird mit der Quotientenregel die erste Ableitung gebildet und null gesetzt:

$$\frac{dP_a}{dR_a} = \frac{U_q^2 (R_i + R_a)^2 - U_q^2 \cdot 2R_a (R_i + R_a)}{(R_i + R_a)^4} = 0$$

Ein Bruch ist null, wenn der Zähler gleich null ist: $U_q^2 (R_i + R_a)^2 = U_q^2 \cdot 2R_a (R_i + R_a)$

Durch Kürzen erhält man $R_i + R_a = 2R_a$ und somit Gleich. (3.16).

$$R_a = R_i \qquad (3.16)$$

- Ein Lastwiderstand muss zum Zwecke der maximalen Leistungsaufnahme an den Innenwiderstand der Quelle angepasst werden (Leistungsanpassung).

Im Anpassungsfall liegt über $R_a = R_i$ die halbe Leerlaufspannung, und es fließt der halbe Kurzschlussstrom (vgl. Bild 3.17 – rechts). Daraus kann die maximal umsetzbare Leistung berechnet werden:

$$P_{a,max} = U_a \cdot I_a \Big|_{R_a = R_i} = \frac{U_L}{2} \cdot \frac{I_K}{2}$$

Der Kurzschlussstrom ergibt sich über das OHMsche Gesetz. Es gilt: $I_K = U_L / R_i$.

$$P_{a,max} = \frac{U_L^2}{4R_i} = \frac{I_K^2 \cdot R_i}{4} \qquad (3.17)$$

Lehrbeispiel 3.5:

Auf welchen Widerstandswert muss R_4 im Bild 3.18 eingestellt werden, damit die Verbraucherleistung P_{AB} maximal wird? *Geg.*: $R_i = 20\ \Omega$; $R_1 = 30\ \Omega$; $R_2 = R_3 = 20\ \Omega$

Lösung: Der an den Punkten A und B angeschlossene Widerstand $R_{AB} = R_a$ muss gleich dem Innenwiderstand R_i der Quelle sein (Anpassung).

Dann gilt: $R_i = R_a = R_1 // (R_2 + R_3 + R_4) = \dfrac{R_1 \cdot (R_2 + R_3 + R_4)}{R_1 + R_2 + R_3 + R_4}$

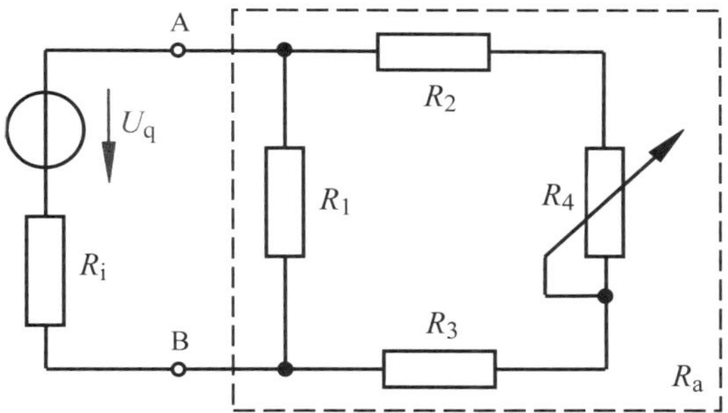

ÜB [14]:
BB 3.6
BB 3.7
BB 3.8
BB 3.9

Bild 3.18: Schaltung zum Lehrbeispiel 3.5

Durch Umstellen nach R_4 erhält man das Ergebnis: $R_4 = \dfrac{R_i \cdot (R_1 + R_2 + R_3) - R_1 \cdot (R_2 + R_3)}{R_1 - R_i} = 20\ \Omega$

3.5.3 Diskussion von Lastfällen

Die aktuellen Lastverhältnisse in einem Grundstromkreis können aus seiner Strom-Spannungs-Kennlinie abgelesen werden. Die Verbindungsgerade zwischen der Leerlaufspannung und dem Kurzschlussstrom wird als Quellenkennlinie bezeichnet (vgl. Bild 3.17). Der Kehrwert ihres Anstieges ist ein Maß für den Innenwiderstand der Quelle (tan α im Bild 3.11).

$$R_i = \frac{U_L}{I_K} \tag{3.18}$$

Zeichnet man nun noch die Lastwiderstandsgerade für R_a ein, so ergibt sich ein Schnittpunkt, der als Arbeitspunkt AP bezeichnet wird (Bild 3.17 – rechts und Bild 3.19).

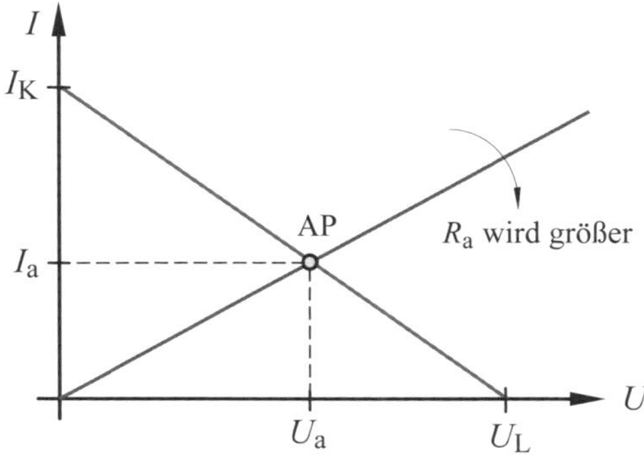

Bild 3.19: Änderung des Arbeitspunktes bei Variation des Lastwiderstandes

Bei kleinen Lastwiderständen liegt der Arbeitspunkt in der Nähe des Kurzschlussstromes I_K. Mit Vergrößerung des Lastwiderstandes wandert der Arbeitspunkt auf der Quellenkennlinie in Richtung der Leerlaufspannung U_L.

- Der Anpassungsfall ist dadurch gekennzeichnet, dass der Arbeitspunkt bei $0{,}5 \cdot U_L$ und $0{,}5 \cdot I_K$ und somit genau auf der „Mitte" der Quellenkennlinie liegt.

Lehrbeispiel 3.6:

Gegeben ist ein Grundstromkreis mit U_L und R_i. Wie verändern sich die Größen U_a, I_a, P_a und η_U bei Variation des Lastwiderstandes? Erarbeiten Sie dazu eine Tabelle, die eine Übersicht zum Wert der jeweiligen Größe bei Kurzschluss (K), im Anpassungsfall (A) und bei Leerlauf (L) gibt.

Tabelle 3.1: Spezielle Lastfälle im Grundstromkreis

	R_a	U_a	I_a	P_a	η_U
K:	0	0	I_K	0	0
A:	R_i	$\frac{U_L}{2}$	$\frac{I_K}{2}$	$\frac{U_L \cdot I_K}{4}$	0,5
L:	∞	U_L	0	0	1

ÜB: BB 3.11

Daraus kann dann eine allgemeingültige Funktionsdarstellung abgeleitet werden. Zur Normierung bezieht man die Variablen auf feste Größen (Bezugsgrößen).

Solche normierten Darstellungen $\frac{y}{y_0} = f\left\{\frac{x}{x_0}\right\}$ weisen gegenüber einer normalen Funktionsdarstellung $y = f(x)$ folgende Vorteile auf und werden aus diesen Gründen auch häufig in der Elektrotechnik angewendet:

- Durch die Relativdarstellung sind alle aus dem Funktionsverlauf ableitbaren Aussagen in allgemeiner Form gültig und somit unabhängig von den aktuellen Werten der Quelle und der Last.
- Die Achseneinteilung ist ohne Kenntnis der Werte der Bauelemente und unabhängig von den Einheiten der darzustellenden Größen möglich.
- Eine normierte Darstellung kann problemlos in eine logarithmische Darstellung überführt werden.

Für Funktionsdarstellungen innerhalb des Grundstromkreises bietet sich die Normierung in der Art an, dass man Spannungen auf die Leerlaufspannung, Ströme auf den Kurzschlussstrom und Leistungen auf die maximal umsetzbare Leistung bezieht (Bild 3.20). So erhält jede Ordinatenachse eine Einteilung zwischen null und eins (vgl. [11] – Lehrbeispiel 1.3). Die Einteilung der Abszissenachse wird übersichtlich, wenn man den variablen Lastwiderstand auf den Innenwiderstand der Quelle bezieht.

Der Spannungsverlauf im Bild 3.20 a) beschreibt zugleich den Verlauf des Wirkungsgrades, wenn die Quelle als Spannungsquelle aufgefasst wird. Der Stromverlauf im Bild 3.20 b) beschreibt zugleich den Verlauf des Wirkungsgrades, wenn die Quelle als Stromquelle aufgefasst wird.

Die Leistung durchläuft bei $R_a = R_i$ ihr Maximum [Gleich. (3.16) und (3.17)].

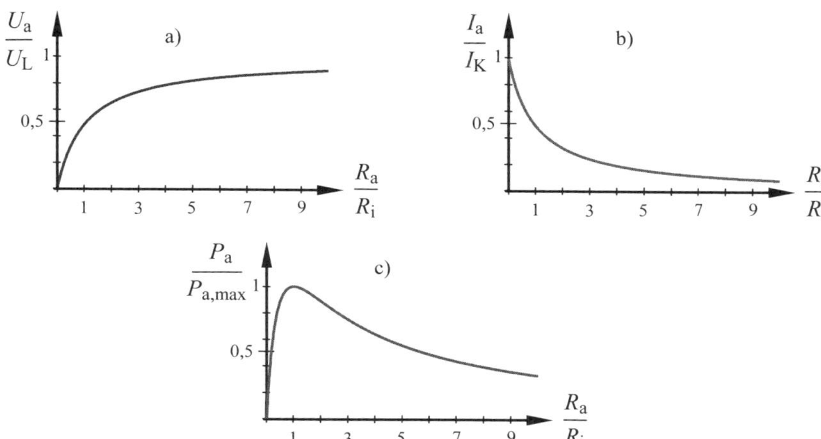

Bild 3.20: Funktionsdarstellung bei variabler Last
a) Spannungsverlauf b) Stromverlauf c) Leistungsverlauf

3.5.4 Belasteter Spannungsteiler

Viele schaltungstechnische Realisierungen (z.B. Verstärkerschaltungen, u.v.a.) benötigen mehrere Versorgungsspannungen. Da aus Aufwandsgründen nicht für jede Spannung ein Netzteil verwendet werden kann, setzt man häufig Spannungsteilerschaltungen ein. Sie sollen eine geringe Leistungsaufnahme haben und ein möglichst lineares Verhalten aufweisen.

Bei einem unbelasteten Spannungsteiler ändert sich die Ausgangsspannung U_a linear mit der Schleiferstellung v des Stellwiderstandes $R_S = R_1 + R_2$ (Bild 3.21).

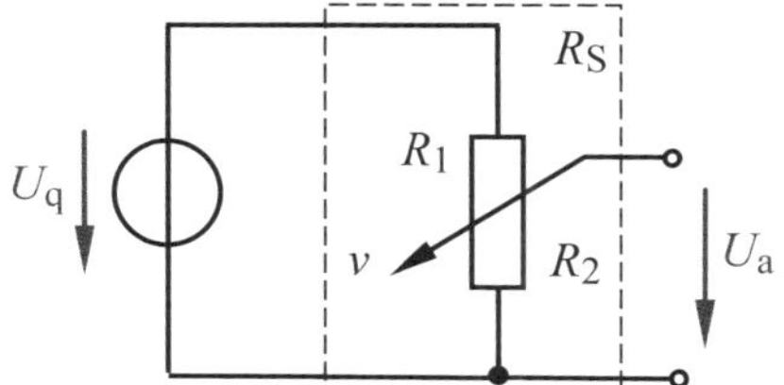

$$\frac{U_a}{U_q} = \frac{R_2}{R_S} = \frac{R_2}{R_1 + R_2} = v \qquad (3.19)$$

Bild 3.21: Unbelasteter Spannungsteiler

Bei einem belasteten Spannungsteiler (Bild 3.22) ändert sich dagegen infolge der Existenz des Lastwiderstandes R_a die Ausgangsspannung U_a nicht mehr linear mit der Schleiferstellung v' des Stellwiderstandes $R_S = R_1 + R_2$.

Das nichtlineare Verhalten entsteht durch die variable Widerstandskombination $R_2//R_a$. Es wird ein Festwiderstand (R_a) zu einem veränderlichen Widerstand (R_2) parallel geschaltet.

Die Schleiferstellung v' kann über die Spannungsteilerregel berechnet werden.

$$v' = \frac{U_a}{U_q} = \frac{R_2 \,//\, R_a}{R_1 + R_2 \,//\, R_a} = \frac{R_2 \cdot R_a}{R_1 \cdot R_2 + R_1 \cdot R_a + R_2 \cdot R_a}$$

$$v' = \frac{U_a}{U_q} = \frac{R_2}{R_1 + R_2 + \dfrac{R_1 \cdot R_2}{R_a}} \qquad (3.20)$$

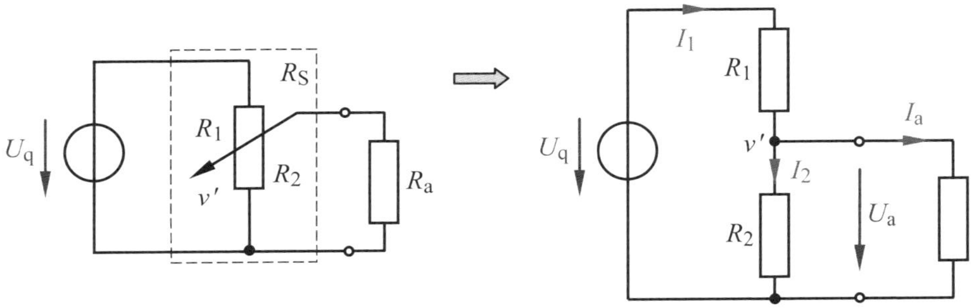

Bild 3.22: Belasteter Spannungsteiler

Nun wird deutlich, dass der Ausdruck $R_1 \cdot R_2 / R_a$ in Gleich. (3.20) das nichtlineare Verhalten eines belasteten Spannungsteilers [vgl. Gleich. (3.19) und (3.20) miteinander] bewirkt.

Dimensioniert man einen belasteten Spannungsteiler jedoch so, dass der Lastwiderstand viel größer als der Stellwiderstand ist [$R_a >> (R_1 + R_2)$], so erhält man ein nahezu lineares Verhalten des Teilers.

- In der schaltungstechnischen Praxis gilt die Regel, dass diese Bedingung schon hinreichend erfüllt ist, wenn der „Querstrom des Teilers" I_2 fünf- bis zehnmal größer als der Laststrom I_a ist. Die Ausgangsspannung U_a ändert sich dann fast linear mit der Schleiferstellung, und der Querstrom I_2 bleibt nahezu konstant (vgl. Bild 3.22 – rechts).

$$I_2 \approx (5 \;...\; 10) \cdot I_a \qquad (3.21)$$

Lehrbeispiel 3.7:

Eine Quelle mit $U_q = 10$ V und einem Stellwiderstand $R_S = R_1 + R_2 = 100\ \Omega$ wird mit verschiedenen Widerständen R_a belastet (wie im Bild 3.22). Berechnen Sie die Ausgangsspannung U_a über dem Lastwiderstand als Funktion von R_2 für $R_a = \infty$, 1 kΩ, 100 Ω und 10 Ω (z.B. mit EXCEL).
Für die verschiedenen Spannungen über R_a soll folgende Zuordnung gelten:

U_{a1} für $R_{a1} = \infty$, U_{a2} für $R_{a2} = 1$ kΩ, U_{a3} für $R_{a3} = 100\ \Omega$, U_{a4} für $R_{a4} = 10\ \Omega$.

Stellen Sie die Funktionsverläufe $U_{ax} = f(R_2)$ und $I_{2x} = f(R_2)$ in jeweils einem Diagramm mit R_a als Parameter grafisch dar. Diskutieren Sie diese Verläufe aus der Sicht des Anwenders.

Tabelle 3.2: Wertetabelle zum Lehrbeispiel 3.7

R_2 / Ω	U_{a1} / V	U_{a2} / V	U_{a3} / V	U_{a4} / V	R_2 / Ω	U_{a1} / V	U_{a2} / V	U_{a3} / V	U_{a4} / V
0	0	0	0	0	60	6	5,86	4,84	1,76
10	1	0,99	0,92	0,53	70	7	6,86	5,78	2,26
20	2	1,97	1,72	0,77	80	8	7,87	6,9	3,08
30	3	2,94	2,48	0,97	90	9	8,92	8,26	4,74
40	4	3,91	3,23	1,18	100	10	10	10	10
50	5	4,88	4,0	1,43					

Die Wertetabelle zeigt, dass sich die Ausgangsspannung bei R_{a2} = 1 kΩ noch nahezu linear mit der Schleiferstellung ändert. Sie weicht im ungünstigsten Fall (R_2 = 50 Ω) um 2,4 % vom Verhalten eines unbelasteten Spannungsteilers ($R_{a1} = \infty$) ab. Der in der Tabelle 3.2 nicht berechnete Querstrom bleibt bei R_{a2} nahezu konstant.

Mit zunehmender Belastung (R_a wird kleiner ↓) nimmt das nichtlineare Verhalten des Teilers zu. Diese Sachverhalte werden noch deutlicher, wenn man die Funktionen $U_{ax} = f(R_2)$ und $I_{2x} = f(R_2)$ in jeweils einem Diagramm mit R_a als Parameter grafisch darstellt (Bild 3.23). Bei $R_{a4} = 0{,}1 \cdot R_S$ = 10 Ω können Spannungswerte von $U_a > 0{,}5 \cdot U_q$ nur noch mit einer Einstellung $R_2 > 0{,}9 \cdot R_S$ erreicht werden.

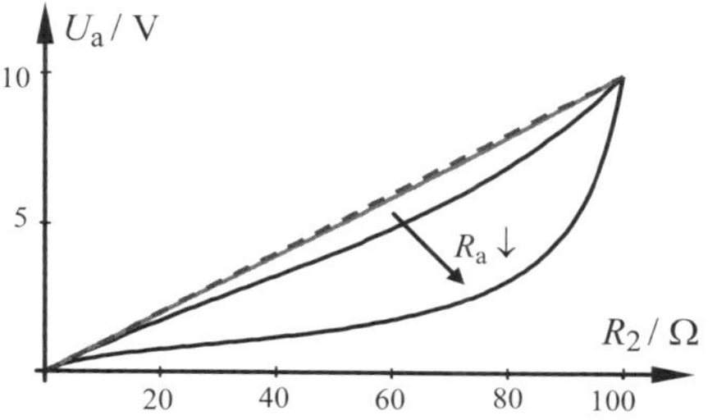

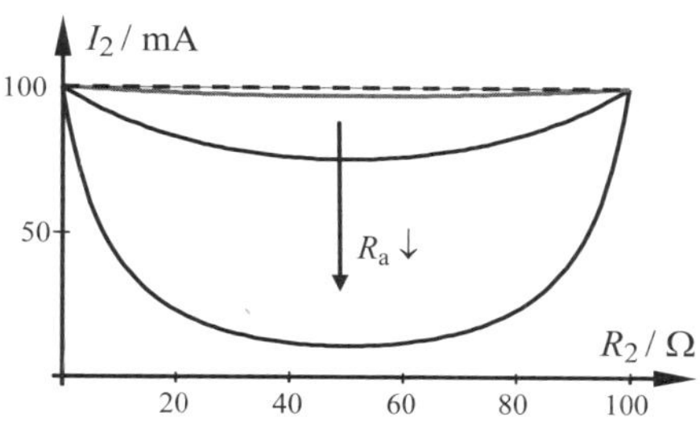

Bild 3.23: Funktionsdarstellungen zum Lehrbeispiel 3.6

ÜB: BB 3.10

Mit einem unendlich großen Lastwiderstand (gestrichelte Geraden im Bild 3.23) arbeitet der Teiler als unbelasteter Teiler linear. Ein Lastwiderstand, der um den Faktor 10 größer ist als der Stellwiderstand, führt aus praktischer Sicht noch zu einer akzeptablen linearen Arbeitsweise des Teilers [vgl. Gleich. (3.21)]. Eine weitere Verringerung des Verhältnisses zwischen Lastwiderstand und Stellwiderstand ist bezüglich der Forderung nach einem linearen Verhalten nicht vertretbar. Die Ausgangsspannung ändert sich dann extrem nichtlinear (Bild 3.23 – links) und der Querstrom weist große Änderungen auf.

Schlussfolgerung: Ein belasteter Spannungsteiler sollte so dimensioniert werden, dass der Wert des Lastwiderstandes hinreichend größer als der Wert des Stellwiderstandes ist. Dann gilt: $R_a >> R_S$.

In der Praxis kann man sich den Lastwiderstand aber in der Regel nicht aussuchen. Demzufolge ist der Stellwiderstand an die Forderung $R_a >> R_S$ anzupassen. Berücksichtigt man dabei die Empfehlung der Gleich. (3.21) in Kombination mit der Aussage des Bildes 3.23 über den Faktor 10, so ergibt sich die folgende Situation: $R_S = R_a / 10 = 0{,}1 \cdot R_a$.

4 Grundschaltungen der elektrischen Messtechnik

4.1 Messbereichserweiterung

Mit einem unbeschalteten Messwerk kann man nur relativ kleine Spannungen und Ströme (Vollausschlagspannung U_M und Vollausschlagstrom I_M) messen. Zur Vergrößerung der messbaren Spannung bzw. des messbaren Stromes ist eine Erweiterung des Messbereiches erforderlich. Man spricht dann von einem Messgerät (Messwerk mit Messzubehör).

Messwerke nehmen Leistung auf. Diese Leistung wird aus dem Produkt von Vollausschlagspannung und Vollausschlagstrom berechnet. Es gilt: $P_M = U_M \cdot I_M$.

Messwerke besitzen demzufolge einen nicht vernachlässigbaren Innenwiderstand, der diese Leistung aufnimmt und zur Verfälschung von Messergebnissen führt.

$$R_{iM} = \frac{U_M}{I_M} \tag{4.1}$$

- **Spannungsmessbereichserweiterung:**

Zur Vergrößerung der messbaren Spannung um den Erweiterungsfaktor n ist zu einem Messwerk ein Vorwiderstand R_V in Reihe zu schalten (Bild 4.1).

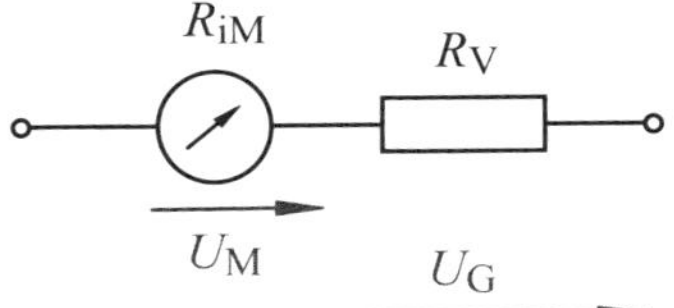

Bild 4.1: Schaltung zur Erweiterung des Spannungsmessbereiches

Der Vorwiderstand muss einen Spannungsabfall erzeugen, der genau der Differenz zwischen einer maximal zu messenden Spannung U_G (Mess-Gerät) und der Vollausschlagspannung U_M (Messwerk) entspricht.

$$\frac{U_M}{U_G} = \frac{R_{iM}}{R_{iM} + R_V} = \frac{1}{n} \qquad \text{bzw.:} \qquad n \cdot R_{iM} = R_{iM} + R_V$$

$$R_V = R_{iM} \cdot (n-1) \tag{4.2}$$

Durch den Vorwiderstand vergrößert sich der resultierende Innenwiderstand der Messanordnung. Der Hersteller von Vielfachmessgeräten gibt dem Anwender einen Umrechnungsfaktor an, der als spannungsbezogener Innenwiderstand (z.B.: $R_{iV}^* / U = 20\ \text{k}\Omega / \text{V}$) bezeichnet wird. Der tatsächliche Innenwiderstand eines Spannungsmessgerätes ergibt sich dann aus dem eingestellten Messbereich MB_U, multipliziert mit dem spannungsbezogenen Innenwiderstand.

$$R_{iG} = MB_U \cdot \frac{R_{iV}^*}{U} \tag{4.3}$$

• **Strommessbereichserweiterung:**

Zur Vergrößerung des messbaren Stromes um den Erweiterungsfaktor n wird zum Messwerk ein Nebenwiderstand R_N parallel geschaltet (Bild 4.2).

Bild 4.2: Schaltung zur Erweiterung des Strommessbereiches

Durch den Widerstand R_N muss die Differenz zwischen dem maximal zu messenden Strom I_G und dem Vollausschlagstrom I_M fließen.

$$\frac{I_M}{I_G} = \frac{R_N}{R_N + R_{iM}} = \frac{1}{n} \qquad \text{bzw.:} \qquad n \cdot R_N = R_N + R_{iM}$$

$$R_N = \frac{R_{iM}}{n-1} \tag{4.4}$$

Lehrbeispiel 4.1:

Ein Messwerk soll in einem Vielfachmessgerät eingesetzt werden. Es hat eine Vollausschlagspannung von $U_M = 100$ mV und einen Vollausschlagstrom von $I_M = 30$ µA.

Berechnen Sie die erforderlichen Widerstände zur Messbereichserweiterung für:

a) einen Spannungsmessbereich von $U_G = 1{,}5$ V

b) einen Strommessbereich von $I_G = 3$ A

Zu a) Die geforderte Messbereichserweiterung wird mit der im Bild 4.1 dargestellten Schaltung vorgenommen. Durch beide Elemente fließt der gleiche Strom I_M (→).

Für die Spannungen gilt: $U_G = U_M + U_V$

$$R_V = \frac{U_V}{I_M} = \frac{U_G - U_M}{I_M} = \frac{1{,}4\ \text{V}}{30\ \mu\text{A}} = 46{,}\bar{6}\ \text{k}\Omega$$

Zu b) Die geforderte Messbereichserweiterung wird mit der im Bild 4.2 dargestellten Schaltung vorgenommen. Über beiden Elementen liegt die gleiche Spannung U_M (→).

ÜB: BB 4.2

Für die Ströme gilt: $I_G = I_M + I_N$

$$R_N = \frac{U_M}{I_N} = \frac{U_M}{I_G - I_M} = \frac{100\ \text{mV}}{3\ \text{A}} = 33{,}\bar{3}\ \text{m}\Omega$$

4.2 Aufnahme von Kennlinien

Das elektrische Verhalten eines Bauelementes kann mit einer oder mehreren Kennlinien (Kap. 6) in sehr übersichtlicher Form beschrieben werden. Zur Aufnahme solcher Kennlinien wird der Zusammenhang zwischen zwei Größen (z.B. Spannung und Strom) unter definierten Randbedingungen in einem vorgegebenen Wertebereich messtechnisch erfasst.

Eine Strom-Spannungs-Kennlinie wird aus einer Reihe von Kombinationsmessungen ermittelt $[I_\nu = f(U_\nu)]$. Die so zu messenden Wertepaare ν $(1 \le \nu \le n)$ werden mit Messgeräten bestimmt, die infolge ihrer Leistungsaufnahme P_M einen nicht vernachlässigbaren Innenwiderstand R_{iM} besitzen. Diese Innenwiderstände verursachen bei Kombinationsmessungen eine Verfälschung der gemessenen Spannung bei einer stromrichtigen Messung bzw. des gemessenen Stromes bei einer spannungsrichtigen Messung. Der Anwender hat die Aufgabe, eine sinnvolle Entscheidung über die jeweils geeignete Messschaltung zu treffen.

4.2.1 Stromrichtige Messung

Als Messobjekt soll ein ohmscher Widerstand R_X betrachtet werden, an dem eine Kombinationsmessung mit der stromrichtigen Messschaltung (Bild 4.3) durchgeführt wird.

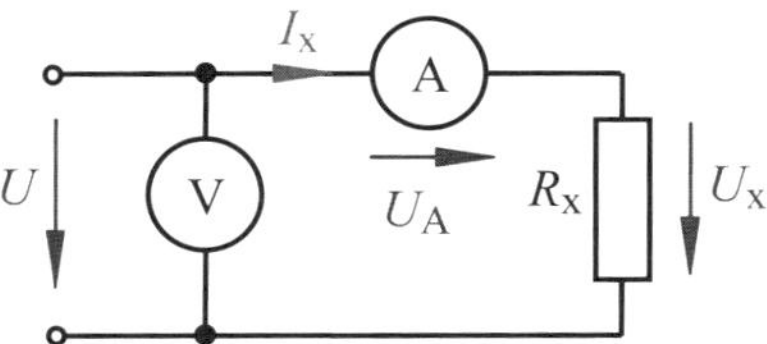

Bild 4.3: Stromrichtige Messung

Für den gemessenen Wert R_X' gilt: $R_X' = \frac{U}{I_X} > R_X = \frac{U_X}{I_X}$

Da die Gesamtspannung U größer als der Spannungsabfall U_X ist, wird ein zu großer Widerstandswert bestimmt. Durch Einsetzen von $U_X = U - U_A$ kann folgende Messwertkorrektur vorgenommen werden:

$$R_X = \frac{U_X}{I_X} = \frac{U - U_A}{I_X} = \frac{U}{I_X} - \frac{U_A}{I_X} = \frac{U}{I_X} - R_{iA}$$

$$R_X = R_X' - R_{iA} \qquad (4.5)$$

Diese Messschaltung sollte man anwenden, wenn der Innenwiderstand des Strommessers viel kleiner als der Widerstand des Messobjektes ist. Dann gilt: $R_X \approx R_X'$.

$$R_{iA} << R_X \tag{4.6}$$

Wenn diese Bedingung nicht oder nur unzureichend erfüllt ist, muss die spannungsrichtige Messschaltung verwendet oder eine Korrekturrechnung mit (4.5) durchgeführt werden. Der Innenwiderstand des Strommessers verfälscht ansonsten das Ergebnis der Messung.

4.2.2 Spannungsrichtige Messung

Nun wird die Messung mit der spannungsrichtigen Messschaltung durchgeführt. Da der Gesamtstrom I größer als der Strom I_X ist, wird für das Messobjekt ein zu kleiner Widerstandswert ermittelt.

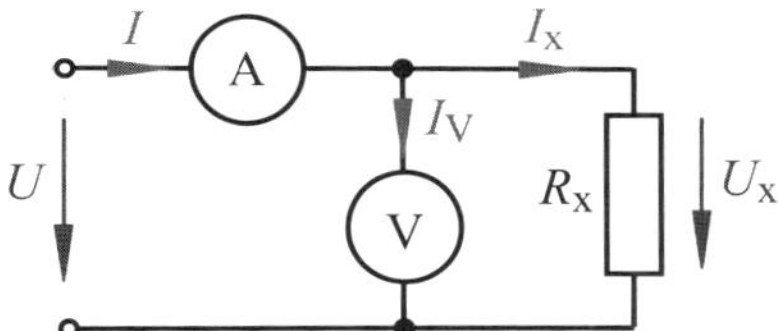

Bild 4.4: Spannungsrichtige Messung

Für den gemessenen Wert R_X'' gilt: $R_X'' = \frac{U_X}{I} < R_X = \frac{U_X}{I_X}$

Durch Einsetzen von $I_X = I - I_V$ ist wieder eine Messwertkorrektur möglich.

$$R_X = \frac{U_X}{I_X} = \frac{U_X}{I - I_V} = \frac{1}{\frac{I}{U_X} - \frac{I_V}{U_X}}$$

$$R_X = \frac{1}{\frac{1}{R_X''} - \frac{1}{R_{iV}}} \tag{4.7}$$

Diese Messschaltung sollte man anwenden, wenn der Innenwiderstand des Spannungsmessers viel größer als der Widerstand des Messobjektes ist. Dann gilt: $R_X \approx R_X''$.

$$R_{iV} >> R_X \tag{4.8}$$

Wenn diese Bedingung nicht oder nur unzureichend erfüllt ist, muss die stromrichtige Messschaltung verwendet oder eine Korrekturrechnung mit Gleich. (4.7) durchgeführt werden. Der Innenwiderstand des Voltmeters verfälscht ansonsten das Ergebnis der Messung.

Lehrbeispiel 4.2:

Welche Widerstandswerte ermittelt man für R_X (siehe Tabelle 4.1) mit der spannungsrichtigen (R_X'') und der stromrichtigen (R_X') Messung? *Geg.*: $R_{iA} = 2\ \Omega$ und $R_{iV} = 50\ \text{k}\Omega$

Tabelle 4.1: Lösungen zum Lehrbeispiel 4.2

R_X	$R_X'' = R_X \,//\, R_{iV}$		$R_X' = R_X + R_{iA}$	
1 Ω	1 Ω	✓	3 Ω	
10 Ω	9,99 Ω	✓	12 Ω	
100 Ω	99,8 Ω	✓	102 Ω	
1 kΩ	980,4 Ω		1002 Ω	✓
10 kΩ	8,33 kΩ		10002 Ω	✓
100 kΩ	33,33 kΩ		100 kΩ	✓

Das Häkchen (✓) soll auf die jeweils günstigere Messschaltung hinweisen:

Spannungsrichtig: $R_X'' = R_X \,//\, R_{iV}$

Stromrichtig: $R_X' = R_X + R_{iA}$

4.3 Messgeräte mit Nullindikator

Messtechnische Anordnungen mit Nullabgleich arbeiten nach der Kompensationsmethode. Ihr Messprinzip ist mit der Funktion einer Balkenwaage vergleichbar. Dort wird ein Massevergleich mit dem Ziel des Gleichgewichts einer unbekannten Masse mit einem Normal durchgeführt. Bei einer Kompensatorschaltung werden die Werte zweier Spannungsquellen auf der Grundlage der Spannungsteilerregel miteinander verglichen. Diese Schaltung wird z.B. zur sehr genauen Messung von Spannungen eingesetzt (Bild 4.5).

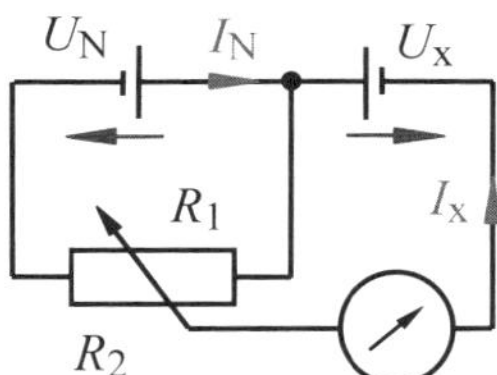

Bild 4.5: Prinzip einer Kompensatorschaltung

Mit dem Widerstandsverhältnis R_1/R_2 muss die Anordnung so abgeglichen werden, dass der Strom I_X null wird. Dann fließt in der Schaltung nur noch ein Strom I_N, und die Spannungsteilerregel liefert eine Aussage zum unbekannten Spannungswert U_X.

$$U_X = U_N \cdot \frac{R_1}{R_1 + R_2} \qquad (4.9)$$

Besteht die Schaltung dagegen aus parallelen Zweigen, die in der Mitte durch einen Querzweig verbunden sind (Brückenzweig zwischen den Punkten C und D im Bild 4.6), handelt es sich um eine Brückenschaltung.

Eine typische Messanordnung dieser Art ist die WHEATSTONEsche Brückenschaltung. Sie wird im Gleichstromkreis zur Messung von unbekannten Widerstandswerten R_x eingesetzt. Im unabgeglichenen Zustand (Bild 4.6) fließt ein Strom I_G durch das Galvanometer im Querzweig der Brücke. Ein Galvanometer ist ein Strommesser mit beidseitigem Ausschlag und der Nullpunktanzeige in der Skalenmitte.

ÜB: BB 4.4

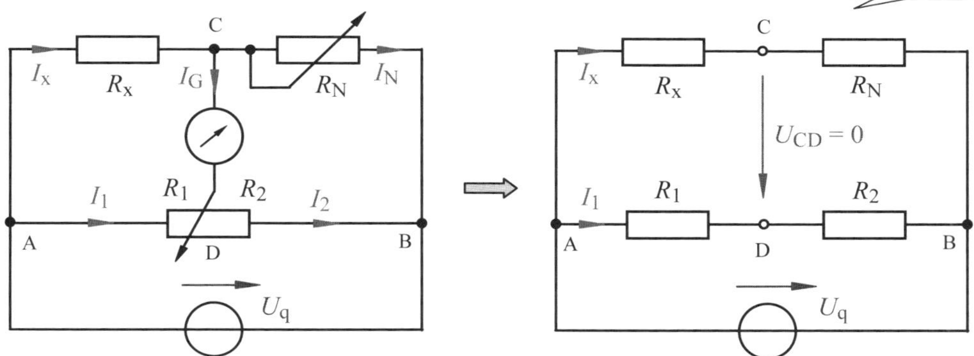

Bild 4.6: WHEATSTONEsche Brückenschaltung

Bild 4.7: Abgeglichene Brückenschaltung

Durch Veränderung des Normalwiderstandes R_N (Grobabgleich) und des Widerstandsverhältnisses R_1/R_2 (Feinabgleich) kann der Strom im Querzweig der Brücke auf $I_G = 0$ abgeglichen werden. Dieser abgeglichene Zustand vereinfacht die Schaltung (Bild 4.7), in der das Potential im Punkt C gleich dem Potential des Punktes D ist ($U_{CD} = 0$).

Im oberen Zweig und im mittleren Zweig fließt jetzt jeweils nur noch ein Strom. Wenn die Potentialdifferenz zwischen den Punkten C und D null ist ($U_{CD} = 0$), sind die Spannungen über R_x und R_1 gleich groß. Gleiches gilt für die Spannungen über R_N und R_2. Dann muss auch das Verhältnis der beiden Spannungen in der oberen Reihenschaltung gleich dem Verhältnis der beiden Spannungen in der unteren Reihenschaltung sein. Es gilt:

$$\frac{U_x}{U_N} = \frac{U_1}{U_2} \quad \text{bzw.} \quad \frac{I_x \cdot R_x}{I_x \cdot R_N} = \frac{I_1 \cdot R_1}{I_1 \cdot R_2}$$

Durch Kürzen der Ströme erhält man die so genannte Brückengleichung.

ÜB: BB 6.5

$$R_x = R_N \cdot \frac{R_1}{R_2} \tag{4.10}$$

Danach errechnet sich ein unbekannter Widerstand aus einem Normalwiderstand R_N, der die Größenordnung des Messobjektes (z.B. 10 Ω, 100 Ω, 1 kΩ, 10 kΩ, ...) angibt und bei einer Brücke als Messbereich eingestellt werden kann, multipliziert mit einem Widerstandsverhältnis R_1/R_2 (Ziffernfolge des gesuchten Widerstandswertes).

Ein weiteres typisches Messgerät mit Nullindikator ist die THOMSONsche Brückenschaltung. Diese Brücke wird zur Messung niederohmiger Widerstände R_x (z.B. für Leitungswiderstände – dicke Linien im Bild 4.8) eingesetzt. Der Widerstand R_N ist ein niederohmiger Präzisionswiderstand. Die Brücke wird mit den Widerständen R_1 und R_3 abgeglichen. Durch Verwendung eines Tandem-Potentiometers (zwei gleiche einstellbare Widerstände auf einer Welle) gilt: $R_1 = R_3$. Die Brückenschaltung wird so dimensioniert, dass R_2 gleich R_4 ist.

Lehrbeispiel 4.3:

Leiten Sie für eine THOMSONsche Brücke die allgemeine Berechnungsvorschrift für den unbekannten Widerstand R_x her. Für die Widerstände der Leitungen gilt: (R_5 bis R_7) << (R_1 bis R_4).

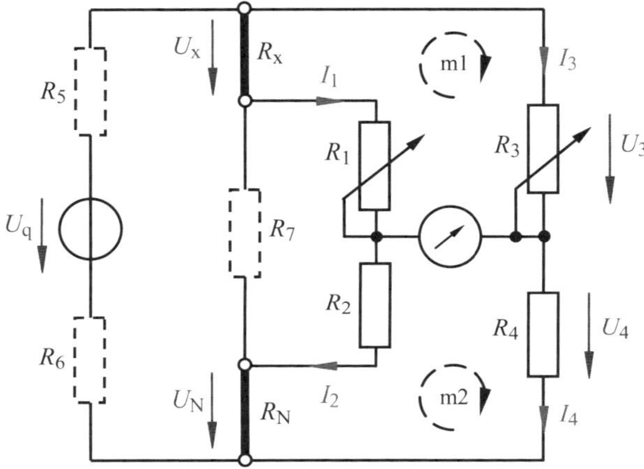

Bild 4.8: THOMSONsche Brücke

Im abgeglichenen Zustand ($I_G = 0$) gilt: $I_1 = I_2$ sowie: $I_3 = I_4$ und: $I_x = I_N$

Durch Bestimmung der Spannung U_x kann eine Berechnungsvorschrift für R_x gefunden werden.

Für die Masche m1 gilt: $U_3(\downarrow) - U_1(\downarrow) - U_x(\downarrow) = 0$

$$U_x = U_3 - U_1 \quad \Rightarrow \quad I_x \cdot R_x = I_3 \cdot R_3 - I_1 \cdot R_1$$

$$R_x = \frac{I_3 \cdot R_3 - I_1 \cdot R_1}{I_x} = \frac{I_3 \cdot R_3 - I_1 \cdot R_1}{I_N} \qquad (*)$$

Zur Berechnung von $I_x = I_N$ dient die Spannung U_4, die über die Masche m2 bestimmt wird:

$$U_4(\downarrow) - U_N(\downarrow) - U_2(\downarrow) = 0$$

$$U_4 = U_N + U_2 \quad \Rightarrow \quad I_4 \cdot R_4 = I_N \cdot R_N + I_2 \cdot R_2 \quad \text{mit:} \quad I_1 = I_2 \quad \text{und: } I_3 = I_4$$

$$I_3 \cdot R_4 = I_N \cdot R_N + I_1 \cdot R_2$$

Durch Einsetzen und Umstellen erhält man $I_N = I_x$: $I_N = \dfrac{I_3 \cdot R_4 - I_1 \cdot R_2}{R_N}$ [in Gleich. (*) einsetzen]:

$$R_x = \frac{I_3 \cdot R_3 - I_1 \cdot R_1}{I_N} = R_N \cdot \frac{I_3 \cdot R_3 - I_1 \cdot R_1}{I_3 \cdot R_4 - I_1 \cdot R_2}$$

Mit $R_1 = R_3$ (Tandem-Potentiometer) und $R_2 = R_4$ (Dimensionierung) ergibt sich Gleich. (4.10).

$$R_x = R_N \cdot \frac{I_3 \cdot R_1 - I_1 \cdot R_1}{I_3 \cdot R_2 - I_1 \cdot R_2} = R_N \cdot \frac{(I_3 - I_1) \cdot R_1}{(I_3 - I_1) \cdot R_2} = R_N \cdot \frac{R_1}{R_2}$$

4.4 Allgemeine Berechnung von Brückenschaltungen

In vielen Bereichen der allgemeinen Elektrotechnik findet man brückenähnliche schaltungstechnische Konfigurationen, die sich auf eine schaltungstechnische Struktur zurückführen lassen, die der WHEATSTONEschen Brückenschaltung im nicht abgeglichenen Zustand entspricht (Bild 4.9). Der Widerstand R_5 im Bild 4.9 (rechts) soll den Innenwiderstand des Strommessers nachbilden. Solche Strukturen bestehen aus:

→ zwei Widerstandsdreiecken ($R_3 - R_5 - R_1$) bzw. ($R_4 - R_2 - R_5$) im Bild 4.9 (rechts) und

→ zwei Widerstandssternen ($R_1 - R_5 - R_2$) bzw. ($R_3 - R_4 - R_5$) im Bild 4.9 (rechts).

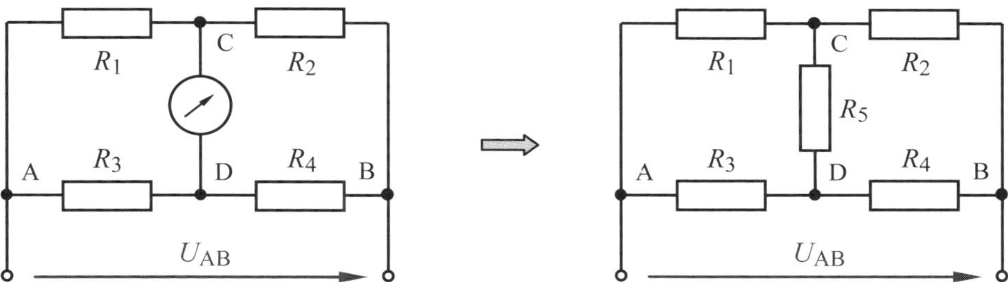

Bild 4.9: Brückenkonfiguration

Für solche Schaltungen kann z.B. der Gesamtwiderstand R_{AB} nicht direkt bestimmt werden. Es ist demzufolge notwendig, eines der beiden Dreiecke (A – D – C) oder (D – B – C) in eine Sternschaltung oder einen der beiden Sterne (C oder D) in eine Dreieckschaltung umzurechnen. Dann kann der Ansatz für R_{AB} direkt aus der Schaltung abgelesen werden.

4.4.1 Allgemeine Umrechnung in eine Sternschaltung

Ausgangspunkt für die weiteren Betrachtungen ist eine beliebige Dreipolschaltung. Die innere schaltungstechnische Konfiguration sei nicht bekannt (Bild 4.10). Eine solche Dreipolschaltung kann z.B. durch eine Sternschaltung nachgebildet werden (Bild 4.11). Dazu ist es zunächst erforderlich, die drei Anschlussklemmen einheitlich zu bezeichnen.

Diese Nachbildung wird zur Ersatzschaltung, wenn beide Konfigurationen an allen drei Anschlusspunkten (A, B und C) gleiches elektrisches Verhalten aufweisen. Dann kann die Ersatzschaltung die Aufgabe der originalen Dreipolschaltung übernehmen.

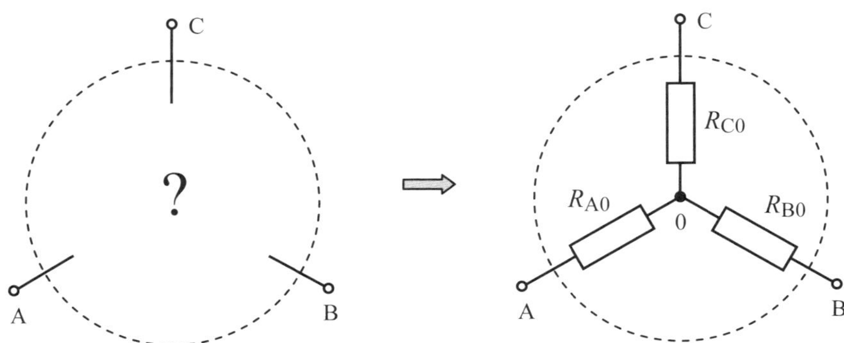

Bild 4.10: Allgemeine Dreipolschaltung

Bild 4.11: Umrechnung in eine Sternschaltung

Dieses gleiche elektrische Verhalten (schaltungstechnische Äquivalenz) ist nur möglich, wenn die Widerstände beider Schaltungen zwischen den Punkten A und B sowie zwischen B und C und auch zwischen den Punkten A und C gleich sind.

$R_{AB} = R_{A0} + R_{B0}$ (Punkt C offen)

$R_{BC} = R_{B0} + R_{C0}$ (Punkt A offen)

$R_{AC} = R_{A0} + R_{C0}$ (Punkt B offen)

Geht man davon aus, dass die Widerstände R_{AB}, R_{BC} und R_{AC} gemessene Werte der strukturell unbekannten Dreipolschaltung (Bild 4.10) sind, so können die Aufbauwiderstände der Ersatzschaltung wie folgt aus den Messwerten berechnet werden:

Zunächst wird die erste Gleichung nach R_{A0} und die zweite Gleichung nach R_{C0} umgestellt.

$$R_{A0} = R_{AB} - R_{B0} \tag{4.11}$$

$$R_{C0} = R_{BC} - R_{B0} \tag{4.12}$$

Diese Ergebnisse werden in die dritte Gleichung eingesetzt:

$$R_{AC} = R_{AB} - R_{B0} + R_{BC} - R_{B0}$$

Durch Umstellen nach R_{B0} erhält man:

$$R_{B0} = \frac{R_{AB} + R_{BC} - R_{AC}}{2} \tag{4.13}$$

Setzt man nun die Gleich. (4.13) in die Gleich. (4.11) bzw. (4.12) ein, kann man auch die beiden anderen Ersatzwiderstände berechnen.

$$R_{A0} = \frac{R_{AB} + R_{AC} - R_{BC}}{2} \tag{4.14}$$

$$R_{C0} = \frac{R_{AC} + R_{BC} - R_{AB}}{2} \tag{4.15}$$

4.4.2 Dreieck-Stern-Transformation

Zur Umrechnung einer Dreieckschaltung in eine äquivalente Sternschaltung (und umgekehrt) benötigt man eine allgemeingültige Berechnungsvorschrift, die auch als Transformation bezeichnet wird.

Die Widerstände der Sternschaltung treffen sich im Sternpunkt 0. Ihre Indizierung ist demzufolge in eindeutiger Form möglich. Die Widerstände der Dreieckschaltung dürfen dagegen nicht mit den Bezeichnungen ihrer Anschlussklemmen indiziert werden. Der Gesamtwiderstand (z.B.) zwischen den Punkten A und C im Bild 4.12 errechnet sich wie folgt: $R_{AC} = R_b //(R_a + R_c)$. Aus diesem Grund werden die einzelnen Aufbauwiderstände der Dreieckschaltung mit der Klemmenbezeichnung des gegenüber liegenden Punktes indiziert. Zur Vermeidung von Verwechslungen wird zusätzlich ein Kleinbuchstabe verwendet.

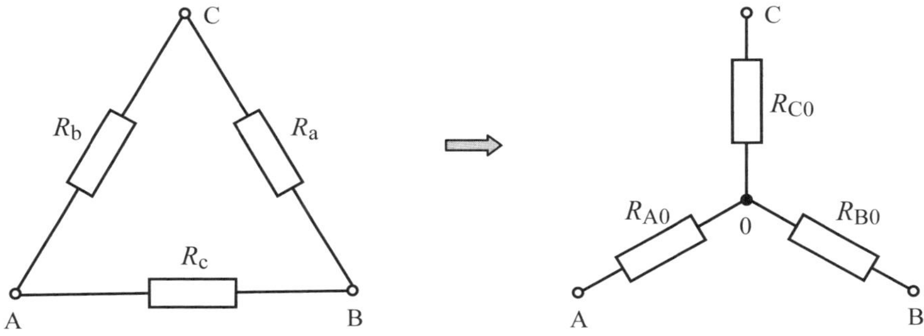

Bild 4.12: Dreieck-Stern-Umwandlung

Beide Anordnungen sind wieder zueinander schaltungstechnisch äquivalent, wenn sie an allen drei Anschlusspunkten gleiches elektrisches Verhalten aufweisen. Demzufolge müssen zwischen jeweils zwei Anschlüssen gleiche Widerstandsverhältnisse vorliegen. Es gilt:

A – B: $R_c //(R_b + R_a) = R_{A0} + R_{B0}$ B – C: $R_a //(R_c + R_b) = R_{B0} + R_{C0}$

C – A: $R_b //(R_c + R_a) = R_{A0} + R_{C0}$

Durch Lösung dieses Gleichungssystems findet man Bestimmungsgleichungen zur Berechnung der unbekannten Widerstände R_{A0}, R_{B0} und R_{C0}. Diese Ergebnisse sind aber auch durch Überlegung ableitbar, wenn man die Parallelzeichen auflöst.

$$\frac{R_b \cdot R_c + R_a \cdot R_c}{R_a + R_b + R_c} = R_{A0} + R_{B0}$$

$$\frac{R_a \cdot R_c + R_a \cdot R_b}{R_a + R_b + R_c} = R_{B0} + R_{C0}$$

$$\frac{R_b \cdot R_c + R_a \cdot R_b}{R_a + R_b + R_c} = R_{A0} + R_{C0}$$

Die linken Seiten der drei Gleichungen unterscheiden sich nur im Zähler. Auf beiden Seiten jeder Gleichung stehen jeweils zwei Summanden. Bei näherer Betrachtung der ersten beiden Gleichungen stellt man fest, dass immer ein Summand der linken Seite gleich einem der beiden Summanden auf der rechten Seite ist. Die dritte Gleichung liefert mit der Probe die Bestätigung der Richtigkeit der angestellten Überlegung.

$$R_{A0} = \frac{R_b \cdot R_c}{R_a + R_b + R_c} \tag{4.16}$$

$$R_{B0} = \frac{R_a \cdot R_c}{R_a + R_b + R_c} \tag{4.17}$$

$$R_{C0} = \frac{R_a \cdot R_b}{R_a + R_b + R_c} \tag{4.18}$$

Der Anwender solcher Umrechnungen ist nun nicht vorrangig an Zusammenstellungen von Formeln interessiert. Er benötigt vielmehr das Wissen über die allgemeingültigen Gesetzmäßigkeiten, die einer solchen Transformation zu Grunde liegen (Transformationsregeln).

Denkt man sich die beiden Ersatzschaltungen des Bildes 4.12 übereinander geblendet, so erkennt man die Aussage dieser Transformationsregel:

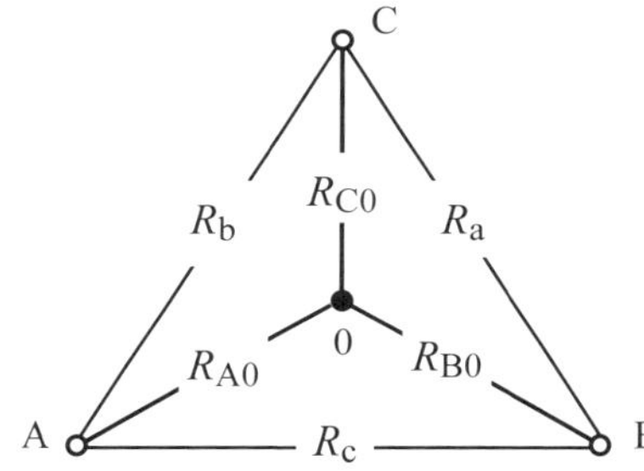

Ein Sternwiderstand ergibt sich aus dem Produkt der beiden (am betrachteten Punkt angeschlossenen) Dreieckswiderstände, dividiert durch die Summe aller drei Dreieckswiderstände.

Bild 4.13: Modell zur Dreieck-Stern-Umwandlung

Lehrbeispiel 4.4:

Lesen Sie mit dem Modell im Bild 4.13 die transformierten Sternwiderstände der linken Masche des Bildes 4.9 (nicht abgeglichene Brückenkonfiguration) ab.

ÜB: BB 4.5

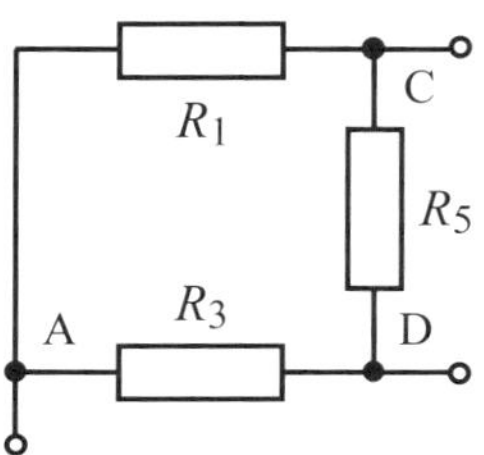

Bild 4.14: Auszug aus Bild 4.9

$$R_{A0} = \frac{R_1 \cdot R_3}{R_1 + R_3 + R_5}$$

$$R_{D0} = \frac{R_3 \cdot R_5}{R_1 + R_3 + R_5}$$

$$R_{C0} = \frac{R_1 \cdot R_5}{R_1 + R_3 + R_5}$$

4.4.3 Stern-Dreieck-Transformation

Die Umrechnung von Stern nach Dreieck kann analog zum Abschnitt 4.4.2 vorgenommen werden, wenn statt der Widerstände jetzt mit Leitwerten gearbeitet wird.

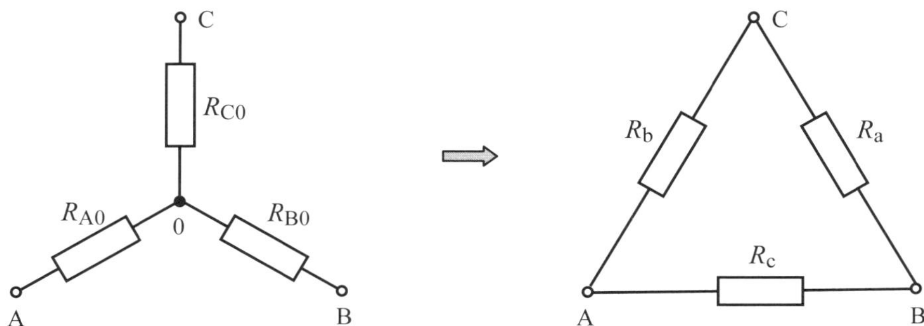

Bild 4.15: Stern-Dreieck-Umwandlung

$$G_a = \frac{G_{B0} \cdot G_{C0}}{G_{A0} + G_{B0} + G_{C0}} \tag{4.19}$$

$$G_b = \frac{G_{A0} \cdot G_{C0}}{G_{A0} + G_{B0} + G_{C0}} \tag{4.20}$$

$$G_c = \frac{G_{A0} \cdot G_{B0}}{G_{A0} + G_{B0} + G_{C0}} \tag{4.21}$$

Um das Rechnen mit Leitwerten zu umgehen, kann auch eine andere Berechnungsvorschrift hergeleitet werden. Als Ausgangspunkt wählt man die Gleichungen (4.16) bis (4.18). Durch Multiplikation von jeweils zwei dieser drei Gleichungen und Addition der drei Ergebnisse erhält man:

$$R_{A0} \cdot R_{B0} + R_{B0} \cdot R_{C0} + R_{A0} \cdot R_{C0} = \frac{R_a R_b R_c^2 + R_a^2 R_b R_c + R_a R_b^2 R_c}{(R_a + R_b + R_c)^2}$$

$$R_{A0} \cdot R_{B0} + R_{B0} \cdot R_{C0} + R_{A0} \cdot R_{C0} = = \frac{R_a R_b R_c (R_a + R_b + R_c)}{(R_a + R_b + R_c)^2}$$

$$R_{A0} \cdot R_{B0} + R_{B0} \cdot R_{C0} + R_{A0} \cdot R_{C0} = = \frac{R_a R_b R_c}{R_a + R_b + R_c} = R_a \cdot \frac{R_b R_c}{R_a + R_b + R_c}$$

Ein wiederholtes Einsetzen der Gleichungen (4.16) bis (4.18) führt zu einer Vorschrift zur Berechnung der Dreieckswiderstände aus den Sternwiderständen.

$$R_{A0} R_{B0} + R_{B0} R_{C0} + R_{A0} R_{C0} = R_a R_{A0} = R_b R_{B0} = R_c R_{C0}$$

$$R_a = \frac{R_{A0}R_{B0} + R_{B0}R_{C0} + R_{A0}R_{C0}}{R_{A0}} \tag{4.22}$$

$$R_b = \frac{R_{A0}R_{B0} + R_{B0}R_{C0} + R_{A0}R_{C0}}{R_{B0}} \tag{4.23}$$

$$R_c = \frac{R_{A0}R_{B0} + R_{B0}R_{C0} + R_{A0}R_{C0}}{R_{C0}} \tag{4.24}$$

Auch aus diesen Gleichungen kann eine allgemeingültige Transformationsregel abgeleitet werden. Es gilt wieder das im Bild 4.13 dargestellte Modell:

> Ein Dreieckswiderstand ergibt sich aus der Summe der möglichen Produkte jeweils zweier Sternwiderstände, dividiert durch den gegenüber liegenden Sternwiderstand.

Lehrbeispiel 4.5:

Rechnen Sie den Stern C des Bildes 4.9 in eine äquivalente Dreieckschaltung um.

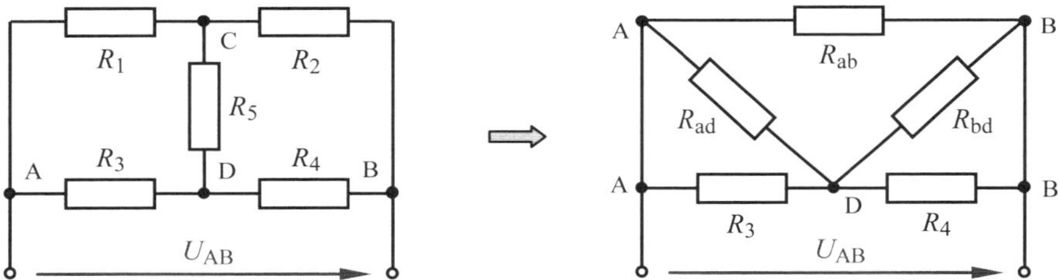

Bild 4.16: Stern-Dreieck-Umwandlung im Lehrbeispiel 4.5

Durch diese Transformation existiert der Sternpunkt C nicht mehr. Die Widerstände der äquivalenten Dreieckschaltung verbinden nun die Punkte A – D, B – D und A – B. Sie werden zur Vermeidung von Verwechselungen gemäß Abschn. 4.4.2 mit Kleinbuchstaben indiziert.

Durch Anwendung der Transformationsregel erhält man:

$$R_{ad} = \frac{R_1R_2 + R_1R_5 + R_2R_5}{R_2}$$

$$R_{bd} = \frac{R_1R_2 + R_1R_5 + R_2R_5}{R_1}$$

$$R_{ab} = \frac{R_1R_2 + R_1R_5 + R_2R_5}{R_5}$$

ÜB: BB 4.6

Die Anwendung des Modells im Bild 4.13 erspart den mühseligen Umgang mit den Gleich. (4.22) bis (4.24) bzw. das Rechnen mit Leitwerten gemäß Gleich. (4.19) bis (4.21).

5 Verfahren zur Berechnung linearer Netzwerke

5.1 Netzwerkberechnung nach KIRCHHOFF

Mit den KIRCHHOFFschen Sätzen können lineare oder nichtlineare Netzwerke, in denen zeitinvariante oder zeitlich veränderliche Vorgänge ablaufen, beschrieben werden. Damit steht dem Schaltungstechniker ein allgemeingültiges und zuverlässiges Berechnungsverfahren zur Verfügung.

Die Grundlage für die Berechnung eines Netzwerkes bildet ein Gleichungssystem, das mit dem Maschensatz und dem Knotenpunktsatz [Gleich. (2.4) und (2.5) – siehe auch Gleich. (5.1)] aufgestellt wird. Die Variablen in diesem Gleichungssystem sollten die Zweigströme sein. Da ihre Anzahl im Vergleich zu den Spannungsabfällen kleiner bzw. gleich ist, wird somit der Umfang des Gleichungssystems minimal.

$$\sum_{\nu=1}^{n} U_\nu = 0 \qquad \sum_{\nu=1}^{n} I_\nu = 0 \qquad (5.1)$$

In elektrischen Netzwerken unterscheidet man zwischen unabhängigen und abhängigen Maschen. Unabhängige Maschen liefern relevante Aussagen über das Netzwerk. Abhängige Maschengleichungen tragen dagegen redundante Information, da sie Linearkombinationen zweier oder mehrerer anderer Maschengleichungen darstellen.

ÜB: BB 2.2

Eine beliebige (von k möglichen) Knotenpunktgleichung stellt immer die Linearkombination mehrerer anderer Knotenpunktgleichungen dar. Für das Gleichungssystem dürfen somit nur $(k-1)$ Knotenpunktgleichungen verwendet werden.

Zur Aufstellung des Gleichungssystems ist eine Netzwerkanalyse erforderlich (vgl. Begriffe im Abschn. 3.1), die mit folgenden Schritten durchgeführt wird:

- Einzeichnen der Zählpfeile für alle Quellen gemäß ihrer aktuellen Polarität.

- Festlegung der Richtung der Zählpfeile für alle z Zweigströme (wählbar).

Die Anzahl der Zweigströme gibt die Anzahl der Unbekannten und damit die Anzahl der Gleichungen an. Sollten statt der Zweigströme die Spannungsabfälle über ausgewählten Widerständen gesucht sein, muss nach Lösung des Gleichungssystems zusätzlich das OHMsche Gesetz in die Berechnung einbezogen werden.

- Skizzieren des Graphen des Netzwerkes und Angabe des vollständigen Baumes.

Der Graph stellt die idealisierte Struktur eines Netzwerkes (Zweige ohne Bauelemente) dar. Ein vollständiger Baum entsteht aus dem Graphen eines Netzwerkes, wenn alle echten Knotenpunkte miteinander verbunden werden. Dabei darf kein geschlossener Umlauf entstehen. Die Anwendung der Baummethode dient zur Ermittlung der unabhängigen Maschen und wird erst bei größeren Netzwerken (vgl. Abschn. 5.4) notwendig. Netzwerke mit bis zu drei inneren Umläufen (z.B. Lehrbeispiel 5.1) sind noch ohne Baum analysierbar.

- Festlegung des Umlaufsinnes der unabhängigen Maschen m (wählbar). ÜB: BB 5.4

Ein Umlauf liefert immer dann eine unabhängige Maschengleichung, wenn er im Graph des Netzwerkes an einer beliebigen Stelle des vollständigen Baumes über einen unabhängigen Zweig (Verbindungszweig – gehört nicht zum Baum) eine Masche erstmalig schließt. Für weitere unabhängige Maschen steht dieser Zweig nun nicht mehr als unabhängiger Zweig zur Verfügung.

ÜB: BB 5.2

- Aufstellen von $(k-1)$ unabhängigen Knotenpunktgleichungen.
- Aufstellen von $m = z-(k-1)$ unabhängigen Maschengleichungen.

Das so aufgestellte Gleichungssystem ist nun über ein geeignetes Verfahren zu lösen. Im Ergebnis erhält man eine Aussage über den Betrag (Zahlenwert) und die Richtung (Vorzeichen) aller Zweigströme des Netzwerkes. Ein negativer Zweigstrom fließt gegen die vom Anwender gewählte Richtung (Stromzählpfeil).

♦ Es gilt die Regel, dass nach erfolgter Richtungsfestlegung keine Änderung der Zählpfeile mehr vorgenommen werden sollte. Ein negativer Strom signalisiert eben die Tatsache, dass im Falle einer messtechnischen Überprüfung der Strommesser genau entgegengesetzt zur gewählten Stromrichtung einzuschalten ist.

Lehrbeispiel 5.1:

Leiten Sie eine allgemeine Berechnungsvorschrift zur Bestimmung aller Zweigströme im Netzwerk des Bildes 5.1 her. *Geg.*: U_A, U_B, U_C sowie: R_1, R_2 und R_3

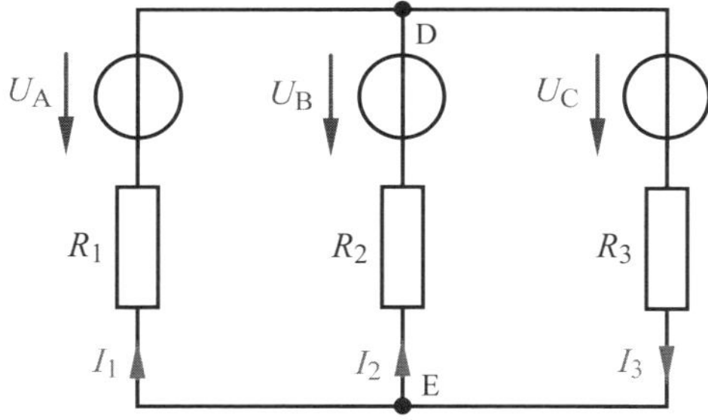

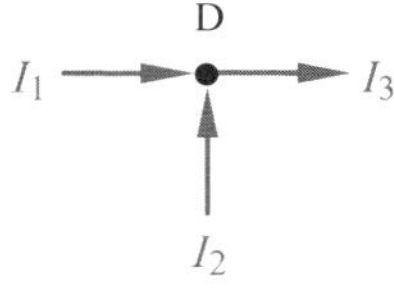

Bild 5.1: Netzwerk zum Lehrbeispiel 5.1

ÜB: BB 5.3

Zur Berechnung der gesuchten Zweigströme sind drei Gleichungen erforderlich. Bei zwei Knotenpunkten darf nur eine Knotenpunktgleichung $(k-1)$ verwendet werden.
Für den oberen Knotenpunkt D gilt: $I_1 + I_2 - I_3 = 0$

In diesem einfachen Beispiel kann leicht nachgewiesen werden, dass die aus dem unteren Knotenpunkt E abgeleitete Gleichung zu einer Linearkombination der Gleichung (D) mit dem Faktor (–1) führt und nicht im Gleichungssystem verwendet werden darf.

Die restlichen zwei Gleichungen sind nun über den Maschensatz zu bestimmen. Der Baum wäre hier z.B. der Mittelzweig. Die beiden äußeren Zweige sind dann die Verbindungszweige. Bei diesem einfachen und übersichtlichen Netzwerk kann durchaus auf die Ermittlung der unabhängigen Maschen mit der Baummethode verzichtet werden. Die beiden inneren Umläufe sind hier ganz sicher unabhängige Maschen und sollen im Uhrzeigersinn analysiert werden.

ÜB: BB 5.1

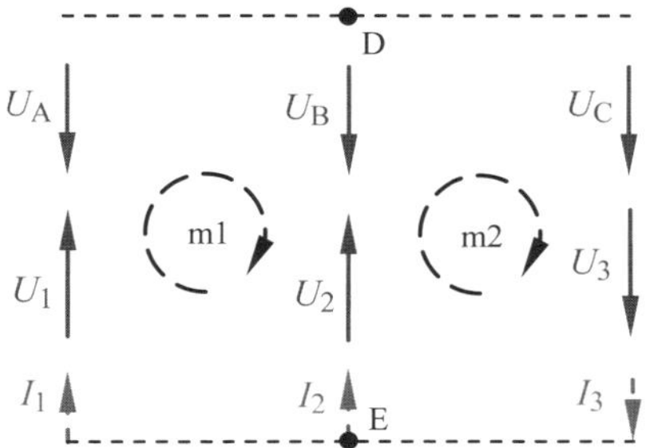

Bild 5.2: Handhabung des Maschensatzes im Lehrbeispiel 5.1

(m1) $\quad -U_A + U_B - U_2 + U_1 = 0$

(m2) $\quad -U_B + U_C + U_3 + U_2 = 0$

Mit $U_R = I \cdot R$ erhält man das folgende Gleichungssystem für die drei Zweigströme:

(D) $\quad I_1 + I_2 - I_3 = 0$

(m1) $\quad I_1 \cdot R_1 - I_2 \cdot R_2 = U_A - U_B$

(m2) $\quad I_2 \cdot R_2 + I_3 \cdot R_3 = U_B - U_C$

Dieses Gleichungssystem soll nun durch Anwendung des Einsetzverfahrens gelöst werden. Dazu wird zunächst die Knotenpunktgleichung (D) nach $I_3 = I_1 + I_2$ umgestellt und in die Maschengleichung (m2) eingesetzt:

(m2) $\quad I_2 \cdot R_2 + I_1 \cdot R_3 + I_2 \cdot R_3 = U_B - U_C$

Stellt man nun noch die Maschengleichung (m1) nach I_1 um:

(m1) $\quad I_1 = \dfrac{U_A - U_B + I_2 \cdot R_2}{R_1}$ $\quad$ und setzt das Ergebnis in (m2) ein,

$$I_2 \cdot (R_2 + R_3) + \frac{U_A - U_B + I_2 \cdot R_2}{R_1} \cdot R_3 = U_B - U_C$$

ergibt sich durch Umstellen nach I_2: $\quad I_2 \cdot (R_2 + R_3 + \dfrac{R_2}{R_1} \cdot R_3) = U_B - U_C - \dfrac{U_A - U_B}{R_1} \cdot R_3$

$$I_2 = \frac{U_B - U_C - \dfrac{U_A - U_B}{R_1} \cdot R_3}{R_2 + R_3 + \dfrac{R_2}{R_1} \cdot R_3}$$

Nach Beseitigung der Doppelbrüche erhält man folgendes Ergebnis:

$$I_2 = \frac{-U_A \cdot R_3 + U_B \cdot (R_1 + R_3) - U_C \cdot R_1}{R_1 \cdot R_2 + R_1 \cdot R_3 + R_2 \cdot R_3} \qquad (5.2)$$

Durch Einsetzen dieses Teilergebnisses in die Gleichungen (D) und (m1) können dann die anderen beiden Zweigströme bestimmt werden:

$$I_1 = \frac{U_A \cdot (R_2 + R_3) - U_B \cdot R_3 - U_C \cdot R_2}{R_1 \cdot R_2 + R_1 \cdot R_3 + R_2 \cdot R_3} \tag{5.3}$$

$$I_3 = \frac{U_A \cdot R_2 + U_B \cdot R_1 - U_C \cdot (R_1 + R_2)}{R_1 \cdot R_2 + R_1 \cdot R_3 + R_2 \cdot R_3} \tag{5.4}$$

• **Zahlenbeispiel:**

Für $U_A = 24$ V, $U_B = 12$ V und $U_C = 5$ V sowie $R_1 = R_2 = R_3 = 1$ kΩ würden sich folgende Zweigströme im Netzwerk ergeben:

$$I_1 = \frac{31}{3}\text{ mA} = 10{,}\overline{3}\text{ mA}\,; \qquad I_2 = -\frac{5}{3}\text{ mA} = -1{,}\overline{6}\text{ mA}\,; \qquad I_3 = \frac{26}{3}\text{ mA} = 8{,}\overline{6}\text{ mA}$$

Probe: $I_3 = I_1 + I_2 = 8{,}\overline{6}\text{ mA}$

5.2 Der HELMHOLTZsche Überlagerungssatz

Diesem Verfahren liegt die Überlegung zugrunde, dass jede Quelle in einem elektrischen Netzwerk einen spezifischen Beitrag zu jedem Zweigstrom des Netzwerkes leistet. Durch die vorzeichenbehaftete Überlagerung (Superposition) dieser einzelnen Beiträge kann ein gesuchter Zweigstrom (allerdings nur in einem linearen Netzwerk) ermittelt werden.

Die Berechnung der einzelnen Beiträge gelingt mit der Stromteilerregel und dem OHMschen Gesetz. Da immer nur eine Quelle im Netzwerk betrachtet wird, sind alle anderen Quellen während der Rechnung wie folgt unwirksam zu machen:

ÜB: BB 5.5

- Spannungsquelle durch Kurzschluss
- Stromquelle durch Leerlauf.

Der Vorteil dieses Verfahrens im Vergleich zur Anwendung der KIRCHHOFFschen Sätze besteht darin, dass nicht immer alle Zweigströme eines Netzwerkes berechnet werden müssen. In der Praxis sind meist nur wenige ausgewählte Zweigströme (z.B. bei Leistungsbetrachtungen) interessant.

ÜB: BB 5.6

Besonders geeignet ist der Überlagerungssatz zur Berechnung von Kurzschlussströmen (vgl. Abschn. 5.3: Zweipoltheorie).

Die Grenzen für dieses Verfahren ergeben sich aus der Größe und der jeweiligen schaltungstechnischen Konfiguration des zu berechnenden Netzwerkes. Hier gilt die Regel, dass mit diesem Verfahren nur Zweigströme berechnet werden sollten, die durch einfache oder doppelte Stromteilungen entstehen. Ansonsten ergeben sich zu große und zu unübersichtliche Lösungsansätze. In solchen Fällen sollte der Anwender ein geeignetes Analyseverfahren zur Berechnung linearer Netzwerke (vgl. auch Abschn. 5.4) benutzen.

Lehrbeispiel 5.2:

Bestimmen Sie durch Anwendung des Überlagerungssatzes den Strom durch den Widerstand R_3 in Form einer allgemeinen Lösung. *Geg.*: U_A, U_B, U_C sowie R_1, R_2 und R_3

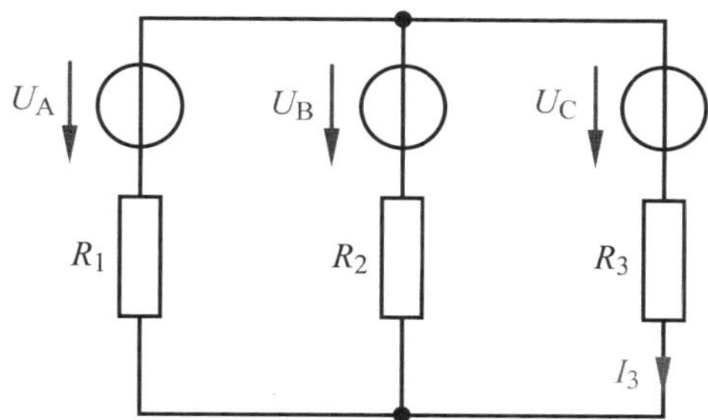

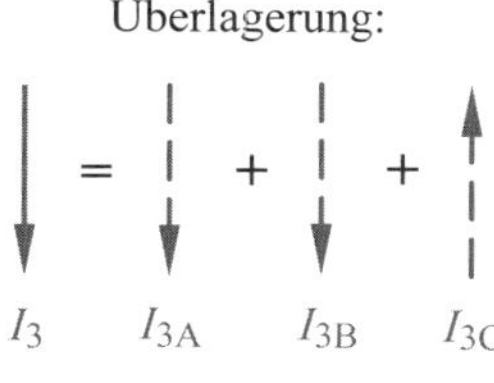

Bild 5.3: Netzwerk zum Lehrbeispiel 5.2

Der Zweigstrom I_3 ergibt sich aus der vorzeichenbehafteten Überlagerung der Beiträge der drei Quellen. Die Quellen A und B treiben einen Strom in Richtung des gesuchten Zweigstromes (positiver Beitrag). Die Quelle C treibt einen Strom gegen die gewählte Richtung von I_3 und erhält somit ein negatives Vorzeichen.

Überlagerung: $I_3 = I_{3A} + I_{3B} - I_{3C}$

ÜB: BB 5.7

Zur weiteren Berechnung lässt man nun immer nur eine Quelle des Netzwerkes wirken.

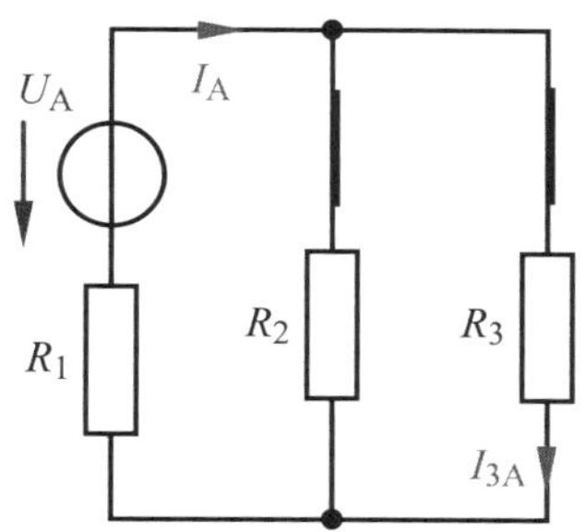

Bild 5.4: Es wirkt die Quelle A

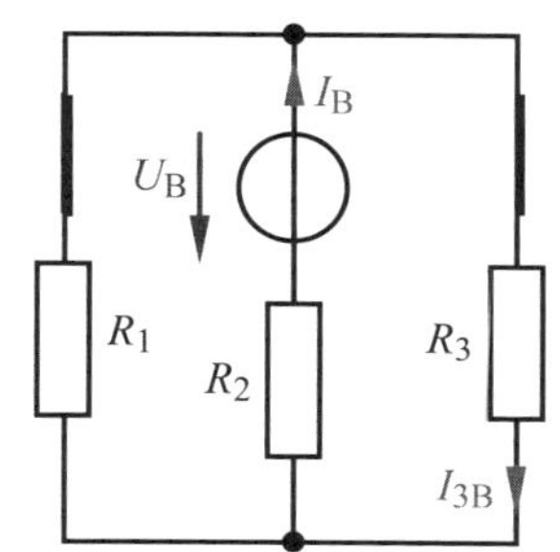

Bild 5.5: Es wirkt die Quelle B

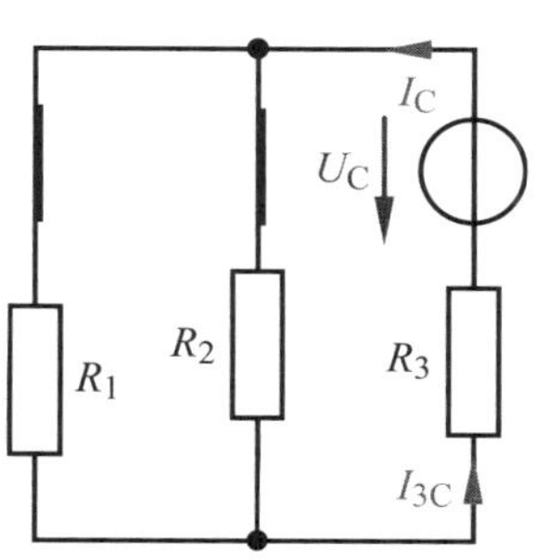

Bild 5.6: Es wirkt die Quelle C

Für die Quelle A erhält man:

Stromteilerregel für A: $I_{3A} = I_A \cdot \frac{R_2}{R_2 + R_3}$

Gesamtstrom von A: $I_A = \frac{U_A}{R_1 + R_2 // R_3}$

Für die Quelle B erhält man:

Stromteilerregel für B: $I_{3B} = I_B \cdot \frac{R_1}{R_1 + R_3}$

Gesamtstrom von B: $I_B = \frac{U_B}{R_2 + R_1 // R_3}$

Für die Quelle C gilt: $I_{3C} = I_C$

Gesamtstrom von C: $I_C = \frac{U_C}{R_3 + R_1 // R_2}$

Die Überlagerung dieser drei Komponenten führt zu folgendem Gesamtergebnis:

$$I_3 = \frac{R_2}{R_2 + R_3} \cdot \frac{U_A}{R_1 + R_2 // R_3} + \frac{R_1}{R_1 + R_3} \cdot \frac{U_B}{R_2 + R_1 // R_3} - \frac{U_C}{R_3 + R_1 // R_2}$$

Nach Beseitigen der Parallelzeichen und Auflösung der Doppelbrüche ergibt sich als allgemeine Lösung wieder das Ergebnis des Lehrbeispiels 5.1 [vgl. auch Gleich. (5.4)]:

$$I_3 = \frac{U_A \cdot R_2 + U_B \cdot R_1 - U_C \cdot (R_1 + R_2)}{R_1 \cdot R_2 + R_1 \cdot R_3 + R_2 \cdot R_3}$$

5.3 Zweipoltheorie

Jedes beliebige elektrische Netzwerk kann durch Festlegen einer Trennstelle in einen aktiven und einen passiven Schaltungsteil getrennt werden. Es entstehen Schaltungen mit zwei Anschlussklemmen, die man als Zweipole bezeichnet (Abschn. 3.1). Die festgelegte Trennstelle muss die Bedingung erfüllen, dass sich alle Zweige mit einer oder mehreren Quellen im aktiven Teil befinden. Der passive Zweipol ist dann eine Widerstandskombination ohne Quellen. Das folgende Schema (Bild 5.7) soll die wesentlichen Schritte innerhalb der Anwendung der Zweipoltheorie zur Berechnung linearer Netzwerke verdeutlichen.

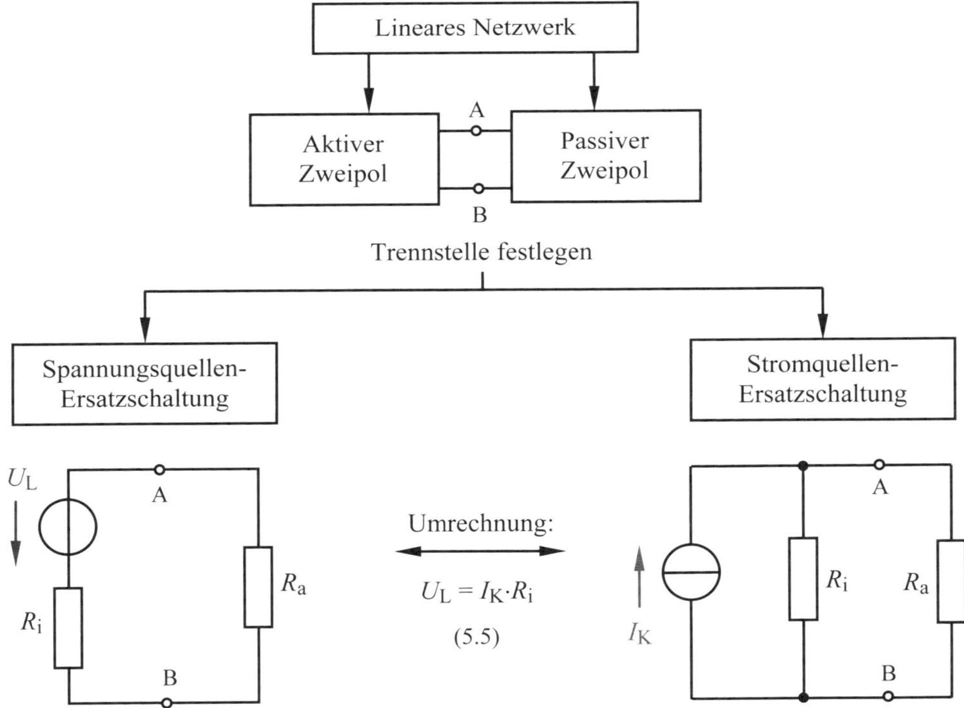

Bild 5.7: Schrittfolge bei der Umrechnung von linearen Netzwerken in einfache Ersatzschaltungen

Bei der Anwendung der Zweipoltheorie zur Berechnung linearer Netzwerke geht man davon aus, dass beide (linearen) Zweipole durch Ersatzschaltungen nachgebildet werden können. Die Ersatzschaltungen müssen die Bedingung erfüllen, dass sie zur jeweiligen Originalschaltung aus der Sicht ihres elektrischen Verhaltens an der Trennstelle schaltungstechnisch äquivalent sind. Das bedeutet, dass sich beim Austausch von Original-Zweipol und Ersatz-Zweipol ein gleiches elektrisches Verhalten an der Trennstelle einstellt.

Je nach schaltungstechnischer Struktur des Netzwerkes ist aus der Sicht einer Trennstelle entweder die Spannungsquellen- oder die Stromquellen-Ersatzschaltung für die Berechnung eines aktiven Zweipols günstiger. Durch eine geschickte Wahl dieser Trennstelle kann der Anwender somit seinen Rechenaufwand im Rahmen der Netzwerkberechnung erheblich reduzieren.

5.3.1 Spannungsquellen-Ersatzschaltung

Die Umrechnung eines aktiven Zweipols in eine Spannungsquellen-Ersatzschaltung ist immer dann sinnvoll, wenn ein oder mehrere Widerstände im aktiven Zweipol zur Trennstelle in Reihe liegen. Beim Auftrennen laufen diese Widerstände leer, sodass sich die Schaltung erheblich vereinfachen kann. Da der Anwender die Lage der Trennstelle wählen darf, legt er damit zugleich die zu verwendende Ersatzschaltung und den erforderlichen Rechenaufwand fest. Für die Positionierung der Trennstelle gilt die Regel, dass möglichst viele Widerstände in den passiven Zweipol abgetrennt werden. Das vereinfacht die Struktur des aktiven Zweipols und reduziert den Rechenaufwand. Beide Maßnahmen (Festlegung der Trennstelle und Wahl der Ersatzschaltung) sollte man daher stets in einem engen Zusammenhang sehen.

Die Elemente der Ersatzschaltung können wie folgt berechnet werden:

- Lastwiderstand R_a:

  Widerstandsbestimmung des passiven Zweipols im abgetrennten Zustand.

- Innenwiderstand R_i:

  Widerstandsbestimmung des aktiven Zweipols bei abgetrennter Last unter der Bedingung, dass alle Quellen unwirksam sind (Spannungsquellen sind kurzgeschlossen; Stromquellen laufen leer).

- Leerlaufspannung U_L:

  Berechnung des Spannungsabfalls an der leer laufenden Trennstelle (z.B. mit dem Maschensatz).

Die Bestimmung eines gesuchten Zweigstromes I_x wird in der Ersatzschaltung (Bild 5.8) durch Berechnung des Stromes durch den Lastwiderstand R_a vorgenommen. Fließt dieser gesuchte Strom im Inneren des passiven Zweipols (also nur durch eine Teilkomponente von R_a), müssen für seine Berechnung zusätzlich entsprechende Stromteiler angesetzt werden.

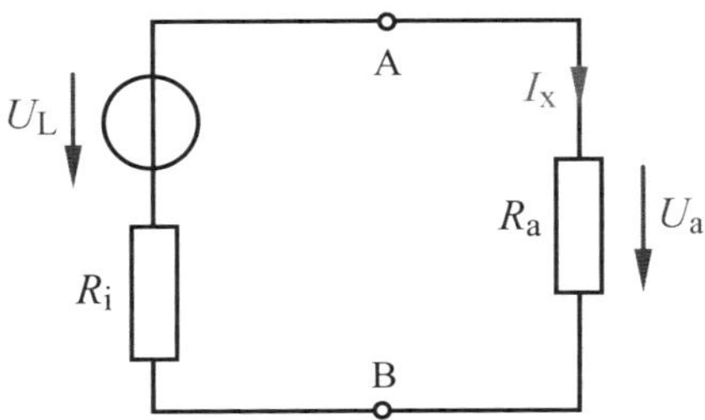

Bild 5.8: Spannungsquellen-Ersatzschaltung

Man erhält: $I_x = \dfrac{U_L}{R_i + R_a}$

$$U_a = I_x \cdot R_a = U_L \cdot \frac{R_a}{R_i + R_a}$$

$$P_a = U_a \cdot I_x = U_L^2 \cdot \frac{R_a}{(R_i + R_a)^2}$$

Lehrbeispiel 5.3:

Um einen Vergleich des unterschiedlichen Rechenaufwands zu ermöglichen und zugleich die Besonderheiten der Zweipoltheorie aufzuzeigen, soll das Netzwerk aus den Lehrbeispielen 5.1 und 5.2 betrachtet werden. Der Strom I_3 ist wieder gesucht.

ÜB [14]:
BB 5.8
BB 5.9
BB 5.10
BB 5.11
BB 5.12

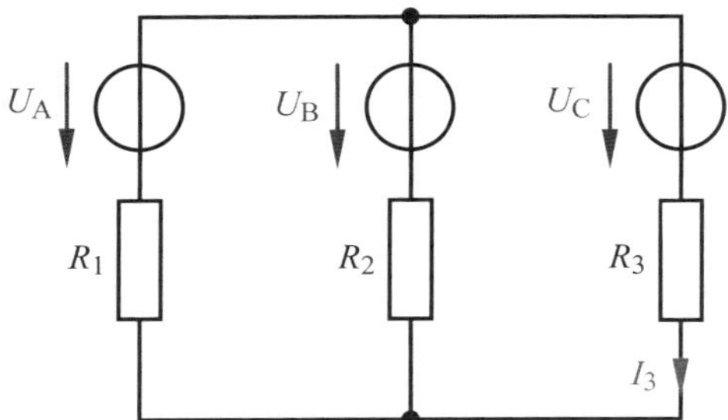

Bild 5.9: Netzwerk zum Lehrbeispiel 5.3

1. Abtrennen von $R_a = R_3$ als Lastwiderstand.

2. Bestimmung des Innenwiderstandes:

$R_i = R_1 \,//\, R_2$

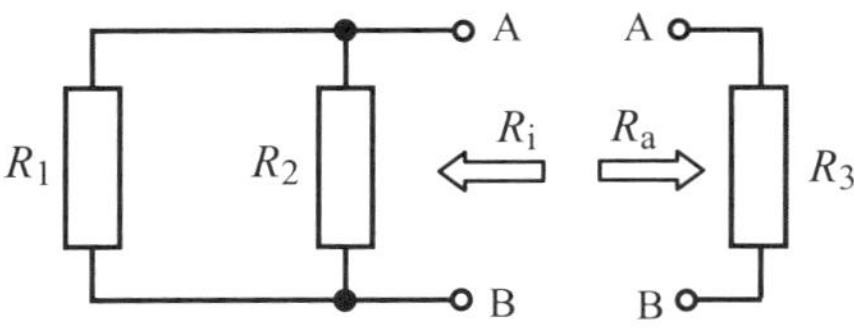

Bild 5.10: Bestimmung von R_i und R_a

3. Berechnung der Leerlaufspannung durch Aufstellen der Maschengleichung m2 (Bild 5.11):

$U_L - I \cdot R_2 - U_B + U_C = 0$

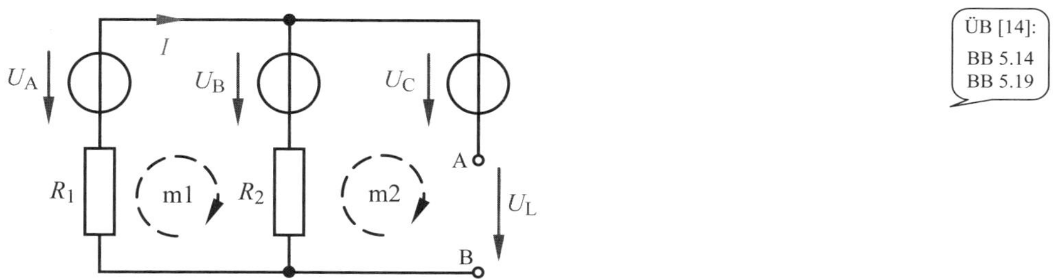

ÜB [14]:
BB 5.14
BB 5.19

Bild 5.11: Bestimmung der Leerlaufspannung

4. Ermittlung des Stromes in der Masche m1 (durch den Leerlauf fließt jetzt nur noch ein Strom I) und Einsetzen in m2:

$$I \cdot (R_1 + R_2) - U_A + U_B = 0 \qquad \Rightarrow \qquad U_L = U_B - U_C + \frac{(U_A - U_B) \cdot R_2}{R_1 + R_2}$$

5. Für den Zweigstrom I_3 ergibt sich dann:

$$I_3 = \frac{U_L}{R_i + R_a} = \frac{\dfrac{(U_B - U_C) \cdot (R_1 + R_2) + (U_A - U_B) \cdot R_2}{R_1 + R_2}}{R_1 // R_2 + R_3}$$

$$I_3 = \frac{U_B \cdot (R_1 + R_2) - U_C \cdot (R_1 + R_2) + (U_A - U_B) \cdot R_2}{R_1 \cdot R_2 + R_1 \cdot R_3 + R_2 \cdot R_3} = \frac{U_A \cdot R_2 + U_B \cdot R_1 - U_C \cdot (R_1 + R_2)}{R_1 \cdot R_2 + R_1 \cdot R_3 + R_2 \cdot R_3}$$

Die gefundene Lösung über die Spannungsquellen-Ersatzschaltung ist mit den Lösungen der Lehrbeispiele 5.1 und 5.2 identisch. Der Rechenaufwand hat sich mit der Zweipoltheorie etwas verringert.

5.3.2 Stromquellen-Ersatzschaltung

Die Stromquellen-Ersatzschaltung eignet sich insbesondere zur Beschreibung von linearen Netzwerken, die im aktiven Teil parallele Zweige zur Trennstelle aufweisen. Bei Kurzschlussbetrachtungen vereinfacht sich dann der aktive Zweipol infolge der Unwirksamkeit der überbrückten Parallelwiderstände. Die Elemente der Ersatzschaltung werden wie folgt bestimmt:

- Lastwiderstand R_a:

  Widerstandsbestimmung des passiven Zweipols im abgetrennten Zustand.

- Innenwiderstand R_i:

  Widerstandsbestimmung des aktiven Zweipols bei abgetrennter Last und unwirksamen Quellen.

- Kurzschlussstrom I_K:

  Berechnung des Stromes durch die kurzgeschlossene Trennstelle (z.B. mit dem Überlagerungssatz).

Die Bestimmung eines gesuchten Zweigstromes I_x ist nun in der Ersatzschaltung (Bild 5.12) in einfacher Form möglich.

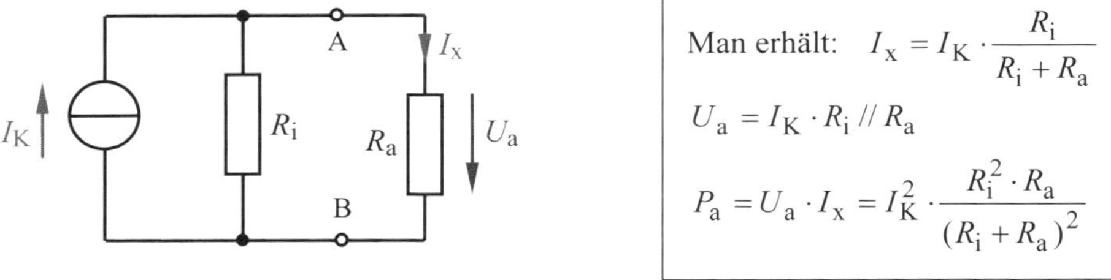

Bild 5.12: Stromquellen-Ersatzschaltung

Da beide Ersatzschaltungen zueinander schaltungstechnisch äquivalent sein sollen (gleiches elektrisches Verhalten an der Trennstelle), muss eine Umrechnung von einer Ersatzschaltung in die andere Ersatzschaltung mit Gleich. (5.5) möglich sein.

$$\text{für } I_x: \quad \frac{U_L}{R_i + R_a} = I_K \cdot \frac{R_i}{R_i + R_a} \qquad \Rightarrow \qquad (5.5){:}\ U_L = I_K \cdot R_i$$

$$\text{für } U_a: \quad U_L \cdot \frac{R_a}{R_i + R_a} = I_K \cdot \frac{R_i \cdot R_a}{R_i + R_a} \qquad \Rightarrow \qquad (5.5){:}\ U_L = I_K \cdot R_i$$

$$\text{für } P_a: \quad U_L^2 \cdot \frac{R_a}{(R_i + R_a)^2} = I_K^2 \cdot \frac{R_i^2 \cdot R_a}{(R_i + R_a)^2} \qquad \Rightarrow \qquad (5.5){:}\ U_L = I_K \cdot R_i$$

Der Anwender sollte also immer vor der Schaltungsanalyse und -berechnung überlegen, welche Ersatzschaltung mit einem geringeren Rechenaufwand zum angestrebten Ergebnis führt. Im folgenden Beispiel sind diese Vorteile noch nicht erkennbar, da es sich bei einem Lehrbeispiel um relativ einfache und überschaubare schaltungstechnische Anordnungen handeln soll. Bei größeren linearen Netzwerken und insbesondere bei deren Berechnung im Wechselstromkreis (ab Kap. 8) sind diese Überlegungen aus Gründen der Beherrschbarkeit der rechnerischen Hilfsmittel unumgänglich.

Lehrbeispiel 5.4:

Berechnen Sie den Strom I_3 des Lehrbeispiels 5.3 mit der Stromquellen-Ersatzschaltung und leiten Sie daraus Schlussfolgerungen für den Einsatz beider Berechnungsverfahren in der schaltungstechnischen Praxis ab.

1. Abtrennen von $R_a = R_3$ als Lastwiderstand.

2. Bestimmung des Innenwiderstandes:

$R_i = R_1 \,//\, R_2$ (vgl. Lehrbeispiel 5.3)

3. Berechnung des Kurzschlussstromes mit dem Überlagerungssatz:

$I_K = I_{KA} + I_{KB} - I_{KC}$

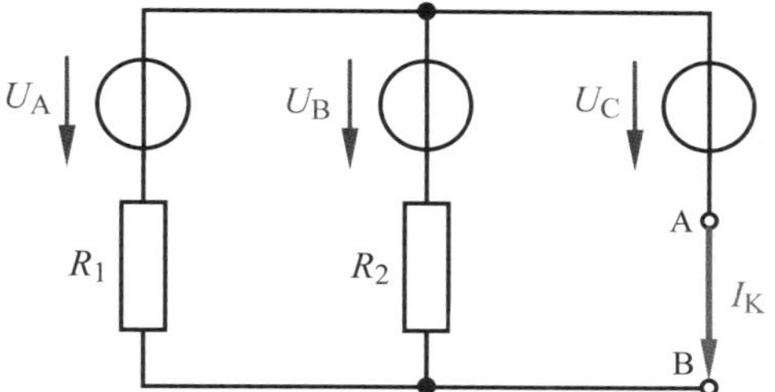

ÜB [14]:
BB 5.8
BB 5.13
BB 5.19

Bild 5.13: Berechnung des Kurzschlussstromes

4. Ermittlung der Teilkomponenten:

$$I_{KA} = \frac{U_A}{R_1} \qquad I_{KB} = \frac{U_B}{R_2} \qquad \text{und:} \qquad I_{KC} = \frac{U_C}{R_i} = \frac{U_C}{R_1 \,//\, R_2}$$

5. Der gesuchte Strom I_3 ergibt sich dann aus:

$$I_3 = I_K \cdot \frac{R_i}{R_i + R_a} = \left(\frac{U_A}{R_1} + \frac{U_B}{R_2} - \frac{U_C}{R_1 \,//\, R_2}\right) \cdot \frac{R_1 \,//\, R_2}{R_1 \,//\, R_2 + R_3}$$

$$I_3 = \frac{U_A \cdot R_2 + U_B \cdot R_1 - U_C \cdot (R_1 + R_2)}{R_1 \cdot R_2 + R_1 \cdot R_3 + R_2 \cdot R_3}$$

Man erhält die gleiche Lösung wie im Lehrbeispiel 5.3. Damit ist ein zusätzlicher Nachweis erbracht, dass innerhalb der Anwendung der Zweipoltheorie beide Ersatzschaltungen zueinander schaltungstechnisch äquivalent sind. Es liegt somit im Geschick des Anwenders, je nach aktueller Struktur des zu berechnenden linearen Netzwerkes die geeignete Ersatzschaltung auszuwählen, und so die Vorteile des geringeren Rechenaufwands zu nutzen.

- **Zahlenbeispiel:**

Für U_A = 24 V, U_B = 12 V und U_C = 5 V sowie $R_1 = R_2 = R_3$ = 1 kΩ würden sich folgende Ersatzgrößen für die Lehrbeispiel 5.3 und 5.4 ergeben:

$$R_a = R_3 = 1\ \text{k}\Omega$$

$$R_i = R_1 \,//\, R_2 = 0{,}5\ \text{k}\Omega$$

$$U_L = U_B - U_C + \frac{(U_A - U_B) \cdot R_2}{R_1 + R_2} = 12\ \text{V} - 5\ \text{V} + 12\ \text{V} \cdot \frac{1}{2} = 13\ \text{V}$$

$$I_K = \frac{U_A}{R_1} + \frac{U_B}{R_2} - \frac{U_C}{R_1 \,//\, R_2} = \frac{24\ \text{V}}{1\ \text{k}\Omega} + \frac{12\ \text{V}}{1\ \text{k}\Omega} - \frac{5\ \text{V}}{0{,}5\ \text{k}\Omega} = (24 + 12 - 10)\ \text{mA} = 26\ \text{mA}$$

Probe (1): $R_i = \frac{U_L}{I_K} = \frac{13\ \text{V}}{26\ \text{mA}} = 0{,}5\ \text{k}\Omega$

Probe (2): $I_3 = \frac{U_A \cdot R_2 + U_B \cdot R_1 - U_C \cdot (R_1 + R_2)}{R_1 \cdot R_2 + R_1 \cdot R_3 + R_2 \cdot R_3} = \frac{24 + 12 - 10}{3}\ \text{mA} = \frac{26}{3}\ \text{mA} = 8{,}\overline{6}\ \text{mA}$

5.4 Analyseverfahren

Verfahren zur Analyse linearer elektrischer Netzwerke basieren auf den KIRCHHOFFschen Sätzen. Diese Verfahren werden vorrangig dann angewendet, wenn viele Spannungen und/oder Ströme im Netzwerk zu berechnen sind (z.B. beim Aufstellen der vollständigen Leistungsbilanz eines Netzwerkes) und damit der Rechenaufwand nach KIRCHHOFF zu groß wird. Die Anwendung von Analyseverfahren führt zu einem (im Umfang und in der Anzahl der Unbekannten) reduzierten Gleichungssystem. Während bei KIRCHHOFF immer z Gleichungen (mit z = Anzahl der Zweige) benötigt werden, vereinfacht sich das Gleichungssystem bei der Umlaufanalyse auf m Maschengleichungen und bei Anwendung der Knotenanalyse auf $(k - 1)$ Knotenpunktgleichungen.

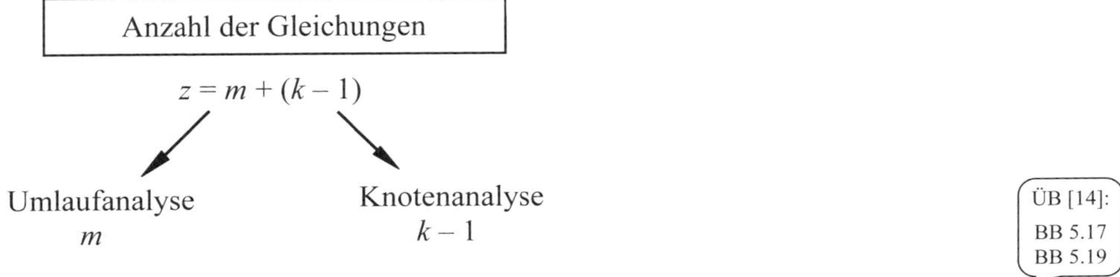

Bild 5.14: Vergleich der beiden Analyseverfahren

5.4.1. Umlaufanalyse

Bei der Maschenstromanalyse (auch kurz Umlaufanalyse genannt) führt man Ersatzströme ein, die in geschlossenen Umläufen fließen. Diese Maschenströme überlagern sich in den Zweigen eines linearen Netzwerkes nach dem HELMHOLTZschen Prinzip der Superposition. Ein tatsächlich fließender Zweigstrom kann somit aus der Überlagerung aller (den jeweiligen Zweig erfassenden) Maschenströme ermittelt werden.

Für das Beispiel (Graph im Bild 5.15) erhält man z.B. die Zweigströme I_2 und I_5 aus den Maschenströmen I_{I} bis I_{III}: $I_2 = I_{\text{I}} - I_{\text{II}}$ und: $I_5 = I_{\text{II}} + I_{\text{III}}$

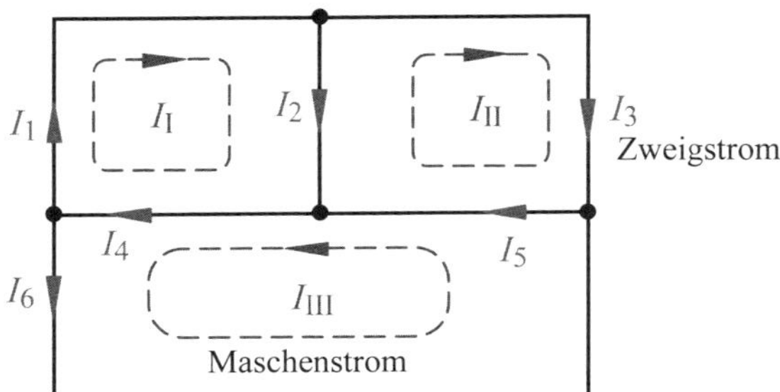

Bild 5.15: Prinzip der Umlaufanalyse

In der Praxis ist man bestrebt, möglichst viele Maschenströme so zu legen, dass sie mit entsprechenden Zweigströmen identisch sind (z.B.: $I_{\text{I}} = I_1$ oder $I_{\text{II}} = I_3$ oder $I_{\text{III}} = I_6$ im Bild 5.15). Dann entfällt die Umrechnung von Maschenströmen in Zweigströme.

Die erforderliche Anzahl der Gleichungen ergibt sich aus: $m = z - (k - 1)$.
Diese Gleichungen müssen die Unabhängigkeitsbedingung (vgl. auch Abschn. 5.1) erfüllen.

- **Unabhängigkeitsbedingung:**

Zur Festlegung von unabhängigen Umläufen wendet man die Methode des vollständigen Baumes an. Dazu wird zunächst der Graph des zu analysierenden Netzwerkes gezeichnet. Er stellt die schaltungstechnische Struktur eines Netzwerkes ohne Bauelemente dar.

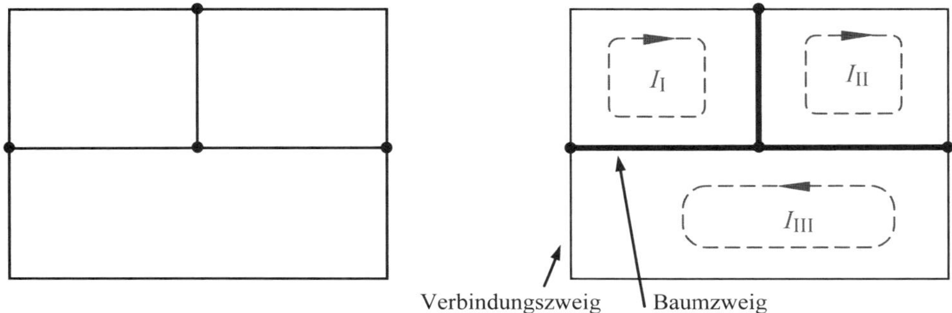

Bild 5.16: Graph eines Netzwerkes und Beispiel für einen vollständigen Baum

Ein vollständiger Baum entsteht, wenn alle echten Knoten eines Netzwerkes miteinander verbunden werden, ohne dass ein geschlossener Umlauf entsteht. Der Graph besteht jetzt aus Baumzweigen (Bild 5.16: dicke Linien) und aus Verbindungszweigen (dünne Linien).

Die unabhängigen Maschen (Maschenströme im Bild 5.16) erhält man nun durch das Schließen von Baumzweigen mit jeweils einem Verbindungszweig zu einem geschlossenen Umlauf. Dieser Verbindungszweig steht dann für weitere Umläufe nicht mehr als Verbindungszweig zur Verfügung. Falls mehr als ein Verbindungszweig zum Schließen eines Umlaufs erforderlich ist, zählt immer nur einer dieser Verbindungszweige für den aktuell festgelegten Umlauf. Die restlichen Verbindungszweige müssen dann noch für weitere Umläufe verwendet werden.

Um das Verfahren der Umlaufanalyse möglichst einfach zu gestalten und in übersichtlicher Form anzuwenden, stellt man nicht jede Gleichung des Gleichungssystems einzeln auf (wie bei KIRCHHOFF – Abschn. 5.1), sondern man verwendet ein so genanntes Koeffizientenschema. Dieses Schema enthält die Koeffizienten der einzelnen Gleichungen des Gleichungssystems ohne die Variablen (hier: Maschenströme). Sie stehen in der Kopfzeile des Schemas (Tabelle 5.1). Multipliziert man diese Variablen mit den Koeffizienten einer Zeile, so erhält man die entsprechende Umlaufgleichung. Dabei stehen die absoluten Ausdrücke (*Abs.*) rechts vom Gleichheitszeichen. Man überträgt demzufolge die Elemente einer Matrizengleichung nach Vorbild des GAUSS-Algorithmus in eine Tabelle.

- Schritte zur Erstellung des Koeffizientenschemas für die Umlaufanalyse:

1. Einzeichnen aller Maschenströme unter Beachtung der Unabhängigkeitsbedingung. Ihre Richtung ist frei wählbar. Falls der aktuelle Maschenstrom mit einem Zweigstrom identisch

ist, sollte er auch gleich die Bezeichnung und die Richtung (falls bereits festgelegt) dieses Zweigstromes erhalten. Ansonsten erfolgt die Indizierung neutral mit römischen Ziffern.

2. Vorbereitung der Tabelle für das Koeffizientenschema (siehe Tabelle 5.1). Die Reihenfolge der Variablen in der Kopfzeile bestimmt die Reihenfolge der Maschengleichungen in den nachfolgenden Zeilen. Ansonsten gelten die im Punkt 4. beschriebenen Vereinfachungen (Symmetrie des Koeffizientenschemas) nicht mehr.

Tabelle 5.1: Aufbau des Koeffizientenschemas für die Umlaufanalyse

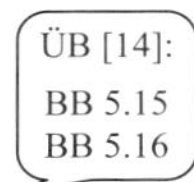

I_{I}	I_{II}	I_{III}	*Abs.*
$\Sigma\, R_{\text{I}}$	$\pm\Sigma\, R_{\text{I-II}}$	$\pm\Sigma\, R_{\text{I-III}}$	$\Sigma \pm U_{\text{I}}$
$\pm\Sigma\, R_{\text{I-II}}$	$\Sigma\, R_{\text{II}}$	$\pm\Sigma\, R_{\text{II-III}}$	$\Sigma \pm U_{\text{II}}$
$\pm\Sigma\, R_{\text{I-III}}$	$\pm\Sigma\, R_{\text{II-III}}$	$\Sigma\, R_{\text{III}}$	$\Sigma \pm U_{\text{III}}$

3. Eintragung der Maschenwiderstände als Elemente der Hauptdiagonalen des Koeffizientenschemas. Ein Maschenwiderstand wird aus der Summe ($\Sigma\, R_m$) aller Widerstände einer Masche (m) gebildet, durch die der aktuelle Maschenstrom (I_m) fließt. Dieser Maschenwiderstand besitzt immer ein positives Vorzeichen.

4. Die Elemente oberhalb und unterhalb der Hauptdiagonalen stellen Koppelwiderstände ($\Sigma\, R_{m\text{-}n}$) zwischen der aktuellen Masche (m) und den möglichen Nachbarmaschen (n) dar. Fließt der benachbarte Maschenstrom in gleicher Richtung durch den Koppelwiderstand wie der aktuell betrachtete Maschenstrom, so ist der Koppelwiderstand (das kann eine Reihenschaltung von Widerständen sein) positiv. Ansonsten erhält er ein negatives Vorzeichen.

Bedingt durch die Symmetrie des Koeffizientenschemas (siehe Schritt 2.) können alle Elemente oberhalb der Hauptdiagonalen an dieser Diagonalen nach unten gespiegelt werden.

5. Auf der rechten Seite jeder Gleichung sind die vom aktuellen Umlauf (m) erfassten Quellenspannungen ($\Sigma\, U_m$) einzutragen. Das gilt auch für Spannungen, die über Stromquellen liegen. Stimmt die Richtung des Spannungszählpfeils nicht mit dem Umlaufsinn überein, so erhält diese Quellenspannung infolge der Umstellung von der linken auf die rechte Seite einer Gleichung ein positives Vorzeichen. Bei Übereinstimmung der Richtungen wird die Quellenspannung mit einem negativen Vorzeichen in das Schema eingetragen.

Aus dem so entwickelten vollständigen Koeffizientenschema kann nun das erforderliche Gleichungssystem zur Berechnung der unbekannten Maschenströme abgelesen und mit geeigneten Verfahren gelöst werden. Abschließend berechnet man mit dem HELMHOLTZschen Überlagerungssatz (vgl. auch Abschn. 5.2) die Zweigströme aus der Überlagerung der entsprechenden Maschenströme (siehe Bild 5.15).

Eine Vereinfachung des zur Berechnung der Maschenströme notwendigen Gleichungssystems ist möglich, wenn sich ideale (idealisierte) Stromquellen im Netzwerk befinden. Jede ideale Stromquelle kann zu einer Reduzierung der Anzahl der Unbekannten und damit der Anzahl der Gleichungen genutzt werden. Voraussetzung dafür ist jedoch, dass der entsprechende Maschenstrom mit dem Quellenstrom einer idealen Stromquelle übereinstimmt und dieser Strom von keinem anderen Umlauf mehr erfasst wird. Dieser Quellenstrom ist dann als Maschenstrom bereits bekannt und reduziert die Anzahl der Unbekannten (und damit die Anzahl der erforderlichen Gleichungen im Gleichungssystem) um eine Unbekannte.

Die nun nicht mehr benötigte Gleichung des vollständigen Koeffizientenschemas kann man (z.B. bei der Aufstellung von Leistungsbilanzen) zur Bestimmung des Wertes der Quellenspannung, die über der idealen Stromquelle anliegt, verwenden. Der Spannungszählpfeil einer Stromquelle wird immer gegen den Quellenstrom festgelegt (Quellen-Zählpfeilsystem). Das Vorzeichen der berechneten Quellenspannung sagt dann aus, ob die Quelle eine Quellen-Charakteristik (+) oder eine Verbraucher-Charakteristik (–) aufweist.

Reale Stromquellen oder ideale Stromquellen mit einem Parallelwiderstand können nach der Zweipoltheorie (Abschn. 5.3) in reale Spannungsquellen umgerechnet werden. Durch diese Maßnahme wird die Anzahl der Zweige um jeweils einen Zweig und damit die Anzahl der erforderlichen Umläufe zur Aufstellung des vollständigen Koeffizientenschemas um jeweils einen Umlauf (also um eine Gleichung) reduziert. Eine Verringerung des Rechenaufwands zur Bestimmung der unbekannten Maschenströme ist damit allerdings nicht möglich, da diese Gleichung auch über die Betrachtung einer idealen Stromquelle mit einem Parallelwiderstand eingespart werden kann.

Lehrbeispiel 5.5:

Stellen Sie für das Netzwerk im Bild 5.17 das vollständige Koeffizientenschema zur Berechnung aller Maschenströme mit der Umlaufanalyse auf und berechnen Sie allgemein alle Zweigströme.

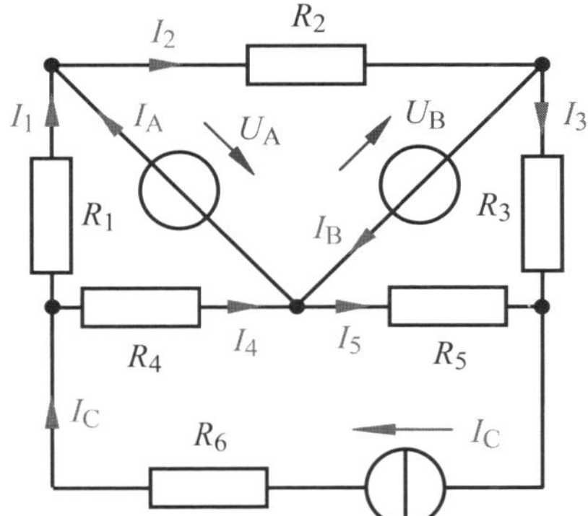

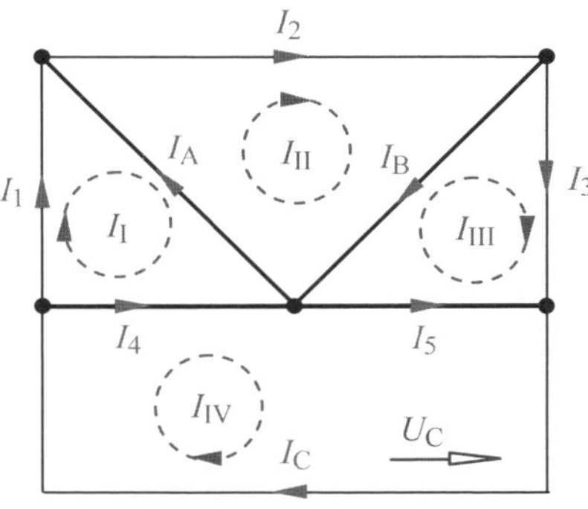

Bild 5.17: Netzwerk und vollständiger Baum zum Lehrbeispiel 5.5

Das Netzwerk besteht aus acht Zweigen und fünf Knotenpunkten. Bei Anwendung der Umlaufanalyse werden demzufolge vier Gleichungen $[m = z - (k - 1) = 4]$ benötigt. Die oberen drei Maschenströme wurden so festgelegt, dass sie mit den Strömen der Verbindungszweige übereinstimmen. Der untere Maschenstrom ist für I_C „reserviert". Dadurch kann die Anzahl der Unbekannten (der Quellenstrom der idealen Quelle I_C ist ja bekannt) um eine Unbekannte reduziert werden.

Tabelle 5.2: Koeffizientenschema für die Umlaufanalyse im Lehrbeispiel 5.5

$I_\text{I} = I_1$	$I_\text{II} = I_2$	$I_\text{III} = I_3$	$I_\text{IV} = I_\text{C}$	*Abs.*
$R_1 + R_4$	0	0	$-R_4$	$-U_\text{A}$
0	R_2	0	0	$U_\text{A} + U_\text{B}$
0	0	$R_3 + R_5$	$-R_5$	$-U_\text{B}$
$-R_4$	0	$-R_5$	$R_4 + R_5 + R_6$	U_C

Die vierte Gleichung des Koeffizientenschemas (grau unterlegt) wird zur Bestimmung der Maschenströme nicht benötigt. Die Maschenströme (die hier zugleich ausgewählte Zweigströme sind) errechnen sich dann für dieses einfache Koeffizientenschema wie folgt:

$$I_1 = \frac{I_\text{C} \cdot R_4 - U_\text{A}}{R_1 + R_4} \qquad I_2 = \frac{U_\text{A} + U_\text{B}}{R_2} \qquad I_3 = \frac{I_\text{C} \cdot R_5 - U_\text{B}}{R_3 + R_5}$$

Mit dem Überlagerungssatz bzw. dem Knotenpunktsatz können daraus die restlichen Zweigströme ermittelt werden. Die Ströme I_4 und I_5 sollen nach rechts fließen. Die Ströme I_A und I_B (und auch die Spannung der Stromquelle C) werden in ihrer Richtung nach dem Quellen-Zählpfeilsystem festgelegt.

$$I_4 = I_\text{C} - I_1 \qquad I_5 = I_\text{C} - I_3 \qquad I_\text{A} = I_2 - I_1 \qquad I_\text{B} = I_2 - I_3$$

5.4.2 Knotenanalyse

Die Knotenpotentialanalyse (kurz Knotenanalyse genannt) basiert auf der Überlegung, dass man mit Kenntnis der Potentiale aller Knoten eines linearen Netzwerkes auch alle Zweigströme unter Verwendung des OHMschen Gesetzes und des Maschensatzes berechnen kann.

Mit der Angabe des elektrischen Potentials wird jedem Punkt eines elektrischen Stromkreises (hier: Knotenpunkt in einem Netzwerk) sein auf die Ladung bezogenes Energieniveau zugeordnet. Durch Festlegung eines Bezugspunktes PB, dessen Potential als Bezugspotential mit $\varphi_\text{PB} = 0$ V definiert wird, kann mit Kenntnis des Potentials eines Punktes die Spannung zum Bezugspunkt angegeben werden. Somit benötigt man bei k Knotenpunkten eines Netzwerkes lediglich $(k-1)$ Gleichungen zur Berechnung der Knotenpotentiale.

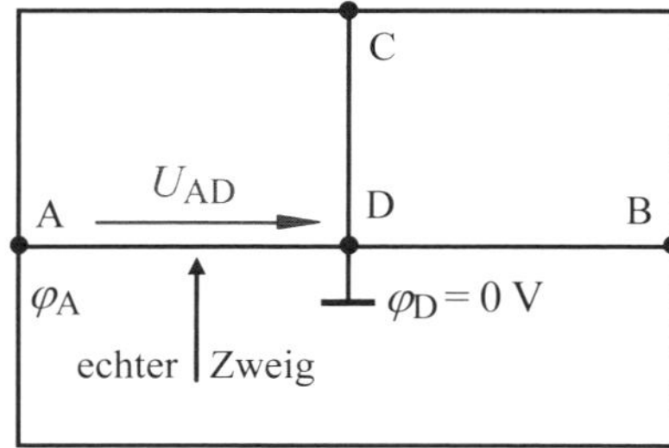

Für das Beispiel (Graph im Bild 5.18) gilt:

$$U_\text{AD} = \varphi_\text{A} - \varphi_\text{D} = \varphi_\text{A}$$

Bild 5.18: Prinzip der Knotenanalyse

Der Bezugsknoten kann ein beliebiger Knoten des Netzwerkes sein.

Für die spätere Berechnung der Zweigströme aus den Knotenpotentialen ist es jedoch günstig, einen Knoten mit zentraler Lage als Bezugsknoten zu wählen. Er sollte mit möglichst vielen anderen Knoten über nur einen Zweig verbunden sein. Wie Bild 5.18 zeigt, ist in einem solchen Fall das Potential eines betrachteten Punktes (A) gleich der Zweigspannung vom betrachteten Knoten zum Bezugsknoten (D).

Eine Vereinfachung des zur Berechnung der Knotenpotentiale notwendigen Gleichungssystems ist immer dann möglich, wenn ideale (idealisierte) Spannungsquellen im Netzwerk existieren. Eine solche ideale Spannungsquelle muss ja zwischen zwei Knoten liegen. Positioniert man nun den Bezugsknoten an einem Anschluss dieser Spannungsquelle, so ist das Potential des anderen Knotens x, an dem diese Quelle angeschlossen ist, mit $\varphi_{\mathrm{x}} = \pm\, U_{\mathrm{qx}}$ bereits bekannt. Die Anzahl der unbekannten Potentiale (und damit die Anzahl der Gleichungen) wird somit um eine Unbekannte reduziert. Befinden sich mehrere ideale Spannungsquellen mit einem gemeinsamen Anschluss im Netzwerk, so bietet sich dieser Knoten als Bezugsknoten förmlich an. Jede an diesem Punkt angeschlossene ideale Spannungsquelle reduziert jetzt die Anzahl der Unbekannten und damit die Anzahl der notwendigen Gleichungen im Gleichungssystem um jeweils eine Gleichung.

Um das Aufstellen des Gleichungssystems einfach und übersichtlich zu gestalten, arbeitet man auch innerhalb der Knotenanalyse mit einem Koeffizientenschema.

Tabelle 5.3: Aufbau des Koeffizientenschemas für die Knotenanalyse

φ_{A}	φ_{B}	φ_{C}	*Abs.*
$\Sigma\, G_{\mathrm{A}}$	$-\Sigma\, G_{\mathrm{A\text{-}B}}$	$-\Sigma\, G_{\mathrm{A\text{-}C}}$	$\Sigma \pm I_{\mathrm{A}}$
$-\Sigma\, G_{\mathrm{A\text{-}B}}$	$\Sigma\, G_{\mathrm{B}}$	$-\Sigma\, G_{\mathrm{B\text{-}C}}$	$\Sigma \pm I_{\mathrm{B}}$
$-\Sigma\, G_{\mathrm{A\text{-}C}}$	$-\Sigma\, G_{\mathrm{B\text{-}C}}$	$\Sigma\, G_{\mathrm{C}}$	$\Sigma \pm I_{\mathrm{C}}$

In der Kopfzeile stehen jetzt die Knotenpotentiale. Die Koeffizienten in der Hauptdiagonalen werden aus den Knotenleitwerten (Summe aller am betrachteten Knoten angeschlossenen Leitwerte $G = 1 / R$) gebildet. Die Elemente oberhalb und unterhalb der Hauptdiagonalen bestehen aus Koppelleitwerten. Auf der rechten Seite aller Gleichungen dieses Gleichungssystems (*Abs.*) steht die Summe derjenigen vorzeichenbehafteten Quellenströme, die von den angeschlossenen Spannungs- und Stromquellen in den aktuellen Knoten eingespeist werden. Die Reihenfolge der für die Gleichungen des vollständigen Koeffizientenschemas betrachteten Knoten sollte aus Symmetriegründen (vgl. Schritt 3.) mit der Reihenfolge der in der Kopfzeile aufgelisteten Knotenpotentiale übereinstimmen.

- Schritte zur Erstellung des Koeffizientenschemas für die Knotenanalyse:

1. Bezeichnung aller Knotenpunkte und Festlegung des Bezugsknotens ($\varphi_{\mathrm{PB}} = 0$ V).

2. Eintragung der Knotenleitwerte (Summe aller Leitwerte $\Sigma\, G_k$ der am aktuellen Knoten k angeschlossenen Zweige) als Elemente der Hauptdiagonalen in das Koeffizientenschema. Die Knotenleitwerte haben immer ein positives Vorzeichen.

3. Die Elemente oberhalb und unterhalb der Hauptdiagonalen sind Koppelleitwerte ($\Sigma\ G_{k\text{-}l}$) zwischen dem aktuellen Knoten k und möglichen Nachbarknoten l. Im Symmetriefall ist eine Spiegelung dieser Elemente an der Hauptdiagonalen möglich. Allen Koppelleitwerten wird generell ein negatives Vorzeichen zugeordnet. Befinden sich in einem Zweig mehrere Widerstände, so muss der Knoten- bzw. der Koppelleitwert aus dem Kehrwert des Gesamtwiderstandes dieses Zweiges gebildet werden.

4. Auf der rechten Seite jeder Gleichung werden die Ströme der Quellen eingetragen, die am aktuellen Knoten angeschlossen sind ($\Sigma\ I_k$). Fließt ein Strom zum Knoten hin, erhält er ein positives Vorzeichen. Ansonsten wird ihm ein negatives Vorzeichen zugeordnet.

Aus dem so entwickelten vollständigen Koeffizientenschema kann das für die Berechnung der Knotenpotentiale erforderliche Gleichungssystem abgeleitet und mit geeigneten Verfahren gelöst werden.

Mit Kenntnis der Potentiale aller Knotenpunkte werden nun die Zweigströme berechnet. Dazu sind zunächst alle Zweigspannungen aus den Differenzen der Potentiale der am jeweiligen Zweig anliegenden Knoten zu berechnen. Anschließend wird in jedem Zweig der Maschensatz und das OHMsche Gesetz angewendet. Für das Beispiel im Bild 5.19 gilt:

$$U_{\mathrm{CD}} = \varphi_{\mathrm{C}} - \varphi_{\mathrm{D}} = U_{\mathrm{x}} - U_{\mathrm{q}} = I_{\mathrm{x}} \cdot R_{\mathrm{x}} - U_{\mathrm{q}}$$

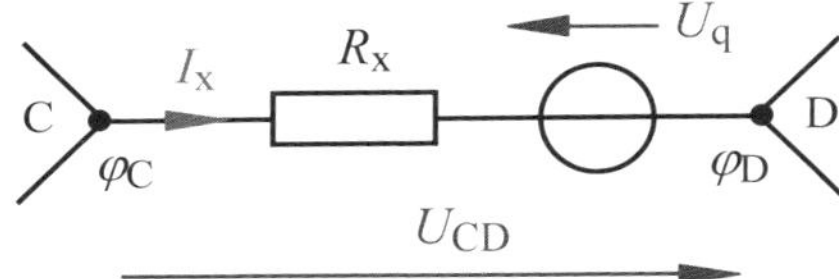

$$I_{\mathrm{x}} = \frac{U_{\mathrm{q}} + U_{\mathrm{CD}}}{R_{\mathrm{x}}} = \frac{U_{\mathrm{q}} + \varphi_{\mathrm{C}} - \varphi_{\mathrm{D}}}{R_{\mathrm{x}}}$$

Bild 5.19: Berechnung eines Zweigstromes

Reale Spannungsquellen oder ideale Spannungsquellen mit einem Reihenwiderstand müssen nach der Zweipoltheorie (Abschn. 5.3) in eine reale Ersatzquelle umgerechnet werden. Durch diese Maßnahme bleibt die Anzahl der Knotenpunkte und damit die Anzahl der Gleichungen im vollständigen Koeffizientenschema unverändert. Infolge der Umrechnung entsteht zwischen den beiden betrachteten Knoten eine reale Stromquelle. Ihr Parallelwiderstand wirkt dann als Knoten- bzw. Koppelleitwert und der Quellenstrom geht als vorzeichenbehaftete Stromeinspeisung in den absoluten Ausdruck des Koeffizientenschemas ein.

Lehrbeispiel 5.6:

Stellen Sie für das Netzwerk im Bild 5.20 das vollständige Koeffizientenschema zur Berechnung aller Knotenpotentiale auf und berechnen Sie allgemein die Spannungen über allen Widerständen.

Als Bezugsknoten wird wegen seiner zentralen Lage und insbesondere wegen seiner Position an den beiden idealen Spannungsquellen der Knotenpunkt X gewählt. Dann ergeben sich die Spannungen über den Widerständen (Zählpfeile – siehe Klammern) wie folgt aus den Knotenpotentialen:

Lösungsansätze: $U_1(\uparrow) = \varphi_{\mathrm{F}} - \varphi_{\mathrm{D}}$; $U_2(\rightarrow) = \varphi_{\mathrm{D}} - \varphi_{\mathrm{E}}$; $U_3(\downarrow) = \varphi_{\mathrm{E}} - \varphi_{\mathrm{H}}$; $U_4(\rightarrow) = \varphi_{\mathrm{F}} - \varphi_{\mathrm{X}} = \varphi_{\mathrm{F}}$

und $U_5(\rightarrow) = \varphi_{\mathrm{X}} - \varphi_{\mathrm{H}} = -\varphi_{\mathrm{H}}$

Die Richtungen der Spannungszählpfeile (vgl. Reihenfolge der Indizes in den Potentialdifferenzen) entsprechen den im Lehrbeispiel 5.5 (Bild 5.17) bereits festgelegten Richtungen der Zweigströme.

ÜB [14]:
BB 5.17
BB 5.18
BB 5.19

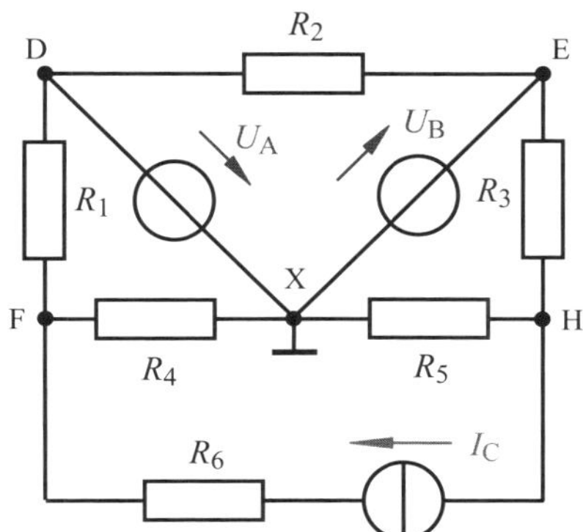

Bild 5.20: Netzwerk zum Lehrbeispiel 5.6

Beim Aufstellen des Koeffizientenschemas ist zu beachten, dass der Widerstand R_6 keine strombegrenzende Funktion ausübt. Er ist somit als Knotenleitwert und als Koppelleitwert wirkungslos. Die ideale Stromquelle erzeugt über ihm lediglich einen definierten Spannungsabfall $U_6(\leftarrow) = I_C \cdot R_6$.

Tabelle 5.4: Koeffizientenschema für die Knotenanalyse im Lehrbeispiel 5.6

φ_F	φ_H	$\varphi_E = -U_B$	$\varphi_D = +U_A$	*Abs.*
$G_1 + G_4$	0	0	$-G_1$	I_C
0	$G_3 + G_5$	$-G_3$	0	$-I_C$
0	$-G_3$	$G_2 + G_3$	$-G_2$	$-I_B$
$-G_1$	0	$-G_2$	$G_1 + G_2$	I_A

Die Potentiale der Punkte D und E sind bereits über die Quellenspannungen der Quellen A und B bekannt. Damit werden die letzten beiden Gleichungen des Koeffizientenschemas nicht zur Berechnung der noch unbekannten Knotenpotentiale benötigt (in Tab. 5.4 grau unterlegt). Mit je einer der ersten beiden Gleichungen können die Potentiale der Punkte F und H wie folgt berechnet werden:

$$\varphi_F = \frac{I_C + U_A \cdot G_1}{G_1 + G_4} = \frac{I_C + \frac{U_A}{R_1}}{\frac{1}{R_1} + \frac{1}{R_4}} \quad \text{und:} \quad \varphi_H = \frac{-I_C - U_B \cdot G_3}{G_3 + G_5} = \frac{-I_C - \frac{U_B}{R_3}}{\frac{1}{R_3} + \frac{1}{R_5}}$$

Durch Einsetzen der so berechneten bzw. bereits bekannten Potentiale in die Lösungsansätze des Lehrbeispiels 5.6 erhält man eine Berechnungsvorschrift für die Spannungen über den Widerständen.

Für die Spannung über der Quelle C gilt: $U_C(\rightarrow) = \varphi_F - \varphi_H + I_C \cdot R_6$.

6 Stromkreise mit nichtlinearen Bauelementen

In den vorangegangenen Kapiteln wurden elektrische Gleichstromkreise behandelt, bei denen eine lineare Quelle (oder bei Netzwerken mehrere lineare Quellen) mit linearen Widerständen schaltungstechnisch kombiniert wurden. In diesem Kapitel soll nun der Fall betrachtet werden, dass eine lineare Quelle eine nichtlineare Lastkonfiguration speist.

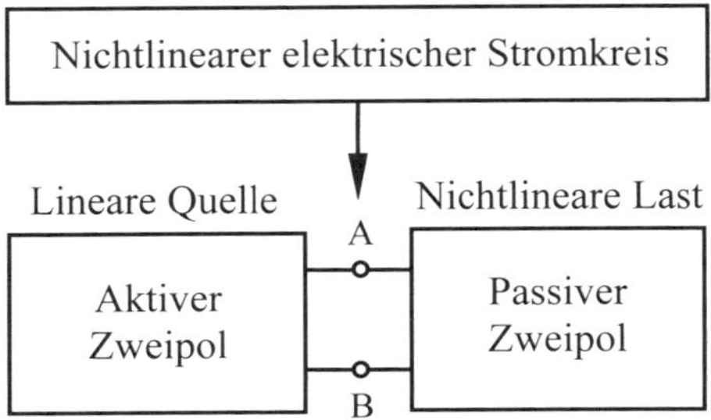

Bild 6.1: Nichtlinearer elektrischer Stromkreis

ÜB: BB 5.4

Die nichtlineare Lastkonfiguration besteht aus einem (hier: passiven) Bauelement mit einer nichtlinearen Strom-Spannungs-Kennlinie oder aus einer schaltungstechnischen Kombination mit mindestens einem nichtlinearen Bauelement.

6.1 Strom-Spannungs-Kennlinie

Das elektrische Verhalten eines Bauelementes kann mit einer Kennlinie in sehr übersichtlicher Form beschrieben werden. Zur Aufnahme solcher Kennlinien (vgl. Abschn. 4.2) wird der Zusammenhang zwischen zwei Größen (z.B. Strom als Funktion der Spannung oder Widerstand als Funktion der Temperatur) unter definierten Randbedingungen in einem vorgegebenen Wertebereich messtechnisch erfasst. Durch die Darstellung aller so ermittelten Wertepaare in einem gemeinsamen Diagramm erhält man den gesetzmäßigen Zusammenhang zwischen den betrachteten Größen in Form einer Kennlinie.

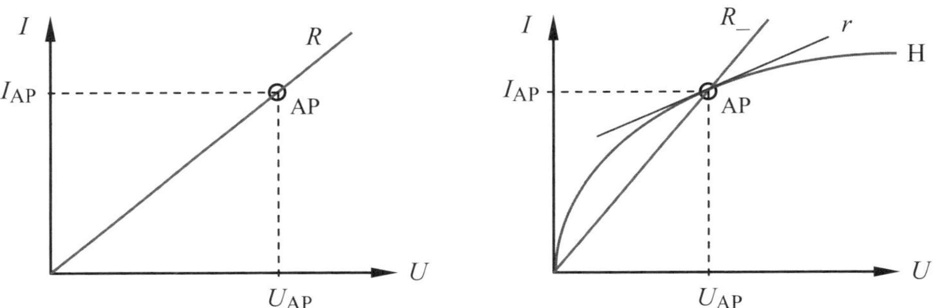

Bild 6.2: Kennlinie $I = f(U)$ eines linearen und eines nichtlinearen Widerstandes

Für die Festlegung von Arbeitspunkten oder zur Konstruktion resultierender Kennlinien (z.B. für Stromkreise mit mehreren linearen / nichtlinearen Bauelementen) ist die Strom-Spannungs-Kennlinie $I=f(U)$ von besonderer Bedeutung. Sie stellt bei einer Spannungseinspeisung das Verhalten der abhängig veränderlichen Größe (Strom) als Funktion der unabhängig veränderlichen Größe (Spannung) dar. Bild 6.2 zeigt die Strom-Spannungs-Kennlinie eines ohmschen Widerstandes R (links) im Vergleich zur Strom-Spannungs-Kennlinie einer Metallfaden-Glühlampe H (rechts).

Der ohmsche Widerstand weist einen linearen Kennlinienverlauf auf. Sein Gleichstromwiderstand (Kehrwert des Anstieges der Geraden) ist in jedem Arbeitspunkt gleich groß und er ist mit dem differenziellen Widerstand (Kehrwert des Anstieges der Kennlinie im Arbeitspunkt – vgl. Abschn. 2.1) identisch.

Die Glühlampe H besitzt dagegen eine nichtlineare Strom-Spannungs-Kennlinie. Ihr Gleichstromwiderstand $R\_$ ändert sich in jedem Arbeitspunkt und weicht vom jeweiligen differenziellen Widerstand r mit zunehmender Spannung immer stärker ab.

6.2 Ausgewählte Kennlinien nichtlinearer Bauelemente

Aus dem verfügbaren Bauelemente-Sortiment sollen hier lediglich typische passive Bauelemente mit nichtlinearen Strom-Spannungs-Kennlinien betrachtet werden. Dazu zählen die Diode, der Varistor und der Thermistor.

Bild 6.3 zeigt auf der linken Seite die vollständige Kennlinie einer Diode (Universaldiode).

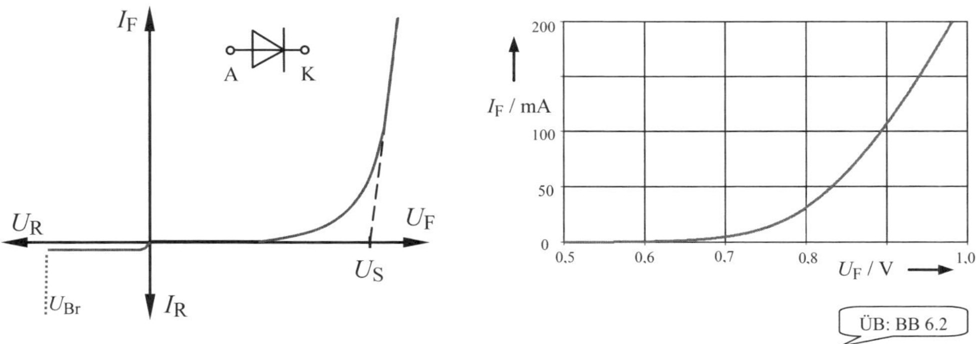

Bild 6.3: Kennlinie einer Diode

Auf der rechten Seite wurde das Ergebnis einer PSPICE-Simulation dargestellt. Dabei handelt es sich um eine reduzierte Kennlinie ab einer Durchlassspannung $U_F = 0{,}5$ V. Bis zu dieser Spannung fließt noch kein erkennbarer Strom. Der in der Strom-Spannungs-Kennlinie dargestellte Zusammenhang lässt sich mathematisch wie folgt beschreiben:

$$I = I_S \cdot \left(e^{\frac{U_{AK}}{U_T}} - 1 \right) \tag{6.1}$$

U_{AK} beschreibt die von der Anode zur Kathode angelegte Spannung. U_T ist die Temperaturspannung ($U_T \approx 26$ mV bei 300 K). Mit I_S bezeichnet man den Sättigungsstrom der Diode (Saturation current – vgl. auch [11] – Abschn. 2.4).

In Flussrichtung (Index F: siehe 1. Quadrant) fließt je nach Größe der an die Diode angelegten Spannung $U_F = + U_{AK}$ ein mehr oder minder großer Durchlassstrom I_F (exponentieller Verlauf). Eine typische Kenngröße ist die Schleusenspannung U_S, bei der ein merklicher Durchlassstrom zu fließen beginnt.

In Sperrrichtung (Index R: siehe 3. Quadrant) fließt bei einer Spannung $U_R = - U_{AK}$ ein sehr kleiner Sperrstrom I_R. Die Sperrkennlinie verläuft bis zu einer Durchbruchspannung U_{Br} (Breakout Voltage – gepunktete Linie) nahezu parallel zur Spannungsachse.

Ein weiteres Bauelement mit einer nichtlinearen Strom-Spannungs-Kennlinie ist der Varistor (VDR = Voltage Dependent Resistor). Dabei handelt es sich um einen spannungsabhängigen Widerstand, der seinen Widerstandswert mit Zunahme der von außen angelegten Spannung verringert. Seine Kennlinie ist in beiden Betriebsrichtungen der Durchlasskennlinie einer Diode ähnlich. Bild 6.4 (rechts) zeigt nur den 1. Quadranten der berechneten Kennlinie.

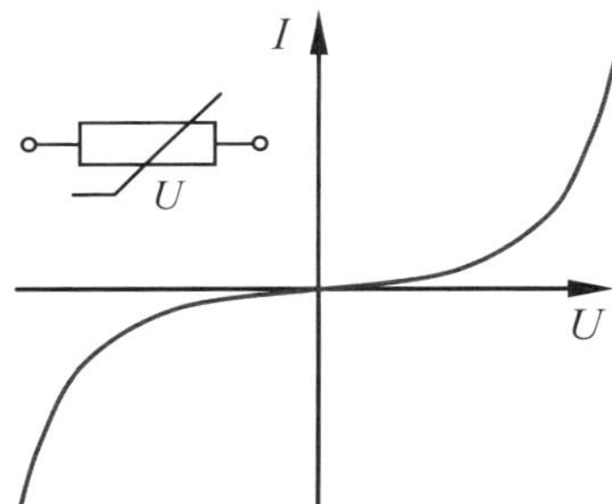

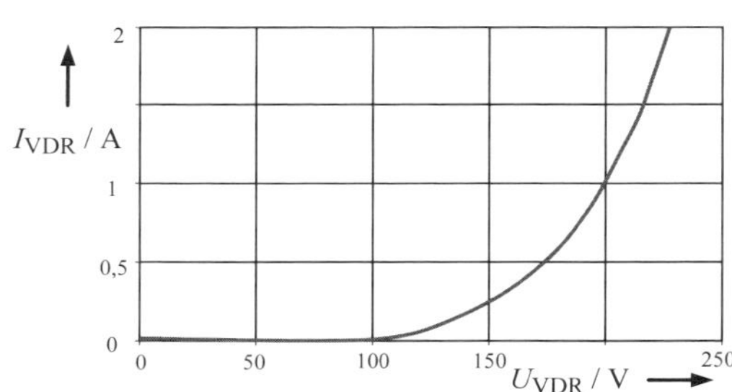

Bild 6.4: Kennlinie eines Varistors

Zwischen Spannung und Strom gilt mit der Normierung des Stromes $\{I\} = I / 1$ A folgender Zusammenhang:

$$U = C \cdot \{I\}^{\beta} \tag{6.2}$$

Die Konstante C beschreibt dabei diejenige Spannung, bei der ein Strom von $I = 1$ A fließt. Im Bild 6.4 – rechts gilt: $C = 200$ V. Durch Bildung der ersten Ableitung kann aus Gleich. (6.2) der differenzielle Widerstand ermittelt werden.

$$r = \frac{\mathrm{d}U}{\mathrm{d}I} = \frac{\mathrm{d}(C \cdot \{I\}^{\beta})}{\mathrm{d}I} = \beta \cdot C \cdot \{I\}^{\beta} \cdot I^{-1} = \beta \cdot \frac{C \cdot \{I\}^{\beta}}{I} = \beta \cdot \frac{U}{I} = \beta \cdot R_{-}$$

Der differenzielle Widerstand eines Varistors ergibt sich aus seinem Gleichstromwiderstand, multipliziert mit dem Nichtlinearitätskoeffizienten β. C und β sind herstellungsbedingte Konstanten. β bestimmt die Steilheit der Kennlinie.

Thermistoren (thermal sensitive resistor) verändern ihren Widerstandswert in Abhängigkeit der Temperatur. Diese Widerstandsänderung ist bei Thermistoren viel stärker ausgeprägt, als bei typischen Leiterwerkstoffen. Man unterscheidet zwischen Heißleitern und Kaltleitern.

Heißleiter besitzen einen negativen Temperaturkoeffizienten (NTC = Negative Temperature Coefficient). Sie verringern ihren Gleichstromwiderstand mit ansteigender Temperatur. Hier ist demzufolge neben der Strom-Spannungs-Kennlinie die Widerstands-Temperatur-Kennlinie von Interesse.

Die Strom-Spannungs-Kennlinie eines Heißleiters weist die Besonderheit auf, dass ein fallender Kennlinienteil existiert. In diesem Bereich besitzt der Heißleiter einen negativen differenziellen Widerstand. Diese Kennlinie (siehe Bild 6.5) sollte messtechnisch bei Stromeinspeisung bestimmt werden, um den fallenden Kennlinienteil nach Überschreitung des Spannungsmaximums (bei $I \uparrow \Rightarrow U \downarrow$) exakt erfassen zu können.

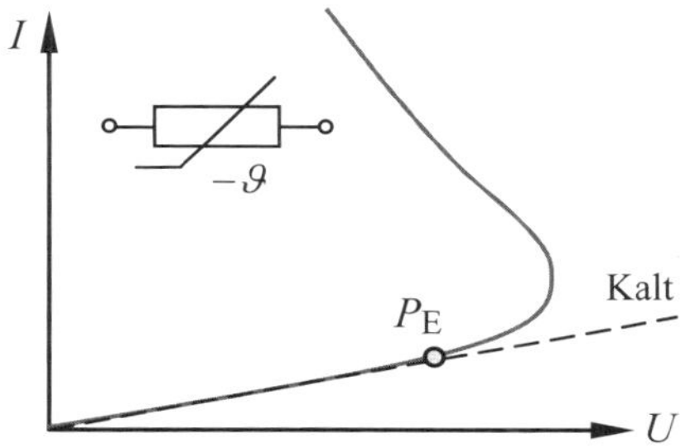

Bild 6.5: Kennlinie $I = f(U)$ eines Heißleiters

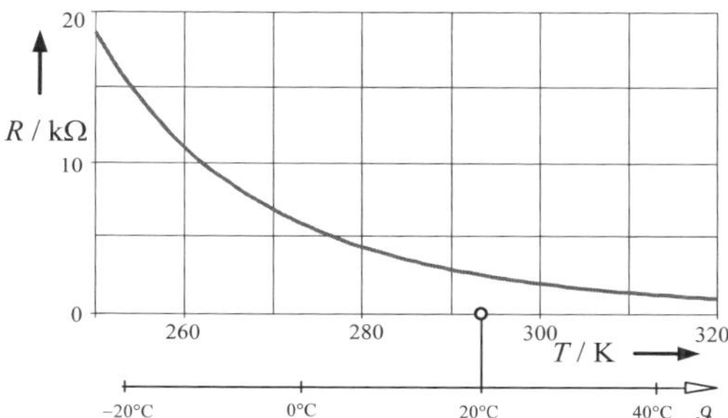

Bild 6.6: Widerstandsverlauf eines Heißleiters

Die Strom-Spannungs-Kennlinie (Bild 6.5) verläuft bis zur Grenzleistung der Eigenerwärmung (P_E) linear. Ab diesem Punkt erwärmt sich das Bauelement infolge des Stromes und der Widerstand wird kleiner. Nun ist ein typisches nichtlineares Verhalten zu beobachten: Mit zunehmendem Strom wird der Spannungsabfall kleiner und der differenzielle Widerstand wird negativ.

Bild 6.6 zeigt die Widerstands-Temperatur-Kennlinie. Die zusätzliche ϑ-Achse soll hier lediglich einen Vergleich mit der CELSIUS-Temperatur ermöglichen. Der hier vorgestellte Heißleiter besitzt einen Nennwiderstand R_{20} = 2,5 kΩ. Das ist der Gleichstromwiderstand bei der Bezugstemperatur $\vartheta_{Bezug} = 20$ °C (also: $T \approx 293$ K).

ÜB: BB 6.5

Für den Zusammenhang zwischen Widerstand und Temperatur gilt Gleich. (6.3). Dieser Zusammenhang $R = f(T)$ ist im Bild 6.6 als Kennlinie dargestellt.

$$R = a \cdot e^{\frac{b}{T}} \tag{6.3}$$

Die Konstante a wird durch das Material des Bauelementes bestimmt. b ist die Energiekonstante, die für einen Heißleiter recht einfach messtechnisch ermittelt werden kann. Dazu führt man zwei Widerstandsmessungen bei unterschiedlichen Temperaturen T_1 und T_2 durch und erhält die zugehörigen Widerstandswerte R_1 und R_2. Das Logarithmieren von

(6.3) führt für T_1 und T_2 mit den Normierungen $\{R\} = R / 1\,\Omega$ und $\{a\} = a / 1\,\Omega$ zu folgenden Ausdrücken:

$\ln\{R_1\} = \ln\{a\} + \frac{b}{T_1}$ und: $\ln\{R_2\} = \ln\{a\} + \frac{b}{T_2}$

Beide Gleichungen werden nun formal nach ln $\{a\}$ umgestellt und gleichgesetzt. Man erhält:

$\ln\{R_1\} - \frac{b}{T_1} = \ln\{R_2\} - \frac{b}{T_2}$. Durch die Differenz der Logarithmen $\ln\{R_1\} - \ln\{R_2\} = \ln\frac{\{R_1\}}{\{R_2\}}$ hebt sich die oben eingeführte Normierung automatisch wieder auf.

$$b = \frac{\ln\frac{R_1}{R_2}}{\frac{1}{T_1} - \frac{1}{T_2}} \tag{6.4}$$

Der Temperaturkoeffizient α eines Heißleiters wird mit Gleich. (1.8) berechnet:

$$\alpha = \frac{\mathrm{d}R}{\mathrm{d}T} \cdot \frac{1}{R} = \frac{a \cdot e^{\frac{b}{T}} \cdot (-b \cdot T^{-2})}{R}$$

$$\alpha = -\frac{b}{T^2} \tag{6.5}$$

Kaltleiter besitzen einen positiven Temperaturkoeffizienten (PTC = Positive Temperature Coefficient). Sie erhöhen ihren Gleichstromwiderstand mit ansteigender Temperatur.

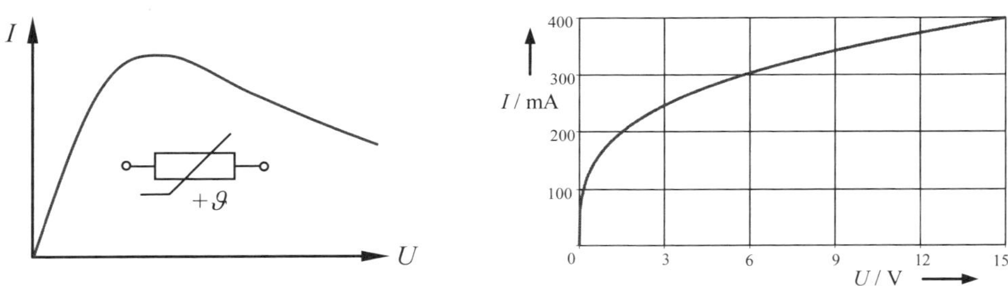

Bild 6.7: Strom-Spannungs-Kennlinien eines Kaltleiters (rechts: Glühlampe)

Bild 6.7 zeigt Strom-Spannungs-Kennlinien von Kaltleitern. Ein Vergleich mit Bild 6.5 lässt erkennen, dass relativ zum Heißleiter die entgegengesetzte Charakteristik vorliegt.

Ein Spezialfall des Kaltleiters ist die Metallfaden-Glühlampe (siehe simulierte Kennlinie im Bild 6.7 – rechte Seite). Diese nichtlineare Kennlinie kann allgemein über eine Gerade im doppelt-logarithmischen Maßstab berechnet werden.

Es gilt: $I = I_{\text{Bezug}} \cdot \left| \frac{U}{U_{\text{Bezug}}} \right|^{y}$

6.3 Konstruktion von Ersatz-Kennlinien

6.3.1 Ersatz-Kennlinien von Elementarschaltungen

In einer Reihenschaltung werden bei jeweils gleichem Strom die Spannungen addiert (Maschensatz / Spannungsteilerregel). Man erhält so einen neuen Punkt auf der Ersatz-Kennlinie der betrachteten Reihenschaltung. Diese Maßnahme muss mehrfach wiederholt werden, um eine hinreichende Anzahl von Punkten für die Darstellung der neuen Kennlinie zu erhalten.

Zur Erklärung des Prinzips einer solchen Konstruktion wird als denkbar einfacher Fall die Reihenschaltung (RS) eines ohmschen Widerstandes *R* und einer Glühlampe H gewählt. Für die Bauelemente gilt: $R = 30\ \Omega$ und H $\triangleq$ *I-U*-Kennlinie gemäß Bild 6.7 (rechts).

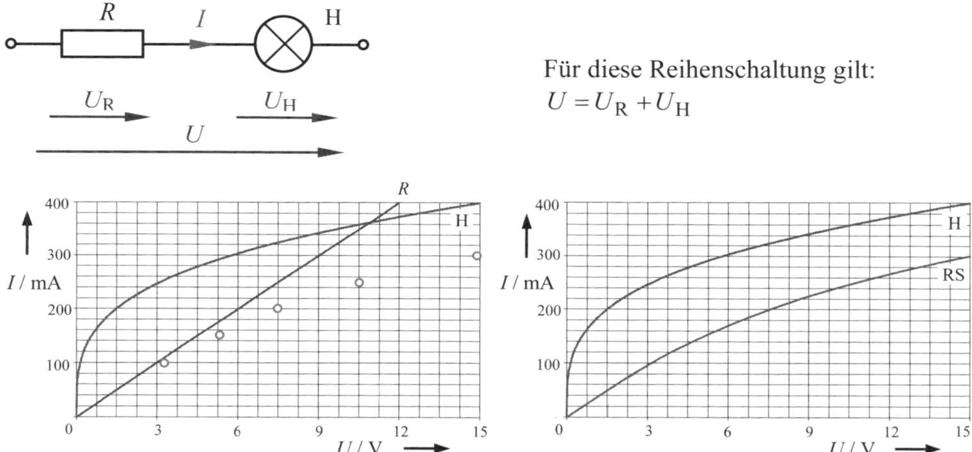

Bild 6.8: Konstruktion der Ersatzkennlinie einer Reihenschaltung

Die manuelle Konstruktion (Bild 6.8 – links) wird so durchgeführt, dass bei einem ausgewählten Strom (z.B.: $I = 200$ mA) zur Spannung über *R* (hier: $U_R = 6$ V) die Spannung über der Glühlampe (hier: $U_H = 1{,}5$ V) addiert wird. Der Punkt bei 200 mA und 7,5 V ist dann ein Punkt der Ersatz-Kennlinie. Mit numerischen Verfahren geht das viel eleganter und man erhält eine hinreichende Anzahl von Wertepaaren zur Darstellung der Ersatz-Kennlinie (siehe Bild 6.8 – rechts).

Zur Konstruktion der resultierenden Kennlinie einer Parallelschaltung werden für jeden Spannungswert die Ströme durch die parallel geschalteten Bauelemente zum Gesamtstrom addiert (Knotenpunktsatz). Zur Demonstration der Konstruktion sollen aus Gründen der Vergleichbarkeit wieder die Bauelemente des Bildes 6.8 verwendet werden. Da sich jetzt die Ersatz-Kennlinie in Richtung größerer Ströme ausbildet, ist eine Änderung des Maßstabes der grafischen Darstellung erforderlich. Die Ordinatenachse der Strom-Spannungs-Kennlinie des Bildes 6.9 wurde demzufolge auf einen maximalen Wert von 800 mA gesetzt.

Die manuelle Konstruktion (Bild 6.9 – links) wird so durchgeführt, dass man bei einer ausgewählten Spannung (z.B.: $U = 6$ V) zum Strom durch den Widerstand (hier: $I_R = 200$ mA) den Strom durch die Glühlampe (hier: $I_H = 300$ mA) addiert.
Der Punkt bei 6 V und 500 mA ist dann ein Punkt der Ersatz-Kennlinie.

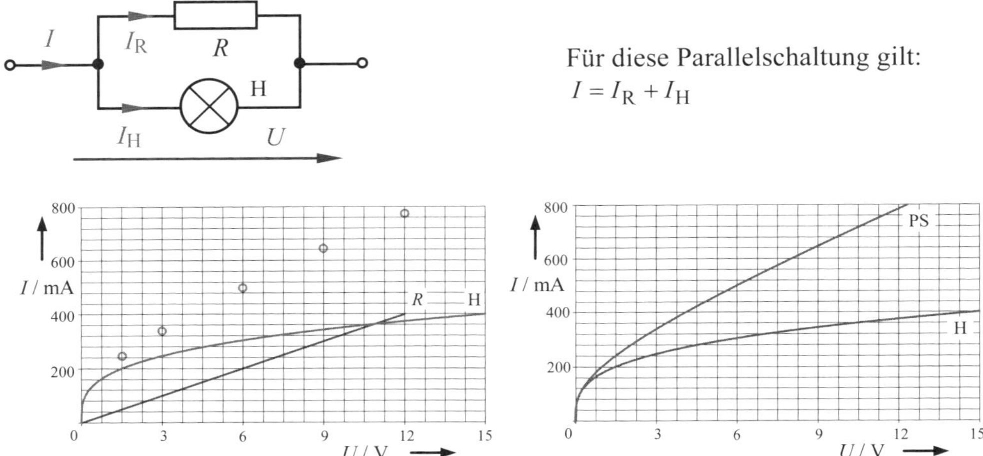

Bild 6.9: Konstruktion der Ersatzkennlinie einer Parallelschaltung

Bild 6.9 (rechts) zeigt die mit numerischen Verfahren ermittelte Ersatz-Kennlinie.

6.3.2 Idealisierte Kennlinien und Ersatzschaltungen

Bauelemente mit nichtlinearen Strom-Spannungs-Kennlinien können mit ihren typischen Kenngrößen über idealisierte Kennlinien beschrieben und durch Ersatzschaltungen nachgebildet werden. Dieser Sachverhalt wird am Beispiel einer Diode demonstriert.

Eine ideale Diode (Schaltsymbol grau unterlegt) müsste im Durchlassbereich ideal leiten und in Sperrrichtung ideal sperren.

Bild 6.10: Kennlinie und Ersatzschaltung einer idealisierten Diode

Berücksichtigt man nun die Existenz der Schleusenspannung U_S einer realen Diode, so wird das Einsetzen der unendlich großen Leitfähigkeit (ideale Diode) vom Koordinatenursprung um den Betrag der Schleusenspannung nach rechts verschoben. Dazu muss zur idealen Diode eine Spannungsquelle mit U_S in Reihe geschaltet werden.

Die Schleusenspannung ist diejenige Spannung über der Diode, bei der ein merklicher Durchlassstrom zu fließen beginnt. Sie kann durch Anlegen einer Tangente an die Durchlasskennlinie grafisch ermittelt werden (siehe Bild 6.3). Der reale Anstieg der Durchlasskennlinie wird über einen differenziellen Flusswiderstand r_F in Reihe zur idealen Diode nachgebildet. Diese Gerade beginnt auf der Spannungsachse U_F bei der Spannung U_S.

Bild 6.11 zeigt die idealisierte Kennlinie einer Z-Diode. Die Z-Diode verhält sich im Durchlassbereich wie eine normale Diode. Im Sperrbereich weist sie unterhalb der Spannung U_{Z0} auch die Sperreigenschaften einer normalen Diode auf. Mit Erreichen der Z-Spannung wird diese Diode schlagartig leitfähig (steiler Verlauf der Sperrkennlinie im Bild 6.11). Sie bricht aber (wie eine normale Diode bei $U_R = U_{Br}$) nicht sofort durch.

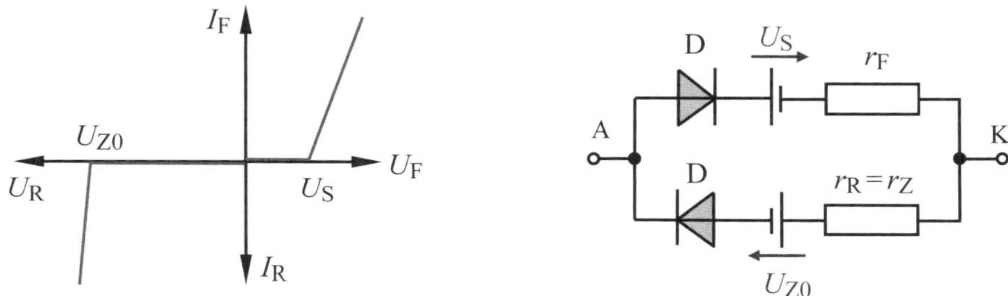

Bild 6.11: Kennlinie und Ersatzschaltung einer idealisierten Z-Diode

Die Ersatzschaltung (Bild 6.11) besteht aus zwei parallelen Zweigen. Der Durchlassbereich wird analog zum Bild 6.9 nachgebildet. Im Sperrbereich liegt die Z-Spannung U_{Z0} mit dem differenziellen Sperrwiderstand r_R zur idealen Diode in Reihe.

6.4 Grafische Bestimmung des Arbeitspunktes

Zur Ermittlung bzw. zur Einstellung eines Arbeitspunktes, in dem ein Lastbauelement betrieben wird, müssen die Quellenkennlinie (linear) und die Lastkennlinie (linear oder nichtlinear – vgl. Bild 6.1) zum Schnitt gebracht werden. Im Schnittpunkt können dann die Kenngrößen des Arbeitspunktes abgelesen werden [AP: (U_a; I_a)].

Reale Quellen besitzen einen nicht vernachlässigbaren (hier: linearen) Innenwiderstand. Dieser Innenwiderstand kann zum Zwecke der Arbeitspunkt-Einstellung durch eine äußere Beschaltung der Quelle mit einem linearen Widerstand verändert werden. Seine Größe bestimmt den Kehrwert des Anstieges der Quellenkennlinie (siehe Bild 6.12). Diese Kennlinie verbindet die Leerlaufspannung U_L mit dem Kurzschlussstrom I_K (vgl. Abschn. 3.4). Durch Variation des Innenwiderstandes (z.B. infolge einer äußeren Beschaltung der Quelle) verändert man somit den Kehrwert des Anstieges der Quellenkennlinie.

ÜB: BB 6.4

Zur Bestimmung bzw. zur Einstellung eines Arbeitspunktes wird in die Kennliniendarstellung eines passiven Zweipols (nichtlineare Kennlinie eines Lastbauelementes im Bild 6.13) die lineare Quellenkennlinie des aktiven Zweipols eingezeichnet.

Der sich dabei ergebende Schnittpunkt ist der Arbeitspunkt (AP). Seine Lage in der Strom-Spannungs-Kennlinie gibt an, welche Spannung U_a über der Last liegt und wie groß der durch das Lastbauelement fließende Strom I_a ist. Aus diesem Produkt kann der Leistungsumsatz $P_a = U_a \cdot I_a$ des Lastelementes im Arbeitspunkt ermittelt werden.

ÜB: BB 6.3

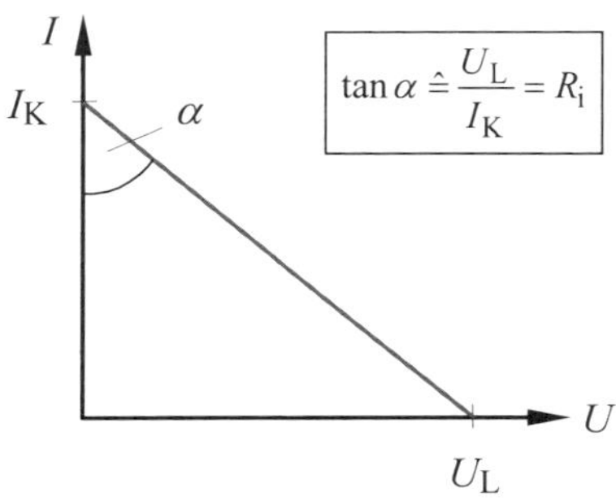

Bild 6.12: Kennlinie einer linearen Quelle

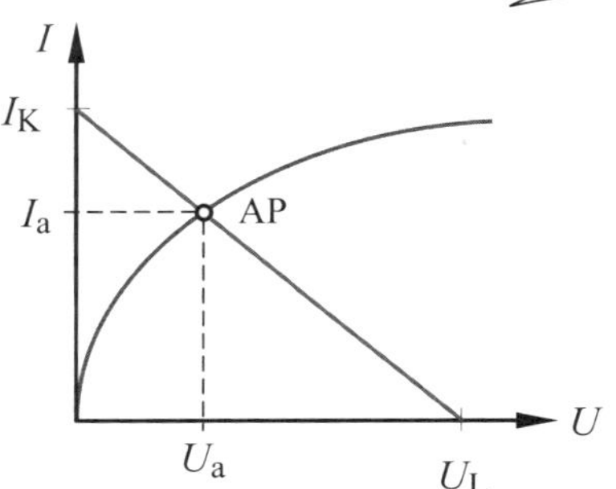

Bild 6.13: Festlegung des Arbeitspunktes

Außerdem können für diesen aktuellen Arbeitspunkt der Gleichstromwiderstand $R\_$ sowie der differenzielle Widerstand r (vgl. Definition im Abschn. 2.1 sowie Bild 6.2) bestimmt werden.

Die Änderung der Lage des Arbeitspunktes gelingt mit zwei verschiedenen Maßnahmen. Ausgangspunkt sei der AP im Bild 6.13, der in seiner Lage z.B. abgesenkt (↓) werden soll.

a) Änderung der Quellenspannung U_q bzw. der Leerlaufspannung U_L:

Eine Veränderung der Leerlaufspannung durch Variation der Quellenspannung oder durch eine Spannungsteilung im aktiven Zweipol bewirkt eine Parallelverschiebung der Quellenkennlinie. Mit R_i = const. gilt: $U_L \downarrow$ auf $U_{L1} \quad \Rightarrow \quad I_K \downarrow$ auf I_{K1}.

b) Änderung des Innenwiderstandes R_i:

Eine Veränderung des Innenwiderstandes bewirkt eine Änderung des Kehrwertes des Anstieges der Quellenkennlinie. Mit U_L = const. gilt: $R_i \uparrow \quad \Rightarrow \quad I_K \downarrow$ auf I_{K2}.

ÜB: BB 6.1

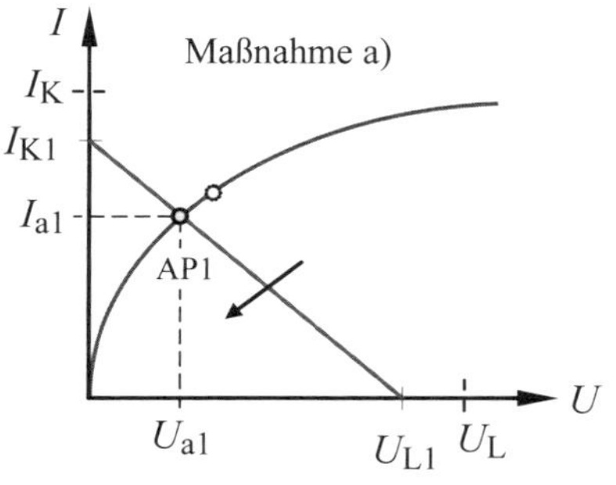

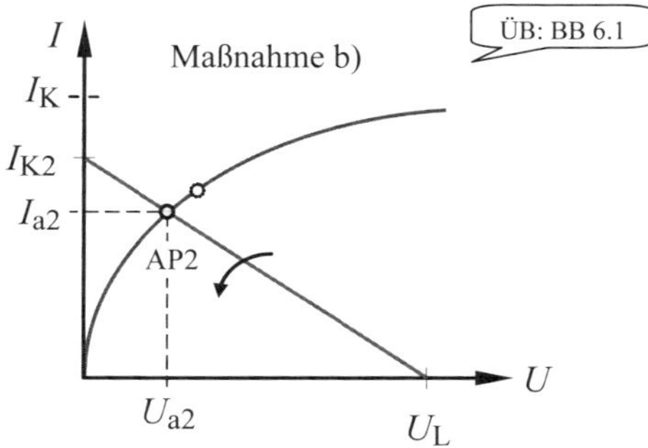

Bild 6.14: Variation der Lage des Arbeitspunktes (o ursprüngliche Lage im Bild 6.13)

Lehrbeispiel 6.1:

Eine Z-Diode wird in der Praxis häufig zur Stabilisierung kleiner Gleichspannungen eingesetzt. Dabei nutzt man den steilen Verlauf der Sperrkennlinie (Bild 6.11) aus. Die Z-Diode muss demzufolge in Sperrrichtung betrieben werden. Skizzieren Sie für die (im Bild 6.15 unbelastete) Stabilisierungsschaltung mit Z-Diode die Änderung der Lage des Arbeitspunktes bei einer Schwankung der Eingangsspannung um $\pm \Delta U_e$.

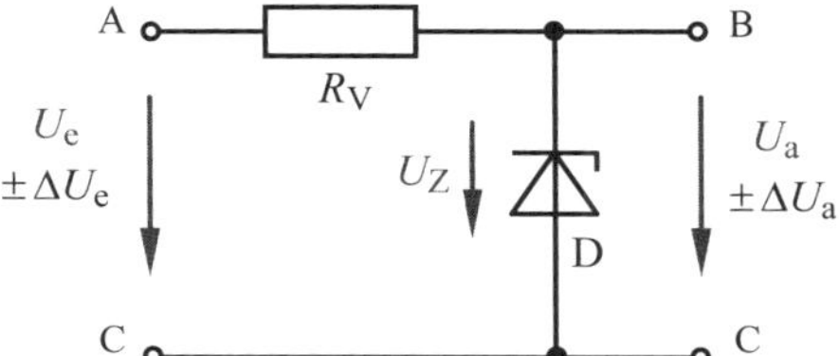

Bild 6.15: Stabilisierungsschaltung mit Z-Diode

Als Grundlage zur Darstellung des Arbeitspunktes wird die idealisierte Sperrkennlinie der Z-Diode (mit den Daten U_{Z0} und r_Z: siehe Bild 6.11) verwendet. Zur Bestimmung der Lage des Arbeitspunktes muss die Quellenkennlinie eingezeichnet werden. Dazu wird die Eingangsspannung mit dem Vorwiderstand als Ersatzquelle (U_e und R_V) aufgefasst. Für diese Ersatzquelle wirkt die Z-Diode als Last.

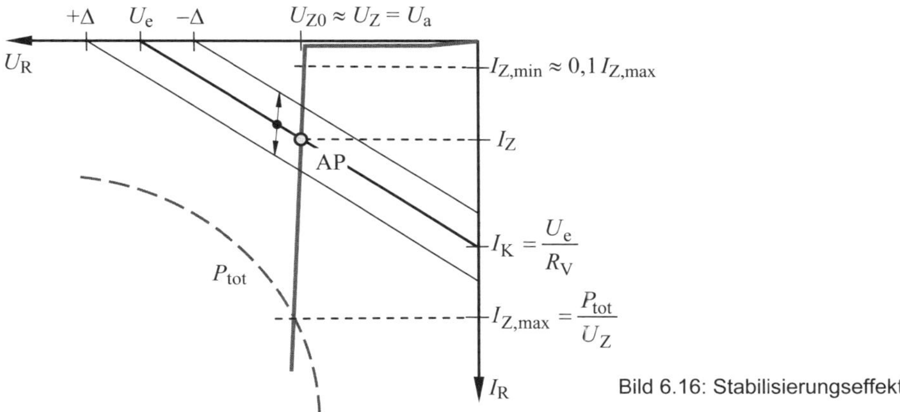

Bild 6.16: Stabilisierungseffekt

Bei einer Schwankung der Eingangsspannung ($\pm \Delta U_e$) wandert nun der Arbeitspunkt gemäß des angedeuteten Doppelpfeils im Bild 6.16 auf der Sperrkennlinie. Dabei ändert sich der Strom I_Z durch die Z-Diode relativ stark. Die Spannung über der Z-Diode $U_Z \approx U_{Z0}$, die ja zugleich die Ausgangsspannung (also die Spannung über dem zu speisenden Lastwiderstand R_a) darstellt, ändert sich aber nur geringfügig. Die Bedingung für eine mit R_a belastetet Stabilisierungsschaltung lautet: $I_a << I_Z$.

Die relative Änderung der Ausgangsspannung $\Delta U_a / U_a$ ist durch den steilen Kennlinienverlauf deutlich kleiner als die relative Änderung der Eingangsspannung $\Delta U_e / U_e$. Dieses Verhältnis der relativen Spannungsänderungen wird über der Stabilisierungsfaktor S beschrieben.

Es gilt: $S = \dfrac{\Delta U_e / U_e}{\Delta U_a / U_a}$.

7 Beschreibung von Wechselgrößen

In den vorangegangenen Kapiteln wurde davon ausgegangen, dass die betrachteten elektrischen Größen Spannung und Strom zeitunabhängig sind (Gleichstromlehre).

Nun soll die Betrachtung auf elektrische Größen erweitert werden, die sich periodisch über der Zeit verändern (Wechselstromtechnik). Der sinusförmige Verlauf einer periodischen Zeitfunktion ist eine spezielle Erscheinung einer Wechselgröße.

7.1 Periodische Zeitfunktionen

Periodische Funktionen sind dadurch gekennzeichnet, dass sich ihr Funktionsverlauf nach einem zeitlichen Intervall wiederholt. Dieses zeitliche Intervall bezeichnet man als Periodendauer T (siehe Bild 7.1).
Die Periodendauer gibt an, welche Zeit zum Durchlaufen eines vollständigen Vorgangs benötigt wird. Über den Kehrwert der Periodendauer wird die Frequenz bestimmt.
Für die Einheit gilt: $[f] = 1\ \text{s}^{-1} = 1\ \text{Hz}$ (HERTZ).

$$f = \frac{1}{T} \qquad (7.1)$$

Bild 7.1 zeigt zwei Perioden des Verlaufes einer nichtsinusförmigen Zeitfunktion. Nach einer n-fachen Wiederholung mit einem ganzzahligen n gilt: $u(t) = u(t + n \cdot T)$

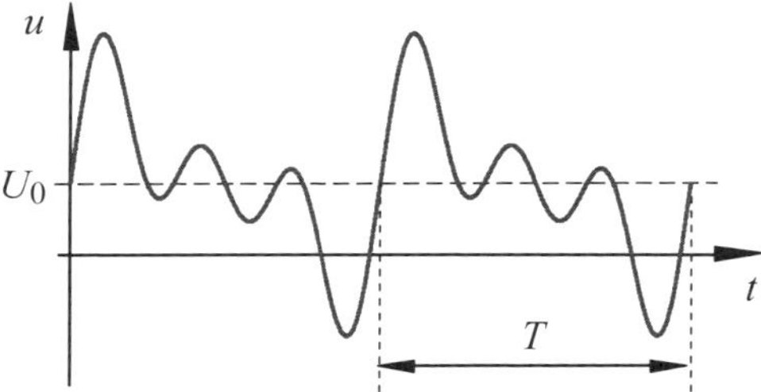

Bild 7.1: Allgemeiner periodischer Spannungsverlauf (Mischgröße)

Die im Bild 7.1 dargestellte Spannung wird als Mischgröße bezeichnet. Sie besteht aus einer Wechselgröße, die mit einer Gleichgröße U_0 überlagert ist.

Wechselgrößen sind nach DIN 5488 über zwei Eigenschaften definiert:

1. Der Funktionsverlauf ist periodisch und
2. der arithmetische Mittelwert ist gleich null.

Eine Wechselspannung vom Augenblickswert u und ein Wechselstrom vom Augenblickswert i sind periodische Zeitfunktionen mit dem arithmetischen Mittelwert null.

Danach ist die im Bild 7.1 dargestellte Spannung keine reine Wechselgröße. Sie verläuft zwar periodisch, aber die Summe der gegen die Zeitachse eingeschlossenen (vorzeichenbehafteten) Flächenanteile ist ungleich null. Diese Spannung wird zur Wechselgröße, wenn der Gleichanteil U_0 null ist. Legt man im Bild 7.1 die Zeitachse auf die waagerechte gestrichelte Linie U_0, so wird dieser Sachverhalt deutlich.

7.2 Sinusförmige Zeitfunktionen

Die im Bild 7.1 dargestellte Mischgröße besteht aus der Überlagerung einer Wechselgröße mit einer Gleichgröße. Die nichtsinusförmige Wechselgröße selbst kann nun wieder als eine Überlagerung von mehreren sinusförmigen Komponenten mit unterschiedlichen Frequenzen aufgefasst werden (vgl. auch Abschn. 7.4).

Der sinusförmige Verlauf einer Wechselspannung bzw. eines Wechselstromes hat demzufolge in der Wechselstromlehre eine fundamentale Bedeutung. Hier ändert sich der momentane Wert einer Wechselspannung u bzw. eines Wechselstromes i (Momentanwert oder Augenblickswert) nach einer Sinusfunktion [Gleich. (7.2) und (7.3)].

$$u = \hat{U} \cdot \sin(\omega \cdot t + \varphi_u) \tag{7.2}$$

$$i = \hat{I} \cdot \sin(\omega \cdot t + \varphi_i) \tag{7.3}$$

Die Größen haben folgende Bedeutung:

u bzw. i	Augenblickswert $[= f(t)]$
$\hat{U}$ bzw. $\hat{I}$	Maximalwert $[\neq f(t)]$
φ_u bzw. φ_i	Nullphasenwinkel in °
$\omega = 2\pi \cdot f$	Kreisfrequenz in s^{-1}

Die Zeitfunktionen nach Gleich. (7.2) und (7.3) sind wieder (wie im Bild 7.1) mit einem Liniendiagramm darstellbar. Bild 7.2 zeigt den Verlauf einer sinusförmigen Wechselspannung. Als Bezugszeitpunkt t_0 verwendet man den Nulldurchgang der Funktion beim Wechseln von negativen zu positiven Funktionswerten.

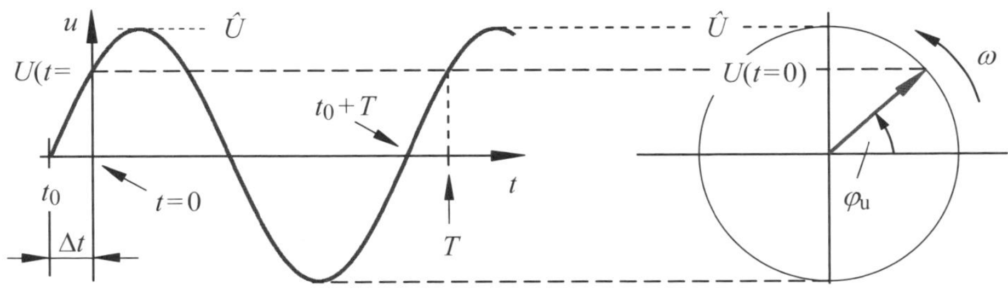

Bild 7.2: Liniendiagramm

Bild 7.3: Zeigerdiagramm

Die Funktionsbeschreibung beginnt zu einem definierten Zeitpunkt $t = 0$.

Im Falle einer Bezugsgröße (Bezugsspannung bzw. Bezugsstrom) wird dieser Startzeitpunkt mit t_0 festgelegt. Dann ist der Nullphasenwinkel der Bezugsgröße gleich null. Falls dieser Zeitpunkt mit $t = 0$ vorgegeben ist oder bereits definiert wurde, muss die zeitliche Verschiebung relativ zum Koordinatenursprung über einen vorzeichenbehafteten Nullphasenwinkel (φ_u bzw. φ_i) beschrieben werden.

Für den im Bild 7.2 dargestellten Fall berechnet man den Nullphasenwinkel im Gradmaß über $\varphi_u \mathrel{\hat{=}} x$ rad wie folgt: $\omega \cdot T = 2\pi$ und: $\omega \cdot \Delta t = x$ rad

$$\frac{\omega \cdot \Delta t}{\omega \cdot T} = \frac{\Delta t}{T} = \frac{x \text{ rad}}{2\pi} \quad \Rightarrow \quad \varphi_u = 360° \cdot \frac{\Delta t}{T}$$

Das Vorzeichen dieses Winkels ist positiv, wenn der Funktionswert $U\,(t=0)$ positiv ist. Bei einem negativen Funktionswert zum Zeitpunkt $t = 0$ ist dieser Winkel negativ.

Da das Ablesen von Kenngrößen aus dem Liniendiagramm einer sinusförmigen Zeitfunktion relativ aufwendig ist (z.B. Nullphasenwinkel), hat man sich ein grafisches Hilfsmittel in Form eines Zeigerdiagramms (Bild 7.3) geschaffen. Es handelt sich hierbei um eine Projektion des Liniendiagramms in eine Zeigerdarstellung (vgl. die nebeneinander gezeichneten Bilder 7.2 und 7.3).

Ein Zeiger mit der Länge des Maximalwertes $\hat{U}$ besitzt im Zeigerdiagramm zum Bezugszeitpunkt $t = 0$ mit dem Funktionswert $U\,(t = 0)$ eine definierte Lage im kartesischen Koordinatensystem. Diese Position wird im Liniendiagramm (Bild 7.2) durch eine Verschiebung des Zeitpunktes $t = 0$ relativ zum Bezugszeitpunkt t_0 festgelegt. Zum Zeitpunkt $t = 0$ kann man nun den Nullphasenwinkel φ_u im Bild 7.3 viel leichter ablesen als im Liniendiagramm des Bildes 7.2.

Für den Zeitraum $t > 0$ rotiert dieser Zeiger mit der Kreisfrequenz ω gegen den Uhrzeigersinn. Die Zeigerspitze bewegt sich auf einem Kreis mit dem Radius des Maximalwertes und beschreibt mit ihrer Projektion auf die Ordinate den gesamten Wertevorrat der Zeitfunktion. Die für einen vollen Umlauf benötigte Zeit ist die Periodendauer.

Zwischen der Kreisfrequenz ω, der Periodendauer T und der Frequenz f existiert folgender Zusammenhang:

$$\omega = 2\pi \cdot f = \frac{2\pi}{T} \tag{7.4}$$

Die Beschreibung einer periodischen Zeitfunktion mit einem Zeigerdiagramm ist nur für sinusförmige Funktionsverläufe gültig.

Nichtsinusförmige periodische Zeitfunktionen bestehen aus der Überlagerung harmonischer Funktionen unterschiedlicher Frequenz. Diesen Sachverhalt müsste man mit mehreren „Zeigern" nachbilden, die sich mit unterschiedlichen Kreisfrequenzen bewegen. Damit würden diese „Zeiger" ihre Lagen zueinander ständig verändern, und ihre Winkel zueinander wären nicht definierbar.

7.3 Mittelwerte periodischer Zeitfunktionen

Zu einem Zeitpunkt $t = t_X$ besitzt der Zeiger im Bild 7.3 eine beliebige Lage in einem der vier Quadranten. Die Position seiner Zeigerspitze gibt dann den aktuellen Funktionswert $U\,(t_X)$ an. Eine quantitative Beschreibung elektrischer Grundgrößen im Wechselstromkreis ist mit diesem Funktionswert, der sich ja ständig ändert, nicht praktikabel. Aus diesem Grund wurden Mittelwerte definiert, die eine zeitunabhängige Aussage über die jeweils betrachtete Größe ermöglichen. Mit ihrer Hilfe können messtechnische Aussagen zu periodischen Zeitfunktionen im Wechselstromkreis (auch ohne ein Oszilloskop) abgeleitet und in zeitinvarianter Form mathematisch interpretiert werden.

Mittelwerte periodischer Zeitfunktionen werden von einem Zeitpunkt t über eine vollständige Periode [also bis $(t + T)$] berechnet. Die Verschiebung der Funktion relativ zu $t = 0$ geht nicht mit in die Berechnung ein. Wie Bild 7.2 zeigt, erhält man eine vollständige Periode sowohl im Zeitraum von t_0 bis $(t_0 + T)$ als auch im Zeitraum von $t = 0$ bis T.

7.3.1 Arithmetischer Mittelwert

Der arithmetische Mittelwert beschreibt eine Zeitfunktion über die vorzeichenbehaftete Fläche, die diese Funktion über einer Periode gegen die Zeitachse einschließt. Die Gleich. (7.5) gilt in analoger Form auch für eine Wechselspannung.

$$\bar{I} = \frac{1}{T} \cdot \int_0^T i(t) \cdot \mathrm{d}t \qquad (7.5)$$

Es handelt sich um einen linearen Mittelwert, der bei einer Sinusfunktion null ist. Dieser Mittelwert ist für den praktischen Einsatz nur sehr bedingt geeignet, da er lediglich eine Aussage zum Gleichanteil einer Mischgröße liefert.

Die Sinusschwingung hat in der Wechselstromlehre eine fundamentale Bedeutung und wird (insbesondere in der Messtechnik) häufig als Bezugs- bzw. Vergleichsfunktion verwendet. Für ihre Beschreibung muss ein aussagefähiger Mittelwert (ungleich null) gefunden werden. Dieses Ziel kann man durch eine Veränderung des Verlaufes einer periodischen Zeitfunktion aus der Sicht ihrer vorzeichenbehafteten Symmetrie relativ zur Zeitachse erreichen.

7.3.2 Gleichrichtwert

Als erste Maßnahme bietet sich eine Betragsbildung (Zweiweg-Gleichrichtung der Wechselgröße) an. Sie bewirkt, dass nur noch positive Funktionswerte existieren und der arithmetische Mittelwert nicht mehr null werden kann.

Der Gleichrichtwert beschreibt den arithmetischen Mittelwert des Betrages einer periodischen Zeitfunktion.

Der Gleichrichtwert einer Wechselgröße ist derjenige Wert, der über einer Periode den gleichen Betrag der Fläche gegen die Zeitachse einschließt wie eine Gleichgröße.

Zur Herleitung einer allgemeingültigen Berechnungsvorschrift für den Gleichrichtwert soll die Bestimmung des Betrages einer Zeitfunktion am Beispiel eines gleichgerichteten sinusförmigen Wechselstromes (ohne Gleichanteil mit $\varphi_i = 0$) demonstriert werden. In diese Funktionsdarstellung wird der zu vergleichende Gleichstrom als Maß für den Gleichrichtwert $\overline{|I|}$ mit eingezeichnet. Für die Fläche, die der Gleichstrom während einer Periode gegen die Zeitachse einschließt (im Bild 7.4 gelb bzw. grau unterlegt), gilt: $A_{\_} \mathrel{\hat{=}} \overline{|I|} \cdot T$.

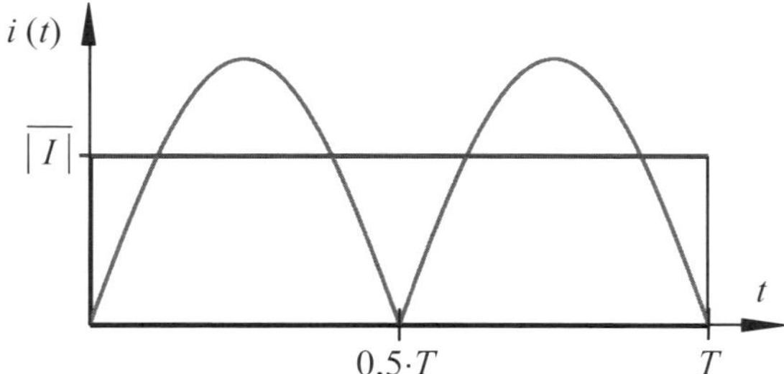

Bild 7.4: Bestimmung des Gleichrichtwertes

Die Fläche unter den beiden Halbwellen wird durch Integration über dem Betrag der Funktion längs einer Periode bestimmt.

$$A_{\sim} \mathrel{\hat{=}} \int_0^T |i(t)| \cdot \mathrm{d}t$$

Nach dem Gleichsetzen dieser beiden Flächen $A_{\_} = A_{\sim}$ ergibt sich der Gleichrichtwert:

$$\overline{|I|} = \frac{1}{T} \cdot \int_0^T |i(t)| \cdot \mathrm{d}t \qquad (7.6)$$

Der Gleichrichtwert ist ein linearer Mittelwert des Betrages einer Zeitfunktion über einer Periode. Für Wechselgrößen, die nach der Betragsbildung im Zeitraum $0 \leq t \leq 0{,}5T$ den gleichen Verlauf aufweisen wie im Zeitraum $0{,}5\,T \leq t \leq T$, ist die Integration über einer halben Periode ausreichend.

$$\overline{|I|} = \frac{2}{T} \cdot \int_0^{T/2} |i(t)| \cdot \mathrm{d}t \qquad (7.7)$$

Zur Berechnung des Gleichrichtwertes einer sinusförmigen Zeitfunktion muss (z.B. für einen Wechselstrom) die Gleich. (7.3) mit $\varphi_i = 0$ in Gleich. (7.7) eingesetzt werden.

$$\overline{|I|} = \frac{2}{T} \cdot \int_0^{T/2} \left| \hat{I} \cdot \sin \omega t \right| \cdot \mathrm{d}t \qquad \text{Substitution: } \omega t = \alpha \quad \Rightarrow \quad \mathrm{d}t = \frac{\mathrm{d}\alpha}{\omega}$$

$$\overline{|I|} = \frac{2 \cdot \hat{I}}{T} \cdot \int_{(0)}^{(T/2)} |\sin \alpha| \cdot \frac{\mathrm{d}\alpha}{\omega}$$

$$\overline{|I|} = \frac{2 \cdot \hat{I}}{\omega \cdot T} \cdot [-\cos \alpha]_{(0)}^{(T/2)} \qquad \text{mit: } \alpha = \omega t \qquad \Rightarrow \qquad \overline{|I|} = \frac{2 \cdot \hat{I}}{\omega \cdot T} \cdot [-\cos \omega t]_0^{T/2}$$

$$\text{Es gilt: } \omega \cdot T = \omega \cdot \frac{2\pi}{\omega} = 2\pi$$

$$\overline{|I|} = \frac{\hat{I}}{\pi} \cdot [-\cos \pi - (-\cos 0)] = \frac{\hat{I}}{\pi} \cdot (1 + 1)$$

$$\overline{|I|} = \frac{2}{\pi} \cdot \hat{I} \approx 0{,}637 \cdot \hat{I} \qquad (7.8)$$

7.3.3 Effektivwert

Der gebräuchlichste Mittelwert der Elektrotechnik ist der quadratische Mittelwert oder Effektivwert (engl.: root mean square bzw. RMS).

> Der Effektivwert eines Wechselstromes ist derjenige Wert, der in einem ohmschen Widerstand über die Dauer einer Periode die gleiche Energie in Wärme umsetzt wie ein ebenso großer Gleichstrom.

Während beim Gleichrichtwert die Flächen gleichzusetzen waren, müssen nun die Energieumsätze gleichgesetzt werden.

$$W_{-} = I^2 \cdot R \cdot T \quad \text{und} \quad W_{\sim} = \int_0^T i^2(t) \cdot R \cdot \mathrm{d}t$$

Diese Energieumsätze sind nur dann miteinander vergleichbar, wenn sie auf den jeweils gleichen Widerstand bezogen werden. Beim Gleichsetzen der Energien kürzt er sich somit heraus. Der zu diesem Vergleich herangezogene Gleichstrom ist ein Maß für den gesuchten quadratischen Mittelwert und wird als Effektivwert I_{eff} bezeichnet. Es gilt:

$$I_{\text{eff}} = \sqrt{\frac{1}{T} \cdot \int_0^T i^2(t) \cdot \mathrm{d}t} \qquad (7.9)$$

Die in Gleich. (7.9) angegebene Beziehung gilt für beliebige periodische Zeitfunktionen.

Durch Einsetzen der Gleich. (7.3) mit $\varphi_\mathrm{i} = 0$ kann mit Gleich. (7.9) der Effektivwert für einen sinusförmigen Wechselstrom (und analog dazu für eine sinusförmige Wechselspannung) berechnet werden.

$$I_\mathrm{eff} = \sqrt{\frac{1}{T} \cdot \int_0^T \hat{I}^2 \cdot \sin^2(\omega t) \cdot \mathrm{d}t} \qquad \text{Substitution: } \omega t = \alpha \;\Rightarrow\; \mathrm{d}t = \frac{\mathrm{d}\alpha}{\omega}$$

Der Maximalwert des Stromes ist zeitunabhängig und darf als Faktor vor das Integral geschrieben sowie radiziert werden.

$$I_\mathrm{eff} = \hat{I} \cdot \sqrt{\frac{1}{T} \cdot \int_{(0)}^{(T)} \sin^2 \alpha \cdot \frac{\mathrm{d}\alpha}{\omega}} \tag{7.10}$$

In der folgenden Berechnung wird vorerst nur das Integral unter der Wurzel in einer Nebenrechnung betrachtet. Für das Quadrat einer Sinusfunktion gilt folgendes Additionstheorem:

$\sin^2 \alpha = 0{,}5 \cdot (1 - \cos 2\alpha)$

$$\int_{(0)}^{(T)} \sin^2 \alpha \cdot \frac{\mathrm{d}\alpha}{\omega} = \frac{0{,}5}{\omega} \cdot \int_{(0)}^{(T)} (1 - \cos 2\alpha) \cdot \mathrm{d}\alpha = \frac{1}{2\omega} \cdot \int_{(0)}^{(T)} \mathrm{d}\alpha - \frac{1}{2\omega} \cdot \int_{(0)}^{(T)} \cos 2\alpha \cdot \mathrm{d}\alpha$$

$$\int_{(0)}^{(T)} \sin^2 \alpha \cdot \frac{\mathrm{d}\alpha}{\omega} = \frac{1}{2\omega} \left[\alpha - \frac{1}{2} \cdot \sin 2\alpha \right]_{(0)}^{(T)} \qquad \text{mit: } \alpha = \omega t$$

$$\int_{(0)}^{(T)} \sin^2 \alpha \cdot \frac{\mathrm{d}\alpha}{\omega} = \frac{1}{2\omega} \left[\omega t - \frac{1}{2} \cdot \sin 2\omega t \right]_0^T = \frac{1}{2\omega} (\omega T - \frac{1}{2} \cdot \sin 2\omega T) = \frac{T}{2}$$

Durch Einsetzen des Ergebnisses dieser Zwischenrechnung in die Berechnungsvorschrift nach Gleich. (7.10) ergibt sich für den Effektivwert:

$$I_\mathrm{eff} = \frac{\hat{I}}{\sqrt{2}} = 0{,}707 \cdot \hat{I} \tag{7.11}$$

♦ Schreibweise:

Alle zeitlich unabhängigen Größen kann man im Wechselstromkreis durch folgende Schreibweise voneinander unterscheiden:

ÜB: BB 7.1

$\hat{U}$ bzw. $\hat{I}$	Maximalwerte
$\overline{U}$ bzw. $\overline{I}$	arithmetische Mittelwerte
$\overline{\lvert U \rvert}$ bzw. $\overline{\lvert I \rvert}$	Gleichrichtwerte
U_eff bzw. I_eff	Effektivwerte

Zeitinvariante Größen werden mit einem Großbuchstaben gekennzeichnet! Es hat sich in der Praxis bewährt, den Effektivwert als gebräuchlichste Größe ohne Index anzugeben. Wenn alle anderen Größen eindeutig gekennzeichnet werden, ist sicherlich die Festlegung gerechtfertigt, dass es sich bei einer Spannung oder einem Strom ohne zusätzliche Kennung (Großbuchstabe U oder I) im Wechselstromkreis immer um einen Effektivwert handeln soll.

Lehrbeispiel 7.1:

Zu welchem Zeitpunkt erreicht eine sinusförmige Wechselspannung mit $f = 50$ Hz und einem Nullphasenwinkel von $\varphi_u = 30°$ ($\pi / 6$ rad) das erste Mal ihren:

a) Gleichrichtwert
b) Effektivwert
c) Maximalwert
d) Nulldurchgang?

Zur Lösung dieser Aufgabenstellung wird das Sinus-Zeit-Gesetz gemäß Gleich. (7.2) verwendet und nach der Zeit umgestellt.

$$t = \frac{\arcsin\left(\frac{u}{\hat{U}}\right) - \varphi_u}{2\pi f} \tag{7.12}$$

Die gesuchten Zeiten (Skizze anfertigen!) erhält man nun durch Einsetzen des jeweiligen Funktionswertes für die Zeitpunkte der Teilaufgabenstellungen a), b), c) und d) in Gleich. (7.12).

$$t_a = \frac{\arcsin\left(\frac{0{,}637 \cdot \hat{U}}{\hat{U}}\right) - \frac{\pi}{6}}{2\pi \cdot 50\,\text{Hz}} = 532\ \mu\text{s} \qquad t_b = \frac{\arcsin\left(\frac{0{,}707 \cdot \hat{U}}{\hat{U}}\right) - \frac{\pi}{6}}{2\pi \cdot 50\,\text{Hz}} = \frac{\frac{\pi}{4} - \frac{\pi}{6}}{2\pi \cdot 50\,\text{Hz}} = 833\ \mu\text{s}$$

$$t_c = \frac{\arcsin\left(\frac{\hat{U}}{\hat{U}}\right) - \frac{\pi}{6}}{2\pi \cdot 50\,\text{Hz}} = \frac{\frac{\pi}{2} - \frac{\pi}{6}}{2\pi \cdot 50\,\text{Hz}} = 3{,}\bar{3}\ \text{ms} \qquad t_d = \frac{\arcsin\left(\frac{0}{\hat{U}}\right) - \frac{\pi}{6}}{2\pi \cdot 50\,\text{Hz}} = \frac{\pi - \frac{\pi}{6}}{2\pi \cdot 50\,\text{Hz}} = 8{,}\bar{3}\ \text{ms}$$

7.4 Überlagerung sinusförmiger Zeitfunktionen

Eine Überlagerung sinusförmiger Zeitfunktionen mit gleicher Frequenz und gleichem Nullphasenwinkel führt wieder zu einer sinusförmigen Zeitfunktion.

$u_1 = \hat{U}_1 \cdot \sin(\omega t + \varphi_u)$ und: $u_2 = \hat{U}_2 \cdot \sin(\omega t + \varphi_u)$

$u_1 + u_2 = (\hat{U}_1 + \hat{U}_2) \cdot \sin(\omega t + \varphi_u)$

Die Zeitfunktionen können zusätzlich noch unterschiedliche Nullphasenwinkel haben. Das nachfolgende Lehrbeispiel zeigt, dass eine solche Überlagerung wieder zu einer sinusförmigen Zeitfunktion führt.

Lehrbeispiel 7.2:

Ein Generator besitzt zwei getrennte Läuferpakete, die um 60° versetzt zueinander angeordnet sind. Er liefert für u_1 als Bezugsgröße folgende Spannungen ($f = 50$ Hz):

$u_1 = \hat{U}_1 \cdot \sin(\omega t + \varphi_{u1}) = 30\text{ V} \cdot \sin \omega t$ und: $u_2 = \hat{U}_2 \cdot \sin(\omega t + \varphi_{u2}) = 20\text{ V} \cdot \sin(\omega t - 60°)$

Zeichnen Sie das resultierende Liniendiagramm der Gesamtspannung, die über der gleichsinnigen Reihenschaltung beider Läuferpakete liegt, und konstruieren Sie das Zeigerbild.

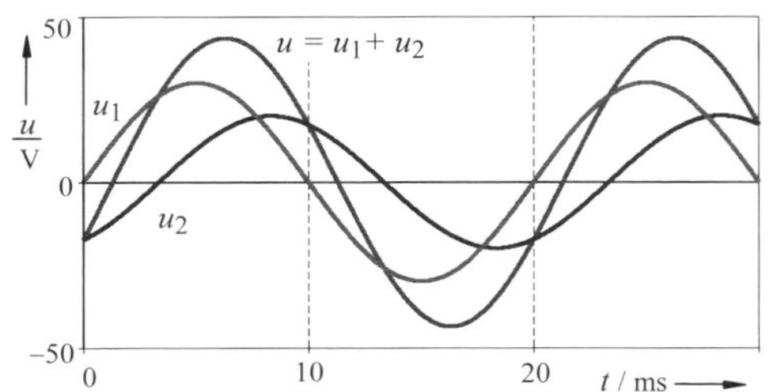

Bild 7.5: Liniendiagramm zum Lehrbeispiel 7.2

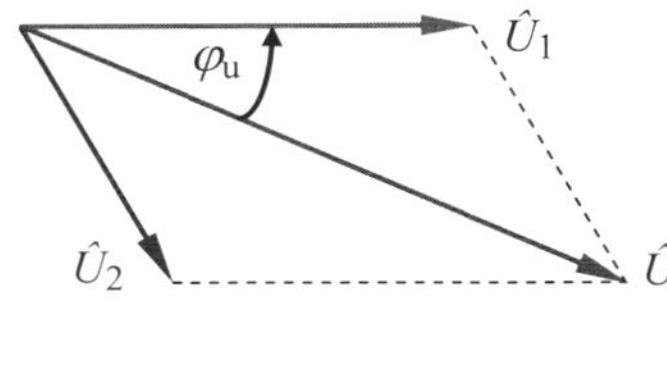

Bild 7.6: Zeigerbild zum Lehrbeispiel 7.2

Bild 7.5 zeigt die Zeitfunktionen aller drei Spannungen. Die resultierende Gesamtspannung hat einen sinusförmigen Verlauf. Im Bild 7.6 ist das entsprechende Zeigerbild dargestellt. In diesem maßstäblichen Zeigerbild kann man den resultierenden Nullphasenwinkel φ_u viel besser ablesen, als im Liniendiagramm. Die resultierende Spannung hat einen Maximalwert von $\hat{U} \approx 44$ V und eine Phasenverschiebung gegenüber u_1 von $\varphi_u \approx -24°$.

Bild 7.7 zeigt die Überlagerung zweier Sinusfunktionen ungleicher Frequenz. Die zweite Funktion u_2 (Bild 7.7 – links) besitzt gegenüber der ersten Funktion u_1 die halbe Amplitude und die doppelte Frequenz. Die dritte Funktion u_3 (Bild 7.7 – rechts) besitzt gegenüber der ersten Funktion u_1 die halbe Amplitude und die dreifache Frequenz.

Es gilt: $u_1 = \hat{U} \cdot \sin \omega t$ und: $u_2 = 0{,}5\,\hat{U} \cdot \sin 2\omega t$ sowie: $u_3 = 0{,}5\,\hat{U} \cdot \sin 3\omega t$

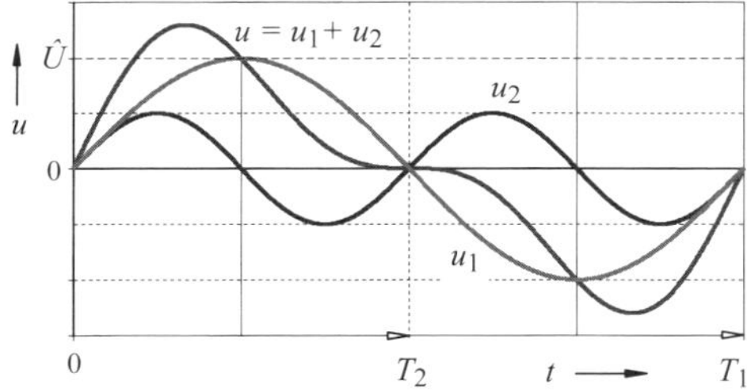

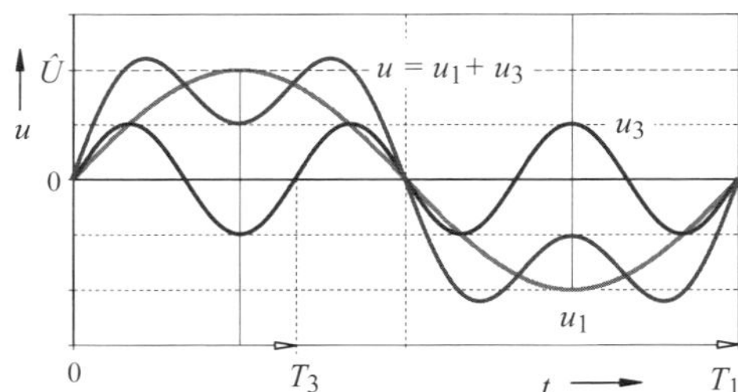

Bild 7.7: Überlagerung von sinusförmigen Zeitfunktionen unterschiedlicher Frequenz

Bei einer Überlagerung sinusförmiger Zeitfunktionen mit unterschiedlichen Frequenzen (beliebige Amplituden und beliebige Nullphasenwinkel) entsteht eine nichtsinusförmige periodische Zeitfunktion mit $f(t) = f(t + n \cdot T)$. Es muss demzufolge auch möglich sein, eine solche nichtsinusförmige periodische Zeitfunktion wieder auf eine Überlagerung von harmonischen Funktionen mit entsprechenden Amplituden, bestimmten Frequenzen und

Nullphasenwinkeln zurückzuführen. Im Bild 7.1 wurde bereits am Beispiel einer Mischgröße gezeigt, dass an dieser Überlagerung auch ein Gleichanteil beteiligt sein kann.

Die Frequenzen der an der Überlagerung beteiligten harmonischen Schwingungen sind ganzzahlige Vielfache n einer Grundschwingung mit der Grundfrequenz f_0. Diese Grundschwingung (mit $n = 1$) wird auch als Grundwelle oder als erste Harmonische bezeichnet. Alle weiteren Schwingungen sind dann Oberschwingungen bzw. Oberwellen ($n > 1$), also n-te Harmonische, mit den Frequenzen $n \cdot f_0$ (n ganzzahlig).

Mit der FOURIER-Reihe kann eine nichtsinusförmige periodische Zeitfunktion gemäß Gleich. (7.13) über die Summe von Sinus- und Kosinusfunktionen und einen Gleichanteil beschrieben werden.

$$f(t) = A_0 + \sum_{n=1}^{\infty} A_n \cos n\omega_0 t + \sum_{n=1}^{\infty} B_n \sin n\omega_0 t \qquad (7.13)$$

Die Koeffizienten dieser FOURIER-Reihe werden mit $n = (1, 2, 3, \ldots)$ und einer Einheit gemäß $f(t)$ wie folgt berechnet:

$$A_0 = \frac{1}{T_0} \cdot \int_0^{T_0} f(t) \cdot \mathrm{d}t \qquad (7.14)$$

A_0 ist der Gleichanteil [vgl.: arithmetischer Mittelwert – Gleich. (7.5)].

$$A_n = \frac{2}{T_0} \cdot \int_0^{T_0} f(t) \cdot \cos n\omega_0 t \cdot \mathrm{d}t \qquad (7.15)$$

$$B_n = \frac{2}{T_0} \cdot \int_0^{T_0} f(t) \cdot \sin n\omega_0 t \cdot \mathrm{d}t \qquad (7.16)$$

Eine gerade Funktion [$f(t) = f(-t)$] weist in der FOURIER-Reihe neben A_0 nur cos-Anteile auf ($B_n = 0$), während eine ungerade Funktion [mit $f(t) = -f(-t)$] nur sin-Anteile ($A_0 = 0$ und $A_n = 0$) besitzt.

ÜB: BB 7.2

Mit Kenntnis der FOURIER-Koeffizienten ist die spektrale Darstellung einer Mischgröße möglich. Die Ermittlung der Koeffizienten wird im Übungsbuch (ÜB) demonstriert. Für die Amplitude der n-ten Harmonischen einer Wechselspannung gilt:

$$\hat{U}_n = \sqrt{A_n^2 + B_n^2} \qquad (7.17)$$

Für den Nullphasenwinkel dieser n-ten Harmonischen gilt:

$$\varphi_{\mathrm{u},n} = \arctan \frac{A_n}{B_n} \qquad (7.18)$$

Bild 7.8 zeigt die an der Amplitude und am Nullphasenwinkel der n-ten Harmonischen beteiligten Komponenten.

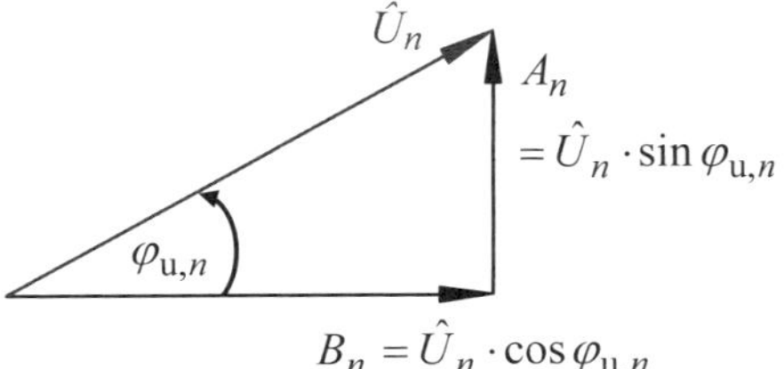

Bild 7.8: Komponenten einer Harmonischen

Durch eine Zusammenfassung der jeweils gleichfrequenten Schwingungsanteile in Gleich. (7.13) erhält man unter Berücksichtigung des Gleichanteils die Spektraldarstellung einer nichtsinusförmigen Zeitfunktion.

$$u(t) = U_0 + \sum_{n=1}^{\infty} \hat{U}_n \cdot \sin[n\omega_0 t + \varphi_{u,n}] \tag{7.19}$$

Diese Funktion kann im Frequenzbereich mit einem Amplitudenspektrum (Linienspektrum) und mit einem Phasenspektrum dargestellt werden.

Das Amplitudenspektrum bildet die Intensitäten (hier: Amplituden) der in einer nichtsinusförmigen periodischen Zeitfunktion enthaltenen harmonischen Schwingungen als Funktion ihrer Frequenzlage oder als Funktion der Nummer n der jeweiligen harmonischen Schwingung in einer grafischen Darstellung ab. Die Länge einer Linie beschreibt den Maximalwert oder den Effektivwert der Schwingung. Der minimale Abstand zwischen den Spektrallinien Δf entspricht der Grundfrequenz f_0. Jede spektrale Frequenz f_n ist dann ein ganzzahliges Vielfaches der Grundfrequenz mit $f_n = n \cdot f_0$. Bild 7.9 zeigt ein Beispiel für eine nichtsinusförmige Wechselspannung, die mit einer Gleichspannung U_0 überlagert ist.

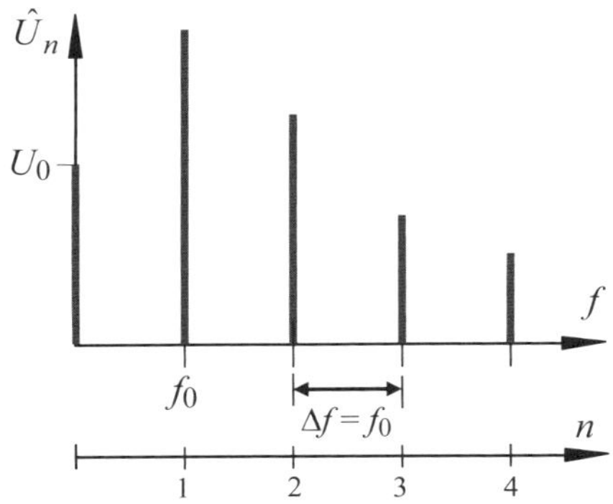

Bild 7.9: Amplitudenspektrum

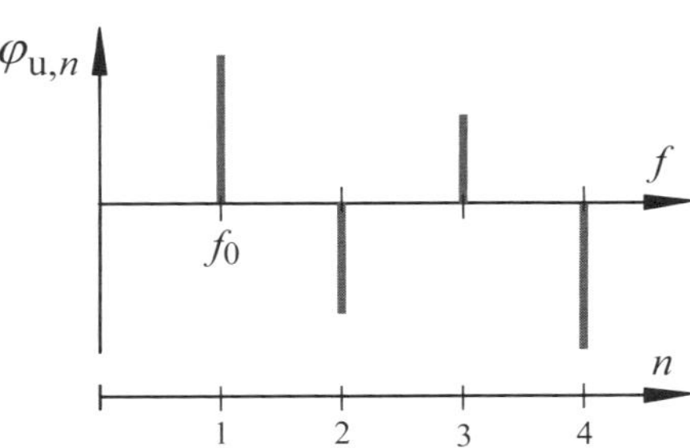

Bild 7.10: Phasenspektrum

Das im Bild 7.9 dargestellte Amplitudenspektrum kann auch als allgemeines Linienspektrum für die Effektivwerte der einzelnen Harmonischen oder für die Spannungspegel der einzelnen Harmonischen (siehe auch Abschn. 10.3) angegeben werden. In beiden Fällen wäre lediglich der Maßstab der Ordinatenachse zu ändern.

Ein Phasenspektrum bildet die Nullphasenwinkel der Komponenten des Amplitudenspektrums als Funktion ihrer Frequenzlage oder als Funktion der Nummer n der jeweiligen harmonischen Schwingung (Bild 7.10) ab. Die Länge einer Linie ist im Zusammenhang mit ihrer Quadrantenlage ein Maß für den Nullphasenwinkel der jeweiligen Harmonischen.

Zur Beschreibung der Abweichung der Signalform einer Wechselgröße vom sinusförmigen Funktionsverlauf verwendet man häufig den Klirrfaktor.

> Der Klirrfaktor beschreibt das Verhältnis zwischen dem Effektivwert aller Oberschwingungen und dem Gesamteffektivwert der Schwingung.

Bei einer reinen Sinusschwingung ist der Klirrfaktor gleich null, da keine Oberschwingungen existieren. Für eine nichtsinusförmige Wechselspannung gilt:

$$k = \frac{\sqrt{U_2^2 + U_3^2 + \ldots + U_\mathrm{m}^2}}{\sqrt{U_1^2 + U_2^2 + U_3^2 + \ldots + U_\mathrm{m}^2}} \qquad (7.20)$$

Die Kurvenform einer Wechselgröße kann mit dem Oszilloskop dargestellt werden. Der Klirrfaktor dieser Größe wird z.B. mit einer Klirrfaktor-Messbrücke bestimmt. Zur Erfassung der spektralen Komponenten von Mischgrößen kommen z.B. Spektrum-Analysatoren oder PC-gestützte Analysesysteme auf der Basis einer geeigneten Signaltransformation zum Einsatz. Bei abgetasteten Signalen verwendet man häufig die DFT (Diskrete FOURIER-Transformation) oder die FFT (Fast FOURIER Transform).

Lehrbeispiel 7.3:

ÜB: BB 7.3

Für eine periodische Rechteck-Impulsfolge mit $f = 1$ kHz und einem Tastverhältnis $T_\mathrm{V} = 0{,}5$ gilt: $u_1(t) = +U_\mathrm{S}$ [für: $0 \leq t \leq T_0/2$] und $u_2(t) = -U_\mathrm{S}$ [für: $T_0/2 < t \leq T_0$]. Berechnen Sie aus der FOURIER-Reihe die Amplituden der ersten fünf Spektrallinien und zeichnen Sie das Amplitudenspektrum. Bestimmen Sie mit diesen Ergebnissen näherungsweise den Klirrfaktor. *Geg.*: $U_\mathrm{S} = 1$ V und $T_\mathrm{V} = t_\mathrm{i} / T_0$.

Es liegt eine ungerade Funktion $[f(t) = -f(-t)]$ vor. Sie besitzt nur ungeradzahlige Harmonische.

Für die FOURIER-Reihe gilt: $u(t) = \frac{4}{\pi} U_\mathrm{S} \cdot (\sin \omega_0 t + \frac{1}{3} \sin 3\omega_0 t + \frac{1}{5} \sin 5\omega_0 t + \frac{1}{7} \sin 7\omega_0 t + \frac{1}{9} \sin 9\omega_0 t)$ [1]

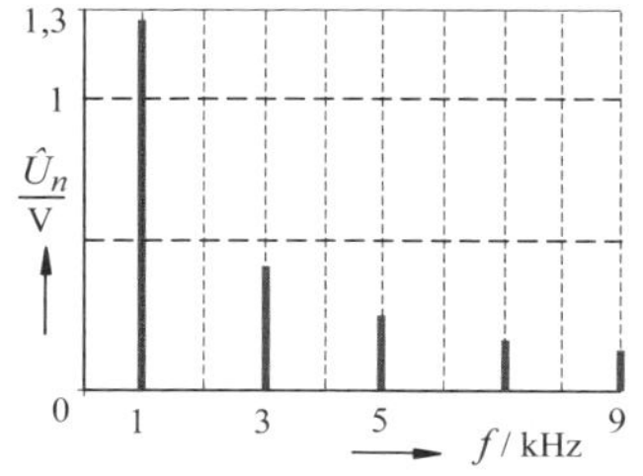

1,3
1
$\hat{U}_n$ / V
0
1 3 5 9
f / kHz

Bild 7.11: Lösung (Lehrbeispiel 7.3)

Berechnung der Amplituden: $\hat{U}_1 = \frac{4}{\pi} \cdot U_\mathrm{S} = 1{,}2732$ V

$\hat{U}_3 = \frac{4}{\pi} \cdot U_\mathrm{S} \cdot \frac{1}{3} = 0{,}4244$ V $\quad \hat{U}_5 = \frac{4}{\pi} \cdot U_\mathrm{S} \cdot \frac{1}{5} = 0{,}2546$ V

$\hat{U}_7 = \frac{4}{\pi} \cdot U_\mathrm{S} \cdot \frac{1}{7} = 0{,}1819$ V $\quad \hat{U}_9 = \frac{4}{\pi} \cdot U_\mathrm{S} \cdot \frac{1}{9} = 0{,}1415$ V

Klirrfaktor (mit EXCEL): $k \approx \sqrt{0{,}1553} = 0{,}3941 \mathrel{\hat{=}} 39{,}41\%$

8 Widerstände im Wechselstromkreis

8.1 Elementare Zweipole

Die Grundbauelemente Widerstand, Spule und Kondensator weisen im Wechselstromkreis unterschiedliche Charakteristika auf. Das Verhalten dieser elementaren Zweipole wird über ihre Strom-Spannungs-Beziehungen beschrieben. Die Zweipole werden zunächst als ideale Bauelemente betrachtet (Bild 8.1). Bei allen weiteren Ausführungen gilt die Randbedingung, dass die an den Punkten a und b angeschlossene Quelle eine sinusförmige Einspeisung vornimmt. Die jeweils eingespeiste Größe (Spannung oder Strom) wird als Bezugsgröße (Nullphasenwinkel gleich null, siehe Bild 7.2 mit $t_0 = 0$) definiert.

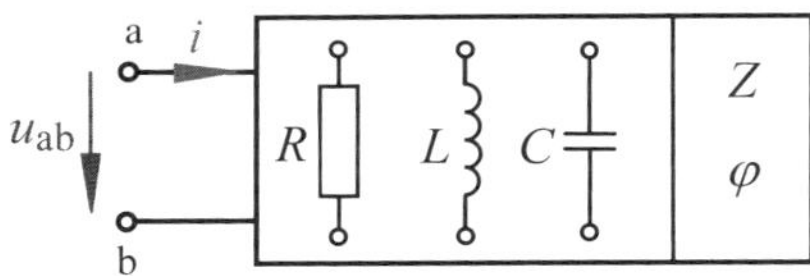

Bild 8.1: Zweipole im Wechselstromkreis

Der Betrag des resultierenden Widerstandes eines Zweipols wird im Wechselstromkreis mit dem Scheinwiderstand Z oder seinem Kehrwert (Scheinleitwert Y) beschrieben.

$$Z = \frac{U}{I} = \frac{1}{Y} \tag{8.1}$$

Ein Scheinwiderstand verursacht im Wechselstromkreis eine resultierende Phasenverschiebung zwischen Spannung und Strom. Dieser Phasenwinkel φ kann aus der Differenz der Nullphasenwinkel von Spannung und Strom bestimmt werden.

$$\varphi = \varphi_u - \varphi_i \tag{8.2}$$

Er wird im Weiteren immer positiv vom Spannungszeiger zum Stromzeiger gerechnet. Ist der Nullphasenwinkel der Spannung größer als derjenige des Stromes, d.h., eilt die Spannung dem Strom voraus, so ist der Phasenwinkel positiv. Eilt dagegen der Strom gegenüber der Spannung voraus, so ist der Phasenwinkel negativ.

8.1.1 Ohmscher Widerstand

Der ohmsche Widerstand R (im Wechselstromkreis auch Wirkwiderstand genannt) nimmt Wirkleistung (vgl. Kap. 11) auf. Legt man an diesen Zweipol eine Wechselspannung $u_{ab} = u_R = \hat{U} \cdot \sin \omega t$ (Bild 8.2), so begrenzt er den Strom i_R.

$$i_R = \frac{u_R}{R} = \frac{\hat{U}}{R} \cdot \sin \omega t = \hat{I} \cdot \sin \omega t \qquad \text{bzw.:} \quad R = \frac{u_R}{i_R} = \frac{\hat{U} \cdot \sin \omega t}{\hat{I} \cdot \sin \omega t} = \frac{\hat{U}}{\hat{I}} = \frac{U\sqrt{2}}{I\sqrt{2}} = \frac{U}{I}$$

Aus dem Quotienten von Spannung und Strom kürzt sich die Sinusfunktion heraus.

Somit liegt (formal gesehen) keine Frequenzabhängigkeit vor. Der Widerstandswert ergibt sich aus dem Verhältnis der Effektivwerte von Spannung und Strom. Die durch das Bauelement verursachte Phasenverschiebung ist gleich null.

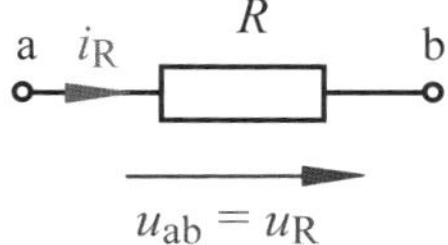

Bild 8.2: Ohmscher Widerstand im Wechselstromkreis

Diese Aussagen lassen sich mit dem Frequenzgang $Z = g\,(f)$, den Liniendiagrammen für die Zeitfunktionen $u_R\,(t)$ und $i_R\,(t)$ und dem Zeigerbild in anschaulicher Weise darstellen. Für die Länge der Zeiger im Zeigerbild wird im Weiteren der jeweilige Effektivwert der Zeitfunktion verwendet, der sich gemäß Gleich. (7.11) aus dem Maximalwert berechnen lässt.

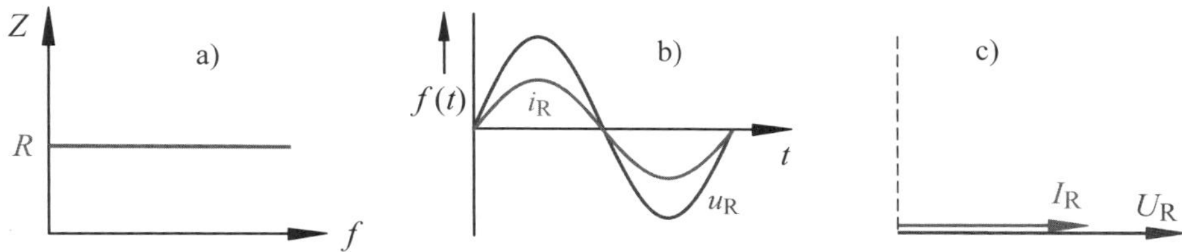

Bild 8.3: Eigenschaften des ohmschen Widerstandes im Wechselstromkreis
a) Frequenzgang b) Liniendiagramm c) Prinzip-Zeigerbild

> Der ohmsche Widerstand *R* ändert sich bei tiefen Frequenz nicht erkennbar. Er verursacht keine Phasenverschiebung zwischen Spannung und Strom.

Die Aussage zur „Frequenzunabhängigkeit“ gilt lediglich für den hörbaren Frequenzbereich ($f \leq 20$ kHz). Bei höheren Frequenzen setzt der SKIN-Effekt ein. Dabei handelt es sich um eine Reduzierung der Stromdichte, die in Richtung des Mittelpunktes des Leiters zunimmt (vgl. Abschn. 20.3.2). Dadurch steigt der Widerstandswert mit zunehmender Frequenz an.

8.1.2 Induktiver Blindwiderstand

Die Induktivität *L* beschreibt die Bauelemente-Kenngröße einer idealen Spule.

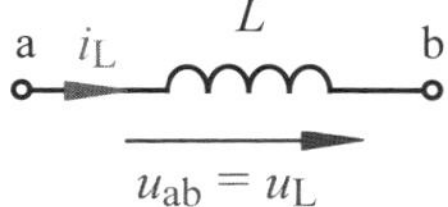

Bild 8.4: Induktivität im Wechselstromkreis

Das Induktionsgesetz [Gleich. (18.5)] beschreibt im magnetischen Feld den Zusammenhang zwischen der zeitlichen Änderung des Stromes als Ursache und der induzierten Spannung als Wirkung. Zur Herleitung der Strom-Spannungs-Beziehung einer Induktivität im Wechselstromkreis wird hier demzufolge der Strom mit $i_L = \hat{I} \cdot \sin \omega t$ als eingespeiste Größe und damit als Bezugsgröße ($\varphi_i = 0$) gewählt und in das Induktionsgesetz eingesetzt.

(18.5_a) $u_L = L \cdot \frac{di_L}{dt} = L \cdot \frac{d\hat{I} \cdot \sin \omega t}{dt} = \omega L \cdot \hat{I} \cdot \cos \omega t$

Addiert man einen Winkel von 90° zum Argument der cos-Funktion, kann die Spannung u_L in eine sin-Funktion umgerechnet und mit der allgemeinen Funktionsbeschreibung einer sinusförmigen Wechselspannung verglichen werden.

$$u_L = \omega L \cdot \hat{I} \cdot \sin(\omega t + 90°)$$

$$\downarrow \qquad \qquad \downarrow$$

$$u = \hat{U} \cdot \sin(\omega t + \varphi_u)$$

Aus dem Vergleich (↓) erhält man eine Aussage zum Scheinwiderstand dieses (vorerst als ideal angenommenen) Bauelementes im Wechselstromkreis. Es gilt: $\hat{U} = \omega L \cdot \hat{I}$ bzw.:

$$Z_L = \frac{\hat{U}}{\hat{I}} = \frac{U}{I} = \omega L \qquad (8.3)$$

Diese Widerstandskomponente wird als induktiver Blindwiderstand bezeichnet. Der Name steht in einem engen Zusammenhang mit der von Blindwiderständen verursachten Blindleistung (vgl. Kap.11).

ÜB: BB 8.2

Aus dem Vergleich der Argumente o.g. Funktionsverläufe kann eine Aussage zur Phasenverschiebung abgeleitet werden, die ein induktiver Blindwiderstand zwischen Spannung und Strom verursacht. Es gilt: $\varphi_u = +90°$ bzw.:

$$\varphi = \varphi_u - \varphi_i = +90° \qquad (8.4)$$

Der induktive Blindwiderstand ωL ist frequenzabhängig. Er verursacht eine Phasenverschiebung in der Art, dass der Spannungszeiger dem Stromzeiger um 90° vorauseilt (positiver Phasenwinkel).

Diese Aussagen können wieder mit dem Frequenzgang des Scheinwiderstandes $Z = g\,(f)$, den Liniendiagrammen für die Zeitfunktionen $u_L\,(t)$ und $i_L\,(t)$ und über ein Zeigerbild anschaulich dargestellt werden.

Die Verläufe der Zeitfunktionen sind jetzt dadurch gekennzeichnet, dass die Spannung relativ zum Strom um 90° in Richtung der Ordinatenachse ($t = 0$) verschoben wird.

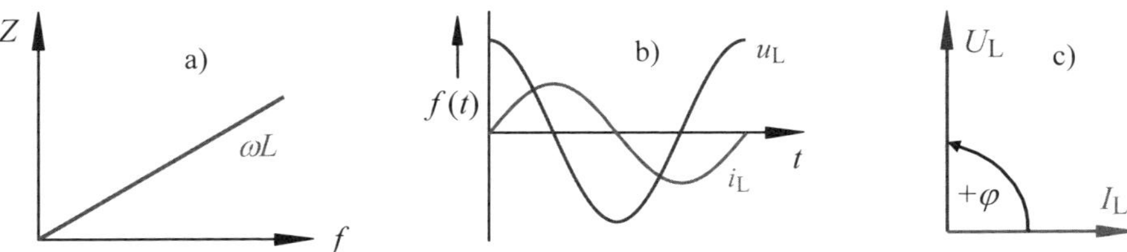

Bild 8.5: Eigenschaften des induktiven Blindwiderstandes im Wechselstromkreis
a) Frequenzgang b) Liniendiagramm c) Prinzip-Zeigerbild

8.1.3 Kapazitiver Blindwiderstand

Die Kapazität C beschreibt die Bauelemente-Kenngröße eines idealen Kondensators.

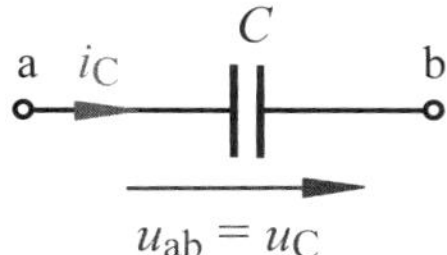

Bild 8.6: Kapazität im Wechselstromkreis

ÜB: BB 8.1

Zur Herleitung der Strom-Spannungs-Beziehung einer Kapazität im Wechselstromkreis wird die Spannung $u_C = \hat{U} \cdot \sin \omega t$ als eingespeiste Größe und damit als Bezugsgröße (also mit einem Nullphasenwinkel $\varphi_u = 0$) gewählt und in das Ladungsgesetz gemäß Gleich. (16.15) eingesetzt.

$$(16.15) \quad i_C = C \cdot \frac{du_C}{dt} = C \cdot \frac{d\hat{U} \cdot \sin \omega t}{dt} = \omega C \cdot \hat{U} \cdot \cos \omega t$$

Durch Addition eines Winkels von 90° zum Argument der cos-Funktion kann dieser Strom in eine sin-Funktion umgerechnet und mit der allgemeinen Funktionsbeschreibung eines sinusförmigen Wechselstromes verglichen werden.

$$i_C = \omega C \cdot \hat{U} \cdot \sin(\omega t + 90°)$$

$$\downarrow \qquad \downarrow$$

$$i = \hat{I} \cdot \sin(\omega t + \varphi_i)$$

Aus dem Vergleich (↓) erhält man eine Aussage zum Scheinwiderstand dieses (vorerst als ideal angenommenen) Bauelementes im Wechselstromkreis. Es gilt: $\hat{U} = \frac{1}{\omega C} \cdot \hat{I}$.

$$Z_C = \frac{\hat{U}}{\hat{I}} = \frac{U}{I} = \frac{1}{\omega C} \tag{8.5}$$

Diese Widerstandskomponente wird als kapazitiver Blindwiderstand bezeichnet.

Aus dem Vergleich der Argumente o.g. Funktionsverläufe kann eine Aussage zur Phasenverschiebung abgeleitet werden, die ein kapazitiver Blindwiderstand zwischen Spannung und Strom verursacht. Es gilt: $\varphi_i = +90°$ bzw.:

$$\varphi = \varphi_u - \varphi_i = -90° \tag{8.6}$$

> Der kapazitive Blindwiderstand ist frequenzabhängig. Er verursacht eine Phasenverschiebung in der Art, dass der Spannungszeiger dem Stromzeiger um 90° nacheilt (negativer Phasenwinkel).

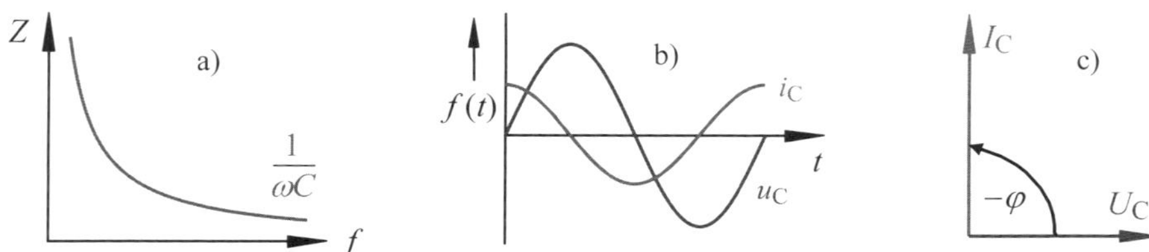

Bild 8.7: Eigenschaften des kapazitiven Blindwiderstandes im Wechselstromkreis
a) Frequenzgang b) Liniendiagramm c) Prinzip-Zeigerbild

8.2 Reale Bauelemente

Die im Abschn. 8.1 vorgestellten Zeigerbilder für Elementarzweipole weisen auf die Notwendigkeit hin, die unterschiedlichen Richtungen in einer kombinierten Darstellung von Zeigern (Zeigerbild) zu kennzeichnen. Dazu führt man eine Zeigerdarstellung in der komplexen Ebene ein.

♦ Komplexe Spannungs- und Stromzeiger sowie resultierende Widerstands- bzw. Leitwertzeiger werden mit einem Unterstrich gekennzeichnet ($\underline{U}$; $\underline{I}$; $\underline{Z}$; $\underline{Y}$). Ohne einen Unterstrich sind es die Beträge, die den Längen dieser Zeiger entsprechen.
Es gilt: $U = |\underline{U}|$ bzw.: $I = |\underline{I}|$ bzw.: $Z = |\underline{Z}|$ bzw.: $Y = |\underline{Y}|$.

♦ Die durch die Blindwiderstände verursachte Phasenverschiebung wird durch eine Multiplikation ihres Betrages (Zeigerlänge $\hat{=}$ ωL bzw. $1/\omega C$) mit $\pm$ j beschrieben:

$\varphi = +90° \Rightarrow$ Multiplikation mit (+ j) und: $\varphi = -90° \Rightarrow$ Multiplikation mit (− j).

Das elektrische Verhalten realer Bauelemente kann im Wechselstromkreis durch eine Kombination von idealen Elementarzweipolen in Form von Ersatzschaltungen nachgebildet werden. Da die Eigenschaften dieser Elementarzweipole nicht von der Spannung bzw. vom Strom abhängen (lineares Verhalten), ist mit solchen Ersatzschaltungen auch nur das lineare Verhalten der realen Bauelemente beschreibbar.

Im einfachsten Fall (NF-Ersatzschaltbild) bildet man die Spule bzw. den Kondensator durch das jeweilige ideale Blindelement in Kombination mit einem ohmschen Verlustwiderstand nach. Die Abhängigkeit der Bauelementeverluste von der Temperatur und von der Frequenz bleibt in diesem Fall unberücksichtigt. Man erhält damit einfache Ersatzschaltungen, die eine Beschreibung typischer Bauelementeeigenschaften über ein Zeigerbild ermöglichen. Bei Elementarschaltungen entsteht ein rechtwinkliges Dreieck. Eine Ableitung von Berechnungsvorschriften für Elementarschaltungen ist demzufolge noch direkt aus dem Zeigerbild (Lehrsatz des PYTHAGORAS bzw. Anwendung der tan-Funktion) möglich. Für gemischte Schaltungen ist diese Methode nicht mehr geeignet (siehe Kap. 9 bis 12).

8.2.1 Reale Spule

Die Verluste einer Spule werden durch die Wicklungsverluste (ohmscher Widerstand des verwendeten Drahtes) und die Eisenverluste des verwendeten Kerns bestimmt. Fließt ein

Strom durch die Wicklung, so verursacht er ein magnetisches Feld. Gleichzeitig wird dieser Strom durch den Verlustwiderstand der Spule begrenzt. Da in beiden Fällen vom gleichen Strom die Rede ist, handelt es sich bei der Ersatzschaltung dieses realen Bauelementes um eine Reihenschaltung. Sie besteht aus einem idealen induktiven Blindwiderstand und einem ohmschen Verlustwiderstand.

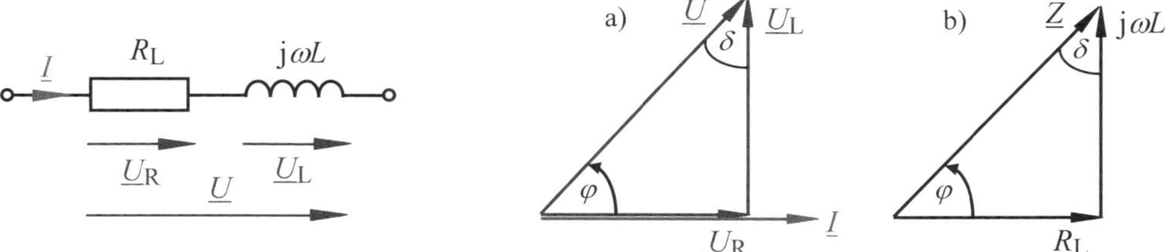

Bild 8.8: Reale Spule

Bild 8.9: Zeigerbilder einer realen Spule

Zur Konstruktion des Zeigerbildes der Spannungen (Bild 8.9 – links) werden für die Zeigerlängen die Effektivwerte verwendet. Als Bezugsgröße dient in einer Reihenschaltung der Strom $\underline{I}$. Er verursacht die beiden Spannungsabfälle $\underline{U}_\mathrm{R}$ (in Phase zum Strom) und $\underline{U}_\mathrm{L}$ (zum Strom um + 90° phasenverschoben). Die resultierende Gesamtspannung $\underline{U}$ ergibt sich aus der geometrischen Addition der beiden Teilspannungen.

In einer Reihenschaltung verhalten sich die Spannungen proportional zu den Widerständen. Daraus folgt ein Widerstandszeigerbild (Bild 8.9 – rechts), das qualitativ dem Spannungszeigerbild gleicht. Mit dem Lehrsatz des PYTHAGORAS kann aus den Zeigerbildern eine Berechnungsvorschrift für den Betrag der Gesamtspannung und für den Scheinwiderstand abgeleitet werden.

$U=\sqrt{U_\mathrm{R}^2+U_\mathrm{L}^2}$ bzw.: $Z=\sqrt{R_\mathrm{L}^2+\omega^2 L^2}$

Der Winkel zwischen der Gesamtspannung und dem Strom ist gleich dem Phasenwinkel φ.

Es gilt: $\varphi=\arctan\dfrac{U_\mathrm{L}}{U_\mathrm{R}}=\arctan\dfrac{\omega L}{R_\mathrm{L}}$

Der dritte Winkel in diesem rechtwinkligen Dreieck ist der Verlustwinkel δ. Der Tangens des Verlustwinkels beschreibt den Verlustfaktor d. Sein Kehrwert ist als Güte Q eines Bauelementes definiert.

$$\tan\delta=d=\frac{1}{Q} \tag{8.7}$$

Für eine reale Spule gilt: $\tan\delta=d_\mathrm{L}=\dfrac{R_\mathrm{L}}{\omega L}$ bzw.: $Q_\mathrm{L}=\dfrac{1}{d_\mathrm{L}}=\dfrac{\omega L}{R_\mathrm{L}}$ ÜB: BB 8.3

Die Güte einer realen Spule kann bei einer definierten Betriebsfrequenz durch die Verringerung des Verlustwiderstandes R_L erhöht werden. Dieser Widerstand setzt sich aus den Wicklungsverlusten und den Eisenverlusten zusammen. Zur Reduzierung der Wicklungsverluste einer Spule wäre z.B. eine Vergrößerung des Drahtquerschnittes praktikabel.

Möglichkeiten zur Verringerung der Eisenverluste bestehen z.B. in der Veränderung der Bauform oder in der Auswahl eines anderen Kernmaterials (vgl. Kap. 17). Hier muss vom Bauelementeanwender stets ein sinnvoller Kompromiss zwischen notwendiger Güte einerseits und ansteigenden Kosten des Bauelementes bei gleichzeitiger Vergrößerung von Masse und Volumen andererseits gefunden werden.

8.2.2 Realer Kondensator

Die typischen Verluste eines Kondensators werden durch das nicht ideale Isolationsvermögen des verwendeten Dielektrikums (Leckwiderstand) und durch die Polarisationsverluste (dielektrische Erwärmung infolge der Umpolung der Dipole im Dielektrikum – vgl. Kap. 15) bestimmt. Da die an das reale Bauelement angelegte Spannung über den Platten des idealen Kondensators und auch über dem Verlustwiderstand anliegt, besteht die Ersatzschaltung aus der Parallelschaltung eines idealen kapazitiven Blindwiderstandes und eines ohmschen Verlustwiderstandes.

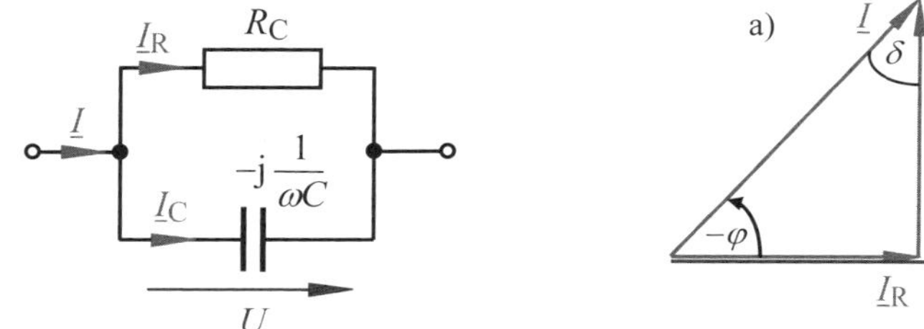

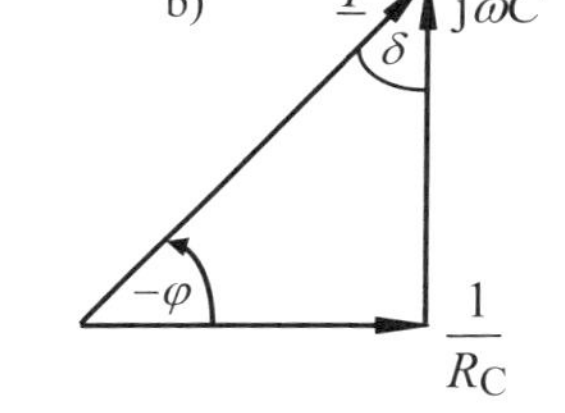

Bild 8.10: Realer Kondensator

Bild 8.11: Zeigerbilder eines realen Kondensators

Als Bezugsgröße für das Zeigerbild dient in einer Parallelschaltung die über allen Elementen liegende Spannung $\underline{U}$. In einer Parallelschaltung verhalten sich die Ströme proportional zu den Leitwerten. Daraus folgt ein Leitwertzeigerbild (Bild 8.11.b), das qualitativ mit dem Stromzeigerbild (Bild 8.11.a) vergleichbar ist.

$$I = \sqrt{I_R^2 + I_C^2} \quad \text{bzw.:} \quad Y = \sqrt{\frac{1}{R_C^2} + \omega^2 C^2}$$

Der Winkel zwischen Gesamtspannung und Strom ist gleich dem Phasenwinkel φ. Er ist in diesem Fall negativ, da der Stromzeiger dem Spannungszeiger vorauseilt.

$$\varphi = -\arctan\frac{I_C}{I_R} \quad \text{bzw.:} \quad \varphi = -\arctan \omega C \cdot R_C$$

Der dritte Winkel in diesem rechtwinkligen Dreieck ist wieder der Verlustwinkel δ. Über den Tangens dieses Winkels kann der Verlustfaktor d_C eines realen Kondensators bestimmt werden. Es gilt:

$$\tan\delta = d_C = \frac{\frac{1}{R_C}}{\omega C} = \frac{1}{\omega C \cdot R_C} \quad \text{bzw.:} \quad Q_C = \frac{1}{d_C} = \omega C \cdot R_C$$

Der Kehrwert des Verlustfaktors beschreibt dann die Güte Q_C eines Kondensators im Wechselstromkreis. Bedingt durch die hohe Qualität der heute einsetzbaren Dielektrika ist die Güte eines realen Kondensators in der Regel viel größer als die Güte einer Spule.

8.3 Elementarschaltungen

ÜB: BB 8.4

Durch die schaltungstechnische Kombination der idealen Elementarzweipole in Form einer Reihenschaltung entsteht ein Reihenschwingkreis. Bei Verwendung realer Bauelemente könnte Bild 8.12 als Ersatzschaltung aufgefasst werden, wenn man die resultierenden Verluste der realen Spule und des realen Kondensators über einen Ersatzwiderstand R (Umrechnung) nachbildet.

♦ In Schaltungsdarstellungen ist es in der Regel üblich, nur die Bauelemente-Kenngröße des als ideal angenommenen Elementarzweipols (R; L; C) anzugeben.

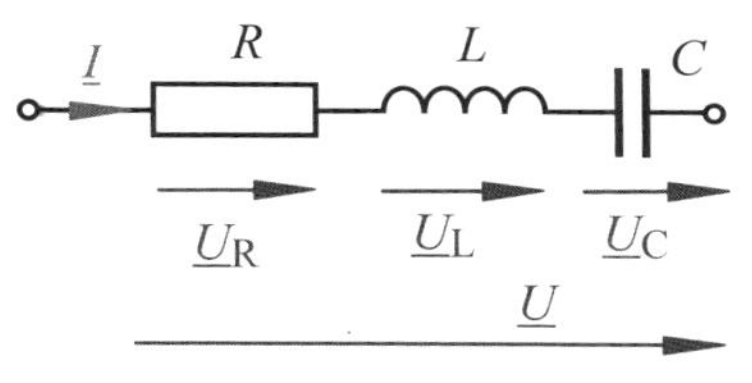

Bild 8.12: Reihenschwingkreis

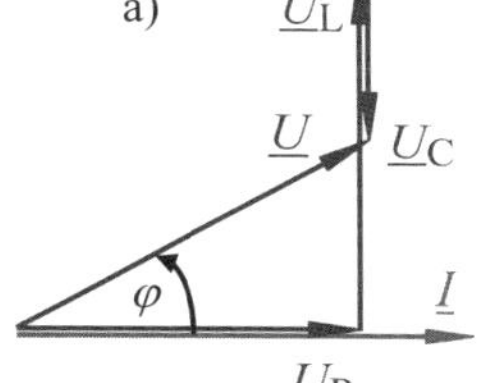

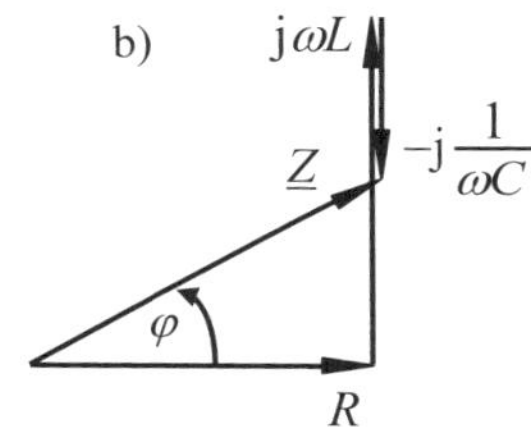

Bild 8.13: Zeigerbilder des Reihenschwingkreises

Als Bezugsgröße zur Konstruktion des Zeigerbildes der Spannungen dient der durch alle Elemente fließende Strom $\underline{I}$. In diesem Zeigerbild gilt der Maschensatz: $\underline{U} = \underline{U}_R + \underline{U}_L + \underline{U}_C$.

Aus Bild 8.13 lässt sich auf recht einfache Weise eine Berechnungsvorschrift für den Betrag der Gesamtspannung, für den Scheinwiderstand und für den Phasenwinkel ableiten.

$$U = \sqrt{U_R^2 + (U_L - U_C)^2} \tag{8.8}$$

$$Z = \sqrt{R^2 + (\omega L - \frac{1}{\omega C})^2} \tag{8.9}$$

$$\varphi = \arctan\frac{U_L - U_C}{U_R} = \arctan\frac{\omega L - \frac{1}{\omega C}}{R} \tag{8.10}$$

Ein Reihenschwingkreis weist frequenzselektive Eigenschaften auf. Er wird in der schaltungstechnischen Praxis z.B. als Filter verwendet (Kap. 10).

Bei $U_L > U_C$ wirkt die Schaltung induktiv, d.h., sie verhält sich nach außen wie eine reale Spule. Der Spannungszeiger eilt dem Stromzeiger voraus, und der Phasenwinkel ist positiv.

Bei $U_L < U_C$ wirkt die Schaltung kapazitiv. Sie verhält sich nach außen wie ein realer Kondensator. Der Phasenwinkel ist negativ, da nun der Stromzeiger gegenüber dem Spannungszeiger vorauseilt.

Bei $U_L = U_C$ liegt ein Spezialfall vor. Die Schaltung wirkt jetzt nach außen wie ein ohmscher Widerstand. Ein solcher Resonanzfall wird bei einer Resonanzfrequenz f_0 erreicht. Dann heben sich in den Gleich. (8.8) bis (8.10) die Blindanteile auf. In diesem Fall nimmt die Schaltung nur Wirkleistung auf (Kap. 11). Dann gilt: $U = U_R$ sowie $Z = R$ und $\varphi = 0$.

Die Randbedingung dazu lautet: $\omega_0 L = \dfrac{1}{\omega_0 C}$ bzw.: $\omega_0 = \dfrac{1}{\sqrt{LC}}$

Mit $\omega_0 = 2\pi \cdot f_0$ ergibt sich daraus eine Vorschrift zur Berechnung der Resonanzfrequenz für elementare RLC-Kombinationen (THOMSONsche Schwingungsgleichung).

$$f_0 = \frac{1}{2\pi \cdot \sqrt{LC}} \tag{8.11}$$

Ordnet man die idealen Elementarzweipole in Form einer Parallelschaltung an, entsteht ein Parallelschwingkreis. Bei der Verwendung realer Bauelemente könnte Bild 8.14 als Ersatzschaltung aufgefasst werden, wenn man die resultierenden Verluste der Spule und des Kondensators wieder über einen Ersatzwiderstand R (Umrechnung) nachbildet.

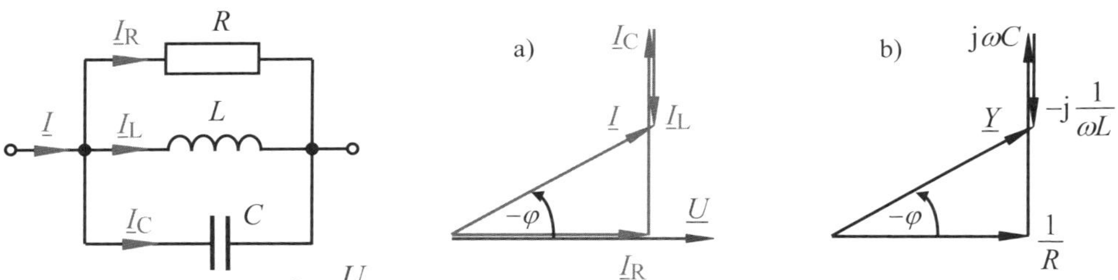

Bild 8.14: Parallelschwingkreis

Bild 8.15: Zeigerbilder des Parallelschwingkreises

Als Bezugsgröße zur Konstruktion des Zeigerbildes der Ströme dient die über allen Elementen liegende Gesamtspannung $\underline{U}$.

Im Zeigerbild der Ströme (Bild 8.15.a) gilt der Knotenpunktsatz: $\underline{I} = \underline{I}_R + \underline{I}_L + \underline{I}_C$. Die Leitwerte verhalten sich proportional zu den Strömen (Bild 8.15.b).

ÜB: BB 8.5

Aus dem Zeigerbild lässt sich eine Berechnungsvorschrift für den Betrag des Gesamtstromes, für den Scheinleitwert und für den Phasenwinkel ableiten.

$$I = \sqrt{I_R^2 + (I_C - I_L)^2} \tag{8.12}$$

$$Y = \sqrt{\frac{1}{R^2} + (\omega C - \frac{1}{\omega L})^2} \tag{8.13}$$

Der Winkel zwischen Gesamtspannung und Strom ist gleich dem Phasenwinkel φ. Er ist in diesem Fall negativ, da der Stromzeiger dem Spannungszeiger vorauseilt.

$$\varphi = -\arctan \frac{I_\mathrm{C} - I_\mathrm{L}}{I_\mathrm{R}} \tag{8.14}$$

bzw.: $$\varphi = -\arctan \frac{\omega C - \frac{1}{\omega L}}{\frac{1}{R}}$$

Bei $I_\mathrm{C} > I_\mathrm{L}$ wirkt die Schaltung kapazitiv, d.h., sie verhält sich nach außen wie ein realer Kondensator. Der Stromzeiger eilt dem Spannungszeiger voraus, und der Phasenwinkel ist negativ. Bei $I_\mathrm{C} < I_\mathrm{L}$ wirkt die Schaltung induktiv. Sie verhält sich nach außen wie eine reale Spule. Der Phasenwinkel ist jetzt positiv, da der Spannungszeiger gegenüber dem Stromzeiger vorauseilt.

Bei $I_\mathrm{C} = I_\mathrm{L}$ liegt wieder ein Spezialfall vor. Die Schaltung wirkt jetzt nach außen wie ein ohmscher Widerstand. Dann gilt: $I = I_\mathrm{R}$ sowie $Y = 1/R$ und $\varphi = 0$.

Die Randbedingung dazu lautet: $\omega_0 C = \frac{1}{\omega_0 L}$ bzw.: $\omega_0 = \frac{1}{\sqrt{LC}}$

Es gilt wieder die THOMSONsche Schwingungsgleichung (8.11).

8.4 Zeigerbilder

8.4.1 Gemischte RLC-Kombinationen

Für eine beliebige Kombination von Reihen- und Parallelschaltungen (gemischte Schaltung) entsteht ein Zeigerbild, das die Zeiger der Teilspannungen oder der Teilströme (bzw. die Zeiger der einzelnen Widerstände oder der Leitwerte) bis auf ausgewählte Spezialfälle nicht mehr über einen rechten Winkel miteinander verbindet. Damit können der Lehrsatz des PYTHAGORAS und die tan-Funktion nicht mehr zur Ableitung von Berechnungsvorschriften herangezogen werden.

Zur Beschreibung der Strom-Spannungs-Beziehungen in Wechselstromkreisen sind (bei sinusförmiger Einspeisung) drei prinzipielle Lösungsansätze möglich (Bild 8.16). Die Methoden zur Berechnung gemischter Wechselstromkreise im Zeit- und im Bildbereich (vgl. Bild 8.16 – Mitte und rechts) werden im Kap. 9 ausführlich behandelt.

In diesem Abschnitt soll die grafische Lösung über das Zeigerbild vorgestellt werden. Zur Erklärung der Konstruktion werden Zeigerbilder für Spannungen und Ströme gewählt.

Zeigerbilder können aber auch für Widerstände und Leitwerte (Abschn. 9.3.2) sowie für Leistungen (Kap. 11) konstruiert werden. In allen Fällen werden die elektrischen Eigenschaften der betrachteten Schaltung für einen definierten Betriebsfall (konstante Einspeisung mit einer festen Frequenz und konstanten Bauelemente-Kenngrößen) über grafische Hilfsmittel (Zeiger) abgebildet.

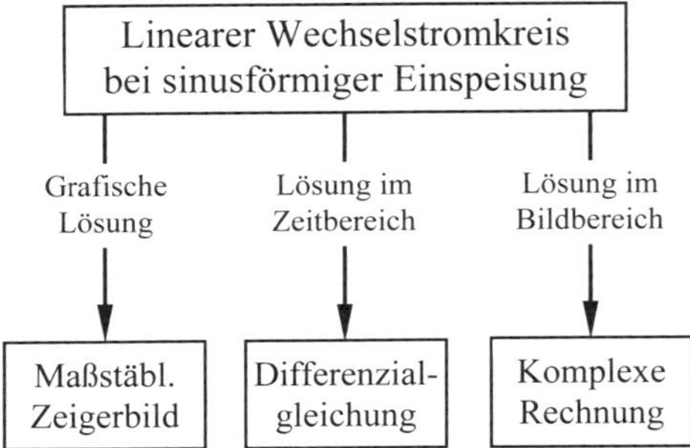

Bild 8.16: Methoden zur Beschreibung von Wechselstromkreisen

Ein Zeigerbild kann maßstäblich dargestellt werden (quantitatives Zeigerbild) und ermöglicht so eine Lösung auf konstruktivem Weg mit den bekannten Ungenauigkeiten. Es kann aber auch zur allgemeinen Darstellung bestimmter Phasenverhältnisse oder definierter Betragsrelationen (qualitatives Zeigerbild bzw. Prinzipzeigerbild) sowie als Modell zum Zwecke der Ableitung spezifischer Berechnungsvorschriften dienen.

Zur Konstruktion eines Zeigerbildes für die Spannungen und/oder die Ströme sind folgende Schritte erforderlich:

ÜB: BB 8.7

- Einzeichnen der Zählpfeile aller Spannungen und Ströme in die Schaltung.
- Festlegung der Maßstäbe für Spannung und Strom bei einem quantitativen Zeigerbild.
- Auswahl bzw. Festlegung der Bezugsgröße (Bezugszeiger) entsprechend der gewünschten Darstellungsart.
- Verknüpfung der Zeiger gemäß der schaltungstechnischen Situation unter Berücksichtigung der Phasenverschiebung, die das jeweils betrachtete Bauelement verursacht.

Eine Zeigerdarstellung ist immer eine Relativdarstellung. Da es sich um eine modellmäßige Abbildung von sinusförmigen Zeitfunktionen handelt (vgl. Abschn. 7.2), rotiert jeder Zeiger mit der Kreisfrequenz ω gegen den Uhrzeigersinn um den Koordinatenursprung und nimmt so zu jedem Zeitpunkt eine andere Lage ein. Unverändert bleiben lediglich die Längen der Zeiger (Maximalwerte oder Effektivwerte) und die Winkel der betrachteten Zeiger zueinander (Phasenrelationen). Somit kann ein Zeigerbild nur für einen definierten Bezugszeitpunkt (Festlegung: $t = 0$ für die Bezugsgröße) konstruiert werden.
Wenn dieser Bezugszeitpunkt so gewählt wird, dass die Zeitfunktion der festgelegten Bezugsgröße gerade ihren Nulldurchgang beim Wechsel von negativen zu positiven Funktionswerten aufweist, so besitzt dieser Bezugszeiger eine Phasenlage mit $\varphi_X = 0$.

Als Bezugszeiger wählt man entweder die von außen eingespeiste Größe (Gesamtspannung bzw. Gesamtstrom) oder im Sinne einer einfachen Konstruktion diejenige Teilgröße, die die

„innere“ Elementarkombination der Schaltung charakterisiert. Die „innere“ Elementarkombination ist dadurch gekennzeichnet, dass eine weitere Untergliederung zu einem idealen Elementarzweipol führt. Ist diese innere Elementarschaltung eine Parallelschaltung, so wird als Bezugsgröße der Spannungsabfall über dieser Parallelschaltung gewählt. Bei einer Reihenschaltung ist der durch diese Elementarschaltung fließende Strom die Bezugsgröße.

Die Konstruktion eines Zeigerbildes ist so auszuführen, dass bei der Betrachtung einer Reihenschaltung immer Spannungszeiger an Spannungszeiger und bei der Betrachtung einer Parallelschaltung immer Stromzeiger an Stromzeiger gezeichnet wird. Ein Wechsel von der Spannungs- zur Stromdarstellung und umgekehrt ergibt sich aus dem Wechsel der Schaltungsart der jeweils betrachteten Elementarschaltung. Der resultierende Phasenwinkel wird im Weiteren aus Platzgründen ohne seinen Richtungspfeil in das Zeigerbild eingezeichnet. Es gilt die mathematisch positive Zählrichtung. Als Hinweis auf ihre Richtungsabhängigkeit werden Zeiger durch einen Unterstrich gekennzeichnet (vgl. Abschn. 8.2). Ohne Unterstrich sind es die Beträge (also nur die Längen) der zugehörigen Zeiger.

Lehrbeispiel 8.1: ÜB: BB 8.9

Konstruieren Sie für die im Bild 8.17 dargestellte Schaltung das qualitative Zeigerbild (Prinzipzeigerbild) aller Spannungen und Ströme für: a) $\underline{I}_R$ als Bezugsgröße b) $\underline{U}_q$ als Bezugsgröße

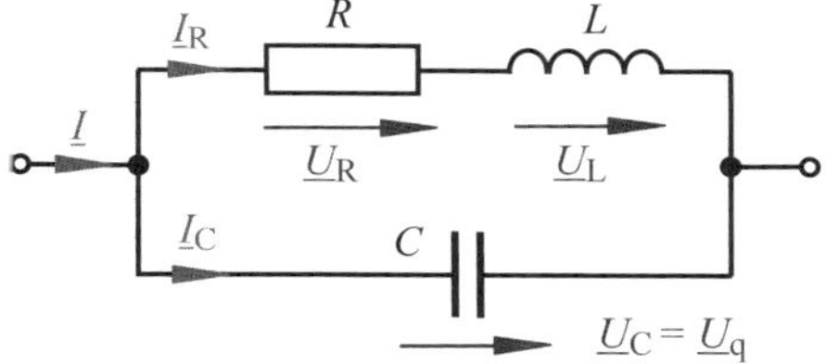

Bild 8.17: Schaltung zum Lehrbeispiel 8.1

Zu a) Die Reihenschaltung des ohmschen Widerstandes und des induktiven Blindwiderstandes stellt hier die innere Schaltungskombination dar, die nicht weiter in Elementarschaltungen zerlegt werden kann. Der durch diese Reihenschaltung fließende Strom $\underline{I}_R$ soll als Bezugsgröße (siehe Bezugszeiger im Bild 8.18) verwendet werden.

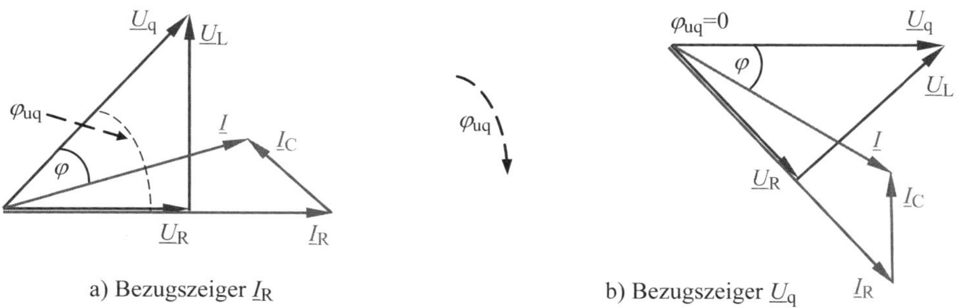

Bild 8.18: Zeigerbild zum Lehrbeispiel 8.1 mit unterschiedlichen Bezugszeigern

$\underline{U}_R$ liegt dann zu $\underline{I}_R$ in Phase. $\underline{U}_L$ steht darauf senkrecht und eilt voraus. Die geometrische Addition von $\underline{U}_R$ und $\underline{U}_L$, also die Verbindung vom Koordinatenursprung zur letzten Zeigerspitze, ergibt die

Spannung über dem kapazitiven Blindwiderstand und damit die Gesamtspannung $\underline{U}_q$. Der Strom $\underline{I}_C$ eilt nun gegenüber der Gesamtspannung um 90° voraus. An dieser Stelle erfolgt ein Wechsel in der Konstruktion von einem Spannungszeiger zu einem Stromzeiger. Aus der geometrischen Addition der beiden Teilströme $\underline{I}_R$ und $\underline{I}_C$ wird der resultierende Gesamtstrom ermittelt. Der Winkel zwischen $\underline{U}_q$ und $\underline{I}$ ist gleich dem Phasenwinkel φ.

Zu b) Jetzt soll die Gesamtspannung $\underline{U}_q$ als Bezugsgröße verwendet werden. Sie setzt sich aus der geometrischen Addition von $\underline{U}_R$ und $\underline{U}_L$ zusammen. Beide Zeiger müssen senkrecht aufeinander stehen. Diese Konstruktion wird über den THALES-Kreis ausgeführt, wobei die Spannung über dem induktiven Blindwiderstand gegenüber $\underline{U}_R$ vorauseilt. Die Lage der Ströme ergibt sich dann aus der gleichen Überlegung wie im Aufgabenteil a). Es entsteht ein Zeigerbild (Bild 8.18.b), das um den Nullphasenwinkel von $\underline{U}_q$ (φ_{uq}) gegenüber dem Bild 8.18.a im Uhrzeigersinn weitergedreht ist.

8.4.2 Brückenschaltungen

ÜB: BB 8.8

Brückenähnliche Konfigurationen sind dadurch gekennzeichnet, dass zwei parallele Zweige von einer gemeinsamen Quelle gespeist werden. Zwischen definierten Mittelabgriffen dieser beiden Zweige (Querzweig) fällt dann eine Spannung ab, die bezüglich ihres Betrages und ihrer Phasenlage durch Variation der Brückenelemente beeinflussbar ist. Man unterscheidet zwischen abgleichbaren (vgl. Abschn. 9.5) und nicht abgleichbaren Brücken.

Zur Darstellung von Betrags- und Phasenrelationen einer nicht abgeglichenen Brücke bietet sich die Konstruktion eines maßstäblichen Zeigerbildes (quantitative Darstellung) oder eines Prinzipzeigerbildes (qualitative Darstellung) an. In beiden Fällen ist darauf zu achten, dass die Spannungszeiger topographisch richtig (also gemäß ihrer Reihenfolge und Richtung in der Schaltung) angeordnet werden. Nur so erhält man auch die gewünschte Spannung über dem Querzweig der Brücke.

Lehrbeispiel 8.2:

Konstruieren Sie für die Schaltung im Bild 8.19 das maßstäbliche Spannungszeigerbild, und ermitteln Sie daraus den Betrag und die Phasenlage der Spannung $\underline{U}_x$.

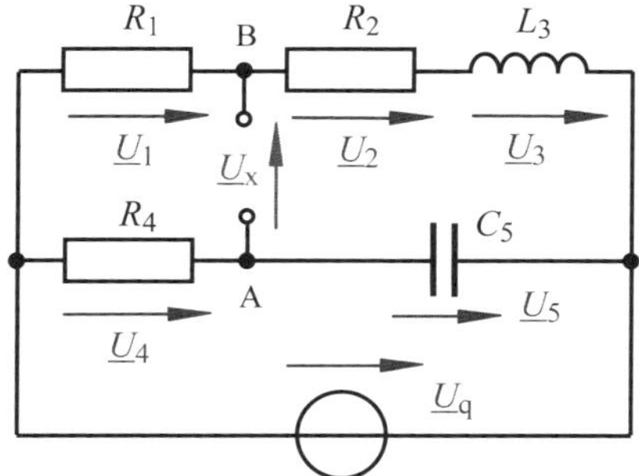

Von der Schaltung ist bekannt:
$|\underline{U}_q| = U_q = 100$ V; $R_1 = R_2 = 30\ \Omega$
$\omega L_3 = 80\ \Omega$; $R_4 = 40\ \Omega$; $1/\omega C_5 = 40\ \Omega$

Bild 8.19: Schaltung zum Lehrbeispiel 8.2

Zunächst werden die Beträge der Teilspannungen über allen Bauelementen berechnet. Infolge $R_1 = R_2$ gilt: $U_1 = U_2$. In beiden Zweigen wird die Spannungsteilerregel angewendet:

$$U_1 = U_q \cdot \frac{R_1}{\sqrt{(R_1+R_2)^2+\omega^2 L_3^2}} = 30\ \text{V} = U_2 \qquad U_3 = U_q \cdot \frac{\omega L_3}{\sqrt{(R_1+R_2)^2+\omega^2 L_3^2}} = 80\,\text{V}$$

$$U_4 = U_q \cdot \frac{R_4}{\sqrt{R_4^2+\dfrac{1}{\omega^2 C_5^2}}} \approx 70{,}7\,\text{V} \qquad U_5 = U_q \cdot \frac{\dfrac{1}{\omega C_5}}{\sqrt{R_4^2+\dfrac{1}{\omega^2 C_5^2}}} \approx 70{,}7\,\text{V}$$

Die Zeiger $\underline{U}_1$ und $\underline{U}_2$ dienen als Bezugszeiger. Darauf steht der Zeiger $\underline{U}_3$ senkrecht und eilt voraus (↑). Die geometrische Addition ergibt den Zeiger der Gesamtspannung $\underline{U}_q$. Die Zeiger $\underline{U}_4$ und $\underline{U}_5$ müssen senkrecht aufeinander stehen (THALES-Kreis), und ihre geometrische Addition muss wieder den Zeiger der Gesamtspannung $\underline{U}_q$ ergeben. Der Zeiger $\underline{U}_5$ eilt dabei dem Spannungszeiger $\underline{U}_4$ nach. Beide Zeiger sind infolge $R_4 = 1/\omega C_5$ gleich lang.

ÜB: BB 8.6

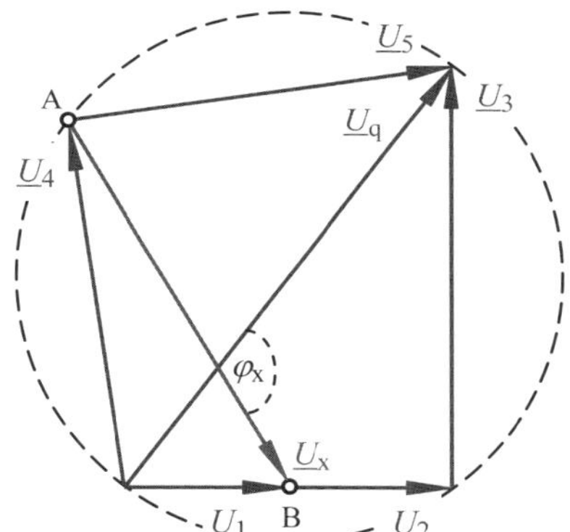

Für die Konstruktion gilt: 1 cm ≙ 20 V.

Bild 8.20: Zeigerbild zum Lehrbeispiel 8.2

Durch Verbinden der Punkte A und B in Richtung des Punktes B erhält man den gesuchten Spannungszeiger $\underline{U}_x$ mit einem Betrag von ca. 80 V und einer Phasenlage von $\varphi_x \approx -113°$, bezogen auf die eingespeiste Gesamtspannung.

Man könnte auch die Gesamtspannung $\underline{U}_q$ als Bezugszeiger wählen. Sie würde dann auf der positiven reellen Achse liegen ($\varphi_{\text{Bezug}} = 0°$). Die Addition der Zeiger $\underline{U}_4 + \underline{U}_5 = \underline{U}_q$ bildet sich dabei oberhalb von $\underline{U}_q$ (also im 1. Quadranten) aus. Die Addition der Zeiger $\underline{U}_1 + \underline{U}_2 + \underline{U}_3 = \underline{U}_q$ verläuft unterhalb von $\underline{U}_q$ (also im 4. Quadranten).

Es entsteht ein analoges Zeigerbild zum Bild 8.20. Das gesamte Gebilde wird jetzt aber im Vergleich zum Bild 8.20 um ca. 53° im Uhrzeigersinn gedreht. Alle Zeigerlängen (Beträge) bleiben erhalten. Alle Winkel zwischen jeweils zwei Zeigern bleiben auch erhalten.

Der gesuchte Spannungszeiger $\underline{U}_x$ hat wieder einen Betrag von ca. 80 V. Er eilt gegenüber dem Zeiger der Gesamtspannung $\underline{U}_q$ um einen Winkel von $\varphi_x \approx -113°$ nach.

9 Berechnung von Stromkreisen bei sinusförmiger Einspeisung

Im Kap. 7 wurde gezeigt, dass eine sinusförmige Wechselgröße über ein Liniendiagramm und über ein Zeigerdiagramm dargestellt werden kann. Das Zeigerdiagramm wird zum Zeigerbild, wenn mehrere Zeiger in einer gemeinsamen Darstellung abgebildet werden.

Bei Elementarschaltungen entsteht als Zeigerbild ein rechtwinkliges Dreieck, und die resultierenden Größen können relativ einfach berechnet werden (Abschn. 8.3).

Bei gemischten Wechselstromkreisen entsteht ein Zeigerbild, das die Zeiger der Teilspannungen oder der Teilströme (bzw. die Zeiger der einzelnen Widerstände oder der Leitwerte) bis auf ausgewählte Spezialfälle nicht mehr über einen rechten Winkel miteinander verbindet (Abschn. 8.4). Eine direkte Ableitung von Berechnungsvorschriften ist jetzt über das Zeigerbild nicht mehr so einfach möglich. Die maßstäbliche grafische Lösung ist häufig zu aufwendig. Die Ungenauigkeiten einer solchen Lösung sind bekannt.

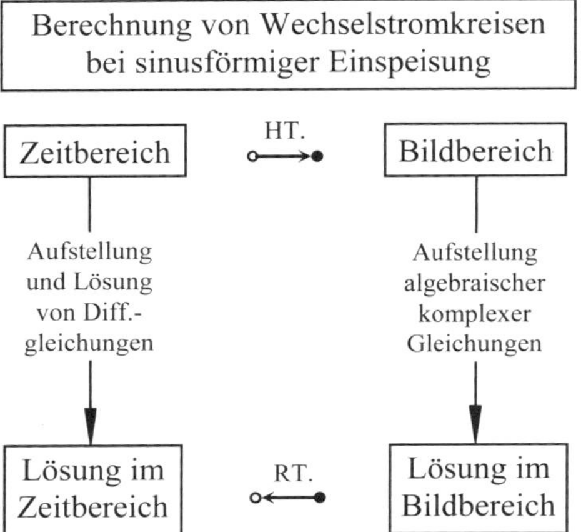

Bild 9.1: Berechnung von Wechselstromkreisen

Eine Berechnung gemischter Wechselstromkreise (siehe Bild 9.1) kann im Zeitbereich oder im Bildbereich durchgeführt werden. Während man im Zeitbereich die Lösung mit den originalen Zeitfunktionen anstrebt, ist zur Lösung im Bildbereich eine Transformation (HT. für Hintransformation und RT. für Rücktransformation; vgl. auch Abschn. 9.2) erforderlich.

9.1 Berechnung im Zeitbereich

Die Berechnung von Wechselstromkreisen wird im Zeitbereich unter Verwendung der KIRCHHOFFschen Sätze mit den originalen Zeitfunktionen durchgeführt. Das folgende Lehrbeispiel soll die Berechnung einer Elementarschaltung im Zeitbereich im Vergleich zum Abschn. 8.3 demonstrieren.

Lehrbeispiel 9.1:

Berechnen Sie für einen Reihenschwingkreis den Scheinwiderstand Z und den Phasenwinkel φ in allgemeiner Form *Geg.*: $i = \hat{I} \cdot \sin \omega t$ sowie R, L, C und ω.

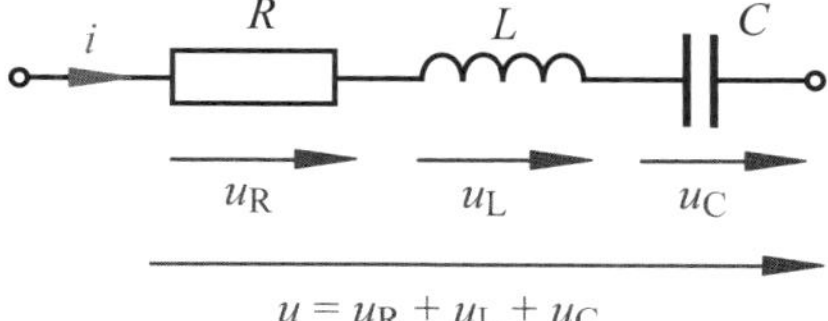

Bild 9.2: Reihenschwingkreis zum Lehrbeispiel 9.1

Für die Spannungen über den Elementarzweipolen gilt allgemein:

$$u_R = i \cdot R \qquad u_L = L \cdot \frac{di}{dt} \qquad u_C = \frac{1}{C} \cdot \int_t i \cdot dt$$

Durch die Anwendung des Maschensatzes (siehe Bild 9.2 – unten) erhält man den Lösungsansatz. In diesen Ansatz werden die Strom-Spannungs-Beziehungen der Elementarzweipole eingesetzt.

$$u = u_R + u_L + u_C = i \cdot R + L \cdot \frac{di}{dt} + \frac{1}{C} \cdot \int_t i \cdot dt$$

Der Strom ist als Bezugsgröße mit $i = \hat{I} \cdot \sin \omega t$ gegeben. Sein Maximalwert kann vorerst aus dem Lösungsansatz ausgeklammert werden.

$$u = \hat{I} \cdot \left[R \cdot \sin \omega t + L \cdot \frac{d \sin \omega t}{dt} + \frac{1}{C} \cdot \int_t \sin \omega t \cdot dt \right] = \hat{I} \cdot \left[R \cdot \sin \omega t + \omega L \cdot \cos \omega t - \frac{1}{\omega C} \cdot \cos \omega t \right]$$

$$u = \hat{I} \cdot \left[R \cdot \sin \omega t + (\omega L - \frac{1}{\omega C}) \cdot \cos \omega t \right] = \hat{I} \cdot R \cdot \sin \omega t + \hat{I} \cdot (\omega L - \frac{1}{\omega C}) \cdot \sin (\omega t + \frac{\pi}{2})$$

$$u = \hat{U}_1 \cdot \sin (\omega t + \varphi_{u1}) + \hat{U}_2 \cdot \sin (\omega t + \varphi_{u2})$$

Eine Überlagerung von Sinusschwingungen mit ungleicher Amplitude und gleicher Frequenz ergibt (trotz unterschiedlicher Nullphasenwinkel) wieder eine Sinusschwingung. Sie hat eine resultierende Amplitude mit einer neuen Phasenlage {siehe Abschn. 7.4 und [9] – Abschn. 1.1.1 – Gleich. (1.7)}.

Für die resultierende Amplitude gilt nach [9]: $\hat{U} = \sqrt{\hat{U}_1^2 + \hat{U}_2^2 + 2 \cdot \hat{U}_1 \hat{U}_2 \cdot \cos (\varphi_{u1} - \varphi_{u2})}$

Für die neue Phasenlage gilt nach [9]: $\varphi_u = \arctan \dfrac{\hat{U}_1 \cdot \sin \varphi_{u1} + \hat{U}_2 \cdot \sin \varphi_{u2}}{\hat{U}_1 \cdot \cos \varphi_{u1} + \hat{U}_2 \cdot \cos \varphi_{u2}}$

Mit $\varphi_{u1} = 0$ und $\varphi_{u2} = 90°$ erhält man folgende Lösungen (vgl. Abschn. 8.3):

$$Z = \frac{\hat{U}}{\hat{I}} = \sqrt{\frac{\hat{U}_1^2}{\hat{I}^2} + \frac{\hat{U}_2^2}{\hat{I}^2}} = \sqrt{R^2 + (\omega L - \frac{1}{\omega C})^2} \qquad \varphi = \varphi_u - \varphi_i = \varphi_u = \arctan \frac{\hat{U}_2}{\hat{U}_1} = \arctan \frac{\omega L - \frac{1}{\omega C}}{R}$$

Schlussfolgerung:

Es handelt sich um eine Elementarschaltung, die über ein rechtwinkliges Dreieck (Zeigerbild) einfach berechnet werden kann. Der Rechenaufwand bei einer Berechnung im Bildbereich ist viel zu hoch.

9.2 Berechnung im Bildbereich

9.2.1 Zeigerdarstellung

Die im Abschn. 9.1 aufgezeigte Lösungsvariante im Zeitbereich ist bereits für eine Elementarschaltung relativ aufwendig. Der Rechenaufwand steigt weiter an, wenn man diese Methode zur Berechnung gemischter Wechselstromkreise verwenden würde.

Transformiert man dagegen die zur Berechnung eines Wechselstromkreises erforderlichen Größen in den Bildbereich (Bild 9.1), so werden diese Größen als komplexe Zeiger dargestellt. Durch Anwendung der KIRCHHOFFschen Sätze können nun algebraische komplexe Gleichungen aufgestellt und im Bildbereich mit der komplexen Rechnung gelöst werden. Im Ergebnis einer Rücktransformation erhält man eine Lösung im Zeitbereich. Falls lediglich ausgewählte Größen (Beträge und Phasenwinkel von Widerständen bzw. Leitwerten oder Effektivwerte und Nullphasenwinkel von Spannungen bzw. Strömen) gesucht sind, können die entsprechenden Informationen direkt aus der Lösung im Bildbereich abgeleitet werden. Bei dieser Methode zur Berechnung von Wechselstromkreisen bei sinusförmiger Einspeisung (auch symbolische Methode genannt) nutzt man demzufolge die Rechenvorteile in der komplexen Ebene aus und umgeht so die aufwendige Lösung von Differenzialgleichungen im Zeitbereich.

Eine komplexe Zahl beschreibt einen Punkt in der komplexen Ebene. Diese Ebene wird von der reellen und der imaginären Achse aufgespannt. Der komplexe Zeiger $\underline{A}$ (gekennzeichnet durch einen Unterstrich) kann dann durch die Verbindung vom Koordinatenursprung zu diesem Punkt in grafisch anschaulicher Form dargestellt werden.

Ein komplexer Zeiger ist mathematisch durch unterschiedliche Darstellungsformen interpretierbar. Eine Möglichkeit besteht in der Verwendung der kartesischen Koordinaten.

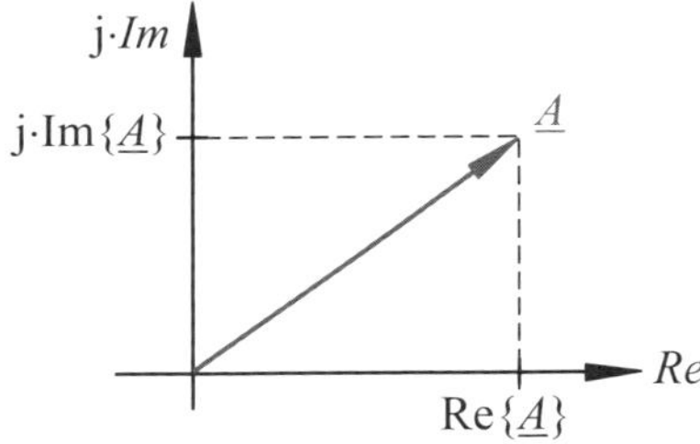

Bild 9.3: Zeigerdarstellung in der kartesischen Form

Jeder Punkt in der komplexen Ebene kann durch einen Realteil mit $\mathrm{Re}\{\underline{A}\}$ und einen Imaginärteil mit $\mathrm{Im}\{\underline{A}\}$ beschrieben werden. Diese beiden Anteile bilden mit dem zu interpretierenden Zeiger $\underline{A}$ ein rechtwinkliges Dreieck. Die kartesische Form des Zeigers $\underline{A}$ ergibt sich dann wie folgt:

$$\underline{A} = \mathrm{Re}\{\underline{A}\} + \mathrm{j} \cdot \mathrm{Im}\{\underline{A}\} \qquad (9.1)$$

Ein komplexer Zeiger kann aber auch über die Winkelfunktionen beschrieben werden. Dann ergeben sich die beiden Katheten des rechtwinkligen Dreiecks aus dem Betrag dieses

Zeigers ($|\underline{A}| \hat{=}$ Länge), multipliziert mit dem Sinus (Gegenkathete) bzw. mit dem Kosinus (Ankathete) des von diesem Zeiger gegen die reelle Achse eingeschlossenen Winkels.

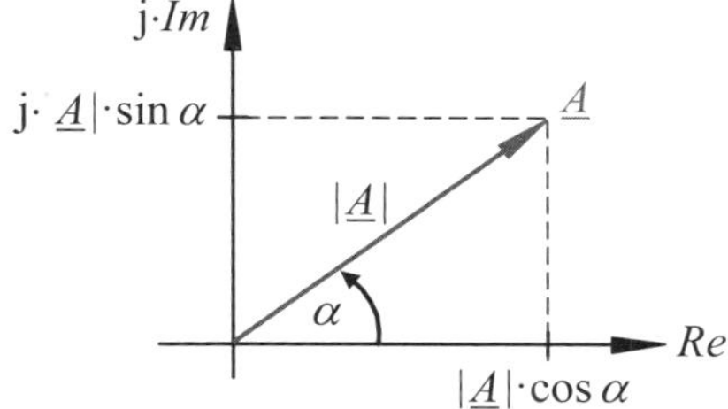

Bild 9.4: Zeigerdarstellung in der trigonometrischen Form und in der Exponentialform

Es entsteht die trigonometrische Form:

$$\underline{A} = |\underline{A}| \cdot (\cos\alpha + \mathrm{j} \cdot \sin\alpha) \qquad (9.2)$$

Mit der EULERschen Gleichung: $\cos\alpha + \mathrm{j} \cdot \sin\alpha = \mathrm{e}^{\mathrm{j}\alpha}$ kann man daraus die Exponentialform berechnen.

$$\underline{A} = |\underline{A}| \cdot \mathrm{e}^{\mathrm{j}\alpha} \qquad (9.3)$$

Der gesuchte Zeiger ergibt sich aus seinem Betrag und einer Phasenverschiebung relativ zur reellen Achse. Der Betrag kann über den PYTHAGORAS berechnet werden.

$$|\underline{A}| = \sqrt{\mathrm{Re}^2\{\underline{A}\} + \mathrm{Im}^2\{\underline{A}\}} \qquad (9.4)$$

Der Phasenwinkel wird mit der tan-Funktion bestimmt, wobei die Vorzeichen von Real- und Imaginärteil über die Quadrantenbeziehungen berücksichtigt werden müssen.

$$\alpha = \arctan\frac{\mathrm{Im}\{\underline{A}\}}{\mathrm{Re}\{\underline{A}\}} \qquad (9.5)$$

Alle Darstellungsformen ermöglichen die Beschreibung eines komplexen Zeigers in einem der vier Quadranten. Seine jeweilige Lage hängt von den Vorzeichen im Real- bzw. im Imaginärteil (kartesische Form) oder vom Phasenwinkel (Exponentialform) ab.

9.2.2 Rechenregeln

Die Umrechnung von einer Darstellungsart eines komplexen Zeigers in eine andere ist durch die Anwendung geeigneter Rechenregeln möglich. Für Strichrechnungen verwendet man in der Regel die kartesische Form. Die trigonometrische Form dient dann als Zwischenstation zur Umrechnung von der kartesischen Form in die Exponentialform und umgekehrt. Zur Ausführung von Punktrechnungen ist vorrangig die Exponentialform geeignet.

- Strichrechnungen:

Mit $\underline{A} = A_1 + \mathrm{j}A_2$ und $\underline{B} = B_1 + \mathrm{j}B_2$ gilt:

$$\underline{A} \pm \underline{B} = A_1 \pm B_1 + \mathrm{j}(A_2 \pm B_2) \tag{9.6}$$

Zwei komplexe Zeiger werden addiert bzw. subtrahiert, indem man ihre Realteile addiert bzw. subtrahiert und ihre Imaginärteile addiert bzw. subtrahiert.

- Multiplikation in der kartesischen Form:

$\underline{A} \cdot \underline{B} = (A_1 + \mathrm{j}\,A_2) \cdot (B_1 + \mathrm{j}\,B_2) = A_1B_1 - A_2B_2 + \mathrm{j}\,(A_1B_2 + A_2B_1)$

Das negative Vorzeichen im Realteil entsteht durch $\mathrm{j}^2 = \sqrt{-1} \cdot \sqrt{-1} = -1$.

- Multiplikation in der Exponentialform:

Mit $\underline{A} = |\underline{A}| \cdot \mathrm{e}^{\mathrm{j}\alpha}$ und $\underline{B} = |\underline{B}| \cdot \mathrm{e}^{\mathrm{j}\beta}$ gilt:

$$\underline{A} \cdot \underline{B} = |\underline{A}| \cdot |\underline{B}| \cdot \mathrm{e}^{\mathrm{j}(\alpha+\beta)} \tag{9.7}$$

Zwei komplexe Zeiger werden multipliziert, indem man ihre Beträge miteinander multipliziert und ihre Phasenwinkel addiert.

- Division in der kartesischen Form:

$$\frac{\underline{A}}{\underline{B}} = \frac{A_1 + \mathrm{j}A_2}{B_1 + \mathrm{j}B_2} \quad \Big| \cdot \frac{B_1 - \mathrm{j}B_2}{B_1 - \mathrm{j}B_2}$$

Um den Nenner reell zu machen, muss der Bruch mit der konjugiert komplexen Zahl des Nenners $\underline{B}^*$ erweitert werden. Eine konjugiert komplexe Zahl wird durch Änderung des Vorzeichens im Imaginärteil gebildet. Es gilt: $\underline{B}^* = B_1 - \mathrm{j}\,B_2$. Damit entsteht im Nenner des komplexen Bruches ein Binom, das mit der dritten binomischen Formel berechnet werden kann: $(B_1 + \mathrm{j}B_2) \cdot (B_1 - \mathrm{j}B_2) = B_1^2 + B_2^2$

$$\frac{\underline{A}}{\underline{B}} = \frac{A_1B_1 + A_2B_2 + \mathrm{j}(A_2B_1 - A_1B_2)}{B_1^2 + B_2^2}$$

- Division in der Exponentialform:

$$\frac{\underline{A}}{\underline{B}} = \frac{|\underline{A}| \cdot \mathrm{e}^{\mathrm{j}\alpha}}{|\underline{B}| \cdot \mathrm{e}^{\mathrm{j}\beta}} = \frac{|\underline{A}|}{|\underline{B}|} \cdot \mathrm{e}^{\mathrm{j}(\alpha-\beta)} \tag{9.8}$$

Zwei komplexe Zeiger werden dividiert, indem man ihre Beträge dividiert und ihre Phasenwinkel voneinander subtrahiert.

- Bildung konjugiert komplexer Zeiger:

Ein konjugiert komplexer Zeiger $\underline{A}^*$ entsteht durch die Spiegelung des originalen Zeigers $\underline{A}$ an der reellen Achse.

$$\underline{A} = A_1 + \mathrm{j}A_2 \quad \Rightarrow \quad \underline{A}^* = A_1 - \mathrm{j}A_2$$

$$\underline{A} = |\underline{A}| \cdot \mathrm{e}^{\mathrm{j}\alpha} \quad \Rightarrow \quad \underline{A}^* = |\underline{A}| \cdot \mathrm{e}^{-\mathrm{j}\alpha}$$

Die Addition eines originalen mit seinem konjugiert komplexen Zeiger führt zu einem reellen Ergebnis:

$$\underline{A} + \underline{A}^* = A_1 + \mathrm{j}A_2 + A_1 - \mathrm{j}A_2 = 2A_1 \qquad \text{bzw.:}$$

$$\underline{A} + \underline{A}^* = |\underline{A}| \cdot (\cos\alpha + \mathrm{j} \cdot \sin\alpha + \cos\alpha - \mathrm{j} \cdot \sin\alpha) = 2|\underline{A}| \cdot \cos\alpha$$

Die Multiplikation eines originalen mit seinem konjugiert komplexen Zeiger führt ebenfalls zu einem reellen Ergebnis:

$$\underline{A} \cdot \underline{A}^* = |\underline{A}| \cdot \mathrm{e}^{\mathrm{j}\alpha} \cdot |\underline{A}| \cdot \mathrm{e}^{-\mathrm{j}\alpha} = |\underline{A}|^2$$

Die eigentlichen Rechenvorteile der komplexen Rechnung ergeben sich beim Differenzieren und beim Integrieren zeitlich veränderlicher (rotierender) komplexer Zeiger. Das sind genau die Rechenoperationen, die bei einer Lösung im Zeitbereich (Abschn. 9.1) den großen Aufwand in der Berechnung verursacht haben (Induktionsgesetz und Ladungsgesetz).

Ein ruhender Zeiger $\underline{A}$ existiert bei $t = 0$ und wird nach Gleich. (9.3) berechnet. Ein rotierender Zeiger $\underline{a}$ entsteht, wenn sich der zunächst ruhende Zeiger mit der Kreisfrequenz ω gemäß Bild 7.3 gegen den Uhrzeigersinn um den Koordinatenursprung bewegt.

$$\underline{a} = \underline{A} \cdot \mathrm{e}^{\mathrm{j}\omega t} = |\underline{A}| \cdot \mathrm{e}^{\mathrm{j}\alpha} \cdot \mathrm{e}^{\mathrm{j}\omega t} = |\underline{A}| \cdot \mathrm{e}^{\mathrm{j}(\omega t + \alpha)}$$

- Differenziation:

$$\frac{\mathrm{d}\underline{a}}{\mathrm{d}t} = \frac{\mathrm{d}(|\underline{A}| \cdot \mathrm{e}^{\mathrm{j}(\omega t + \alpha)})}{\mathrm{d}t} = |\underline{A}| \cdot \mathrm{e}^{\mathrm{j}(\omega t + \alpha)} \cdot \mathrm{j}\omega$$

$$\frac{\mathrm{d}\underline{a}}{\mathrm{d}t} = \mathrm{j}\omega \cdot \underline{a} \qquad (9.9)$$

Ein komplexer rotierender Zeiger wird differenziert, indem man ihn mit $\mathrm{j}\omega$ multipliziert.

Hier wird der große Vorteil der Anwendung der komplexen Rechnung in der Wechselstromtechnik deutlich. Die Rechenoperation des Differenzierens lässt sich in der komplexen Ebene auf eine Multiplikation mit $\mathrm{j}\omega$ zurückführen.

• Integration:

$$\int_t \underline{a} \cdot \mathrm{d}t = \int_t \left|\underline{A}\right| \cdot \mathrm{e}^{\mathrm{j}(\omega t+\alpha)} \cdot \mathrm{d}t = \frac{\left|\underline{A}\right| \cdot \mathrm{e}^{\mathrm{j}(\omega t+\alpha)}}{\mathrm{j}\omega}$$

$$\int_t \underline{a} \cdot \mathrm{d}t = \frac{\underline{a}}{\mathrm{j}\omega} \tag{9.10}$$

Ein komplexer rotierender Zeiger wird integriert, indem man ihn durch $\mathrm{j}\omega$ dividiert.

Lehrbeispiel 9.2:

Wie vereinfachen sich im Wechselstromkreis die Strom-Spannungs-Beziehungen für die Induktivität und für die Kapazität bei Anwendung der komplexen Rechnung? Welche Schlussfolgerungen können daraus für die Lösung des Lehrbeispiels 9.1 gezogen werden?

Induktionsgesetz: $\underline{u}_{\mathrm{L}} = L \cdot \frac{\mathrm{d}\underline{i}}{\mathrm{d}t} = \mathrm{j}\omega L \cdot \underline{i}$

Ladungsgesetz: $\underline{u}_{\mathrm{C}} = \frac{1}{C} \cdot \int_t \underline{i} \cdot \mathrm{d}t = \frac{1}{\mathrm{j}\omega C} \cdot \underline{i}$

Beide Rechnungen zeigen, dass man bei Anwendung der komplexen Rechnung neben dem Betrag des Blindwiderstandes zugleich eine Information über die von ihm verursachte Phasenverschiebung erhält. Der Zeiger des induktiven Blindwiderstandes liegt auf der positiven imaginären Achse (+ 90° Phasenverschiebung), und der Zeiger des kapazitiven Blindwiderstandes liegt infolge $1/\mathrm{j} = -\mathrm{j}$ auf der negativen imaginären Achse (– 90° Phasenverschiebung).

Die Differenzialgleichung des Lehrbeispiels 9.1 kann demzufolge im Bildbereich viel einfacher gelöst werden. Im Ergebnis der Transformation erhält man:

$$\underline{u} = \underline{u}_{\mathrm{R}} + \underline{u}_{\mathrm{L}} + \underline{u}_{\mathrm{C}} = \underline{i} \cdot R + L \cdot \frac{\mathrm{d}\underline{i}}{\mathrm{d}t} + \frac{1}{C} \cdot \int_t \underline{i} \cdot \mathrm{d}t = \underline{i} \cdot R + \mathrm{j}\omega L \cdot \underline{i} + \frac{1}{\mathrm{j}\omega C} \cdot \underline{i} = [R + \mathrm{j}(\omega L - \frac{1}{\omega C})] \cdot \underline{i}$$

$\frac{\underline{u}}{\underline{i}} = \frac{\underline{U}}{\underline{I}} = \underline{Z} = R + \mathrm{j}(\omega L - \frac{1}{\omega C})$. Daraus kann man die Lösung des Lehrbeispiels 9.1 direkt ablesen:

$$Z = \sqrt{R^2 + (\omega L - \frac{1}{\omega C})^2} \qquad \text{und:} \qquad \varphi = \arctan \frac{\omega L - \frac{1}{\omega C}}{R}$$

9.2.3 Transformationsregeln

Eine sinusförmige Zeitfunktion wird in die komplexe Ebene (Bildbereich) transformiert, indem man sie mit ihrem Maximalwert als Betrag und dem Argument der Winkelfunktion als Exponent in Form eines rotierenden Zeigers darstellt.

$$u = \hat{U} \cdot \sin(\omega t + \varphi_{\mathrm{u}}) \circ\!\!-\!\!\!\longrightarrow\!\!\bullet\; \underline{\hat{u}} = \hat{U} \cdot \mathrm{e}^{\mathrm{j}(\omega t + \varphi_{\mathrm{u}})}$$

Für die weiteren Betrachtungen ist es in der komplexen Ebene sinnvoll, diesen rotierenden Maximalwertzeiger $\underline{\hat{u}}$ (auch: Scheitelwertzeiger oder komplexe Amplitude [10] genannt) in einen ruhenden Maximalwertzeiger umzuformen. Für $t = 0$ gilt: $\underline{\hat{U}} = \hat{U} \cdot e^{j\varphi_u}$

Durch Umrechnung des Maximalwertes in den Effektivwert entstehen die im Bildbereich üblichen Zeigerdarstellungen mit ruhenden Effektivwertzeigern:

$\underline{U} = U \cdot e^{j\varphi_u}$ bzw.: $\underline{I} = I \cdot e^{j\varphi_i}$

Bild 9.5 zeigt die Maßnahmen zur Transformation einer sinusförmigen Zeitfunktion in den Bildbereich (○⟶●) und zur Rücktransformation eines komplexen Zeigers in den Zeitbereich (○⟵●). Das Symbol ○—● wird als allgemeines Transformationszeichen verwendet.

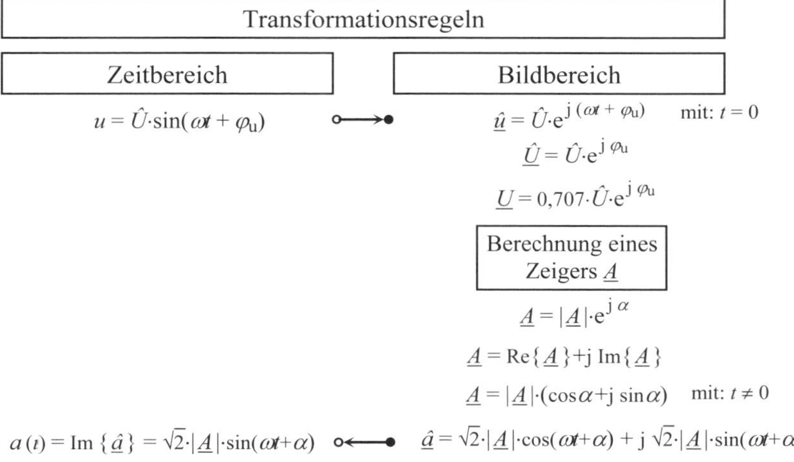

Bild 9.5: Hin- und Rücktransformation

Der im Ergebnis einer Rechnung ermittelte Zeiger (allgemein $\underline{A}$) kann bei Bedarf wieder zurück in den Zeitbereich transformiert werden. Für diese Rücktransformation wird aus dem ruhenden Zeiger durch eine Multiplikation mit $e^{j\omega t}$ $(t \neq 0)$ ein rotierender Effektivwertzeiger $\underline{a}$ berechnet. Infolge einer Multiplikation mit $\sqrt{2}$ entsteht dann daraus ein rotierender Maximalwertzeiger $\underline{\hat{a}}$.

$$\underline{\hat{a}} = \sqrt{2}\cdot\underline{A}\cdot e^{j\omega t} = \underline{\hat{A}}\cdot e^{j\omega t} = \hat{A}\cdot e^{j(\omega t + \alpha)} = \hat{A}\cdot[\cos(\omega t + \alpha) + j\sin(\omega t + \alpha)]$$

Die zugehörige sinusförmige Zeitfunktion $a(t)$ ergibt sich aus einer Rücktransformation des Imaginärteils dieses rotierenden Zeigers: $a(t) = \text{Im}\{\underline{\hat{a}}\}$.

$$a = \hat{A}\cdot\sin(\omega t + \alpha) \quad ○⟵● \quad \underline{\hat{a}} = \hat{A}\cdot e^{j(\omega t + \alpha)}$$

Falls eine cos-Funktion eingespeist wurde, dient der Realteil des komplexen Ergebnisses zur Rücktransformation: $a = \hat{A}\cdot\cos(\omega t + \alpha)$ ○⟵● $\underline{\hat{a}} = \hat{A}\cdot e^{j(\omega t + \alpha)}$

Lehrbeispiel 9.3:

In eine Schaltung wird eine Wechselspannung mit $u_q(t) = 50\ \text{V} \cdot \sin \omega t$ ($f = 50$ Hz) als Bezugsgröße eingespeist. Im Ergebnis der Berechnung eines komplexen Spannungszeigers liegt z.B. folgende Lösung vor: $\underline{U}_x = 18\ \text{V} \cdot \text{e}^{\text{j}30°}$. Man bestimme die zugehörige Zeitfunktion durch Rücktransformation vom Bildbereich in den Zeitbereich.

Lösung:
Der ruhende Effektivwertzeiger $\underline{U}_x$ wird in einen rotierenden Maximalwertzeiger umgewandelt. Bei sinusförmiger Einspeisung ergibt der Imaginärteil dieses Zeigers die Lösung im Zeitbereich:

$$\underline{u}_x = 18\,\text{V} \cdot \text{e}^{\text{j}(\omega t + 30°)}.$$

$$\underline{\hat{u}}_x = 18\,\text{V} \cdot \sqrt{2} \cdot \text{e}^{\text{j}(\omega t + 30°)} = 25{,}46\,\text{V} \cdot \text{e}^{\text{j}(\omega t + 30°)} = 25{,}46\,\text{V} \cdot [\cos(\omega t + 30°) + \text{j} \sin(\omega t + 30°)]$$

$$u_x(t) = \text{Im}\{\underline{\hat{u}}_x\} = 25{,}46\,\text{V} \cdot \sin(\omega t + 30°)$$

9.2.4 Komplexer Widerstand

Der komplexe Widerstand $\underline{Z}$ ist als Quotient von Spannungs- und Stromzeiger definiert. Er wird auch als Impedanz bezeichnet. Sein Kehrwert ist der komplexe Leitwert $\underline{Y}$ (Admittanz).

$$\underline{Z} = \frac{\underline{u}}{\underline{i}} = \frac{\underline{U} \cdot \text{e}^{\text{j}\omega t}}{\underline{I} \cdot \text{e}^{\text{j}\omega t}} = \frac{|\underline{U}| \cdot \text{e}^{\text{j}\varphi_u}}{|\underline{I}| \cdot \text{e}^{\text{j}\varphi_i}} = \frac{U}{I} \cdot \text{e}^{\text{j}(\varphi_u - \varphi_i)}$$

$$\underline{Z} = \frac{\underline{U}}{\underline{I}} = \frac{1}{\underline{Y}} \qquad (9.11)$$

Der komplexe Widerstand wird in der kartesischen Form über seinen Realteil und seinen Imaginärteil [vgl. Bild 9.3 und Gleich. (9.1)] dargestellt. Es gilt: $\underline{Z} = \text{Re}\,\{\underline{Z}\} + \text{j} \cdot \text{Im}\,\{\underline{Z}\}$. Der Realteil beschreibt den Wirkanteil R (Resistanz), und der Imaginärteil beschreibt den Blindanteil X (Reaktanz).

$$\underline{Z} = R + \text{j} \cdot X \qquad (9.12)$$

In der Exponentialform stellt man den komplexen Widerstand über seinen Betrag (Scheinwiderstand $Z = |\underline{Z}| = U/I$) und seinen Winkel (Phasenwinkel $\varphi = \varphi_u - \varphi_i$) dar [vgl. Bild 9.4 und Gleich. (9.3)].

$$\underline{Z} = |\underline{Z}| \cdot \text{e}^{\text{j}\varphi} \qquad (9.13)$$

Der Betrag des komplexen Widerstandes wird gemäß Gleich. (9.4) bestimmt.

$$Z = \sqrt{R^2 + X^2} \qquad (9.14)$$

Für den Phasenwinkel gilt Gleich. (9.5). Sein Vorzeichen ergibt sich aus dem Vorzeichen des Imaginärteils des komplexen Widerstandes.

$$\varphi = \arctan\frac{\mathrm{Im}\{\underline{Z}\}}{\mathrm{Re}\{\underline{Z}\}} = \arctan\frac{X}{R} \tag{9.15}$$

Zur Vermeidung einer wiederholten Berechnung der Strom-Spannungs-Beziehungen für die Elementarzweipole transformiert man eine gegebene Wechselstromschaltung in ihrer Gesamtheit in die komplexe Ebene. Dazu verwendet man neben den Transformationsregeln für die Spannungen und Ströme (Abschn. 9.2.3) zusätzlich die Widerstandszeiger der Elementarzweipole. In den Bildern 9.6 bis 9.8 sind die elementaren Zweipole mit rotierenden (links) und ruhenden (rechts) Spannungs- und Stromzeigern dargestellt.

Für den ohmschen Widerstand (Bild 9.6) ergibt sich mit dem OHMschen Gesetz folgender Widerstandszeiger $\underline{Z}_\mathrm{R}$: $\underline{u}_\mathrm{R} = \underline{i}_\mathrm{R} \cdot R$ bzw.: $\underline{Z}_\mathrm{R} = \frac{\underline{u}_\mathrm{R}}{\underline{i}_\mathrm{R}} = R + \mathrm{j}0 = R \cdot \mathrm{e}^{\mathrm{j}0°}$

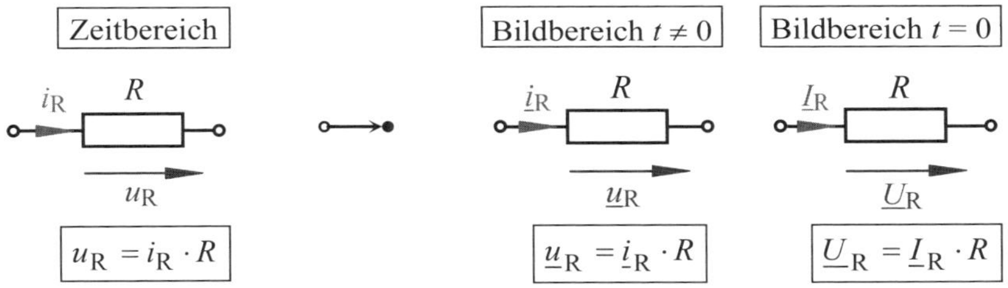

Zeitbereich | Bildbereich $t \neq 0$ | Bildbereich $t = 0$

i_R, R, u_R: $u_\mathrm{R} = i_\mathrm{R} \cdot R$ | $\underline{i}_\mathrm{R}$, R, $\underline{u}_\mathrm{R}$: $\underline{u}_\mathrm{R} = \underline{i}_\mathrm{R} \cdot R$ | $\underline{I}_\mathrm{R}$, R, $\underline{U}_\mathrm{R}$: $\underline{U}_\mathrm{R} = \underline{I}_\mathrm{R} \cdot R$

Bild 9.6: Ohmscher Widerstand im Zeitbereich und im Bildbereich

Für diesen Widerstand gilt im Bildbereich:

$$\underline{Z}_\mathrm{R} = R \tag{9.16}$$

Für die Induktivität (Bild 9.7) ergibt sich mit $X_\mathrm{L} = \omega L$ folgender Widerstandszeiger:

$$\underline{u}_\mathrm{L} = L \cdot \frac{\mathrm{d}\underline{i}_\mathrm{L}}{\mathrm{d}t} = \mathrm{j}\omega L \cdot \underline{i}_\mathrm{L} = \mathrm{j}X_\mathrm{L} \cdot \underline{i}_\mathrm{L}$$

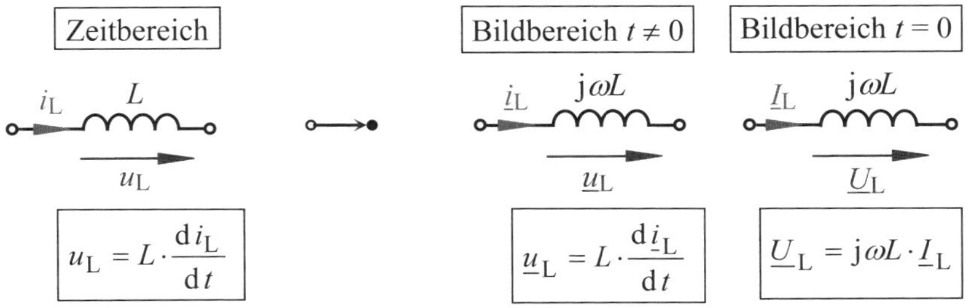

Zeitbereich | Bildbereich $t \neq 0$ | Bildbereich $t = 0$

i_L, L, u_L: $u_\mathrm{L} = L \cdot \frac{\mathrm{d}i_\mathrm{L}}{\mathrm{d}t}$ | $\underline{i}_\mathrm{L}$, $\mathrm{j}\omega L$, $\underline{u}_\mathrm{L}$: $\underline{u}_\mathrm{L} = L \cdot \frac{\mathrm{d}\underline{i}_\mathrm{L}}{\mathrm{d}t}$ | $\underline{I}_\mathrm{L}$, $\mathrm{j}\omega L$, $\underline{U}_\mathrm{L}$: $\underline{U}_\mathrm{L} = \mathrm{j}\omega L \cdot \underline{I}_\mathrm{L}$

Bild 9.7: Induktivität im Zeitbereich und im Bildbereich

Für diesen Widerstand gilt im Bildbereich:

$$\underline{Z}_L = \frac{\underline{u}_L}{\underline{i}_L} = 0 + j\omega L = \omega L \cdot e^{j90°} \quad \text{bzw.:} \quad \underline{Z}_L = \frac{\underline{u}_L}{\underline{i}_L} = 0 + jX_L = X_L \cdot e^{j90°}$$

$$\underline{Z}_L = j\omega L = jX_L \tag{9.17}$$

Für die Transformation eines Kondensators in den Bildbereich gilt mit $X_C = -\frac{1}{\omega C}$:

$$\underline{u}_C = \frac{1}{C} \cdot \int \underline{i}_C \cdot dt = \frac{1}{j\omega C} \cdot \underline{i}_C = -j \cdot \frac{1}{\omega C} \cdot \underline{i}_C$$

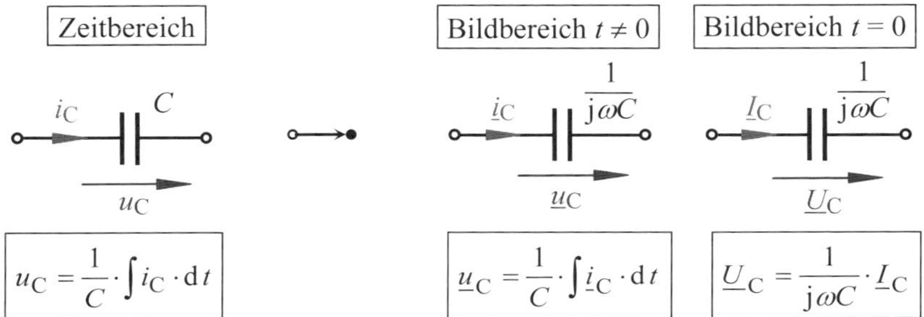

Bild 9.8: Kapazität im Zeitbereich und im Bildbereich

Für diesen Widerstand gilt im Bildbereich:

$$\underline{Z}_C = \frac{\underline{u}_C}{\underline{i}_C} = \frac{1}{j\omega C} = 0 - j\frac{1}{\omega C} = \frac{1}{\omega C} \cdot e^{-j90°} \quad \text{bzw.:} \quad \underline{Z}_C = \frac{\underline{u}_C}{\underline{i}_C} = 0 + j \cdot X_C = |X_C| \cdot e^{-j90°}$$

$$\underline{Z}_C = \frac{1}{j\omega C} = -j \cdot \frac{1}{\omega C} = j \cdot X_C \tag{9.18}$$

9.2.5 Komplexer Leitwert

Der komplexe Leitwert $\underline{Y}$ ist als Quotient von Strom- und Spannungszeiger definiert. Er wird auch als Admittanz bezeichnet.

$$\underline{Y} = \frac{\underline{i}}{\underline{u}} = \frac{\underline{I} \cdot e^{j\omega t}}{\underline{U} \cdot e^{j\omega t}} = \frac{|\underline{I}| \cdot e^{j\varphi_i}}{|\underline{U}| \cdot e^{j\varphi_u}} = \frac{I}{U} \cdot e^{j(\varphi_i - \varphi_u)}$$

$$\underline{Y} = \frac{\underline{I}}{\underline{U}} = \frac{1}{\underline{Z}} \tag{9.19}$$

Der komplexe Leitwert wird in der kartesischen Form gemäß Bild 9.3 und Gleich. (9.1) dargestellt. Es gilt: $\underline{Y} = \text{Re}\,\{\underline{Y}\} + \text{j} \cdot \text{Im}\,\{\underline{Y}\}$

Der Realteil beschreibt den Wirkanteil G (Konduktanz), und der Imaginärteil beschreibt den Blindanteil B (Suszeptanz).

$$\underline{Y} = G + \text{j} \cdot B \tag{9.20}$$

In der Exponentialform stellt man den komplexen Leitwert über seinen Betrag (Scheinleitwert $Y = |\underline{Y}| = I / U$) und seinen Winkel ($-\varphi = \varphi_\text{i} - \varphi_\text{u}$) dar. Nach Gleich. (8.2) hat dieser Winkel ein negatives Vorzeichen.

$$\underline{Y} = |\underline{Y}| \cdot \text{e}^{-\text{j}\varphi} \tag{9.21}$$

Der Betrag des komplexen Leitwertes wird über Gleich. (9.4) ermittelt.

$$Y = \sqrt{G^2 + B^2} \tag{9.22}$$

Für den Phasenwinkel gilt Gleich. (9.5). Sein resultierendes Vorzeichen wird vom Vorzeichen im Imaginärteil des komplexen Leitwertes bestimmt.

$$\varphi = \arctan\frac{\text{Im}\{\underline{Y}\}}{\text{Re}\{\underline{Y}\}} = \arctan\frac{B}{G} \tag{9.23}$$

9.3 Gemischte Schaltungen im Wechselstromkreis

9.3.1 Rechnerische Lösung im Bildbereich

Zur Berechnung gemischter Wechselstromkreise mit sinusförmiger Einspeisung ist eine Transformation vom Zeitbereich in den Bildbereich (vgl. auch Bild 9.1) sinnvoll. Mit Kenntnis der komplexen Widerstände der Elementarzweipole kann man gleich die gesamte Schaltung nach den Regeln der Abschnitte 9.2.3 und 9.2.4 in den Bildbereich transformieren. Dazu wird die eingespeiste Quellengröße (sinusförmige Zeitfunktion: Spannung oder Strom) in einen Effektivwertzeiger umgerechnet. Außerdem werden alle Elementarzweipole durch ihre komplexen Widerstände beschrieben. In der so transformierten Schaltung gelten jetzt wieder alle Regeln zur Berechnung von komplexen Widerständen bzw. Leitwerten analog zur Schaltungsberechnung im Gleichstromkreis (lineare Stromkreise).

- Reihenschaltung: $\underline{Z}_\text{ges} = \sum_{\nu=1}^{n} \underline{Z}_\nu$
- Parallelschaltung: $\underline{Y}_\text{ges} = \sum_{\nu=1}^{n} \underline{Y}_\nu$

Speziell für zwei parallel geschaltete Widerstände gilt: $\underline{Z}_\text{ges} = \underline{Z}_1 \,//\, \underline{Z}_2 = \dfrac{\underline{Z}_1 \cdot \underline{Z}_2}{\underline{Z}_1 + \underline{Z}_2}$

Für die Berechnung von Spannungen und Strömen gelten die KIRCHHOFFschen Sätze:

- Maschensatz: $\sum_{\nu=1}^{n} \underline{U}_{\nu} = 0$
- Knotenpunktsatz: $\sum_{\nu=1}^{n} \underline{I}_{\nu} = 0$

Außerdem kann man die aus der Gleichstromlehre bekannten Teilergesetze anwenden:

- Spannungsteilerregel: $\frac{\underline{U}_1}{\underline{U}_2} = \frac{\underline{Z}_1}{\underline{Z}_2}$
  (Reihenschaltung)
- Stromteilerregel: $\frac{\underline{I}_1}{\underline{I}_2} = \frac{\underline{Z}_2}{\underline{Z}_1}$
  (Parallelschaltung)

ÜB [14]:
BB 9.3
BB 9.5
BB 9.6
BB 9.7
BB 9.8

Die Lösung der für die gesuchten Größen aufgestellten algebraischen komplexen Gleichungen wird mit der komplexen Rechnung vorgenommen und in der kartesischen Form oder in der Exponentialform ausgeführt. Während der Berechnung ist infolge des Wechsels zwischen einer Strichrechnung (kartesische Form) und einer Punktrechnung (Exponentialform) ein Wechsel in der Zeigerdarstellung erforderlich.

Aus praktischer Sicht ist es sinnvoll, die Berechnung von Widerstands- bzw. Leitwertzeigern in der kartesischen Form auszuführen. Dann ist aus dem komplexen Ergebnis sofort der resultierende Wirk- und Blindanteil ablesbar. So können z.B. Resonanzfälle (Kap. 10) oder Leistungskomponenten (Kap. 11) effektiv beschrieben werden. Eine anschließende Umrechnung in die Exponentialform führt zum Betrag und zum Phasenwinkel.

Teilspannungen und -ströme berechnet man häufig in der Exponentialform. Dann ist sofort der Betrag (Effektivwert) verfügbar und kann z.B. zur Überprüfung oder zum Vergleich mit gemessenen Größen verwendet werden.

Bei der Beschreibung von Phasenrelationen zwischen definierten Zeigern wird der Lösungsansatz (getrennt nach Zähler und Nenner) in die Exponentialform umgerechnet. Der gesuchte Winkel ergibt sich dann aus der Differenz der Winkelbeiträge:
$\varphi_{\mathrm{x}} = \varphi_{\mathrm{x}}(\text{Zähler}) - \varphi_{\mathrm{x}}(\text{Nenner})$.

In der schaltungstechnischen Praxis ist es in vielen Fällen erforderlich, die gesuchte Größe mit einer allgemeinen Rechnung zu beschreiben. Da die Schaltung erst dimensioniert (Bauelemente bemessen) werden muss, stehen dem Bearbeiter vorerst keine Zahlenwerte für die Rechnung zur Verfügung. Zur zielgerichteten Ausführung solcher Berechnungen sollten typische Schritte in einer festgelegten Reihenfolge abgearbeitet werden. Als Beipiel wird ein kapazitiver Blindwiderstand betrachtet, der zu einem ohmschen Widerstand parallel geschaltet ist (siehe auch Abschn. 8.2.2).

- *Rechnung in der kartesischen Form*:

1) Lösungsansatz z.B. für $\underline{Z}$ formulieren: $\underline{Z} = R \,//\, \frac{1}{\mathrm{j}\omega C}$

2) Parallelzeichen auflösen: $\underline{Z} = \dfrac{R \cdot \dfrac{1}{\mathrm{j}\omega C}}{R + \dfrac{1}{\mathrm{j}\omega C}}$

3) Doppelbrüche beseitigen (Zähler und Nenner mit $\mathrm{j}\omega C$ multiplizieren): $\underline{Z} = \dfrac{R}{1 + \mathrm{j}\omega C \cdot R}$

4) Konjugiert komplexe Erweiterung (Zähler und Nenner mit dem konjugiert komplexen Nenner $1 - \mathrm{j}\omega CR$ multiplizieren):

$$\underline{Z} = \frac{R \cdot (1 - \mathrm{j}\omega C \cdot R)}{(1 + \mathrm{j}\omega C \cdot R) \cdot (1 - \mathrm{j}\omega C \cdot R)} = \frac{R \cdot (1 - \mathrm{j}\omega C \cdot R)}{1 + \omega^2 C^2 R^2}$$

5) Trennen nach Real- und Imaginärteil: $\underline{Z} = \dfrac{R}{1 + \omega^2 C^2 R^2} - \mathrm{j}\dfrac{\omega C \cdot R^2}{1 + \omega^2 C^2 R^2}$

$\Rightarrow$ Ergebnis: $\underline{Z} = \mathrm{Re}\,\{\underline{Z}\} + \mathrm{j} \cdot \mathrm{Im}\,\{\underline{Z}\}$

Damit hat man zugleich die Parallelschaltung in eine Reihenschaltung umgerechnet.

- *Rechnung in der Exponentialform*:

1) Lösungsansatz z.B. für $\underline{I}_\mathrm{R}$ formulieren: $\underline{I}_\mathrm{R} = \underline{I} \cdot \dfrac{\dfrac{1}{\mathrm{j}\omega C}}{R + \dfrac{1}{\mathrm{j}\omega C}}$

2) Parallelzeichen auflösen (hier nicht erforderlich)

3) Doppelbrüche beseitigen: $\underline{I}_\mathrm{R} = \underline{I} \cdot \dfrac{1}{1 + \mathrm{j}\omega C \cdot R}$

4) Zähler und Nenner getrennt in die Exponentialform umrechnen:

$$\underline{I}_\mathrm{R} = \underline{I} \cdot \frac{1 \cdot \mathrm{e}^{\mathrm{j}0°}}{\sqrt{1 + \omega^2 C^2 R^2} \cdot \mathrm{e}^{\mathrm{j}\arctan \omega C \cdot R}}$$

5) Trennen nach Betrag und Winkel: $\underline{I}_\mathrm{R} = \underline{I} \cdot \dfrac{1}{\sqrt{1 + \omega^2 C^2 R^2}} \cdot \mathrm{e}^{-\mathrm{j}\arctan \omega C \cdot R}$

$\Rightarrow$ Ergebnis: $\underline{I}_\mathrm{R} = |\underline{I}_\mathrm{R}| \cdot \mathrm{e}^{\mathrm{j}\varphi_{\mathrm{i,R}}}$

Lehrbeispiel 9.4:

Berechnen Sie für einen Reihenschwingkreis allgemein den komplexen Widerstand in der kartesischen Form. Ermitteln Sie daraus den Strom (Exponentialform) und stellen Sie ihn als Zeitfunktion dar. Die angelegte Gesamtspannung wird als Bezugsgröße ($\varphi_\mathrm{u} = 0$) gewählt.

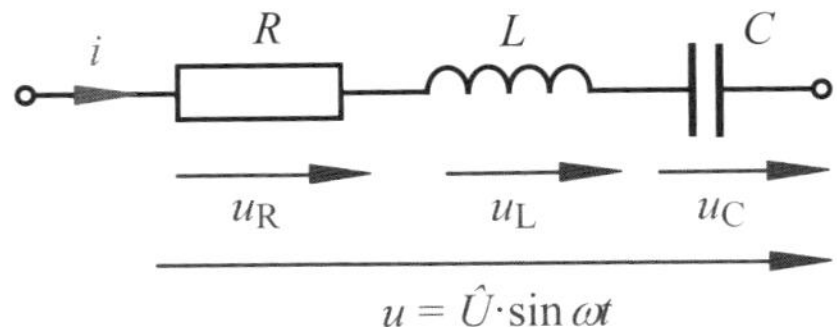

Bild 9.9: Reihenschwingkreis im Zeitbereich

Zunächst wird die Schaltung in den Bildbereich transformiert. Die rotierenden Maximalwertzeiger werden in Effektivwertzeiger gewandelt.

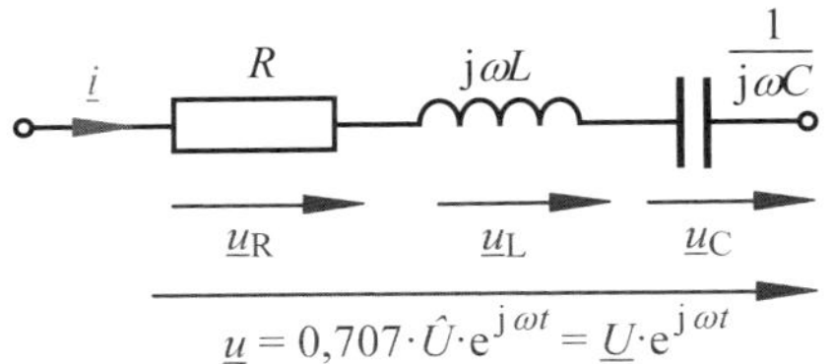

Bild 9.10: Reihenschwingkreis im Bildbereich mit rotierenden Zeigern

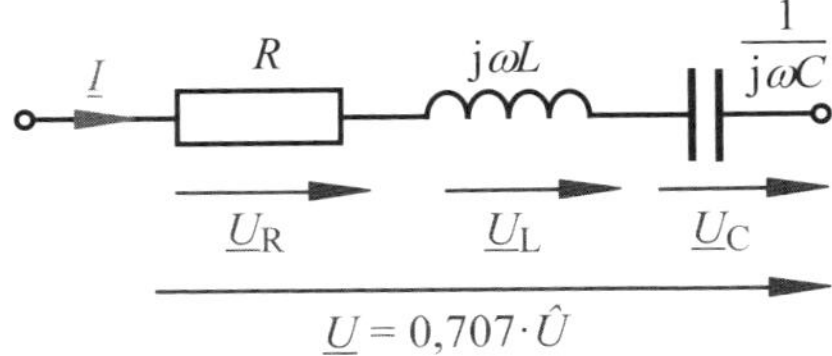

Bild 9.11: Reihenschwingkreis im Bildbereich mit ruhenden Zeigern

Nun wird zur Reduzierung des Schreibaufwands die Zeit während der Schaltungsberechnung gleich null gesetzt. Damit gehen die rotierenden Zeiger in ruhende Zeiger über (Bild 9.11). Aus dieser Darstellung kann $\underline{Z}$ abgelesen werden. Eine Umrechnung führt zur Exponentialform.

$$\underline{Z} = R + \mathrm{j}\omega L + \frac{1}{\mathrm{j}\omega C} = R + \mathrm{j}\cdot(\omega L - \frac{1}{\omega C}) \qquad \text{bzw.:} \qquad \underline{Z} = \sqrt{R^2 + (\omega L - \frac{1}{\omega C})^2}\cdot \mathrm{e}^{\mathrm{j}\cdot\arctan\frac{\omega L - \frac{1}{\omega C}}{R}}$$

Daraus kann der ruhende Effektivwertzeiger des Stromes berechnet werden.

$$\underline{I} = \frac{\underline{U}}{\underline{Z}} = \frac{\hat{U}/\sqrt{2}}{\sqrt{R^2 + (\omega L - \frac{1}{\omega C})^2}}\cdot \mathrm{e}^{-\mathrm{j}\cdot\arctan\frac{\omega L - \frac{1}{\omega C}}{R}}$$

Jetzt wird die Zeit wieder ungleich null gesetzt. Aus dem ruhenden Zeiger wird ein rotierender Zeiger.

$$\underline{i} = \frac{\hat{U}/\sqrt{2}}{\sqrt{R^2 + (\omega L - \frac{1}{\omega C})^2}}\cdot \mathrm{e}^{\mathrm{j}(\omega t - \arctan\frac{\omega L - \frac{1}{\omega C}}{R})}$$

Durch Rücktransformation erhält man die gesuchte Zeitfunktion des Stromes. Da bisher mit dem Effektivwert der Spannung gerechnet wurde, ist eine Rückwandlung in den Maximalwert erforderlich. Der Strom wird durch den Scheinwiderstand $|\underline{Z}|$ begrenzt und eilt der Spannung um den Nullphasenwinkel $\varphi_{\mathrm{i}} = -\varphi$ nach.

$$i = \frac{\hat{U}}{\sqrt{R^2 + (\omega L - \frac{1}{\omega C})^2}}\cdot \sin(\omega t - \arctan\frac{\omega L - \frac{1}{\omega C}}{R}) \qquad \Rightarrow \text{ Ergebnis: } i = \hat{I}\cdot\sin(\omega t + \varphi_{\mathrm{i}})$$

9.3.2 Grafische Lösung im Bildbereich

Komplexe Widerstände und Leitwerte können im Bildbereich auch grafisch bestimmt werden. Man erhält Zeigerbilder mit Widerstands- und Leitwertzeigern in Analogie zu den Zeigerbildern mit Spannungs- und Stromzeigern. Im Gegensatz zu den Zeigerbildern für Elementarschaltungen (Abschn. 8.2 und 8.3) können nun auch Widerstands- bzw. Leitwertzeigerbilder für gemischte Wechselstromkreise konstruiert werden. Sie dienen in der Praxis vorrangig zur Analyse von Wechselstromkreisen bei variabler Frequenz oder bei der stetigen Veränderung einer Bauelemente-Kenngröße. Durch die Variation eines solchen Parameters (R, L, C oder ω) verändert der resultierende Widerstands- oder Leitwertzeiger seine Länge und seine Lage in der komplexen Ebene. Verbindet man die resultierenden Zeigerspitzen miteinander, so erhält man eine Ortskurve (Abschn. 9.3.3).

Zur Umformung eines komplexen Widerstandes $\underline{Z}$ in einen Leitwert $\underline{Y}$ (und umgekehrt) ist gemäß Gleich. (9.11) die Bildung des Kehrwertes erforderlich. Die grafische Bildung dieses Kehrwertes nennt man Inversion. Zur Inversion eines Zeigers sind folgende Schritte abzuarbeiten:

1) Einzeichnen eines Inversionskreises mit einem Radius, der durch die gewählten Maßstäbe für den Scheinwiderstand M_Z und für den Scheinleitwert M_Y bestimmt wird. Bei einer qualitativen Darstellung kann aus Gründen einer einfachen Konstruktion (Skizze) der Radius dieses Kreises mit der Zeigerlänge des ersten zu invertierenden Zeigers festgelegt werden.

2) Darstellung des zu invertierenden Zeigers (originaler Zeiger) gemäß Bild 9.3 und Bild 9.4 oder Konstruktion dieses Zeigers nach den im Abschn. 8.2 behandelten Regeln.

3) Verlängerung oder Verkürzung dieses originalen Zeigers durch Anlegen von Tangenten an den Inversionskreis.

   Falls die Zeigerspitze des originalen Zeigers außerhalb des Inversionskreises liegt, ergibt sich der verkürzte Zeiger aus seinem Schnittpunkt mit der Verbindungsgeraden zwischen den beiden Berührungspunkten, die durch Anlegen der Tangenten von der originalen Zeigerspitze an den Inversionskreis entstehen.

   Liegt die Zeigerspitze des originalen Zeigers dagegen innerhalb des Kreises, so findet man durch Konstruktion der Senkrechten auf die Spitze des originalen Zeigers zwei Schnittpunkte mit dem Inversionskreis. Die Tangenten, die an diese Punkte des Inversionskreises gelegt werden, schneiden sich in der neuen Zeigerspitze des verlängerten Zeigers.

4) Durch Spiegelung an der reellen Achse erhält man den konjugiert komplexen Zeiger von Schritt 3) und damit den Kehrwert des originalen Zeigers von Schritt 2).

Für die Konstruktion von Zeigerbildern für komplexe Widerstände und Leitwerte gelten folgende Richtlinien:

- Festlegung eines Maßstabes für eine quantitative Darstellung der Widerstände und Leitwerte (entfällt bei einer Skizze) sowie Einzeichnen des Inversionskreises mit dem berechneten Radius [Gleich. (9.24)].

Die Bestimmung des Radius des Inversionskreises gelingt auf der Grundlage von Bild 9.12:

ÜB: BB 9.2

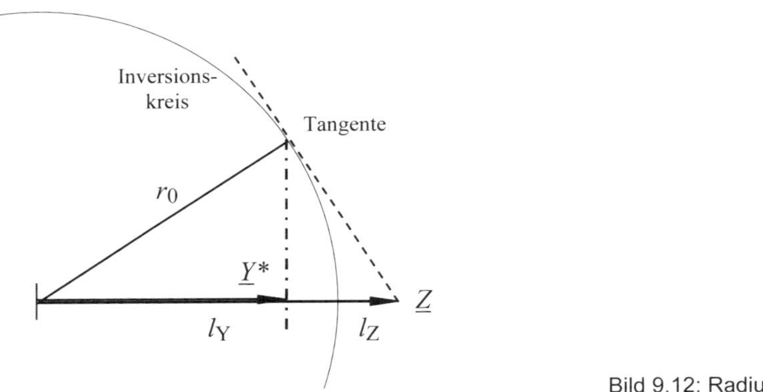

Bild 9.12: Radius des Inversionskreises

Ein zu invertierender Zeiger $\underline{Z}$ mit der Länge l_Z wird durch Anlegen der Tangenten an den Inversionskreis gemäß Schritt 3) auf den konjugiert komplexen Zeiger $\underline{Y}^*$ mit der Länge l_Y verkürzt. Durch die Verbindungslinie zwischen den Berührungspunkten (hier: senkrechte Strich-Punkt-Linie im Bild 9.12) entstehen rechtwinklige Dreiecke, auf die der Kathetensatz angewendet werden kann. Nach Bild 9.12 (hier ist nur eine Tangente eingezeichnet) gilt:

$$r_0^2 = l_Z \cdot l_Y = \frac{|\underline{Z}|}{M_Z} \cdot \frac{|\underline{Y}|}{M_Y} \quad \text{mit:} \ |\underline{Z}| \cdot |\underline{Y}| = 1$$

$$r_0 = \sqrt{\frac{1}{M_Z \cdot M_Y}} \tag{9.24}$$

- Die Schrittfolge für die Konstruktion wird durch folgende Maßnahmen bestimmt:

  Die Schaltung sollte vom „Inneren“ (Elementarschaltung) nach außen (äußere Anschlussklemmen) bearbeitet werden. Der erste zu invertierende Zeiger wird demzufolge durch die „innere“ Elementarschaltung bestimmt. Handelt es sich dabei um eine Reihenschaltung, so ist das erste Dreieck ein rechtwinkliges Widerstandsdreieck. Eine Parallelschaltung führt dagegen im Ergebnis der ersten Konstruktion zu einem rechtwinkligen Leitwertdreieck.
- Wechsel von der Widerstands- zur Leitwertdarstellung und umgekehrt entsprechend der aktuellen Schaltungskonfiguration. Jetzt entstehen beliebige Zeigerkombinationen.

Lehrbeispiel 9.5:

Konstruieren Sie für eine Reihenschaltung, bestehend aus einem ohmschen Widerstand und einer idealen Spule, qualitativ den resultierenden Widerstands- und Leitwertzeiger.

Zunächst wird das Widerstandsdreieck konstruiert (siehe Bild 9.13). Es entsteht der Widerstandszeiger: $\underline{Z} = R + \mathrm{j}\,\omega L$.

Durch Anlegen der Tangenten an den Inversionskreis und Verbinden der Berührungspunkte (Strich-Punkt-Linie im Bild 9.13) erhält man einen Schnittpunkt mit dem $\underline{Z}$-Zeiger. Dieser Punkt bestimmt die

Länge (Betrag) des invertierten Zeigers. Da er noch nicht an der reellen Achse gespiegelt wurde, handelt es sich hierbei um den konjugiert komplexen Leitwertzeiger $\underline{Y}^*$. Durch Spiegelung von $\underline{Y}^*$ an der reellen Achse entsteht dann der gesuchte Leitwertzeiger $\underline{Y}$.

ÜB: BB 9.1

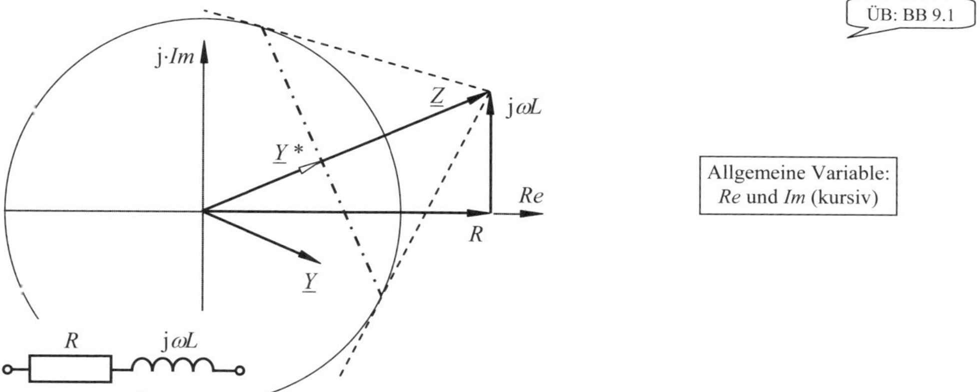

Allgemeine Variable: *Re* und *Im* (kursiv)

Bild 9.13: Zeigerbild zum Lehrbeispiel 9.5

9.3.3 Variation von Betriebsparametern

Wechselstromkreise müssen häufig unter variablen Betriebsbedingungen untersucht und beschrieben werden. In den folgenden Ausführungen wird vorausgesetzt, dass sich nur ein Betriebsparameter verändert und der Wechselstromkreis für diese Einstellung einen stationären Zustand erreicht hat, bevor der Parameter weiter verändert wird.

Von der Vielzahl der Möglichkeiten einer Variation von Betriebsparametern sollen hier lediglich zwei typische Fälle betrachtet werden:

- Variation der Frequenz/Kreisfrequenz:
  (z.B. für Frequenzganguntersuchungen in der Nachrichtentechnik, in der Automatisierungstechnik, usw. – vgl. auch Kap. 10)
- Variation einer Bauelemente-Kenngröße:
  (z.B. für Untersuchungen bei Laständerungen in der Energietechnik – vgl. Kap. 11)

Die mathematische Beschreibung des Funktionsverlaufes einer betrachteten komplexen Größe $\underline{A}$ ($\underline{Z}$; $\underline{Y}$; $\underline{U}_X$; $\underline{I}_X$) wird gemäß Abschn. 9.3.1 in Abhängigkeit vom aktuellen Parameter vorgenommen. Zur grafischen Darstellung des elektrischen Verhaltes eines Wechselstromkreises längs der Parametervariation verwendet man häufig eine Ortskurve. Sie enthält alle erforderlichen Informationen über eine betrachtete komplexe Größe.

Eine Ortskurve stellt die Veränderung des Betrages und der Phasenlage bzw. des Realteils und des Imaginärteils einer komplexen Größe bei Variation eines definierten Betriebsparameters grafisch dar.

Dabei handelt es sich demzufolge um eine kombinierte Darstellung vieler Zeigerbilder gemäß Abschn. 8.4 oder 9.3.2 in einer gemeinsamen Grafik. Zur Wahrung der Anschaulichkeit und Übersichtlichkeit werden lediglich die Positionen der resultierenden Zeigerspitzen einer betrachteten komplexen Größe bei Variation des Parameters eingezeichnet und miteinander verbunden. Zur Darstellung einer Ortskurve in der komplexen Ebene gilt:

$$\mathrm{Im}\{\underline{A}\} = f(\mathrm{Re}\{\underline{A}\}) \tag{9.25}$$

Das Entstehen einer Ortskurve soll zunächst am Beispiel einer Elementarschaltung erläutert werden. Bild 9.14 zeigt die Ortskurve des komplexen Widerstandes einer Reihenschaltung, die aus einem veränderlichen Widerstand (Parameter: R_X) und einer idealen Spule bei fester Betriebsfrequenz mit ωL = const. besteht.

ÜB: BB 9.4

Für den komplexen Widerstand gilt: $\underline{Z}(R_X) = \mathrm{Re}\{\underline{Z}\} + \mathrm{j}\,\mathrm{Im}\{\underline{Z}\} = R_X + \mathrm{j}\omega L$

Diese Ortskurve stellt eine Gerade dar, die die Spitzen der einzelnen Widerstandszeiger bei einer Variation des Parameters R_X miteinander verbindet. Nun kann man für einen beliebigen Widerstandswert $R_X = \mathrm{Re}\{\underline{Z}\}$ den Betrag (Länge der Verbindungsgeraden vom Koordinatenursprung zum zugehörigen Punkt auf der Ortskurve) und die Phasenlage (Winkel des Anstieges der Verbindungsgeraden) des aktuellen komplexen Widerstandes ablesen.

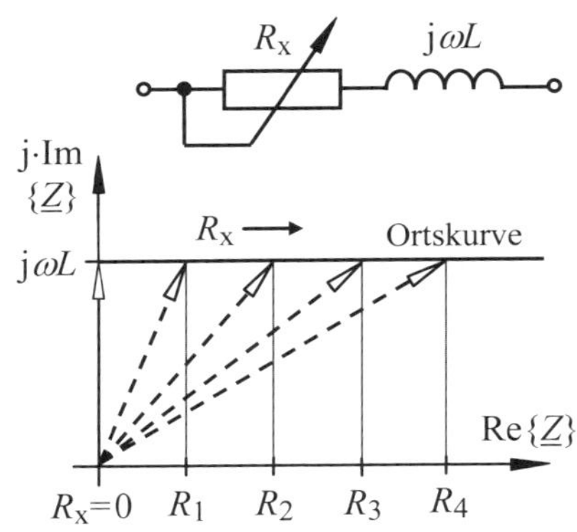

Bild 9.14: Ortskurve $\underline{Z}$ (R_X)

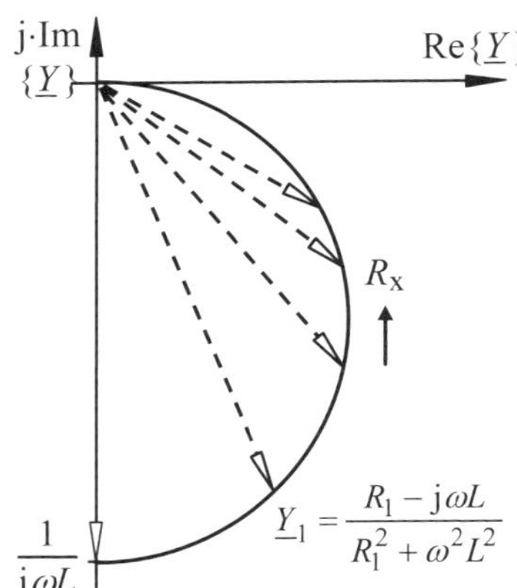

Bild 9.15: Ortskurve $\underline{Y}$ (R_X)

Die dazu gehörende Ortskurve des komplexen Leitwertes $\underline{Y} = 1 / \underline{Z}$ erhält man durch das Verbinden der Zeigerspitzen der durch Inversion ermittelten Leitwertzeiger oder durch Inversion der Widerstandsortskurve. Wie Bild 9.15 zeigt, entsteht im 4. Quadranten ein Halbkreis, der auf der negativen imaginären Achse beginnt, und mit zunehmendem Widerstand R_X in Richtung des Koordinatenursprungs verläuft.

Im Vergleich zur Ortskurve des komplexen Widerstandes ändert sich nun neben dem Realteil auch der Imaginärteil von $\underline{Y}$. Der Imaginärteil wird durch die konjugiert komplexe Erweiterung des Leitwertansatzes mit $R_X - \mathrm{j}\omega L$ negativ:

$$\underline{Y}(R_X) = \frac{1}{\underline{Z}(R_X)} = \frac{1}{R_X + \mathrm{j}\omega L} = \frac{R_X - \mathrm{j}\omega L}{R_X^2 + \omega^2 L^2} \quad \text{mit:}$$

$$\mathrm{Re}\{\underline{Y}(R_\mathrm{X})\} = \frac{R_\mathrm{X}}{R_\mathrm{X}^2 + \omega^2 L^2} \qquad \text{und:} \qquad \mathrm{Im}\{\underline{Y}(R_\mathrm{X})\} = \frac{-\omega L}{R_\mathrm{X}^2 + \omega^2 L^2}$$

Ein Vergleich der Bilder 9.14 und 9.15 zeigt, dass die punktweise Konstruktion der Ortskurve des komplexen Leitwertes infolge der erforderlichen Inversion der einzelnen Widerstandszeiger relativ aufwendig werden kann. Die gleiche Aussage gilt für die Konstruktion der Ortskurve eines komplexen Widerstandes über die Inversion der einzelnen Leitwertzeiger. Wenn man bereits eine Ortskurve konstruiert hat (oder bereits kennt), kann die erforderliche Inversion auch in einem Schritt durchgeführt werden. Dazu wird die Ortskurve in ihrer Gesamtheit invertiert.

Zu den wichtigsten Inversionsregeln für Geraden und Kreise zählen:

1) Eine durch den Koordinatenursprung verlaufende Gerade führt im Ergebnis der Inversion wieder zu einer Geraden, die durch den Koordinatenursprung verläuft.

2) Eine nicht durch den Koordinatenursprung verlaufende Gerade wird zu einem Kreis invertiert, der durch den Koordinatenursprung verläuft.

3) Ein durch den Koordinatenursprung verlaufender Kreis wird zu einer Geraden invertiert, die nicht durch den Koordinatenursprung verläuft.

4) Ein nicht durch den Koordinatenursprung verlaufender Kreis führt im Ergebnis der Inversion wieder zu einem Kreis, der nicht durch den Koordinatenursprung verläuft.

Die Inversionsregeln 2) und 3) können am Beispiel der Bilder 9.14 und 9.15 relativ einfach nachvollzogen werden. Hier handelt es sich allerdings um eine nicht durch den Koordinatenurprung verlaufende Gerade, die nur im 1. Quadranten positioniert ist (Bild 9.13). Ihre Inversion führt zu einem Halbkreis im 4. Quadranten, der bei $R_\mathrm{X} \to \infty$ den Koordinatenursprung erreicht.

Zur Vermeidung umfangreicher Berechnungen und/oder aufwendiger Konstruktionen verwendet man in der Praxis geeignete Grafik- oder Simulationsprogramme (z.B. PSPICE; vgl. auch [11] – Abschn. 2.5).

Lehrbeispiel 9.6:

Konstruieren Sie für die gemischte Schaltung im Bild 9.16 die Ortskurven des komplexen Widerstandes und des komplexen Leitwertes mit der Kreisfrequenz als Betriebsparameter.

ÜB: BB 9.9

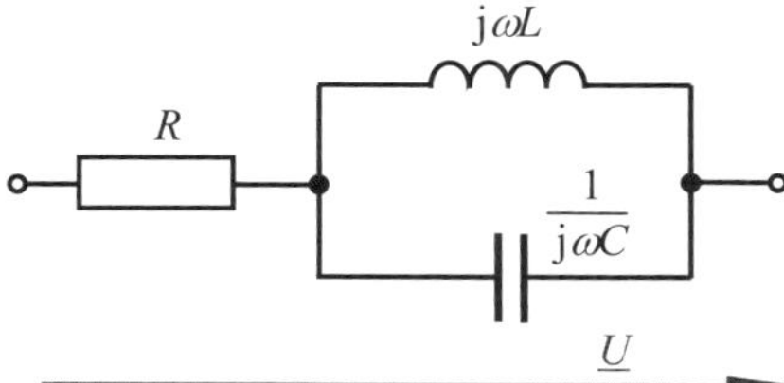

Bild 9.16: Schaltung zum Lehrbeispiel 9.6

Zunächst wird der komplexe Widerstand in der kartesischen Form berechnet.

$$\underline{Z}(\omega) = R + \mathrm{j}\omega L \,//\, \frac{1}{\mathrm{j}\omega C} = R + \frac{\mathrm{j}\omega L \cdot \dfrac{1}{\mathrm{j}\omega C}}{\mathrm{j}\omega L + \dfrac{1}{\mathrm{j}\omega C}}$$

Durch Erweitern des Bruches mit $\mathrm{j}\omega C$ erhält man die kartesische Form: $\underline{Z}(\omega) = R + \mathrm{j}\dfrac{\omega L}{1-\omega^2 LC}$

Der Realteil ist frequenzunabhängig. Der Imaginärteil ist bei tiefen Frequenzen positiv, weist im Resonanzfall ($\omega^2 LC = 1$) eine Polstelle auf, und wird oberhalb der Resonanzfrequenz negativ. Die Ortskurve des komplexen Widerstandes ist demzufolge eine Gerade. Sie verläuft bei Re $\{\underline{Z}(\omega)\} = R$ parallel zur Ordinatenachse.

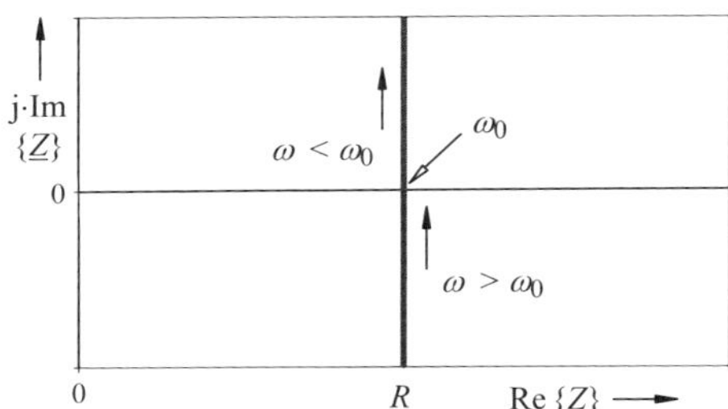

Bild 9.17: Ortskurve $\underline{Z}(\omega)$

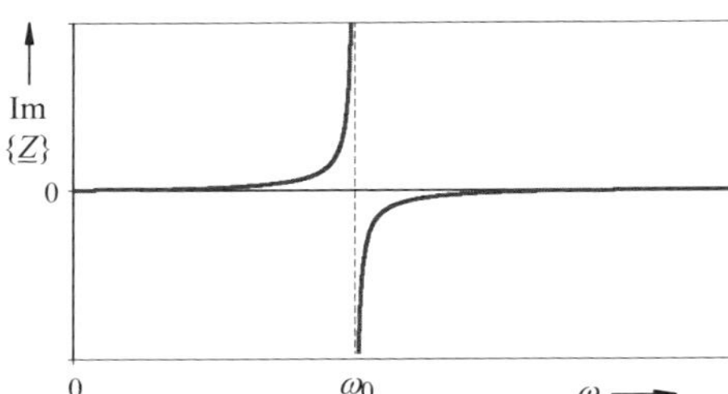

Bild 9.18: Verlauf des Im $\{\underline{Z}\} = f(\omega)$

Diese Ortskurve weist infolge der Verwendung idealer Bauelemente die Besonderheit auf, dass sich die Gerade ab $\omega = 0$ (Kurzschluss des induktiven Blindwiderstandes) in Richtung der positiven imaginären Achse ausbildet, bei $\omega = \omega_0$ vom ersten in den vierten Quadranten springt (Pol im Resonanzfall), und anschließend von negativen imaginären Anteilen wieder zu einem reellen Verhalten bei $\omega \to \infty$ (Kurzschluss des kapazitiven Blindwiderstandes) zurückkehrt. Im Bild 9.18 wird dieser Sachverhalt am Beispiel des Frequenzganges vom Im $\{\underline{Z}\}$ dargestellt. Die variale Größe (kursiv) ist hier $\{\underline{Z}\}$. Der Vorsatz Re{} bzw. Im{} sollte jetzt als Berechnungsvorschrift steil geschrieben werden.

Die Ortskurve des komplexen Leitwertes muss sich nach der Inversionsregel 2) als Kreis ausbilden, der durch den Koordinatenursprung verläuft. Bild 9.19 zeigt das mit PSPICE ermittelte Ergebnis. Infolge der unterschiedlichen Achseneinteilungen (Bild im Querformat) wird der Kreis zu einer Ellipse in Scheitellage verformt. Diese Ortskurve beginnt bei $\omega = 0$ mit dem reellen Wert $\underline{Y}(\omega = 0) = 1 / R$ und durchläuft den vierten Quadranten (negativer Imaginärteil) in Richtung des Koordinatenursprungs. Dabei wird der Realteil immer kleiner und erreicht im Resonanzfall den Wert null. Oberhalb des Resonanzfalls nimmt der Imaginärteil positive Werte an und der Realteil steigt wieder an.
Bei $\omega \to \infty$ gilt: $\underline{Y}(\omega \to \infty) = 1 / R$.

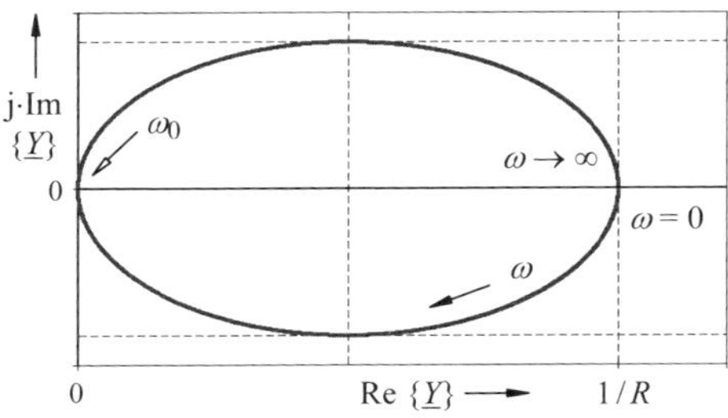

Bild 9.19: Ortskurve $\underline{Y}(\omega)$

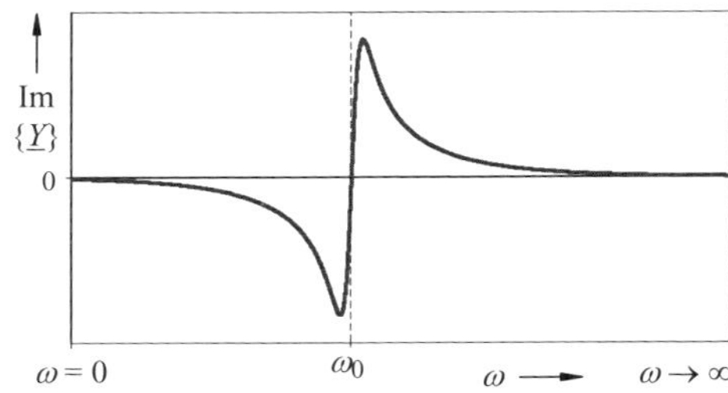

Bild 9.20: Verlauf des Im $\{\underline{Y}\} = f(\omega)$

Zur Verdeutlichung dieser Zusammenhänge wurde im Bild 9.20 der Verlauf des Imaginärteils des komplexen Leitwertes in einem getrennten Diagramm bei Variation der Frequenz dargestellt. Jetzt erkennt man den Startpunkt (ω = 0), das Durchlaufen des Resonanzfalls und den Endpunkt der Ortskurve ($\omega \rightarrow \infty$) deutlicher.

9.4 Spezielle Wechselstromschaltungen

In diesem Abschnitt werden Wechselstromschaltungen behandelt, mit denen die Lösung spezieller Aufgabenstellungen möglich ist. Dazu zählen das Einstellen eines definierten Winkels zwischen zwei Zeigern, das Einstellen bestimmter Beträge von Spannungen bzw. Strömen oder auch das Umwandeln von Elementarschaltungen durch Umrechnung von einer Reihenschaltung in eine äquivalente Parallelschaltung und umgekehrt. In allen Fällen muss eine Schaltung entworfen bzw. aus einem Sortiment von Standardschaltungen ausgewählt und entsprechend dimensioniert werden (Schaltungssynthese).

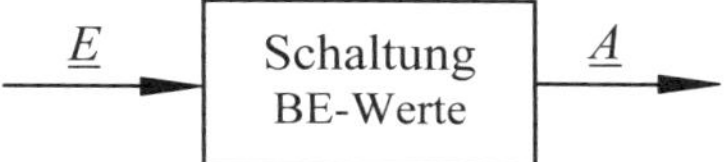

Bild 9.21: Schaltungssynthese

Solche Schaltungen sollen eine Zielfunktion $\underline{A} = f(\underline{E})$ erfüllen, die sich der Bearbeiter zu Beginn der Berechnung der Schaltung definiert. Diese Zielfunktion dient als Lösungsansatz zur Herleitung einer Berechnungsvorschrift für ausgewählte Bauelemente der zu bemessenden Schaltung.

ÜB: BB 9.13

Zur Einstellung spezieller Winkel φ_X zwischen zwei Zeigern werden die in der Tabelle 9.1 (links) aufgezeigten Maßnahmen in die Berechnung einbezogen. Mit einer Schaltung, die einen resultierenden Winkel von $\varphi_X = \pm\, 90°$ zwischen zwei definierten Zeigern $\underline{A}$ und $\underline{E}$ (Bild 9.21) verursacht, kann man eine Sinusfunktion in eine Kosinusfunktion wandeln (und umgekehrt). Für diesen Winkel gilt allgemein: $\varphi_X = \varphi_A - \varphi_E$

ÜB: BB 9.14

Bei einer sinusförmigen Eingangsgröße als Bezugsgröße mit $e(t) = \hat{E} \cdot \sin \omega t$ gilt dann für die Ausgangsgröße: $a(t) = \hat{A} \cdot \sin(\omega t \pm 90°)$

Tabelle 9.1: Maßnahmen zur Einstellung spezieller Winkel und Umrechnungen

φ_X	Maßnahme	Ziel
± 90°	$\mathrm{Re}\left\{\frac{\underline{A}}{\underline{E}}\right\} = 0$	Wandlung von sin ↔ cos
± 45°	$\mathrm{Re}\left\{\frac{\underline{A}}{\underline{E}}\right\} = \pm \mathrm{Im}\left\{\frac{\underline{A}}{\underline{E}}\right\}$	Bestimmung von Grenzfrequenzen
0°	$\mathrm{Im}\{\underline{Z}\} = 0$	Bestimmung der Resonanzfrequenz

Maßnahme	Ziel
$\underline{Z}_r \rightarrow \underline{Z}_p$	$\underline{Z}_p = R_p + \mathrm{j}X_p$ (9.26)
$\underline{Z}_p \rightarrow \underline{Z}_r$	$\underline{Z}_r = R_r + \mathrm{j}X_r$ (9.27)

Herleitung von (9.26) und (9.27):
siehe [14]: Übungsbuch – Kapitel 9

Die Grenzfrequenzen einer Schaltung werden bei einem resultierenden Phasenwinkel von $\varphi_x = \pm 45°$ erreicht (vgl. Herleitung im Kap. 10).

Im Resonanzfall verhält sich die Schaltung an ihren beiden Eingangsklemmen wie der Realteil des Widerstands- oder des Leitwertzeigers. Dann gilt: $\varphi_x = \varphi_u - \varphi_i = 0°$.

Zur Einstellung bestimmter Beträge von Spannungs- bzw. Stromzeigern müssen die Beträge komplexer Teiler oder die Beträge von Widerstands- bzw. Leitwertzeigern allgemein berechnet und dann auf den gewünschten Wert gesetzt werden.

ÜB: BB 9.15

Eine Umrechnung von Elementarschaltungen ist durch das Gleichsetzen von Widerstands- oder Leitwertzeigern möglich. Die berechnete Ersatzschaltung ist dann für genau eine Frequenz zur originalen Schaltung äquivalent, wenn beide Schaltungen an ihren äußeren Anschlussklemmen das gleiche elektrische Verhalten (Betrag und Phase) aufweisen.

Lehrbeispiel 9.7:

Dimensionieren Sie die vorgegebene RC-Phasenschiebekette so, dass die Ausgangsspannung $\underline{U}_a$ gegenüber der Eingangsspannung $\underline{U}_e$ um 90° nacheilt. *Ges.*: $R = f(\omega; C)$

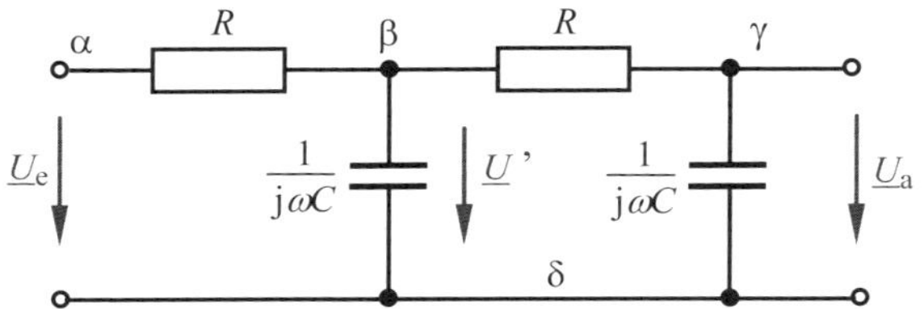

ÜB [14]:
BB 9.10
BB 9.11
BB 9.12

Bild 9.22: RC-Phasenschiebekette

Zielfunktion: Der Zeiger $\underline{U}_a$ soll senkrecht auf dem Zeiger $\underline{U}_e$ stehen ($\underline{U}_a \perp \underline{U}_e$). Das Nacheilen von $\underline{U}_a$ ergibt sich aus der kapazitiven Wirkung der Schaltung.

$\underline{U}_a = k_1 \cdot \underline{U}_e \cdot e^{-j90°}$ k_1 ist ein reiner Teilungsfaktor zwischen den beiden Spannungen.

Der Zusammenhang zwischen den beiden Spannungen wird mit der Spannungsteilerregel (doppelter Teiler) beschrieben. Es entstehen Doppelbrüche, die man durch geschicktes Kürzen auflösen muss.

$$\frac{\underline{U}_a}{\underline{U}_e} = \frac{\underline{U}_a}{\underline{U}'} \cdot \frac{\underline{U}'}{\underline{U}_e} = \frac{\frac{1}{j\omega C}}{R + \frac{1}{j\omega C}} \cdot \frac{\frac{1}{j\omega C} // (R + \frac{1}{j\omega C})}{R + \frac{1}{j\omega C} // (R + \frac{1}{j\omega C})} = \frac{(\frac{1}{j\omega C})^2}{(R + \frac{2}{j\omega C}) \cdot \left[R + \frac{1}{j\omega C} // (R + \frac{1}{j\omega C}) \right]}$$

$$\frac{\underline{U}_a}{\underline{U}_e} = \frac{-\frac{1}{\omega^2 C^2}}{(R + \frac{2}{j\omega C}) \cdot \left[\frac{R(R + \frac{2}{j\omega C}) + \frac{1}{j\omega C}(R + \frac{1}{j\omega C})}{R + \frac{2}{j\omega C}} \right]} = \frac{-\frac{1}{\omega^2 C^2}}{R^2 + \frac{2R}{j\omega C} + \frac{R}{j\omega C} - \frac{1}{\omega^2 C^2}}$$

Zähler und Nenner werden nun mit $-\omega^2 C^2$ multipliziert: $\frac{\underline{U}_a}{\underline{U}_e} = \frac{1}{1 - \omega^2 C^2 R^2 + j\omega C \cdot 3R}$

Der Zähler dieses Bruches ist reell, und im Nenner steht eine komplexe Größe in der kartesischen Form. Der Winkel zwischen den beiden Spannungszeigern wird lediglich durch den Nenner des Bruches bestimmt. Dieser Winkel wird betragsmäßig gleich 90°, wenn der Realteil des Nenners null gesetzt wird: $\mathrm{Re}\{\text{Nenner}\} = 0 \quad \Rightarrow \quad 1 - \omega^2 C^2 R^2 = 0$

Damit erhält man folgende Dimensionierungsvorschrift: $R = \dfrac{1}{\omega C}$

ÜB: BB 9.24

Das geforderte negative Vorzeichen (Nacheilen von $\underline{U}_\mathrm{a}$ gegenüber $\underline{U}_\mathrm{e}$) entsteht dadurch, dass dieser Winkel durch den Nennerausdruck verursacht wird und noch in den Zähler gebracht werden muss.

Dann gilt für das Verhältnis der beiden Spannungszeiger: $\dfrac{\underline{U}_\mathrm{a}}{\underline{U}_\mathrm{e}} = \dfrac{1}{\mathrm{j}\omega C \cdot 3R} = \dfrac{1}{\omega C \cdot 3R} \cdot \mathrm{e}^{-\mathrm{j}90°}$

Der konstante Teilungsfaktor k_1 ergibt sich aus dem Betrag dieses Verhältnisses.

$$\left|\frac{\underline{U}_\mathrm{a}}{\underline{U}_\mathrm{e}}\right| = \frac{1}{\omega C \cdot 3R} = \frac{1}{\omega C \cdot 3 \frac{1}{\omega C}} = \frac{1}{3} \quad \Rightarrow \quad k_1 = \frac{1}{3} \quad \Rightarrow \quad \underline{U}_\mathrm{a} = k_1 \cdot \underline{U}_\mathrm{e} \cdot \mathrm{e}^{-\mathrm{j}90°} = \frac{\underline{U}_\mathrm{e}}{3} \cdot \mathrm{e}^{-\mathrm{j}90°}$$

9.5 Wechselstrom-Brücken

Eine Wechselstrom-Brückenschaltung kann abgleichbar oder nicht abgleichbar sein.

Abgleichbare Brücken (Messbrücken) werden zur Bestimmung von Induktivitätswerten, Kapazitätswerten, Verlustwiderständen bzw. Verlustfaktoren u.v.a. eingesetzt. Mit den nicht abgleichbaren Brücken wird z.B. der Betrag und/oder der Nullphasenwinkel der Spannung $\underline{U}_\mathrm{AB}$ im Querzweig der Brücke eingestellt. Die Grundlage einer solchen Brückenschaltung bildet die allgemeine Wechselstrom-Brücke (Bild 9.23).

ÜB: BB 9.19

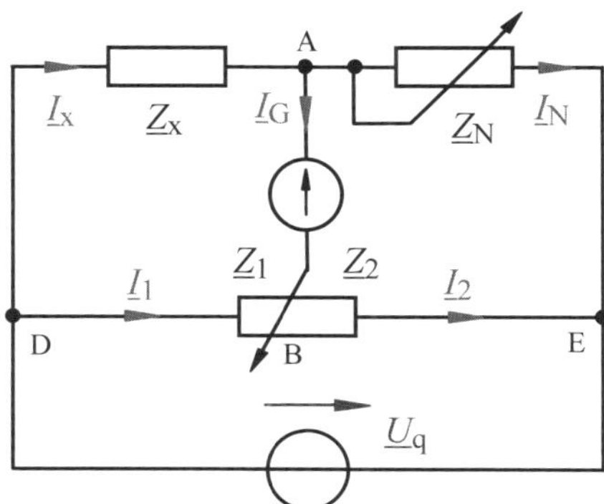

Bild 9.23: Allgemeine Wechselstrom-Brücke

Sie besteht wie die WHEATSTONEsche Messbrücke (vgl. Bild 4.6) aus zwei parallelen Zweigen, die von einer (hier als ideal angenommenen) Quelle gespeist werden. In den Querzweig der Brücke wird ein Indikator zum Brückenabgleich eingeschaltet. Die Messbrücke kann nun durch Variation der komplexen Widerstände $\underline{Z}_\mathrm{N}$ und $\underline{Z}_1 / \underline{Z}_2$ abgeglichen werden.

Im Ergebnis des Abgleichs muss der Strom $\underline{I}_G$ durch den Indikatorzweig gleich null werden. Dann ist das Potential des Punktes A gleich dem Potential des Punktes B und die Spannung $\underline{U}_{AB}$ über dem Querzweig der Brücke wird null. Bei nicht abgleichbaren Brücken ist diese Einstellung nicht möglich.

Im abgeglichenen Zustand ist das Verhältnis der Spannungen $\underline{U}_x$ zu $\underline{U}_N$ genau so groß wie das Verhältnis von $\underline{U}_1$ zu $\underline{U}_2$. Aus diesem Ansatz erhält man die allgemeine Brückengleichung analog zur Herleitung im Abschnitt 4.3.

$$\underline{Z}_x = \underline{Z}_N \cdot \frac{\underline{Z}_1}{\underline{Z}_2} \tag{9.28}$$

Der Strom im Indikatorzweig ist eine komplexe Größe mit Real- und Imaginärteil bzw. mit Betrag und Winkel. Sein Betrag wird nur dann gleich null, wenn sowohl der Realteil als auch der Imaginärteil null ist.

Ein messtechnisch zu bestimmender komplexer Widerstand $\underline{Z}_x$ kann mit der Brückengleichung (9.28) in der kartesischen Form berechnet werden.

$$R_x + jX_x = (R_N + jX_N) \cdot \frac{R_1 + jX_1}{R_2 + jX_2}$$

Zur Reduzierung der Anzahl der Einflussgrößen und zur Erleichterung des Abgleichvorgangs verwendet man in der Praxis für $\underline{Z}_1$ und $\underline{Z}_2$ häufig ohmsche Widerstände. Dann gilt:

$$R_x + jX_x = R_N \cdot \frac{R_1}{R_2} + jX_N \cdot \frac{R_1}{R_2}$$

Die beiden Seiten der Gleichung sind genau dann gleich, wenn ihre Realteile und ihre Imaginärteile gleich sind.

$$R_x = R_N \cdot \frac{R_1}{R_2} \tag{9.29}$$

$$X_x = X_N \cdot \frac{R_1}{R_2} \tag{9.30}$$

Die Brückengleichung kann aber auch in der Exponentialform betrachtet werden.

$$|\underline{Z}_x| \cdot e^{j\varphi_x} = |\underline{Z}_N| \cdot e^{j\varphi_N} \cdot \frac{|\underline{Z}_1| \cdot e^{j\varphi_1}}{|\underline{Z}_2| \cdot e^{j\varphi_2}}$$

Dann ergibt sich der Betrag aus den jeweiligen Faktoren vor den e-Funktionen.

$$|\underline{Z}_x| = |\underline{Z}_N| \cdot \frac{|\underline{Z}_1|}{|\underline{Z}_2|} \tag{9.31}$$

Der Phasenwinkel wird über die Gesetze der Potenzrechnung bestimmt.

$$\varphi_X = \varphi_N + \varphi_1 - \varphi_2 \qquad (9.32)$$

Durch Verwendung von ohmschen Widerständen $\underline{Z}_1 = R_1$ und $\underline{Z}_2 = R_2$ erhält man:

$$|\underline{Z}_X| = |\underline{Z}_N| \cdot \frac{R_1}{R_2} \text{ und } \varphi_X = \varphi_N$$

Falls die Gleichungen (9.29) bis (9.32) nicht erfüllbar oder technisch nicht realisierbar sind, ist die Brücke nicht abgleichbar.

♦ In den weiteren Ausführungen dieses Abschnittes (und den nachfolgenden Kapiteln) wird eine aktuelle Schaltung mit den in der Praxis üblichen Bauelementebezeichungen R, L und C angegeben. Die Transformation der Schaltung in den Bildbereich (vgl. Abschn. 9.2 und 9.3) muss dann in die Aufstellung des jeweiligen Lösungsansatzes eingebunden werden.

9.5.1 Induktivitätsmessbrücke

Die Induktivitätsmessbrücke (MAXWELL-WIEN-Brücke) dient zur Messung unbekannter Induktivitäten L_X und zur Bestimmung des Verlustwiderstandes R_X einer realen Spule (siehe Bild 9.24). Der Brückenabgleich wird durch Variation von C_2 und R_2 vorgenommen. Die Induktivitätsmessbrücke entspricht in ihrer Grundstruktur der allgemeinen Wechselstrom-Brücke. Im Vergleich zum Bild 9.23 sind lediglich die Zweige mit $\underline{Z}_1 = R_1$ und $\underline{Z}_N = R_N$ über Kreuz vertauscht.

ÜB: BB 9.17

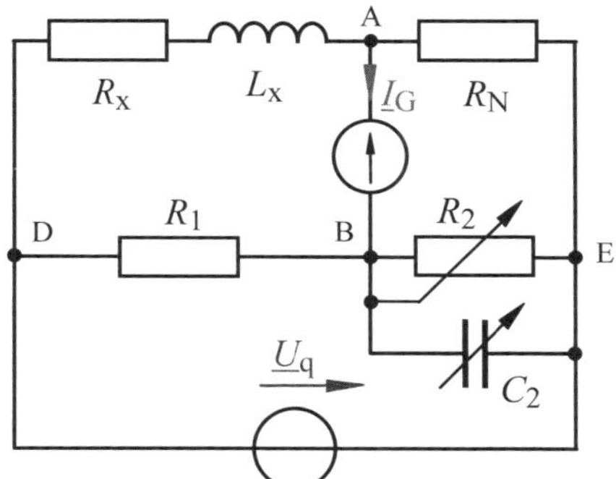

Bild 9.24: Induktivitätsmessbrücke

Im abgeglichenen Zustand gilt wieder die Gleich. (9.28):

$$\frac{\underline{Z}_X}{\underline{Z}_1} = \frac{\underline{Z}_N}{\underline{Z}_2} \quad \text{oder:} \quad \underline{Z}_X = \underline{Z}_N \cdot \frac{\underline{Z}_1}{\underline{Z}_2} \quad \text{mit: } \underline{Z}_N = R_N \text{ und: } \underline{Z}_1 = R_1$$

Durch Einsetzen der jeweiligen komplexen Widerstände kann man daraus die unbekannte Induktivität L_X und den zugehörigen Verlustwiderstand R_X berechnen.

$$R_x + j\omega L_x = R_N \frac{R_1}{R_2 // \dfrac{1}{j\omega C_2}} = \frac{R_N \cdot R_1}{\dfrac{R_2}{1 + j\omega C_2 \cdot R_2}}$$

$$R_x + j\omega L_x = \frac{R_N \cdot R_1}{R_2} + \frac{R_N \cdot R_1}{R_2} \cdot j\omega C_2 \cdot R_2$$

Komplexe Größen sind gleich, wenn ihre Realteile und ihre Imaginärteile gleich sind.

$$R_x = \frac{R_N \cdot R_1}{R_2} \tag{9.33}$$

$$L_x = C_2 \cdot R_1 \cdot R_N \tag{9.34}$$

9.5.2 Kapazitätsmessbrücke

Die Kapazitätsmessbrücke (SCHERING-Brücke – Bild 9.25) wird zur Messung unbekannter Kapazitäten C_x und zur Bestimmung von Verlustfaktoren d_x (tan δ_x) realer Kondensatoren eingesetzt. Der Brückenabgleich erfolgt mit R_1 und C_2. Die beiden Kondensatoren C_x und C_N sollen vorerst als verlustlose Bauelemente aufgefasst werden. ÜB: BB 9.16

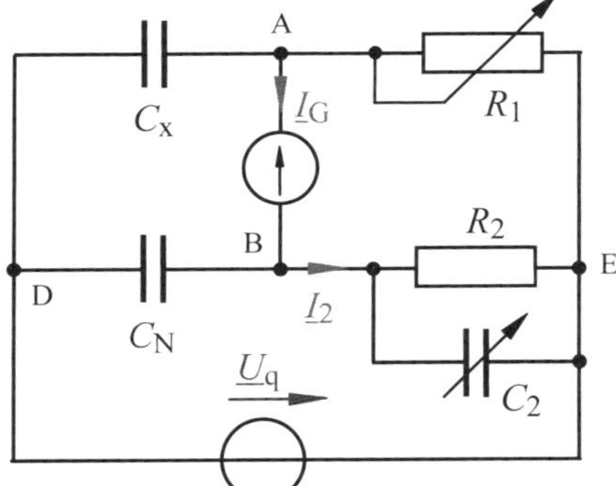

Bild 9.25: Kapazitätsmessbrücke

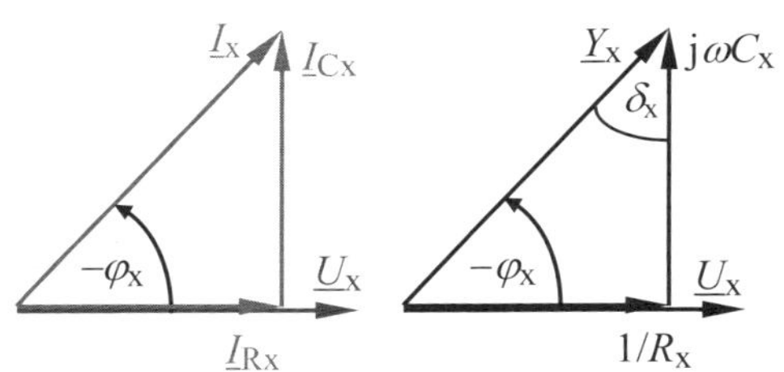

Bild 9.26: Zeigerbilder des realen Kondensators

Als Lösungsansatz dient Gleich. (9.28):

$$\frac{1}{j\omega C_x} = \frac{1}{j\omega C_N} \cdot \frac{R_1}{R_2 // \dfrac{1}{j\omega C_2}} \qquad \text{bzw.:} \qquad \frac{1}{C_x} = \frac{1}{C_N} \cdot \frac{R_1}{R_2} \cdot (1 + j\omega C_2 \cdot R_2)$$

Nach dieser Rechnung müsste der Imaginärteil der rechten Gleichungsseite null sein. Das resultiert aus der Annahme, dass ideale Kondensatoren verwendet werden.

$$C_x = C_N \cdot \frac{R_2}{R_1} \tag{9.35}$$

In Wirklichkeit ist der auszumessende Kondensator C_x aber verlustbehaftet.

Die Verluste des Normalkondensators C_N sind aus praktischer Sicht vernachlässigbar, wenn ein Kondensator mit einer hohen Güte verwendet wird. Dann gilt: $\varphi_N \approx -90°$. Die Herleitung einer Berechnungsvorschrift für den Verlustfaktor des Kondensators C_x ist mit Gleich. (9.32) möglich.

$$\varphi_x = \varphi_N + \varphi_1 - \varphi_2 = -90° + 0° - \varphi_2 \quad (9.36)$$

Aus dem Zeigerbild des realen Kondensators C_x (Bild 9.26) kann so der Verlustwinkel δ_x und damit der Verlustfaktor $d_x = \tan\,\delta_x$ bestimmt werden. Der Phasenwinkel, der ja infolge der Leitwertdarstellung (Parallelschaltung) negativ ist, wird aus Bild 9.26 abgelesen und in Gleich. (9.36) eingesetzt: $-\varphi_x = 90° - \delta_x$

$$-90° + \delta_x = -90° + 0° - \varphi_2 \quad \Rightarrow \quad \delta_x = -\varphi_2$$

Der Verlustwinkel ist somit über den Phasenwinkel des komplexen Widerstandes $\underline{Z}_2$ bestimmbar.

$$\underline{Z}_2 = R_2 // \frac{1}{j\omega C_2} = \frac{R_2}{1 + j\omega C_2 \cdot R_2}$$

$$\tan\varphi_2 = -\omega C_2 \cdot R_2 \qquad \text{und:} \qquad \tan\delta_x = -\tan\varphi_2$$

$$d_x = \tan\delta_x = \omega C_2 \cdot R_2 \quad (9.37)$$

9.5.3 Phasendrehbrücke

Bei der Phasendrehbrücke (Bild 9.27) handelt es sich um eine nicht abgleichbare Brücke (siehe Zeigerbild im Bild 9.28). Sie dient dazu, einen gewünschten Winkel φ_x zwischen zwei definierten Spannungszeigern $\underline{U}_{DE}$ und $\underline{U}_{BA}$ einzustellen.

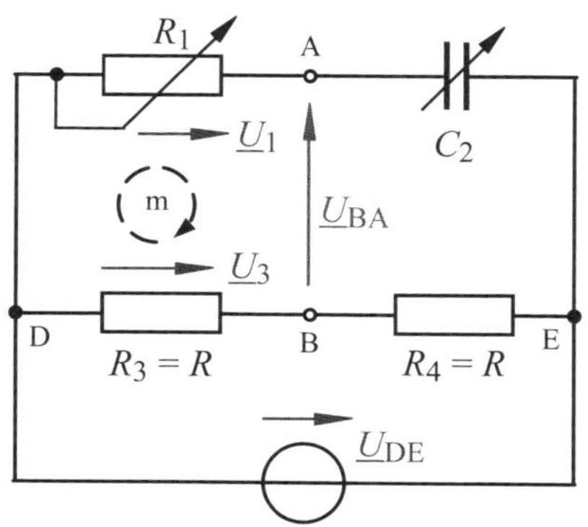

Bild 9.27: Phasendrehbrücke

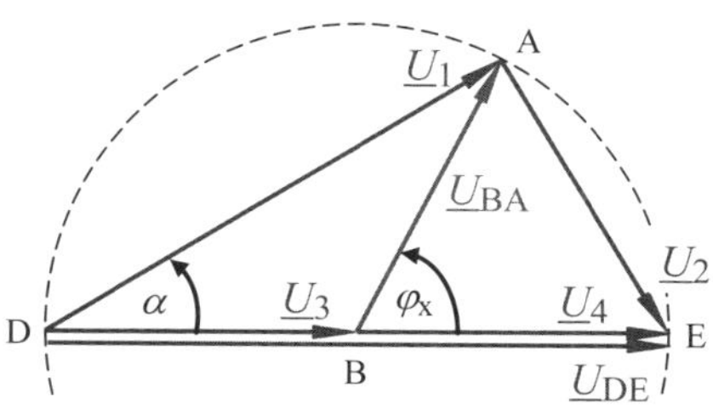

Bild 9.28: Zeigerbild zur Phasendrehbrücke

Der Winkel zwischen den Zeigern $\underline{U}_{BA}$ und $\underline{U}_{DE}$ kann durch Variation von R_1 und C_2 verändert werden. Zur Bestimmung dieses Winkels wird das Zeigerbild für $R_3 = R_4 = R$ skizziert und daraus der Winkel α abgelesen. Die Spannung $\underline{U}_{DE}$ dient dabei als Bezugsgröße. Die Veränderung von R_1 bzw. C_2 verschiebt den Punkt A auf dem zwischen den Punkten D und E aufgespanntem Halbkreis. Dabei durchläuft der Winkel φ_X einen Bereich: $0° < \varphi_X < 180°$.

Das äußere Dreieck im Bild 9.28 ist ein rechtwinkliges Dreieck. Für den Winkel α gilt:

$$\tan\alpha = \tan\frac{\varphi_X}{2} = \frac{U_2}{U_1} = \frac{1}{\omega C_2 \cdot R_1}$$

Der Zeiger $\underline{U}_1$ wirkt im rechten Dreieck des Bildes 9.28 für φ_X als Winkelhalbierende, wenn man ihn vom Punkt D zum Punkt B verschiebt. Demzufolge ist der Winkel α gleich dem halben Winkel φ_X.

$$\varphi_X = 2 \cdot \arctan\frac{1}{\omega C_2 \cdot R_1} \tag{9.38}$$

Der Betrag der Spannung $|\underline{U}_{BA}|$ verändert sich bei Variation des Winkels φ_X infolge der Dimensionierung mit $\underline{U}_3 = \underline{U}_4$ nicht.

Es gilt: $|\underline{U}_{BA}| = |\underline{U}_3| = |\underline{U}_4| = 0{,}5 \cdot |\underline{U}_{DE}|$ ÜB: BB 9.20

Der Betrag von $|\underline{U}_{BA}|$ kann zusätzlich variiert werden, wenn man die beiden Widerstände im unteren Zweig des Bildes 9.27 durch ein Potentiometer mit $R_S = R_3 + R_4$ ersetzt. Der Punkt B entspricht dann dem Mittelabgriff des Potentiometers.

Nun muss die Brücke allerdings wechselweise auf den gewünschten Betrag und auf den geforderten Winkel eingestellt werden. Für den Zeiger $\underline{U}_{BA}$ gilt dann nach dem Maschensatz (Umlauf m im Bild 9.27):

$$\underline{U}_1 - \underline{U}_{BA} - \underline{U}_3 = 0 \qquad \text{bzw.:} \qquad \underline{U}_{BA} = \underline{U}_1 - \underline{U}_3$$

$$\underline{U}_{BA} = \underline{U}_{DE} \cdot \left(\frac{R_1}{R_1 + \frac{1}{\mathrm{j}\omega C_2}} - \frac{R_3}{R_3 + R_4}\right)$$

Lehrbeispiel 9.8:

Erklären Sie an einem Prinzipzeigerbild, unter welchen Bedingungen die allgemeine Wechselstrom-Brücke nach Bild 9.29 abgleichbar ist. ÜB: BB 9.18

Eine Brücke ist abgeglichen, wenn der Strom $\underline{I}_G$ (Bild 9.23) null ist. Dann muss auch die Spannung $\underline{U}_{AB}$ im Bild 9.29 gleich null sein. Dieser Abgleich (Bild 9.29 – rechts) ist nur möglich, wenn sich die Punkte A und B auf (oder innerhalb) eines gleichen Halbkreises oberhalb oder unterhalb von $\underline{U}_q$

befinden. Die Spannung $\underline{U}_{AB}$ wird null, wenn sich die Zeigerspitzen von $\underline{U}_x$ und $\underline{U}_1$ (oder $\underline{U}_2'$) in einem Punkt treffen.

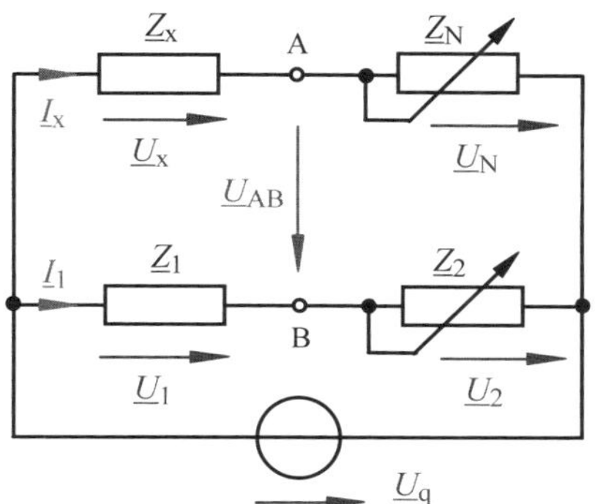

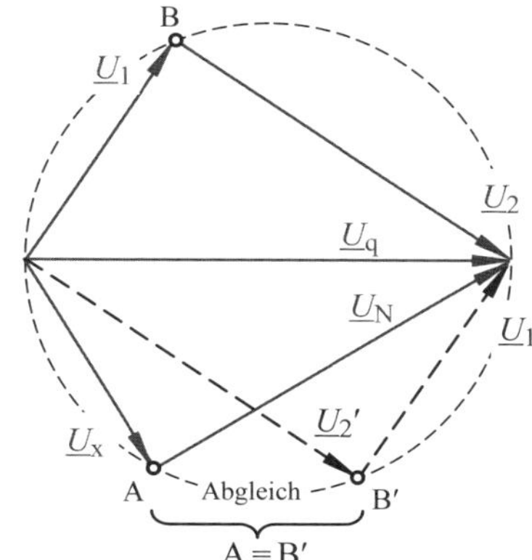

Bild 9.29: Abgleich einer allgemeinen Wechselstrom-Brücke

Sollte das nicht möglich sein, kann man z.B. in einem Zweig der Brücke die Topographie durch eine andere Reihenfolge der Bauelemente (hier: $\underline{Z}_1 \leftrightarrow \underline{Z}_2$ und damit $\underline{U}_1 \leftrightarrow \underline{U}_2'$) verändern.

9.6 Verfahren zur Netzwerkberechnung

Die Berechnung von Wechselstrom-Netzwerken gelingt nach Vorbild der Beschreibung von Netzwerken im Gleichstromkreis (Kap.5). Voraussetzung für die weiteren Betrachtungen ist das lineare Verhalten aller Bauelemente sowie eine sinusförmige Einspeisung. Nur dann darf die komplexe Rechnung (symbolische Methode – Bildbereich) eingesetzt werden.

Durch die Anwendung der KIRCHHOFFschen Sätze wäre auch eine Analyse im Zeitbereich möglich. Der dazu erforderliche mathematische Aufwand rechtfertigt diese Maßnahme nur bedingt. Eine Lösung im Bildbereich ist bereits bei Netzwerken mit mehr als vier Zweigen (also vier Gleichungen) nicht mehr akzeptabel.

Bei kleineren Netzwerken bietet sich häufig die Anwendung des HELMHOLTZschen Überlagerungssatzes an. Auch die Zweipoltheorie kann gelegentlich einen wertvollen Beitrag im Rahmen der Netzwerkberechnung leisten.

Größere Netzwerke, die durch mehrere Spannungs- und/oder Stromteilungen gekennzeichnet sind (auch wenn sie im Spezialfall nur über eine Quelle verfügen), sollten mit den bekannten Analyseverfahren berechnet werden.

9.6.1 Überlagerungsverfahren

Das Überlagerungsverfahren nach HELMHOLTZ (Superposition) geht davon aus, dass jede Quelle eines (linearen) Netzwerkes einen Beitrag zu einem gesuchten Zweigstrom liefert.

Dazu wird immer nur die Wirkung einer Quelle betrachtet und ihr Beitrag zum gesuchten Zweigstrom berechnet. Die restlichen Quellen müssen für diese Betrachtung unwirksam gemacht werden. Dazu sind alle eventuell noch existierenden Spannungsquellen durch einen Kurzschluss zu ersetzen und alle eventuell noch existierenden Stromquellen mit einem Leerlauf zu versehen.

Nach der Ermittlung der Beiträge der einzelnen Quellen müssen die ermittelten Komponenten für den gesuchten Strom unter Berücksichtigung seines Zählpfeils überlagert werden.

• Allgemeines Wechselstrom-Netzwerk:

Es wird ein einfaches Wechselstrom-Netzwerk angenommen. Es besteht aus drei komplexen Widerständen und soll über zwei Wechselspannungsquellen betrieben werden.

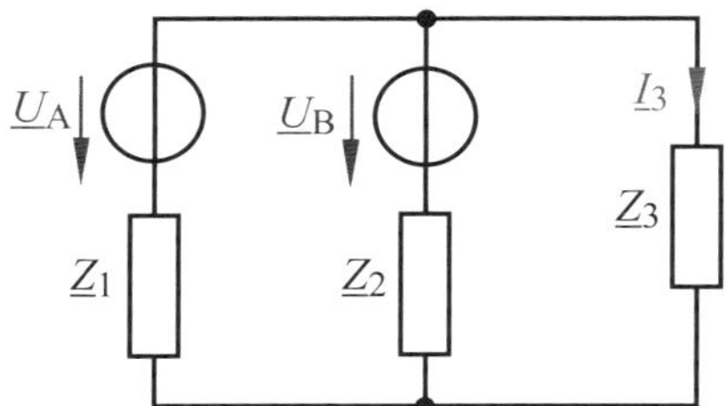

Geg.: $\underline{U}_A$; $\underline{U}_B$

$\underline{Z}_1$; $\underline{Z}_2$; $\underline{Z}_3$

Ges.: $\underline{I}_3$

ÜB: BB 9.21

Bild 9.30: Allgemeines Netzwerk mit drei Zweigen

Zunächst wird die Quelle $\underline{U}_A$ betrachtet. Dann ist die Quelle $\underline{U}_B$ kurzgeschlossen. Der Strom $\underline{I}_{3A}$ kann über das OHMsche Gesetz und die Stromteilerregel bestimmt werden:

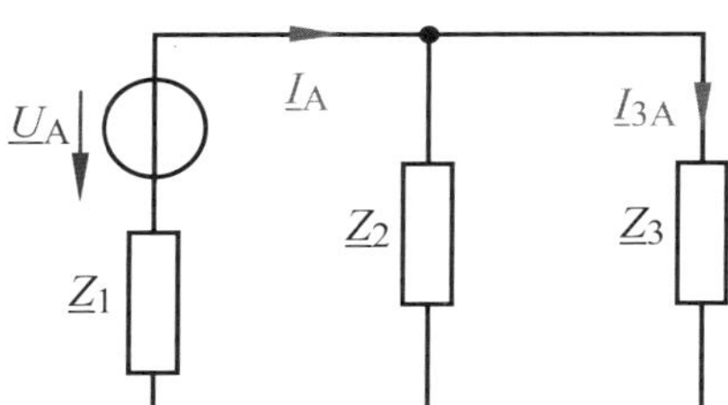

$$\frac{\underline{I}_{3A}}{\underline{I}_A} = \frac{\underline{Z}_2}{\underline{Z}_2 + \underline{Z}_3} \quad \text{mit:}$$

$$\underline{I}_A = \frac{\underline{U}_A}{\underline{Z}_1 + \underline{Z}_2 // \underline{Z}_3}$$

Bild 9.31: Beitrag der Quelle A

Jetzt wird die Quelle $\underline{U}_B$ betrachtet. Dann ist die Quelle $\underline{U}_A$ kurzgeschlossen.

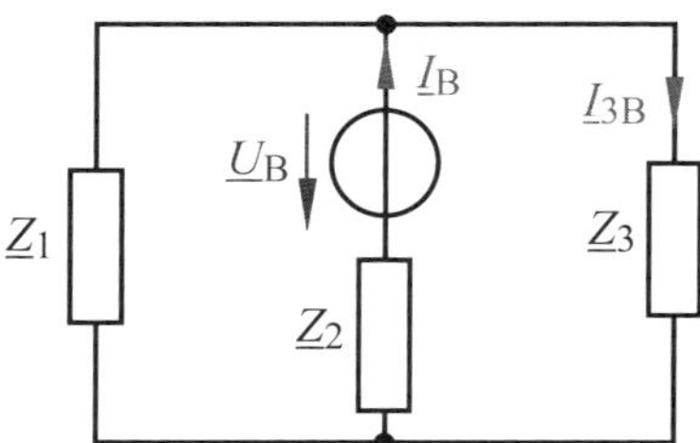

$$\frac{\underline{I}_{3B}}{\underline{I}_B} = \frac{\underline{Z}_1}{\underline{Z}_1 + \underline{Z}_3} \quad \text{mit:}$$

$$\underline{I}_B = \frac{\underline{U}_B}{\underline{Z}_2 + \underline{Z}_1 // \underline{Z}_3}$$

Bild 9.32: Beitrag der Quelle B

Nun werden die beiden Komponenten überlagert. Beide Quellen leisten einen positiven Beitrag zum Strom $\underline{I}_3$.

$$\underline{I}_3 = \underline{I}_{3A} + \underline{I}_{3B} = \frac{\underline{U}_A}{\underline{Z}_1 + \underline{Z}_2 // \underline{Z}_3} \cdot \frac{\underline{Z}_2}{\underline{Z}_2 + \underline{Z}_3} + \frac{\underline{U}_B}{\underline{Z}_2 + \underline{Z}_1 // \underline{Z}_3} \cdot \frac{\underline{Z}_1}{\underline{Z}_1 + \underline{Z}_3}$$

Das Ergebnis (errechnet mit dem HELMHOLTZschen Überlagerungssatz) lautet:

$$\underline{I}_3 = \underline{I}_{3A} + \underline{I}_{3B} = \frac{\underline{U}_A \cdot \underline{Z}_2 + \underline{U}_B \cdot \underline{Z}_1}{\underline{Z}_1 \cdot \underline{Z}_2 + \underline{Z}_1 \cdot \underline{Z}_3 + \underline{Z}_2 \cdot \underline{Z}_3} \tag{9.39}$$

9.6.2 Zweipoltheorie

Das Verfahren der Zweipoltheorie geht von dem Grundgedanken aus, dass ein lineares elektrisches Netzwerk durch Einführung einer Trennstelle in einen aktiven und einen passiven Zweipol zerlegt werden kann.

ÜB: BB 9.22

Das Netzwerk wird für die betrachtete Trennstelle auf den Grundstromkreis (Spannungsquellen-Ersatzschaltbild: Bild 9.33 – links oder Stromquellen-Ersatzschaltbild: Bild 9.33 – rechts) zurückgeführt.

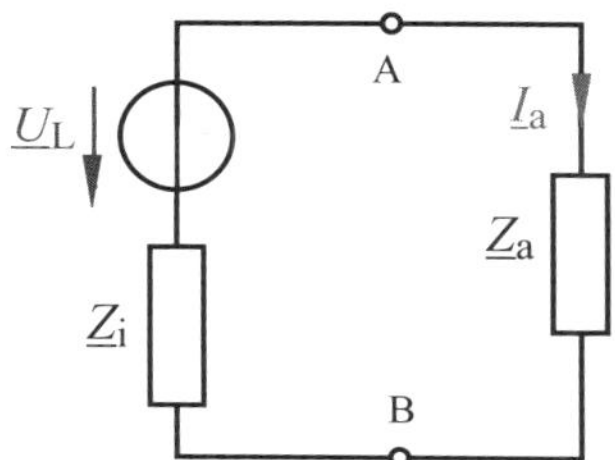

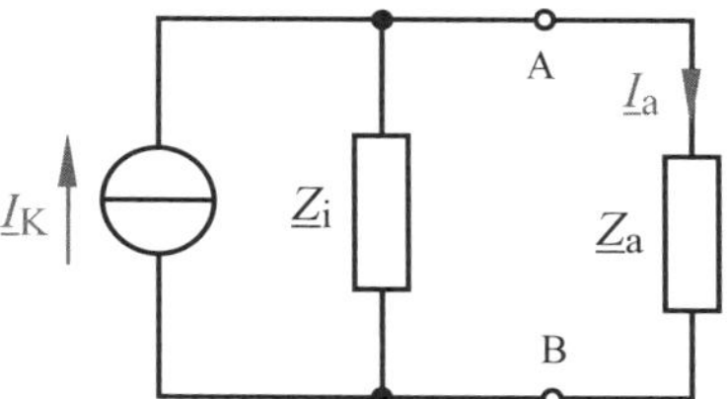

Bild 9.33: Spannungsquellen- und Stromquellen-Ersatzschaltbild

Der Strom durch den passiven Zweipol $\underline{Z}_a$ kann jetzt recht einfach berechnet werden:

$$\underline{I}_a = \frac{\underline{U}_L}{\underline{Z}_i + \underline{Z}_a} \qquad \text{oder:} \qquad \underline{I}_a = \underline{I}_K \cdot \frac{\underline{Z}_i}{\underline{Z}_i + \underline{Z}_a}$$

• **Allgemeines Wechselstrom-Netzwerk:**

Es soll wieder das einfache Wechselstrom-Netzwerk des Bildes 9.30 betrachtet werden.

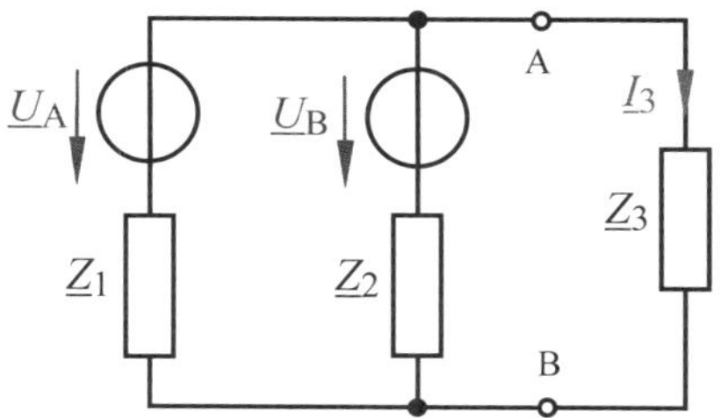

Geg.: $\underline{U}_A$; $\underline{U}_B$

$\underline{Z}_1$; $\underline{Z}_2$; $\underline{Z}_3$

Ges.: $\underline{I}_3$

Bild 9.34: Anwendung der Zweipoltheorie

Die Trennstelle wird so festgelegt, dass der gesuchte Strom $\underline{I}_3$ durch den Lastwiderstand fließt. Dann gilt: $\underline{Z}_a = \underline{Z}_3$. Der Innenwiderstand wird bei abgetrenntem Lastwiderstand bestimmt. Die Quellen A und B müssen unwirksam gemacht werden (Kurzschluss).

Für den Innenwiderstand gilt: $\underline{Z}_i = \underline{Z}_1 // \underline{Z}_2 = \dfrac{\underline{Z}_1 \cdot \underline{Z}_2}{\underline{Z}_1 + \underline{Z}_2}$

Zur Bestimmung der Leerlaufspannung wird der Maschensatz angewendet. Infolge der leerlaufenden Trennstelle fließt nur noch ein Strom. Seine Richtung wird willkürlich festgelegt.

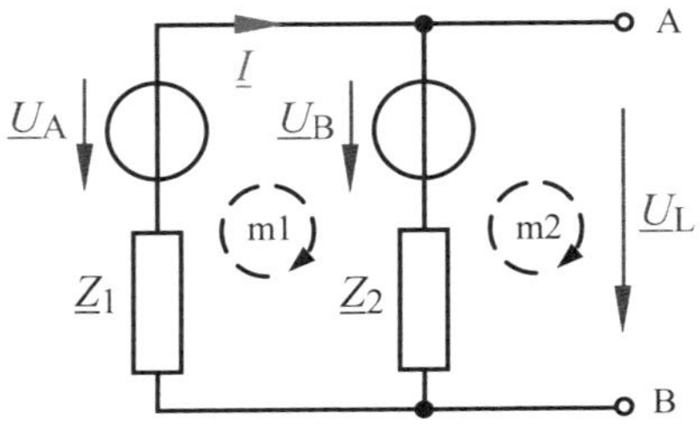

Bild 9.35: Bestimmung der Leerlaufspannung

(m1) $\underline{U}_B + \underline{I} \cdot \underline{Z}_2 + \underline{I} \cdot \underline{Z}_1 - \underline{U}_A = 0$ bzw.: $\underline{I} = \dfrac{\underline{U}_A - \underline{U}_B}{\underline{Z}_1 + \underline{Z}_2}$

(m2) $\underline{U}_L - \underline{I} \cdot \underline{Z}_2 - \underline{U}_B = 0$ bzw.: $\underline{U}_L = \underline{U}_B + \underline{I} \cdot \underline{Z}_2$

Jetzt wird noch (m1) in (m2) eingesetzt. Man erhält die Leerlaufspannung:

$$\underline{U}_L = \underline{U}_B + \frac{\underline{U}_A - \underline{U}_B}{\underline{Z}_1 + \underline{Z}_2} \cdot \underline{Z}_2 = \frac{\underline{U}_A \cdot \underline{Z}_2 + \underline{U}_B \cdot \underline{Z}_1}{\underline{Z}_1 + \underline{Z}_2}$$

Der gesuchte Strom $\underline{I}_3$ ergibt sich aus der Ersatzschaltung (linke Seite des Bildes 9.33).

$$\underline{I}_3 = \frac{\underline{U}_L}{\underline{Z}_i + \underline{Z}_3} \quad \text{mit:} \quad \underline{Z}_i + \underline{Z}_3 = \frac{\underline{Z}_1 \cdot \underline{Z}_2}{\underline{Z}_1 + \underline{Z}_2} + \underline{Z}_3 = \frac{\underline{Z}_1 \cdot \underline{Z}_2 + \underline{Z}_1 \cdot \underline{Z}_3 + \underline{Z}_2 \cdot \underline{Z}_3}{\underline{Z}_1 + \underline{Z}_2}$$

$$\underline{I}_3 = \frac{\underline{U}_A \cdot \underline{Z}_2 + \underline{U}_B \cdot \underline{Z}_1}{\underline{Z}_1 + \underline{Z}_2} \cdot \frac{\underline{Z}_1 + \underline{Z}_2}{\underline{Z}_1 \cdot \underline{Z}_2 + \underline{Z}_1 \cdot \underline{Z}_3 + \underline{Z}_2 \cdot \underline{Z}_3} = \frac{\underline{U}_A \cdot \underline{Z}_2 + \underline{U}_B \cdot \underline{Z}_1}{\underline{Z}_1 \cdot \underline{Z}_2 + \underline{Z}_1 \cdot \underline{Z}_3 + \underline{Z}_2 \cdot \underline{Z}_3}$$

Diese Lösung stimmt mit der Gleichung (9.39) aus Abschnitt 9.6.1 überein.

Zur Bestimmung des Kurzschlussstromes wird der Überlagerungssatz angewendet.
Es gilt: $\underline{I}_K = \underline{I}_{KA} + \underline{I}_{KB}$.

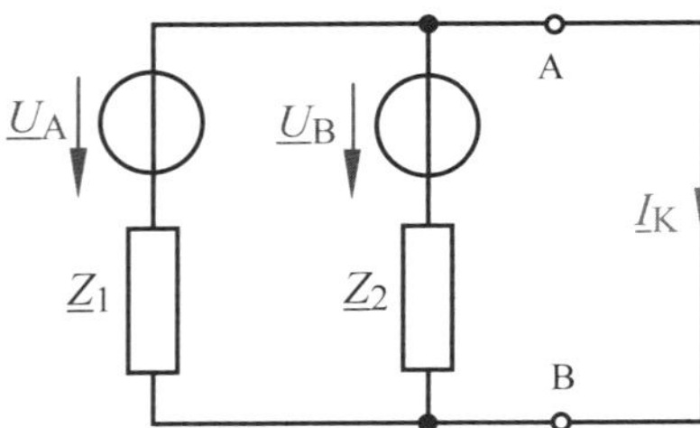

Bild 9.36: Bestimmung des Kurzschlussstromes

Wenn nur die Quelle A wirkt (Kurzschluss der Quelle B), dann macht die Kurzschlussbrücke den Widerstand $\underline{Z}_2$ unwirksam. Wenn nur die Quelle B wirkt (Kurzschluss der Quelle A), macht die Kurzschlussbrücke den Widerstand $\underline{Z}_1$ unwirksam.

$$\underline{I}_\mathrm{K} = \underline{I}_\mathrm{KA} + \underline{I}_\mathrm{KB} = \frac{\underline{U}_\mathrm{A}}{\underline{Z}_1} + \frac{\underline{U}_\mathrm{B}}{\underline{Z}_2} = \frac{\underline{U}_\mathrm{A} \cdot \underline{Z}_2 + \underline{U}_\mathrm{B} \cdot \underline{Z}_1}{\underline{Z}_1 \cdot \underline{Z}_2}$$

Der gesuchte Strom $\underline{I}_3$ wird in der Ersatzschaltung (Bild 9.33 – rechts) bestimmt.

$$\underline{I}_3 = \underline{I}_\mathrm{K} \cdot \frac{\underline{Z}_\mathrm{i}}{\underline{Z}_\mathrm{i} + \underline{Z}_3} \qquad \text{mit:} \qquad \underline{Z}_\mathrm{i} + \underline{Z}_3 = \frac{\underline{Z}_1 \cdot \underline{Z}_2}{\underline{Z}_1 + \underline{Z}_2} + \underline{Z}_3 = \frac{\underline{Z}_1 \cdot \underline{Z}_2 + \underline{Z}_1 \cdot \underline{Z}_3 + \underline{Z}_2 \cdot \underline{Z}_3}{\underline{Z}_1 + \underline{Z}_2}$$

$$\underline{I}_3 = \underline{I}_\mathrm{K} \cdot \underline{Z}_\mathrm{i} \cdot \frac{1}{\underline{Z}_\mathrm{i} + \underline{Z}_3} = \frac{\underline{U}_\mathrm{A} \cdot \underline{Z}_2 + \underline{U}_\mathrm{B} \cdot \underline{Z}_1}{\underline{Z}_1 \cdot \underline{Z}_2} \cdot \frac{\underline{Z}_1 \cdot \underline{Z}_2}{\underline{Z}_1 + \underline{Z}_2} \cdot \frac{\underline{Z}_1 + \underline{Z}_2}{\underline{Z}_1 \cdot \underline{Z}_2 + \underline{Z}_1 \cdot \underline{Z}_3 + \underline{Z}_2 \cdot \underline{Z}_3}$$

$$\underline{I}_3 = \frac{\underline{U}_\mathrm{A} \cdot \underline{Z}_2 + \underline{U}_\mathrm{B} \cdot \underline{Z}_1}{\underline{Z}_1 \cdot \underline{Z}_2 + \underline{Z}_1 \cdot \underline{Z}_3 + \underline{Z}_2 \cdot \underline{Z}_3}$$

Diese Lösung stimmt wieder mit der Gleichung (9.39) aus Abschnitt 9.6.1 sowie mit der Lösung über das Spannungsquellen-Ersatzschaltbild (Abschnitt 9.6.2) überein.

9.6.3 Analyseverfahren

Zur Berechnung von linearen Wechselstrom-Netzwerken können auch die beiden Analyseverfahren angewendet werden. Die Maschenstromanalyse (Umlaufanalyse) führt zu einem Gleichungssystem mit m Maschengleichungen. Zur Berechnung über das Knotenpotentialverfahren (Knotenanalyse) sind $(k - 1)$ Gleichungen aufzustellen und zu lösen.

- **Umlaufanalyse:**

ÜB: BB 9.23

Es soll wieder das einfache Wechselstrom-Netzwerk des Bildes 9.30 betrachtet werden.

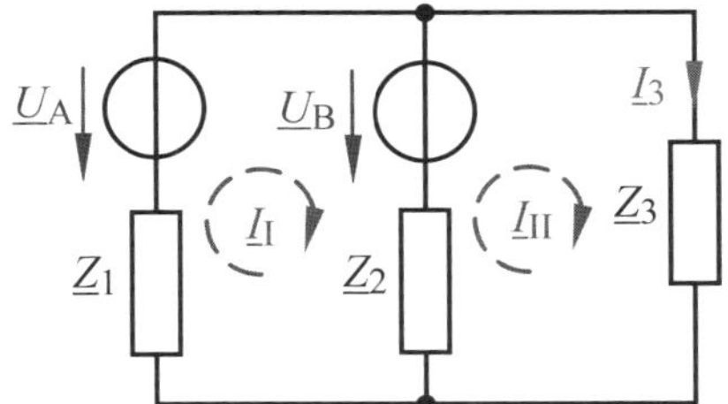

Geg.: $\underline{U}_\mathrm{A}$; $\underline{U}_\mathrm{B}$

$\underline{Z}_1$; $\underline{Z}_2$; $\underline{Z}_3$

Ges.: $\underline{I}_3$

Bild 9.37: Anwendung der Umlaufanalyse

Bei drei Zweigen, die durch zwei Knoten miteinander verbunden sind, ergeben sich zwei Umläufe: $m = z - (k - 1)$. Es ist im vorliegenden Fall sinnvoll, die beiden inneren Maschen zur Definition der Maschenströme zu verwenden. Die Richtung des Maschenstroms $\underline{I}_\mathrm{II}$ wird nach Vorbild des gesuchten Stromes $\underline{I}_3$ gewählt.

Tabelle 9.2: Koeffizientenschema zur Umlaufanalyse

	$\underline{I}_\text{I}$	$\underline{I}_\text{II} = \underline{I}_3$	*Abs.*
(1.)	$\underline{Z}_1 + \underline{Z}_2$	$-\underline{Z}_2$	$\underline{U}_\text{A} - \underline{U}_\text{B}$
(2.)	$-\underline{Z}_2$	$\underline{Z}_2 + \underline{Z}_3$	$\underline{U}_\text{B}$

Die Gleich. (1.) wird nach $\underline{I}_\text{I}$ umgestellt und in Gleich. (2.) eingesetzt:

(1.) $$\underline{I}_\text{I} = \frac{\underline{U}_\text{A} - \underline{U}_\text{B} + \underline{I}_3 \cdot \underline{Z}_2}{\underline{Z}_1 + \underline{Z}_2}$$

(2.) $$-\frac{\underline{U}_\text{A} - \underline{U}_\text{B} + \underline{I}_3 \cdot \underline{Z}_2}{\underline{Z}_1 + \underline{Z}_2} \cdot \underline{Z}_2 + \underline{I}_3 \cdot (\underline{Z}_2 + \underline{Z}_3) = \underline{U}_\text{B}$$

Diese Gleichung enthält nur noch den gesuchten Strom $\underline{I}_3$. Vor dem Umstellen sollten alle Terme auf den einheitlichen Nenner ($\underline{Z}_1 + \underline{Z}_2$) gebracht werden.

$$-\frac{\underline{U}_\text{A} - \underline{U}_\text{B} + \underline{I}_3 \cdot \underline{Z}_2}{\underline{Z}_1 + \underline{Z}_2} \cdot \underline{Z}_2 + \frac{\underline{I}_3 \cdot (\underline{Z}_2 + \underline{Z}_3) \cdot (\underline{Z}_1 + \underline{Z}_2)}{\underline{Z}_1 + \underline{Z}_2} = \frac{\underline{U}_\text{B} \cdot (\underline{Z}_1 + \underline{Z}_2)}{\underline{Z}_1 + \underline{Z}_2}$$

$$-(\underline{U}_\text{A} - \underline{U}_\text{B} + \underline{I}_3 \cdot \underline{Z}_2) \cdot \underline{Z}_2 + \underline{I}_3 \cdot (\underline{Z}_2 + \underline{Z}_3) \cdot (\underline{Z}_1 + \underline{Z}_2) = \underline{U}_\text{B} \cdot (\underline{Z}_1 + \underline{Z}_2)$$

$$-\underline{U}_\text{A}\underline{Z}_2 + \underline{U}_\text{B}\underline{Z}_2 - \underline{I}_3\underline{Z}_2^2 + \underline{I}_3\underline{Z}_2\underline{Z}_1 + +\underline{I}_3\underline{Z}_3\underline{Z}_1 + \underline{I}_3\underline{Z}_2^2 + \underline{I}_3\underline{Z}_2\underline{Z}_3 = \underline{U}_\text{B}\underline{Z}_1 + \underline{U}_\text{B}\underline{Z}_2$$

Nach dem Vereinfachen und Zusammenfassen erhält man wieder die Lösung der Abschnitte 9.6.1 und 9.6.2 [vgl. Gleich. (9.39)]:

$$\underline{I}_3 = \frac{\underline{U}_\text{A} \cdot \underline{Z}_2 + \underline{U}_\text{B} \cdot \underline{Z}_1}{\underline{Z}_1 \cdot \underline{Z}_2 + \underline{Z}_1 \cdot \underline{Z}_3 + \underline{Z}_2 \cdot \underline{Z}_3}$$

- **Knotenanalyse:**

ÜB: BB 9.23

Es soll wieder das einfache Wechselstrom-Netzwerk des Bildes 9.30 betrachtet werden.

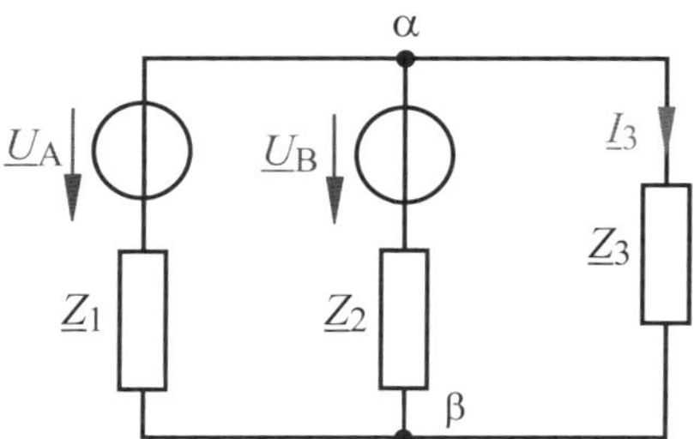

Geg.: $\underline{U}_\text{A}$; $\underline{U}_\text{B}$

$\underline{Z}_1$; $\underline{Z}_2$; $\underline{Z}_3$

Ges.: $\underline{I}_3$

Bild 9.38: Anwendung der Knotenanalyse

Bei zwei Knoten ergibt sich nur eine Knotengleichung. Der untere Knoten β wird als Bezugsknoten gewählt ($\varphi_\beta = 0$ V). Dann gilt: $\underline{I}_3 = \underline{\varphi}_\alpha / \underline{Z}_3$ bzw. $\underline{\varphi}_\alpha = \underline{I}_3 \cdot \underline{Z}_3$.

Tabelle 9.3: Koeffizientenschema zur Knotenanalyse

	$\underline{\varphi}_\alpha$	*Abs.*
(1.)	$\frac{1}{\underline{Z}_1}+\frac{1}{\underline{Z}_2}+\frac{1}{\underline{Z}_3}$	$\underline{I}_A + \underline{I}_B$

Streng genommen ist das kein echtes Koeffizientenschema (eine Zeile = eine Gleichung).

$$\underline{\varphi}_\alpha \cdot \left(\frac{1}{\underline{Z}_1}+\frac{1}{\underline{Z}_2}+\frac{1}{\underline{Z}_3}\right) = \frac{\underline{U}_A}{\underline{Z}_1}+\frac{\underline{U}_B}{\underline{Z}_2} \qquad \text{bzw.:} \qquad \underline{I}_3\underline{Z}_3 \cdot \left(\frac{1}{\underline{Z}_1}+\frac{1}{\underline{Z}_2}+\frac{1}{\underline{Z}_3}\right) = \frac{\underline{U}_A}{\underline{Z}_1}+\frac{\underline{U}_B}{\underline{Z}_2}$$

Nun müssen Hauptnenner gebildet werden. Dann kann man zielgerichtet kürzen.

$$\underline{I}_3\underline{Z}_3 \cdot \frac{\underline{Z}_2\underline{Z}_3+\underline{Z}_1\underline{Z}_3+\underline{Z}_1\underline{Z}_2}{\underline{Z}_1\underline{Z}_2\underline{Z}_3} = \frac{\underline{U}_A\underline{Z}_2+\underline{U}_B\underline{Z}_1}{\underline{Z}_1\underline{Z}_2}$$

Nach dem Umstellen erhält man wieder die Lösung der Abschnitte 9.6.1 und 9.6.2 [vgl. Gleich. (9.39)] sowie die Lösung über die Umlaufanalyse (Abschnitt 9.6.3):

$$\underline{I}_3 = \frac{\underline{U}_A \cdot \underline{Z}_2 + \underline{U}_B \cdot \underline{Z}_1}{\underline{Z}_1 \cdot \underline{Z}_2 + \underline{Z}_1 \cdot \underline{Z}_3 + \underline{Z}_2 \cdot \underline{Z}_3}$$

Im vorliegenden Fall erfordert die Knotenanalyse im Vergleich zur Umlaufanalyse einen geringeren Rechenaufwand!

Lehrbeispiel 9.9:

Stellen Sie für die RC-Phasenschiebekette des Lehrbeispiels 9.7 das vollständige Koeffizientenschema für die Knotenanalyse auf. Die Knotenbezeichnungen stehen im Bild 9.22.

Tabelle 9.4: Koeffizientenschema für die RC-Phasenschiebekette (Knotenanalyse mit $\varphi_\delta = 0$ V)

$\underline{\varphi}_\alpha = \underline{U}_e$	$\underline{\varphi}_\beta$	$\underline{\varphi}_\gamma = \underline{U}_a$	*Abs.*
$\frac{1}{R}$	$-\frac{1}{R}$	0	$\underline{I}_e$
$-\frac{1}{R}$	$\frac{2}{R}+\mathrm{j}\omega C$	$-\frac{1}{R}$	0
0	$-\frac{1}{R}$	$\frac{1}{R}+\mathrm{j}\omega C$	0

ÜB: BB 9.24

Mit diesem Lösungsansatz können die doppelten Teiler des Lehrbeispiels 9.7 umgangen werden.

10 Frequenzabhängigkeit der Wechselstromkreise

10.1 Komplexer Frequenzgang

Zur Beschreibung der Frequenzabhängigkeit eines Wechselstromkreises wird die Gesamtschaltung in einzelne Komponenten aufgeteilt. Im einfachsten Fall trennt man dazu die Signalquelle und den Lastwiderstand von der zu untersuchenden frequenzabhängigen Schaltungsstruktur ab. Wie Bild 10.1 zeigt, entsteht zwischen den beiden Trennstellen (Zweitor) eine Übertragungschaltung mit vier Anschlussklemmen (Vierpol).

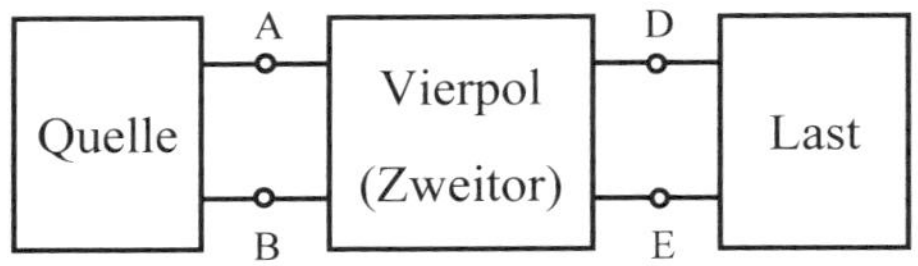

Bild 10.1: Wechselstromkreis in Vierpoldarstellung

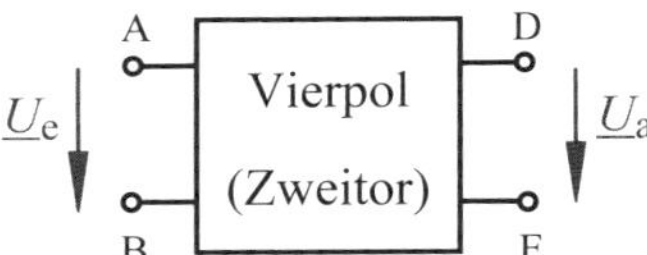

Bild 10.2: Komplexes Übertragungssystem

Das Übertragungsverhalten des zwischen den Trennstellen A – B und D – E positionierten Übertragungssystems kann mit einer komplexen Übertragungsfunktion beschrieben werden. Dazu betrachtet man den Vierpol bei Leerlauf am Ausgang (D – E) und speist in den Eingang (A – B) das zur Beschreibung des jeweiligen Übertragungsverhaltens erforderliche Eingangssignal ein.

Für ein determiniertes zeitkontinuierliches periodisches Eingangssignal (also für eine Wechselgröße oder eine Mischgröße; vgl. Abschn. 7.1) gilt:

$$\underline{F}(\mathrm{j}\omega) = \frac{\underline{U}_\mathrm{a}(\mathrm{j}\omega)}{\underline{U}_\mathrm{e}(\mathrm{j}\omega)} \tag{10.1}$$

Diese spezielle Übertragungsfunktion wird als komplexer Frequenzgang bezeichnet und definiert den Zusammenhang zwischen der Ausgangsspannung und der Eingangsspannung unter Verwendung der imaginären Frequenz $\mathrm{j}\omega$. Auf der Grundlage dieser Funktionsbeschreibung kann für eine sinusförmige Einspeisung (vgl. Abschn. 7.2) der Amplitudenfrequenzgang $A(\omega)$ und der Phasenfrequenzgang $\varphi(\omega)$ berechnet und grafisch dargestellt werden.

Der Betrag des komplexen Frequenzganges beschreibt den Amplitudenfrequenzgang:

$$|\underline{F}(\mathrm{j}\omega)| = A(\omega) \tag{10.2}$$

Das Argument des komplexen Frequenzganges beschreibt den Phasenfrequenzgang:

$$\arg[\underline{F}(\mathrm{j}\omega)] = \varphi(\omega) \tag{10.3}$$

Durch eine Umrechnung des komplexen Frequenzganges gemäß Gleich. (10.1) in die kartesische Form erhält man: $\underline{F}(\mathrm{j}\omega) = \mathrm{Re}\{\underline{F}(\mathrm{j}\omega)\} + \mathrm{j} \cdot \mathrm{Im}\{\underline{F}(\mathrm{j}\omega)\}$.

Damit gelingt eine grafische Interpretation des Übertragungsverhaltens mit einer Ortskurve.

$$\mathrm{Im}\{\underline{F}(\mathrm{j}\omega)\} = f[\mathrm{Re}\{\underline{F}(\mathrm{j}\omega)\}] \quad (10.4)$$

Diese Ortskurve stellt im vorliegenden Fall die Änderung von Real- und Imaginärteil bzw. von Betrag und Phasenlage des komplexen Frequenzganges bei Variation der Frequenz dar.

10.2 Tief- und Hochpässe

Tief- und Hochpässe haben die Eigenschaft, den tiefen Frequenzbereich vom hohen Frequenzbereich zu trennen und nur einen dieser beiden Bereiche zu übertragen. Zur Markierung der Grenze zwischen dem Durchlass- und dem Sperrbereich dient die Grenzfrequenz f_g. Dabei handelt es sich um eine definierte Frequenz, bei der der Amplitudenfrequenzgang einen vereinbarten Wert erreicht.

> Die Grenzfrequenz ist diejenige Frequenz, bei der der Betrag der Ausgangsspannung eines Übertragungssystems auf das $1/\sqrt{2}$-fache des Betrages der maximal möglichen Ausgangsspannung abgesunken ist.

Der Faktor $1/\sqrt{2} = 0{,}707$ resultiert aus der Festlegung, dass sich bei einer bestimmten Frequenz (Grenzfrequenz) zwischen zwei Spannungen (oder auch Strömen) in einer Elementarschaltung eine Phasenverschiebung von $\pm 45°$ einstellt. So entsteht ein Zeigerbild in Form eines gleichschenkligen rechtwinkligen Dreiecks, dessen Verhältnis zwischen Kathete und Hypotenuse nach dem Lehrsatz des PYTHAGORAS über den Faktor $1/\sqrt{2}$ beschrieben wird. Dieser Faktor entspricht einer Dämpfung von 3 dB (siehe Abschn. 10.3).

Zur Herleitung der Grenzfrequenz eines Übertragungssystems wird zunächst der komplexe Frequenzgang berechnet. Daraus bestimmt man das Verhältnis der Ausgangsspannung $\underline{U}_a$ zur maximal möglichen Ausgangsspannung $\underline{U}_{a,max}$. Für dieses Verhältnis wird der Betrag gebildet und gleich $1/\sqrt{2}$ gesetzt. Die maximal mögliche Ausgangsspannung kann für einen Tiefpass bei $f = 0$ und für einen Hochpass bei $f \to \infty$ über die Eingangsspannung $\underline{U}_e$ bestimmt werden. Das Verhältnis $|\underline{U}_{a,max}|$ zu $|\underline{U}_e|$ beschreibt dann eine frequenzunabhängige Grunddämpfung eines passiven Übertragungssystems.

Der Phasenwinkel $[\angle(\underline{U}_a; \underline{U}_e)]$ durchläuft an der Grenzfrequenz einen Wert von $\pm 45°$.

Die Ortskurve ist in diesem Fall dadurch gekennzeichnet, dass der Realteil und der Betrag des Imaginärteil gleich groß sind.

- **Tiefpass:**

ÜB: BB 10.1

Ein Tiefpass überträgt tieffrequente spektrale Komponenten und sperrt mit Erreichung seiner Grenzfrequenz den hochfrequenten Spektralbereich. Ein passiver Tiefpass kann mit einer RC- oder einer RL-Kombination erstellt werden. Aus Gründen der technischen Realisierbarkeit hat sich in der schaltungstechnischen Praxis der Einsatz von RC-Kombinationen durchgesetzt. {RL: siehe [12] und [14] – BB 10.1 und 10.9}

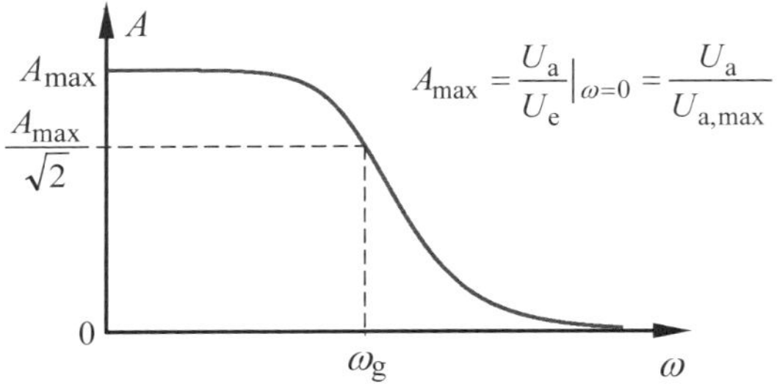

Bild 10.3: Amplitudenfrequenzgang eines Tiefpasses

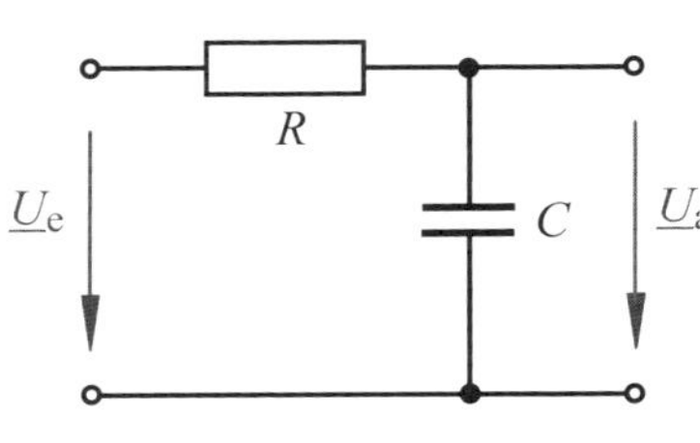

Bild 10.4: RC-Tiefpass

Die maximal mögliche Ausgangsspannung $\underline{U}_{a,max}$ des Tiefpasses im Bild 10.4 ist die Eingangsspannung $\underline{U}_e$ (bei $f \rightarrow 0$). Für den komplexen Frequenzgang gilt mit $A_{max} = 1$:

$$\underline{F}(j\omega) = \frac{\underline{U}_a}{\underline{U}_e} = \frac{\underline{U}_a}{\underline{U}_{a,max}} \cdot \frac{\underline{U}_{a,max}}{\underline{U}_e} = \frac{\frac{1}{j\omega C}}{R + \frac{1}{j\omega C}} = \frac{1}{1 + j\omega \cdot C \cdot R}$$

ÜB [14]:
BB 10.4
BB 10.5
BB 10.6

Für die Bestimung der Grenzfrequenz / Grenzkreisfrequenz wird für dieses Verhältnis der Betrag gebildet und gleich $1/\sqrt{2}$ gesetzt.

$$\left|\frac{\underline{U}_a}{\underline{U}_e}\right|_{\omega=\omega_g} = \frac{1}{\sqrt{1+\omega_g^2 C^2 R^2}} = \frac{1}{\sqrt{2}} \qquad \text{bzw.:} \qquad 1+\omega_g^2 C^2 R^2 = 2 \quad \text{bzw.} \quad \omega_g^2 C^2 R^2 = 1$$

$$f_g = \frac{\omega_g}{2\pi} = \frac{1}{2\pi \cdot R \cdot C} \tag{10.5}$$

Der Amplitudenfrequenzgang kann über den Betrag des komplexen Frequenzganges berechnet werden Nach Gleich. (10.2) gilt:

$$|\underline{F}(j\omega)| = A(\omega) = \frac{1}{\sqrt{1+\omega^2 \cdot C^2 \cdot R^2}}$$

Der Phasenfrequenzgang wird über das Argument des komplexen Frequenzganges bestimmt. Nach Gleich. (10.3) gilt:

$$\arg[\underline{F}(j\omega)] = \varphi(\omega) = -\arctan \omega \cdot C \cdot R$$

Die Ortskurve erhält man schließlich durch die Berechnung der kartesischen Form des komplexen Frequenzganges. Dazu muss $\underline{F}(j\omega)$ konjugiert komplex erweitert werden:

$$\underline{F}(j\omega) = \frac{1}{1+j\omega \cdot C \cdot R} \cdot \frac{1-j\omega \cdot C \cdot R}{1-j\omega \cdot C \cdot R} = \frac{1}{1+\omega^2 \cdot C^2 \cdot R^2} - j\frac{\omega \cdot C \cdot R}{1+\omega^2 \cdot C^2 \cdot R^2}$$

Nun kann man den Realteil und den Imaginärteil voneinander trennen:

$$\operatorname{Re}\{\underline{F}(\mathrm{j}\omega)\} = \frac{1}{1+\omega^2 \cdot C^2 \cdot R^2} \qquad \text{und:} \qquad \operatorname{Im}\{\underline{F}(\mathrm{j}\omega)\} = -\frac{\omega \cdot C \cdot R}{1+\omega^2 \cdot C^2 \cdot R^2}$$

Lehrbeispiel 10.1:

Dimensionieren Sie einen RC-Tiefpass gemäß Bild 10.4 für eine Grenzfrequenz von 1 kHz. Es wird ein Widerstand mit R = 5,1 kΩ gewählt. Berechnen Sie die erforderliche Kapazität und stellen Sie die Frequenzgänge $A\ (f)$ und $\varphi\,(f)$ sowie die Ortskurve grafisch dar.

Gleich. (10.5) umgestellt: $C_{\mathrm{TP}} = \dfrac{1}{2\pi \cdot f_{\mathrm{g}} \cdot R} = \dfrac{1}{2\pi \cdot 5{,}1 \cdot 10^6}\,\mathrm{F} = 31{,}2\ \mathrm{nF}$

Bild 10.5 zeigt den Amplitudenfrequenzgang $A\ (f)$ des RC-Tiefpasses aus Bild 10.4. Die Frequenzachse ist logarithmisch skaliert. Durch eine Multiplikation der Abszissenachse mit 2π erhält man die Darstellung der Gleich. (10.2) mit $A\ (\omega)$. An der Grenzfrequenz f_{g} (TP) = 1 kHz gilt: $A_{\max} / \sqrt{2}$.

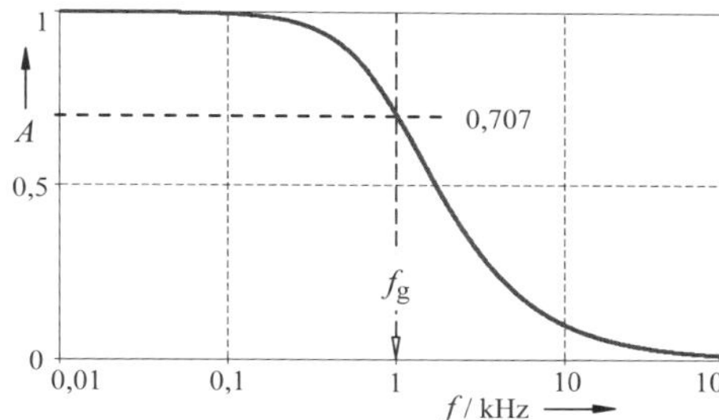

Bild 10.5: Amplitudenfrequenzgang (Tiefpass)

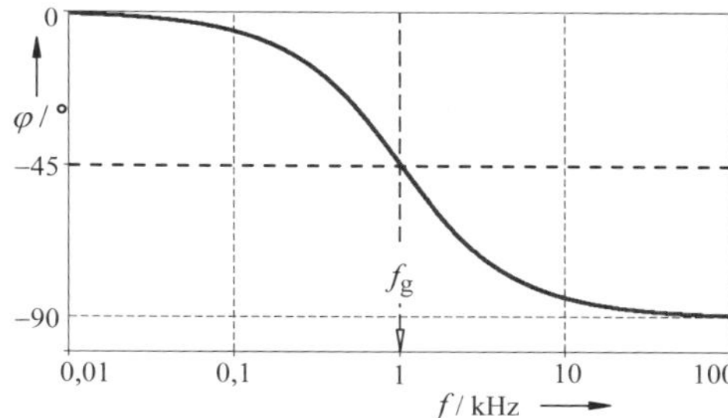

Bild 10.6: Phasenfrequenzgang (Tiefpass)

Bild 10.6 zeigt den Phasenfrequenzgang des RC-Tiefpasses aus Bild 10.4. Der Phasenwinkel ist negativ, da die Ausgangsspannung infolge der kapazitiven Wirkung am Ausgang gegenüber der Eingangsspannung nacheilt. Die Grenzfrequenz wird bei $\varphi = -45°$ erreicht.

Bild 10.7 zeigt die Ortskurve des komplexen Frequenzganges des RC-Tiefpasses gemäß Bild 10.4. Die Grenzfrequenz liegt bei Re $\{\underline{F}\,(\mathrm{j}\omega)\}$ = | Im $\{\underline{F}\,(\mathrm{j}\omega)\}$ | = 0,5.

ÜB [14]: BB 10.9 BB 10.10

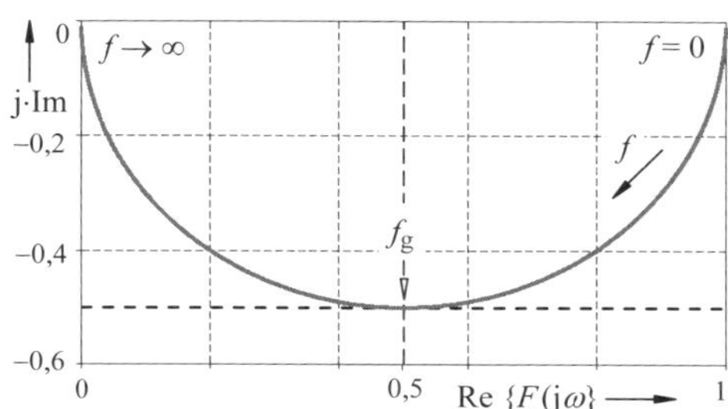

Im $\{\underline{F}\,(\mathrm{j}\omega)\} = f\,[\mathrm{Re}\,\{\underline{F}\,(\mathrm{j}\omega)\}]$

Bild 10.7: Ortskurve des RC-Tiefpasses

Mit steigender Frequenz bewegt sich der Zeiger des komplexen Frequenzganges von der positiven reellen Achse durch den 4. Quadranten in Richtung des Koordinatenursprungs [$0 \leq \varphi\,(\omega) \leq -90°$]. Dabei wird der Zeiger immer kürzer [frequenzabhängige Dämpfung: $1 \geq A\,(\omega) \geq 0$].

- **Hochpass:**

ÜB: BB 10.2

Ein Hochpass überträgt hochfrequente spektrale Komponenten und sperrt mit Erreichung seiner Grenzfrequenz den tieffrequenten Spektralbereich.

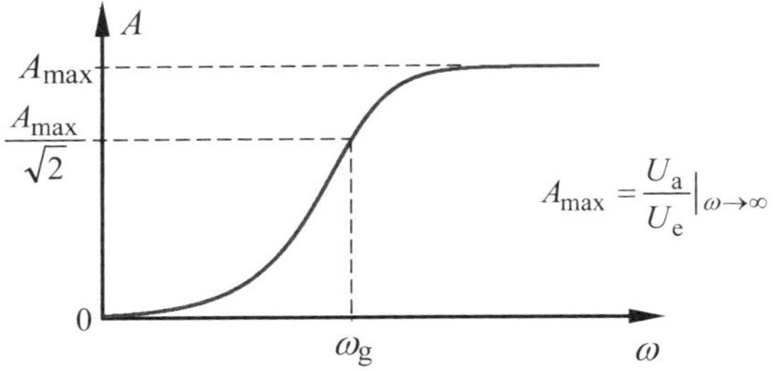

Bild 10.8: Amplitudenfrequenzgang eines Hochpasses

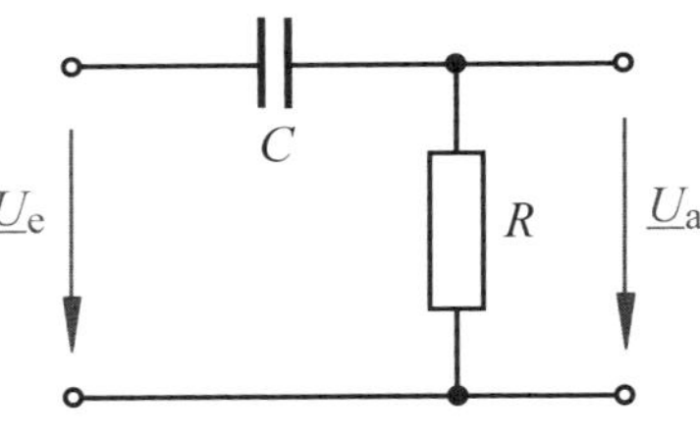

Bild 10.9: RC-Hochpass

Ein passiver Hochpass (Bild 10.9) kann analog zum Tiefpass mit einer RC-Kombination realisiert werden. Seine maximal mögliche Ausgangsspannung ist hier wieder gleich $\underline{U}_e$ (jetzt aber bei $f \to \infty$).

ÜB: BB 10.3

Zur Herleitung der Grenzfrequenz des Hochpasses im Bild 10.9 wird zunächst der komplexe Frequenzgang bestimmt. Mit $A_{max} = 1$ gilt:

$$\underline{F}(\mathrm{j}\omega) = \frac{\underline{U}_a}{\underline{U}_e} = \frac{\underline{U}_a}{\underline{U}_{a,max}} \cdot \frac{\underline{U}_{a,max}}{\underline{U}_e} = \frac{R}{R + \frac{1}{\mathrm{j}\omega C}} = \frac{\mathrm{j}\omega \cdot C \cdot R}{1 + \mathrm{j}\omega \cdot C \cdot R}$$

Daraus berechnet man den Betrag des Verhältnisses der Ausgangsspannung zur maximal möglichen Ausgangsspannung. Beim Erreichen der Grenzfrequenz ist dieses Verhältnis gleich $1/\sqrt{2}$.

$$\left|\frac{\underline{U}_a}{\underline{U}_e}\right|_{\omega=\omega_g} = \frac{\omega_g\, C\, R}{\sqrt{1+\omega_g^2 C^2 R^2}} = \frac{1}{\sqrt{2}}$$

bzw.: $2\,\omega_g^2 C^2 R^2 = 1 + \omega_g^2 C^2 R^2$ oder: $\omega_g^2\, C^2 R^2 = 1$

$$f_g = \frac{\omega_g}{2\pi} = \frac{1}{2\pi \cdot R \cdot C} \tag{10.6}$$

Man erhält für einen RC-Hochpass die gleiche Berechnungsvorschrift für die Grenzfrequenz wie für einen RC-Tiefpass. Da das Ausgangssignal lediglich über einem anderen Bauelement abgegriffen wird, ergibt sich ein an der f_g-Linie (siehe Bilder 10.3 und 10.8) gespiegelter Frequenzgang.

Der Amplitudenfrequenzgang des Hochpasses wird aus dem komplexen Frequenzgang gemäß Gleich. (10.2) berechnet:

$$|\underline{F}(j\omega)| = A(\omega) = \frac{\omega \cdot C \cdot R}{\sqrt{1+\omega^2 \cdot C^2 \cdot R^2}}$$

ÜB [14]:
BB 10.7
BB 10.8

Für den Phasenfrequenzgang gilt nach Gleich. (10.3):

$$\arg[\underline{F}(j\omega)] = \varphi(\omega) = 90° - \arctan \omega \cdot C \cdot R$$

Die Ortskurve erhält man gemäß Gleich. (10.4) über die Berechnung der kartesischen Form des komplexen Frequenzganges: $\underline{F}(j\omega) = \text{Re}\{\underline{F}(j\omega)\} + j \cdot \text{Im}\{\underline{F}(j\omega)\}$

$$\underline{F}(j\omega) = \frac{j\omega \cdot C \cdot R}{1 + j\omega \cdot C \cdot R} \cdot \frac{1 - j\omega \cdot C \cdot R}{1 - j\omega \cdot C \cdot R} = \frac{\omega^2 \cdot C^2 \cdot R^2}{1+\omega^2 \cdot C^2 \cdot R^2} + j\frac{\omega \cdot C \cdot R}{1+\omega^2 \cdot C^2 \cdot R^2}$$

$$\text{Re}\{\underline{F}(j\omega)\} = \frac{\omega^2 \cdot C^2 \cdot R^2}{1+\omega^2 \cdot C^2 \cdot R^2} \quad \text{und:} \quad \text{Im}\{\underline{F}(j\omega)\} = \frac{\omega \cdot C \cdot R}{1+\omega^2 \cdot C^2 \cdot R^2}$$

Lehrbeispiel 10.2:

Dimensionieren Sie einen RC-Hochpass gemäß Bild 10.9 für eine Grenzfrequenz von 3 kHz. Es wird (wie im Lehrbeispiel 10.1) ein Widerstand mit R = 5,1 kΩ gewählt. Berechnen Sie die erforderliche Kapazität und stellen Sie die Frequenzgänge $A(f)$ und $\varphi(f)$ sowie die Ortskurve grafisch dar.

$$C_{\text{HP}} = \frac{1}{2\pi \cdot f_g \cdot R} = \frac{1}{2\pi \cdot 3 \cdot 5{,}1 \cdot 10^6}\,\text{F} = 10{,}4\ \text{nF}$$

Bild 10.10 zeigt den Amplitudenfrequenzgang $A(f)$ des RC-Hochpasses aus Bild 10.9. Die Frequenzachse ist logarithmisch skaliert. Beim Erreichen der Grenzfrequenz gilt: $A_{\max}/\sqrt{2}$.

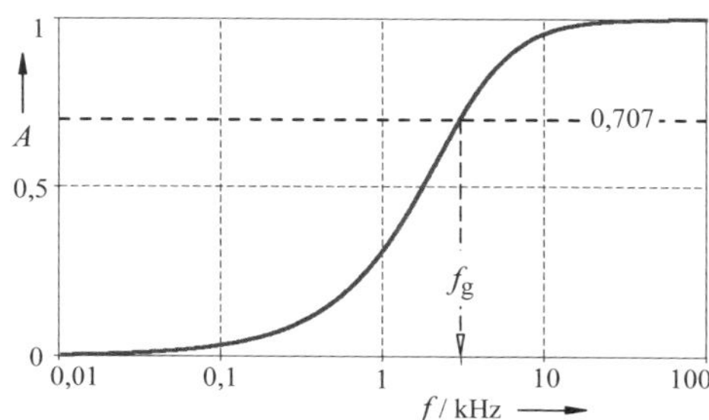

Bild 10.10: Amplitudenfrequenzgang (Hochpass)

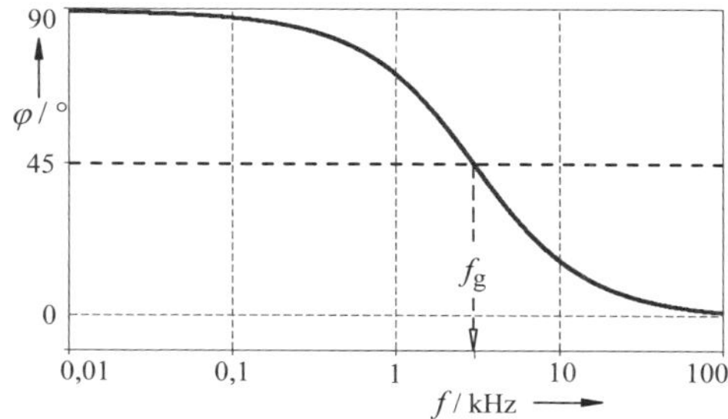

Bild 10.11: Phasenfrequenzgang (Hochpass)

Bild 10.11 zeigt den Phasenfrequenzgang des RC-Hochpasses aus Bild 10.9. Der Phasenwinkel durchläuft jetzt positive Werte, da die Ausgangsspannung infolge der ohmschen Wirkung am Ausgang gegenüber der Eingangsspannung vorauseilt. Die Grenzfrequenz wird bei $\varphi = +45°$ erreicht.

Bild 10.12 zeigt die Ortskurve des komplexen Frequenzganges des RC-Hochpasses aus Bild 10.9. Die Grenzfrequenz liegt bei $\text{Re}\{\underline{F}(j\omega)\} = \text{Im}\{\underline{F}(j\omega)\} = 0{,}5$. Dann gilt: $A(\omega_g) = 0{,}707$ und $\varphi(\omega_g) = 45°$. Mit zunehmender Frequenz bewegt sich jetzt der Zeiger des komplexen Frequenzganges vom Koordinatenursprung im Uhrzeigersinn durch den 1. Quadranten und wieder in Richtung der positiven reellen

Achse [$+ 90° \geq \varphi(\omega) \geq 0°$]. Dabei wird der Zeiger immer länger, da sein Betrag infolge der Abnahme der frequenzabhängigen Dämpfung ansteigt [$0 \leq A(\omega) \leq 1$].

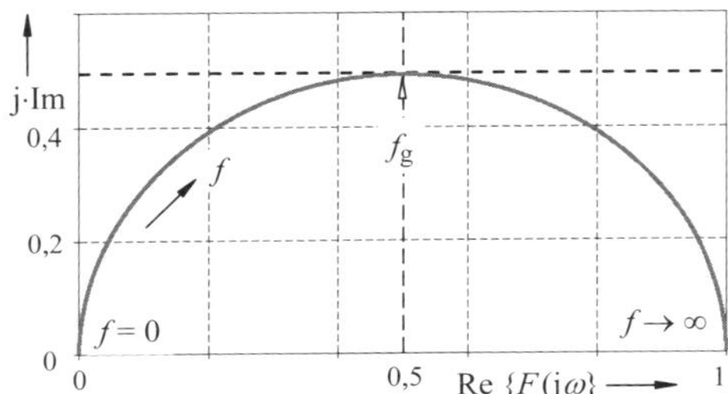

$$\mathrm{Im}\,\{\underline{F}(\mathrm{j}\omega)\} = f[\mathrm{Re}\,\{\underline{F}(\mathrm{j}\omega)\}]$$

Bild 10.12: Ortskurve des RC-Hochpasses

10.3 Schwingkreise

Ein Schwingkreis entsteht durch die schaltungstechnische Kombination einer Spule und eines Kondensators. Bedingt durch die unvermeidlichen Verluste besteht dann die Ersatzschaltung aus den Bauelementen R, L und C (Abschn. 8.3). Bild 10.13 zeigt einen Reihenschwingkreis, bei dem der Verlustwiderstand des Kondensators R_{Cp} gemäß Gleich. (9.27) in einen Reihenwiderstand R_{Cr} umgerechnet und mit dem Verlustwiderstand der Spule R_{L} zu einem Serien-Ersatzwiderstand $R_{\mathrm{S}} = R_{\mathrm{Cr}} + R_{\mathrm{L}}$ zusammengefasst wurde.

ÜB [14]:
BB 10.11
BB 10.12

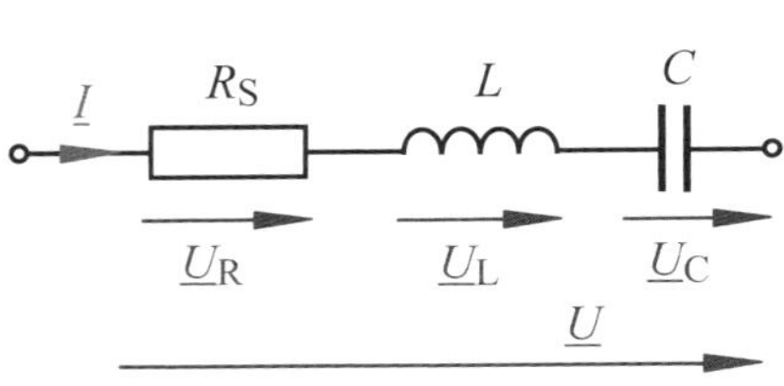

Bild 10.13: Reihenschwingkreis

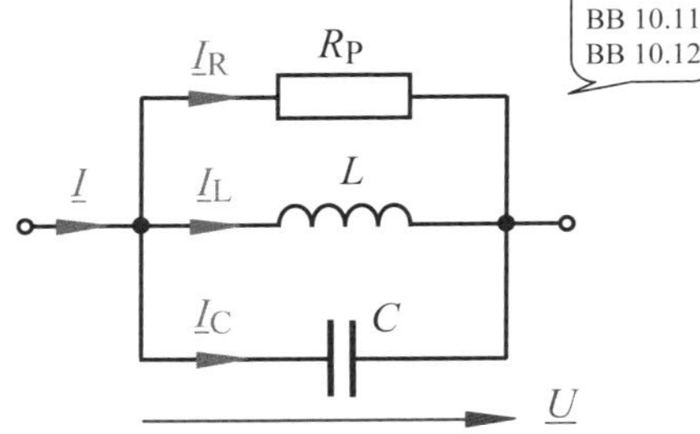

Bild 10.14: Parallelschwingkreis

Im Bild 10.14 ist ein Parallelschwingkreis dargestellt. Hier wurde der Verlustwiderstand der Spule R_{Lr} gemäß Gleich. (9.26) in einen Parallelwiderstand R_{Lp} umgerechnet und mit dem Verlustwiderstand des Kondensators R_{C} zu einem Parallel-Ersatzwiderstand $R_{\mathrm{P}} = R_{\mathrm{Lp}} \,//\, R_{\mathrm{C}}$ zusammengefasst.

Die allgemeinen elektrischen Eigenschaften dieser Elementarschaltungen wurden bereits im Kap. 8 dargestellt. Zur Beschreibung der frequenzabhängigen Eigenschaften von Schwingkreisen soll zunächst das Schwingungsverhalten untersucht werden. Wenn der im Bild 10.15 als ideal angenommene Kondensator auf eine Gleichspannung (U_0) aufgeladen und über den Schalter S mit einer Spule überbrückt wird, führt das System eine freie gedämpfte Schwingung mit seiner Resonanzfrequenz $f_0 = 1 / T_0$ aus.

Es gilt die THOMSONsche Schwingungsgleichung (8.11).

Zunächst entlädt sich der Kondensator und gibt die in ihm gespeicherte elektrische Energie W_{el} an den Widerstand und die Spule ab. Die Spule baut nun ein magnetisches Feld auf und speichert magnetische Energie W_m.

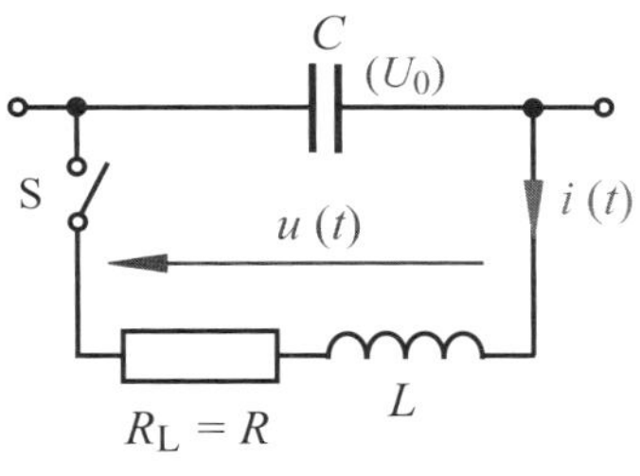

Bild 10.15: Schwingungsanordnung

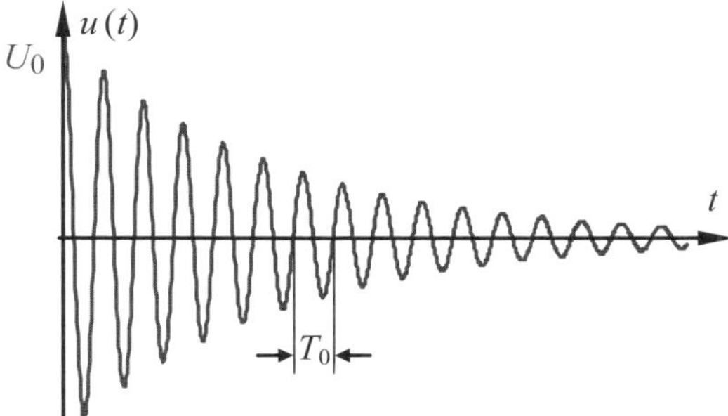

Bild 10.16: Freie gedämpfte Schwingung

Bedingt durch den Stromfluss wird dabei ein Teil der Energie im ohmschen Widerstand in Wärme umgesetzt. Nun wiederholt sich der Vorgang (siehe Bild 10.16) in umgekehrter Weise, bis die gesamte Energie im ohmschen Widerstand umgesetzt ist. Für den (vorerst) theoretischen Fall $R = 0$ gilt pro Periode:

$$W_{el} = W_m \qquad \text{bzw.:} \quad \frac{C}{2} \cdot u^2 = \frac{L}{2} \cdot i^2$$

Aus dieser Energiebetrachtung erhält man einen Quotienten von Spannung und Strom, der als Kennwiderstand des Kreises Z_0 definiert wird.

$$\frac{u^2}{i^2}\Big|_T = \frac{U_{eff}^2}{I_{eff}^2}\Big|_T = Z_0^2 = \frac{L}{C}$$

$$Z_0 = \sqrt{\frac{L}{C}} \qquad (10.7)$$

Die unvermeidliche Existenz eines Verlustwiderstandes R, der den Kreis bedämpft (Bild 10.15), wird mit der Güte Q des Kreises beschrieben. Bei einem Reihenschwingkreis (Index S für Serie) bezieht man den Kennwiderstand Z_0 auf den Verlustwiderstand R_S. Man erkennt, dass eine Verringerung des Verlustwiderstandes zu einer Erhöhung der Güte Q_S führt.

$$Q_S = \frac{Z_0}{R_S} = \frac{1}{R_S} \cdot \sqrt{\frac{L}{C}} \qquad (10.8)$$

Bei einem Parallelschwingkreis (Index P) arbeitet man mit Leitwerten. Durch die Kehrwertbildung wird jetzt der Verlustwiderstand R_P auf den Kennwiderstand Z_0 des Kreises bezogen. Eine Erhöhung der Güte Q_P kann hier durch eine Vergrößerung des Verlustwiderstandes R_P erreicht werden.

$$Q_P = \frac{R_P}{Z_0} = R_P \cdot \sqrt{\frac{C}{L}} \tag{10.9}$$

Ein Schwingkreis führt erzwungene Schwingungen aus, wenn er von außen mit einer sinusförmigen Wechselgröße gespeist wird. Bei einer Variation der Frequenz der eingespeisten Größe oder bei Einspeisung einer nichtsinusförmigen Wechselgröße besitzt er frequenzselektive Eigenschaften. Daraus resultieren Amplitudenfrequenzgänge $A\,(\omega)$ bzw. $A\,(f)$, die den gesamten Frequenzbereich in drei Teilabschnitte untergliedern (siehe Bild 10.17).

Ein Schwingkreis kann als Bandpass oder als Bandsperre eingesetzt werden. Der Bandpass überträgt ein Frequenzband mit einer definierten Bandbreite (Durchlassbereich) und sperrt die Frequenzbereiche unterhalb und oberhalb dieses Durchlassbereiches (unterer und oberer Sperrbereich). Eine Bandsperre hat den entgegengesetzten Frequenzgang (gestrichelter Verlauf im Bild 10.17). Alle Frequenzgänge werden im Weiteren mit einer logarithmisch skalierten Frequenzachse dargestellt, um einen möglichst großen Frequenzbereich zu erfassen und um den Frequenzgang zu symmetrieren.

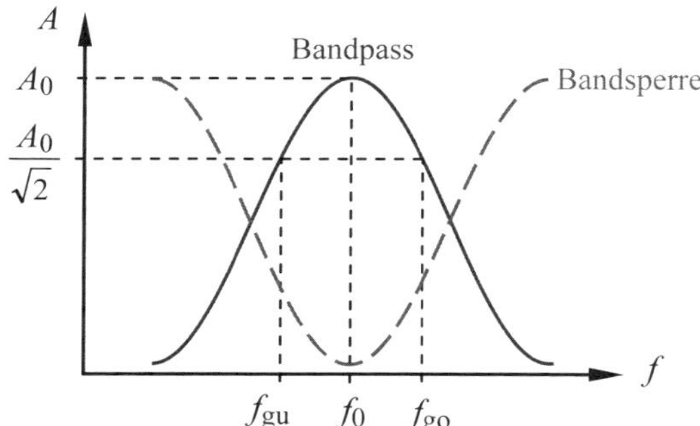

Bild 10.17: Bandpass und Bandsperre

Schwingkreise werden in der Praxis sowohl als Reihenschwingkreis als auch als Parallelschwingkreis technisch realisiert. In den folgenden Ausführungen wird der Reihenschwingkreis betrachtet. Es gilt die vereinfachte Schreibweise: $R_S = R$ und $Q_S = Q$.
Alle Eigenschaften und Berechnungsvorschriften sind auf einen Parallelschwingkreis übertragbar, wenn Spannungen durch Ströme bzw. Widerstände durch Leitwerte ersetzt werden (Analogie zwischen Reihen-und Parallelschaltung; siehe Abschn. 8.3).

Die Spule und der Kondensator werden zunächst als ideale Bauelemente angenommen. Der Widerstand R soll die resultierenden Verluste nachbilden. An den Reihenschwingkreis wird eine konstante Spannung angelegt (Spannungseinspeisung).

Es gilt: $\underline{U}_q = |\underline{U}_q| \cdot e^{j0^\circ}$ mit: $|\underline{U}_q| = \text{const.}$

Ein Reihenschwingkreis weist für den Strom und die drei Teilspannungen frequenzselektive Eigenschaften auf.

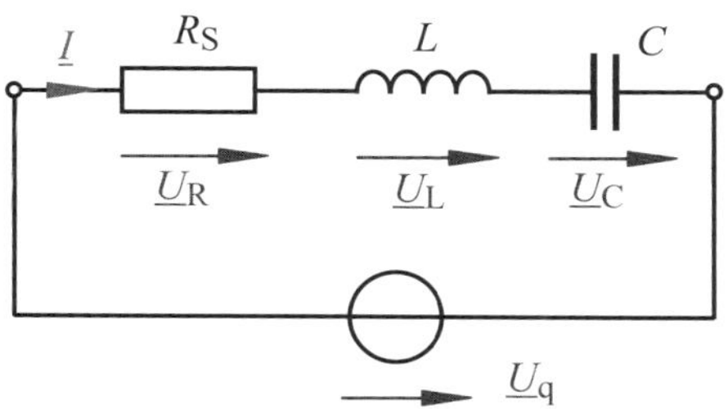

Der komplexe Strom wird über das OHMsche Gesetz berechnet:

$$\underline{I} = \frac{\underline{U}_q}{\underline{Z}} = \frac{\underline{U}_q}{R + j\omega L + \frac{1}{j\omega C}}$$

Bild 10.18: Reihenschwingkreis bei Spannungseinspeisung

Für den Betrag des Stromes gilt dann:

$$|\underline{I}| = \frac{|\underline{U}_q|}{\sqrt{R^2 + (\omega L - \frac{1}{\omega C})^2}} \tag{10.10}$$

Dieser Strom ist bei tiefen Frequenzen (unterer Sperrbereich) und bei hohen Frequenzen (oberer Sperrbereich) relativ klein. In der näheren Umgebung der Resonanzfrequenz (Durchlassbereich zwischen den beiden Grenzfrequenzen f_{gu} und f_{go}) steigt der Betrag des Stromes auf Werte $I \geq I_0 \cdot 1/\sqrt{2}$ an. Im Resonanzfall wird der Imaginärteil des komplexen Widerstandes gleich null. Der Betrag des Stromes erreicht dann sein Maximum I_0.

Bei $\omega L = \frac{1}{\omega C}$ gilt: $I_0 = \frac{|\underline{U}_q|}{R}$.

Bezieht man den Strom bei einer beliebigen Frequenz auf den Strom im Resonanzfall, so erhält man eine normierte Darstellung seines Amplitudenfrequenzganges.

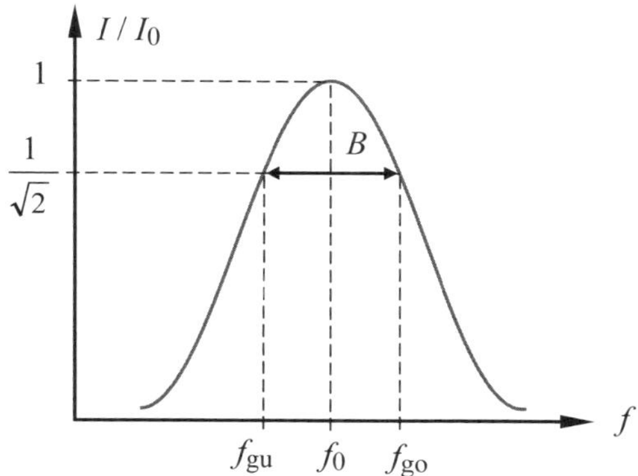

Bild 10.19: Amplitudenfrequenzgang des Stromes

Der Durchlassbereich (siehe Bild 10.19) hat eine definierte Breite, die man als Bandbreite bezeichnet. Sie wird aus der Differenz von oberer und unterer Grenzfrequenz bestimmt.

$$B = f_{go} - f_{gu} \qquad (10.11)$$

Die Bandbreite eines Schwingkreises ist abhängig von seiner Güte.

$$B = \frac{f_0}{Q} \qquad (10.12)$$

Schlussfolgerung: Je größer die Güte eines Schwingkreises, desto kleiner die Bandbreite und desto größer die Selektivität des Kreises.

Die Grenzfrequenzen werden beim $1/\sqrt{2}$- fachen Wert des Stromes im Resonanzfall festgelegt. Dieser Wert entspricht einem Phasenwinkel von $\varphi = \varphi_u - \varphi_i = \mp 45°$.

Für den Phasenwinkel gilt allgemein: $\varphi = \arctan \dfrac{\omega L - \dfrac{1}{\omega C}}{R}$.

Im Bild 10.20 ist sein Verlauf bei Variation der Frequenz dargestellt.

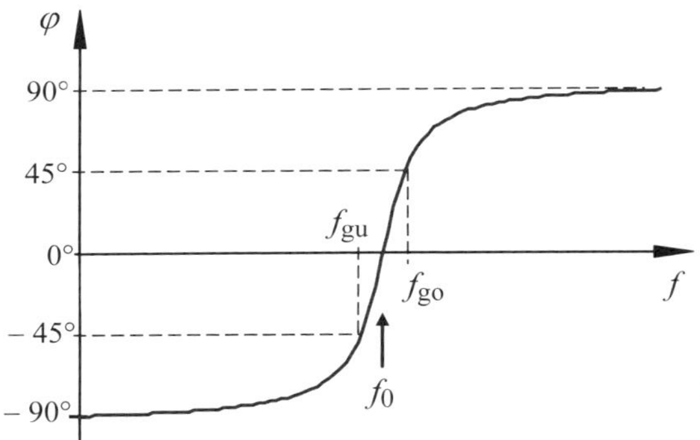

Bild 10.20: Frequenzgang des Phasenwinkels eines Reihenschwingkreises

Für $\varphi = \mp 45°$ erhält man:

$$\omega_g L - \frac{1}{\omega_g C} = (\mp 1) \cdot R \qquad \text{bzw.:} \qquad \omega_g L - \frac{1}{\omega_g C} \pm R = 0 \qquad | \cdot \omega_g C$$

$$\omega_g^2 LC \pm \omega_g RC - 1 = 0$$

$$\omega_g^2 \pm \omega_g \cdot \frac{RC}{LC} - \frac{1}{LC} = 0 \qquad \text{mit: } \omega_0^2 = \frac{1}{LC} \qquad \Rightarrow \qquad \omega_g^2 \pm \omega_g \cdot \omega_0^2 \cdot RC - \omega_0^2 = 0$$

Durch Einbeziehung der Güte nach Gleich. (10.8) kann diese quadratische Gleichung weiter vereinfacht werden:

$$Q=\frac{1}{R}\cdot\sqrt{\frac{L}{C}}=\frac{1}{R}\cdot\sqrt{\frac{LC}{C^2}}=\frac{\sqrt{LC}}{RC}=\frac{1}{\omega_0 RC}$$ Für das Produkt RC gilt dann: $RC=\frac{1}{\omega_0\cdot Q}$

$$\omega_g^2\pm\omega_g\cdot\frac{\omega_0}{Q}-\omega_0^2=0$$

Die Lösung der quadratischen Gleichung (ω_g kann nur positive Werte annehmen!) führt zu folgendem Ergebnis:

$$\omega_{g1,2}=\mp\frac{\omega_0}{2Q}+\sqrt{\frac{\omega_0^2}{4Q^2}+\omega_0^2}$$

Daraus werden mit $f=\omega/2\pi$ die Grenzfrequenzen f_{gu} und f_{go} ermittelt.

$$f_{gu}=\frac{-f_0+f_0\sqrt{1+4Q^2}}{2Q} \qquad (10.13)$$

$$f_{go}=\frac{f_0+f_0\sqrt{1+4Q^2}}{2Q} \qquad (10.14)$$

Für die Beträge der Teilspannungen in einem Reihenschwingkreis (Spannungsteiler) gilt bei konstanter Spannungseinspeisung:

ÜB: BB 10.14

$$|\underline{U}_R|=|\underline{U}_q|\cdot\frac{R}{|\underline{Z}|}=\frac{|\underline{U}_q|\cdot R}{\sqrt{R^2+(\omega L-\frac{1}{\omega C})^2}}$$

$$|\underline{U}_L|=|\underline{U}_q|\cdot\frac{\omega L}{|\underline{Z}|}=\frac{|\underline{U}_q|\cdot\omega L}{\sqrt{R^2+(\omega L-\frac{1}{\omega C})^2}}$$ und: $$|\underline{U}_C|=|\underline{U}_q|\cdot\frac{\frac{1}{\omega C}}{|\underline{Z}|}=\frac{|\underline{U}_q|\cdot\frac{1}{\omega C}}{\sqrt{R^2+(\omega L-\frac{1}{\omega C})^2}}$$

Unterhalb der Resonanzfrequenz wirkt der Schwingkreis kapazitiv (siehe Bild 10.20) und oberhalb des Resonanzfalls wirkt er induktiv. Im Resonanzfall wirkt er wie ein ohmscher Widerstand. Die Gesamtspannung fällt dann über dem Widerstand R ab.

$$|\underline{U}_{R0}|=I_0\cdot R=\frac{|\underline{U}_q|}{R}\cdot R=U_q$$

Das bedeutet aber nicht, dass die Spannungen über den Blindelementen gleich null sind. Bedingt durch ihren gleichen Betrag und ihre unterschiedliche Richtung (Abschn. 8.3), heben sie sich lediglich nach außen hin in ihrer Wirkung teilweise oder vollständig auf. Ihr Betrag kann im Resonanzfall sehr große Werte annehmen (Spannungsüberhöhung).

Für den Betrag der Spannung über dem induktiven Blindwiderstand gilt im Resonanzfall:

$$|\underline{U}_{L0}| = I_0 \cdot \omega_0 L = \frac{|\underline{U}_q|}{R} \cdot \omega_0 L = U_q \cdot \frac{\omega_0 L}{R}$$

Für die Güte des Reihenschwingkreises gilt Gleich. (10.8). Diese Güte kann über die Bauelemente-Kenngrößen mit der Resonanzkreisfrequenz verknüpft werden:

$$Q = \frac{1}{R} \cdot \sqrt{\frac{L}{C}} = \frac{1}{R} \cdot \sqrt{\frac{L^2}{LC}} = \frac{L}{R} \cdot \sqrt{\frac{1}{LC}} = \frac{\omega_0 L}{R}$$

Dann gilt für den Betrag der Spannung über dem induktiven Blindwiderstand bei ω_0:

$$|\underline{U}_{L0}| = U_q \cdot Q$$

Für den Betrag der Spannung über dem kapazitiven Blindwiderstand gilt bei ω_0:

$$|\underline{U}_{C0}| = I_0 \cdot \frac{1}{\omega_0 C} = \frac{|\underline{U}_q|}{\omega_0 RC} = U_q \cdot \frac{1}{\omega_0 RC}$$

Mit Gleich. (10.8) erhält man:

$$Q = \frac{1}{R} \cdot \sqrt{\frac{L}{C}} = \frac{1}{R} \cdot \sqrt{\frac{LC}{C^2}} = \frac{\sqrt{LC}}{RC} = \frac{1}{\omega_0 RC}$$

Dann gilt für den Betrag der Spannung über dem kapazitiven Blindwiderstand bei ω_0:

$$|\underline{U}_{C0}| = U_q \cdot Q$$

ÜB: BB 10.13

Die Spannungsabfälle über der Induktivität und über der Kapazität sind im Resonanzfall um den Faktor der Güte größer als die an den Kreis angelegte Gesamtspannung. Dieser Effekt wird als Spannungsüberhöhung bezeichnet.

$$|\underline{U}_{L0}| = |\underline{U}_{C0}| = Q \cdot U_q \tag{10.15}$$

Bei technischen Realisierungen ist dieser Effekt bei der Bemessung der Spannungsfestigkeit des Kondensators zu berücksichtigen. Ein Schwingkreis mit verlustarmen Bauelementen kann eine Güte in der Größenordnung von bis zu einigen 100 erreichen. Bei einer Gesamtspannung von 1 V würde somit im Resonanzfall eine Spannung von bis zu einigen 100 V über dem Kondensator anliegen. Für diese Spannung muss der Kondensator dann auch ausgelegt werden.

Bild 10.21 zeigt die normierten Frequenzgänge der Beträge der drei Teilspannungen eines Reihenschwingkreises bei konstanter Spannungseinspeisung. Die Frequenzachse ist wieder logarithmisch skaliert.

Der Spannungsabfall über dem ohmschen Widerstand (gestrichelter Verlauf im Bild 10.21) erreicht im Resonanzfall sein Maximum mit $U_{R0} = U_q$.

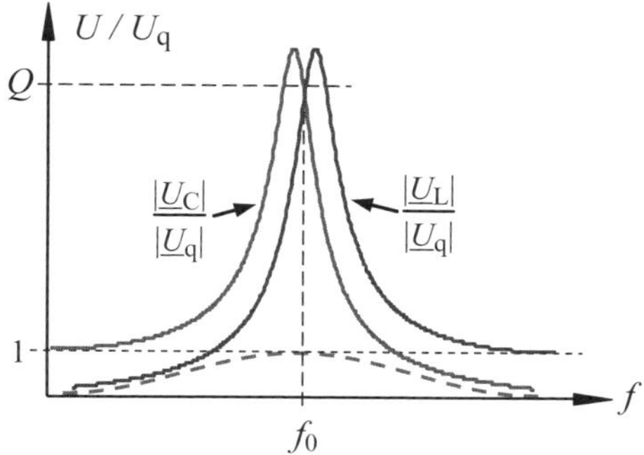

Bild 10.21: Normierter Frequenzgang der Spannungen eines Reihenschwingkreises

Der Frequenzgang der Spannung über dem kapazitiven Blindwiderstand $|\underline{U}_C|$ (f) beginnt bei $f = 0$ mit dem Anfangswert U_q. Im Gleichspannungsfall lädt sich der Kondensator auf die Gesamtspannung auf. Die Spannungen über dem ohmschen Widerstand und dem induktiven Blindwiderstand sind null. Mit zunehmender Frequenz steigt die Spannung über dem kapazitiven Blindwiderstand an und erreicht bei der Frequenz f_{0C} ihr Maximum. Dieses Maximum liegt etwas unterhalb der Resonanzfrequenz f_0. Die Abweichung der Frequenz f_{0C} von f_0 wird durch die Güte Q des Kreises bestimmt und nimmt mit sinkender Güte zu. Nach Durchlaufen des Maximums sinkt die Spannung über dem kapazitiven Blindwiderstand auf null ab.

Der Frequenzgang der Spannung über dem induktiven Blindwiderstand (siehe Bild 10.21) hat im Vergleich zu $|\underline{U}_C|$ (f) einen zu f_0 gespiegelten Verlauf. Im Resonanzfall sind die Beträge der Spannungen über den Blindwiderständen gleich groß. Der Schnittpunkt der beiden Frequenzgänge gibt die Güte des Kreises Q an.

Aus praktischer Sicht ist immer wieder die messtechnische Bestimmung prinzipieller Frequenzgänge eines Schwingkreises unter Verwendung ausgewählter Messpunkte auf der Frequenzachse von Interesse. Das verwendete Messmittel darf dabei die Güte des Kreises nicht maßgeblich verändern (Innenwiderstand) und innerhalb der Aufnahme der Messreihe keinen eigenen Frequenzgang in das Messergebnis einbringen (Tiefpass-Verhalten). Aus diesen Gründen bietet sich im NF-Bereich das Oszilloskop zur Messung (hier: $|\underline{U}_M|$) an.

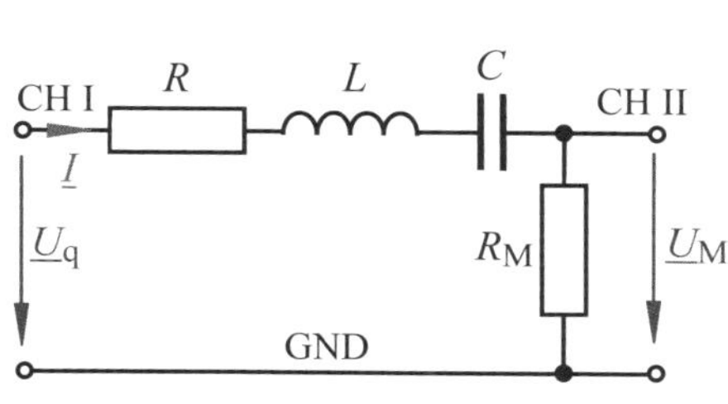

Bild 10.22: Messung des Amplitudenfrequenzganges des Stromes

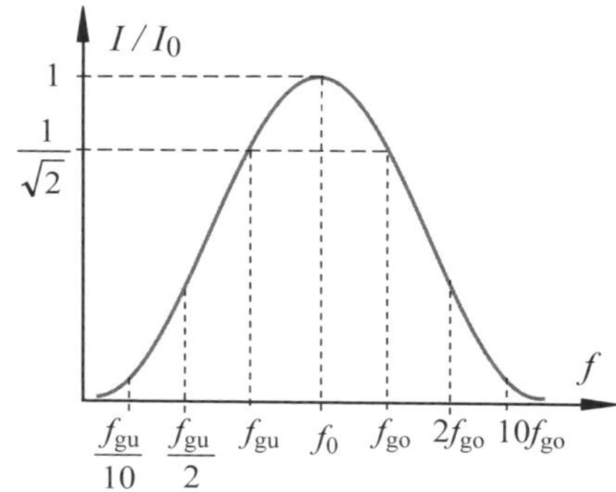

Bild 10.23: Verlauf des prinzipiellen Amplitudenfrequenzganges

Zur Bestimmung des prinzipiellen Verlaufs des Amplitudenfrequenzganges des Stromes in einem Reihenschwingkreis kann man die im Bild 10.22 angegebene Schaltung verwenden. Der zu messende Betrag des Stromes sollte in diesem Fall mit einem niederohmigen Messwiderstand $R_M << R$ in eine proportionale Spannung $\underline{U}_M$ gewandelt werden.

An die Anordnung wird nun eine Spannung $\underline{U}_q$ mit konstantem Betrag und variabler Frequenz angelegt. Falls der Generator diese Spannung nicht mit einer konstanten Amplitude bereitstellt (z.B. infolge der starken Belastung durch den Schwingkreis in der näheren Umgebung des Resonanzfalles), muss die Eingangsspannung $|\underline{U}_q|$ in jedem Messpunkt nachgeregelt werden (Kontrolle mit CH I).
Durch Variation der Frequenz der eingespeisten Spannung sucht man zunächst das Maximum der Spannung ($U_{M,max} \sim I_0$) über R_M und findet so die Resonanzfrequenz f_0. Danach wird durch Verringern / Vergrößern der Frequenz derjenige Spannungswert U_M gesucht, der dem $1/\sqrt{2}$-fachen Wert der Spannung im Resonanzfall $U_{M,max}$ entspricht. So erhält man die beiden Grenzfrequenzen f_{gu} und f_{go}. Schließlich ermittelt man noch die Spannungen bei der halben unteren und der doppelten oberen Grenzfrequenz (Oktavabstand) und bei einem Zehntel der unteren bzw. dem Zehnfachen der oberen Grenzfrequenz (Frequenzdekade).

Der Reihenschwingkreis weist unterschiedliche Übertragungseigenschaften auf, wenn das Ausgangssignal über den verschiedenen Bauelementen abgegriffen wird. Positioniert man z.B. die Spule im Längszweig und den Kondensator im Querzeig eines Übertragungsgliedes (Bild 10.24), erhält man je nach Güte des Kreises eine Tiefpass- oder eine Bandpass-Charakteristik. Der Kondensator kann als ideal angenommen werden, wenn seine Güte viel größer als die der realen Spule ist ($R \approx R_L$).

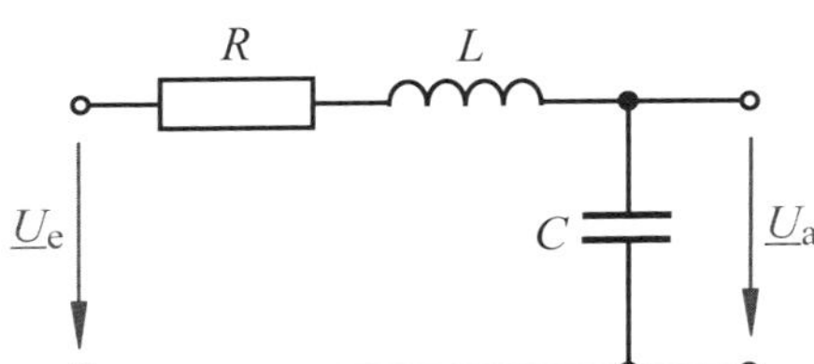

Bild 10.24: Reihenschwingkreis als Übertragungsglied

Zur Beschreibung des Übertragungsverhaltens dient wieder der komplexe Frequenzgang. Durch die Erweiterung mit $\mathrm{j}\omega C$ erhält man:

$$\underline{F}(\mathrm{j}\omega) = \frac{\underline{U}_a}{\underline{U}_e} = \frac{\dfrac{1}{\mathrm{j}\omega C}}{R + \mathrm{j}\omega L + \dfrac{1}{\mathrm{j}\omega C}} = \frac{1}{1 - \omega^2 LC + \mathrm{j}\omega RC}$$

Die Ausdrücke LC und RC können wieder mit Gleich. (8.11) und (10.8) über die Resonanzkreisfrequenz und die Güte des Kreises beschrieben werden [vgl. auch Herleitung zur Gleich. (10.15)].

Es gilt: $LC = \dfrac{1}{\omega_0^2}$ und: $RC = \dfrac{1}{\omega_0 \cdot Q}$

Damit ergibt sich für den komplexen Frequenzgang: $\underline{F}(\mathrm{j}\omega) = \dfrac{1}{1 - \dfrac{\omega^2}{\omega_0^2} + \mathrm{j}\dfrac{\omega}{\omega_0} \cdot \dfrac{1}{Q}}$

Frequenzgänge werden häufig mit einer normierten Frequenzachse dargestellt. Dazu bezieht man die jeweilige Kreisfrequenz z.B. auf die Resonanzkreisfrequenz und erhält die normierte Frequenz Ω.

$$\Omega = \frac{\omega}{\omega_0} = \frac{f}{f_0} \tag{10.16}$$

Jetzt ist der komplexe Frequenzgang nur noch von der Kreisgüte und der normierten Frequenz abhängig.

$$\underline{F}(\mathrm{j}\Omega) = \frac{1}{1 - \Omega^2 + \mathrm{j} \cdot \dfrac{\Omega}{Q}} \tag{10.17}$$

Lehrbeispiel 10.3:

Berechnen Sie für das Übertragungsglied im Bild 10.24 den Amplituden- und den Phasenfrequenzgang sowie die Ortskurve des komplexen Frequenzganges. Stellen Sie diese Funktionen grafisch dar und diskutieren Sie den Einfluss der Kreisgüte.

Zur Bestimmung des Amplitudenfrequenzganges wird aus Gleich. (10.17) der Betrag gebildet:

$$A(\Omega) = \frac{1}{\sqrt{(1 - \Omega^2)^2 + \dfrac{\Omega^2}{Q^2}}}$$

ÜB: BB 10.15

Zur grafischen Darstellung der gesuchten Funktionen werden folgende Werte für die Bauelemente gewählt: $L = 4$ mH, $C = 100$ nF und $R_1 = 50\ \Omega$.

Daraus erhält man mit Gleich. (8.11) die Resonanzfrequenz, mit (10.7) den Kennwiderstand und mit Gleich. (10.8) die Güte des Kreises:

$$f_0 = \frac{1}{2\pi \cdot \sqrt{LC}} = \frac{1}{2\pi \cdot \sqrt{4 \cdot 10^{-10}}}\ \mathrm{Hz} \approx 8\ \mathrm{kHz} \qquad \text{und:} \qquad Z_0 = \sqrt{\frac{L}{C}} = \sqrt{\frac{4 \cdot 10^{-3}}{100 \cdot 10^{-9}}}\ \Omega = 200\ \Omega$$

$$Q_1 = \frac{1}{R_1} \cdot \sqrt{\frac{L}{C}} = \frac{Z_0}{R_1} = \frac{200\ \Omega}{50\ \Omega} = 4$$

Zur Diskussion des Einflusses der Güte muss der Verlustwiderstand noch variiert werden.

$R_2 = 4 \cdot R_1 = 200\ \Omega \quad \Rightarrow \quad Q_2 = 1 \qquad$ und: $\qquad R_3 = 8 \cdot R_1 = 400\ \Omega \quad \Rightarrow \quad Q_3 = 0{,}5$

Bild 10.25 zeigt die Amplitudenfrequenzgänge für die drei verschiedenen Kreisgüten.

Bei Güten $Q > 1$ (hier z.B. $Q_1 = 4$) bildet sich eine Bandpass-Charakteristik aus, die sich mit zunehmenden Güten immer stärker ausprägt. Bei einer Güte $Q = 1$ (hier: Q_2) ist noch eine leichte Höckerbildung zu beobachten, die auf eine TSCHEBYSCHEFF-Charakteristik hinweist ([11] – Abschn. 5.9.1).

Wenn die Güte auf Werte $Q < 1$ absinkt (hier z.B. $Q_3 = 0{,}5$), arbeitet das Übertragungsglied als Tiefpass. Bei einer Güte $Q = 1/\sqrt{2}$ kann die Grenzfrequenz über die Resonanzfrequenz berechnet werden. Die Steilheit der Flanke beim Übergang in den Sperrbereich [vgl. Gleich. (10.20)] wird mit abnehmender Güte immer geringer. Die Grenzfrequenz nimmt dann immer kleinere Werte an.

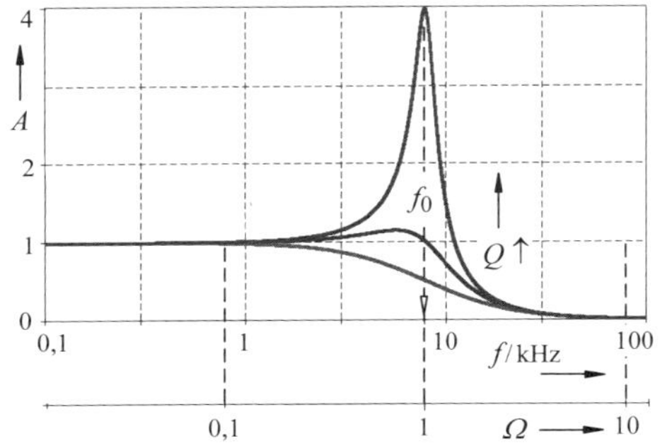

Bild 10.25: Amplitudenfrequenzgänge (LB 10.3)

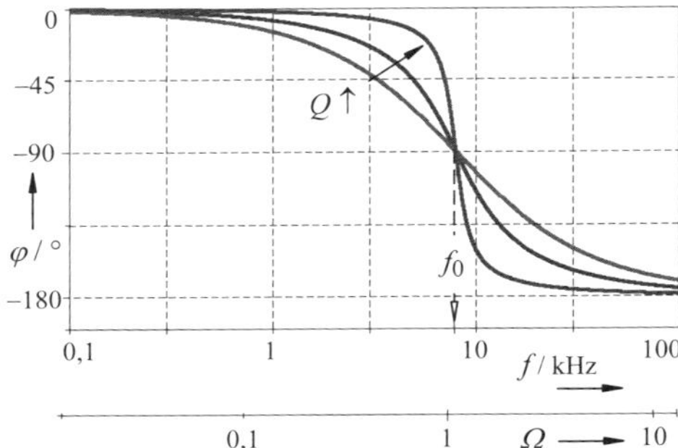

Bild 10.26: Phasenfrequenzgänge (LB 10.3)

Der Phasenfrequenzgang ergibt sich aus dem Argument des komplexen Frequenzganges:

$$\varphi(\Omega) = -\arctan\frac{\Omega}{Q\cdot(1-\Omega^2)}$$

Bild 10.26 zeigt die Phasenfrequenzgänge für die drei verschiedenen Kreisgüten. Im Resonanzfall wird der Winkel infolge der idealen kapazitiven Wirkung gleich $-90°$.

Zur Berechnung der Ortskurve muss der komplexe Frequenzgang in die kartesische Form umgewandelt werden. Im Ergebnis einer konjugiert komplexen Erweiterung erhält man:

ÜB: BB 10.16

$$\underline{F}(\mathrm{j}\Omega) = \frac{1-\Omega^2 - \mathrm{j}\dfrac{\Omega}{Q}}{(1-\Omega^2)^2 + \dfrac{\Omega^2}{Q^2}}$$

$$\mathrm{Re}\{\underline{F}(\mathrm{j}\Omega)\} = \frac{Q^2(1-\Omega^2)}{Q^2(1-\Omega^2)^2+\Omega^2} \quad \text{und:} \quad \mathrm{Im}\{\underline{F}(\mathrm{j}\Omega)\} = \frac{-Q\cdot\Omega}{Q^2(1-\Omega^2)^2+\Omega^2}$$

Bild 10.27 zeigt die Ortskurven für die drei verschiedenen Kreisgüten. Alle Kurven beginnen bei $f = 0$ mit einem Imaginärteil von null und einem Realteil $\mathrm{Re}\,\{\underline{F}\,(\mathrm{j}\Omega)\} = 1$. Im Resonanzfall $f = f_0$ durchläuft der Realteil den Wert null und wird dann negativ.

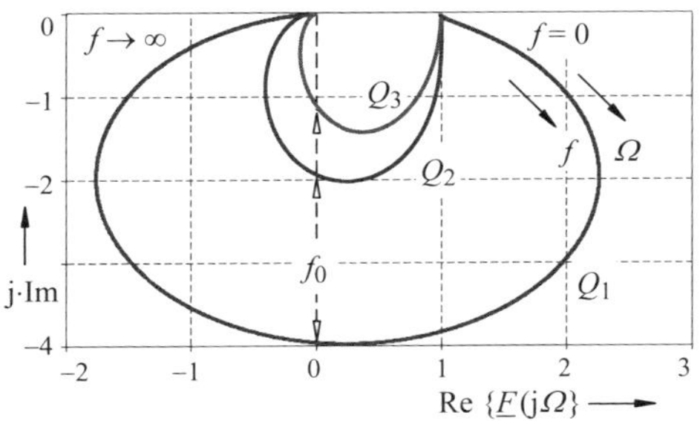

$\mathrm{Im}\,\{\underline{F}\,(\mathrm{j}\Omega)\} = f[\mathrm{Re}\,\{\underline{F}\,(\mathrm{j}\Omega)\}]$

Bild 10.27: Ortskurve zum Lehrbeispiel 10.3

Mit abnehmender Güte $Q_1 \rightarrow Q_2 \rightarrow Q_3$ schließen die Ortskurven immer kleinere Flächen ein, da der Betrag des komplexen Frequenzganges kleiner wird.

Amplitudenfrequenzgänge von Schwingkreisen werden häufig in Form einer doppelt-logarithmischen Darstellung angegeben. Dazu wird die Abszissenachse logarithmisch skaliert und die Ordinatenachse erhält eine Pegeleinteilung in Dezibel. Durch die Verwendung des Pegels können Amplitudenverhältnisse dargestellt werden, die sich um mehrere Größenordnungen unterscheiden.

> Der Pegel ist ein logarithmisches Leistungsverhältnis. Bei Verwendung des dekadischen Logarithmus wird der Pegel mit der Einheit Bel oder in Dezibel (dB) angegeben.

Zur Berechnung dieses Pegels bezieht man die jeweils betrachtete Leistung P_x auf einen verabredeten Referenzwert P_{ref}.

$$\frac{|\underline{A}^*|}{\text{Bel}} = \lg \frac{P_x}{P_{ref}} \quad \text{bzw.:} \quad \frac{|\underline{A}^*|}{\text{dB}} = 10 \cdot \lg \frac{P_x}{P_{ref}}$$

Beide Leistungen sind nur dann vergleichbar, wenn sie im gleichen Widerstand umgesetzt werden. Es gilt: $P = I^2 \cdot R$ oder $P = U^2 / R$.

Aus dem Leistungsverhältnis kürzt sich dann der Widerstand heraus. Man erhält ein Spannungs- oder ein Stromverhältnis.

Als Referenzwert P_{ref} dient häufig der Maximalwert $P_{x,max}$ der betrachteten Leistung.

Beim Erreichen dieses Maximums hat der Pegel dann einen Wert von 0 dB.

$$\frac{|\underline{A}^*|}{\text{dB}} = 10 \cdot \lg \frac{P_x}{P_{x,max}} = 10 \cdot \lg \frac{U_x^2}{U_{x,max}^2} \quad \text{bzw.:} \quad \frac{|\underline{A}^*|}{\text{dB}} = 10 \cdot \lg \frac{P_x}{P_{x,max}} = 10 \cdot \lg \frac{I_x^2}{I_{x,max}^2}$$

Die Quadrate können nach den Gesetzen der Logarithmenrechnung noch als Faktor vor den Logarithmus geschrieben werden.

$$\frac{|\underline{A}^*|}{\text{dB}} = 20 \cdot \lg \frac{I_x}{I_{x,max}} = 20 \cdot \lg \frac{U_x}{U_{x,max}} \tag{10.18}$$

Für einen Reihenschwingkreis verwendet man zur Pegeldarstellung den Strom im Resonanzfall I_0 als Referenzgröße. Beim Erreichen der Grenzfrequenzen erfährt I_0 eine Dämpfung von 3 dB. Bei einer Dämpfung ist der Pegel negativ. Es gilt:

$$|\underline{A}^*|_{f=f_g} = 20 \cdot \lg \frac{I}{I_0} = 20 \cdot \lg \frac{1}{\sqrt{2}} = -3\,\text{dB}$$

Zur Beschreibung des Verlaufs eines Frequenzganges beim Übergang vom Durchlassbereich in den Sperrbereich dient die Filter-Flankensteilheit S_F. Dazu wird die Pegeldifferenz auf einen definierten Frequenzabstand bezogen. Als Frequenzabstand verwendet man die Frequenzdekade oder die Frequenzoktave (siehe auch Bild 10.23). Für die Filter-Flankensteilheit pro Dekade (Dek.) gilt:

$$S_{\text{Fu}} = \frac{|\underline{A}^*|_{f_{\text{gu}}} - |\underline{A}^*|_{0{,}1 \cdot f_{\text{gu}}}}{\text{Dek.}} \tag{10.19}$$

$$S_{\text{Fo}} = \frac{|\underline{A}^*|_{f_{\text{go}}} - |\underline{A}^*|_{10 \cdot f_{\text{go}}}}{\text{Dek.}} \tag{10.20}$$

10.4 Übertragungsvierpole

Vierpole sind schaltungstechnische Konfigurationen mit zwei Eingangs- und zwei Ausgangsklemmen (Zweitor). Sie entstehen aus einem vollständigen Übertragungssystem an einem beliebigen Punkt der Übertragungsstrecke durch Abtrennen der vorgelagerten Schaltung (Einspeisung) und der nachfolgenden Schaltung (Belastung). Die vorgelagerte Schaltung wird nach den Regeln der Zweipoltheorie in eine Ersatzquelle mit $\underline{U}_{\text{L}}$ und $\underline{Z}_{\text{i}}$ umgerechnet. Die nachfolgende Schaltung beschreibt man über ihren komplexen Eingangswiderstand, der für den vorgeschalteten Vierpol als Lastwiderstand $\underline{Z}_{\text{a}}$ wirkt.

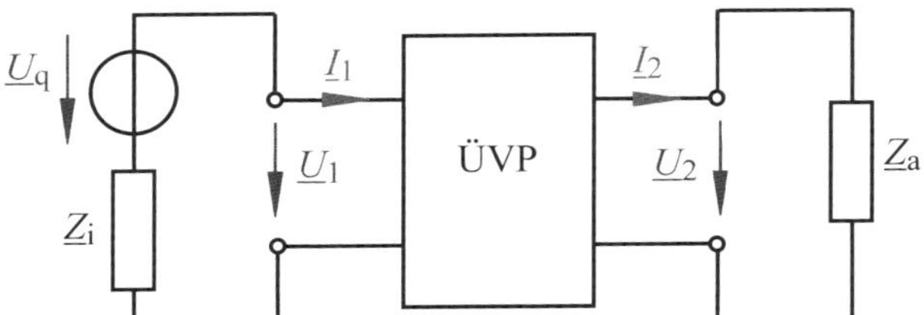

Bild 10.28: Übertragungsvierpol

Beachte: Die Eingangsgrößen eines Übertragungsvierpols (ÜVP) werden mit dem Index 1 und die Ausgangsgrößen werden mit dem Index 2 gekennzeichnet. Sie können im Ketten-Zählpfeilsystem (K-ZPS) oder im Verbraucher-Zählpfeilsystem (V-ZPS) dargestellt werden.

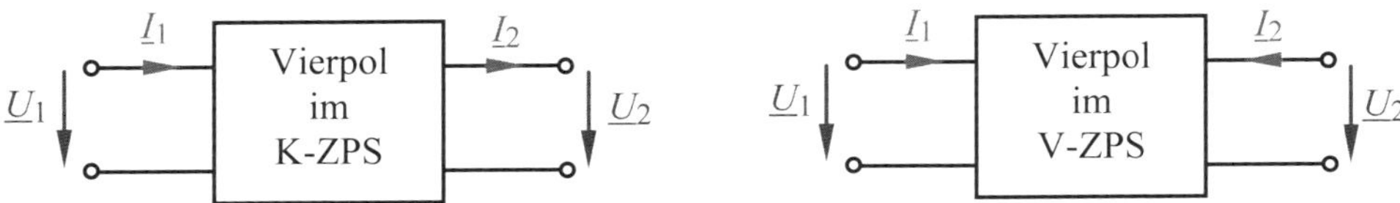

Bild 10.29: Zählpfeilsysteme bei Vierpolen

Bei der in diesem Abschnitt gewählten Darstellung im Ketten-Zählpfeilsystem (Bild 10.29 – links) wird der Eingang des Vierpols als Verbraucher für die vorgeschaltete Quelle und der Ausgang als Quelle für den nachfolgenden Lastwiderstand (vgl. Bild 10.28) aufgefasst.

Das Übertragungsverhalten eines Vierpols wird mit Vierpolparametern beschrieben.

Diese Parameter verknüpfen die Ausgangsgrößen mit den Eingangsgrößen und sind abhängig von den Aufbauelementen des Vierpols (Abkürzung: VP).

In der Schaltungstechnik werden häufig Kettenschaltungen eingesetzt. Sie sind dadurch gekennzeichnet, dass die Ausgangsgrößen des vorgeschalteten Vierpols identisch mit den Eingangsgrößen des nachgeschalteten Vierpols sind. Zur Berechnung von Kettenschaltungen verwendet man die Kettenparameter ($\underline{A}$-Parameter). Mit ihnen werden die Eingangsgrößen als Funktion der Ausgangsgrößen beschrieben.

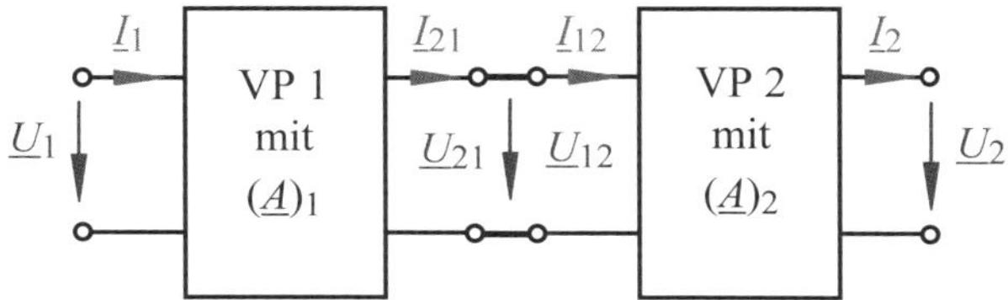

Bild 10.30: Kettenschaltung

Bild 10.30 zeigt die Kettenschaltung von zwei Vierpolen. Die Kettenparameter des resultierenden Vierpols werden durch die Multiplikation der Matrizen der $\underline{A}$-Parameter der beiden Einzelvierpole bestimmt.

$$(\underline{A}) = (\underline{A})_1 \cdot (\underline{A})_2 \tag{10.21}$$

Bedingt durch die Existenz von zwei Eingangs- und zwei Ausgangsgrößen ist zur Beschreibung des Übertragungsverhaltens eines Vierpols ein Gleichungssystem mit zwei Gleichungen erforderlich. Für eine Vierpolbeschreibung über die Kettenparameter gilt:

$$\begin{aligned} \underline{U}_1 &= \underline{A}_{11} \cdot \underline{U}_2 + \underline{A}_{12} \cdot \underline{I}_2 \\ \underline{I}_1 &= \underline{A}_{21} \cdot \underline{U}_2 + \underline{A}_{22} \cdot \underline{I}_2 \end{aligned} \tag{10.22}$$

Diese Kettenparameter können bei Leerlauf bzw. bei Kurzschluss am Ausgang eines Vierpols berechnet werden und haben folgende Bedeutung:

Leerlaufspannungsrückwirkung:

$$\underline{A}_{11} = \frac{\underline{U}_1}{\underline{U}_2}\bigg|_{(\underline{I}_2=0)} \tag{10.23}$$

Kurzschlussübertragungswiderstand:

$$\underline{A}_{12} = \frac{\underline{U}_1}{\underline{I}_2}\bigg|_{(\underline{U}_2=0)} \tag{10.24}$$

Leerlaufübertragungsleitwert:

$$\underline{A}_{21} = \frac{\underline{I}_1}{\underline{U}_2}\bigg|_{(\underline{I}_2=0)} \tag{10.25}$$

Kurzschlussstromrückwirkung:

$$\underline{A}_{22} = \frac{\underline{I}_1}{\underline{I}_2}\bigg|_{(\underline{U}_2=0)} \tag{10.26}$$

Strukturmäßig unbekannte Vierpole können mit Ersatzschaltungen beschrieben werden. Typische Ersatzschaltungen passiver Übertragungsvierpole sind die T-Schaltung sowie die Π-Schaltung. Sie sind symmetrisch, wenn sie im Vorwärtsbetrieb (Normalbetrieb – Einspeisung über das Tor 1) und im Rückwärtsbetrieb (Inversbetrieb – Einspeisung über das Tor 2) das gleiche Übertragungsverhalten aufweisen.

Lehrbeispiel 10.4:

Berechnen Sie für die T- und die Π-Ersatzschaltung die Kettenparameter als Funktion der Aufbauwiderstände $\underline{Z}_1$, $\underline{Z}_2$ und $\underline{Z}_3$ bzw. $\underline{Z}_0$.

Zunächst wird die T-Ersatzschaltung betrachtet. Zur Berechnung der $\underline{A}$-Parameter dienen die Gleich. (10.23) bis (10.26). Den Widerstand im Querzweig bezeichnet man mit $\underline{Z}_3$.

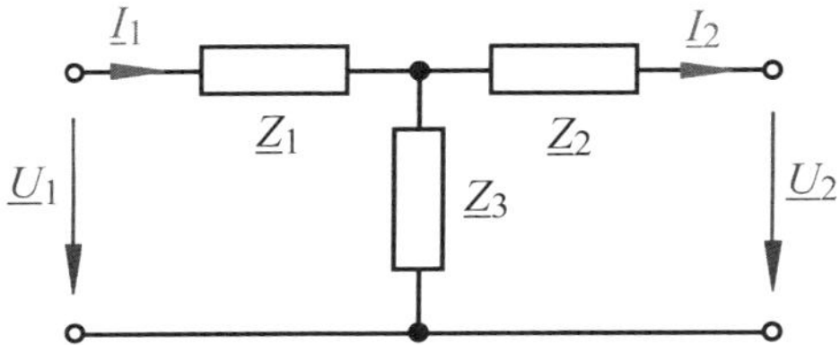

Bild 10.31: T-Ersatzschaltung

Die Parameter $\underline{A}_{11}$ und $\underline{A}_{22}$ werden durch Anwendung der Spannungs- und Stromteilerregel bestimmt:

$$\underline{A}_{11} = \frac{\underline{U}_1}{\underline{U}_2}\bigg|_{(\underline{I}_2=0)} = \frac{\underline{Z}_1 + \underline{Z}_3}{\underline{Z}_3} = 1 + \frac{\underline{Z}_1}{\underline{Z}_3} \qquad \text{und:} \qquad \underline{A}_{22} = \frac{\underline{I}_1}{\underline{I}_2}\bigg|_{(\underline{U}_2=0)} = \frac{\underline{Z}_2 + \underline{Z}_3}{\underline{Z}_3} = 1 + \frac{\underline{Z}_2}{\underline{Z}_3}$$

Bei einer symmetrischen T-Schaltung muss $\underline{Z}_1$ gleich $\underline{Z}_2$ sein. Dann gilt: $\underline{A}_{11} = \underline{A}_{22}$. Den Parameter $\underline{A}_{12}$ ermittelt man durch eine Erweiterung mit $\underline{I}_1$ über eine Widerstandsberechnung.

$$\underline{A}_{12} = \frac{\underline{U}_1}{\underline{I}_2} \cdot \frac{\underline{I}_1}{\underline{I}_1}\bigg|_{(\underline{U}_2=0)} = \frac{\underline{U}_1}{\underline{I}_1} \cdot \frac{\underline{I}_1}{\underline{I}_2}\bigg|_{(\underline{U}_2=0)} = \underline{Z}_{1K} \cdot \underline{A}_{22}$$

$\underline{Z}_{1K}$ beschreibt den Eingangswiderstand des Vierpols bei Kurzschluss am Ausgang.

$$\underline{A}_{12} = \underline{Z}_{1K} \cdot \underline{A}_{22} = (\underline{Z}_1 + \underline{Z}_2 // \underline{Z}_3) \cdot (\frac{\underline{Z}_2 + \underline{Z}_3}{\underline{Z}_3}) = \frac{\underline{Z}_1\underline{Z}_2 + \underline{Z}_1\underline{Z}_3 + \underline{Z}_2\underline{Z}_3}{\underline{Z}_3} = \underline{Z}_1 + \underline{Z}_2 + \frac{\underline{Z}_1\underline{Z}_2}{\underline{Z}_3}$$

Den Parameter $\underline{A}_{21}$ ermittelt man durch eine Erweiterung mit $\underline{U}_1$ über eine Widerstandsberechnung.

$$\underline{A}_{21} = \frac{\underline{I}_1}{\underline{U}_2} \cdot \frac{\underline{U}_1}{\underline{U}_1}\bigg|_{(\underline{I}_2=0)} = \frac{\underline{I}_1}{\underline{U}_1} \cdot \frac{\underline{U}_1}{\underline{U}_2}\bigg|_{(\underline{I}_2=0)} = \frac{\underline{A}_{11}}{\underline{Z}_{1L}}$$

$$\underline{A}_{21} = \frac{\underline{A}_{11}}{\underline{Z}_{1L}} = \frac{\underline{Z}_1 + \underline{Z}_3}{\underline{Z}_3} \cdot \frac{1}{\underline{Z}_1 + \underline{Z}_3} = \frac{1}{\underline{Z}_3}$$

$\underline{Z}_{1L}$ beschreibt den Eingangswiderstand des Vierpols bei Leerlauf am Ausgang.

Nun soll die Π-Schaltung berechnet werden. Den Widerstand im Längszweig bezeichnet man mit $\underline{Z}_0$.

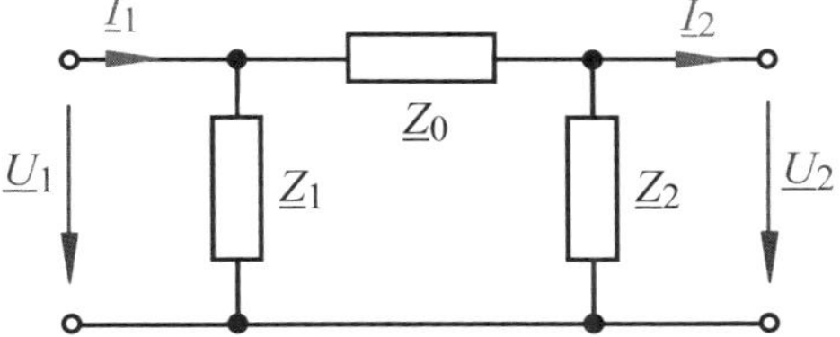

Bild 10.32: Π-Ersatzschaltung

Die Kettenparameter werden analog zur T-Ersatzschaltung berechnet.

$$\underline{A}_{11} = \frac{\underline{U}_1}{\underline{U}_2}\bigg|_{(\underline{I}_2=0)} = \frac{\underline{Z}_0 + \underline{Z}_2}{\underline{Z}_2} = 1 + \frac{\underline{Z}_0}{\underline{Z}_2} \qquad \text{und:} \qquad \underline{A}_{22} = \frac{\underline{I}_1}{\underline{I}_2}\bigg|_{(\underline{U}_2=0)} = \frac{\underline{Z}_0 + \underline{Z}_1}{\underline{Z}_1} = 1 + \frac{\underline{Z}_0}{\underline{Z}_1}$$

$$\underline{A}_{12} = \underline{Z}_{1K} \cdot \underline{A}_{22} = (\underline{Z}_1 // \underline{Z}_0) \cdot (\frac{\underline{Z}_0 + \underline{Z}_1}{\underline{Z}_1}) = \underline{Z}_0$$

$$\underline{A}_{21} = \frac{\underline{A}_{11}}{\underline{Z}_{1L}} = \frac{\underline{Z}_0 + \underline{Z}_2}{\underline{Z}_2} \cdot \frac{1}{\underline{Z}_1 // (\underline{Z}_0 + \underline{Z}_2)} \qquad \text{bzw.:} \qquad \underline{A}_{21} = \frac{\underline{Z}_0 + \underline{Z}_1 + \underline{Z}_2}{\underline{Z}_1 \underline{Z}_2} = \frac{1}{\underline{Z}_1} + \frac{1}{\underline{Z}_2} + \frac{\underline{Z}_0}{\underline{Z}_1 \underline{Z}_2}$$

Die Π-Ersatzschaltung ist wieder symmetrisch, wenn $\underline{Z}_1$ gleich $\underline{Z}_2$ ist. Die Aussage $\underline{A}_{11} = \underline{A}_{22}$ ist demzufolge für einen symmetrischen Vierpol allgemeingültig. Er überträgt die Spannungen bei Leerlauf am Ausgang genau so wie die Ströme bei Kurzschluss am Ausgang.

• Elementarvierpole:

Mit Kenntnis der Aufbauelemente und der schaltungstechnischen Struktur können die Kettenparameter eines Vierpols (oder seiner Ersatzschaltung) auch über elementare Vierpole berechnet werden. Diese Elementarvierpole (siehe Bild 10.33) bestehen aus einem passiven linearen Zweipol, der zu einem Vierpol (Zweitor) erweitert wird. Dazu verwendet man eine ideale Doppelleitung als Grundelement und fügt den Zweipol in den oberen Längszweig oder als zusätzlichen Querzweig ein.

Auf der linken Seite des Bildes 10.33 befindet sich der Zweipol im Längszweig (→) und auf der rechten Seite ist er im Querzweig (↓) positioniert. Für beide Schaltungen gilt:
Bei Leerlauf am Ausgang ($\underline{I}_2 = 0$) sind die Spannungen gleich ($\underline{U}_1 = \underline{U}_2$) und bei Kurzschluss am Ausgang ($\underline{U}_2 = 0$) sind die Ströme gleich ($\underline{I}_1 = \underline{I}_2$). Damit erhält man für die Rückwirkungen: $\underline{A}_{11} = \underline{A}_{22} = 1$.

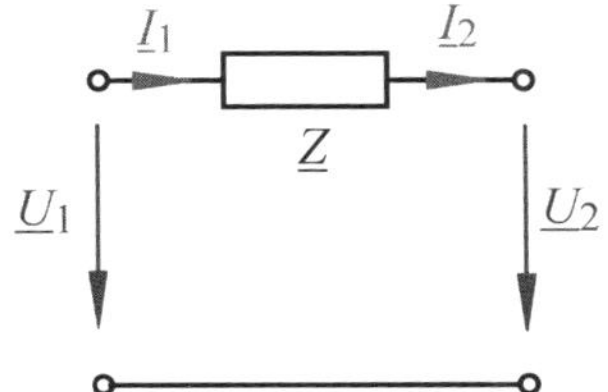

Bild 10.33: Elementarvierpole

Die beiden Schaltungen unterscheiden sich lediglich durch ihre Leerlauf- und Kurzschluss-Eingangswiderstände.

Für den Elementarvierpol mit dem Zweipol im Längszweig gilt:

$\underline{Z}_{1\mathrm{L}} = \infty \quad \Rightarrow \quad \underline{A}_{21} = 0$

$\underline{Z}_{1\mathrm{K}} = \underline{Z} \quad \Rightarrow \quad \underline{A}_{12} = \underline{Z}$

Für den Elementarvierpol mit dem Zweipol im Querzweig gilt:

$\underline{Z}_{1\mathrm{L}} = \underline{Z} \quad \Rightarrow \quad \underline{A}_{21} = 1 / \underline{Z} = \underline{Y}$

$\underline{Z}_{1\mathrm{K}} = 0 \quad \Rightarrow \quad \underline{A}_{12} = 0$

Damit können die Matrizen der $\underline{A}$-Parameter für die Elementarvierpole angegeben werden:

$$(\underline{A})_{\rightarrow} = \begin{pmatrix} 1 & \underline{Z} \\ 0 & 1 \end{pmatrix} \qquad \text{und:} \qquad (\underline{A})_{\downarrow} = \begin{pmatrix} 1 & 0 \\ \underline{Y} & 1 \end{pmatrix}$$

Die Kettenparameter eines Vierpols erhält man dann aus der Multiplikation der Matrizen der einzelnen Elementarvierpole. Für die T-Ersatzschaltung würde z.B. gelten:

$$(\underline{A})_{\mathrm{T}} = (\underline{A})_{\rightarrow} \cdot (\underline{A})_{\downarrow} \cdot (\underline{A})_{\rightarrow}$$

$$(\underline{A})_{\mathrm{T}} = \begin{pmatrix} 1 & \underline{Z}_1 \\ 0 & 1 \end{pmatrix} \cdot \begin{pmatrix} 1 & 0 \\ \underline{Y}_3 & 1 \end{pmatrix} \cdot \begin{pmatrix} 1 & \underline{Z}_2 \\ 0 & 1 \end{pmatrix}$$

Für die Multiplikation verwendet man z.B. das Schema nach FALK. Im Ergebnis der ersten Multiplikation entsteht ein sogenannter Gamma-Vierpol. Er repräsentiert eine vereinfachte T-Schaltung mit $\underline{Z}_2 = 0$ (im Schema grau unterlegt).

ÜB: BB 10.17

Tabelle 10.1: Schema nach FALK

		1	0	1	$\underline{Z}_2$
		$\frac{1}{\underline{Z}_3}$	1	0	1
1	$\underline{Z}_1$	$1+\frac{\underline{Z}_1}{\underline{Z}_3}$	$\underline{Z}_1$	$1+\frac{\underline{Z}_1}{\underline{Z}_3}$	$\underline{Z}_1+\underline{Z}_2+\frac{\underline{Z}_1\underline{Z}_2}{\underline{Z}_3}$
0	1	$\frac{1}{\underline{Z}_3}$	1	$\frac{1}{\underline{Z}_3}$	$1+\frac{\underline{Z}_2}{\underline{Z}_3}$

Als Gesamtergebnis erhält man die Parameter, die bereits im Lehrbeispiel 10.4 berechnet wurden. Die Berechnung der Kettenmatrix des Π-Ersatzschaltbildes kann in analoger Form vorgenommen werden. Für die Multiplikation gilt: $(\underline{A})_{\Pi} = (\underline{A})_{\downarrow} \cdot (\underline{A})_{\rightarrow} \cdot (\underline{A})_{\downarrow}$

10.5 Modelle für Leitungen

Die Eigenschaften von Leitungen (Kabel oder Freileitungen) werden über Vierpol-Ersatzschaltungen beschrieben. Als Grundstruktur eines solchen Leitungsmodells wird häufig das Π-Modell oder der Gamma-Vierpol verwendet. Die Aufbauelemente werden in längenbezogener Form angegeben (z.B.: Bezugslänge l = 1 km) und als Beläge bezeichnet:

Widerstandsbelag $R' = R/l$ Induktivitätsbelag $L' = L/l$

Kapazitätsbelag $C' = C/l$ Leitwertbelag $G' = G/l$ (auch Ableitung genannt)

Die Beläge R' und L' müssen im Längszweig einer Ersatzschaltung angeordnet werden, da sie längs der Übertragungsstrecke infolge des Stromes durch die Leitung die Spannungsabfälle $\underline{U}_R$ und $\underline{U}_L$ verursachen. Der Kapazitätsbelag erfasst den Ladevorgang auf der Leitung. Über ihm liegt eine Spannung ($\underline{U}_1$ bzw. $\underline{U}_2$), sodass C' im Querzweig anzuordnen ist. Der Leitwertbelag (Kehrwert des Widerstandes zwischen Hin- und Rückleiter) wird in der Praxis häufig vernachlässigt ($G' \approx 0$).

Beim symmetrischen Betrieb einer Drehstromleitung kann man die Betrachtung auf einen Leiter begrenzen. Das einphasige Ersatzschaltbild beschreibt dann zugleich die Vorgänge in den anderen beiden Phasen. Für den Kapazitätsbelag wird in diesem Fall die Betriebskapazität C_b' angegeben. Sie ist über den Ladestrom einer leerlaufenden Freileitung definiert und hat für jede Phase den gleichen Wert.

Man unterscheidet zwischen einer elektrisch kurzen ($l \leq 0{,}02\ \lambda$) und einer elektrisch langen Leitung ($l > 0{,}02\ \lambda$). Den Grenzfall findet man über die Wellenlänge λ. Für f = 50 Hz gilt:

$$l = 0{,}02 \cdot \lambda = 0{,}02 \cdot \frac{c}{f} = 0{,}02 \cdot \frac{3 \cdot 10^8}{50}\,\text{m} = \frac{6000}{50}\,\text{km} = 120\,\text{km}$$

10.5.1 Elektrisch kurze Leitung

Elektrische Spannungen und Ströme bewegen sich auf Leitungen in Form einer Spannungswelle bzw. einer Stromwelle mit der Wellenlänge λ. Bei kürzeren Leitungen können die Welleneffekte vernachlässigt werden. Das Übertragungsverhalten einer elektrisch kurzen Leitung wird z.B. mit dem Π-Ersatzschaltbild beschrieben. Es besteht aus einem komplexen Widerstand $\underline{Z}_0$ im Längszweig und zwei komplexen Leitwerten am Eingang $\underline{Y}_1 = 1 / \underline{Z}_1$ und am Ausgang $\underline{Y}_2 = 1 / \underline{Z}_2$ (Querzweige) des Vierpols.

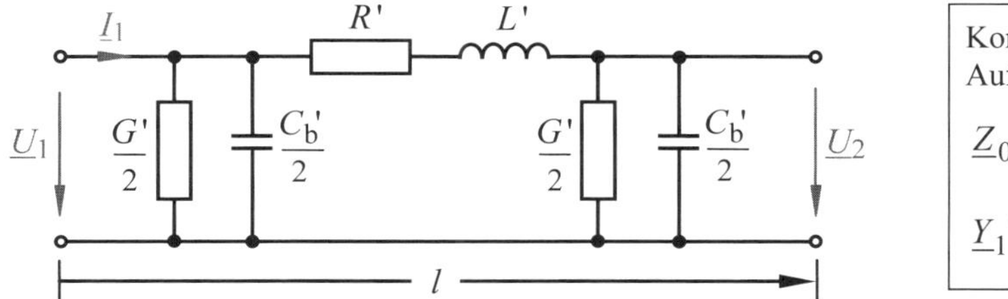

Komplexe längenbezogene Aufbauelemente:

$$\underline{Z}_0' = R' + j\omega L'$$

$$\underline{Y}_1' = \underline{Y}_2' = \frac{G' + j\omega C_b'}{2}$$

Bild 10.34: Π-Ersatzschaltbild einer elektrisch kurzen Leitung (Leerlauf am Ausgang)

Infolge seiner Π-Struktur ist der Vierpol bei $\underline{Z}_1 = \underline{Z}_2$ (bzw. $\underline{Y}_1 = \underline{Y}_2$) symmetrisch. Im Vergleich zum Bild 10.32 gilt: $\underline{A}_{11} = \underline{A}_{22}$. Dieser Vierpol überträgt die Spannungen bei Leerlauf am Ausgang und die Ströme bei Kurzschluss am Ausgang mit dem gleichen Faktor.

Für die Ausgangsspannung des Bildes 10.34 erhält man bei Leerlauf am Ausgang:

$$\underline{U}_2 = \underline{U}_1 \cdot \frac{\underline{Z}_2'}{\underline{Z}_0' + \underline{Z}_2'} = \underline{U}_1 \cdot \frac{\frac{1}{\underline{Y}_2'}}{\underline{Z}_0' + \frac{1}{\underline{Y}_2'}} = \underline{U}_1 \cdot \frac{1}{\underline{Z}_0' \cdot \underline{Y}_2' + 1} = \underline{U}_1 \cdot \frac{1}{(R' + \mathrm{j}\omega L') \cdot (G' + \mathrm{j}\omega C_b') \cdot 0{,}5 + 1}$$

10.5.2 Leitungsgleichungen

Das Π-Modell wird mit zunehmender Leitungslänge immer ungenauer. Aus diesem Grund wird die elektrisch lange Leitung durch mehrere Teilabschnitte nachgebildet. Die Strom- und Spannungsverhältnisse können aber immer nur am Ende eines Abschnitts beschrieben werden. Wenn man die Leitung in unendlich viele Leitungselemente der Länge dl zerlegt, ist jedoch die Berechnung der $\underline{I}$-$\underline{U}$-Verhältnisse an jeder Stelle x einer Leitung möglich.

• Eigenschaften eines Leitungselementes

Ein differentielles Element der Übertragungskette kann z.B. durch einen Gamma-Vierpol nachgebildet werden. Die Ausgangsgrößen dieses Elementes unterscheiden sich von den Eingangsgrößen lediglich durch eine differenziell kleine Änderung d$\underline{U}$ bzw. d$\underline{I}$.

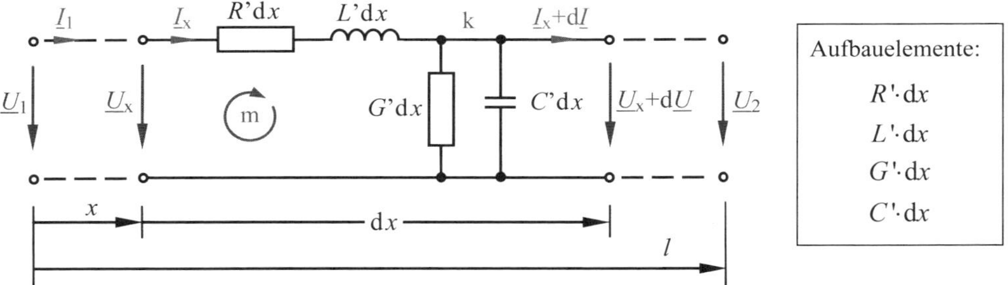

Bild 10.35: Differenzielles Leitungselement

Zur Herleitung der Leitungsgleichungen setzt man für $\underline{U}_x$ den Maschensatz (m) und für $\underline{I}_x$ den Knotenpunktsatz (k) an:

$$\underline{U}_x = \underline{I}_x \cdot R'\mathrm{d}x + \underline{I}_x \cdot \mathrm{j}\omega L'\mathrm{d}x + (\underline{U}_x + \mathrm{d}\underline{U})$$

$$\underline{I}_x = (\underline{U}_x + \mathrm{d}\underline{U}) \cdot G'\mathrm{d}x + (\underline{U}_x + \mathrm{d}\underline{U}) \cdot \mathrm{j}\omega C'\mathrm{d}x + (\underline{I}_x + \mathrm{d}\underline{I}) \qquad \text{mit:} \qquad \underline{U}_x \approx (\underline{U}_x + \mathrm{d}\underline{U})$$

Diese beiden Gleichungen werden nach d$\underline{U}$ / dx bzw. nach d $\underline{I}$ / dx umgestellt:

$$\frac{\mathrm{d}\underline{U}}{\mathrm{d}x} = -\underline{I}_x \cdot (R' + \mathrm{j}\omega L') \qquad (10.27)$$

$$\frac{\mathrm{d}\underline{I}}{\mathrm{d}x} = -\underline{U}_{\mathrm{x}} \cdot (G' + \mathrm{j}\omega C') \tag{10.28}$$

Der Spannungsausdruck $\mathrm{d}\underline{U} / \mathrm{d}x$ [Gleich. (10.27)] wird nun noch einmal differenziert:

$$\frac{\mathrm{d}^2\underline{U}}{\mathrm{d}x^2} = -\frac{\mathrm{d}\underline{I}_{\mathrm{x}}}{\mathrm{d}x} \cdot (R' + \mathrm{j}\omega L') \qquad \text{mit:} \qquad (10.28)\text{:}\ \frac{\mathrm{d}\underline{I}}{\mathrm{d}x} = -\underline{U}_{\mathrm{x}} \cdot (G' + \mathrm{j}\omega C')$$

Die gleiche Maßnahme muss bei Gleich. (10.28) angewendet werden:

$$\frac{\mathrm{d}^2\underline{I}}{\mathrm{d}x^2} = -\frac{\mathrm{d}\underline{U}_{\mathrm{x}}}{\mathrm{d}x} \cdot (G' + \mathrm{j}\omega C') \qquad \text{mit:} \qquad (10.27)\text{:}\ \frac{\mathrm{d}\underline{U}}{\mathrm{d}x} = -\underline{I}_{\mathrm{x}} \cdot (R' + \mathrm{j}\omega L')$$

Damit entstehen Gleichungen, in denen nur noch $\underline{U}_{\mathrm{X}}$ bzw. $\underline{I}_{\mathrm{X}}$ als unbekannte Größe auftritt:

$$\frac{\mathrm{d}^2\underline{U}}{\mathrm{d}x^2} = \underline{U}_{\mathrm{x}} \cdot (G' + \mathrm{j}\omega C') \cdot (R' + \mathrm{j}\omega L') \tag{10.29}$$

$$\frac{\mathrm{d}^2\underline{I}}{\mathrm{d}x^2} = \underline{I}_{\mathrm{x}} \cdot (R' + \mathrm{j}\omega L') \cdot (G' + \mathrm{j}\omega C') \tag{10.30}$$

- **Übertragungsmaß und Wellenwiderstand**

In beiden Gleichungen taucht das Produkt $(R' + \mathrm{j}\omega L') \cdot (G' + \mathrm{j}\omega C')$ auf. Die Wurzel daraus wird als längenbezogenes Übertragungsmaß $\underline{\gamma}$ bezeichnet (Einheit: 1/km).

$$\underline{\gamma} = \sqrt{(R' + \mathrm{j}\omega L') \cdot (G' + \mathrm{j}\omega C')} \tag{10.31}$$

Dieses längenbezogene Übertragungsmaß $\underline{\gamma}$ setzt sich aus der Dämpfungskonstanten α und der Phasenkonstanten β zusammen. Es gilt:

$$\underline{\gamma} = \alpha + \mathrm{j}\beta \tag{10.32}$$

Durch Multiplikation mit der Leitungslänge erhält man das komplexe Übertragungsmaß $\underline{g}$ über das Dämpfungsmaß $a = \alpha \cdot l$ und das Phasenmaß $b = \beta \cdot l$:

$$\underline{g} = \underline{\gamma} \cdot l = a + \mathrm{j}b \tag{10.33}$$

Mit Gleich. (10.31) vereinfachen sich die Gleich. (10.29) und (10.30). Es entsteht folgendes Differenzialgleichungssystem:

$$\frac{\mathrm{d}^2\underline{U}}{\mathrm{d}x^2} = \underline{U}_{\mathrm{x}} \cdot \underline{\gamma}^2 \quad \text{und:} \quad \frac{\mathrm{d}^2\underline{I}}{\mathrm{d}x^2} = \underline{I}_{\mathrm{x}} \cdot \underline{\gamma}^2 \tag{10.34}$$

Die Lösungen für $\underline{U}_x$ und $\underline{I}_x$ sind über das Übertragungsmaß $\underline{g} = \underline{\gamma} \cdot x$ miteinander verknüpft.

Im Falle von Übertragungsleitungen ergeben sich diese Lösungen über Hyperbelfunktionen:

$$\underline{U}_x = \underline{A} \cdot \cosh(\underline{\gamma} \cdot x) + \underline{B} \cdot \sinh(\underline{\gamma} \cdot x) \tag{10.35}$$

$$\underline{I}_x = \underline{C} \cdot \cosh(\underline{\gamma} \cdot x) + \underline{D} \cdot \sinh(\underline{\gamma} \cdot x) \tag{10.36}$$

Die Konstantenpaare $\{\underline{A}\ ;\ \underline{B}\}$ und $\{\underline{C}\ ;\ \underline{D}\}$ sind von der Betrachtungsweise der Leitung abhängig und müssen vom Anwender festgelegt werden. Wenn die Eingangsgrößen der Leitung ($\underline{U}_1$ und $\underline{I}_1$) vorgegeben sind, können die Konstanten (bei $x = 0$) berechnet werden:

$$\underline{A} = \underline{U}_1 \qquad \text{und:} \qquad \underline{B} = -\underline{I}_1 \cdot \frac{(R' + \mathrm{j}\omega L')}{\underline{\gamma}} = -\underline{I}_1 \cdot \sqrt{\frac{R' + \mathrm{j}\omega L'}{G' + \mathrm{j}\omega C'}}$$

$$\underline{C} = \underline{I}_1 \qquad \text{sowie:} \qquad \underline{D} = -\underline{U}_1 \cdot \frac{(G' + \mathrm{j}\omega C')}{\underline{\gamma}} = -\underline{U}_1 \cdot \sqrt{\frac{G' + \mathrm{j}\omega C'}{R' + \mathrm{j}\omega L'}}$$

Der Wurzelausdruck von B beschreibt dann den komplexen Wellenwiderstand $\underline{Z}_W = \underline{Z}_L$:

$$\underline{Z}_L = \sqrt{\frac{(R' + \mathrm{j}\omega L')}{(G' + \mathrm{j}\omega C')}} \tag{10.37}$$

Durch Einsetzen der Konstanten in (10.35) und (10.36) erhält man die Leitungsgleichungen:

$$\underline{U}_x = \underline{U}_1 \cdot \cosh(\underline{\gamma} \cdot x) - \underline{I}_1 \cdot \underline{Z}_L \cdot \sinh(\underline{\gamma} \cdot x) \tag{10.38}$$

$$\underline{I}_x = \underline{I}_1 \cdot \cosh(\underline{\gamma} \cdot x) - \frac{\underline{U}_1}{\underline{Z}_L} \cdot \sinh(\underline{\gamma} \cdot x) \tag{10.39}$$

Die daraus abgeleitete Matrizengleichung (10.40) ermöglicht bei vorgegebenen Eingangsgrößen die Berechnung des Zustandes an einer beliebigen Stelle x der Leitung.

$$\begin{pmatrix} \underline{U}_x \\ \underline{I}_x \end{pmatrix} = \begin{pmatrix} \cosh(\underline{\gamma} \cdot x) & -\underline{Z}_L \cdot \sinh(\underline{\gamma} \cdot x) \\ -\dfrac{\sinh(\underline{\gamma} \cdot x)}{\underline{Z}_L} & \cosh(\underline{\gamma} \cdot x) \end{pmatrix} \cdot \begin{pmatrix} \underline{U}_1 \\ \underline{I}_1 \end{pmatrix} \tag{10.40}$$

Zur Bestimmung der erforderlichen Eingangsgrößen bei einem bekannten Zustand der Leitung an einer Stelle x bildet man die Kehrmatrix von (10.40):

$$\begin{pmatrix} \underline{U}_1 \\ \underline{I}_1 \end{pmatrix} = \begin{pmatrix} \cosh(\underline{\gamma} \cdot x) & \underline{Z}_L \cdot \sinh(\underline{\gamma} \cdot x) \\ \dfrac{\sinh(\underline{\gamma} \cdot x)}{\underline{Z}_L} & \cosh(\underline{\gamma} \cdot x) \end{pmatrix} \cdot \begin{pmatrix} \underline{U}_x \\ \underline{I}_x \end{pmatrix} \tag{10.41}$$

Zur numerischen Berechnung verwendet man häufig das Leitungsmodell mit den diskreten Aufbauelementen. Die komplexen Widerstände und Leitwerte müssen dann aber aus den Leitungsgleichungen berechnet werden.

10.5.3 Wellenmodell

Jede elektromagnetische Welle besitzt eine gewisse Energie. Mit Fortschreiten der Welle wird ein Teil dieser Energie im Längswiderstand $R'\cdot dx$ und im Querleitwert $G'\cdot dx$ umgesetzt. Nach dem Durchlaufen größerer Leitungslängen sinken die Beträge der Spannungen ab. Wenn eine Wanderwelle nur ein Leitungselement durchläuft, ist praktisch kein Energieverlust zu verzeichnen. Für die folgenden Betrachtungen wird dieser Sachverhalt vorausgesetzt. Dann kann man von einer verlustlosen Leitung mit $R'=0$ und $G'=0$ ausgehen. Es entsteht das folgende vereinfachte Ersatzschaltbild für <u>ein</u> (verlustloses) Leitungselement:

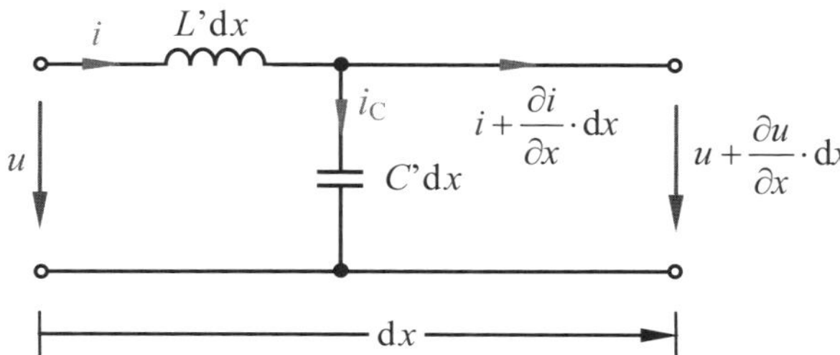

Bild 10.36: Vereinfachtes Ersatzschaltbild eines verlustlosen Leitungselementes

Das Fortschreiten der elektromagnetischen Welle entspricht im Längszweig einer Änderung des Stromes über der Zeit (10.42) und im Querzweig einer Änderung der Spannung über der Zeit (10.43). Zur Bestimmung der partiellen Änderung der Welle kann der Maschensatz sowie der Knotenpunktsatz angewendet werden:

Maschensatz: $L'\cdot dx\cdot\frac{\partial i}{\partial t}+u+\frac{\partial u}{\partial x}\cdot dx-u=0 \quad\Rightarrow\quad \frac{\partial u}{\partial x}=-L'\cdot\frac{\partial i}{\partial t}$ (10.42)

Knotenpunktsatz: $i-i_C-(i+\frac{\partial i}{\partial x}\cdot dx)=0$ mit: $i_C=C'\cdot dx\cdot\frac{\partial u}{\partial t}$

$$-C'\cdot dx\cdot\frac{\partial u}{\partial t}-\frac{\partial i}{\partial x}\cdot dx=0 \quad\Rightarrow\quad \frac{\partial i}{\partial x}=-C'\cdot\frac{\partial u}{\partial t} \qquad (10.43)$$

Nun wird Gleich. (10.42) nochmals nach dem Weg (10.42.a) und Gleich. (10.43) nochmals nach der Zeit (10.43.a) differenziert:

$$\frac{\partial^2 u}{\partial x^2}=-L'\cdot\frac{\partial^2 i}{\partial t\cdot\partial x} \quad (a) \qquad \text{und:} \qquad \frac{\partial^2 i}{\partial t\cdot\partial x}=-C'\cdot\frac{\partial^2 u}{\partial t^2} \quad (b)$$

Durch Einsetzen der Stromänderung (b) in (a) erhält man die **Wellengleichung**:

$$\frac{\partial^2 u}{\partial x^2}=L'C'\cdot\frac{\partial^2 u}{\partial t^2} \qquad (10.44)$$

Eine Umformung von (10.44) nach $\frac{\partial x^2}{\partial t^2}$ führt zur Wanderungsgeschwindigkeit einer Welle.

$$v = \frac{1}{\sqrt{L'C'}} \qquad (10.45)$$

Damit kann die allgemeine Lösung der Wellengleichung über eine Überlagerung von zwei Funktionen dargestellt werden (d' ALEMBERT), in die x und t nur in der Kombination $(x - v \cdot t)$ und $(x + v \cdot t)$ eingehen. Dann erhält man für die Spannungswelle $u = f(x, t)$:

$$u = f(x - v \cdot t) + g(x + v \cdot t) \qquad (10.46)$$

Gleich. (10.46) sagt aus, dass sich eine zum Zeitpunkt $t = 0$ entstehende Spannungswelle $u = f(x) + g(x)$ bei $t > 0$ aus einer hinlaufenden und einer rücklaufenden Welle zusammensetzt. Die hinlaufende Spannungswelle $u_{\mathrm{h}} = f(x - v \cdot t)$ wandert mit der Geschwindigkeit v längs der Zeit t in positiver x-Richtung ab. Die rücklaufende Welle $u_{\mathrm{r}} = g(x + v \cdot t)$ bewegt sich mit der gleichen Geschwindigkeit gegen die positive x-Richtung. Im Bild 10.37 wird dieser Vorgang zu den Zeitpunkten $t_0 = 0$ sowie $t_1 > t_0$ und $t_2 > t_1$ als Modell dargestellt.

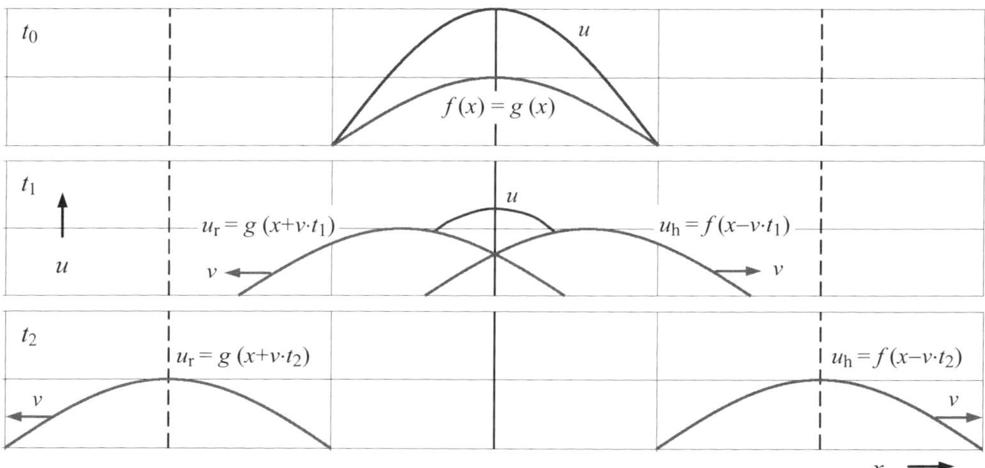

Bild 10.37: Spannungswelle zu unterschiedlichen Zeitpunkten nach [6]

Zur Bestimmung der Stromwelle muss Gleich. (10.46) partiell nach der Zeit differenziert und in Gleich. (10.43) eingesetzt werden. Man erhält:

Ableitung (10.46): $$\frac{\partial u}{\partial t} = -v \cdot [f'(x - v \cdot t) - g'(x + v \cdot t)]$$

in (10.43) einsetzen: $$\frac{\partial i}{\partial x} = -C' \cdot \frac{\partial u}{\partial t} = \frac{f'(x - v \cdot t) - g'(x + v \cdot t)}{\sqrt{L'/C'}}$$

Der Wurzelausdruck ist gleich dem Wellenwiderstand: $Z_{\mathrm{L}} = \sqrt{\frac{L'}{C'}}$ (10.47)

Lehrbeispiel 10.5:

Berechnen Sie für eine Drehstromleitung mit der Länge $l = 500$ km:

a) den Wellenwiderstand $\underline{Z}_\text{L}$

b) das längenbezogene Übertragungsmaß $\underline{\gamma}$ sowie das komplexe Übertragungsmaß $\underline{g}$

c) die Elemente der Kettenmatrix $\cosh(\underline{g})$ und $\underline{Z}_\text{L} \cdot \sinh(\underline{g})$ nach Gleich. (10.41)

d) den Wellenwiderstand Z_L der idealen Leitung

e) die Wanderungsgeschwindigkeit der Welle

Geg.: $R' = 7{,}94 \dfrac{\text{m}\Omega}{\text{km}}$; $L' = 849{,}9 \dfrac{\mu\text{H}}{\text{km}}$; $C' = 13{,}6 \dfrac{\text{nF}}{\text{km}}$ und $G' = 0$ (Werte nach [3])

Zu a) $\underline{Z}_\text{L} = \sqrt{\dfrac{(R'+\text{j}\omega L')}{(G'+\text{j}\omega C')}} = \sqrt{\dfrac{(7{,}94+\text{j}267)\cdot 10^{-3}}{(0+\text{j}4{,}27)\cdot 10^{-6}}}\ \Omega = (250-\text{j}3{,}72)\ \Omega$

Zu b) $\underline{\gamma} = \sqrt{(R'+\text{j}\omega L')\cdot(G'+\text{j}\omega C')} = \sqrt{(7{,}94+\text{j}267)\cdot 10^{-3}\cdot(0+\text{j}4{,}27)\cdot 10^{-6}}\ \dfrac{1}{\text{km}}$

$\underline{\gamma} = (15{,}88\cdot 10^{-6} + \text{j}1{,}07\cdot 10^{-3})\dfrac{1}{\text{km}} \quad \Rightarrow \quad \underline{g} = \underline{\gamma}\cdot l = a + \text{j}b = (7{,}94+\text{j}534{,}1)\cdot 10^{-3}$

Zu c) $\cosh(\underline{g}) = \cosh(a)\cdot\cos(b) + \text{j}\sinh(a)\cdot\sin(b) = (860{,}7+\text{j}4{,}04)\cdot 10^{-3}$

$\underline{Z}_\text{L}\cdot\sinh(\underline{g}) = \underline{Z}_\text{L}\cdot[\sinh(a)\cdot\cos(b) + \text{j}\cosh(a)\cdot\sin(b)] = (250-\text{j}3{,}72)\cdot(6{,}83+\text{j}509{,}1)\cdot 10^{-3}\ \Omega$

$\underline{Z}_\text{L}\cdot\sinh(\underline{g}) = (3{,}6+\text{j}127{,}25)\ \Omega$

Zu d) $Z_\text{L} = \sqrt{\dfrac{L'}{C'}} = \sqrt{\dfrac{849{,}9\cdot 10^{-6}}{13{,}6\cdot 10^{-9}}}\ \Omega = 249{,}99\ \Omega$

Der Längenbezug kürzt sich heraus. Somit ist der Wellenwiderstand nicht von der Länge der Leitung abhängig. Er ist an jeder Stelle einer ungestörten Leitung gleich und kann aus dem Verhältnis der örtlichen Spannung und des örtlichen Stromes einer hinlaufenden Welle oder einer rücklaufenden Welle berechnet werden. Bei einer idealen Leitung besitzt der Wellenwiderstand einen reellen Wert.

Beim Abschluß einer Leitung mit ihrem Wellenwiderstand wird (hier ohne Herleitung) „natürliche" Leistung übertragen. Dann sind die Spannungsverluste längs der Leitung minimal und der Wirkungsgrad der Leitung strebt gegen eins (Anpassungsfall).

Zu e) Wanderungsgeschwindigkeit: $v = \dfrac{1}{\sqrt{L'C'}} = \dfrac{1}{\sqrt{849{,}9\cdot 10^{-6}\cdot 13{,}6\cdot 10^{-9}}}\ \dfrac{\text{km}}{\text{s}} = 294\,135\ \dfrac{\text{km}}{\text{s}}$

Die Welle erreicht auf dieser Leitung mit $v \approx 294$ m/µs nahezu die Lichtgeschwindigkeit.

Richtwerte: <u>F</u>reileitung ($\varepsilon_\text{r} = 1$): $v_\text{F} \approx 300$ m/µs und <u>K</u>abel ($\varepsilon_\text{r} = 4$): $v_\text{K} \approx 150$ m/µs

11 Leistungsbetrachtungen im Wechselstromkreis

11.1 Zeitfunktion der Leistung

Die Leistung im Wechselstromkreis wird aus dem Produkt der beiden Zeitfunktionen Spannung $u\,(t)$ und Strom $i\,(t)$ bestimmt. Dieses Produkt $p\,(t)$ ist wieder eine Funktion der Zeit.

$$p\,(t) = u\,(t) \cdot i\,(t) \tag{11.1}$$

Durch Einsetzen der Zeitfunktionen gemäß Gleich. (7.2) und (7.3) erhält man:

$$p = \hat{U} \cdot \sin(\omega t + \varphi_{\mathrm{u}}) \cdot \hat{I} \cdot \sin(\omega t + \varphi_{\mathrm{i}}) = \hat{U} \cdot \hat{I} \cdot \sin\alpha \cdot \sin\beta$$

Mit dem Additionstheorem $\sin\alpha \cdot \sin\beta = \frac{1}{2} \cdot \left[\cos(\alpha - \beta) - \cos(\alpha + \beta)\right]$ kann dieser Ausdruck umgeformt werden. Die Winkeldifferenz $(\alpha - \beta) = (\omega t + \varphi_{\mathrm{u}} - \omega t - \varphi_{\mathrm{i}}) = (\varphi_{\mathrm{u}} - \varphi_{\mathrm{i}})$ entspricht dabei dem Phasenwinkel φ.

$$p = \frac{\hat{U} \cdot \hat{I}}{2} \cdot [\cos\varphi - \cos(2\omega t + \varphi_{\mathrm{u}} + \varphi_{\mathrm{i}})]$$

ÜB: BB 11.1

Die Maximalwerte können noch mit Gleich. (7.11) durch die Effektivwerte ersetzt werden ($\hat{U} \cdot \hat{I} = U \cdot \sqrt{2} \cdot I \cdot \sqrt{2} = 2 \cdot U \cdot I$):

$$p = U \cdot I \cdot \cos\varphi - U \cdot I \cdot \cos(2\omega t + \varphi_{\mathrm{u}} + \varphi_{\mathrm{i}}) \tag{11.2}$$

Die Zeitfunktion der Leistung setzt sich aus einer zeitlich unabhängigen Komponente $U \cdot I \cdot \cos\varphi$ und einem zeitlich abhängigen Funktionsteil $U \cdot I \cdot \cos(2\omega t + \varphi_{\mathrm{u}} + \varphi_{\mathrm{i}})$ zusammen. Die zeitinvariante Komponente stellt dabei einen Mittelwert dar, um den der zeitlich abhängige Funktionsanteil mit der doppelten Frequenz schwingt.

Ausgangspunkt für die folgenden Betrachtungen ist ein komplexer Lastzweipol, in den eine sinusförmigen Wechselspannung (Bezugsgröße mit $\varphi_{\mathrm{u}} = 0$) mit der Betriebsfrequenz f_{B} eingespeist wird (Bild 11.1).

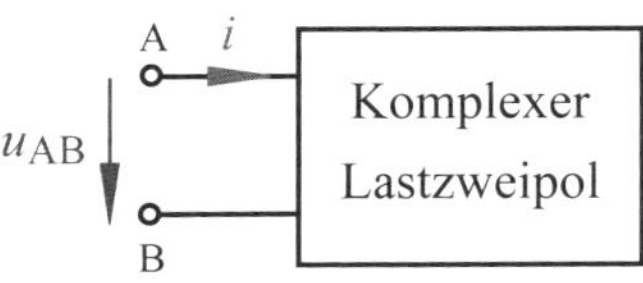

Bild 11.1: Komplexer Lastzweipol

Dann fließt ein Strom i, der vom komplexen Lastzweipol in seiner Phasenlage relativ zur Spannung verändert wird. Das Produkt von Spannung und Strom bewirkt einen Leistungsfluss $p\,(t)$ zwischen der Quelle und dem Verbraucher.

> Die Zeitfunktion der Leistung $p(t)$ schwingt mit der doppelten Betriebsfrequenz um einen Mittelwert, der als Wirkleistung P bezeichnet wird.

Für eine Periode der eingespeisten Größe gilt dann für die vom Verbraucher aufgenommene Wirkleistung:

$$P = \frac{1}{T} \cdot \int_0^T u(t) \cdot i(t) \cdot \mathrm{d}t \tag{11.3}$$

Besteht der Lastzweipol lediglich aus einem ohmschen Widerstand $\underline{Z}_a = R$, so durchläuft die Zeitfunktion der Leistung nur positive Funktionswerte (siehe Bild 11.2 – links oben).

Besteht der Lastzweipol dagegen aus einem komplexen Widerstand $\underline{Z}_a = R + \mathrm{j}X$, so existieren Zeitabschnitte, in denen der Augenblickswert der Leistung negativ wird. In dieser Zeit liefert der Lastzweipol Energie an die Quelle zurück (Bild 11.2 – rechts oben).

Der Mittelwert wird schließlich null, wenn der Lastzweipol aus einem reinen Blindelement $\mathrm{j}X$ besteht und eine Phasenverschiebung von $\varphi = \pm 90°$ verursacht (Bild 11.2 – unten).

Im Bild 11.2 sind die Zeitfunktionen von Spannung, Strom und Leistung für unterschiedliche Nullphasenwinkel des Stromes dargestellt. Die angegebenen Zahlenwerte an der Ordinatenachse stellen Mengeneinheiten dar und dienen nur zum Vergleich der drei Lastsituationen. Die dicke gestrichelte Linie zeigt den Mittelwert (P) an.

ÜB: BB 11.5

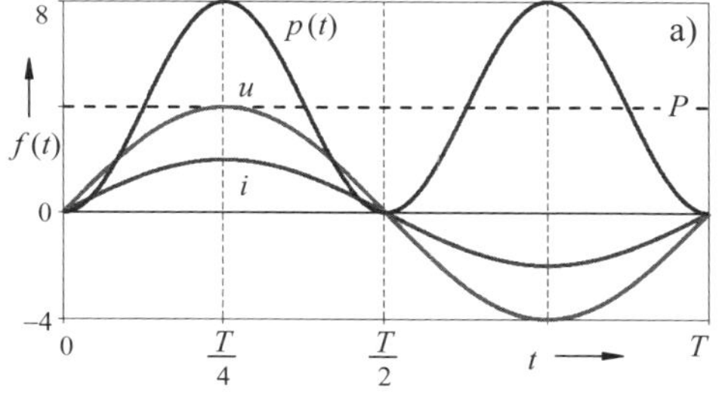

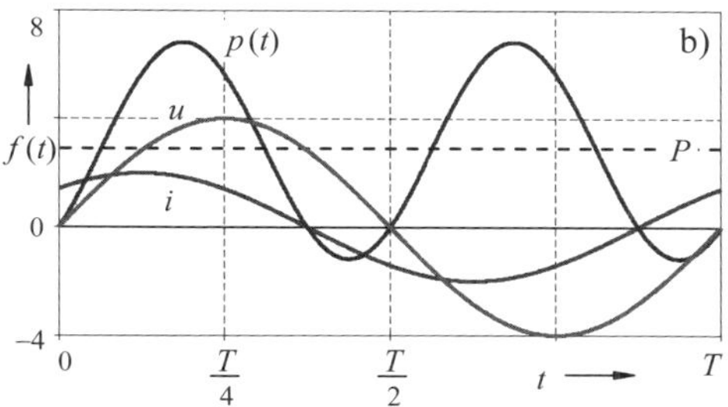

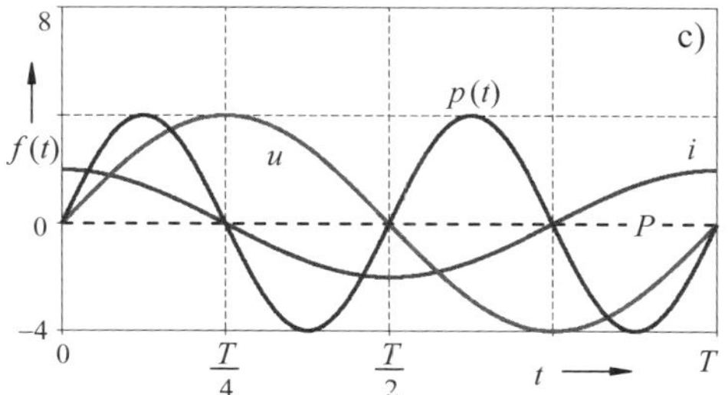

Bild 11.2: Zeitfunktionen der Leistung
a) für $\varphi = 0°$ b) für $\varphi = +45°$
c) für $\varphi = +90°$

Ein Vergleich der drei Leistungsverläufe im Bild 11.2 zeigt, dass mit zunehmendem Phasenwinkel $\varphi = \varphi_u - \varphi_i$ der Mittelwert, um den die Zeitfunktion der Leistung schwingt, immer kleiner wird. Dieser Mittelwert wird bei $\varphi = \pm 90°$ gleich null.

11.2 Wirk-, Blind- und Scheinleistung

ÜB: BB 11.4

Die Wirkleistung beschreibt den Mittelwert der Zeitfunktion der Leistung. Sie wird in einem rein ohmschen Lastzweipol umgesetzt. Für die Einheit gilt: $[P] = 1\ \text{W}$.

$$P = U \cdot I \cdot \cos\varphi \qquad (11.4)$$

Besteht der Lastzweipol aus einer Kombination ($\underline{Z}_a = R + \text{j}\,X$) von Wirk- und Blindwiderständen, so entsteht neben der Wirkleistung zugleich eine Blindleistung Q (vgl. Lehrbeispiel 11.1). Die Blindleistung wird mit der Einheit $[Q] = 1\text{var}$ (Volt-Ampere-Reaktiv) angegeben.

Beide Leistungskomponenten stehen senkrecht aufeinander. Im Ergebnis ihrer geometrischen Addition erhält man die Scheinleistung S. Für die Einheit gilt: $[S] = 1\ \text{V·A}$.

In Analogie zur Beschreibung eines Scheinwiderstandes mit einem Widerstandszeigerbild über die geometrische Addition von Wirk- und Blindwiderstand kann auch ein Zeigerbild der Leistungen konstruiert werden. Für eine Reihenschaltung gilt:

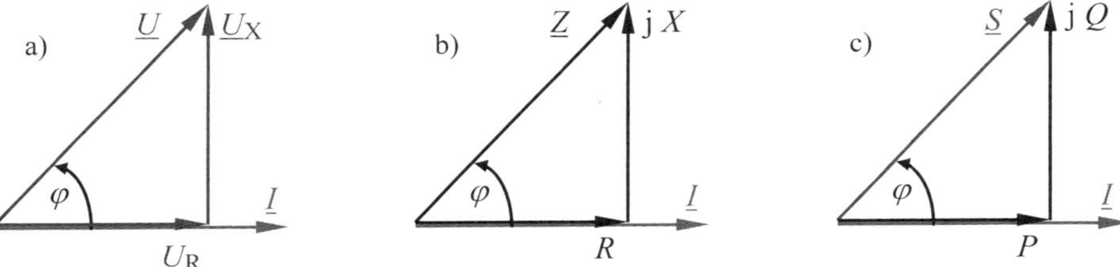

Bild 11.3: Analoge Zeigerbilder: a) für die Spannungen b) für die Widerstände c) für die Leistungen

Die Wirkleistung als Ankathete des rechtwinkligen Dreiecks wird über die Kosinusfunktion beschrieben [siehe Gleich. (11.4)]. Die Blindleistung muss dann als Gegenkathete dieses rechtwinkligen Dreiecks über die Sinusfunktion beschreibbar sein.

$$Q = U \cdot I \cdot \sin\varphi \qquad (11.5)$$

Die Scheinleistung als Hypotenuse des rechtwinkligen Dreiecks ergibt sich über den Lehrsatz des PYTHAGORAS.

$$S = \sqrt{P^2 + Q^2} \qquad (11.6)$$

Durch Einsetzen der Wirk- und der Blindleistung kann die Scheinleistung auch über das Produkt der Effektivwerte von Spannung und Strom ausgedrückt werden. Eine analoge Aussage erhält man aus dem Zeigerbild der Leistungen (Bild 11.3.c).

$$S=\sqrt{U^2\cdot I^2\cdot\cos^2\varphi+U^2\cdot I^2\cdot\sin^2\varphi}$$

$$S=U\cdot I\cdot\sqrt{\cos^2\varphi+\sin^2\varphi}\qquad \text{mit:}\quad \cos^2\varphi+\sin^2\varphi=1\quad \text{(Kreisgleichung)}$$

$$S=U\cdot I \tag{11.7}$$

Lehrbeispiel 11.1:

An einen Lastzweipol mit $\underline{Z}_a = 400\ \Omega + \mathrm{j}\ 230\ \Omega$ wird eine Spannung $U_{eff} = 230$ V angelegt. Berechnen Sie alle Leistungskomponenten der Last.

Für die Leistungen wird der Betrag des Stromes und der Phasenwinkel φ benötigt.

ÜB: BB 11.6

$$I=\frac{U_{eff}}{|\underline{Z}_a|}=\frac{230}{\sqrt{400^2+230^2}}\ \text{A}\approx 0{,}5\ \text{A}$$

$$\varphi=\arctan\frac{\text{Im}\{\underline{Z}_a\}}{\text{Re}\{\underline{Z}_a\}}=\arctan\frac{230\ \Omega}{400\ \Omega}=30°$$

$P=230\ \text{V}\cdot 0{,}5\ \text{A}\cdot\cos 30°=99{,}6\ \text{W}$ sowie: $Q=230\ \text{V}\cdot 0{,}5\ \text{A}\cdot\sin 30°=57{,}5\ \text{var}$ und:

$S=230\ \text{V}\cdot 0{,}5\ \text{A}=115\ \text{V}\cdot\text{A}$ *Probe* (11.6): $S=\sqrt{99{,}6^2+57{,}5^2}\ \text{V}\cdot\text{A}=115\ \text{V}\cdot\text{A}$

11.3 Komplexe Leistung

Analog zur Berechnung des komplexen Widerstandes kann die Leistung im Wechselstromkreis bei sinusförmiger Einspeisung auch im Bildbereich berechnet werden. Es gelten die aus Abschn. 9.2.3 bekannten Transformationsregeln.

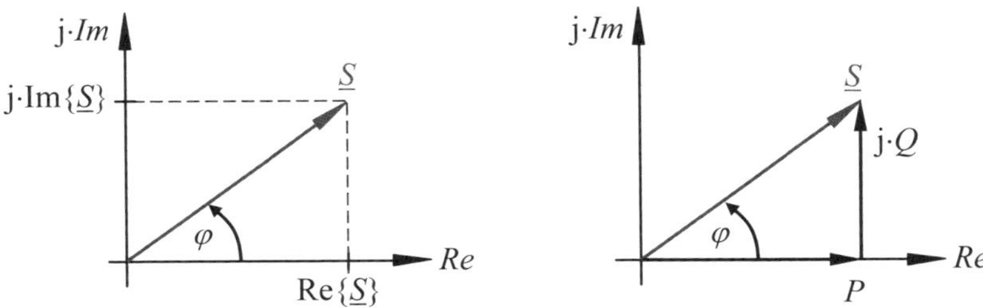

Bild 11.4: Komplexe Leistung

Die komplexe Leistung kann direkt aus dem Zeigerbild abgelesen werden. Es gilt:

$$\underline{S}=P+\mathrm{j}Q \tag{11.8}$$

Da der Imaginärteil der komplexen Leistung positiv oder negativ sein kann, gilt folgende Vorzeichenregel:

♦ Eine induktive Blindleistung wird durch ein positives Vorzeichen und eine kapazitive Blindleistung wird mit einem negativen Vorzeichen gekennzeichnet.

Die komplexe Leistung kann auch aus dem Produkt von Spannungszeiger und Stromzeiger berechnet werden. Aus Vorzeichengründen ist dann allerdings der konjugiert komplexe Stromzeiger $\underline{I}^*$ zu verwenden. Nur so erhält man in der Exponentialform der komplexen Leistung den Phasenwinkel als Differenz der beiden Nullphasenwinkel $\varphi = \varphi_u - \varphi_i$.

$$\underline{S} = \underline{U} \cdot \underline{I}^* = |\underline{U}| \cdot e^{j\varphi_u} \cdot |\underline{I}| \cdot e^{-j\varphi_i} = |\underline{U}| \cdot |\underline{I}| \cdot e^{j(\varphi_u - \varphi_i)} = |\underline{U}| \cdot |\underline{I}| \cdot e^{j\varphi}$$

$$\underline{S} = \underline{U} \cdot \underline{I}^* = |\underline{S}| \cdot e^{j\varphi} \tag{11.9}$$

Ein beliebiger Lastzweipol kann auf die Struktur einer Reihenschaltung oder einer Parallelschaltung zurückgeführt werden.

ÜB: BB 11.7

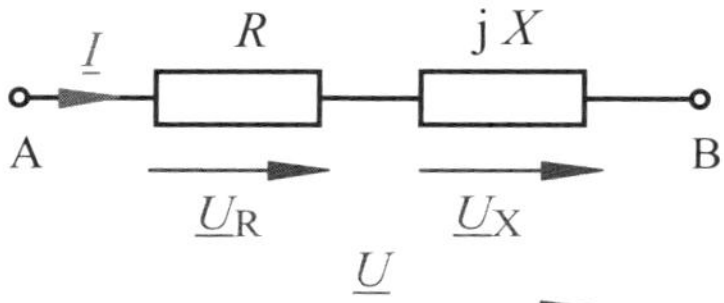

Bild 11.5: Lastzweipol als Reihenschaltung

Die Berechnung der Leistungen in einer Reihenschaltung ist mit Kenntnis des Betrages des Stromes in einfacher Form möglich: $\underline{S} = \underline{U} \cdot \underline{I}^*$ mit: $\underline{U} = \underline{U}_R + \underline{U}_X$

$$\underline{S} = \underline{U}_R \cdot \underline{I}^* + \underline{U}_X \cdot \underline{I}^* = \underline{I} \cdot R \cdot \underline{I}^* + \underline{I} \cdot jX \cdot \underline{I}^*$$

Das Produkt eines Zeigers und seines konjugiert komplexen Zeigers ergibt das Quadrat des Betrages dieses Zeigers.

$$\underline{I} \cdot \underline{I}^* = |\underline{I}| \cdot e^{j\varphi_i} \cdot |\underline{I}| \cdot e^{-j\varphi_i} = |\underline{I}|^2 \qquad \text{bzw.:} \qquad \underline{S} = |\underline{I}|^2 \cdot R + j\,|\underline{I}|^2 \cdot X = P + jQ$$

$$P = |\underline{I}|^2 \cdot R \tag{11.10}$$

$$Q = |\underline{I}|^2 \cdot X \tag{11.11}$$

Durch Einsetzen des OHMschen Gesetzes in die Gleich. (11.10) bzw. (11.11) erhält man noch eine Berechnungsvorschrift für beide Leistungen über das Produkt der Beträge des Stromes und der Wirkspannung $|\underline{U}_R|$ bzw. der Blindspannung $|\underline{U}_X|$.

$$P = |\underline{U}_R| \cdot |\underline{I}| \quad \text{und:} \quad Q = |\underline{U}_X| \cdot |\underline{I}|$$

Analoge Berechnungsvorschriften gelten für eine Parallelschaltung.

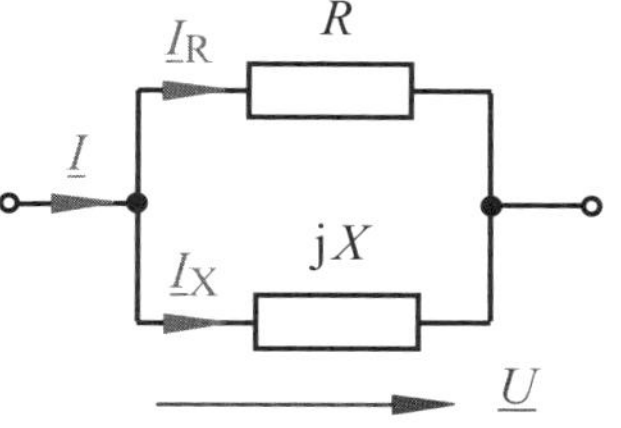

Bild 11.6: Lastzweipol als Parallelschaltung

Die Berechnung der Leistungen in einer Parallelschaltung ist mit Kenntnis des Betrages der Spannung wie folgt möglich: $\underline{S} = \underline{U} \cdot \underline{I}^*$ mit: $\underline{I} = \underline{I}_R + \underline{I}_X$

$$\underline{S} = \underline{U} \cdot \underline{I}_R^* + \underline{U} \cdot \underline{I}_X^* = \frac{\underline{U} \cdot \underline{U}^*}{R} + \frac{\underline{U} \cdot \underline{U}^*}{\mathrm{j}X}$$

mit: $\underline{U} \cdot \underline{U}^* = |\underline{U}| \cdot \mathrm{e}^{\mathrm{j}\varphi_u} \cdot |\underline{U}| \cdot \mathrm{e}^{-\mathrm{j}\varphi_u} = |\underline{U}|^2$ bzw.: $\underline{S} = \frac{|\underline{U}|^2}{R} - \mathrm{j}\frac{|\underline{U}|^2}{X} = P - \mathrm{j}Q$

Der Vorzeichenwechsel im Imaginärteil der komplexen Leistung resultiert im Vergleich zu Bild 11.5 aus dem Übergang von einer Widerstandsdarstellung $\underline{Z}$ zu einer Leitwertdarstellung $\underline{Y} = 1 / \underline{Z}$.

$$P = \frac{|\underline{U}|^2}{R} \tag{11.12}$$

$$Q = \frac{|\underline{U}|^2}{X} \tag{11.13}$$

Durch Einsetzen des OHMschen Gesetzes in die Gleich. (11.12) bzw. (11.13) erhält man noch eine Berechnungsvorschrift für beide Leistungen über das Produkt der Beträge der Spannung und des Wirkstromes $|\underline{I}_R|$ bzw. des Blindstromes $|\underline{I}_X|$.

$P = |\underline{U}| \cdot |\underline{I}_R|$ und: $Q = |\underline{U}| \cdot |\underline{I}_X|$

11.4 Leistungsfaktor und seine Verbesserung

Ein komplexer Lastzweipol besteht aus einem Wirkwiderstand und einem Blindwiderstand. Er verursacht einen definierten Phasenwinkel zwischen Spannung und Strom. Neben dem Umsatz von Wirkleistung entsteht zugleich eine induktive oder kapazitive Blindleistung, die nicht im Lastzweipol umgesetzt wird. Sie pendelt vielmehr von Halbwelle zu Halbwelle mit der doppelten Netzfrequenz zwischen Quelle und Verbraucher und belastet lediglich das Netz. Beide Leistungskomponenten werden durch eine geometrische Addition (siehe Bild 11.4) zur Scheinleistung verknüpft.

Zur Kennzeichnung der Relation zwischen der Wirkleistung und der Scheinleistung dient der Leistungsfaktor cos φ. Der Kosinus eines Winkels beschreibt in einem rechtwinkligen Dreieck den Zusammenhang zwischen der Ankathete und der Hypotenuse. In einem Leistungsdreieck (vgl. Bild 11.4) beschreibt der Kosinus des Phasenwinkels das Verhältnis zwischen Wirk- und Scheinleistung.

$$\cos\varphi = \frac{P}{S} \tag{11.14}$$

Wird die Blindleistung im Vergleich zur Wirkleistung kleiner (siehe Bild 11.8), so nähert sich die Wirkleistung immer mehr an die Scheinleistung an (cos $\varphi \to 1$).

In der Praxis überwiegen induktive Verbraucher (Drosseln, elektrische Maschinen, Gleichrichter usw.). Sie verursachen eine induktive Blindleistung, die zwischen Quelle und Verbraucher pendelt und zu keinem nutzbringenden Wirkleistungsumsatz führt. Daraus resultiert das Ziel, den Betrag der Blindleistung zu reduzieren.

Gemäß Gleich. (11.14) steigt der Leistungsfaktor an, wenn bei gleicher Wirkleistung die Blindleistung und damit die Scheinleistung verringert werden.

Zur Verbesserung des Leistungsfaktors muss ein induktiver Lastzweipol zusätzlich mit einer kapazitiven Last (Kompensationskondensator) beaufschlagt werden. Dieser Kondensator wird zum realen induktiven Verbraucher parallel geschaltet (Bild 11.7), damit am Verbraucher auch weiterhin die gleiche Betriebsspannung anliegt.

Bei einer Reihenschaltung würde ein Reihenschwingkreis entstehen, der infolge der Zielstellung $Q_L \approx |Q_{CK}|$ in der näheren Umgebung seiner Resonanzfrequenz arbeiten müsste. Das hätte einen großen Strom zur Folge und würde die Leitungen nur unnötig belasten bzw. einen größeren Leitungsquerschnitt erfordern. Außerdem könnten bei Güten $Q > 1$ durch die Spannungsüberhöhung [Gleich. (10.15)] an den Klemmen des Verbrauchers Spannungen auftreten, die mit ihrem Betrag die Betriebsspannung um den Faktor Q übersteigen. [10]

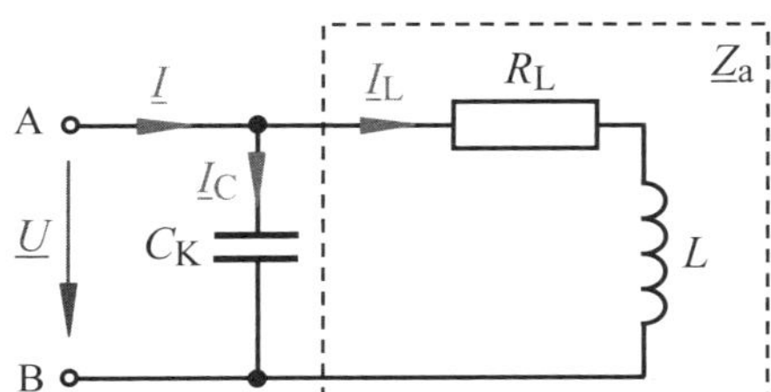

Bild 11.7: Kompensierter Lastzweipol

Ohne Kompensation fließt im induktiven Lastzweipol des Bildes 11.7 nur der Strom $\underline{I} = \underline{I}_L$:

$$\underline{I}_L = \frac{\underline{U}}{R_L + j\omega L} = \frac{\underline{U}}{R_L + j\omega L} \cdot \frac{R_L - j\omega L}{R_L - j\omega L} = \frac{\underline{U} \cdot R_L}{R_L^2 + \omega^2 L^2} - j\frac{\underline{U} \cdot \omega L}{R^2 + \omega^2 L^2}$$

ÜB: BB 11.2

Mit der Kompensation verändert sich der Imaginärteil dieses Stromes.

$$\underline{I} = \underline{I}_\mathrm{L} + \underline{I}_\mathrm{C} = \frac{\underline{U}}{R_\mathrm{L} + \mathrm{j}\omega L} + \underline{U} \cdot \mathrm{j}\omega C_\mathrm{K}$$

Der Betrag des Imaginärteils des Gesamtstromes (Blindstrom) wird durch die Kompensationsmaßnahme abgesenkt.

$$\underline{I} = \frac{\underline{U} \cdot R_\mathrm{L}}{R_\mathrm{L}^2 + \omega^2 L^2} + \mathrm{j}\,\underline{U} \cdot \left(\omega C_\mathrm{K} - \frac{\omega L}{R_\mathrm{L}^2 + \omega^2 L^2} \right)$$

Die durch die Kompensation zusätzlich entstehende kapazitive Blindleistung hat ein negatives Vorzeichen. Das ist im Zeigerbild des Bildes 11.8 an der entgegengesetzten Richtung von Q_CK im Vergleich zu Q_L erkennbar. Diese kapazitive Blindleistung kompensiert mit ihrem Betrag einen entsprechenden Anteil der induktiven Blindleistung (Blindleistungskompensation) und reduziert somit die Scheinleistung.

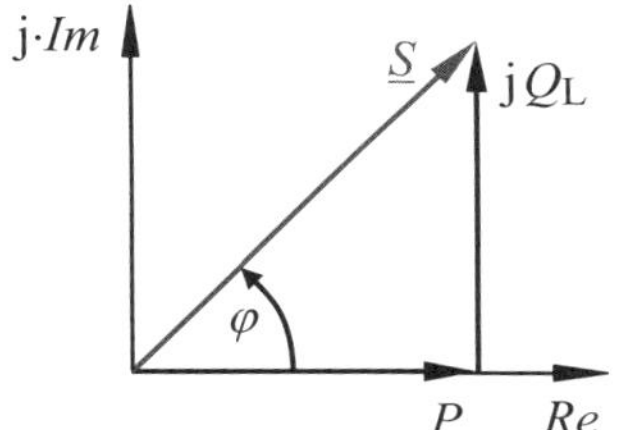

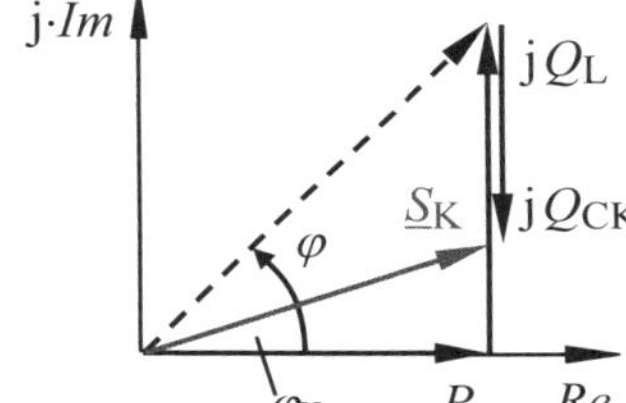

Bild 11.8: Blindleistungskompensation

ÜB: BB 11.3

Die aus einer erfolgreichen Kompensation resultierende Scheinleistung ist dann nahezu gleich der Wirkleistung. Die Blindleistung wird vernachlässigbar klein, und der Leistungsfaktor strebt gegen eins.

$$S_\mathrm{K} = \sqrt{P^2 + (Q_\mathrm{L} - Q_\mathrm{CK})^2} \tag{11.15}$$

$$\cos \varphi_\mathrm{K} = \frac{P}{S_\mathrm{K}} \tag{11.16}$$

Die Kompensation der Blindleistung wird so vorgenommen, dass ein $\cos \varphi \approx 0{,}95$ erreicht wird. Eine totale Kompensation ($\cos \varphi = 1$) ist zu vermeiden, um unkontrollierbare Effekte in der näheren Umgebung des Resonanzfalles auszuschließen. Eine Überkompensation (Wechsel von einer induktiven Blindleistung zu einer resultierenden kapazitiven Blindleistung) ist nur in Spezialfällen üblich.

Lehrbeispiel 11.2:

Ein realer induktiver Verbraucher mit $R = 50\ \Omega$ und $L = 0{,}5$ H wird bei $f = 50$ Hz mit einer Spannung $\underline{U} = 230\ \mathrm{V} \cdot \mathrm{e}^{\mathrm{j}\,0°}$ betrieben. Er soll nach Vorbild von Bild 11.7 kompensiert werden.

Berechnen Sie die Wirk-, Blind- und Scheinleistung sowie den Leistungsfaktor:

a) vor einer Kompensation und b) nach einer Kompensation mit $C_K = 16\ \mu F$.

Vergleichen Sie die Blindströme sowie die Wirk- und Blindleistungen von a) und b) miteinander.

Zunächst wird der Gesamtstrom in der Exponentialform berechnet. Durch Umrechnung in die kartesische Form kann daraus der Blindstrom bestimmt werden. Die jeweilige Wirk- und Blindleistung ergibt sich dann aus Gleich. (11.10) und (11.11) bzw. aus Gleich. (11.12) und (11.13). Für die Scheinleistung existieren verschiedene Lösungsmöglichkeiten. Dabei bietet sich mindestens eine Probe an.

Zu a) $\underline{I}(a) = \dfrac{\underline{U}}{\underline{Z}(a)} = \dfrac{|\underline{U}|}{\sqrt{R^2 + \omega^2 L^2}} \cdot e^{-j\arctan\frac{\omega L}{R}}$

$\underline{I}(a) = \dfrac{230}{\sqrt{50^2 + 157^2}} A \cdot e^{-j\arctan\frac{157}{50}} \approx 1{,}4\ A \cdot e^{-j72{,}3°}$ bzw.: $\underline{I}(a) = 0{,}426\ A - j\,1{,}334\ A$

Wirkleistung a): $P(a) = I^2(a) \cdot R = 98\ W$

Blindleistung a): $Q(a) = I^2(a) \cdot \omega L = 307{,}7\ var$

Scheinleistung a): $\underline{S}(a) = \underline{U} \cdot \underline{I}^*(a) = 230\ V \cdot e^{j0°} \cdot 1{,}4\ A \cdot e^{j\,72{,}3°} = 322\ V \cdot A \cdot e^{j\,72{,}3°}$

Probe: $\underline{S}(a) = 230\ V \cdot 1{,}4\ A \cdot (\cos 72{,}3° + j \sin 72{,}3°) = 97{,}7\ W + j\,306{,}8\ var = P(a) + j\,Q(a)$

Leistungsfaktor a): $\cos\varphi = \cos(\varphi_u - \varphi_i) = \cos 72{,}3° = 0{,}304$

Zu b) $\underline{I}(b) = \dfrac{\underline{U} \cdot R}{R^2 + \omega^2 L^2} + j\,\underline{U} \cdot \left(\omega C_K - \dfrac{\omega L}{R^2 + \omega^2 L^2}\right)$ [jetzt: zuerst die kartesische Form]

$\underline{I}(b) = 0{,}424\ A - j\,0{,}174\ A = 0{,}458\ A \cdot e^{-j\,22{,}3°}$

Wirkleistung b): $P(b) = U \cdot I_R(b) = 230 \cdot 0{,}424\ W = 97{,}5\ W$ [oder: über den Leitwert]

Blindleistung b): $Q(b) = U \cdot |\,I_X(b)\,| = 230 \cdot 0{,}174\ var = 40\ var$ [oder: über den Leitwert]

Scheinleistung b): $\underline{S}(b) = \underline{U} \cdot \underline{I}^*(b) = 230\ V \cdot e^{j0°} \cdot 0{,}458\ A \cdot e^{j\,22{,}3°} = 105{,}5\ V \cdot A \cdot e^{j\,22{,}3°}$

Probe: $\underline{S}(b) = 230\ V \cdot 0{,}458\ A \cdot (\cos 22{,}3° + j \sin 22{,}3°) = 97{,}5\ W + j\,40\ var = P(b) + j\,Q(b)$

Leistungsfaktor b): $\cos\varphi = \cos(\varphi_u - \varphi_i) = \cos 22{,}3° = 0{,}925$

Die Wirkleistung ist im Fall b) gleich der Wirkleistung im Fall a). Das Gleiche gilt für die Wirkströme. Die geringen Abweichungen resultieren aus Rundungsfehlern. Durch die Kompensationsmaßnahme wird der Blindstrom erkennbar abgesenkt (– 1,334 A → – 0,174 A) und der Leistungsfaktor steigt von $\cos\varphi(a) \approx 0{,}3$ auf $\cos\varphi(b) > 0{,}92$.

Die Reduzierung der Blindleistung ist offensichtlich. Das erkennt man in einer ersten Beurteilung sofort an der deutlichen Änderung des Leistungsfaktors.

12 Dreiphasensysteme

12.1 Symmetrischer Drehstromgenerator

Der Rotor eines Drehstromgenerators trägt eine Wicklung, die bei einer Synchronmaschine von einem Gleichstrom durchflossen wird. So erzeugt der Rotor ein zeitlich konstantes Magnetfeld, das mit einer gleich bleibenden Drehzahl n bewegt wird. Die Stromzuführung erfolgt über Schleifringe.

Im Stator befinden sich drei voneinander unabhängige Wicklungen (x → • im Bild 12.1), die räumlich mit einem Winkel von 120° zueinander versetzt sind. Damit induziert ein Drehstromgenerator drei voneinander unabhängige Wechselspannungen mit gleicher Frequenz und einer Phasenverschiebung von jeweils 120° zueinander. Infolge der Symmetrie des Generators haben alle drei Spannungen die gleiche Amplitude und die Quellen besitzen nahezu den gleichen Generator-Innenwiderstand.

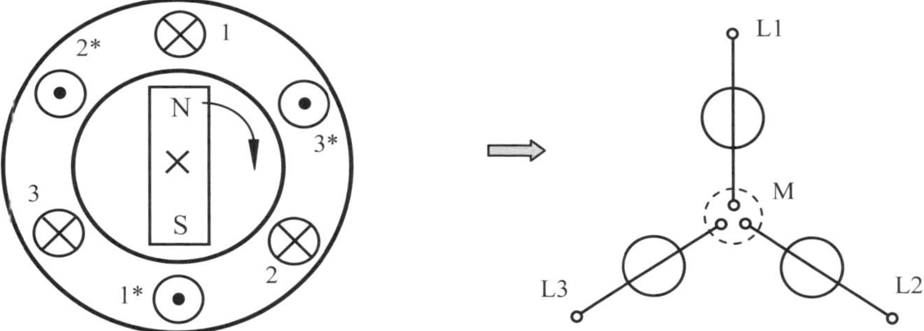

Bild 12.1: Modell eines symmetrischen Drehstromgenerators

Die drei Generatorstränge bilden ein unverkettetes Dreiphasensystem. Sie können zu einem Stern oder einem Dreieck zusammengeschaltet werden. Um ein Endverbrauchernetz speisen zu können, wird ein Mittelpunktleiter benötigt. Aus diesem Grund verkettet man die Stränge 1, 2 und 3 eines Drehstromgenerators zu einer Sternschaltung (Bild 12.2) und bezeichnet die Phasen mit L1, L2 und L3. Die Phasenbezeichnungen resultieren aus dem Begriff Leiter (Außenleiter) und haben nichts mit der Induktivität L zu tun.

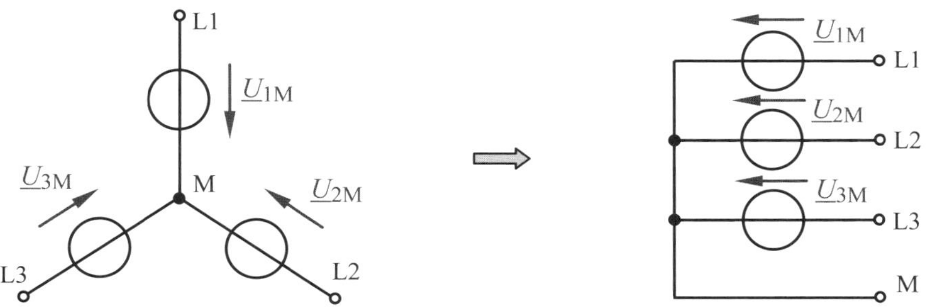

Bild 12.2: Verketteter Generatorstern (rechts: vereinfachte Darstellung)

In den nachfolgenden Ausführungen zum Kap. 12 wird immer von einem idealen Generator in Sternschaltung ausgegangen. Die drei Generatorstränge werden als ideale Quellen aufgefasst. Ihre real existierenden Impedanzen bleiben unberücksichtigt.

Ein Dreiphasensystem hat gegenüber einem Einphasensystem viele Vorteile.

1) Der Generator stellt dem Verbraucher betragsmäßig zwei verschiedene Spannungen zur Verfügung (Abschn. 12.2). Sie werden als Generator-Strangspannung (im Weiteren nur Strangspannung genannt) und als Leiterspannung bezeichnet.

2) Der Leistungsfluss zwischen dem Generator und dem Verbraucher ist bei einem Dreiphasensystem mit symmetrischer Belastung konstant.

3) Dem Verbraucher wird ein umlaufendes magnetisches Feld zur Verfügung gestellt, das auch als Drehfeld bezeichnet wird. Werden die von einem solchen System erzeugten Ströme durch drei gleiche, um 120° versetzte Spulen geleitet, so entsteht zwischen diesen Spulen das gleiche Drehfeld. Damit sind Drehstrommotoren technisch realisierbar, die ohne Schleifringe o.Ä. arbeiten und so infolge ihres wesentlich geringeren Verschleißes gegenüber den Motoren mit Schleifringen oder mit Kollektoren bevorzugt werden.

12.2 Spannungen und Ströme

Die drei Wicklungen eines Drehstromgenerators stellen dem Verbraucher drei Strangspannungen $\underline{U}_S$ ($\underline{U}_{1M}$, $\underline{U}_{2M}$, $\underline{U}_{3M}$) und drei Leiterspannungen $\underline{U}_L$ ($\underline{U}_{12}$, $\underline{U}_{23}$, $\underline{U}_{31}$) bereit. Zur Berechnung dieser Spannungen wird der Phasenoperator verwendet. Er beschreibt die Phasenverschiebung zwischen den drei Strangspannungen in der Exponentialform.

$$\underline{a} = \mathrm{e}^{\mathrm{j}\,120^\circ} \tag{12.1}$$

Dieser Operator kann auch in der trigonometrischen Form oder in der kartesischen Form ausgedrückt werden.

$$\underline{a} = \cos 120^\circ + \mathrm{j}\sin 120^\circ = -\frac{1}{2} + \mathrm{j}\frac{\sqrt{3}}{2} \tag{12.2}$$

Die Strangspannungen berechnet man unter der Bedingung, dass der Spannungszeiger des Stranges L1 als Bezugszeiger dient (siehe Bild 12.3). Er liegt somit zum Bezugszeitpunkt auf der positiven reellen Achse.

$$\underline{U}_{1M} = |\underline{U}_S| \cdot \underline{a}^0 = |\underline{U}_S| \cdot \mathrm{e}^{\mathrm{j}0^\circ} \tag{12.3}$$

$$\underline{U}_{2M} = |\underline{U}_S| \cdot \underline{a}^2 = |\underline{U}_S| \cdot \mathrm{e}^{\mathrm{j}240^\circ} \tag{12.4}$$

$$\underline{U}_{3M} = |\underline{U}_S| \cdot \underline{a} = |\underline{U}_S| \cdot \mathrm{e}^{\mathrm{j}120^\circ} \tag{12.5}$$

Der Zusammenhang zwischen den Leiterspannungen und den Strangspannungen kann über das Zeigerbild anschaulich beschrieben werden (Bild 12.3). Zur Berechnung der Leiterspannungen aus den Strangspannungen wird z.B. im Zeigerbild der Maschensatz angewendet. Für $\underline{U}_{12}$ (Dreieck oben links) gilt:

$$\underline{U}_{12} = \underline{U}_{1M} - \underline{U}_{2M} = \left|\underline{U}_{S}\right| - \left|\underline{U}_{S}\right| \cdot \underline{a}^{2} = \left|\underline{U}_{S}\right| \cdot (1 - \underline{a}^{2}) = \left|\underline{U}_{S}\right| \cdot (1 + \frac{1}{2} + \mathrm{j}\frac{\sqrt{3}}{2})$$

$$\underline{U}_{12} = \frac{\left|\underline{U}_{S}\right|}{2}(3 + \mathrm{j}\sqrt{3}) = \frac{\left|\underline{U}_{S}\right|}{2}\sqrt{12} \cdot \mathrm{e}^{\mathrm{j}\arctan\frac{\sqrt{3}}{3}} = \left|\underline{U}_{S}\right| \cdot \sqrt{\frac{12}{4}} \cdot \mathrm{e}^{\mathrm{j}\arctan\frac{\sqrt{3}}{3}}$$

$$\underline{U}_{12} = \left|\underline{U}_{S}\right| \cdot \sqrt{3} \cdot \mathrm{e}^{\mathrm{j}30^{\circ}} \tag{12.6}$$

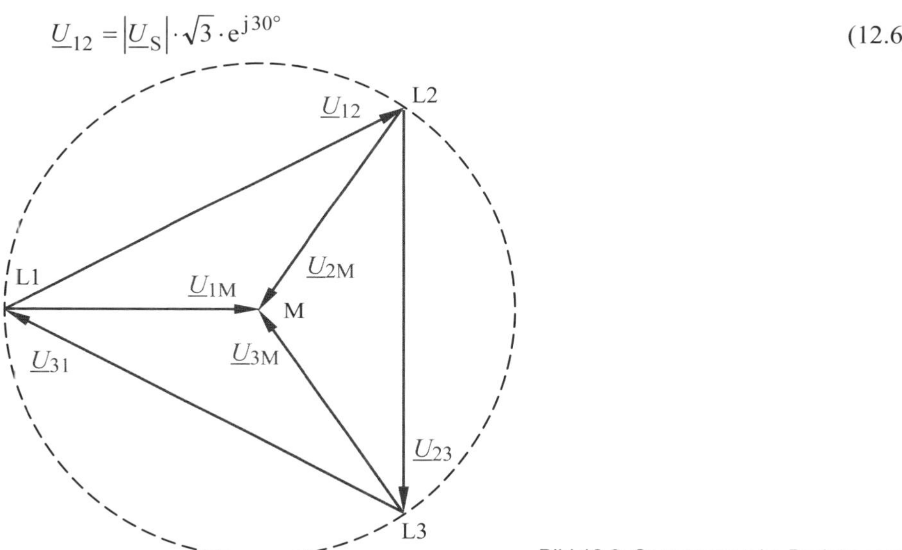

Bild 12.3: Spannungen im Dreiphasensystem

Analoge Rechenwege führen zur Bestimmung der anderen Leiterspannungen.

$$\underline{U}_{23} = \left|\underline{U}_{S}\right| \cdot \sqrt{3} \cdot \mathrm{e}^{-\mathrm{j}90^{\circ}} \tag{12.7}$$

$$\underline{U}_{31} = \left|\underline{U}_{S}\right| \cdot \sqrt{3} \cdot \mathrm{e}^{\mathrm{j}150^{\circ}} \tag{12.8}$$

Der Betrag einer beliebigen Leiterspannung ergibt sich aus dem Betrag der Strangspannung, multipliziert mit dem Verkettungsfaktor $\sqrt{3}$.

$$\left|\underline{U}_{L}\right| = \left|\underline{U}_{S}\right| \cdot \sqrt{3} \tag{12.9}$$

Die Summe der Generator-Strangspannungen ist in einem Dreiphasensystem zu jedem Zeitpunkt gleich null.

$$\sum \underline{U}_S = \underline{U}_{1M} + \underline{U}_{2M} + \underline{U}_{3M} = |\underline{U}_S| \cdot (1 + \underline{a}^2 + \underline{a}) = |\underline{U}_S| \cdot \left[1 + (-\frac{1}{2} - \frac{\sqrt{3}}{2}) + (-\frac{1}{2} + \frac{\sqrt{3}}{2}) \right]$$

$$\sum \underline{U}_S = 0 \qquad (12.10)$$

Die gleiche Aussage gilt für die Leiterspannungen (äußerer Umlauf im Bild 12.3):

$$\sum \underline{U}_L = \underline{U}_{12} + \underline{U}_{23} + \underline{U}_{31} = \underline{U}_{1M} - \underline{U}_{2M} + \underline{U}_{2M} - \underline{U}_{3M} + \underline{U}_{3M} - \underline{U}_{1M} = 0$$

$$\sum \underline{U}_L = 0 \qquad (12.11)$$

In vielen Netzen wird in der Praxis mit einer Strangspannung $U_{S,eff} = 230$ V und einer Leiterspannung von $U_{L,eff} \approx 400$ V bei einer Netzfrequenz $f = 50$ Hz gearbeitet.

Bild 12.4 zeigt für diesen Fall die Zeitfunktionen der drei Strangspannungen. Die Generator-Strangspannungen haben einen Maximalwert von 325 V. Im Bild 12.5 sind die Zeitfunktionen der drei Leiterspannungen dargestellt. Ihr Maximalwert beträgt ca. 565 V. Die waagerecht gestrichelten Linien geben den Effektivwert dieser Spannungen an.

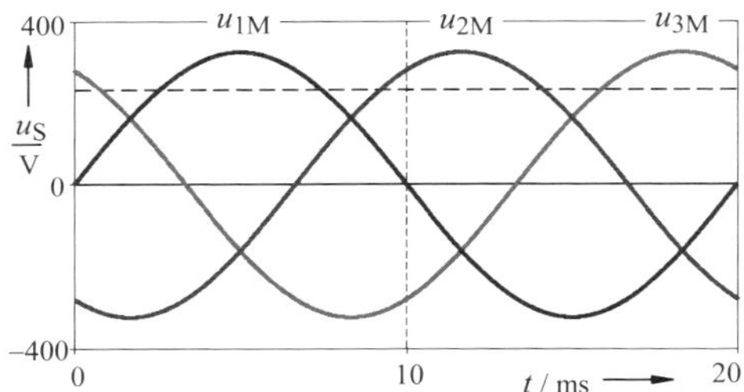

Bild 12.4: Generator-Strangspannungen

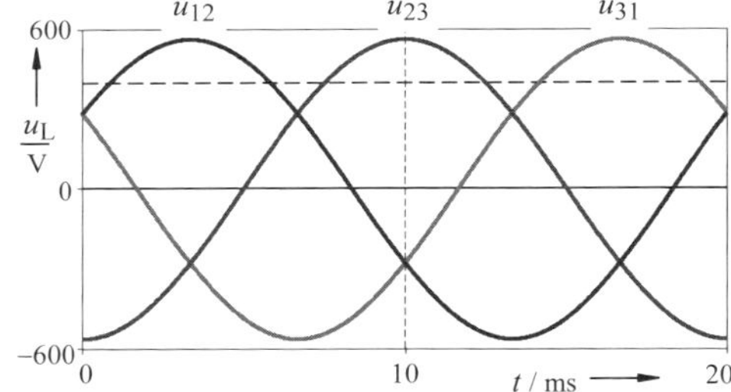

Bild 12.5: Zeitfunktionen der Leiterspannungen

Belastet man ein Drehstromnetz mit einem symmetrischen Verbraucher (Bild 12.6), so muss auch die Summe aller Leiterströme $\underline{I}_L$ zu jedem Zeitpunkt gleich null sein.

Die Summe dieser Leiterströme beschreibt den Strom durch den Mittelpunktleiter $\underline{I}_M$. Der Mittelpunktleiter ist bei symmetrischer Last zu jedem Zeitpunkt stromlos.

$$\underline{I}_M = \sum \underline{I}_L = \underline{I}_1 + \underline{I}_2 + \underline{I}_3 = \frac{\underline{U}_{1M}}{\underline{Z}} + \frac{\underline{U}_{2M}}{\underline{Z}} + \frac{\underline{U}_{3M}}{\underline{Z}} = \frac{\sum \underline{U}_S}{\underline{Z}}$$

$$\underline{I}_M = 0 \qquad (12.12)$$

Der Vorteil eines Drehstromsystems besteht u.a. darin (Abschn. 12.1), dass bei symmetrischer Belastung (Bild 12.6) ein zeitlich konstanter Leistungsfluss vorliegt.

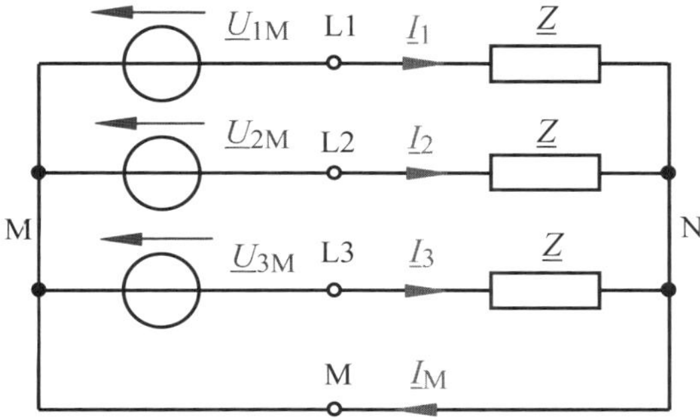

Kennzeichnung:

Generator-Sternpunkt M
Verbraucher-Sternpunkt N

Bild 12.6: Symmetrische Belastung

Zur Überprüfung dieser Aussage wird die Summe der Zeitfunktionen aller Leistungen ermittelt. Als Vereinfachung soll eine rein ohmsche Last vorliegen.

$$\sum p(t) = p_1(t) + p_2(t) + p_3(t) \tag{12.13}$$

Für die Berechnung der Summe dieser Zeitfunktionen wird Gleich. (11.17) aus dem Berechnungsbeispiel 11.1 [Übungsbuch] verwendet. Bei einer rein ohmschen Last ist der Sinusanteil gleich null.

ÜB: BB 11.1

$$\sum p(t) = U_S \cdot I_L \cdot \cos\varphi \cdot \{1 - \cos(2\omega t + 0°) + 1 - \cos(2\omega t - 120°) + 1 - \cos(2\omega t + 120°)\}$$

Der Ausdruck in der geschweiften Klammer hat den Wert 3, da die Überlagerung der drei (um jeweils 120° versetzten) Kosinuskomponenten gleich null ist. Somit ergibt sich zu jedem Zeitpunkt für die Summe der Augenblickswerte der Leistungen ein konstanter Wert.

$$P = 3 \cdot U_S \cdot I_L \cdot \cos\varphi \tag{12.14}$$

Bild 12.7 zeigt den Verlauf der Zeitfunktionen der Leistungen für eine symmetrische Belastung mit $\underline{Z} = R + \mathrm{j}\,X$ und $R = X = 100\ \Omega$. Die Summe Σp ergibt einen konstanten Wert.

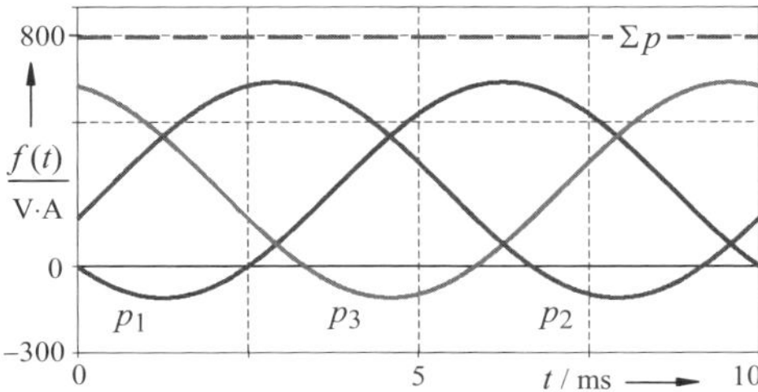

Bild 12.7: Konstanter Leistungsfluss

Probe (12.14): $P = 3 \cdot U_S \cdot I_L \cdot \cos\varphi = 3 \cdot 230\ \mathrm{V} \cdot \dfrac{230\ \mathrm{V}}{\sqrt{2} \cdot 100\ \Omega} \cdot \cos 45° = 793{,}5\ \mathrm{V \cdot A}$

12.3 Belastungsarten

Ein Drehstromgenerator kann mit einer Sternschaltung oder mit einer Dreieckschaltung belastet werden. Diese Belastung kann symmetrisch oder unsymmetrisch sein. Bei einer symmetrischen Last sind die drei komplexen Lastwiderstände zwischen den Außenleitern (Verbraucherstränge) gleich.

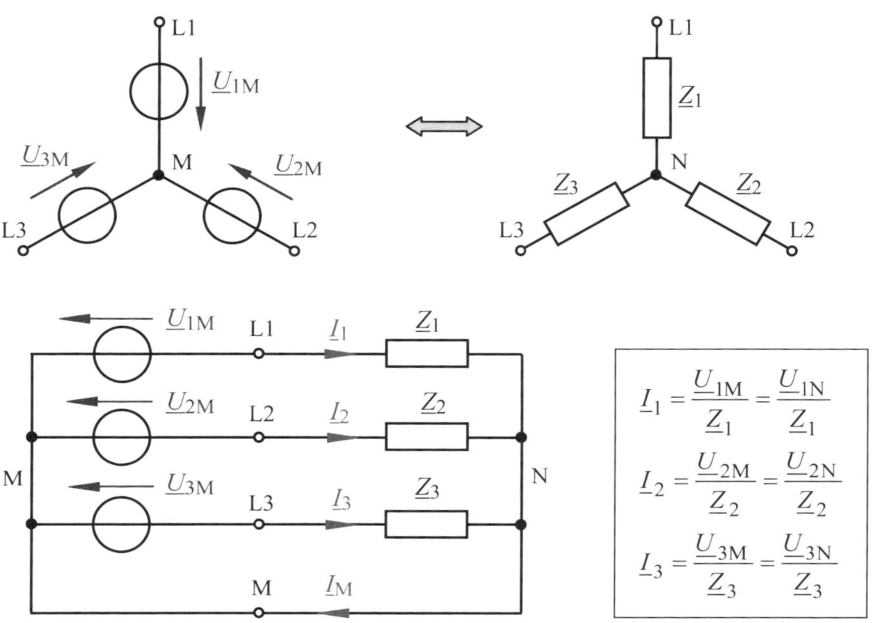

Bild 12.8: Belastung mit einer Sternschaltung

Zur Vereinfachung der Schaltungsdarstellung wird ein Dreiphasensystem mit einer Verbraucher-Sternschaltung im Weiteren durch parallel gezeichnete Stränge (vgl. Bild 12.8 – unten) angegeben. Über jedem Lastwiderstand liegt die entsprechende Strangspannung. Das Zeigerbild der Spannungen über der Last ist identisch mit dem Zeigerbild der Generatorspannungen. Zur Berechnung der Verbraucherströme dient das OHMsche Gesetz.

Lehrbeispiel 12.1:

ÜB: BB 12.1

Eine unsymmetrische Verbraucher-Sternschaltung ist mit folgenden Widerständen aufgebaut:

Geg.: U_S und R sowie: $\underline{Z}_1 = R$; $\underline{Z}_2 = R // \mathrm{j}X_C$; $\underline{Z}_3 = R + \mathrm{j}X_L$

Es gilt die Vereinfachung: $R = |X|$. Bestimmen Sie allgemein den Strom $\underline{I}_M$.

Zunächst werden die drei komplexen Leiterströme berechnet.

$$\underline{I}_1 = \frac{\underline{U}_{1N}}{R} = \frac{U_S \cdot e^{j0°}}{R} = I_S \cdot e^{j0°}$$

$$\underline{I}_2 = \frac{\underline{U}_{2N}}{R // jX_C} = \frac{U_S \cdot e^{-j120°}}{0{,}5 \cdot (R - jR)} = \frac{U_S \cdot e^{-j120°}}{0{,}5 \cdot \sqrt{2} \cdot R \cdot e^{-j45°}} = 1{,}414 \cdot I_S \cdot e^{-j75°}$$

$$\underline{I}_3 = \frac{\underline{U}_{3N}}{R + jX_L} = \frac{U_S \cdot e^{j120°}}{R + jR} = \frac{U_S \cdot e^{j120°}}{\sqrt{2} \cdot R \cdot e^{j45°}} = 0{,}707 \cdot I_S \cdot e^{j75°}$$

Aus diesen drei Strömen wird $\underline{I}_M$ über den Knotenpunktsatz berechnet.

$$\underline{I}_M = \underline{I}_1 + \underline{I}_2 + \underline{I}_3 = I_S \cdot (1 + 1{,}414 \cdot e^{-j75°} + 0{,}707 \cdot e^{j75°})$$

$$\underline{I}_M = I_S \cdot (1 + 0{,}366 - j1{,}366 + 0{,}183 + j0{,}683) = \frac{U_S}{R}(1{,}55 - j0{,}683) = 1{,}694 \cdot \frac{U_S}{R} \cdot e^{-j23{,}8°}$$

Bei Belastung eines Drehstromgenerators mit einer Dreieckschaltung liegen die Leiterspannungen direkt über den drei Lastwiderständen. Der Mittelpunktleiter kann in der Verbraucher-Dreieckschaltung nicht angeschlossen werden. Die Schaltungsdarstellung wird durch parallel angeordnete Verbraucherstränge (Bild 12.9 – unten) vereinfacht.

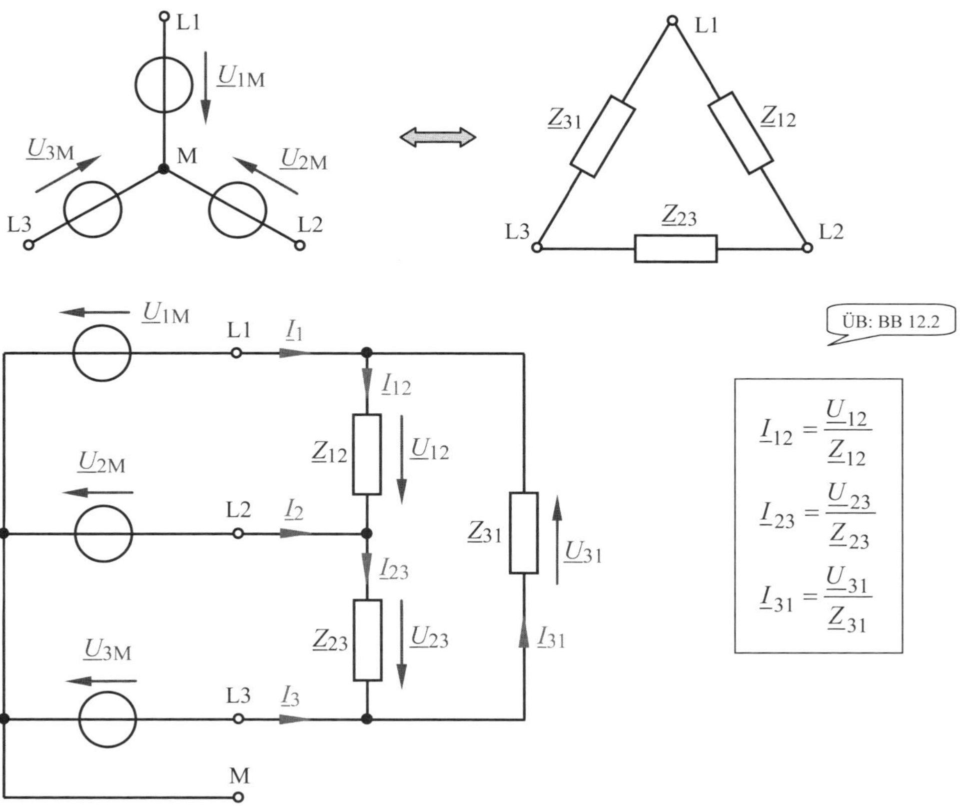

ÜB: BB 12.2

$$\underline{I}_{12} = \frac{\underline{U}_{12}}{\underline{Z}_{12}}$$

$$\underline{I}_{23} = \frac{\underline{U}_{23}}{\underline{Z}_{23}}$$

$$\underline{I}_{31} = \frac{\underline{U}_{31}}{\underline{Z}_{31}}$$

Bild 12.9: Belastung mit einer Dreieckschaltung

Die Leiterströme werden über den Knotenpunktsatz aus den Verbraucher-Strangströmen berechnet (vgl auch: Umläufe in den inneren Dreiecken des Stromzeigerbildes).

Es gilt: $\underline{I}_1 = \underline{I}_{12} - \underline{I}_{31}$ sowie $\underline{I}_2 = \underline{I}_{23} - \underline{I}_{12}$ und $\underline{I}_3 = \underline{I}_{31} - \underline{I}_{23}$.

Bei einer symmetrischen Last ist der Zusammenhang zwischen den Leiterströmen und den Verbraucher-Strangströmen wieder über den Verkettungsfaktor $\sqrt{3}$ beschreibbar. Infolge der Symmetrie sind die Beträge der Strangströme gleich groß. Die Beträge der Leiterströme sind ebenfalls gleich. Bild 12.10 zeigt das Zeigerbild für eine symmetrische (ohmsche) Last.

ÜB: BB 12.7

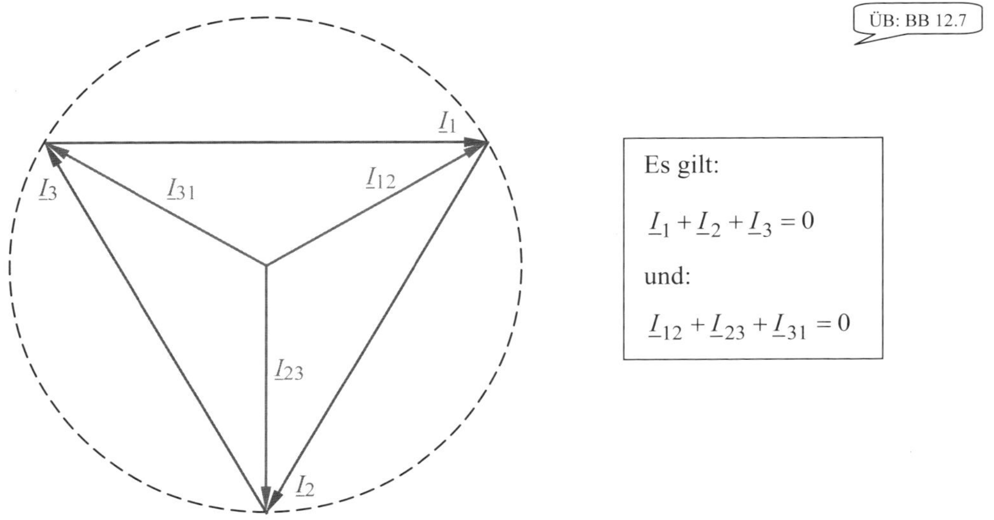

Bild 12.10: Ströme in einer symmetrischen Verbraucher-Dreieckschaltung

Zur Herleitung des Zusammenhanges zwischen einem Leiterstrom und einem Strangstrom im Symmetriefall soll der Strom $\underline{I}_1$ als Bezugszeiger betrachtet werden.

Für eine ohmsche Last $\underline{Z} = R$ erhält man mit $\underline{I}_{12} = \underline{U}_{12} / R$ und $\underline{I}_{31} = \underline{U}_{31} / R$:

$$\underline{I}_1 = \underline{I}_{12} - \underline{I}_{31} = I_S \cdot e^{j30°} - I_S \cdot e^{j150°}$$

$$\underline{I}_1 = I_S \cdot [0{,}866 + j\,0{,}5 - (-0{,}866 + j\,0{,}5)] = I_S \cdot [0{,}866 + 0{,}866] = I_S \cdot \sqrt{3} \cdot e^{j0°}$$

Für alle drei Leiterströme gilt dann:

$$\underline{I}_1 = I_S \cdot \sqrt{3} \cdot e^{j0°} \tag{12.15}$$

$$\underline{I}_2 = I_S \cdot \sqrt{3} \cdot e^{-j120°} \tag{12.16}$$

$$\underline{I}_3 = I_S \cdot \sqrt{3} \cdot e^{j120°} \tag{12.17}$$

Der Betrag eines Leiterstromes ergibt sich bei einer symmetrischen Verbraucher-Dreieckschaltung aus dem Verkettungsfaktor $\sqrt{3}$, multipliziert mit dem Betrag des Verbraucher-Strangstromes.

$$|\underline{I}_{\mathrm{L}}| = |\underline{I}_{\mathrm{S}}| \cdot \sqrt{3} \qquad (12.18)$$

Über das Zeigerbild im Bild 12.10 kann der Zusammenhang zwischen den Strangströmen und den Leiterströmen mit Gleich. (12.18) hergestellt werden.

$$\underline{I}_{12} = I_{\mathrm{S}} \cdot \mathrm{e}^{\mathrm{j}30^\circ} = \frac{I_{\mathrm{L}}}{\sqrt{3}} \cdot \mathrm{e}^{\mathrm{j}30^\circ} \qquad (12.19)$$

$$\underline{I}_{23} = I_{\mathrm{S}} \cdot \mathrm{e}^{-\mathrm{j}90^\circ} = \frac{I_{\mathrm{L}}}{\sqrt{3}} \cdot \mathrm{e}^{-\mathrm{j}90^\circ} \qquad (12.20)$$

$$\underline{I}_{31} = I_{\mathrm{S}} \cdot \mathrm{e}^{\mathrm{j}150^\circ} = \frac{I_{\mathrm{L}}}{\sqrt{3}} \cdot \mathrm{e}^{\mathrm{j}150^\circ} \qquad (12.21)$$

Lehrbeispiel 12.2:

Eine unsymmetrische Verbraucher-Dreieckschaltung ist mit folgenden Widerständen aufgebaut:

Geg.: U_{S} und R sowie: $\underline{Z}_{12} = R$; $\underline{Z}_{23} = \mathrm{j}X_{\mathrm{C}}$; $\underline{Z}_{31} = R + \mathrm{j}X_{\mathrm{L}}$

ÜB: BB 12.6

Es gilt die Vereinfachung: $R = |X|$. Bestimmen Sie allgemein die Verbraucher-Strangströme und die Leiterströme.

Die Strangströme ergeben sich aus den Leiterspannungen und den jeweiligen Lastwiderständen über das OHMsche Gesetz:

$$\underline{I}_{12} = \frac{\underline{U}_{12}}{\underline{Z}_{12}} = \frac{U_{\mathrm{S}} \cdot \sqrt{3} \cdot \mathrm{e}^{\mathrm{j}30^\circ}}{R} \quad \text{sowie:} \quad \underline{I}_{23} = \frac{\underline{U}_{23}}{\underline{Z}_{23}} = \frac{U_{\mathrm{S}} \cdot \sqrt{3} \cdot \mathrm{e}^{-\mathrm{j}90^\circ}}{\mathrm{j}X_{\mathrm{C}}} = \frac{U_{\mathrm{S}} \cdot \sqrt{3} \cdot}{R} \cdot \mathrm{e}^{\mathrm{j}0^\circ}$$

$$\underline{I}_{31} = \frac{\underline{U}_{31}}{\underline{Z}_{31}} = \frac{U_{\mathrm{S}} \cdot \sqrt{3} \cdot \mathrm{e}^{\mathrm{j}150^\circ}}{R + \mathrm{j}X_{\mathrm{L}}} = \frac{U_{\mathrm{S}} \cdot \sqrt{3}}{R \cdot \sqrt{2}} \cdot \mathrm{e}^{\mathrm{j}105^\circ}$$

Die Leiterströme werden mit dem Knotenpunktsatz aus den Strangströmen berechnet (siehe Bild 12.9 oder Bild 12.10).

$$\underline{I}_1 = \underline{I}_{12} - \underline{I}_{31} = \frac{U_{\mathrm{S}} \cdot \sqrt{3}}{R}\left(\mathrm{e}^{\mathrm{j}30^\circ} - \frac{1}{\sqrt{2}}\mathrm{e}^{\mathrm{j}105^\circ}\right) = \frac{U_{\mathrm{S}} \cdot \sqrt{3}}{R}\left[0{,}866 + \mathrm{j}\,0{,}5 - (-0{,}183 + \mathrm{j}\,0{,}683)\right]$$

$$\underline{I}_1 = \frac{U_{\mathrm{S}} \cdot \sqrt{3}}{R}\left[1{,}05 - \mathrm{j}\,0{,}183\right] = 1{,}846 \cdot \frac{U_{\mathrm{S}}}{R} \cdot \mathrm{e}^{-\mathrm{j}10^\circ}$$

$$\underline{I}_2 = \underline{I}_{23} - \underline{I}_{12} = \frac{U_S \cdot \sqrt{3}}{R}(e^{j0°} - e^{j30°}) = \frac{U_S \cdot \sqrt{3}}{R}[1 - (0{,}866 + j0{,}5)]$$

$$\underline{I}_2 = \frac{U_S \cdot \sqrt{3}}{R}[0{,}134 - j0{,}5] = 0{,}897 \cdot \frac{U_S}{R} \cdot e^{-j75°}$$

$$\underline{I}_3 = \underline{I}_{31} - \underline{I}_{23} = \frac{U_S \cdot \sqrt{3}}{R}(\frac{1}{\sqrt{2}}e^{j105°} - e^{j0°}) = \frac{U_S \cdot \sqrt{3}}{R}[-0{,}183 + j0{,}683 - 1]$$

$$\underline{I}_3 = \frac{U_S \cdot \sqrt{3}}{R}[-1{,}183 + j0{,}683] = 2{,}37 \cdot \frac{U_S}{R} \cdot e^{j150°}$$

Probe: $\sum \underline{I}_L = \underline{I}_1 + \underline{I}_2 + \underline{I}_3 = \frac{U_S \cdot \sqrt{3}}{R} \cdot \underline{A}$

$$\underline{A} = (1{,}05 - j0{,}183) + (0{,}133 - j0{,}5) + (-1{,}183 + j0{,}683) = 0 \qquad \Rightarrow \sum \underline{I}_L = 0$$

12.4 Leistung im Dreiphasensystem

Der Generator eines Dreiphasensystems stellt dem Verbraucher eine komplexe Leistung $\underline{S}_G$ zur Verfügung. Diese Leistung setzt sich aus den komplexen Leistungen der drei Generatorstränge $\underline{S}_{1M}$, $\underline{S}_{2M}$ und $\underline{S}_{3M}$ zusammen.

ÜB: BB 12.3

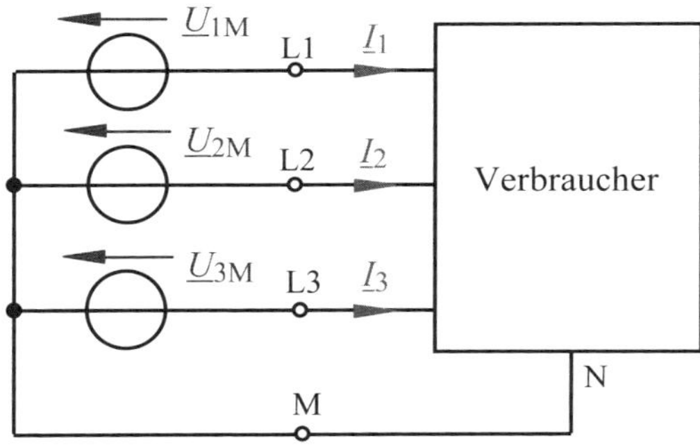

Bild 12.11: Komplexe Leistungen der Generatorstränge

Zur Berechnung dieser komplexen Leistungen betrachtet man jeden Generatorstrang (in Kombination mit dem Verbraucher) als gesonderten Stromkreis. Nach dem Quellen-Zählpfeilsystem gilt:

$$\underline{S}_{1M} = \underline{U}_{1M} \cdot \underline{I}_1^* \tag{12.22}$$

$$\underline{S}_{2M} = \underline{U}_{2M} \cdot \underline{I}_2^* \tag{12.23}$$

$$\underline{S}_{3M} = \underline{U}_{3M} \cdot \underline{I}_3^* \tag{12.24}$$

Aus der Summe dieser drei Leistungen erhält man dann die vom Generator gelieferte komplexe Gesamtleistung: $\underline{S}_G = \underline{S}_{1M} + \underline{S}_{2M} + \underline{S}_{3M}$

Zur Bestimmung der komplexen Leistungen der drei Verbraucherstränge verwendet man das Produkt der jeweiligen Verbraucher-Strangspannung und des konjugiert komplexen Verbraucher-Strangstromes.

Bei einer Verbraucher-Sternschaltung (vgl. Bild 12.8) liegen die Generator-Strangspannungen direkt über den Verbrauchersträngen. Durch diese Verbraucherstränge fließen die jeweiligen Leiterströme. Zur Berechnung der komplexen Leistungen der drei Verbraucherstränge können somit die Gleich. (12.22) bis (12.24) verwendet werden. Die Leistungen sind jetzt aber im Verbraucher-Zählpfeilsystem darzustellen.

ÜB: BB 12.4

Bei einer Verbraucher-Dreieckschaltung liegen die Leiterspannungen über den Verbrauchersträngen (siehe Bild 12.9). Nach dem Verbraucher-Zählpfeilsystem gilt für die komplexen Leistungen der drei Verbraucherstränge in Sternschaltung:

$$\underline{S}_{12} = \underline{U}_{12} \cdot \underline{I}_{12}^* \tag{12.25}$$

$$\underline{S}_{23} = \underline{U}_{23} \cdot \underline{I}_{23}^* \tag{12.26}$$

$$\underline{S}_{31} = \underline{U}_{31} \cdot \underline{I}_{31}^* \tag{12.27}$$

Aus der Summe dieser drei Leistungen erhält man dann die vom Verbraucher bewirkte komplexe Gesamtleistung: $\underline{S}_V = \underline{S}_{12} + \underline{S}_{23} + \underline{S}_{31}$

In einem Dreiphasensystem muss die Summe der drei komplexen Leistungen der Generatorstränge (dargestellt im Quellen-Zählpfeilsystem) gleich der Summe der komplexen Leistungen der drei Verbraucherstränge (dargestellt im Verbraucher-Zählpfeilsystem) sein. Es gilt:

$$\underline{S}_G = \underline{S}_V \tag{12.28}$$

In vielen Fällen ist lediglich die vom Verbraucher aufgenommene Wirkleistung von Interesse. Zur Berechnung dieses Wirkleistungsumsatzes betrachtet man wieder jede Phase gegen den Mittelpunktleiter als gesonderten Stromkreis und bestimmt die Wirkleistung dieses Kreises. Die jeweilige Wirkleistung wird aus dem Produkt des Betrages der Generator-Strangspannung, des Betrages des Leiterstromes und dem Kosinus des von beiden Zeigern eingeschlossenen Winkels berechnet.

$$P_1 = U_S \cdot |\underline{I}_1| \cdot \cos\varphi_1 = \frac{U_L}{\sqrt{3}} \cdot |\underline{I}_1| \cdot \cos\varphi_1$$

$$P_2 = U_S \cdot |\underline{I}_2| \cdot \cos\varphi_2 = \frac{U_L}{\sqrt{3}} \cdot |\underline{I}_2| \cdot \cos\varphi_2 \quad \text{und:} \quad P_3 = U_S \cdot |\underline{I}_3| \cdot \cos\varphi_3 = \frac{U_L}{\sqrt{3}} \cdot |\underline{I}_3| \cdot \cos\varphi_3$$

Aus der Summe der drei Teilleistungen erhält man dann den gesamten Wirkleistungsumsatz: $P_{ges} = P_1 + P_2 + P_3$

Der Phasenwinkel φ_1 ist der Winkel zwischen dem Spannungszeiger der Strangspannung $\underline{U}_{1M}$ und dem Zeiger des Leiterstromes $\underline{I}_1$. Die beiden anderen Winkel sind analog definiert.

$$P_{ges} = \frac{U_L}{\sqrt{3}} \cdot \left[I_1 \cdot \cos\varphi_1 + I_2 \cdot \cos\varphi_2 + I_3 \cdot \cos\varphi_3\right] \tag{12.29}$$

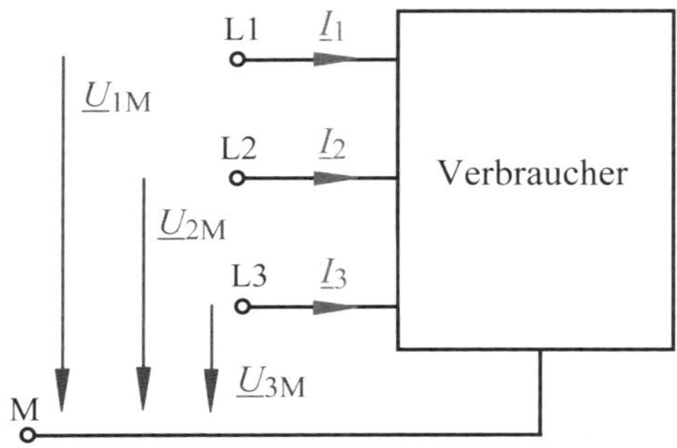

Bild 12.12: Komplexe Leistungen der Verbraucherstränge

Bei einem symmetrischen Verbraucher sind die Leiterströme und die Phasenwinkel zwischen $\underline{U}_L$ und $\underline{I}_L$ gleich groß. Dann gilt:

$$P_{ges} = \frac{U_L}{\sqrt{3}} \cdot 3I_L \cdot \cos\varphi = \frac{U_L \cdot \sqrt{3}}{\sqrt{3} \cdot \sqrt{3}} \cdot 3I_L \cdot \cos\varphi$$

$$P_{ges} = \sqrt{3} \cdot U_L \cdot I_L \cdot \cos\varphi \tag{12.30}$$

Zur Messung des Wirkleistungsumsatzes in einem Dreiphasensystem wird zwischen jede Phase und den Mittelpunktleiter ein Leistungsmesser eingeschaltet. Falls der Mittelpunktleiter am Verbraucher nicht vorhanden sein sollte, kann durch das Zusammenschalten der Spannungspfade aller drei Leistungsmesser (mit gleichen Innenwiderständen; also mit gleichen Messbereichen) ein künstlicher Sternpunkt erzeugt werden.

Ein Wirkleistungsmesser ermittelt über das Produkt der am Spannungspfad anliegenden Wirkspannung und dem durch den Strompfad fließenden Wirkstrom die Wirkleistung. Beide Pfade reagieren sensibel auf zu große Spannungen bzw. zu große Ströme.

Der Spannungspfad der Leistungsmesser muss für die Strangspannungen ausgelegt sein (siehe Bild 12.13 am Beispiel von P_3). Die Gesamtwirkleistung ergibt sich dann aus der Summe der drei Messwerte gemäß Gleich. (12.29).

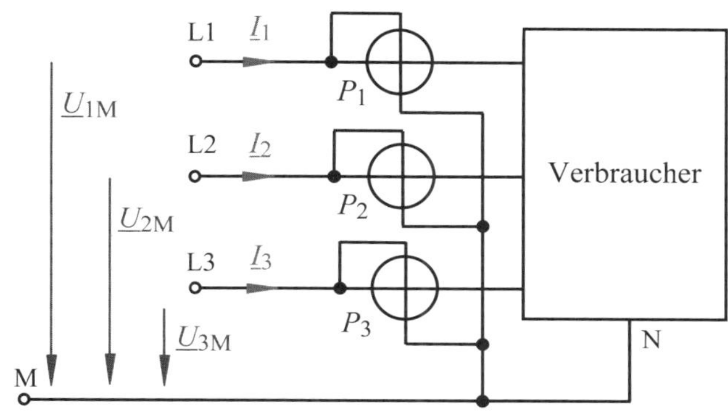

Bild 12.13: Leistungsmessung im Dreiphasensystem

Bei fehlendem Mittelpunktleiter kann auch die ARON-Schaltung zur Leistungsmessung eingesetzt werden. Hier benötigt man lediglich zwei Leistungsmesser. Diese Messgeräte werden von zwei Phasen gegen die dritte Phase als Bezugsphase geschaltet. Hier muss der Spannungspfad der Leistungsmesser für die Leiterspannung ausgelegt sein (Bild 12.14).

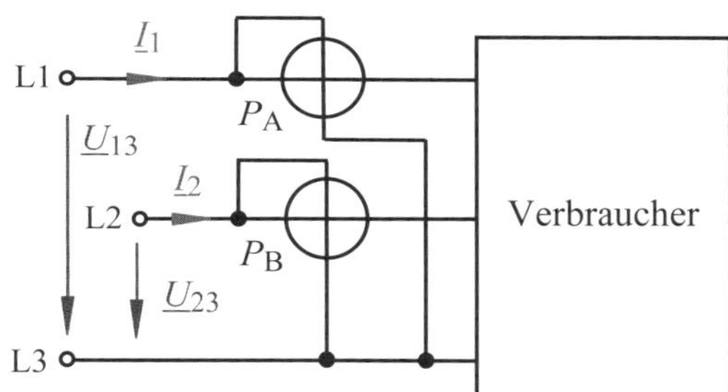

Bild 12.14: ARON-Schaltung zur Wirkleistungsmessung (Bezugsphase L3)

Die gesamte Wirkleistung ergibt sich aus der Summe der beiden vorzeichenbehafteten Messwerte: $P_{ges} = P_A + P_B$.

Für die Bezugsphase L3 gilt:

$$P_A = \left|\underline{U}_{13}\right| \cdot \left|\underline{I}_1\right| \cdot \cos\varphi_A \qquad \text{und:} \qquad P_B = \left|\underline{U}_{23}\right| \cdot \left|\underline{I}_2\right| \cdot \cos\varphi_B$$

Der Winkel φ_A beschreibt die Phasenverschiebung zwischen $\underline{U}_{13}$ und $\underline{I}_1$. Der Winkel φ_B beschreibt die Phasenverschiebung zwischen $\underline{U}_{23}$ und $\underline{I}_2$. Dabei ist zu beachten, dass der Spannungszeiger $\underline{U}_{13}$ um 180° gegenüber dem Spannungszeiger $\underline{U}_{31}$ im Bild 12.3 verschoben ist.

Bei Verwendung von L2 als Bezugsphase gilt eine analoge Aussage für den Spannungszeiger $\underline{U}_{32}$ (siehe Bild 12.15). Für die Bezugsphase L2 gilt:

$$P_A = \left|\underline{U}_{12}\right| \cdot \left|\underline{I}_1\right| \cdot \cos\angle(\underline{U}_{12}; \underline{I}_1) \qquad \text{und:} \qquad P_B = \left|\underline{U}_{32}\right| \cdot \left|\underline{I}_3\right| \cdot \cos\angle(\underline{U}_{32}; \underline{I}_3)$$

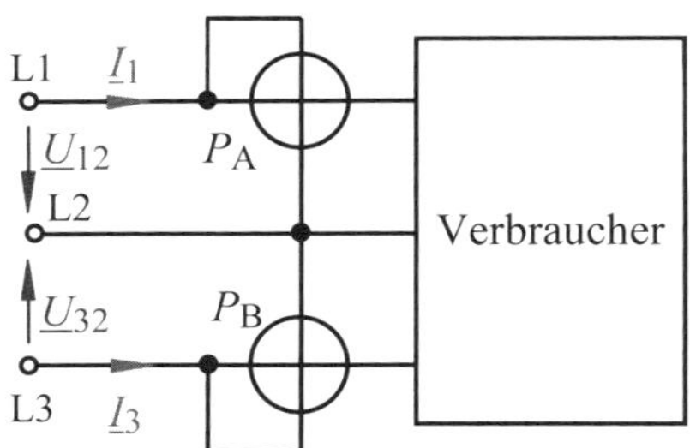

Bild 12.15: ARON-Schaltung (Bezugsphase L2)

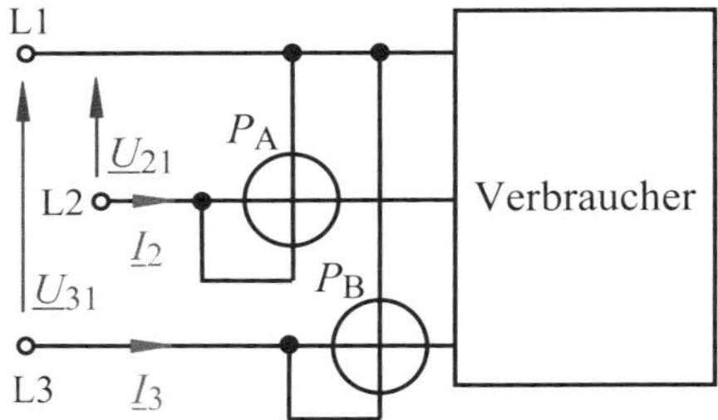

Bild 12.16: ARON-Schaltung (Bezugsphase L1)

Für die Bezugsphase L2 gilt:

$P_A = |\underline{U}_{12}| \cdot |\underline{I}_1| \cdot \cos \angle(\underline{U}_{12}; \underline{I}_1)$ und: $P_B = |\underline{U}_{32}| \cdot |\underline{I}_3| \cdot \cos \angle(\underline{U}_{32}; \underline{I}_3)$

Wird schließlich L1 als Bezugsphase gewählt, so muss der Spannungszeiger $\underline{U}_{21}$ um 180° gegenüber dem Spannungszeiger $\underline{U}_{12}$ im Bild 12.3 verschoben werden.

Lehrbeispiel 12.3:

ÜB: BB 12.5

Berechnen Sie für die ARON-Schaltung im Bild 12.16 die vom Verbraucher aufgenommene Wirkleistung. Führen Sie dazu eine Probe über die komplexen Leistungen durch. Die Leiterspannung beträgt 400 V. Von den Leiterströmen ist bekannt: $\underline{I}_2 = 6\ \text{A} \cdot e^{-j45°}$ und: $\underline{I}_3 = 7\ \text{A} \cdot e^{j130°}$

Für die Bezugsphase L1 gilt:

$P_A = |\underline{U}_{21}| \cdot |\underline{I}_2| \cdot \cos \angle(\underline{U}_{21}; \underline{I}_2)$ und: $P_B = |\underline{U}_{31}| \cdot |\underline{I}_3| \cdot \cos \angle(\underline{U}_{31}; \underline{I}_3)$

Daraus folgt für die Leistungen im Bild 12.16:

$P_A = 400\ \text{V} \cdot 6\ \text{A} \cdot \cos[210° - (-45°)] \approx -621\ \text{W}$ $P_B = 400\ \text{V} \cdot 7\ \text{A} \cdot \cos[150° - (130°)] \approx 2631\ \text{W}$

Dieses Beispiel zeigt, dass eine der beiden über die ARON-Schaltung ermittelten Leistungen durchaus negativ werden kann. Die Gesamtleistung ergibt sich dann aus der vorzeichenbehafteten Summe der Einzelleistungen: $P_{ges} = P_A + P_B = 2631\ \text{W} - 621\ \text{W} = 2010\ \text{W}$

Als Probe können z.B. die komplexen Leistungen der drei Generatorstränge ermittelt werden. Somit gelten die Gleich (12.22) bis (12.24). Der fehlende Strom $\underline{I}_1$ wird über den Knotenpunktsatz berechnet (siehe Zeigerbild im Bild 12.10): $\underline{I}_1 + \underline{I}_2 + \underline{I}_3 = 0$ bzw.:

$$\underline{I}_1 = -\underline{I}_2 - \underline{I}_3 = -(4{,}247 - j4{,}247)\,\text{A} - (-4{,}5 + j5{,}362)\,\text{A} = 0{,}253 - j1{,}115\,\text{A} = 1{,}307\,\text{A} \cdot e^{-j86{,}7°}$$

$$\underline{S}_{1M} = \underline{U}_{1M} \cdot \underline{I}_1^* = 230\,\text{V} \cdot e^{j0} \cdot 1{,}307\,\text{A} \cdot e^{j86{,}6°} = 300{,}6\,\text{V} \cdot \text{A} \cdot e^{j86{,}6°} = 17{,}83\,\text{W} + j300\,\text{var}$$

$$\underline{S}_{2M} = \underline{U}_{2M} \cdot \underline{I}_2^* = 230\,\text{V} \cdot e^{-j120°} \cdot 6\,\text{A} \cdot e^{j45°} = 1380\,\text{V} \cdot \text{A} \cdot e^{-j75°} = 357{,}17\,\text{W} - j1333\,\text{var}$$

$$\underline{S}_{3M} = \underline{U}_{3M} \cdot \underline{I}_3^* = 230\,\text{V} \cdot e^{j120°} \cdot 7\,\text{A} \cdot e^{-j130°} = 1610\,\text{V} \cdot \text{A} \cdot e^{-j10°} = 1585{,}54\,\text{W} - j279{,}6\,\text{var}$$

Probe: $\Sigma P_M = P_{1M} + P_{2M} + P_{3M} \approx 1961\ \text{W}$ $\Leftrightarrow$ $P_{ges} = P_A + P_B = 2010\ \text{W}$ (stimmt annähernd)

Gründe für Abweichungen: Winkel nur mit 1 Nachkommastelle und $|\underline{U}_S| = 230\ \text{V}$ (≈).

12.5 Symmetrische Komponenten

In einem symmetrischen Drehstromsystem reicht eine einphasige Betrachtung aus, da sich der zu beschreibende Vorgang in den anderen beiden Phasen (um 120° versetzt) wiederholt. Bei einem einpoligen / zweipoligen Fehler ist diese Symmetrie aber gestört.

Unsymmetrische Fehler können mit dem Verfahren der symmetrischen Komponenten relativ einfach berechnet werden. Dazu wird ein unsymmetrisches Drehstromsystem in seine Komponenten zerlegt. Dadurch entstehen mehrere neue (aber symmetrische) Systeme.

Bei Drehstrom unterscheidet man zwischen Dreileiternetzen und Vierleiternetzen. Für die weiteren Betrachtungen gilt (im Vergleich zu Abschn. 12.1 bis 12.4) folgende vereinfachte Schreibweise für die Strangspannungen $\underline{U}_S$: $\underline{U}_{1M} = \underline{U}_1$; $\underline{U}_{2M} = \underline{U}_2$ und $\underline{U}_{3M} = \underline{U}_3$.

- Dreileiternetz: Die Summe der drei Spannungen ($\underline{U}_S$ oder $\underline{U}_L$) ist zu jedem Zeitpunkt gleich null. Die Zeiger bilden in sich geschlossene Dreiecke. Im Symmetriefall sind die Beträge der Zeiger gleich und sie sind um jeweils 120° zueinander versetzt. Dieses Drehstromsystem wird unsymmetrisch, wenn die Längen der Zeiger (Beträge) nicht mehr gleich sind und die Zeiger nicht mehr um 120° phasenverschoben sind.
- Vierleiternetz: Der vierte Leiter (z.B. Neutralleiter N, Schutzleiter, Erdseil, Erde) oder der Mittelpunktleiter M kann einen Strom $\underline{I}_M$ führen und zusätzlich eine Spannung $\underline{U}_{NM}$ gegen den symmetrischen Sternpunkt annehmen.

12.5.1 Entstehung unsymmetrischer Dreiphasensysteme

Wenn man in einem Dreileiternetz die symmetrischen Spannungskomponenten eines Mitsystems (Index m) und eines Gegensystems (Index g) überlagert, entsteht nach Bild 12.17 ein unsymmetrisches Spannungszeigerbild (rechts).

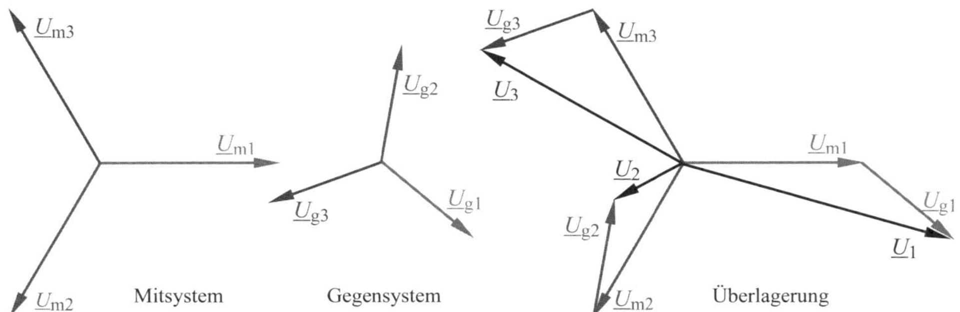

Bild 12.17: Entstehung eines unsymmetrischen Dreiphasensystems im Dreileiternetz

Bei einem Mitsystem sind die Zeiger in der Folge L1, L2 und L3 im Uhrzeigersinn angeordnet (Bild 12.17 – links: auch als Rechtssystem bekannt). Für die Berechnung wird der Phasenoperator [Gleich. 12.1)] verwendet:

$\underline{U}_{m1} = \underline{U}_m$ (Bezugszeiger) $\quad \underline{U}_{m2} = \underline{a}^2 \cdot \underline{U}_m$ und $\quad \underline{U}_{m3} = \underline{a} \cdot \underline{U}_m$

Das Gegensystem entspricht einem Linkssystem. Hier sind die Spannungszeiger in der Folge L1, L2 und L3 gegen den Uhrzeigersinn zueinander angeordnet (Bild 12.17 – Mitte):

$\underline{U}_{g1} = \underline{U}_g$ (Bezugszeiger) $\quad \underline{U}_{g2} = \underline{a} \cdot \underline{U}_g$ und $\underline{U}_{g3} = \underline{a}^2 \cdot \underline{U}_g$

Die beiden Spannungen $\underline{U}_m$ und $\underline{U}_g$ können bezüglich des Betrages und der Phasenlage eine beliebige Abweichung zueinander aufweisen. Die Symmetriebedingung ergibt sich ja durch gleiche Beträge und einen Phasenversatz von jeweils 120° innerhalb eines Systems.

Bei einer Überlagerung von Mitsystem und Gegensystem entstehen folgende Spannungen:

$$\underline{U}_1 = \underline{U}_{m1} + \underline{U}_{g1} = \underline{U}_m + \underline{U}_g \tag{12.31.a}$$

$$\underline{U}_2 = \underline{U}_{m2} + \underline{U}_{g2} = \underline{a}^2 \cdot \underline{U}_m + \underline{a} \cdot \underline{U}_g \tag{12.31.b}$$

$$\underline{U}_3 = \underline{U}_{m3} + \underline{U}_{g3} = \underline{a} \cdot \underline{U}_m + \underline{a}^2 \cdot \underline{U}_g \tag{12.31.c}$$

Diese drei Spannungen treten in der Schaltung des Bildes 12.18 an den als gleich groß angenommenen Widerständen $\underline{Z}$ als Überlagerung von Mit- und Gegensystem in Erscheinung.

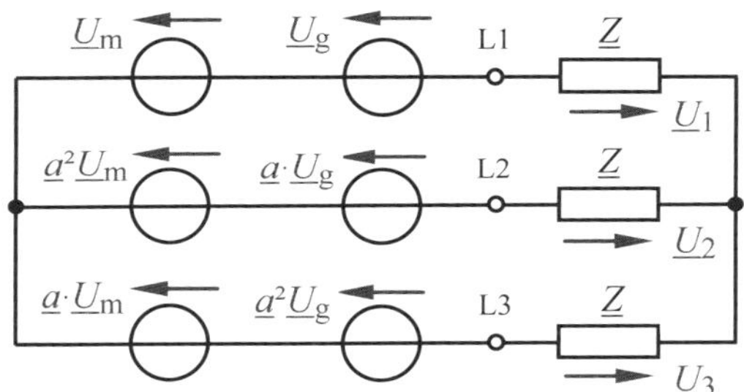

Bild 12.18: Dreisträngige Ersatzschaltung

Die Summe dieser drei Spannungen ist null. Es gilt: $1 + \underline{a} + \underline{a}^2 = 0$.

$$\underline{U}_1 + \underline{U}_2 + \underline{U}_3 = (\underline{U}_m + \underline{U}_g) + (\underline{a}^2 \cdot \underline{U}_m + \underline{a} \cdot \underline{U}_g) + (\underline{a} \cdot \underline{U}_m + \underline{a}^2 \cdot \underline{U}_g) = 0$$

Somit kann man im Dreileiternetz jedes unsymmetrische Dreiphasensystem als Überlagerung der Wirkungen von einem Mitsystem und einem Gegensystem auffassen.

In einem Vierleiternetz kann der vierte Leiter (z.B. Mittelpunktleiter) einen Strom $\underline{I}_M$ führen und zusätzlich eine Spannung $\underline{U}_{NM}$ gegen den symmetrischen Sternpunkt annehmen. Dann ist die Summe aller vier Spannungen gleich null: $\underline{U}_1 + \underline{U}_2 + \underline{U}_3 + \underline{U}_{NM} = 0$. Eine vergleichbare Aussage gilt für die Ströme: $\underline{I}_1 + \underline{I}_2 + \underline{I}_3 + \underline{I}_M = 0$.

Da die Summe der drei Spannungen ($\underline{U}_1 + \underline{U}_2 + \underline{U}_3$) und auch die Summe der drei Ströme ($\underline{I}_1 + \underline{I}_2 + \underline{I}_3$) nicht mehr null ergibt, führt man eine sog. Nullkomponente $\underline{U}_0$ bzw. $\underline{I}_0$ ein.

Das Nullsystem ist ein System mit drei Komponenten, die den gleichen Betrag und die gleiche Phasenlage aufweisen. Wenn der Strom im vierten Leiter gleich null ist, existiert das Nullsystem im Vierleitersystem nicht.

Die Überlagerung der Komponenten des Mitsystems, des Gegensystems und des Nullsystems ergibt das allgemeine unsymmetrische Spannungssystem eines Vierleiternetzes. Dazu stellt man sich ein Modell vor, in dem die drei (mit $\underline{Z}$ belasteten) Parallelzweige gemäß (12.31) von einem Einphasengenerator mit $\underline{U}_0$ im vierten Leiter gespeist werden.

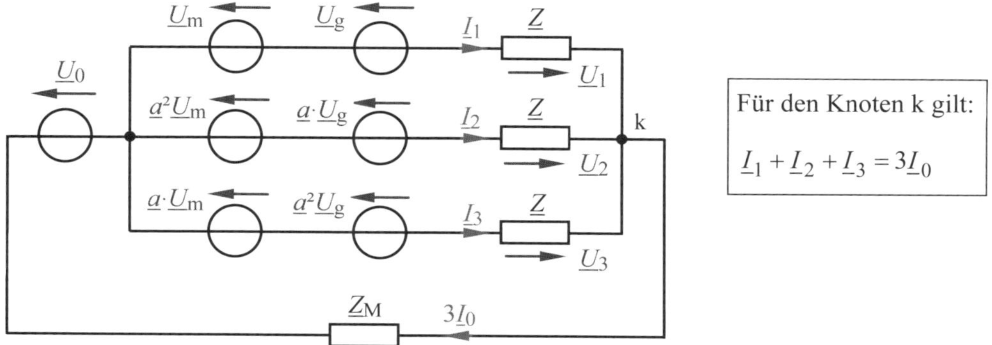

Bild 12.19: Dreisträngige Ersatzschaltung mit $\underline{U}_0$ im vierten Leiter

Für die Verbraucher-Strangspannungen gilt dann in diesem Fall:

$$\underline{U}_1=\underline{U}_0+\underline{U}_{m1}+\underline{U}_{g1}=\underline{U}_0+\underline{U}_m+\underline{U}_g \qquad (12.32.a)$$

$$\underline{U}_2=\underline{U}_0+\underline{U}_{m2}+\underline{U}_{g2}=\underline{U}_0+\underline{a}^2\cdot\underline{U}_m+\underline{a}\cdot\underline{U}_g \qquad (12.32.b)$$

$$\underline{U}_3=\underline{U}_0+\underline{U}_{m3}+\underline{U}_{g3}=\underline{U}_0+\underline{a}\cdot\underline{U}_m+\underline{a}^2\cdot\underline{U}_g \qquad (12.32.c)$$

Nach diesem Modell fasst man jedes unsymmetrische Dreiphasensystem ($\underline{U}$ oder $\underline{I}$) als eine Zusammensetzung der symmetrischen Komponenten des Mit-, Gegen- und Nullsystems auf.

12.5.2 Zerlegung in symmetrische Komponenten

Zur Berechnung unsymmetrischer Fehler ist es erforderlich, unsymmetrische Belastungen in symmetrische Komponenten aufzuteilen. Im Dreileiternetz findet man die Bestimmungsgleichung der Mitkomponente der Spannung durch Erweiterung von (12.31.b) mit $\underline{a}$ und (12.31.c) mit $\underline{a}^2$ über die Summe aller erweiterten Gleichungen von (12.31):

$$\underline{U}_m=\frac{1}{3}\cdot(\underline{U}_1+\underline{a}\cdot\underline{U}_2+\underline{a}^2\cdot\underline{U}_3) \qquad (12.33)$$

Die Gegenkomponente der Spannung wird mit der gleichen Maßnahme bestimmt:

$$\underline{U}_g=\frac{1}{3}\cdot(\underline{U}_1+\underline{a}^2\cdot\underline{U}_2+\underline{a}\cdot\underline{U}_3) \qquad (12.34)$$

Im Vierleiternetz gilt für die Bestimmungsgleichung der Nullkomponente der Spannung:

$$\underline{U}_0=\frac{1}{3}\cdot(\underline{U}_1+\underline{U}_2+\underline{U}_3) \qquad (12.35)$$

Die Gleich. (12.33) bis (12.35) gelten in analoger Form auch für die Ströme $\underline{I}_m$, $\underline{I}_g$ und $\underline{I}_0$.

Widerstände, die im vierten Leiter wirksam sind, bestimmen maßgeblich die sogenannte Nullimpedanz. In der (z.B.) äußeren Masche des Bildes 12.20 gilt im Uhrzeigersinn:

$$-\underline{U}_0 + \underline{I}_0 \cdot \underline{Z} + 3\underline{I}_0 \cdot \underline{Z}_M = 0 \qquad \text{bzw.:} \qquad \underline{Z}_0 = \frac{\underline{U}_0}{\underline{I}_0} = \underline{Z} + 3 \cdot \underline{Z}_M$$

Die Impedanzen des vierten Leiters treten demzufolge mit ihrem dreifachen Wert in der Ersatzschaltung des Nullsystems in Erscheinung. Zur Bestimmung der Nullimpedanz einer Leitung (Kabel oder Freileitung) werden die drei Hauptleiter parallel geschaltet und von $\underline{U}_0$ gespeist. Im Rückleiter wird die Erdungsanlage, der PEN-Leiter, der Mantel des Kabels oder die Kabelbewehrung abgebildet. Durch den gemeinsamen Rückleiter (Mittelpunktleiter) $\underline{Z}_R = \underline{Z}_M$ fließt dann der dreifache Nullstrom $\underline{I}_0$ (Bild 12.20). ÜB: BB 12.8

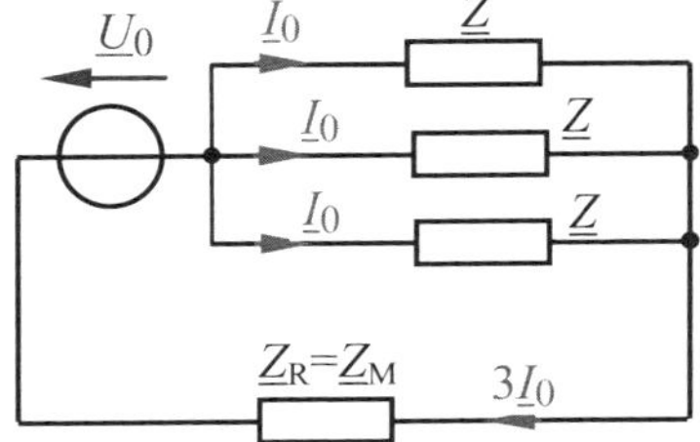

Maschensatz: $\underline{U}_0 = \underline{I}_0 \cdot \underline{Z} + 3\underline{I}_0 \cdot \underline{Z}_R$

Nullimpedanz: $\underline{Z}_0 = \frac{\underline{U}_0}{\underline{I}_0} = \underline{Z} + 3 \cdot \underline{Z}_R$

Bild 12.20: Bestimmung der Nullimpedanz einer Leitung

Die Impedanz des Rückleiters geht mit seinem dreifachen Wert in die Nullimpedanz ein.

12.5.3 Komponenten-Ersatzschaltungen

Zur Bestimmung der Spannungsverhältnisse an einer beliebigen Stelle des Netzes (zwischen der Quelle und einer Fehlerstelle bzw. einem Verbraucher bei unsymmetrischer Last) müssen die Teilspannungen der symmetrischen Komponenten an diesem Ort berechnet werden. Sie ergeben sich dort aus der Zusammensetzung (Synthese) der symmetrischen Komponenten der Spannungen gemäß Bild 12.21:

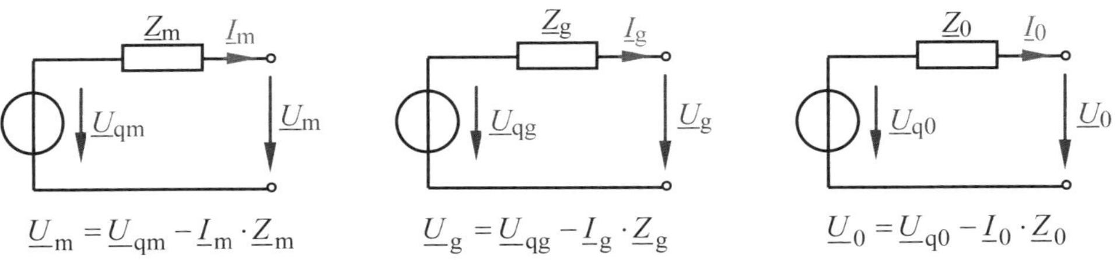

$\underline{U}_m = \underline{U}_{qm} - \underline{I}_m \cdot \underline{Z}_m$ $\qquad$ $\underline{U}_g = \underline{U}_{qg} - \underline{I}_g \cdot \underline{Z}_g$ $\qquad$ $\underline{U}_0 = \underline{U}_{q0} - \underline{I}_0 \cdot \underline{Z}_0$

Bild 12.21: Komponenten-Ersatzschaltungen des Mit-, Gegen- und Nullsystems

Die Quellenspannungen der drei Systeme werden mit $\underline{U}_{qx}$ bezeichnet. Bei einer symmetrischen Quelle sind die Quellenspannungen des Gegen- und des Nullsystems null.

Die komplexe Leistung wird nach den bekannten Regeln berechnet. Es gilt: $\underline{S} = \underline{U} \cdot \underline{I}^*$.

Lehrbeispiel 12.4:

In einem Netz mit wirksamer Sternpunkterdung entsteht ein einsträngiger Kurzschluss. Dabei soll es sich um einen „satten" Kurzschluss (ohne Übergangswiderstand) zwischen L1 und Erde (4. Leiter) und bei sonst unbelasteter Leitung handeln. Man berechne den Kurzschlussstrom an der Fehlerstelle.

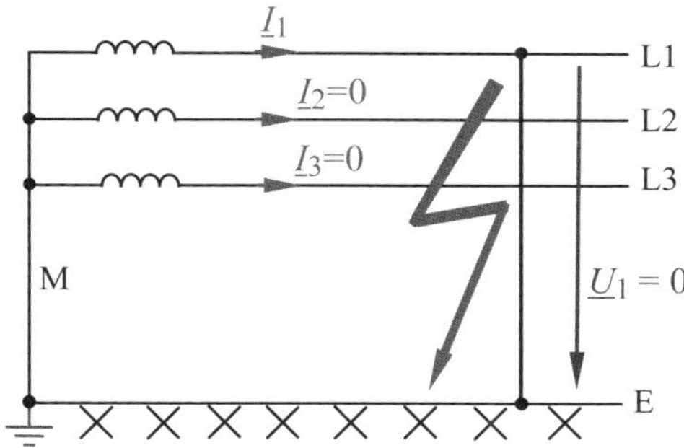

Bild 12.22: Ersatzschaltbild zur Berechnung eines einsträngigen Fehlers

Ausgangspunkt ist die Komponenten-Ersatzschaltung. Dazu werden die drei Systeme des Bildes 12.21 in Reihe geschaltet und über den fehlerbehafteten Zweig miteinander verbunden.

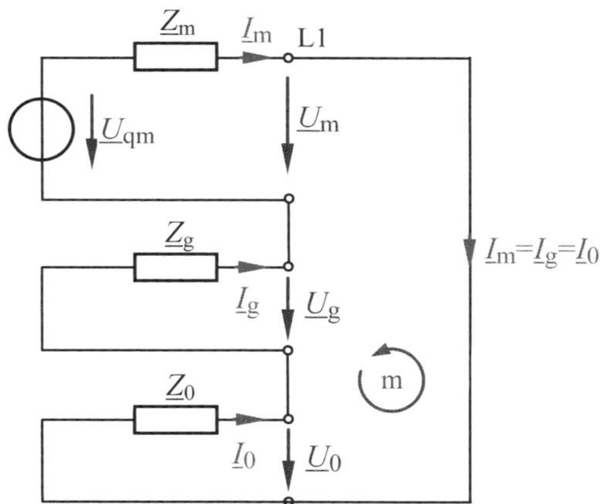

In Analogie zu den Gleich. (12.33) bis (12.35) gelten folgende Stromgleichungen:

$$\underline{I}_m = \frac{1}{3} \cdot (\underline{I}_1 + \underline{a} \cdot \underline{I}_2 + \underline{a}^2 \cdot \underline{I}_3)$$

$$\underline{I}_g = \frac{1}{3} \cdot (\underline{I}_1 + \underline{a}^2 \cdot \underline{I}_2 + \underline{a} \cdot \underline{I}_3)$$

$$\underline{I}_0 = \frac{1}{3} \cdot (\underline{I}_1 + \underline{I}_2 + \underline{I}_3)$$

Bild 12.23: Komponenten-Ersatzschaltung zum Bild 12.22

Durch Einsetzen der Randbedingungen ($\underline{I}_2 = 0$ und $\underline{I}_3 = 0$) stellt man fest, dass die Stromkomponenten im vorliegenden Fall gleich sind: $\underline{I}_m = \underline{I}_g = \underline{I}_0 = \frac{1}{3} \cdot \underline{I}_1$.

Die Summe der Spannungskomponenten (siehe Masche m im Bild 12.23) ergibt null ($\underline{U}_1 = 0$):

$$\underline{U}_m + \underline{U}_g + \underline{U}_0 = (\underline{U}_{qm} - \underline{I}_m \cdot \underline{Z}_m) - \underline{I}_g \cdot \underline{Z}_g - \underline{I}_0 \cdot \underline{Z}_0 = 0 \qquad \text{mit:} \qquad \underline{I}_m = \underline{I}_g = \underline{I}_0$$

$$\underline{U}_m + \underline{U}_g + \underline{U}_0 = (\underline{U}_{qm} - \underline{I}_0 \cdot \underline{Z}_m) - \underline{I}_0 \cdot \underline{Z}_g - \underline{I}_0 \cdot \underline{Z}_0 = 0 \qquad \text{bzw.:} \qquad \underline{I}_0 = \frac{\underline{U}_{qm}}{\underline{Z}_m + \underline{Z}_g + \underline{Z}_0}$$

Dann ist der Kurzschlussstrom $\underline{I}_K = \underline{I}_1$ gleich dem dreifachen Wert einer Stromkomponente:

$$\underline{I}_K = \underline{I}_1 = 3\underline{I}_0 = \frac{3 \cdot \underline{U}_{qm}}{\underline{Z}_m + \underline{Z}_g + \underline{Z}_0}$$

13 Feldbegriff

Ein Feld ist ein besonderer Zustand des Raumes. Dieser Zustand ist durch Wechselwirkungen (z.B. Kräfte) nachweisbar und kann durch physikalische Größen beschrieben werden. Feldgrößen beschreiben die Eigenschaften eines Feldes in jedem Punkt des vom Feld erfüllten Raumes.

Zum Aufbau, zur Aufrechterhaltung oder zur Veränderung eines Feldes muss dem Raum einmalig oder ständig Energie zugeführt werden. Die Existenz eines Feldes ist dann über seine Wirkungen (Quantität der Feldgrößen) nachweisbar. Zur Visualisierung der Existenz und des räumlichen Verlaufes eines Feldes stellt man die Feldgrößen durch Feldlinien dar.

13.1 Begriffsbestimmung

13.1.1 Begriff „Feldpunkt"

Die Beschreibung eines Feldes muss ortsbezogen (also für einen definierten Feldpunkt) vorgenommen werden. Die daraus abgeleiteten Aussagen zum Betrag und zur Richtung der betrachteten Größe ändern sich in der Regel von einem Feldpunkt zu einem anderen Feldpunkt (FP).

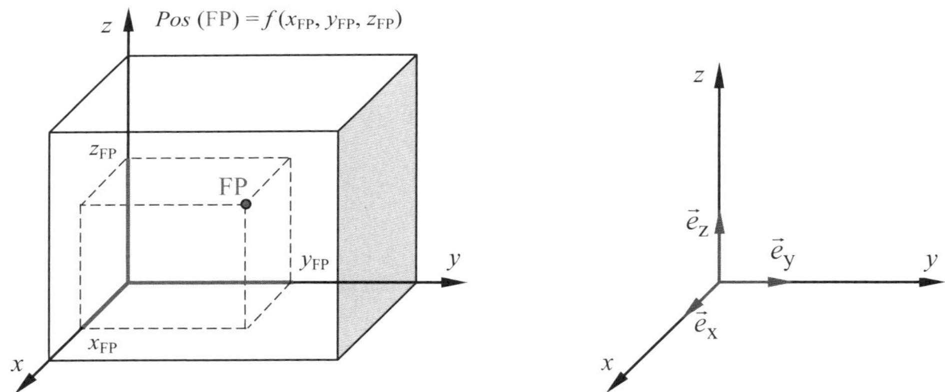

Bild 13.1: Lage eines Feldpunktes im Feldraum (links) und zugeordnetes Vektor-Basissystem (rechts)

- Die physikalischen Größen können skalaren Charakter tragen. Dann ist lediglich die Angabe des Betrages (einschließlich Vorzeichen und Einheit) ausreichend.

  Beispiel: $\vartheta_x = -10$ °C. Im Punkt x wurde eine Temperatur von – 10 °C gemessen.

- Die physikalischen Größen können vektoriellen Charakter tragen. In diesem Fall muss neben dem Betrag (einschließlich Vorzeichen und Einheit) zusätzlich die Richtung der jeweiligen Größe im betrachteten Feldpunkt (FP_x) angegeben werden.

Beispiel: $\vec{F}_x = (3 \cdot \vec{e}_x + 4 \cdot \vec{e}_y + 5 \cdot \vec{e}_z)\,N$ mit: $|\vec{F}_x| = \sqrt{3^2 + 4^2 + 5^2}\,N \approx 7{,}07\,N$

13.1.2 Begriff „Rechtssystem“

Zur Orientierung im Raum ist ein geeignetes Koordinatensystem zu wählen. Aus Gründen der Einheitlichkeit und Verständlichkeit wird in vielen Fällen das kartesische Koordinatensystem verwendet. Das Vektor-Basissystem sollte als Rechtssystem aufgebaut sein.

[1]: „Ein Rechtssystem ist dadurch gekennzeichnet, dass eine Drehung der positiven x-Achse nach der positiven y-Achse mit gleichzeitiger Verschiebung in Richtung der positiven z-Achse eine Rechtsschraubung ergibt.“

Die Einheitsvektoren haben einen Betrag von „1“ (eine Längeneinheit LE):

$$|\vec{e}_\mathrm{x}| = |\vec{e}_\mathrm{y}| = |\vec{e}_\mathrm{z}| = 1$$

- *Faustregel zum Rechtssystem*:

Man „dreht“ die Einheitsvektoren von $\vec{e}_\mathrm{x}$ über $\vec{e}_\mathrm{y}$ nach $\vec{e}_\mathrm{z}$ „rechts herum“ übereinander.

Die Drehung entspricht der Drehung einer Rechtsschraube in Vorschubrichtung.
Im Bild 13.1 (rechts) ist das entsprechende Grundprinzip dargestellt. Um zu überprüfen, ob ein Rechtssystem vorliegt, dreht man das Koordinatensystem so, dass die positive x-Achse zum Betrachter zeigt. Dann müssen die positive y-Achse nach rechts und die positive z-Achse nach oben gerichtet sein.

Zur Klärung einer aktuellen Feldsituation skizziert man sich zunächst ein Feldbild. Die Skizze sollte so gestaltet sein, dass alle erkennbaren Symmetrien für eine nachfolgende Berechnung auch vollständig ausgenutzt werden können. Diese Maßnahme kann den Aufwand der Berechnung gegebenenfalls erkennbar reduzieren.

In dieses Feldbild wird dann das Vektor-Basissystem eingefügt. Die Richtungsorientierung sollte gemäß der Symmetrie des Feldbildes in sinnvoller Form vorgenommen werden. Unter Beibehaltung des Rechtssystems lässt sich das Vektor-Basissystem in eine für die geplante Berechnung günstige Position drehen bzw. kippen.

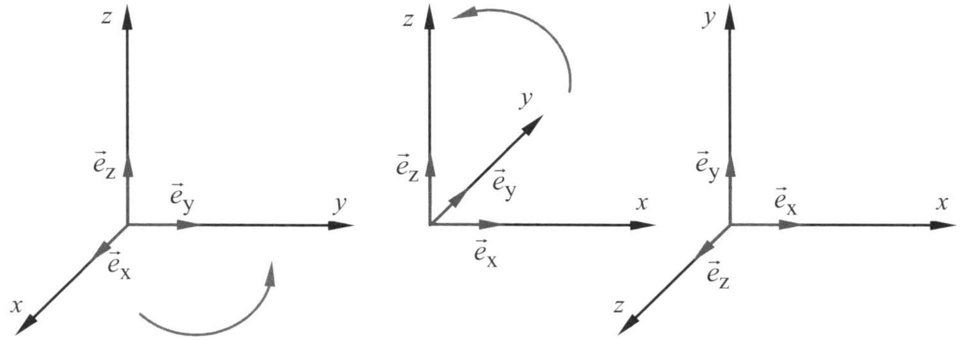

Bild 13.2: Verschiedene Richtungsorientierungen eines Vektor-Basissystems (links: Ausgangssituation, Mitte: x-y-Ebene gegen den UZS nach rechts gedreht, rechts: y-z-Ebene gegen den UZS nach vorn gedreht)

13.2 Einteilung der Felder

Felder können aus unterschiedlicher Sicht betrachtet und interpretiert werden. Daraus resultieren verschiedenartige Auffassungen zur Unterscheidung von Feldern. Solche Unterscheidungen sind an einen Satz von Merkmalen geknüpft und orientieren sich in der Regel an einem Oberbegriff, der eine Einteilung ermöglicht.

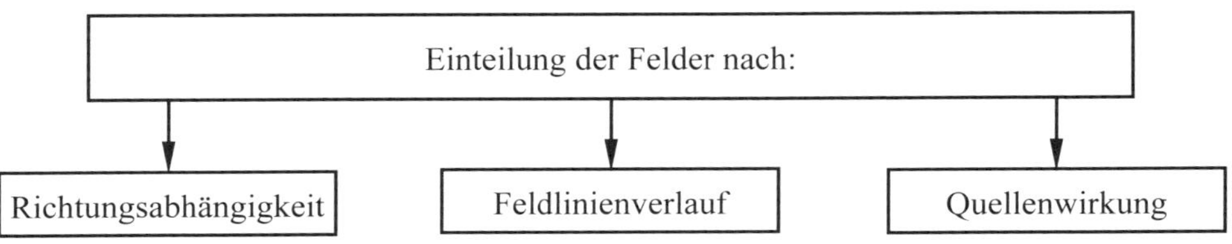

Bild 13.3: Allgemeine Kriterien zur Unterscheidung von Feldern

- Einteilung nach der Existenz gerichteter Feldgrößen (Richtungsabhängigkeit):

Man unterscheidet zwischen skalaren und vektoriellen Feldgrößen (Bild 13.4).

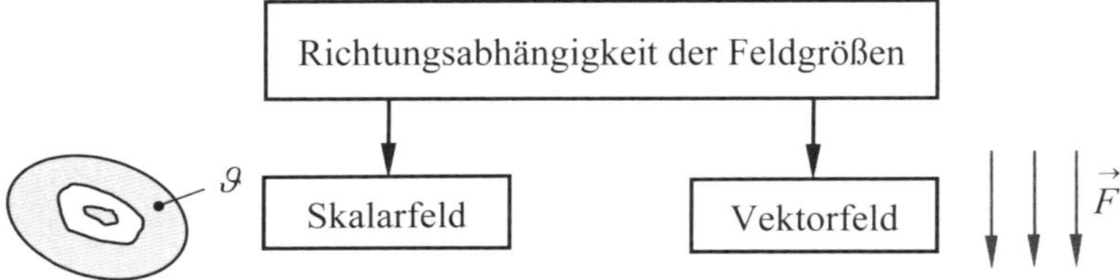

Bild 13.4: Skalare und vektorielle Feldgrößen

Skalare Feldgrößen sind in jedem Feldpunkt durch ihren Betrag eindeutig gekennzeichnet. Ein typisches Skalarfeld ist das Temperaturfeld. Jeder Punkt eines Raumes ist mit der Angabe seiner Temperatur eindeutig beschrieben. Verbindet man alle Punkte des gleichen Wertes der Feldgröße miteinander, so entstehen Flächen (Iso- oder Äqui-Flächen), auf denen die Feldgröße konstant ist (Bild 13.4 – links).

ÜB: BB 13.3

Ein Vektorfeld verfügt dagegen über mindestens eine gerichtete Feldgröße. Zur eindeutigen Beschreibung ist neben dem Betrag zusätzlich die Angabe der Richtung dieser Feldgröße in jedem Feldpunkt erforderlich. Das Kraftfeld ist z.B. ein typisches Vektorfeld. Die Richtung einer Feldlinie gibt in jedem Punkt des vom Feld erfüllten Raumes die Richtung der vektoriellen Feldgröße an. Die Dichte der Linien ist ein Maß für den Betrag dieser Feldgröße.

- Einteilung nach dem Feldlinienverlauf:

Es wird zwischen homogenen und inhomogenen Feldern (Bild 13.5) unterschieden. Ein homogenes Feld liegt nur dann vor, wenn die Feldlinien parallel zueinander verlaufen und den gleichen Abstand zueinander haben und die gleiche Richtung aufweisen. Betrag und Richtung der vektoriellen Feldgrößen sind dann ortsunabhängig.

Sind eine oder mehrere dieser drei Bedingungen nicht erfüllt, spricht man von einem inhomogenen Feld. Betrag und/oder Richtung der vektoriellen Feldgrößen sind dann abhängig vom Ort.

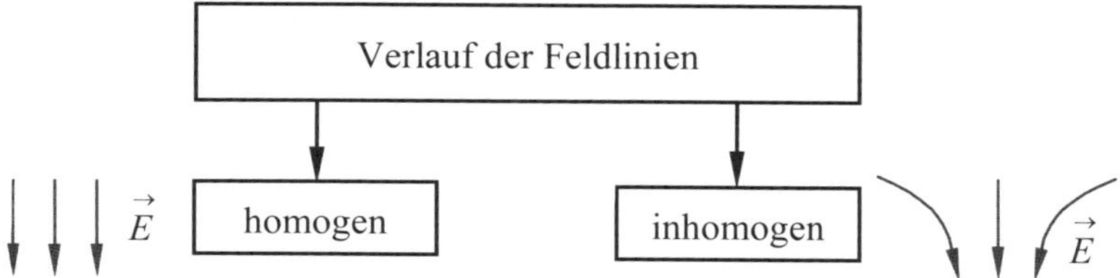

Bild 13.5: Homogenes und inhomogenes Feld

Ein Spezialfall des inhomogenen Feldes ist das radialsymmetrische Feld. Es ist dadurch gekennzeichnet, dass die Feldlinien der vektoriellen Feldgrößen vom Inneren einer konzentrischen Anordnung radial nach außen verlaufen oder umgekehrt.

- Einteilung nach der Quellenwirkung:

Man unterscheidet zwischen einem Quellenfeld und einem Wirbelfeld.

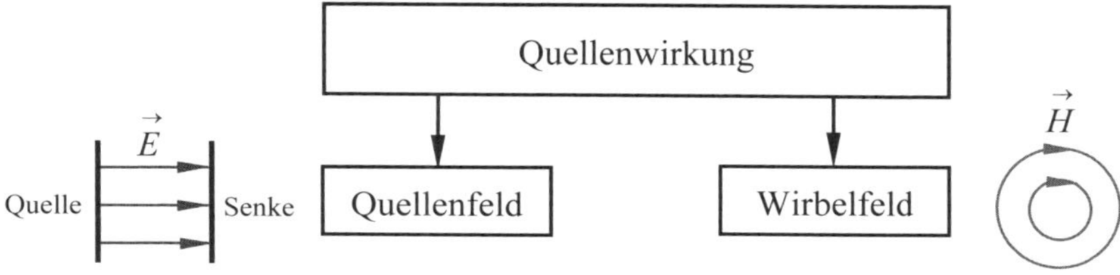

Bild 13.6: Quellen- und Wirbelfeld

Bei einem Quellenfeld haben die Feldlinien der vektoriellen Feldgrößen einen Anfang (Quelle oder Source) und ein Ende (Senke oder Drain). Ein typischer Vertreter ist das homogene elektrostatische Feld eines Plattenkondensators.

Ein Wirbelfeld ist dagegen dadurch gekennzeichnet, dass die Feldlinien der vektoriellen Feldgrößen in sich geschlossen sind. Das magnetische Feld eines stromdurchflossenen Leiters ist ein typisches Wirbelfeld.

Ein weiteres wichtiges Kriterium zur Beurteilung der Eigenschaften eines Feldes ist die zeitliche Abhängigkeit der Feldvorgänge. Man unterscheidet zwischen zeitinvarianten und zeitlich veränderlichen Feldern.

Bei einem zeitinvarianten Feld ändern sich die Feldgrößen nicht über der Zeit. Diese Felder werden als statische oder als stationäre Felder bezeichnet.

Zeitlich veränderliche Felder entstehen, wenn die das Feld verursachende physikalische Größe eine Funktion der Zeit ist. Die Feldgrößen ändern sich dann ständig oder mindestens längs einer definierten Dauer über der Zeit. Dazu zählen auch Ausgleichsvorgänge, die zu einer zeitlich abhängigen Veränderung von Feldgrößen führen. Nach diesem Vorgang könnte sich dann z.B. wieder ein zeitinvarianter Zustand einstellen.

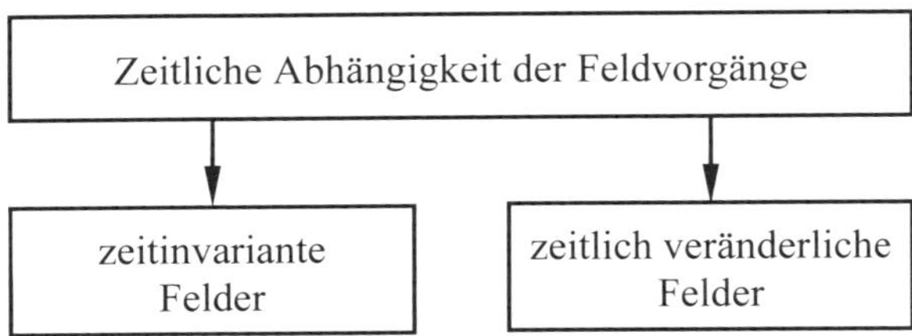

Bild 13.7: Zeitliche Abhängigkeit der Feldvorgänge

13.3 Eigenschaften elektrischer und magnetischer Felder

Das Entstehen eines elektrischen sowie eines magnetischen Feldes ist an die Existenz von elektrischen Ladungen gebunden. Zwischen diesen Ladungen wirken je nach ihrer Polarität anziehende oder abstoßende Kräfte, die den sie umgebenden Raum in einen besonderen Zustand versetzen.

Ein elektrisches Feld beschreibt diesen Raumzustand über Kraftwirkungen, die in leitenden Medien oder in nichtleitenden Medien auftreten. In leitenden Feldräumen führen diese Kraftwirkungen zu einem Ladungstransport. In nichtleitenden Feldräumen bewirken sie eine Ladungsverschiebung.

Ein magnetisches Feld beschreibt diesen Raumzustand über Kraftwirkungen, die ohne Ausnahme auf eine Bewegung elektrischer Ladungen zurückzuführen sind.

Wirbelfreie elektrische Felder werden als elektrische Potentialfelder (EPF) bezeichnet. Je nach Bewegungszustand der Ladung unterscheidet man zwischen dem elektrostatischen Feld und dem elektrischen Strömungsfeld (Bild 13.8).

Das elektrostatische Feld ist ein zeitinvariantes Feld. Es bildet sich in nichtleitenden Feldräumen zwischen ruhenden Ladungen aus (Quellenfeld).

Ein typisches Beispiel ist das Feld eines Plattenkondensators. Der Feldanordnung wird einmalig Energie zugeführt. Das Feld baut sich in einer definierten Zeit auf und bleibt dann (im Falle einer verlustlosen Anordnung) ohne weitere Energiezufuhr erhalten. Die diesem Bauelement von außen zugeführte Energie wird als elektrische Energie gespeichert (Kap. 15).

Das elektrische Strömungsfeld ist ein Feld bewegter Ladungen. Es bildet sich als Ladungsströmung in leitenden Feldräumen aus und ist in seiner Gesamtheit eine in sich geschlossene Erscheinung. Zur Aufrechterhaltung dieses Feldes muss dem Feldraum ständig Energie zugeführt werden, die bei der Bewegung der Ladung im Feld umgesetzt wird.

In passiven Feldbereichen verhält sich das Strömungsfeld als Quellenfeld. Dieses Feld ist stationär, wenn die Bewegung der Ladung zeitinvariant ist (Gleichstrom). Es wird als quasistationäres Feld bezeichnet, wenn die Bewegung der Ladung über eine harmonische Zeitfunktion beschrieben werden kann (eingeschwungener Zustand).

Um eine bewegte Ladung herum (Bild 13.8, rechts unten) bildet sich außerdem ein magnetisches Feld aus. Dieses Feld ist stationär, wenn die Ladungsströmung zeitinvariant ist.

Zeitlich veränderliche Ströme bewirken ein zeitlich veränderliches magnetisches Feld. Falls dieses magnetische Feld in zeitlich veränderlicher Form auf einen Leiter einwirkt, wird in diesem Leiter zugleich ein elektrisches Wirbelfeld erzeugt (Kap. 18).

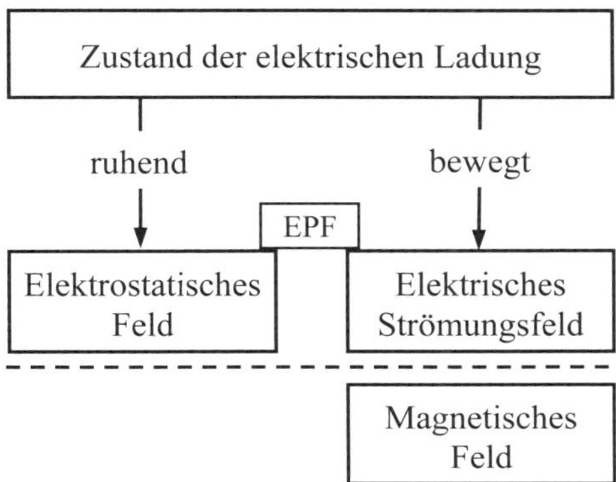

Bild 13.8: Felder der Elektrotechnik

Die Felder der Elektrotechnik werden durch integrale Größen und durch ortsbezogene Größen beschrieben.

Integrale Größen charakterisieren die Eigenschaften eines Feldes in seiner Gesamtheit bzw. in ausgewählten Teilbereichen. So ist z.B. in einem elektrischen Strömungsfeld die Spannung einer Strecke, über der sie anliegt, und der Strom einem Querschnitt, durch den er in seiner Gesamtheit hindurchdringt, zugeordnet. ÜB: BB 13.1

Ortsbezogene Größen beschreiben dagegen bestimmte Eigenschaften eines Feldes in einem Feldpunkt FP. Es handelt sich um skalare oder vektorielle Feldgrößen. Ihr räumlicher Verlauf kann mit einem Feldbild anschaulich dargestellt werden. Als Schnittdarstellung entsteht ein ebenes Feldmodell.

Es hat sich als methodisch sinnvoll erwiesen, die Felder der Elektrotechnik in getrennten Abschnitten zu behandeln. In diesem Lehrbuch steht zunächst das stationäre elektrische Strömungsfeld im Vordergrund. Feldvorgänge im elektrischen Strömungsfeld können z.B. über die Analogie zur Strömung einer Flüssigkeit noch relativ einfach erklärt werden. Aufbauend auf diesen Erkenntnissen ist dann der Übergang zum elektrostatischen Feld leichter möglich.

Die Beschreibung des magnetischen Feldes setzt umfangreiche Kenntnisse zum elektrischen Feld voraus. Durch die Interpretation der Ähnlichkeit zwischen den Vorgängen im elektrischen Feld und im magnetischen Feld (Analogiemethode) kann die Ableitung von Erkenntnissen zum magnetischen Feld (siehe Kap. 17) unterstützt werden.

Bei allen Betrachtungen zu den Feldern der Elektrotechnik ist zu berücksichtigen, dass die drei im Bild 13.8 dargestellten Felder nicht als Einzelerscheinung auftreten. So bewirkt die Existenz eines zeitlich veränderlichen elektrischen Feldes die Existenz eines zeitlich veränderlichen magnetischen Feldes und umgekehrt. Diese sehr komplexen Zusammenhänge werden über die MAXWELLschen Gleichungen (vgl. Kap. 20) beschrieben. Ihre Aussagen weisen zugleich darauf hin, dass in allen drei Feldern analoge Vorgänge ablaufen. Die Anwendung der Analogiemethode kann demzufolge in der Feldtheorie ein wichtiges Hilfsmittel zur Erkenntnisgewinnung sein.

ÜB: BB 13.2

So gelten z.B. im elektrischen Potentialfeld für leitende Feldräume (elektrisches Strömungsfeld) und für nichtleitende Feldräume (elektrostatisches Feld) die gleichen Gesetze zur Beschreibung von Zusammenhängen zwischen der elektrischen Feldstärke und dem elektrischen Potential.

Die Erscheinungsformen des elektrischen Potentialfeldes sind demzufolge durch eine Gleichartigkeit/Ähnlichkeit im physikalischen Charakter ausgewählter Feldgrößen gekennzeichnet, während sie sich in anderen Sachverhalten (Leiter oder Nichtleiter bzw. bewegte oder ruhende Ladung) grundsätzlich unterscheiden. Unter Berücksichtigung des Grades der Ähnlichkeit kann man den Zusammenhang zwischen Ursache und Wirkung einer aktuellen Erscheinung wie folgt interpretieren:

Bild 13.9: Ursache-Wirkungs-Modell

Danach tritt eine Wirkung erst dann ein, wenn die dazu erforderliche Ursache aktiviert wird UND (*) die Bedingung in Form der Existenz eines spezifischen stofflichen Gebildes (hier: Leiter oder Nichtleiter) erfüllt ist. Bei gleicher Ursache ändert sich die Wirkung, wenn eine andere Bedingung gültig ist. Wird z.B. ein Leiter durch einen idealen Isolator ersetzt, so entsteht aus einem Feld bewegter Ladungen ein Feld ruhender Ladungen (siehe Bild 13.10).

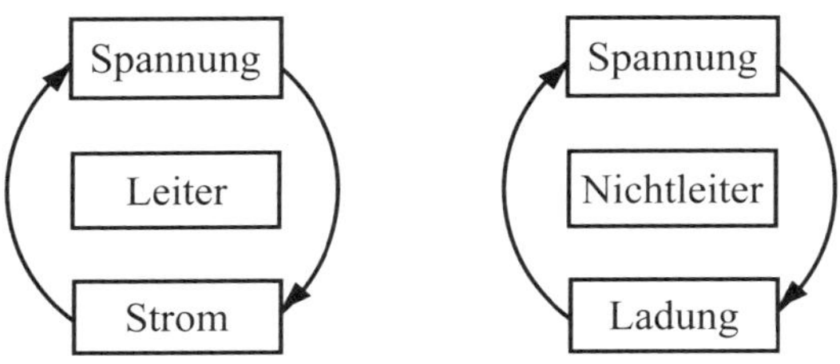

Bild 13.10: Ursache und Wirkung im Feld bewegter Ladungen und im Feld ruhender Ladungen

Je nach Betrachtungsweise können Ursache und Wirkung auch vertauscht werden. Im Beispiel des Bildes 13.10 (links) fließt ein Strom durch einen Leiter (Wirkung), wenn als Ursache eine Spannung angelegt wird (Spannungseinspeisung). Wenn ein Strom in den Leiter eingespeist wird (Stromeinspeisung = Ursache), dann entsteht über dem Leiter ein Spannungsabfall (Wirkung).

14 Stationäres elektrisches Strömungsfeld

14.1 Eigenschaften des elektrischen Strömungsfeldes

Das stationäre elektrische Strömungsfeld ist ein zeitinvariantes Feld bewegter Ladungen. Es entsteht im Inneren eines Leiters oder einer leitfähigen Anordnung, wenn man von außen eine Gleichspannung anlegt oder einen Gleichstrom einspeist.

Das elektrische Strömungsfeld ist in seiner Gesamtheit ein Wirbelfeld. Der Strom ist eine in sich geschlossene Erscheinung. Er fließt in einem „Kreis" (Stromkreis) von der elektrischen Quelle durch den passiven Feldraum und wieder zurück zur Quelle. Er fließt auch durch die Quelle hindurch. Die Quelle besitzt die Fähigkeit, Ladungen zu beschleunigen. Sie führt der Anordnung elektrische Energie $W_{ges} = U_{ab} \cdot I_{ges} \cdot t$ zu.

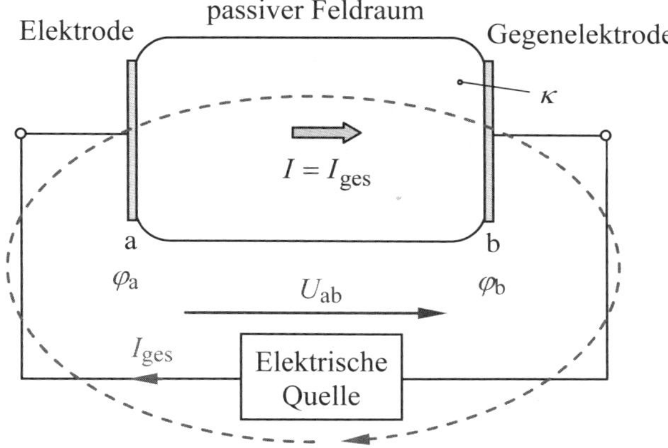

Bild 14.1: Elektrisches Strömungsfeld als Gesamterscheinung

Im passiven Feldraum kann das Strömungsfeld als Quellenfeld aufgefasst werden. Dabei werden lediglich die Vorgänge zwischen den beiden Elektroden betrachtet.

Um ein grundlegendes Verständnis für den Feldverlauf zu entwickeln, skizziert man sich zunächst ein Feldbild. Obwohl sich das Feld im Raum ausbildet, wird aus Aufwandsgründen häufig eine ebene Felddarstellung gewählt. Der Schnitt durch den Raum ist dann in zweckmäßiger Form festzulegen.

Als Ausgangspunkt für die weiteren Betrachtungen dient ein einfaches leitfähiges Gebilde. Zwischen zwei parallel zueinander angeordneten Elektroden mit deckungsgleicher Fläche A befindet sich ein homogener Leiter mit einer konstanten spezifischen elektrischen Leitfähigkeit. An die hochleitfähigen Stirnflächen mit $\kappa \to \infty$ (im Bild 14.2 grau unterlegt) wird eine Spannung U_{ab} angelegt. Dann fließt im passiven Feldraum ein Gesamtstrom I_{ges} von der Elektrode a zur Gegenelektrode b. Es wäre auch denkbar, dass man in den Feldraum einen Strom I_{ges} einspeist. In diesem Fall fällt über den Punkten a und b eine Spannung U_{ab} ab.

Als Hilfsmittel zur Felddarstellung werden die Linien bzw. die Flächen der skalaren und die Linien der vektoriellen Feldgrößen verwendet. Im elektrischen Strömungsfeld sind das die Äquipotentiallinien bzw. Äquipotentialflächen (skalar) und die Linien der elektrischen Stromdichte bzw. der elektrischen Feldstärke (vektoriell).

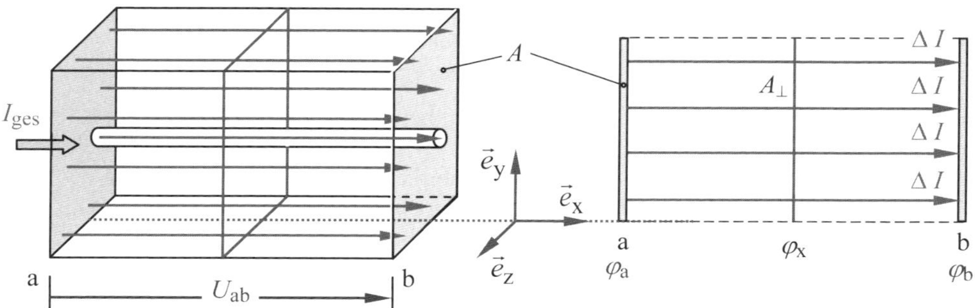

Bild 14.2: Ausbildung von Strömungslinien in einem homogenen Leiter (rechts: ebenes Feldbild)

Zur Verdeutlichung der Strömungsverhältnisse teilt man den Gesamtstrom in gleich große Teile ΔI auf. Im Bild ist die Anzahl aus Darstellungsgründen auf wenige Teile begrenzt. In diesem einfachen Modell entstehen sogenannte Stromröhren mit gleichen Querschnittsflächen $\Delta A_\perp$, in denen jeweils ein konstanter Teilstrom ΔI fließt. Auf der linken Seite des Bildes 14.2 wurde <u>eine</u> solche Röhre in der Mitte des Feldraumes angedeutet. Die Strömung in jeder Röhre wird mit einer Strömungslinie visualisiert.
Im vorliegenden Fall (parallele und deckungsgleiche Elektroden ohne Versatz zueinander) ist die Dichte dieser Linien im gesamten Feldraum gleich. Bei einem Schnitt längs der xy-Ebene (Bild 14.2 – gepunktete Linie) entsteht eine ebene Felddarstellung (Bild 14.2 – rechts). Dieses Bild bleibt infolge der gewählten Symmetrie erhalten, wenn die Schnittfläche im Feldraum in z-Richtung parallel verschoben wird.

Die Dichte der Strömungslinien wird im Strömungsfeld über die Stromdichte ($\vec{J}$ oder $\vec{S}$) beschrieben. Dabei handelt es sich um eine Strömungsgröße, die man jedem Feldpunkt als Vektor zuordnet. Die positive Richtung des Vektors ist in Bewegungsrichtung der positiven Ladungen (Relativbewegung) definiert.

Für den Betrag der Stromdichte im homogenen Feld gilt: $J = \dfrac{\Sigma(\Delta I)}{\Sigma(\Delta A_\perp)} = \dfrac{I_{ges}}{A_\perp}$.

Damit kann der Gesamtstrom $I = I_{ges}$ berechnet werden: $I = J \cdot A_\perp$.

Diese Berechnung gilt aber nur, wenn die Fläche senkrecht auf der Stromdichte steht. Dann hat der Flächenvektor $\vec{A}$ die gleiche Richtung wie der Vektor $\vec{J}$ (Bild 14.3 – links).

Betrachtet man dagegen eine Fläche, die gegenüber $A_\perp$ um einen Winkel α geneigt wird, ist die entstehende Fläche $A_\angle$ größer als $A_\perp$ (Bild 14.3 – rechts).

Mit $\cos\alpha = \dfrac{A_\perp}{A_\angle}$ erhält man: $A_\angle = \dfrac{A_\perp}{\cos\alpha}$ also: $A_\angle > A_\perp$ bei: $0 < \alpha < 180°$.

Die Größen I und $\vec{J}$ bleiben aber in beiden Fällen (Fläche $A_\perp$ oder $A_\angle$) gleich. Die Strömungslinien und die Stromdichtelinien durchdringen den gesamten Leiter – sowohl die Fläche $A_\perp$ als auch die Fläche $A_\angle$. Es gilt: $I = |\vec{J}| \cdot A_\perp = |\vec{J}| \cdot A_\angle \cdot \cos\alpha$.

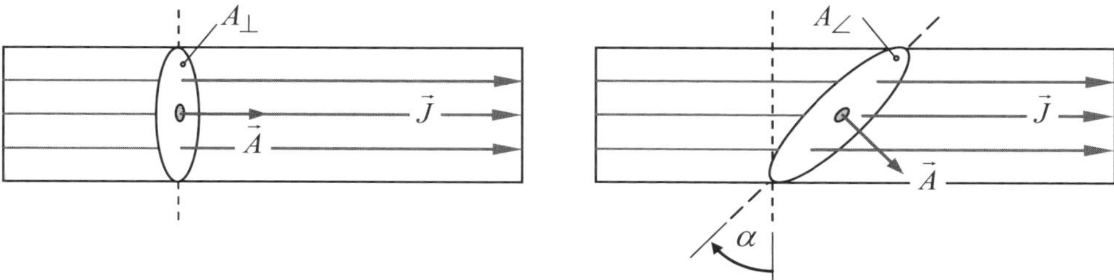

Bild 14.3: Ebene Fläche im homogenen Strömungsfeld

Daraus können folgende Schlussfolgerungen abgeleitet werden:

⇒ Der Strom durch eine ebene Fläche A, die gegenüber dem Vektor der Stromdichte eine Neigung von (90° – α) aufweist, kann allgemein wie folgt berechnet werden:
$I = |\vec{J}| \cdot A \cdot \cos\angle(\vec{J}; \vec{A}) = \vec{J} \cdot \vec{A}$

⇒ Die räumliche Position der ebenen Fläche wird durch den Vektor $\vec{A}$ beschrieben. Dieser Vektor steht senkrecht auf der Fläche A. Seine Richtung wird demzufolge durch den Winkel α bestimmt. Die Fläche hat die Größe des Betrages von $\vec{A}$ (also: $|\vec{A}|$).

⇒ Bei einer Zerlegung des Feldraumes in differenziell kleine Volumeneinheiten kann auch ein inhomogenes Feld in diesem Feldpunkt (Größe: dV) als homogen aufgefasst werden. Durch dieses differenzielle Volumen fließt dann ein Strom dI.

⇒ Die Stromdichte $\vec{J}$ ist somit ein Maß für die Strömungsgröße, die diesem Feldpunkt zugeordnet wird.

Äquipotentiallinien sind Linien gleichen Potentials. Im Feldbild eines homogenen Feldes (Bild 14.4) weisen sie bei gleicher Potentialdifferenz den gleichen Abstand zueinander auf.

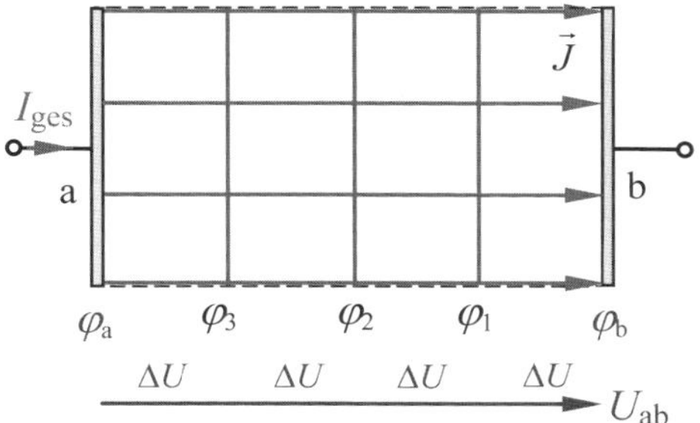

Bild 14.4: Feldbild eines homogenen elektrischen Strömungsfeldes

Die Strömung bildet sich im gesamten Feldraum aus und durchsetzt senkrecht alle ebenen Flächen A. Diese Flächen verlaufen parallel zu den deckungsgleichen Elektrodenflächen. Jeder Fläche (hier dargestellt als Äquipotentiallinie) kann ein definiertes Potential φ_x

zugeordnet werden. Der Wert von φ_x nimmt im Bild 14.4 längs des Stromes vom Punkt a zum Punkt b ab: $\varphi_a > \varphi_3 > \varphi_2 > \varphi_1 > \varphi_b$

Für die Potentialdifferenzen gilt dann: $\Delta U = \varphi_a - \varphi_3 = \varphi_3 - \varphi_2 = \varphi_2 - \varphi_1 = \varphi_1 - \varphi_b$

Strömungslinien treten immer senkrecht aus einer Äquipotentialfläche (z.B. φ_3) aus und treten auch wieder senkrecht in eine andere Äquipotentialfläche (z.B. φ_2) ein. Zur Konstruktion eines vollständigen Feldbildes ist demzufolge lediglich die Kenntnis des Verlaufes einer Linienart (z.B. Potentiallinien) erforderlich. Daraus kann der Verlauf der anderen Linienart (hier: Stromdichtelinien) konstruiert werden.

Nun soll die im Bild 14.2 betrachtete Anordnung in seiner Gesamtform verändert werden. Dazu dient eine frei erfundene Feldanordnung. Zwischen zwei Elektroden (grau gekennzeichnet) existiert ein leitfähiger Feldraum (κ = const.). Die Fläche der Gegenelektrode b wird im Vergleich zum Bild 14.2 verringert und die äußere Feldbegrenzung ändert sich gemäß Bild 14.5. Durch die äußere Feldbegrenzung entstehen drei Bereiche, die durch zwei Übergänge miteinander verbunden sind. In diesem passiven Feldraum bildet sich jetzt ein inhomogenes elektrisches Strömungsfeld aus, wenn an die Elektroden eine Spannung U_{ab} angelegt wird. Bild 14.5 zeigt einen Schnitt durch die *xy*-Ebene. Es soll die Annahme gelten, dass dieses Bild auch bei einem Schnitt durch die *xz*-Ebene entsteht.

ÜB: BB 14.1

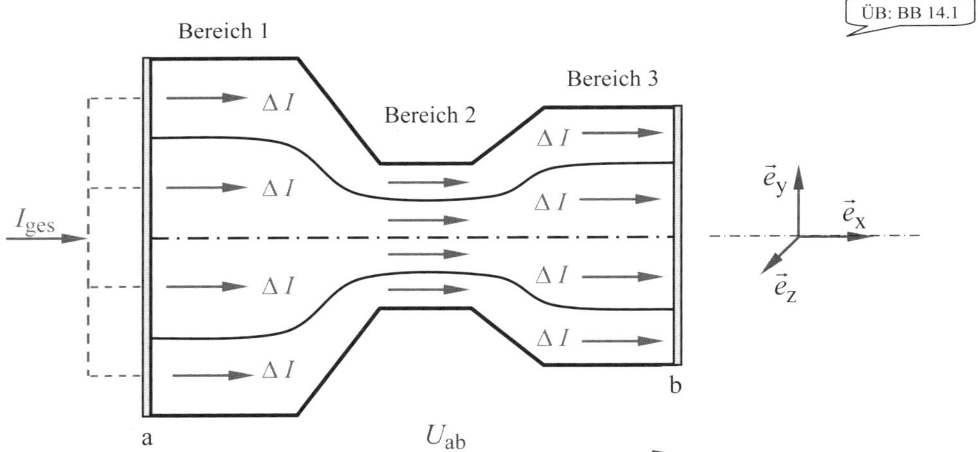

Bild 14.5: Feldanordnung eines inhomogenen Strömungsfeldes

Die Stromröhren sind jetzt gebogen und verändern von a nach b ihre Querschnitte. In jeder Röhre bildet sich eine Strömungslinie aus (Bild 14.6). Ein Vergleich der unterschiedlichen Dichte dieser Linien in den einzelnen Bereichen liefert den Hinweis, dass der Feldverlauf über die Strömungslinien mit ΔI nicht vollständig beschrieben werden kann.

Der Gesamtstrom ist in allen Bereichen gleich. Die Teilströmung ΔI ist in jeder Röhre auch gleich. Für die Stromröhren stehen aber unterschiedliche Flächen ΔA zur Verfügung. Somit ändert sich in den Bereichen (einschließlich der Übergänge) die Stromliniendichte entlang des Verlaufes der Strömungslinien. Die grobe Skizze im Bild 14.6 (unten) soll diesen Sachverhalt am Beispiel der oberen Stromröhre von Bild 14.5 verdeutlichen. Danach ändern sich der Betrag und die Richtung der Stromdichte von Feldpunkt zu Feldpunkt. Eine vollständige Beschreibung gelingt demzufolge nur, wenn man jedem Feldpunkt einen Stromdichtevektor zuordnet.

Dieser Vektor $\vec{J}$ zeigt in Richtung des Stromes ($I > 0$). Sein Betrag muss denjenigen Stromanteil $\mathrm{d}\,I$ beschreiben, der durch das senkrecht ($\perp$) zu den Strömungslinien positionierte Flächenelement $\mathrm{d}\,A_{\perp}$ fließt, bezogen auf dieses durchströmte Flächenelement selbst.

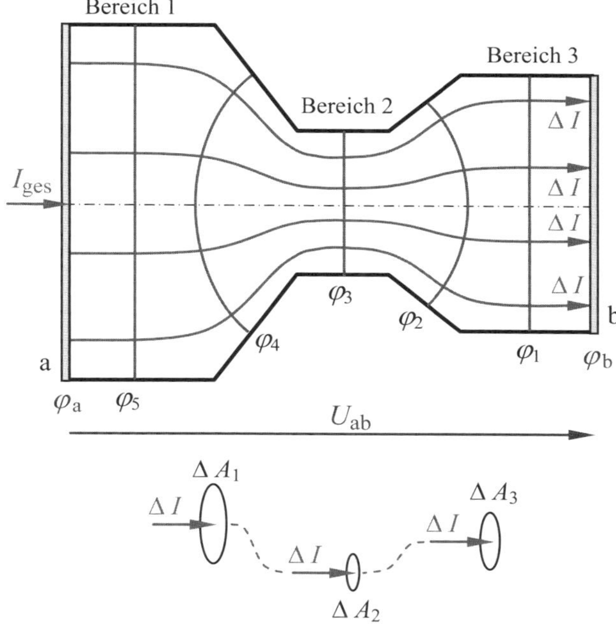

Bild 14.6: Feldbild (Skizze) zum elektrischen Strömungsfeld des Bildes 14.5

Die Strömungslinien treten senkrecht aus der Elektrode mit dem höheren Potential aus (hier: linke Elektrode) und münden wieder senkrecht in die Gegenelektrode (rechts) ein. Sie verlaufen in Richtung der Bewegung positiver Ladungen. Infolge dieser Bewegung nimmt die potentielle Energie der Ladung ab. Das Energiegefälle wird über ein Potentialgefälle beschrieben. Zur Visualisierung dieses Sachverhalts ordnet man (wie im Bild 14.4) jedem Feldpunkt ein elektrisches Potential zu und verbindet Punkte gleichen Potentials miteinander. Jetzt entstehen in den Übergangsbereichen gewölbte Flächen, die sich in einer ebenen Felddarstellung als gebogene Äquipotentiallinien ausbilden. Sie werden in jedem Feldpunkt von den Strömungslinien senkrecht durchsetzt.

Im Bild 14.6 wurden die Äquipotentiallinien nur angedeutet. Die Potentialdifferenz zwischen jeweils zwei Linien kann bei einer solchen groben Skizze nicht konstant sein.

14.2 Beschreibung des stationären elektrischen Strömungsfeldes

14.2.1 Integrale Größen

Integrale Größen beschreiben ein Feld in seiner Gesamtheit bzw. in ausgewählten Teilbereichen. Als Ursache für das Entstehen eines elektrischen Strömungsfeldes wird im Weiteren die von außen angelegte Gesamtspannung aufgefasst. Im Falle einer Gleichspannung handelt es sich dabei um ein stationäres elektrisches Strömungsfeld. Bei einer sinusförmigen Wechselspannung ist dieses Feld als quasistationäres elektrisches Strömungsfeld einzustufen. Die Feldgrößen haben einen eingeschwungenen Zustand (quasistationär) erreicht.

Als materialtechnische Bedingung wirkt die spezifische elektrische Leitfähigkeit κ, die jeder technischen Anordnung einen Leitwert G zuordnet (Bauelemente-Kenngröße). Mit Erfüllung der Bauelemente-Bedingung folgt bei aktiver Ursache die Wirkung in Form eines elektrischen Stromes I. Daraus kann das im Bild 14.7 dargestellte Ursache-Wirkungs-Modell abgeleitet werden.

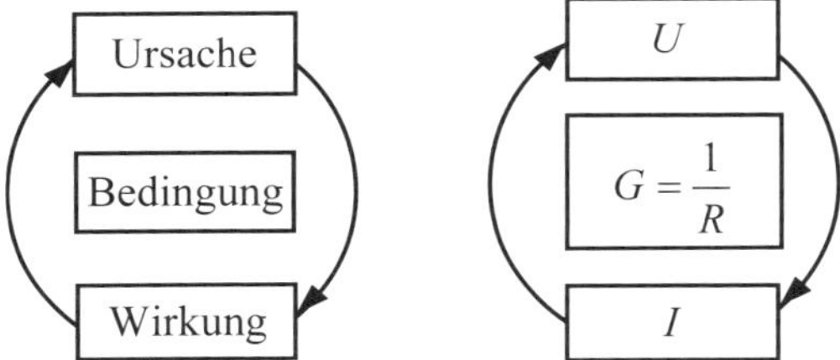

Bild 14.7: Ursache-Wirkungs-Modell im stationären elektrischen Strömungsfeld

Bei dieser Betrachtung (vgl. Abschn. 13.3) ergibt sich die Wirkung I aus dem Produkt von Bedingung G und Ursache U.

Man erhält das OHMsche Gesetz: $I = G \cdot U = \frac{U}{R}$

14.2.2 Ortsbezogene Größen

Ortsbezogene Größen sind an eine Position im felderfüllten Raum gebunden. Sie beschreiben den Betrag einer skalaren Feldgröße oder den Betrag und die Richtung einer vektoriellen Feldgröße in einem beliebigen Punkt des Feldes (Feldpunkt FP).

- **Elektrisches Potential φ:**

Das elektrische Potential ist eine skalare Feldgröße.

Das elektrische Potential beschreibt das Energieniveau eines Punktes im felderfüllten Raum, bezogen auf eine punktförmige Probeladung Q_{FP}, die man diesem Punkt zur Definition zuordnet.

Für das Potential eines Feldpunktes FP gilt:

$$\varphi_{\mathrm{FP}} = \frac{W_{\mathrm{FP}}}{Q_{\mathrm{FP}}} \qquad (14.1)$$

Verbindet man in einer räumlichen Felddarstellung Punkte gleichen Potentials miteinander, erhält man eine Äquipotentialfläche. Der Wert des elektrischen Potentials auf dieser Fläche ist von der Lage eines gewählten Potentialbezugspunktes und vom Wert des gewählten Bezugspotentials abhängig (vgl. auch [14] – BB 13.1 bis BB 13.3).

- **Elektrische Feldstärke $\vec{E}$:**

Die elektrische Feldstärke ist eine vektorielle Feldgröße, die aus der Änderung des elektrischen Potentials abgeleitet wird.

Die elektrische Feldstärke ist ein Vektor, der in jedem Feldpunkt in Richtung des größten Potentialgefälles zeigt.

Der Gradient grad (X) einer skalaren Größe X beschreibt einen Vektor in Richtung des größten Funktionsanstieges. Das Funktionsgefälle wird mit einem negativen Vorzeichen gekennzeichnet.

$$\vec{E} = -\operatorname{grad}(\varphi) \qquad (14.2)$$

Durch eine ausführliche Darstellung von Gleich. (14.2) erhält man:

$$\vec{E} = -\left[\frac{\delta\varphi}{\delta x}\cdot\vec{e}_{\mathrm{x}} + \frac{\delta\varphi}{\delta y}\cdot\vec{e}_{\mathrm{y}} + \frac{\delta\varphi}{\delta z}\cdot\vec{e}_{\mathrm{z}}\right] \qquad \text{mit:} \qquad |\vec{E}| = -\frac{\mathrm{d}\varphi}{\mathrm{d}s_{\perp}}$$

ÜB: BB 14.2

Somit beschreibt die elektrische Feldstärke in jedem Feldpunkt die Potentialänderung bezogen auf die Wegänderung längs der drei Ortskoordinaten. Eine Feldstärkelinie tritt senkrecht aus der Quellenelektrode bzw. einer Äquipotentialfläche aus. Sie verläuft dann in Richtung des größten Potentialgefälles (Energieabnahme einer positiven Ladung) bis zur Gegenelektrode, in die diese Feldstärkelinie wieder senkrecht (⊥) eintritt.

Durch formales Umstellen der Gleich. (14.2) erhält man das elektrische Potential über eine Integration der elektrischen Feldstärke längs des Weges s (Bogenlänge).

$$\varphi = -\int_{s} \vec{E}\cdot\mathrm{d}\vec{s} \qquad (14.3)$$

Für die Festlegung der Integrationsgrenzen in Gleich. (14.3) gilt folgende Überlegung:

Der Wert des Potentials eines Feldpunktes $\mathrm{FP_X}$ wird durch das Potential eines frei wählbaren Bezugspunktes $\mathrm{P_B}$ bestimmt. Diesem Potentialbezugspunkt muss ein Bezugspotential (z.B. $\varphi_{\mathrm{PB}} = 0\ \mathrm{V}$) zugeordnet werden.

Mit Änderung dieser Zuordnung ändern sich dann zwar die Potentialwerte aller Feldpunkte – die Potentialdifferenzen zwischen jeweils zwei Feldpunkten ändern sich aber nicht.

Integriert man vom Potentialbezugspunkt P_B zum Feldpunkt FP_X, erhält man das Potential des Punktes FP_X. Der Vorzeichenwechsel entsteht durch Tausch der Integrationsgrenzen.

$$\varphi_{FPx} = -\int_{P_B}^{FPx} \vec{E} \cdot d\vec{s} = +\int_{FPx}^{P_B} \vec{E} \cdot d\vec{s} \tag{14.4}$$

In einem homogenen Feld (Bild 14.4) sind Betrag und Richtung der elektrischen Feldstärke in jedem Feldpunkt gleich. Zur Beschreibung ist der Betrag ausreichend, da ja die Richtung durch die von außen angelegte Gesamtspannung U_{ab} bekannt ist. Diese Gesamtspannung liegt zwischen den beiden Punkten a und b, also längs einer Strecke. In einem homogenen Feld ist diese Strecke identisch mit dem Abstand l zwischen den Punkten a und b.

$$E = \frac{\varphi_a - \varphi_b}{s} = \frac{U_{ab}}{l} \qquad \text{mit:} \quad [E] = 1\frac{\text{V}}{\text{m}}$$

• Elektrische Stromdichte $\vec{J}$:

Die Stromdichte ist eine vektorielle Feldgröße, die aus dem Quotienten des differenziellen Stromes und der durchströmten differenziellen Fläche abgeleitet wird. Der Vektor der Stromdichte zeigt, wie der Vektor der elektrischen Feldstärke, in jedem Feldpunkt in Richtung des größten Potentialgefälles (Annahme: Isotropie – die Eigenschaften des leitfähigen Mediums sind richtungsunabhängig). Die Richtung dieses Vektors ist also positiv in Richtung der Bewegung positiver Ladungen definiert.

Als Ausgangspunkt zur Erklärung der elektrischen Stromdichte werden die in Abschn. 14.1 eingeführten Stromröhren gewählt. Die Feldanordnung des Bildes 14.5 soll jetzt in differenziell kleine Volumenelemente unterteilt werden. Ein Volumenelement $dV = dA_\perp \cdot ds$ ist dann so klein, dass es gerade einen Feldpunkt umfasst. Es entstehen differenzielle Stromröhren mit der Länge ds und der Fläche $dA_\perp$. In jeder Röhre fließt nun ein differenzieller Strom dI. Somit kann man die Stromdichte als eine Strömungsgröße auffassen, die jedem Feldpunkt als Vektor $\vec{J}$ per Definition zugeordnet wird.

Der Betrag der elektrische Stromdichte beschreibt denjenigen Stromanteil dI, der durch das senkrecht ($\perp$) zu den Strömungslinien positionierte Flächenelement $dA_\perp$ fließt, bezogen auf das durchströmte Flächenelement selbst. Es gilt Gleich. (14.5).

$$J = \frac{dI}{dA_\perp} \tag{14.5}$$

In einer Schnittdarstellung wird eine differenzielle Stromröhre von zwei Äquipotentiallinien und von zwei Stromdichtelinien begrenzt. Das Volumenelement dV ist so winzig klein, dass das darin existierende Teilfeld als homogen aufgefasst werden kann. An irgendeiner Stelle (z.B.: im Übergang vom Bereich 1 zum Bereich 2 im Bild 14.5) ergibt sich für einen beliebigen Feldpunkt FP die im Bild 14.8 dargestellte (hier stark vergrößerte) Situation.

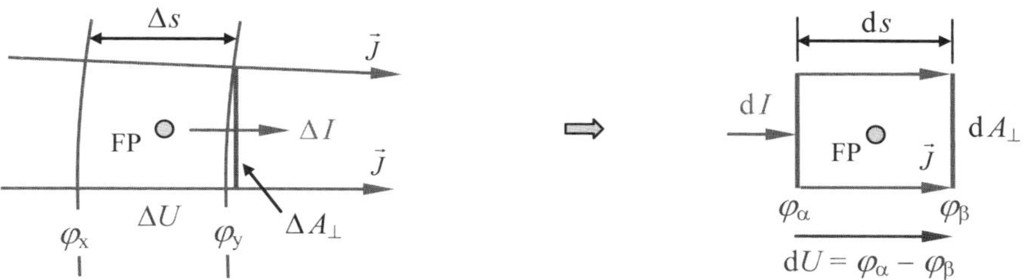

Bild 14.8: Feldpunkt in einem differenziellen Volumen des Strömungsfeldes

Aus diesen Sachverhalten können die folgenden Schlussfolgerungen abgeleitet werden:

⇒ Ein inhomogenes Strömungsfeld kann in beliebig viele Teilfelder zerlegt werden. Mit zunehmender Anzahl wird das Volumen jedes Teilfeldes immer kleiner. Das kann im Bild 14.8 (Übergang: links ⇒ rechts) leider nur angedeutet werden.

⇒ Beim Übergang zu differenziell kleinen Volumeneinheiten kann das Feld im Inneren des Volumenelementes $\mathrm{d}V$ als homogen aufgefasst werden.

⇒ Die Ersatzelektroden dieser differenziell kleinen Anordnung (siehe Bild 14.8 – rechts) sind dann Äquipotentialflächen mit $\mathrm{d}A_{\perp}$, die einen Abstand $\mathrm{d}\,s$ zueinander aufweisen. Durch diese Flächen fließt ein differenzieller Strom $\mathrm{d}\,I$.

⇒ Die äußere Feldbegrenzung wird durch zwei Stromdichtelinien gebildet.

⇒ Eine differenziell kleine Volumeneinheit hat die Ausdehnung des Feldpunktes, für den die ortsbezogenen Feldgrößen zu beschreiben sind.

Stromdichte und elektrische Feldstärke verhalten sich proportional zueinander. Die elektrische Stromdichte kann allgemein aus dem Produkt von Raumladungsdichte ρ und der mittleren Driftgeschwindigkeit der Ladungsträger $\vec{v}$ berechnet werden.

$$\vec{J} = \rho \cdot \vec{v} \tag{14.6}$$

Danach bewirkt eine Änderung der mittleren Driftgeschwindigkeit der Ladungsträger eine Veränderung der Stromdichte. Der Zusammenhang zwischen der Driftgeschwindigkeit und der elektrischen Feldstärke wird über einen Proportionalitätsfaktor hergestellt, der die Beweglichkeit μ der Ladungsträger beschreibt. Es gilt: $\vec{v} = \mu \cdot \vec{E}$

Durch Einsetzen in die Gleich. (14.6) erhält man: $\vec{J} = \rho \cdot \mu \cdot \vec{E}$.

Das Produkt von Raumladungsdichte und Ladungsträgerbeweglichkeit beschreibt die spezifische elektrische Leitfähigkeit κ. Diese Materialkenngröße $\kappa = \rho \cdot \mu$ ist demzufolge von der Beweglichkeit der Ladungsträger abhängig. Für den Zusammenhang zwischen der Stromdichte und der elektrischen Feldstärke gilt:

$$\vec{J} = \kappa \cdot \vec{E} \tag{14.7}$$

In einem homogenen Feld (Bild 14.4) sind Betrag und Richtung der elektrischen Stromdichte in jedem Feldpunkt gleich. Zur Beschreibung der Stromdichte ist der Betrag ausreichend. Ihre Richtung wird durch die Stromrichtung bestimmt. Dieser Gesamtstrom fließt vom höheren zum niedrigeren Potential und durchdringt senkrecht alle Äquipotentialflächen.

Es gilt: $J = \dfrac{I}{A}$ mit: $[J] = 1\dfrac{\text{A}}{\text{m}^2}$

Der Zusammenhang zwischen integralen und ortsbezogenen Größen kann über Analogiebetrachtungen hergestellt werden. Dazu wird die Potentialänderung $\mathrm{d}\varphi$ (Analogie zur Spannung U) auf ein Wegelement $\mathrm{d}s$ bezogen, das in Normalenrichtung zur Äquipotentialfläche verläuft (Ursache $\vec{E}$). Den differenziellen Strom $\mathrm{d}I$ bezieht man auf ein ($\perp$ = senkrecht) durchströmtes differenzielles Flächenelement $\mathrm{d}A_\perp$ und erhält so die Wirkung $\vec{J}$.

Der Proportionalitätsfaktor (Bedingung) ist dann nicht mehr der Leitwert G, sondern die spezifische elektrische Leitfähigkeit κ.

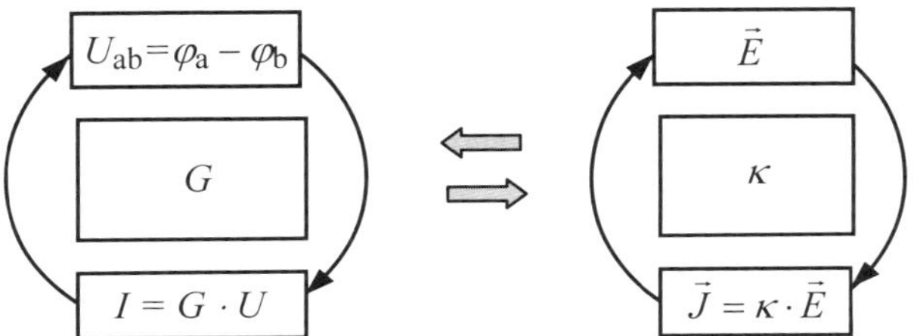

Bild 14.9: Analogie zwischen integralen Größen (links) und ortsbezogenen Größen (rechts) im stationären elektrischen Strömungsfeld

Die Gültigkeit solcher Analogiebetrachtungen ist durch die nachfolgende Berechnung am Beispiel eines homogenen Feldes nach Bild 14.4 nachweisbar.

Es gilt das OHMsche Gesetz [Gleich. (2.1)]:

$I = G \cdot U$ mit: $I = J \cdot A$ aus (14.5) und: $G = \kappa \cdot A / l$ aus (1.7)

Durch Einsetzen der Gleichungen (14.5) und (1.7) in Gleich. (2.1) erhält man:

$$J \cdot A = \kappa \cdot \frac{A}{l} \cdot U \quad \text{bzw.:} \quad J = \kappa \cdot \frac{U}{l} = \kappa \cdot E$$

Eine weitere ortsbezogene Feldgröße ist die Leistungsdichte p. Sie beschreibt den differenziellen Leistungsumsatz in einem differenziellen Volumenelement und stellt eine skalare Feldgröße dar. Es gilt: $p = \dfrac{\mathrm{d}P}{\mathrm{d}V}$.

Die Leistungsdichte kann auch über die vektoriellen Feldgrößen berechnet werden. Zur vereinfachten Herleitung wird wieder ein homogenes Feld vorausgesetzt.

$$p = \frac{P}{V} = \frac{U \cdot I}{l \cdot A} = \frac{U}{l} \cdot \frac{I}{A} = E \cdot J \qquad \text{Einheit: } [p] = 1\frac{\text{W}}{\text{m}^3}$$

Die Leistungsdichte ergibt sich aus dem Produkt von Feldstärke und Stromdichte.

$$p = \frac{\mathrm{d}P}{\mathrm{d}V} = \vec{E} \cdot \vec{J} \qquad (14.8)$$

14.2.3 Maschen- und Knotenpunktsatz im Strömungsfeld

In einem inhomogenen elektrischen Feld besitzt ein Feldpunkt a das Potential φ_a. Ein anderer Feldpunkt b soll ein Potential φ_b aufweisen, das relativ zum Potential φ_a kleiner ist. Vom Punkt a zum Punkt b verläuft eine Feldstärkelinie auf einem beliebigen Weg.

Die Potentiale φ_a und φ_b bestimmt man mit Gleich. (14.3). Dazu wird willkürlich ein Potentialbezugspunkt PB festgelegt und vom Bezugspunkt zum Punkt a bzw. vom Bezugspunkt zum Punkt b integriert (Bild 14.10).

$$\varphi_a = -\int_{\mathrm{PB}}^{\mathrm{a}} \vec{E} \cdot \mathrm{d}\vec{s} = +\int_{\mathrm{a}}^{\mathrm{PB}} \vec{E} \cdot \mathrm{d}\vec{s} \qquad \text{und:} \qquad \varphi_b = -\int_{\mathrm{PB}}^{\mathrm{b}} \vec{E} \cdot \mathrm{d}\vec{s} = +\int_{\mathrm{b}}^{\mathrm{PB}} \vec{E} \cdot \mathrm{d}\vec{s}$$

Die zwischen den beiden Feldpunkten liegende Spannung kann aus der Potentialdifferenz $U_{ab} = \varphi_a - \varphi_b$ ermittelt werden.

$$U_{ab} = \varphi_a - \varphi_b = \int_{\mathrm{a}}^{\mathrm{PB}} \vec{E} \cdot \mathrm{d}\vec{s} - \int_{\mathrm{b}}^{\mathrm{PB}} \vec{E} \cdot \mathrm{d}\vec{s} = \int_{\mathrm{a}}^{\mathrm{PB}} \vec{E} \cdot \mathrm{d}\vec{s} + \int_{\mathrm{PB}}^{\mathrm{b}} \vec{E} \cdot \mathrm{d}\vec{s}$$

Diese Spannung U_{ab} ist somit auch direkt durch Integration von a nach b bestimmbar. Der Zählpfeil zeigt bei $\varphi_a > \varphi_b$ vom Punkt a zum Punkt b.

$$U_{ab} = \int_{\mathrm{a}}^{\mathrm{b}} \vec{E} \cdot \mathrm{d}\vec{s} \qquad (14.9)$$

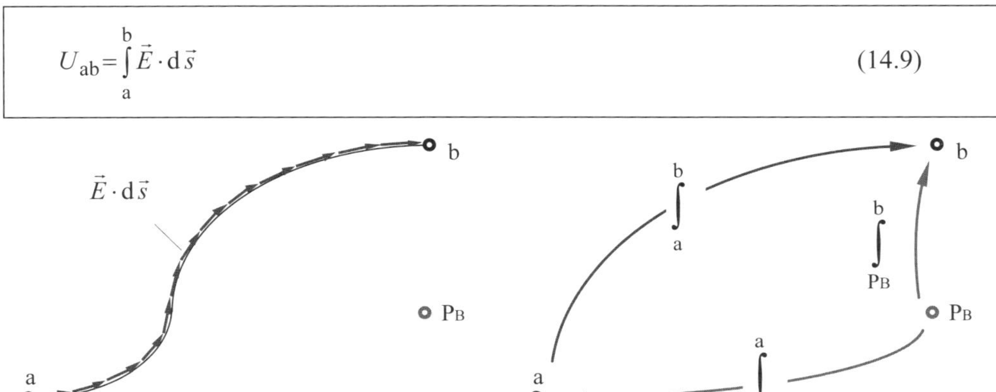

Bild 14.10: Linienintegral der elektrischen Feldstärke

Man erkennt, dass das Linienintegral der elektrischen Feldstärke nicht vom Integrationsweg abhängig ist. Wenn das Potential in einem Feldpunkt bekannt ist, kann das Potential jedes anderen Feldpunktes berechnet werden. So gilt z.B. für das Potential im Punkt b:

$$\varphi_b = \varphi_a - U_{ab} = \varphi_a - \int_a^b \vec{E} \cdot d\vec{s}$$

Der Integrationsweg kann beliebig gewählt werden.

Wird längs eines geschlossenen Umlaufs integriert (Umlaufintegral der elektrischen Feldstärke), so ist das Ergebnis der Integration gleich null. Dieser Umlauf soll im Bild 14.10 z.B. im Punkt a beginnen und über b sowie P_B wieder zum Punkt a zurückkehren.

$$\int_a^b \vec{E} \cdot d\vec{s} + \int_b^{P_B} \vec{E} \cdot d\vec{s} + \int_{P_B}^a \vec{E} \cdot d\vec{s} = \int_a^b \vec{E} \cdot d\vec{s} + \int_b^a \vec{E} \cdot d\vec{s} = \int_a^b \vec{E} \cdot d\vec{s} - \int_a^b \vec{E} \cdot d\vec{s} = 0$$

$$\oint \vec{E} \cdot d\vec{s} = 0 \qquad (14.10)$$

Diese Aussage entspricht dem Maschensatz [Gleich. (2.4)].

Im Abschn. 14.1 wurde behauptet, dass die Strömungslinien die Flächen gleichen Potentials (Äquipotentialflächen) immer senkrecht durchdringen. Mit Gleich. (14.9) ist man nun in der Lage, diesen Sachverhalt über den Verlauf der Linien der elektrischen Feldstärke auch zu beweisen. Dazu werden die Punkte a und b auf <u>eine</u> Äquipotentialfläche ($\varphi_a = \varphi_b$) gelegt.

Dann gilt: $U_{ab} = \varphi_a - \varphi_b = 0$ bzw. in (14.9): $0 = \int_a^b \vec{E} \cdot d\vec{s}$

Das ist in diesem Fall bei $E \neq 0$ und $ds \neq 0$ nur möglich, wenn das Punktprodukt der beiden Vektoren null wird: $\vec{E} \cdot d\vec{s} = E \cdot ds \cdot \cos\angle(\vec{E};d\vec{s})$ bzw.: $\vec{E} \cdot d\vec{s} = E \cdot ds \cdot \cos 90° = 0$.

Schlussfolgerungen:

⇒ Die Äquipotentialflächen verlaufen immer so, dass sie von den Linien der elektrischen Feldstärke senkrecht durchdrungen werden.

⇒ Durch jeden Feldpunkt verläuft immer nur eine Feldlinie. Die Feldstärkelinien können sich demzufolge nicht schneiden. Eine analoge Aussage gilt für die Linien der elektrischen Stromdichte.

Durch Umstellen der Gleich. (14.5) erhält man eine formale Aussage über eine elektrischen Teilströmung dI, die durch ein Flächenelement $d\vec{A}$ hindurch dringt: $dI = \vec{J} \cdot d\vec{A}$

Die Integration über allen Teilströmungen, die durch eine Fläche A fließen (Flächenintegral der elektrischen Stromdichte), führt zu einer Aussage über den Gesamtstrom, der durch die betrachtete Fläche dringt.

$$I = \int_A \vec{J} \cdot \mathrm{d}\vec{A} \qquad (14.11)$$

Bild 14.11 zeigt eine beliebige räumliche Anordnung, in der sich ein elektrisches Strömungsfeld ausbildet. Durch die Flächenelemente $\mathrm{d}\vec{A}$ fließen Teilströmungen $\mathrm{d}I$, die im Bild 14.11 (rechts) mit einer angenommenen Linie lediglich angedeutet wurden. ÜB: BB 14.3

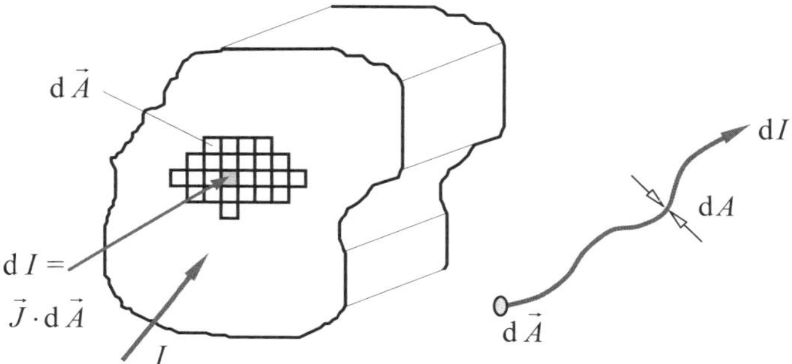

Bild 14.11: Flächenintegral der Stromdichte

Führt man die Integration über der gesamten Stirnfläche (Elektrode als Äquipotentialfläche) der Anordnung im Bild 14.11 aus, so erhält man den durch diese Fläche fließenden Gesamtstrom I [Gleich. (14.11)]. Integriert man dagegen über der gesamten Oberfläche (Hüllenintegral der Stromdichte), so wird das Integrationsergebnis null. Mit A = Hülle (V) gilt:

$$\oint_A \vec{J} \cdot \mathrm{d}\vec{A} = 0 \qquad (14.12)$$

Das Ergebnis resultiert aus der Tatsache, dass der elektrische Strom eine in sich geschlossene Erscheinung ist. Jeder Strom, der in ein räumliches Gebilde (Volumen V) eingespeist wird, muss auch wieder aus dieser Anordnung herausfließen. Die Gleich. (14.12) entspricht zugleich dem Knotenpunktsatz und wird als Kontinuitätsgleichung bezeichnet.

Es gilt der *Kontinuitätssatz*:

Der elektrische Strom ist durch Kontinuität gekennzeichnet. Er hat keine Quellen und keine Senken. Die Strömungslinien sind immer in sich geschlossen.

Falls in eine Anordnung mehrere Ströme eingespeist werden, kommt es zu einer Überlagerung der von den einzelnen Quellen verursachten Strömungsfelder zu einem resultierenden elektrischen Strömungsfeld.

14.2.4 Überlagerung elektrischer Strömungsfelder

Überlagerungen von elektrischen Strömungsfeldern treten immer dann auf, wenn sich ein Feld in einem Raum ausbildet, das von mehreren Quellen hervorgerufen bzw. gespeist wird.

An jedem Ort des vom Feld erfüllten Raumes überlagern sich die von den einzelnen Quellen verursachten Potentiale vorzeichenbehaftet zu einem resultierenden Gesamtpotential in diesem Feldpunkt FP_x. Die Vorzeichen der einzelnen Potentiale werden durch die Polarität der jeweiligen Quelle bestimmt:

$$\varphi_x = \pm\varphi_{x1} \pm \varphi_{x2} \pm \varphi_{x3} \pm \ldots \pm \varphi_{xn}$$

An jedem Ort des vom Feld erfüllten Raumes überlagern sich die von den einzelnen Quellen verursachten Feldstärkevektoren durch eine geometrische Addition (siehe Bild 14.12) zur resultierenden Gesamtfeldstärke in diesem Feldpunkt x.

Die gleiche Aussage gilt für die Überlagerung der Vektoren der elektrischen Stromdichte.

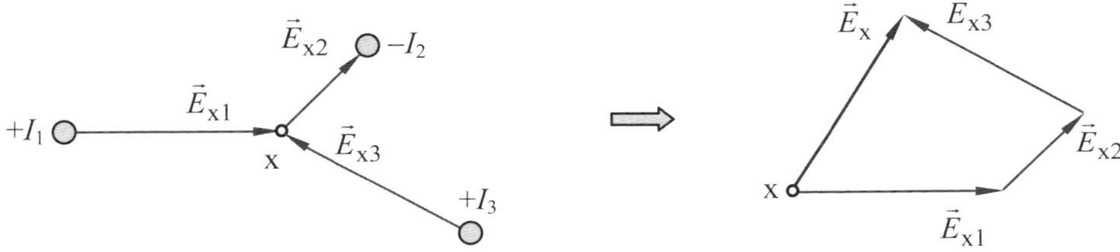

Bild 14.12: Überlagerung vektorieller Feldgrößen am Beispiel von Feldstärkevektoren

Die Richtung der einzelnen Vektoren wird durch die Polarität der jeweiligen Quelle und durch die Position des Feldpunktes FP_x relativ zur jeweiligen Quelle bestimmt, die diesen Vektor verursacht.

$$\vec{E}_x = \vec{E}_{x1} + \vec{E}_{x2} + \vec{E}_{x3} + \ldots + \vec{E}_{xn} \qquad \text{bzw.:} \qquad \vec{J}_x = \vec{J}_{x1} + \vec{J}_{x2} + \vec{J}_{x3} + \ldots + \vec{J}_{xn}$$

14.3 Berechnung elektrischer Strömungsfelder

14.3.1 Homogene und einfache inhomogene Strömungsfelder

Homogene elektrische Strömungsfelder (siehe Bild 14.4) sind dadurch gekennzeichnet, dass die Feldlinien der vektoriellen Feldgrößen parallel zueinander verlaufen, den gleichen Abstand und die gleiche Richtung haben. Solche Felder kann man mit den üblichen Berechnungsvorschriften der Gleichstromlehre (vgl. Kap. 1 und 2) beschreiben. Für die elektrische Feldstärke und für die Stromdichte ist die Angabe der Beträge ausreichend. Es gilt:

$$E = \frac{\varphi_a - \varphi_b}{s} = \frac{U_{ab}}{l} \qquad \text{und:} \qquad J = \frac{I}{A} = \kappa \cdot E$$

Verändert man die Anordnung im Bild 14.4 so, dass zwei homogene leitfähige Medien mit $\kappa_1 < \kappa_2$ über eine Trennfläche miteinander verbunden werden, entsteht bereits in seiner Gesamtheit ein einfaches inhomogenes Strömungsfeld. Bild 14.13 zeigt eine Feldanordnung, bei der die Trennfläche senkrecht vom Strom durchflossen wird (Reihenschaltung).

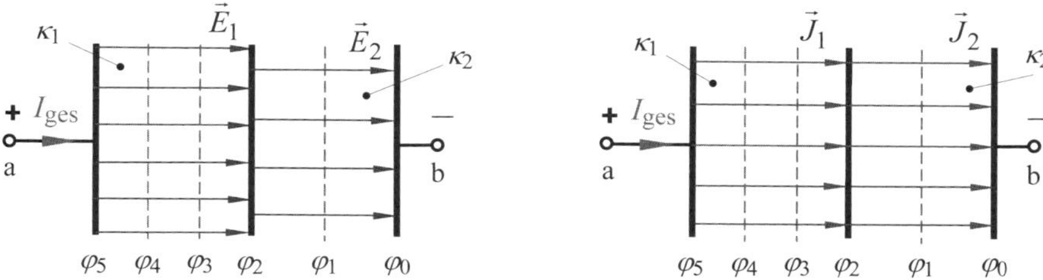

Bild 14.13: Äquipotentiallinien und Feldstärkelinien (links) bzw. Stromdichtelinien (rechts)

Die Äquipotentiallinien /-flächen verlaufen zwar noch parallel zueinander. Ihr Abstand ist aber in beiden Bereichen unterschiedlich, wenn man sie (wie im Bild 14.4) mit gleichen Potentialdifferenzen ΔU einzeichnet. Durch das geringere Potentialgefälle im Bereich von κ_2 haben die Feldstärkelinien auch eine geringere Dichte. Das Feldbild der Stromdichtelinien (Bild 14.13 – rechts) weist dagegen einen homogenen Verlauf auf.

Die Feldlinien inhomogener Felder verlaufen entweder nicht mehr parallel zueinander oder sie haben an verschiedenen Orten des vom Feld erfüllten Raumes unterschiedliche Abstände und/oder verschiedene Richtungen. Durch Aufteilung komplizierter Anordnungen in hinreichend kleine Feldräume sind praktisch sinnvolle Näherungen auf der Basis der Berechnung homogener Felder möglich.

Die Herauslösung eines kleinen Feldelementes (dort liegt der zu beschreibende Feldpunkt) muss so vorgenommen werden, dass der originale Feldraum längs benachbarter Strömungslinien aufgetrennt wird. Es entsteht eine „dicke" Stromröhre. Die Elektroden des kleinen Feldelementes werden dann von zwei benachbarten Äquipotentialflächen gebildet. Dabei sollte man vorhandene Feldsymmetrien sinnvoll nutzen.

Lehrbeispiel 14.1:

Die Anordnung im Bild 14.14 besteht aus drei verschiedenen Leiterwerkstoffen. Sie wird von einem konstanten Strom I durchflossen und hat einen konstanten Querschnitt A.
Berechnen Sie den Gesamtwiderstand und skizzieren Sie den Verlauf des Betrages der elektrischen Feldstärke und des Potentials längs der Strecke x.

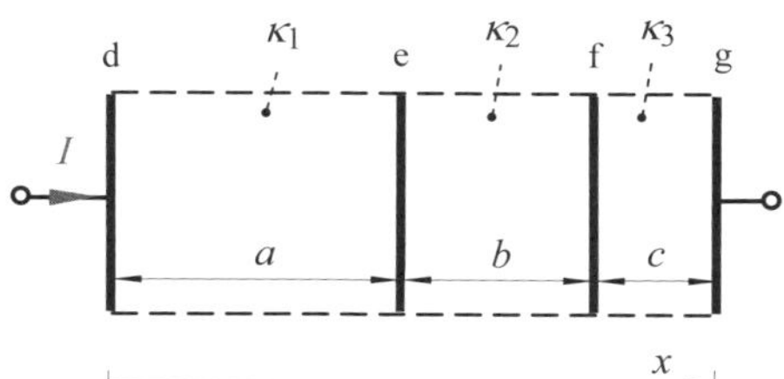

Geg.: I; A; a; b; c

$\kappa_1 > \kappa_2 > \kappa_3$ und $\varphi_g = 0$ V

Bild 14.14: Feldanordnung im Lehrbeispiel 14.1

Bild 14.14 kann über drei in Reihe geschaltete Widerstände beschrieben werden. Der Gesamtwiderstand wird mit Gleich. (1.6) berechnet.

$$R_{\text{ges}} = R_1 + R_2 + R_3 = \frac{a}{\kappa_1 \cdot A} + \frac{b}{\kappa_2 \cdot A} + \frac{c}{\kappa_3 \cdot A}$$

Die Stromdichte ist überall gleich (vgl. auch Bild 14.13). Die elektrische Feldstärke wird in jedem der drei Bereiche durch die jeweilige elektrische Leitfähigkeit bestimmt. Es gilt:

$$E = \frac{J}{\kappa} \quad \text{und:} \quad E_1 = \frac{J}{\kappa_1} < E_2 = \frac{J}{\kappa_2} < E_3 = \frac{J}{\kappa_3}$$

Die Potentiale der Punkte d, e und f können über das OHMsche Gesetz berechnet werden:

$$\varphi_{\text{d}} = I \cdot (R_1 + R_2 + R_3) = U_{\text{dg}} \qquad \varphi_{\text{e}} = I \cdot (R_2 + R_3) = U_{\text{eg}} \qquad \varphi_{\text{f}} = I \cdot R_3 = U_{\text{fg}}$$

Die folgenden Funktionsverläufe sind nicht maßstäblich, da die Strecken nur geschätzt oder grob ausgemessen werden können und von den Leitfähigkeiten nur die Relationen bekannt sind.

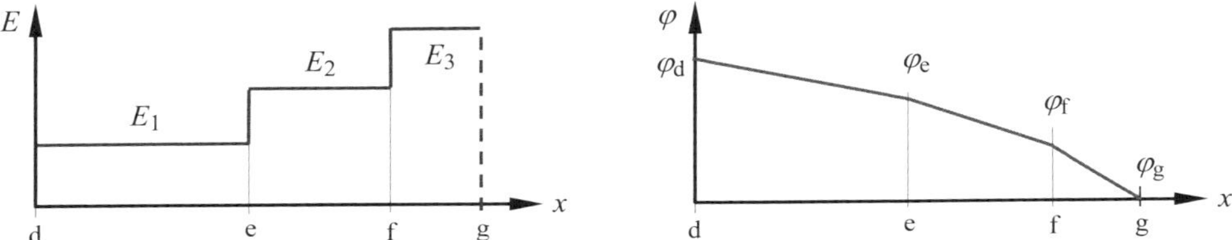

Bild 14.15: Feldstärke- und Potentialverlauf in der Anordnung des Bildes 14.14

Die elektrische Feldstärke bleibt in jedem der drei Bereiche konstant. Die Dichte der Feldstärkelinien ist in den drei Bereichen unterschiedlich.

Das Potential ändert sich in jedem der drei Bereiche linear mit einem Gefälle, das dem zugehörigen Teilwiderstand des betrachteten Bereiches entspricht.

14.3.2 Radialsymmetrische Strömungsfelder

Radialsymmetrische Felder sind dadurch gekennzeichnet, dass die Feldlinien der vektoriellen Feldgrößen von einer Äquipotentialfläche (z.B. Elektrode) ausgehen und radial nach außen (bzw. umgekehrt) verlaufen. Solche Feldanordnungen können kugel- oder zylindersymmetrisch sein.

- **Kugelsymmetrisches Strömungsfeld:**

Zunächst soll eine kugelförmige Elektrode (gekennzeichnet mit dem Index 0) betrachtet werden. Die Kugel hat einen Radius r_0. In diese Kugel wird ein elektrischer Strom $+I_0$ eingespeist. Die Gegenelektrode sei unendlich weit entfernt. Für das leitfähige Medium außerhalb der Kugel gilt: $\kappa_{\text{Feld}} = \text{const.}$

Auf der Oberfläche der Elektrode stellt sich ein Potential φ_0 (im Bild 14.16 nicht eingezeichnet) ein. Das Potential nimmt nach außen hin ab. Es gilt: $\varphi_0 > \varphi_1 > \varphi_2 > \varphi_3$.

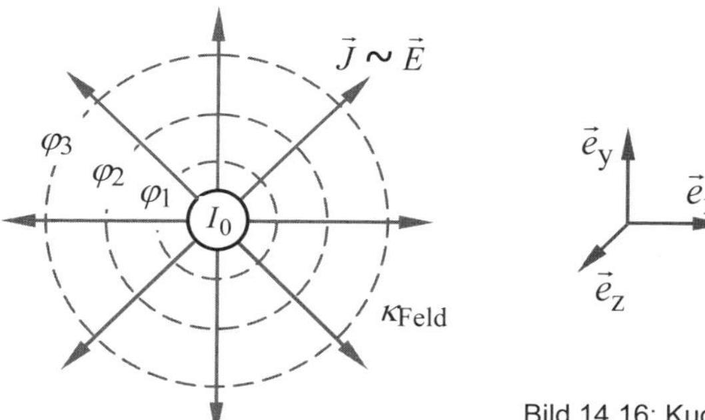

Bild 14.16: Kugelsymmetrisches Strömungsfeld

Die Äquipotentialflächen sind Kugeloberflächen, die die Elektrode umhüllen. Ihr Abstand wird nach außen hin größer. Die Feldlinien der vektoriellen Feldgrößen verlaufen von der Elektrodenoberfläche radial nach außen. Ihr Betrag ist infolge $J = \kappa \cdot E$ voneinander verschieden. Die Linien haben demzufolge eine unterschiedliche Dichte.

Der Betrag der Stromdichte kann auf jeder Äquipotentialfläche (Vollkugel V) mit dem Radius r über Gleich. (14.5) berechnet werden. Mit $A_{Kugel} = A_V = 4\pi \cdot r^2$ gilt:

$$J(r) = \frac{I_0}{A_{Kugel}} = \frac{I_0}{4\pi \cdot r^2}$$

Daraus wird der Betrag der elektrischen Feldstärke über Gleich. (14.7) ermittelt:

$$E(r) = \frac{J(r)}{\kappa_{Feld}} = \frac{I_0}{4\pi \cdot \kappa_{Feld} \cdot r^2} \qquad (14.13)$$

Durch Integration der Feldstärke von einem Bezugspunkt P_B mit $r_B \to \infty$ ($\varphi_{PB} = 0$ V) zum Feldpunkt FP_X erhält man gemäß Gleich. (14.4) das Potential auf einer Kugeloberfläche.

Der Feldpunkt ist hier ein Punkt auf einer Kugeloberfläche mit dem Radius r:

$$\varphi(r) = -\int_{P_B}^{FPx} E \cdot \mathrm{d}r = -\frac{I_0}{4\pi \cdot \kappa_{Feld}} \cdot \int_{\infty}^{r} \frac{1}{r^2} \cdot \mathrm{d}r \quad \text{bzw.:} \quad \varphi(r) = \frac{I_0}{4\pi \cdot \kappa_{Feld}} \cdot r^{-1} \Big|_{\infty}^{r}$$

$$\varphi(r) = \frac{I_0}{4\pi \cdot \kappa_{Feld} \cdot r} \qquad (14.14)$$

Ersetzt man nun z.B. die Äquipotentialfläche mit φ_3 im Bild 14.16 durch eine reale Gegenelektrode, ändert sich der Feldverlauf im Bereich $r_0 \leq r \leq r_3$ nicht. Die beiden Elektroden haben jetzt die Radien $r_0 = r_i$ (innen) und $r_3 = r_a$ (außen). Im Raum zwischen ihnen befindet sich ein homogener Leiterwerkstoff mit der elektrischen Leitfähigkeit κ_{Feld} = const.

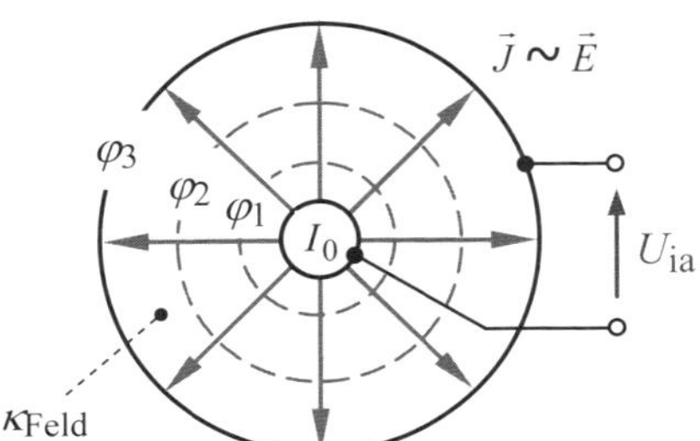

Bild 14.17: Kugelsymmetrisches Strömungsfeld mit realer Gegenelektrode

Zwischen diesen beiden Elektroden fällt eine Spannung U_{ia} ab, die aus der Differenz der Potentiale $\varphi_0 = \varphi_i$ und $\varphi_3 = \varphi_a$ berechnet werden kann. Mit Gleich. (14.14) gilt:

$$U_{ia} = \varphi_i - \varphi_a = \frac{I_0}{4\pi \cdot \kappa_{Feld} \cdot r_i} - \frac{I_0}{4\pi \cdot \kappa_{Feld} \cdot r_a}$$

$$U_{ia} = \frac{I_0}{4\pi \cdot \kappa_{Feld}} \cdot \left(\frac{1}{r_i} - \frac{1}{r_a} \right) \qquad (14.15)$$

Der Widerstand einer solchen Anordnung wird über das OHMsche Gesetz bestimmt. Durch Einsetzen von Gleich. (14.15) in Gleich. (2.1) kürzt sich der Strom I_0 heraus.

$$R_{ia} = \frac{\varphi_i - \varphi_a}{I_0} = \frac{U_{ia}}{I_0} \qquad \text{bzw.:} \qquad R_{ia} = \frac{1}{4\pi \cdot \kappa_{Feld}} \cdot \left(\frac{1}{r_i} - \frac{1}{r_a} \right)$$

- **Zylindersymmetrisches Strömungsfeld:**

Die Berechnung des zylindersymmetrischen Feldes ist analog zum kugelsymmetrischen Feld möglich, wenn die Kugeloberfläche durch die Mantelfläche eines Zylinders ersetzt wird.

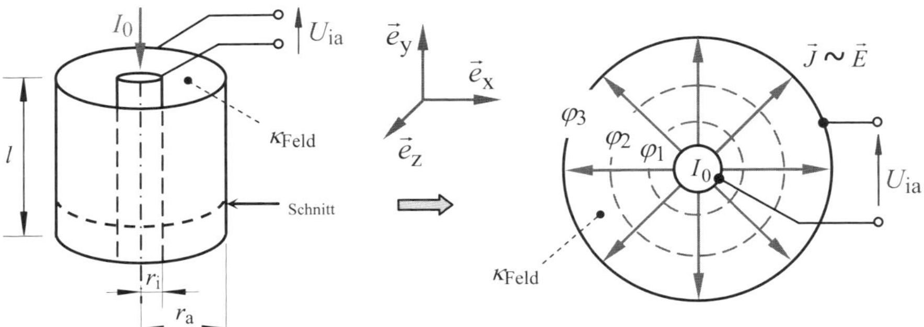

Bild 14.18: Zylindersymmetrische Anordnung

Die Feldlinien der vektoriellen Feldgrößen verlaufen vom Innenzylinder zum Außenzylinder, wenn in den Innenzylinder ein Strom $+I_0$ eingespeist wird. Legt man einen Schnitt quer durch die zylindrische Anordnung, entsteht auf der Schnittfläche das im Bild 14.18 (rechts) dargestellte Feldbild. Der Betrag der Stromdichte kann auf jeder Äquipotentialfläche mit dem Radius r über Gleich. (14.5) wie folgt berechnet werden:

$$J(r)=\frac{I_0}{A_{\text{Zylinder}}}=\frac{I_0}{2\pi\cdot l\cdot r}$$

Die Richtung ist infolge der Radialsymmetrie der Anordnung bekannt.

Daraus wird der Betrag der elektrischen Feldstärke über Gleich. (14.7) ermittelt:

$$E(r)=\frac{J(r)}{\kappa_{\text{Feld}}}=\frac{I_0}{2\pi\cdot\kappa_{\text{Feld}}\cdot l\cdot r} \qquad (14.16)$$

Zur Bestimmung des Potentials auf einer beliebigen Äquipotentialfläche mit dem Radius r (Normierung: $\{r\} = r \,/\, 1\text{ m}$) zwischen Innen- und Außenzylinder kann wieder Gleich. (14.4) verwendet werden. Als Potentialbezugspunkt P_B wird jetzt ein Punkt auf der Oberfläche des Außenzylinders ($\varphi_{ra} = \varphi_{PB} = 0\text{ V}$) gewählt. Durch Wechseln der Integrationsgrenzen ändert sich das Vorzeichen von $\varphi(r)$.

ÜB: BB 14.4

$$\varphi(r)=-\int_{P_B}^{FPx} E\cdot \mathrm{d}r=-\frac{I_0}{2\pi\cdot\kappa_{\text{Feld}}\cdot l}\cdot\int_{r_a}^{r}\frac{1}{r}\cdot\mathrm{d}r \quad \text{bzw.:} \quad \varphi(r)=\frac{I_0}{2\pi\cdot\kappa_{\text{Feld}}\cdot l}\cdot\ln\{r\}\Big|_{r}^{r_a}$$

$$\varphi(r)=\frac{I_0}{2\pi\cdot\kappa_{\text{Feld}}\cdot l}\cdot\ln\frac{r_a}{r} \qquad (14.17)$$

Lehrbeispiel 14.2:

Berechnen Sie das Potential und den Betrag der Feldstärke im Bild 14.18 für einen Feldpunkt FP_X mit dem Radius r_X. Welche Spannung liegt zwischen beiden Zylindern? Wie groß ist der Widerstand R_{ia}?

Geg.: $I_0 = 100$ A ; $r_i = 1$ cm ; $r_a = 15$ cm ; $l = 1$ m ; $\kappa = 0{,}05$ S / m mit: $r_x = 0{,}5\cdot(r_a + r_i)$

Lösung: $$\varphi_x=\frac{I_0}{2\pi\cdot\kappa\cdot l}\cdot\ln\frac{r_a}{r_x}=\frac{100}{2\pi\cdot 0{,}05\cdot 1}\text{ V}\cdot\ln\frac{15}{8}=200{,}1\text{ V}$$

$$E_x=\frac{I_0}{2\pi\cdot\kappa\cdot l\cdot r_x}=\frac{100}{2\pi\cdot 0{,}05\cdot 1\cdot 0{,}08}\,\frac{\text{V}}{\text{m}}=3978{,}9\,\frac{\text{V}}{\text{m}}\approx 3{,}98\,\frac{\text{kV}}{\text{m}}$$

$$U_{ia}=\varphi_i-\varphi_a=\frac{I_0}{2\pi\cdot\kappa\cdot l}\cdot\ln\frac{r_a}{r_i}=\frac{100}{2\pi\cdot 0{,}05\cdot 1}\text{ V}\cdot\ln\frac{15}{1}=862\text{ V}$$

$$R_{ia}=\frac{U_{ia}}{I_0}=\frac{1}{2\pi\cdot\kappa\cdot l}\cdot\ln\frac{r_a}{r_i}=\frac{862\text{ V}}{100\text{ A}}=8{,}62\,\Omega$$

Bei dieser Betrachtung wurde der Potentialbezugspunkt auf den Außenzylinder gelegt. Dann ist das Potential auf dem Außenzylinder gleich null. Das Potential des Innenzylinders entspricht somit der Spannung U_{ia}. Das Potential an der Stelle $r = r_x$ (das ist die Mitte zwischen r_a und r_i) ist gegenüber dem Potential des Innenzylinders (Potentialmaximum: $\varphi_{max} = \varphi_0 = \varphi_i = 862$ V) auf ca. 28% $\cdot \varphi_{max}$ abgesunken und strebt bei $r \rightarrow r_a$ gegen den Wert $\varphi_a = 0$ V.

Die maximale Feldstärke liegt auf der äußeren Oberfläche des Innenzylinders mit $E_i = 31{,}8$ kV/m. Die Feldstärke auf der inneren Oberfläche des Außenzylinders erreicht einen Wert von:

$$E_a = \frac{I_0}{2\pi \cdot \kappa \cdot l \cdot r_a} = \frac{100}{2\pi \cdot 0{,}05 \cdot 1 \cdot 0{,}15} \frac{\text{V}}{\text{m}} \approx 2{,}12 \frac{\text{kV}}{\text{m}} .$$

Sie wird ab r_a (Beginn des Bereichs des Außenzylinders) nur dann null, wenn dieser Zylinder eine unendlich große Leitfähigkeit aufweist. Die gleiche Aussage gilt auch für den Bereich: $r < r_i$.

Bild 14.19 zeigt die Funktionsverläufe des Potentials und der Feldstärke im Bereich $0 \le r \le r_a$:

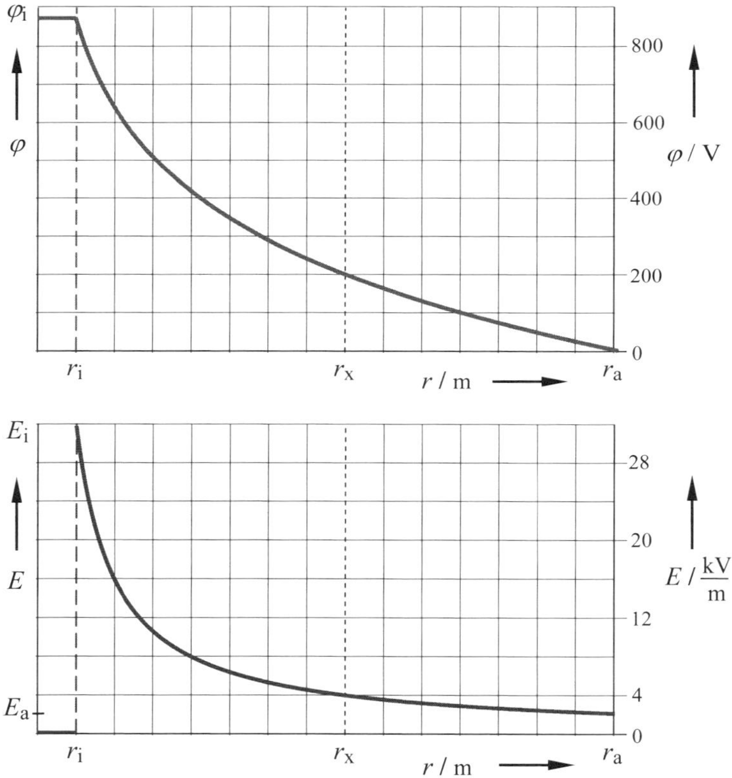

Bild 14.19: Potentialverlauf und Verlauf der elektrischen Feldstärke in einem zylindersymmetrischen Strömungsfeld

14.4 Erderanordnungen

Ein Erder dient dazu, einen Strom in das Erdreich abzuleiten. Dieser Strom kann ein Strom im Havariefall (z.B. Kurzschlussstrom) oder ein Strom infolge eines Blitzeinschlages sein. In diesem Abschnitt werden Erderanordnungen betrachtet, die durch Kugelsymmetrie gekennzeichnet sind. Wichtige Kenngrößen sind: Übergangswiderstand und Schrittspannung.

14.4.1 Halbkugelerder

Dabei handelt es sich um eine halbe Metallkugel ($\kappa \to \infty$), die ins Erdreich eingesetzt wird. Die ebene Fläche der Halbkugel schließt mit der Erdoberfläche ab. In die Halbkugel H mit dem Radius r_0 wird ein Strom I_0 eingespeist.

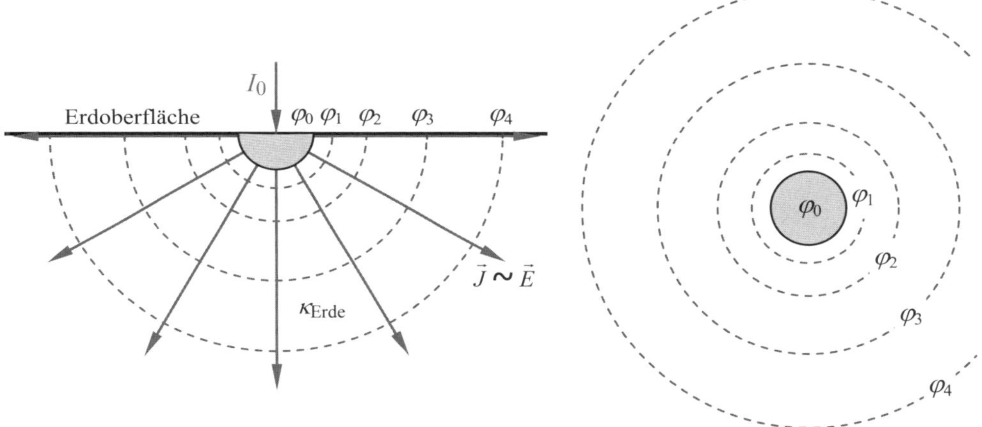

Bild 14.20: Halbkugelerder – Feldbild im Schnitt und Potentialverlauf auf der Erdoberfläche (rechts)

Im Erdreich entsteht ein radialsymmetrisches elektrisches Strömungsfeld. Die Linien der Stromdichte sowie der elektrischen Feldstärke treten senkrecht aus der Halbkugel aus und durchsetzen das Erdreich unterhalb der Erdoberfläche bis zur Oberfläche selbst. Für den Feldstärkeverlauf nach Gleich. (14.13) mit $A_H = 0{,}5 \cdot A_V = 2\pi \cdot r^2$ gilt:

$$E(r) = \frac{J(r)}{\kappa_{Erde}} = \frac{I_0}{2\pi \cdot \kappa_{Erde} \cdot r^2} \tag{14.18}$$

Diese Feldstärkelinien bewirken halbkugelförmige Äquipotentialflächen. Die Äquipotentiallinien (-flächen) weisen mit zunehmendem Abstand von der Quellenelektrode größere Distanzen zueinander auf, wenn man für die Darstellung eine konstante Potentialdifferenz wählt. Für den Potentialverlauf nach (14.14) mit $A_H = 0{,}5 \cdot A_V = 2\pi \cdot r^2$ gilt:

$$\varphi(r) = \frac{I_0}{2\pi \cdot \kappa_{Erde} \cdot r} \tag{14.19}$$

Der Übergangswiderstand $R_{ÜH}$ dieser Halbkugel ist im Vergleich zur Vollkugel doppelt so

groß: $R_{ÜH} = \dfrac{\varphi_0}{I_0} = \dfrac{1}{2\pi \cdot \kappa_{Erde} \cdot r_0} = 2 \cdot R_{ÜV}$

ÜB: BB 14.5

• **Schrittspannung:**

Da die Äquipotentialflächen bis zur Erdoberfläche verlaufen, treten sie auf dieser Fläche als Linien gleichen Potentials messbar in Erscheinung. Zwischen zwei Linien, die ja unterschiedliche Potentiale besitzen, existiert dann eine Spannung. Bewegt sich ein Läufer über diese Linien, wird er mit dieser Spannung (Schrittspannung) beaufschlagt.

Die Schrittspannung ist für eine Schrittlänge von $s = 1$ m definiert. Diese Spannung kann für Mensch und Tier lebensgefährliche Größenordnungen annehmen.
Bei einem Halbkugelerder tritt die maximale Schrittspannung auf, wenn sich ein Läufer vom Rand des Erders mit einem Schritt radial vom Erder wegbewegt (oder umgekehrt).

Auf der Oberfläche der Halbkugel nimmt das Potential mit φ_0 einen maximalen Wert an.

Mit Gleich. (14.19) gilt: $\varphi_0 = \dfrac{I_0}{2\pi \cdot \kappa_{Erde} \cdot r_0}$.

Bei einem Schritt der Länge s (z.B. in x-Richtung) wird der bewegte Fuß mit dem Potential φ_{0s} beaufschlagt: $\varphi_{0s} = \dfrac{I_0}{2\pi \cdot \kappa_{Erde} \cdot (r_0 + s)}$.

Die maximale Schrittspannung ergibt sich dann aus der Differenz dieser beiden Potentiale:

$$U_{s,max} = \varphi_0 - \varphi_{0s} = \frac{I_0}{2\pi \cdot \kappa_{Erde}} \cdot \left(\frac{1}{r_0} - \frac{1}{r_0 + s}\right) \qquad (14.20)$$

Der Spannungszählpfeil zeigt vom stehenden zum bewegten Fuß.

Bei einem beliebigen Schritt auf der Erdoberfläche müssen die Abstände der jeweiligen Punkte (Positionen: x_1 und x_2 der Trittpunkte des Läufers) zum Mittelpunkt der Kugel berechnet werden. Dabei gilt die Annahme: $(x_1 ; x_2) >> r_0$.

$$U_{s,12} = \varphi_{x1} - \varphi_{x2} = \frac{I_0}{2\pi \cdot \kappa_{Erde}} \cdot \left(\frac{1}{x_1} - \frac{1}{x_2}\right) \qquad (14.21)$$

Die elektrische Feldstärke ist im Inneren der Kugel gleich null, da infolge φ_0 = const. kein Potentialgefälle existiert. Direkt auf der Oberfläche der Kugel (beim Übergang zum Erdreich) springt die Feldstärke auf einen maximalen Wert, da an dieser Stelle die größte Potentialänderung auftritt. Mit Gleich. (14.18) gilt:

$$E(r_0) = E_{max} = \frac{I_0}{2\pi \cdot \kappa_{Erde} \cdot r_0^2} \qquad (14.22)$$

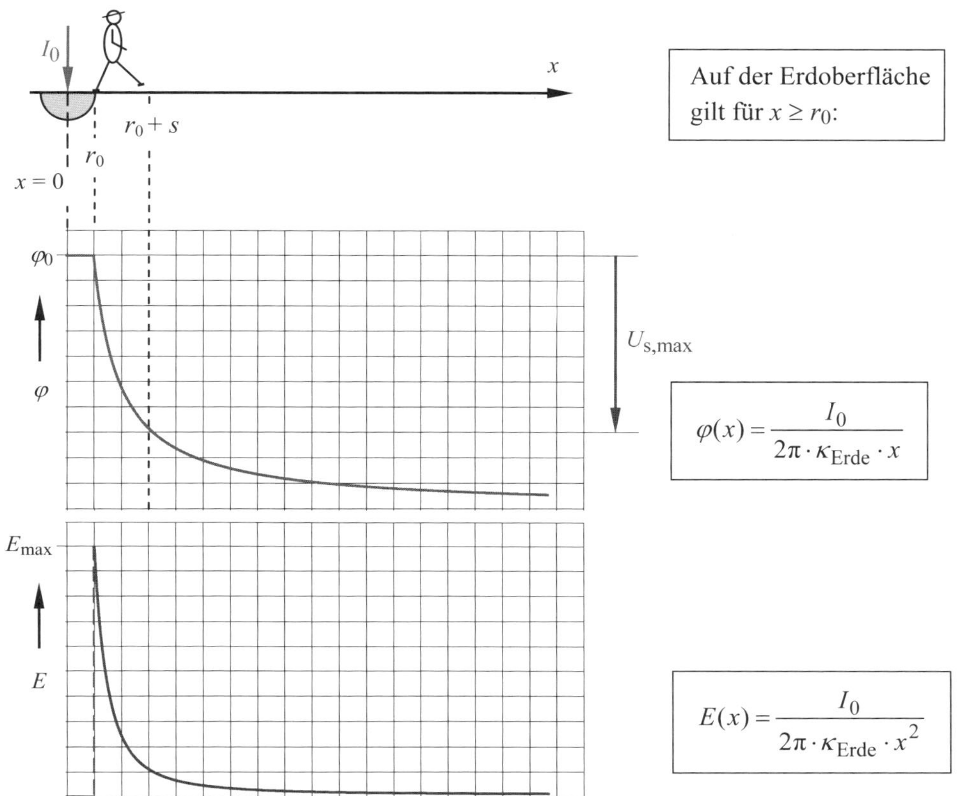

Bild 14.21: Potentialverlauf und Feldstärkeverlauf eines Halbkugelerders

Lehrbeispiel 14.3:

Von einem Halbkugelerder sind folgende Daten bekannt: $I_0 = 1000$ A ; $r_0 = 7{,}5$ cm ; $\kappa = 0{,}05$ S / m

Berechnen Sie das Potential und die Feldstärke auf der Kugeloberfläche, den Übergangswiderstand sowie die maximale Schrittspannung. An welcher Stelle x (Kreis mit dem Radius r_x) ist das Potential auf der Erdoberfläche auf $0{,}1 \cdot \varphi_0$ abgesunken?

ÜB: BB 14.6

Zur Berechnung des Potentials und der Feldstärke werden die Gleich. (14.19) und (14.18) verwendet:

$$\varphi_0 = \frac{I_0}{2\pi \cdot \kappa_{Erde} \cdot r_0} = \frac{1000}{2\pi \cdot 0{,}05 \cdot 0{,}075}\ \text{V} = \frac{1000}{7{,}5\pi}\ \text{kV} = 42{,}44\ \text{kV}$$

$$E_0 = E_{max} = \frac{I_0}{2\pi \cdot \kappa_{Erde} \cdot r_0^2} = \frac{\varphi_0}{r_0} = \frac{42{,}44}{0{,}075}\ \frac{\text{kV}}{\text{m}} = 565{,}87\ \frac{\text{kV}}{\text{m}}$$

$$R_Ü = \frac{\varphi_0}{I_0} = \frac{42{,}44\ \text{kV}}{1000\ \text{A}} = 42{,}44\ \Omega$$

Die maximale Schrittspannung erhält man über Gleich. (14.20):

$$U_{s,max} = \varphi_0 - \varphi_{0s} = \frac{I_0}{2\pi \cdot \kappa_{Erde}} \cdot (\frac{1}{r_0} - \frac{1}{r_0 + s})$$

$$U_{s,max} = \frac{1000}{2\pi \cdot 0{,}05} \cdot (\frac{1}{0{,}075} - \frac{1}{1{,}075})\ \text{V} = 42440\ \text{V} - 2961\ \text{V} = 39{,}48\ \text{kV}$$

Für das Potential an der Stelle x gilt:

$$\varphi_x = \frac{I_0}{2\pi \cdot \kappa_{Erde} \cdot r_x} = \frac{I_0}{2\pi \cdot \kappa_{Erde} \cdot x} = 0{,}1 \cdot \varphi_0 \qquad \Rightarrow \qquad \text{nach } x \text{ umstellen !}$$

$$x = \frac{I_0}{2\pi \cdot \kappa_{Erde} \cdot 0{,}1 \cdot \varphi_0} = \frac{1000}{2\pi \cdot 0{,}05 \cdot 0{,}1 \cdot 42440}\ \text{m} = \frac{100}{\pi \cdot 42{,}44}\ \text{m} = 75\ \text{cm}$$

Die Entfernung x vom Mittelpunkt des Erders kann man auch durch Überlegung ermitteln: $x = 10 \cdot r_0$

Diskussion:

Obwohl es sich hier (im Sinne eines Lehrbeispiels) nur um einen theoretischen Wert handelt, ist die maximale Schrittspannung beachtlich groß. Sie kann reduziert werden, wenn das Potential auf der Kugeloberfläche verringert wird. Diese Maßnahme erfordert die Absenkung des Übergangswiderstandes.

Für $R_Ü$ gilt: $R_Ü = \frac{\varphi_0}{I_0} = \frac{1}{2\pi \cdot \kappa_{Erde} \cdot r_0}$

Da man die spezifische elektrische Leitfähigkeit des Erdreichs (bei vorgegebener Eingrabstelle x_0) in der Regel nicht beeinflussen kann, muss der Radius der Halbkugel vergrößert werden. Eine Vergrößerung um den Faktor 3 ($r_0' = 22{,}5$ cm) führt bereits zu einer Kugel mit einem Durchmesser von 45 cm. Das ist nicht mehr so richtig praktikabel und würde erkennbare zusätzliche Kosten verursachen.

Der Übergangswiderstand wird zwar auf $R_Ü' \approx 14\ \Omega$ reduziert – die maximale Schrittspannung sinkt aber auch in diesem Fall nicht auf vertretbare Werte:

$$U_{s,max}' = \varphi_0' - \varphi_{0s}' = \frac{42440\ \text{V}}{3} - 2598\ \text{V} \approx 11{,}5\ \text{kV}$$

Falls die nähere Umgebung der Eingrabstelle nicht hinreichend gesichert werden kann, muss ein anderer Erdertyp eingesetzt werden. Weiterhin sind geeignete Maßnahmen zur Potentialsteuerung einzuleiten. Dazu zählen z.B. der Einsatz von Steuererdern und/oder Potentialsteuergittern sowie Maßnahmen zur Isolierung.

Sollte es (z.B. durch Absperrmaßnahmen) gelingen, den kritischen Punkt für die maximale Schrittspannung (das ist im Originalfall der Radius der Halbkugel r_0) um 2 m radial nach außen zu verlegen, erhält man folgende korrigierte Schrittspannung:

$$U_{s,korr} = \varphi_{0,korr} - \varphi_{0s,korr} = \frac{I_0}{2\pi \cdot \kappa_{Erde}} \cdot (\frac{1}{r_0 + 2\,\text{m}} - \frac{1}{r_0 + 2\,\text{m} + s})$$

$$U_{s,korr} = \frac{1000}{2\pi \cdot 0{,}05} \cdot (\frac{1}{2{,}075} - \frac{1}{3{,}075})\ \text{V} = 1534\ \text{V} - 1022\ \text{V} = 512\ \text{V}$$

Diese Situation ist in Kombination mit zusätzlichen Maßnahmen weiter optimierbar.

14.4.2 Vollkugelerder

Jetzt wird eine volle Metallkugel ($\kappa \to \infty$) an einer Eingrabstelle x_0 in das Erdreich eingelassen. Die Kugel hat den Radius r_0. Ihr Mittelpunkt befindet sich mit der Eingrabtiefe h unterhalb der Erdoberfläche (unter x_0). In die Kugel wird über eine isolierte Zuleitung ein Strom I_0 ins Erdreich abgeleitet. Bild 14.22 zeigt eine Skizze des entstehenden Feldbildes.

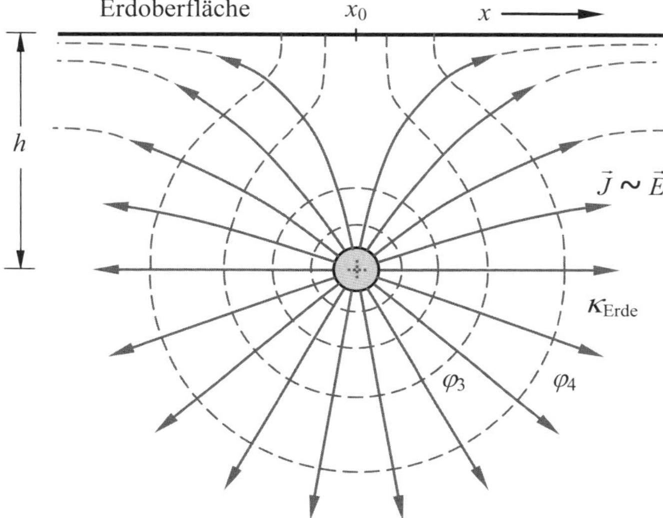

Bild 14.22: Skizze des Feldbildes eines Kugelerders mit der Eingrabtiefe h (Tiefenerder)

Die Linien der gerichteten Feldgrößen verlaufen unterhalb des Mittelpunktes der Kugel noch nahezu radialsymmetrisch. Im oberen Bereich unterliegen sie dem Zwang, unter Wahrung der erforderlichen Distanz zueinander im leitfähigen Bereich (κ_{Erde}) zu verlaufen. Der direkte Verlauf zum Punkt x_0 ist infolge des Übergangs von κ_{Erde} zu $\kappa = 0$ nicht möglich.

Die Äquipotentiallinien/-flächen haben in der näheren Umgebung der Kugel noch einen kugelförmigen Verlauf (siehe φ_1 und φ_2 – aus Platzgründen nicht gekennzeichnet). Es folgen Zwischenlinien, die sich in Richtung der Erdoberfläche elliptisch ausdehnen. Ab einer bestimmten Distanz zu x_0 „reißen sie auf" und münden in getrennter Form ($\perp$) in der Erdoberfläche. Das Potential im Punkt x_0 ist aufgrund der geringsten Distanz zum Mittelpunkt der Kugel maximal.

Der Anstieg der Funktion $\varphi = f(x)$ ist im Punkt x_0 infolge $\varphi(x_0) = \max.$ gleich null. Direkt in diesem Punkt existiert demzufolge kein Potentialgefälle. Da durch den Punkt x_0 wegen der Symmetrie keine Strömungslinie und somit auch keine Feldstärkelinie laufen kann, ist die Feldstärke dort gleich null.

Das Feldbild zeigt, dass jetzt infolge der realen Eingrabtiefe h keine Radialsymmetrie mehr gegeben ist. Damit gelten die unter Abschn. 14.3.2 hergeleiteten Berechnungsvorschriften nicht mehr. Das Strömungsfeld muss im Erdreich verlaufen und wird in seiner Ausbreitung nach oben hin durch die Erdoberfläche (Grenzschicht zu Luft mit $\kappa \to 0$) begrenzt. Die Berechnung der Feldstärke und der Stromdichte ist jetzt nicht mehr mit den Beträgen (wie bei der Halbkugel) möglich, da ja die Bedingung der Radialsymmetrie nicht mehr erfüllt ist.

Um die Berechnungsvorschriften für kugelsymmetrische Felder trotzdem anwenden zu können, muss das Feldbild symmetriert werden. Diese Maßnahme gelingt mit der Einführung eines virtuellen Erders (genannt: Spiegelerder). Seine Berücksichtigung bewirkt innerhalb der Feldberechnung einen resultierenden radialsymmetrischen Feldverlauf, obwohl der Spiegelerder körperlich nicht existiert.

• Spiegelungsprinzip:

Dieses Prinzip beruht auf der Überlegung, dass man ein von der Kugelsymmetrie abweichendes Feldbild durch die Überlagerung zweier kugelsymmetrischer Felder nachbilden kann. Im vorliegenden Fall muss der Spiegelerder (SE) im Vergleich zum Erder (E) folgende Bedingungen erfüllen (vgl. auch Bild 14.23):

→ Position im Abstand h oberhalb von x_0

→ gleiche Stromeinspeisung I_0 mit gleicher Polarität

→ gleicher Radius der Kugeln $r_0 << h$

→ Kugeln als Punktquelle mit $r_0 \to 0$

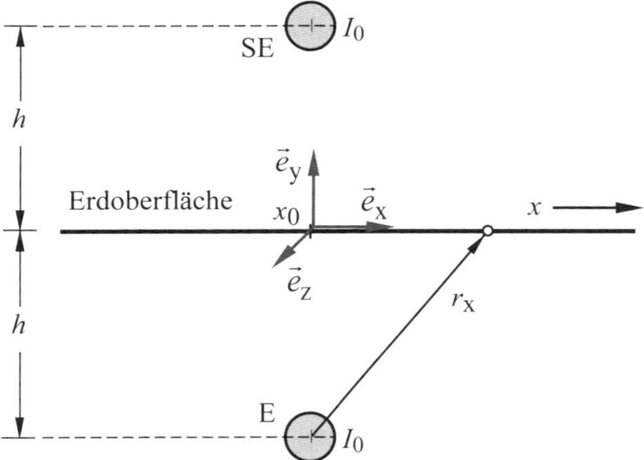

Bild 14.23: Einführung eines Spiegelerders (Spiegelungsprinzip)

Damit haben die unter Abschn. 14.3.2 hergeleiteten Berechnungsvorschriften wieder volle Gültigkeit, wenn man innerhalb der Berechnung zusätzlich den Überlagerungssatz (vgl. auch Abschn. 14.2.4) berücksichtigt.

Die Anwendung des Überlagerungssatz verlangt, dass der Radius der Kugelelektroden gegen null geht. Ansonsten beeinflusst die Spiegelelektrode das Potential auf dem tatsächlich existierenden Kugelerder. Das würde zu Ungenauigkeiten führen.

Ein Kugelerder hat aber eine endliche Ausdehnung. Obwohl er sich in einem sehr großen Feldraum (Erdreich) befindet, ist er körperlich existent. Daraus resultieren Abweichungen in der Berechnung, die akzeptiert werden müssen. Man fasst den Kugelerder als Punktquelle auf und berechnet alle Strecken immer zum Mittelpunkt des Erders und des Spiegelerders.

• Potentialberechnung:

Der Wert des Potentials in einem Punkt FP des vom Feld erfüllten Raumes auf und unter der Erdoberfläche wird durch den Beitrag des Erders und des Spiegelerders bestimmt:

$$\varphi_{\mathrm{FP}} = \varphi_{\mathrm{FP}}(\mathrm{E}) + \varphi_{\mathrm{FP}}(\mathrm{SE})$$

Auf der Erdoberfläche (Symmetrieebene) sind beide Beiträge gleich. Dann gilt:

$$\varphi_{\mathrm{x}} = \varphi_{\mathrm{x}}(\mathrm{E}) + \varphi_{\mathrm{x}}(\mathrm{SE}) = 2 \cdot \varphi_{\mathrm{x}}(\mathrm{E})$$

$$\varphi_{\mathrm{x}} = \frac{2 \cdot I_0}{4\pi \cdot \kappa_{\mathrm{Erde}} \cdot r_{\mathrm{x}}} = \frac{I_0}{2\pi \cdot \kappa_{\mathrm{Erde}} \cdot \sqrt{h^2 + x^2}} \tag{14.23}$$

r_{x} ist dabei der Radius derjenigen Äquipotentiallinie / -fläche, die genau durch den Punkt x auf der Erdoberfläche läuft. Dieser Radius ist zugleich die Hypotenuse des rechtwinkligen Dreiecks (h–x–r_{x}) und kann mit dem Lehrsatz des PYTHAGORAS berechnet werden.
Das Maximum des Potentials auf der Erdoberfläche entsteht an der Stelle x_0 (also bei $x = 0$).

$$\varphi_{\mathrm{x0}} = \frac{I_0}{2\pi \cdot \kappa_{\mathrm{Erde}} \cdot h} \tag{14.24}$$

Das Potential auf der Oberfläche der Kugel ergibt sich aus der folgenden Überlagerung:

$$\varphi_0 = \varphi_0(\mathrm{E}) + \varphi_0(\mathrm{SE})$$

$$\varphi_0 = \frac{I_0}{4\pi \cdot \kappa_{\mathrm{Erde}} \cdot r_0} + \frac{I_0}{4\pi \cdot \kappa_{\mathrm{Erde}} \cdot 2h} = \frac{I_0}{4\pi \cdot \kappa_{\mathrm{Erde}}} \cdot \left(\frac{1}{r_0} + \frac{1}{2h}\right) \tag{14.25}$$

Daraus kann man den Übergangswiderstand des Erders bestimmen:

$$R_{\mathrm{Ü}} = \frac{\varphi_0}{I_0} = \frac{1}{4\pi \cdot \kappa_{\mathrm{Erde}}} \cdot \left(\frac{1}{r_0} + \frac{1}{2h}\right) \tag{14.26}$$

Bei $h \to \infty$ erhält man wieder den Übergangswiderstand der Vollkugel $R_{\mathrm{ÜV}}$ mit unendlich weit entfernter Gegenelektrode gemäß Bild 14.16.
Die Schrittspannung an einer Stelle x bei einer Bewegung des Läufers auf der Linie $x \to x_0$ wird aus der Differenz der beiden Potentiale bestimmt, die sich aus der Position des Läufers ergeben. Bei einem Schritt von x in Richtung x_0 gilt:

ÜB: BB 14.7

$$U_{\mathrm{s,x}} = \varphi_{\mathrm{x}}(\mathrm{E}) + \varphi_{\mathrm{x}}(\mathrm{SE}) - [\varphi_{\mathrm{x\text{-}s}}(\mathrm{E}) + \varphi_{\mathrm{x\text{-}s}}(\mathrm{SE})] = 2 \cdot \varphi_{\mathrm{x}}(\mathrm{E}) - 2 \cdot \varphi_{\mathrm{x\text{-}s}}(\mathrm{E})$$

$$U_{s,x} = \frac{2 \cdot I_0}{4\pi \cdot \kappa_{Erde} \cdot r_x} - \frac{2 \cdot I_0}{4\pi \cdot \kappa_{Erde} \cdot r_{x-s}}$$

$$U_{s,x} = \frac{I_0}{2\pi \cdot \kappa_{Erde}} \cdot \left(\frac{1}{\sqrt{h^2 + x^2}} - \frac{1}{\sqrt{h^2 + (x-s)^2}}\right) \tag{14.27}$$

Bei dieser Bewegungsrichtung ist die Schrittspannung negativ, da der bewegte Fuß mit einem höheren Potential beaufschlagt wird. Im umgekehrten Fall ($x + s$) bewegt sich der Läufer in Richtung des Potentialgefälles. Die Schrittspannung wird dann kleiner und hat ein positives Vorzeichen.

- **Feldstärkeberechnung:**

Die Berechnung der Feldstärke wird jetzt etwas aufwendiger, da eine vektorielle Feldgröße in einem Feldpunkt zu bestimmen ist. Aus praktischer Sicht ist der Feldstärkeverlauf auf der Erdoberfläche von Interesse. Dieser Feldpunkt (egal, wo er bei $x << \infty$ liegt) kann immer durch eine Gerade (x-Achse) mit x_0 verbunden werden. Das in der Ebene dargestellte Feldbild repräsentiert dann einen Schnitt durch x_0 und den Feldpunkt FP_x (Bild 14.24).

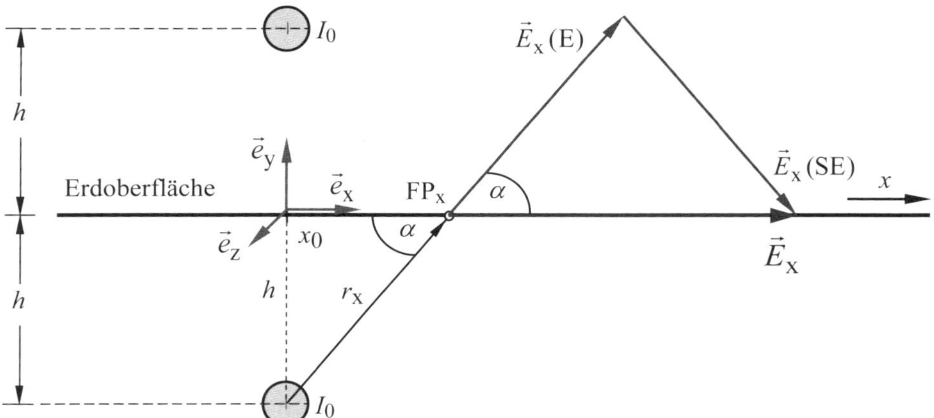

Bild 14.24: Berechnung des Feldstärkevektors, den ein Vollkugelerder auf der Erdoberfläche bewirkt

Die Beträge der beiden Teilvektoren vom Erder und vom Spiegelerder sind infolge der Symmetrie gleich. Die Winkel, die diese Vektoren gegen die Erdoberfläche einschließen, sind betragsmäßig auch gleich.

Mit Gleich. (14.13) gilt:

$$|\vec{E}_x(E)| = |\vec{E}_x(SE)| = \frac{I_0}{4\pi \cdot \kappa_{Erde} \cdot r_x^2}$$

Für den Kosinus des Winkels α gilt:

$$\cos\alpha = \frac{x}{r_x} = \frac{x}{\sqrt{h^2 + x^2}}$$

Die in der xy-Ebene dargestellte Vektorkonfiguration des Bildes 14.24 weist die Besonderheit auf, dass ein Teilvektor eine Spiegelung des anderen Teilvektors an der x-Achse ist.

Somit heben sich die y-Komponenten gegenseitig auf.

$$\vec{E}_x(\mathrm{E}) = |\vec{E}_x(\mathrm{E})| \cdot (\cos\alpha \cdot \vec{e}_x + \sin\alpha \cdot \vec{e}_y) \quad \text{und:} \quad \vec{E}_x(\mathrm{SE}) = |\vec{E}_x(\mathrm{E})| \cdot (\cos\alpha \cdot \vec{e}_x - \sin\alpha \cdot \vec{e}_y)$$

Daraus folgt für den gesuchten resultierenden Vektor im Feldpunkt FP_x:

$$\vec{E}_x = \vec{E}_x(\mathrm{E}) + \vec{E}_x(\mathrm{SE}) = 2 \cdot |\vec{E}_x(\mathrm{E})| \cdot \cos\alpha \cdot \vec{e}_x = 2 \cdot \frac{I_0}{4\pi \cdot \kappa_{\mathrm{Erde}} \cdot r_x^2} \cdot \cos\alpha \cdot \vec{e}_x$$

$$\vec{E}_x = \frac{I_0}{2\pi \cdot \kappa_{\mathrm{Erde}} \cdot (h^2 + x^2)} \cdot \frac{x}{\sqrt{h^2 + x^2}} \cdot \vec{e}_x \qquad (14.28)$$

Der resultierende Vektor verläuft in Richtung des Einheitsvektors $\vec{e}_x$ auf der Erdoberfläche.

Lehrbeispiel 14.4:

ÜB: BB 14.8

Skizzieren Sie für einen Vollkugelerder die prinzipiellen Verläufe des Potentials und des Betrages der elektrischen Feldstärke längs der Erdoberfläche.

Der Feldstärkevektor ist in jedem Punkt $x > x_0$ radial nach außen gerichtet und verläuft auf der Erdoberfläche (x-z-Ebene). Die Feldstärke durchläuft in den Punkten x_m ein Maximum (vgl. Bild 14.25). Die Lage dieses Maximums ist von der Eingrabtiefe h abhängig. Es gilt: $x_m = 0{,}707 \cdot h$.

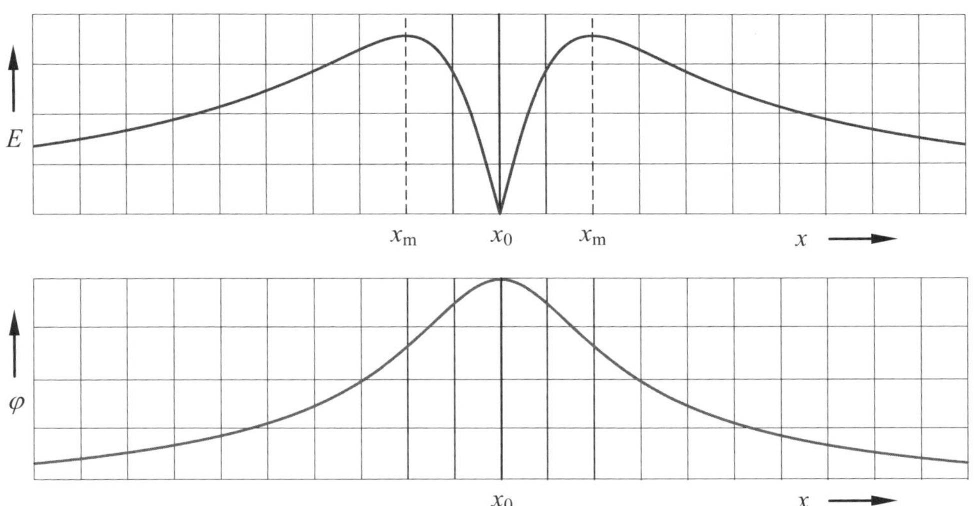

Bild 14.25: Feldstärkeverlauf und Potentialverlauf eines Vollkugelerders auf der Erdoberfläche

Das maximale Potential bildet sich an der Eingrabstelle x_0 aus (vgl. Bild 14.25 – unten). Es bildet sich um die Eingrabstelle ein „Potentialgebirge“ (auch Potentialtrichter genannt) aus.

Wenn sich ein Läufer z.B. in Richtung x_0 bewegt, erfasst er mit jedem Schritt eine Potentialdifferenz (Schrittspannung), die in Bewegungsrichtung bis x_0 betragsmäßig zunimmt.

15 Elektrostatisches Feld

15.1 Eigenschaften des elektrostatischen Feldes

Das elektrostatische Feld ist ein zeitinvariantes Feld ruhender Ladungen. Es bildet sich (im Gegensatz zum elektrischen Strömungsfeld) in nichtleitenden Feldräumen aus.

Die Existenz einer Ladung als Quelle eines elektrischen Feldes ist durch ihre Kraftwirkung auf andere Ladungen nachweisbar. Das daraus resultierende elektrische Feld breitet sich im Raum zwischen dieser Quelle und einer gleich großen Gegenladung in Richtung $Q^{+} \rightarrow Q^{-}$ aus. Die Gegenladung kann dabei weit entfernt positioniert und im Raum verteilt sein. Die Existenz einer solchen Gegenladung ist zwingend. Jede positive Ladung bewirkt die Existenz einer negativen Ladung (und umgekehrt).

Zur Beschreibung der Eigenschaften eines nichtleitenden Mediums (Dielektrikum) wird die Permittivität ε als Produkt der elektrischen Feldkonstanten ε_0 und der relativen Permittivität $\varepsilon_r \geq 1$ verwendet.

$$\varepsilon = \varepsilon_0 \cdot \varepsilon_r \tag{15.1}$$

Die elektrische Feldkonstante ε_0 ist eine Naturkonstante, die die dielektrischen Eigenschaften des Vakuums beschreibt.

$$\varepsilon_0 = 8{,}854 \cdot 10^{-12} \frac{\mathrm{A \cdot s}}{\mathrm{V \cdot m}} \tag{15.2}$$

Die relative Permittivität ε_r ist dann eine reine Verhältniszahl, die (z.B. in Tabellenbüchern) ohne Zehnerpotenz und ohne Einheit in übersichtlicher Form angegeben werden kann:

Isolierstoff bei $\vartheta = 20\ °\mathrm{C}$	$\varepsilon_r = \frac{\varepsilon}{\varepsilon_0} \geq 1$
Glas	5 bis 10
Glimmer	5 bis 8
Gummi	2,7
Hartpapier	5 bis 6
Pertinax	4,8
Polystyrol	2,4 bis 3
PVC	3,2 bis 5,5
Porzellan	4,5 bis 6,5
Quarz	3,8 bis 5

Tabelle 15.1: Beispiele für die relative Permittivität ausgewählter fester Isolierstoffe

Die relative Permittivität ist temperaturabhängig und frequenzabhängig. Bei tiefen Frequenzen kann die Frequenzabhängigkeit in der Regel vernachlässigt werden.

Durch die Einwirkung eines elektrischen Feldes auf ein Dielektrikum mit $\varepsilon_r > 1$ werden in einem unpolaren Dielektrikum Ladungsschwerpunkte im Atomverband verschoben und es entstehen Dipole. In einem polaren Dielektrikum kommt es zu einer Ausrichtung bereits existierende Elementardipole (Polarisation – siehe Abschnitt 15.5.4).

15.2 Erscheinungsformen der Ladung

Das elektrostatische Feld tritt in zeitinvarianter Form zwischen ruhenden Ladungen auf.

Zur Beschreibung räumlich verteilter Ladungen (Raumladung) definiert man sich für einen Feldpunkt FP, der in einem hinreichend kleinen Volumen dV liegt, eine mittlere Ladungsdichte. Sie wird als Raumladungsdichte ρ bezeichnet und kann sich von einem Feldpunkt zu einem anderen Feldpunkt ändern.

$$\rho = \frac{\mathrm{d}Q}{\mathrm{d}V} \tag{15.3}$$

Für die im gesamten Feldraum mit dem Volumen V befindliche Ladung gilt dann:

$$Q = \int_V \rho \cdot \mathrm{d}V \tag{15.4}$$

Falls sich eine Raumladung in einem Teilvolumen V_x befindet, das sich gegenüber dem Abstand zu einem anderen Objekt oder zu einem externen Beobachter als vernachlässigbar klein erweist, kann diese Raumladung als Punktladung aufgefasst werden. Dabei gilt die Annahme, dass die Ladung im Volumen gleichmäßig verteilt ist. Diese (nur modellmäßig existente) Punktladung Q_FPx wird dann für denjenigen Feldpunkt FPx angegeben, der sich im Schwerpunkt des Volumens V_x befindet.

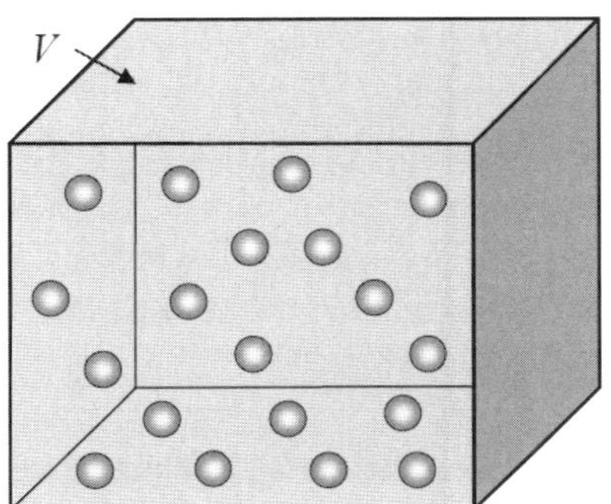

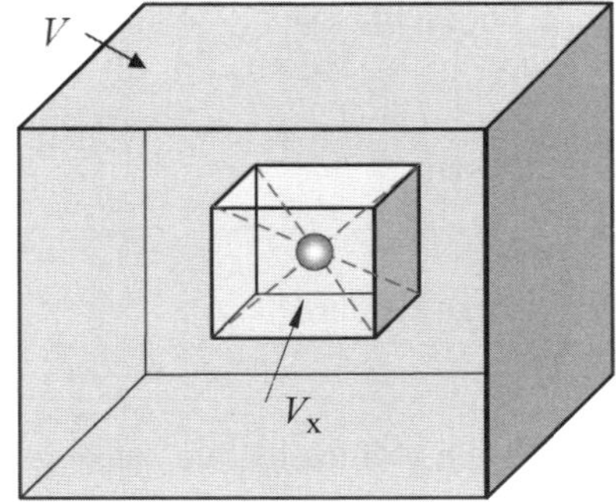

Bild 15.1: Raumladung und daraus abgeleitete Punktladung (rechts im Teilvolumen V_x)

Zur Kennzeichnung der Ladungsverteilung auf der Oberfläche einer Elektrode arbeitet man mit der Flächenladungsdichte. Die Ladung befindet sich in einer beliebigen Verteilung mit der angenommenen Schichtdicke null auf der Elektrodenoberfläche. Die Flächenladungsdichte beschreibt dann die mittlere Dichte der Ladung dQ pro Flächenelement dA, wobei die Ladungsverteilung auf einem Flächenelement dA als homogen angenommen wird.

$$\sigma = \frac{\mathrm{d}Q}{\mathrm{d}A} \tag{15.5}$$

Für die Flächenladung gilt dann:

$$Q(A) = \int_A \sigma \cdot \mathrm{d}A \tag{15.6}$$

Bringt man einen Leiter isoliert in ein elektrostatisches Feld, so ist seine Flächenladungsdichte gemäß Gleich. (15.5) durch den Bezug der Ladung dQ auf ein Oberflächenelement dO bestimmbar.

Falls sich der Querschnitt dieses Leiters gegenüber dem Abstand zu einem anderen Objekt oder einem externen Beobachter als vernachlässigbar klein erweist, kann der Leiter als Linie aufgefasst werden. Die auf dieser Linie mit der Länge l befindliche Ladung (Linienladung) hat eine beliebige Verteilung, die als mittlere Dichte über die Ladung dQ pro Linienelement dl beschrieben werden kann (Linienladungsdichte). Die Ladungsverteilung auf einem Linienelement dl wird als homogen angenommen.

$$\lambda = \frac{\mathrm{d}Q}{\mathrm{d}l} \tag{15.7}$$

Für die Linienladung gilt dann:

$$Q(l) = \int_l \lambda \cdot \mathrm{d}l \tag{15.8}$$

Innerhalb eines abgeschlossenen Volumens V_{aS} (in sich abgeschlossenes System) kann sich die Gesamtladung nicht ändern. Es gilt der Ladungserhaltungssatz. Danach ist in einem Volumen V_{aS} die Summe aller n Punktladungen bzw. die gesamte Raumladung gemäß Gleich. (15.4) konstant.

$$\sum_{\nu=1}^{n} Q_{\nu} = \int_{V_{\mathrm{aS}}} \rho \cdot \mathrm{d}V = \mathrm{const.} \tag{15.9}$$

Wenn sich durch die Hüllfläche, die das abgeschlossene Volumen begrenzt, Ladung bewegen kann, muss sich die Ladung in diesem Volumen genau um diesen bewegten Ladungsanteil ändern. Ladung kann nicht einfach entstehen oder verschwinden.

15.3 Beschreibung des elektrostatischen Feldes

15.3.1 Integrale Größen

Bild 15.2 zeigt das Feldbild eines homogenen elektrostatischen Feldes. Zwischen den parallel zueinander angeordneten Elektroden befindet sich ein homogener Nichtleiter mit der Permittivität ε = const. Legt man an diese Anordnung eine Spannung U_{ab} an, so wird eine Ladung Q gespeichert. Dabei werden die positiven von den negativen Ladungen getrennt. Die Spannung U_{ab} kann (bei einer idealen Anordnung) nun wieder entfernt werden – die gespeicherte Ladung bleibt bei einer verlustlosen Anordnung erhalten.

Mit der Existenz der Ladungen Q^+ und Q^- auf den Elektroden ist im Nichtleiter ein elektrischer Fluss Ψ (Verschiebungsfluss) verbunden. Diese in Analogie zum elektrischen Strom definierte Größe soll die Fähigkeit des elektrostatischen Feldes zur Ladungsverschiebung beschreiben (obwohl hier nichts fließt). Für die Einheit gilt: $[\Psi] = 1$ A·s

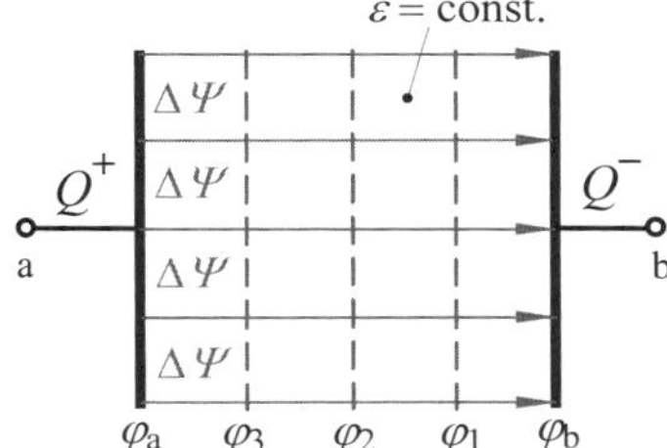

Bild 15.2: Feldbild eines homogenen elektrostatischen Feldes

Als Hilfsmittel zur Darstellung des elektrostatischen Feldes sollen vorerst die elektrischen Flusslinien und die Äquipotentiallinien dienen. Eine elektrische Flusslinie symbolisiert eine sog. räumliche Verschiebungsflussröhre, die im homogenen Feld des Bildes 15.2 durch einen konstanten Fluss $\Delta\Psi$ gekennzeichnet ist. Die elektrischen Flusslinien stellen die Verteilung des elektrischen Flusses im Feldraum dar. Sie beginnen an einer positiven Ladung und enden an einer negativen Ladung. Der gesamte elektrische Fluss ist gleich der Ladung einer Elektrode. Es gilt: $\Psi_{ges} = \Sigma(\Delta\Psi) = Q$.

Äquipotentiallinien sind Linien gleichen Potentials. Sie symbolisieren die Äquipotentialflächen des Feldraumes in einer ebenen Darstellung und stehen senkrecht auf den elektrischen Flusslinien. Das Potential nimmt im Bild 15.2 vom Punkt a in Richtung b ab.

Aus diesen Überlegungen kann in Analogie zum stationären elektrischen Strömungsfeld (Abschn. 14.2) ein Ursache-Wirkungs-Modell abgeleitet werden. An eine Anordnung mit der Kapazität C (analoge Bauelemente-Kenngröße zum Leitwert G) wird eine Spannung U angelegt. Die Anordnung speichert jetzt eine Ladung Q. Zur Beschreibung des Zusammenhanges zwischen Ursache und Wirkung dient im elektrostatischen Feld das Ladungsgesetz.

$$Q = C \cdot U \tag{15.10}$$

Im Vergleich zum OHMschen Gesetz im elektrischen Strömungsfeld handelt es sich bei Gleich. (15.10) um ein analoges Grundgesetz im elektrostatischen Feld.

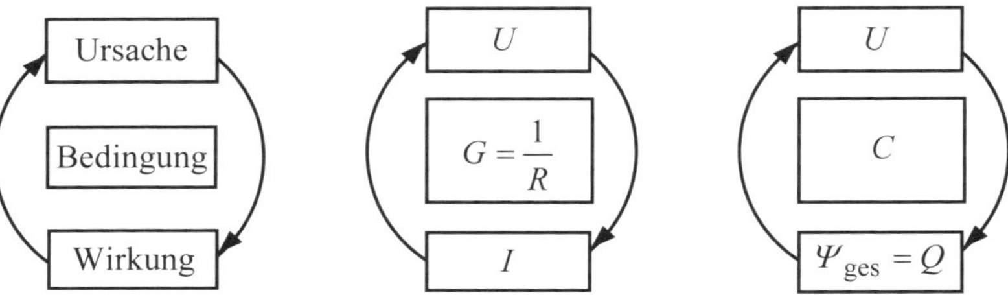

Bild 15.3: Analogie zwischen Strömungsfeld (Mitte) und elektrostatischem Feld (rechts) ÜB: BB 15.1

Die Gleich. (15.10) entspricht der Definitionsgleichung für die Kapazität C. Diese Bauelemente-Kenngröße mit der Einheit $[C]$ = 1 A·s / V = 1 F (Farad) beschreibt das Vermögen zur Speicherung einer Ladung pro „Spannungseinheit" und ist von den konstruktiven Daten und der Materialkenngröße ε abhängig. Für einen Plattenkondensator gilt:

$$C = \frac{Q}{U} = \varepsilon \cdot \frac{A}{d} \tag{15.11}$$

Aus den bisherigen Überlegungen zur Beschreibung des elektrostatischen Feldes kann die Schlussfolgerung abgeleitet werden, dass diese Felderscheinung Ähnlichkeiten mit den Vorgängen im elektrischen Strömungsfeld (vgl. Kap. 14) aufweist:

- Je nach Bewegungszustand der Ladung unterscheidet man zwischen dem elektrischen Strömungsfeld (bewegte Ladung) und dem elektrostatischen Feld (ruhende Ladung).
- Der Bewegungszustand einer Ladung wird durch die stofflichen Eigenschaften des Feldraums bestimmt. In einem Leiter ($\kappa > 0$) bildet sich ein elektrisches Strömungsfeld aus. Ein Nichtleiter (Isolator / Dielektrikum mit $\kappa \to 0$) lässt keine erkennbaren Ladungsbewegungen zu. Die Ladungen werden voneinander getrennt bzw. zueinander verschoben. Damit bildet sich zwischen diesen Ladungen ein elektrostatisches Feld aus.
- Eine Ladung ist durch ihr Energieniveau gekennzeichnet. In einem Feldpunkt FP1 besitzt die Ladung eine (zugeordnete) potentielle Energie W_{FP1}. Durch Verlagerung der Ladung in einen anderen Feldpunkt FP2 ändert sich diese Energie um ΔW: $\Delta W = W_{FP1} - W_{FP2}$.
- Die beiden Feldpunkte sollen unterschiedliche Potentiale besitzen. Bezieht man die Energie der Ladung auf die Ladung selbst, erhält man die Definition des elektrischen Potentials gemäß Gleich. (14.1). Damit kann die Energieänderung einer Ladung über eine Potentialänderung beschrieben werden. Diese Potentialdifferenz tritt als Spannung in Erscheinung.

$$\frac{\Delta W}{Q} = \frac{W_{FP1}}{Q} - \frac{W_{FP2}}{Q} = \varphi_{FP1} - \varphi_{FP2} = U_{12}$$

- Wenn die beiden Feldpunkte FP1 und FP2 gleiches Potential besitzen (z.B., weil sie auf der gleichen Äquipotentiallinie bzw. Äquipotentialfläche liegen), wird die Energiedifferenz ΔW und damit die Spannung zwischen den beiden Punkten null.

15.3.2 Ortsbezogene Größen

Der Zusammenhang zwischen dem elektrischen Potential φ und der elektrischen Feldstärke E ist bereits aus Abschn. 14.2.2 [Gleich. (14.2) und (14.4)] bekannt. Eine weitere ortsbezogene Größe im elektrischen Feld ist die Dichtegröße.

Im elektrischen Strömungsfeld wurde diese Dichte über die Stromdichte $\vec{J}$ beschrieben [vgl. Gleich. (14.5) und (14.7)]. Für das elektrostatische Feld leitet man diese Dichtegröße aus dem elektrischen Fluss Ψ ab.

> Die elektrische Flussdichte D beschreibt denjenigen Flussanteil $\mathrm{d}\Psi$, der durch das senkrecht $\perp$ zu den elektrischen Flusslinien positionierte Flächenelement $\mathrm{d}A_\perp$ verschoben wird, bezogen auf dieses Flächenelement selbst.

Der Vektor der elektrischen Flussdichte $\vec{D}$ zeigt in jedem Feldpunkt in Richtung der elektrischen Feldstärke. Für den Betrag mit der Einheit $[D] = 1\ \mathrm{A{\cdot}s / m^2}$ gilt:

$$D = \frac{\mathrm{d}\Psi}{\mathrm{d}A_\perp} \tag{15.12}$$

Auf der Oberfläche der Elektroden ist der Betrag der elektrische Flussdichte gleich dem Betrag der Flächenladungsdichte σ.

$$D_0 = \sigma = \frac{\mathrm{d}Q}{\mathrm{d}A} \tag{15.13}$$

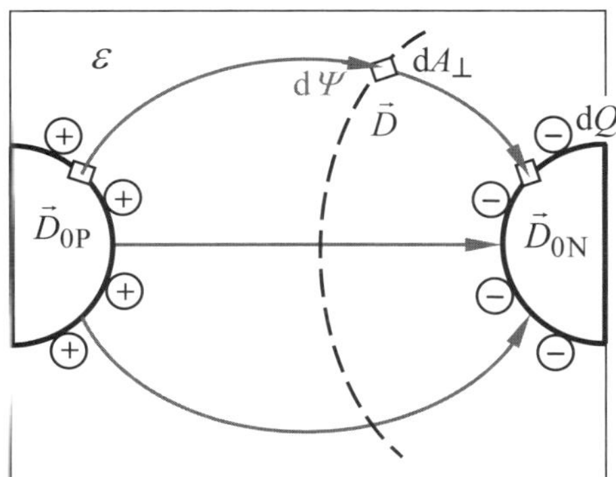

Flächenladungsdichte $\vec{D}_0$: auf der Elektrodenoberfläche

Elektrische Flussdichte $\vec{D}$: im Feldraum.

Bild 15.4: Flächenladungsdichte und elektrische Flussdichte

Bild 15.4 zeigt den Unterschied zwischen der Flächenladungsdichte auf der Elektrodenoberfläche (Index 0) und der elektrischen Flussdichte im Feldraum.

Legt man um eine räumlich verteilte Ladung eine beliebige Hülle und integriert über dieser Hüllfläche, so erhält man den elektrischen Fluss durch diese Hülle und damit die im eingehüllten Volumen befindliche Ladung [Raumladung gemäß Gleich. (15.4)].

Das wäre z.B. im Bild 15.4 der Fall, wenn man über derjenigen Hüllfläche integriert, die von einer Fläche über der rechten Elektrode aufgespannt wird. Dazu muss die mit der gestrichelten Linie im Bild 15.4 angedeutete Fläche in sich geschlossenen sein.

$$Q = \oint_A \vec{D} \cdot \mathrm{d}\vec{A} = \int_V \rho \cdot \mathrm{d}V \qquad (15.14)$$

Dieses Integrationsergebnis wird nur dann gleich null, wenn die Hülle keine Ladung einschließt, oder wenn die positiven und die negativen Ladungen im eingehüllten Volumen gleiche Beträge aufweisen:

$$\oint_A \vec{D} \cdot \mathrm{d}\vec{A}\Big|_{\Sigma Q=0} = 0 \qquad (15.15)$$

In Analogie zum elektrischen Strömungsfeld erhält man die Definitionsgleichung für den Zusammenhang zwischen der elektrischen Flussdichte und der elektrischen Feldstärke. Dazu sollen zunächst die Dichtegrößen miteinander verglichen werden.

Für die Beträge gilt: $J = \dfrac{\mathrm{d}I}{\mathrm{d}A_\perp} \xleftrightarrow{\text{Analogie}} D = \dfrac{\mathrm{d}\Psi}{\mathrm{d}A_\perp}$

In einem homogenen elektrostatischen Feld kann der Zusammenhang zwischen D und E in einfacher Form berechnet werden. Auf einer Elektrodenoberfläche (hier: Platte) gilt (15.13):

$D = \dfrac{Q}{A}$ mit (15.10): $Q = C \cdot U$ und (15.11): $C = \dfrac{Q}{U} = \varepsilon \cdot \dfrac{A}{d}$

$$D = \frac{Q}{A} = \frac{C \cdot U}{A} = \varepsilon \cdot \frac{A}{d} \cdot \frac{U}{A} = \varepsilon \cdot \frac{U}{d} = \varepsilon \cdot E$$

Daraus ergibt sich ein analoger Zusammenhang zwischen den Vektoren der Dichtegröße und der elektrischen Feldstärke:

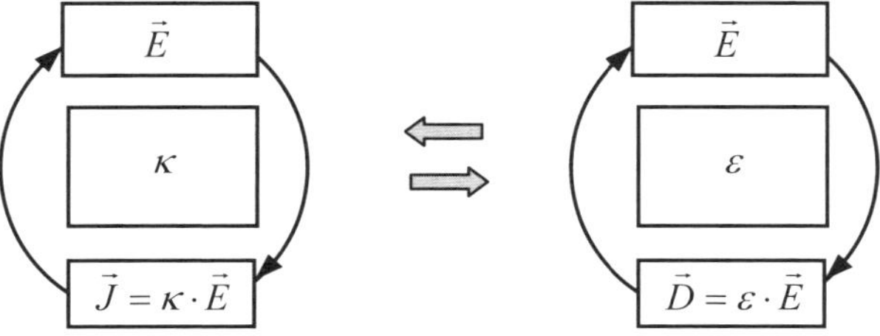

Bild 15.5: Analogie zwischen den ortsbezogenen Größen in beiden elektrischen Feldern

Die elektrische Flussdichte ist proportional zur elektrischen Feldstärke. In einem homogenen Dielektrikum mit der Permittivität ε = const. gilt:

$$\vec{D} = \varepsilon \cdot \vec{E} \qquad (15.16)$$

15.4 Berechnung elektrostatischer Felder

15.4.1 Homogene und einfache inhomogene elektrostatische Felder

Homogene elektrostatische Felder sind dadurch gekennzeichnet, dass die Feldlinien der gerichteten Feldgrößen parallel zueinander verlaufen und den gleichen Abstand sowie die gleiche Richtung haben.

Ein homogenes elektrostatisches Feld entsteht im Inneren eines Plattenkondensators, wenn er aufgeladen wird. Zwischen den beiden parallelen Platten mit der deckungsgleichen Fläche A befindet sich ein homogener Isolierstoff ($\varepsilon = \text{const.}$) mit der Länge d (Plattenabstand).

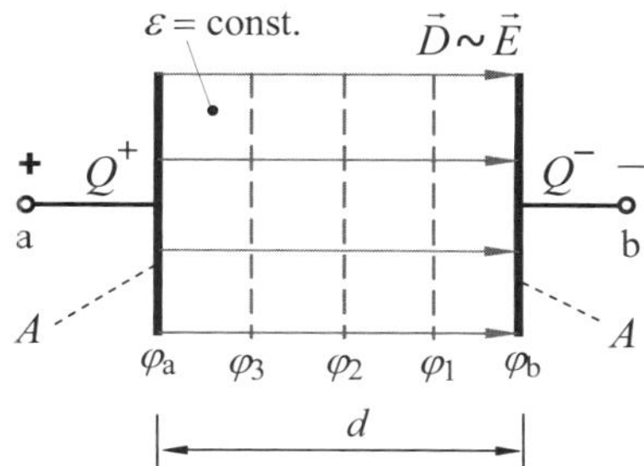

Bild 15.6: Berechnung eines homogenen elektrostatischen Feldes

Die vektoriellen Feldgrößen haben in der gesamten Anordnung die gleiche Richtung und jeweils gleiche Beträge. Für die Beträge gilt: $E = \frac{U_{ab}}{d}$ und : $D = \frac{Q}{A} = \varepsilon \cdot E$

Die Kapazität wird über die konstruktiven Daten und die Materialkenngröße berechnet:

$$C = \varepsilon \cdot \frac{A}{d} \tag{15.17}$$

Verändert man die Anordnung im Bild 15.6 in der Art, dass zwei homogene Isolierstoffe mit $\varepsilon_1 > \varepsilon_2$ über eine Trennfläche miteinander verbunden werden (geschichtetes Dielektrikum), entsteht bereits in seiner Gesamtheit ein einfaches inhomogenes elektrostatisches Feld. Bild 15.7 zeigt eine Feldanordnung, bei der die Trennfläche parallel zu den Elektroden positioniert wird. Sie wirkt zugleich als Äquipotentialfläche mit $\varphi_3 = \text{const.}$ Es gilt: $\varepsilon_1 > \varepsilon_2$:

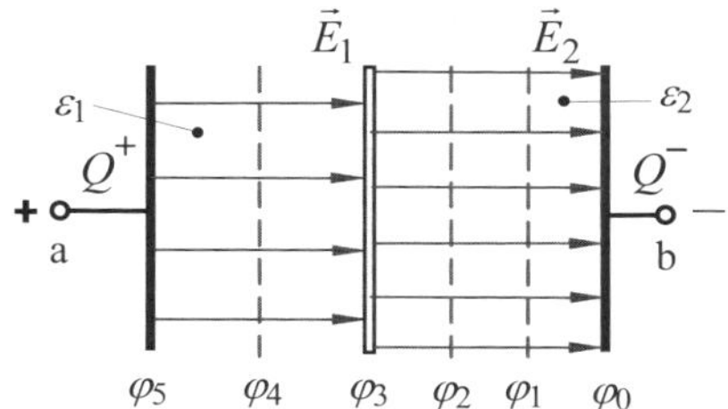

Bild 15.7: Äquipotentiallinien und Feldstärkelinien

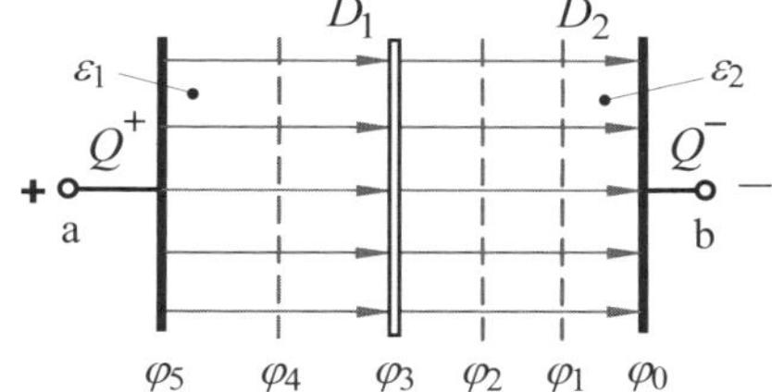

Bild 15.8: Äquipotentiallinien und Flussdichtelinien

Der Feldlinienverlauf im geschichteten Dielektrikum wird im nächsten Abschnitt diskutiert.

Die Feldlinien allgemeiner inhomogener elektrostatischer Felder verlaufen in ihrer Gesamtheit nicht mehr parallel zueinander oder sie haben an verschiedenen Orten des vom Feld erfüllten Raumes unterschiedliche Abstände. Die vektoriellen Feldgrößen können zusätzlich unterschiedliche Richtungen aufweisen. Durch Aufteilung solcher Anordnungen in hinreichend kleine Feldräume kann man ausgewählte Bereiche auf homogene Teilfelder zurückführen. Dazu ist es erforderlich, das Feld entlang geeigneter Flussdichtelinien aufzutrennen und entsprechende Äquipotentialflächen als Ersatzelektroden aufzufassen.

15.4.2 Elektrostatisches Feld im geschichteten Dielektrikum

Wie im Abschn. 15.4.1 (Bild 15.7) festgestellt wurde, entsteht bereits in seiner Gesamtheit ein einfaches inhomogenes elektrostatisches Feld, wenn zwei homogene Isolierstoffe über eine Trennfläche aneinandergefügt werden (geschichtetes Dielektrikum). Je nach Art der Schichtung kann dann die Bedingung der Homogenität entweder nur noch von der Feldstärke oder nur noch von der Flussdichte erfüllt werden.

• Schichtfläche parallel zu den Elektrodenflächen ($\varepsilon_1 < \varepsilon_2$):

Wenn die Trennfläche (Schichtfläche A_S) parallel zu den Elektroden verläuft (Bild 15.9), sind die zu betrachtenden Flächen gleich ($A_a = A_S = A_b = A$). Es wäre denkbar, dass die Abstände A_a-A_S mit d_1 und A_S-A_b mit d_2 unterschiedlich sein können. Im vorliegenden Fall liegt die Trennfläche etwa mittig zwischen den beiden Elektroden. Für d gilt: $d = d_1 + d_2$.

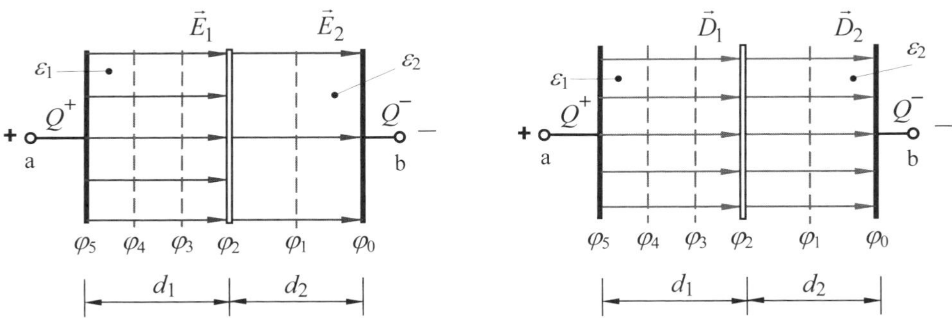

Bild 15.9: Feldbilder eines elektrostatischen Feldes mit paralleler Schichtfläche für $\varepsilon_1 < \varepsilon_2$

Die Feldlinien der Flussdichte verlaufen homogen (Bild 15.9 – rechts). Infolge $A_a = A_S = A_b$ und $|Q_a| = \Psi_S\,(\rightarrow) = |Q_b|$ erhält man gleiche Beträge der Flussdichte:

$$D_1 = \frac{|Q_a|}{A_a} \qquad \text{und:} \qquad D_2 = \frac{|Q_b|}{A_b} \qquad \text{bzw.:} \qquad D_1 = D_2 = D = \frac{Q}{A} = \text{const.}$$

Die Feldstärkelinien haben dagegen (wegen $\varepsilon_1 < \varepsilon_2$) eine unterschiedliche Dichte.

$$E_1 = \frac{D}{\varepsilon_1} \qquad \text{und:} \qquad E_2 = \frac{D}{\varepsilon_2} \qquad \Rightarrow \qquad \frac{D}{\varepsilon_1} > \frac{D}{\varepsilon_2} \qquad \text{bzw.:} \qquad E_1 > E_2$$

Die Äquipotentiallinien / -flächen verlaufen zwar noch parallel zueinander. Ihr Abstand ist aber in beiden Bereichen unterschiedlich, wenn man sie nach Vorschrift mit gleichen Potentialdifferenzen ΔU einzeichnet. Durch das geringere Potentialgefälle im Bereich rechts von der Trennfläche haben die Feldstärkelinien eine geringere Dichte. Der Betrag der Feldstärke ist demzufolge im rechten Bereich kleiner.

ÜB: BB 15.3

Allgemein ($\varepsilon_1 \neq \varepsilon_2$) gilt bei $D_1 = D_2 = D$:

$$\varepsilon_1 \cdot E_1 = \varepsilon_2 \cdot E_2 \qquad \text{bzw.:} \qquad \frac{E_1}{E_2} = \frac{\varepsilon_2}{\varepsilon_1}$$

Die Normalkomponenten der Flussdichte verhalten sich an der Grenzfläche stetig.

- **Schichtfläche senkrecht auf den Elektrodenflächen ($\varepsilon_1 < \varepsilon_2$):**

Wenn die Trennfläche senkrecht auf den Elektrodenflächen steht (Bild 15.10), sind in beiden Bereichen die Elektrodenabstände gleich ($d_1 = d_2 = d$). Die Flächen oberhalb der Grenzschicht mit A_1 und unterhalb mit A_2 können unterschiedlich sein. Es gilt: $A = A_1 + A_2$.

Jetzt weisen die Feldlinien der Feldstärke im Gesamtbereich einen homogenen Verlauf auf (Bild 15.10 – links). Infolge $d_1 = d_2 = d$ und $U_1 = U_2 = U_{ab}$ erhält man:

$$E_1 = \frac{U_1}{d_1} \qquad \text{und:} \qquad E_2 = \frac{U_2}{d_2} \qquad \text{bzw.:} \qquad E_1 = E_2 = E = \frac{U_{ab}}{d} = \text{const.}$$

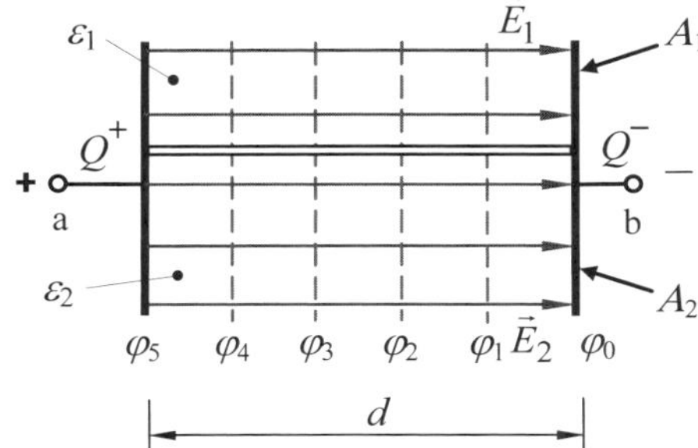

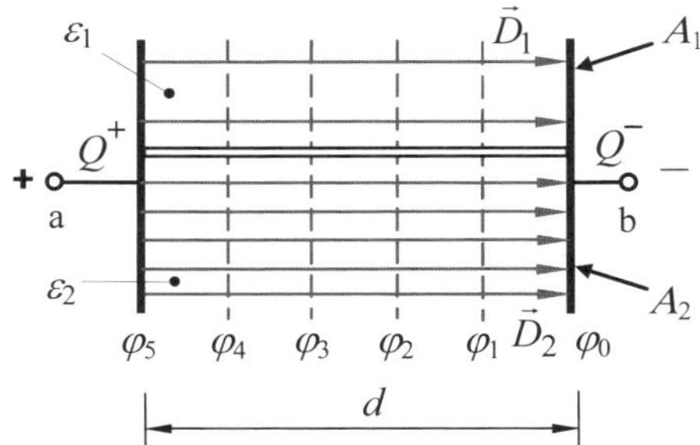

Bild 15.10: Feldbilder eines elektrostatischen Feldes mit Schichtfläche senkrecht zur Elektrodenfläche

Die elektrischen Flussdichten haben dagegen infolge $\varepsilon_1 < \varepsilon_2$ unterschiedliche Beträge (siehe Bild 15.10 – rechts). Die Dichte dieser Linien ist demzufolge unterschiedlich.

Mit $d_1 = d_2 = d$ und $U_1 = U_2 = U_{ab}$ sowie $E_1 = E_2 = E$ gilt:

$$D_1 = \varepsilon_1 \cdot E_1 \qquad \text{und:} \qquad D_2 = \varepsilon_2 \cdot E_2 \qquad \Rightarrow \qquad \varepsilon_1 \cdot E_1 < \varepsilon_2 \cdot E_2 \qquad \text{bzw.:} \qquad D_1 < D_2$$

Die Äquipotentiallinien / -flächen haben jetzt in beiden Bereichen gleiche Abstände, wenn man sie nach Vorschrift mit gleichen Potentialdifferenzen ΔU einzeichnet. Das Potentialgefälle ist in beiden Bereichen gleich ($E_1 = E_2 = E$).

Allgemein ($\varepsilon_1 \neq \varepsilon_2$) gilt bei $E_1 = E_2 = E$:

$$\frac{D_1}{\varepsilon_1} = \frac{D_2}{\varepsilon_2} \qquad \text{bzw.:} \qquad \frac{D_1}{D_2} = \frac{\varepsilon_1}{\varepsilon_2}$$

Die Tangentialkomponenten der Feldstärke verhalten sich an der Grenzfläche stetig.

• Schräge Trennfläche ($\varepsilon_1 \neq \varepsilon_2$):

Wenn die Trennfläche schräg zum Verlauf der gerichteten Feldgrößen angeordnet ist bzw. die $\vec{E}$ – und $\vec{D}$ – Linien schräg in die Trennfläche eindringen, zerlegt man die Vektoren in eine Normalkomponente und in eine Tangentialkomponente (Bild 15.11).

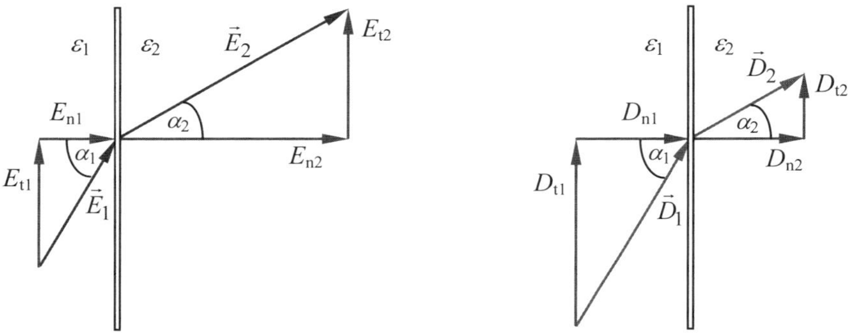

Bild 15.11: Vektoren an einer schrägen Trennfläche

Die Feldlinien werden an der Trennfläche gebrochen. Dabei weisen die Tangentialkomponenten der Feldstärke und die Normalkomponenten der Flussdichte stetiges Verhalten auf.

Bei $D_{n1} = D_{n2}$ gilt nach Vorbild von Bild 15.9:

$$\frac{E_{n1}}{E_{n2}} = \frac{\varepsilon_2}{\varepsilon_1} \qquad (15.18\_a)$$

Bei $E_{t1} = E_{t2}$ gilt nach Vorbild von Bild 15.10:

$$\frac{D_{t1}}{D_{t2}} = \frac{\varepsilon_1}{\varepsilon_2} \qquad (15.18\_b)$$

Bezieht man die Winkel α_1 und α_2 in diese Betrachtung ein, gelingt eine Herleitung des Brechungsgesetzes.

$$\tan\alpha_1 = \frac{E_{t1}}{E_{n1}} = \frac{D_{t1}}{D_{n1}} \qquad \text{und:} \qquad \tan\alpha_2 = \frac{E_{t2}}{E_{n2}} = \frac{D_{t2}}{D_{n2}}$$

Da sich die Tangentialkomponenten der Feldstärke an der Trennfläche infolge der Stetigkeit nicht verändern, folgt aus $\tan\alpha_1$ bzw. aus $\tan\alpha_2$ mit $E_{t1} = E_{t2}$:

$$E_{t1} = E_{n1} \cdot \tan\alpha_1 \qquad \text{und:} \qquad E_{t2} = E_{n2} \cdot \tan\alpha_2$$

Durch Gleichsetzen der beiden Ausdrücke erhält man: $E_{n1} \cdot \tan\alpha_1 = E_{n2} \cdot \tan\alpha_2$

$$\frac{E_{n1}}{E_{n2}} = \frac{\tan\alpha_2}{\tan\alpha_1} \qquad \text{sowie mit (15.18\_a):} \qquad \frac{E_{n1}}{E_{n2}} = \frac{\tan\alpha_2}{\tan\alpha_1} = \frac{\varepsilon_2}{\varepsilon_1}$$

Eine analoge Aussage zum Brechungsgesetz erhält man über die Flussdichte mit (15.18_b).

$$\frac{\tan\alpha_1}{\tan\alpha_2} = \frac{\varepsilon_1}{\varepsilon_2} \tag{15.19}$$

Lehrbeispiel 15.1:

Man berechne die Gesamtkapazität der Anordnungen im Bild 15.12. *Geg.*: alle A ; alle d ; ε_1 und ε_2.

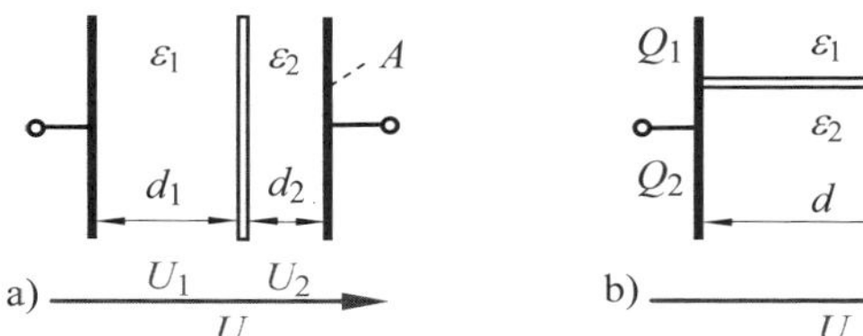

Bild 15.12: Feldanordnungen mit geschichtetem Dielektrikum

Die Anordnung a) kann als eine Reihenschaltung und die Anordnung b) kann als eine Parallelschaltung aufgefasst werden. In der linken Anordnung des Bildes 15.12 teilt sich die Gesamtspannung in $U_{ges} = U_1 + U_2$. Mit $U = Q / C$ und $Q = Q_1 = Q_2$ erhält man:

$$U_{ges} = U_1 + U_2 \quad \text{bzw.:} \quad \frac{Q}{C_{ges,a}} = \frac{Q \cdot d_1}{\varepsilon_1 \cdot A} + \frac{Q \cdot d_2}{\varepsilon_2 \cdot A} \quad \Rightarrow \quad C_{ges,a} = A \cdot \frac{\varepsilon_1 \cdot \varepsilon_2}{d_1\varepsilon_2 + d_2\varepsilon_1}$$

In der rechten Anordnung des Bildes 15.12 teilt sich die Gesamtladung in $Q = Q_1 + Q_2$ auf die beiden Teilflächen A_1 und A_2 auf. Mit $Q = C \cdot U$ und $U_{ges} = U_1 = U_2$ erhält man:

$$C_{ges,b} \cdot U_{ges} = \frac{\varepsilon_1 \cdot A_1}{d} \cdot U_{ges} + \frac{\varepsilon_2 \cdot A_2}{d} \cdot U_{ges} = \frac{\varepsilon_1 \cdot A_1 + \varepsilon_2 \cdot A_2}{d}$$

15.4.3 Radialsymmetrische elektrostatische Felder

Radialsymmetrische elektrostatische Felder können in Analogie zu den radialsymmetrischen Strömungsfeldern (vgl. auch Abschn. 14.3.2) berechnet werden.

• Kugelsymmetrisches Feld:

Zunächst wird eine Kugel mit dem Radius r_0 betrachtet, die auf ein Potential φ_0 aufgeladen wurde und die Ladung $+ Q_0$ speichert. Die Gegenelektrode bzw. die Gegenladung sei vorerst unendlich weit entfernt. Die Ladung Q_0 kann über das Potential auf der Kugeloberfläche φ_0 berechnet werden. Für einen beliebigen Radius r gilt allgemein:

$$D(r) = \frac{Q_0}{A_{Kugel}} = \frac{Q_0}{4\pi \cdot r^2} \qquad \text{und:} \qquad E(r) = \frac{D(r)}{\varepsilon} = \frac{Q_0}{4\pi \cdot \varepsilon \cdot r^2}$$

Aus dem Feldstärkeverlauf $E(r)$ kann man den Potentialverlauf $\varphi(r)$ berechnen.

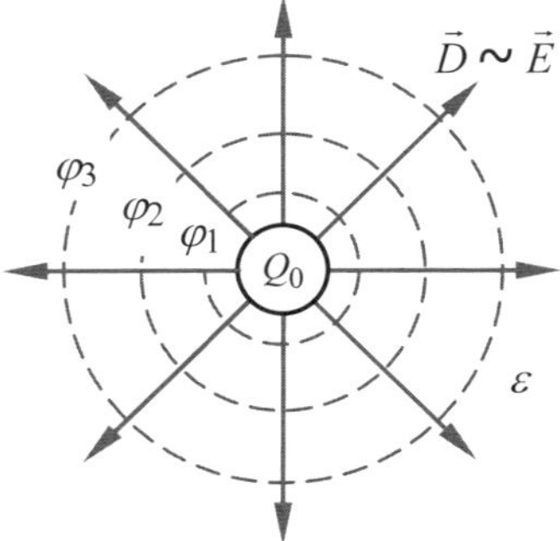

Bild 15.13: Kugelsymmetrisches elektrostatisches Feld

$$\varphi(r) = -\int_{\infty}^{r} E(r)\cdot \mathrm{d}r = -\int_{\infty}^{r} \frac{Q_0}{4\pi\cdot\varepsilon\cdot r^2}\cdot \mathrm{d}r = -\frac{Q_0}{4\pi\cdot\varepsilon}\cdot\left(-\frac{1}{r}\right)\Big|_{\infty}^{r}$$

$$\varphi(r) = \frac{Q_0}{4\pi\cdot\varepsilon\cdot r} \qquad (15.20)$$

Durch Einsetzen von r_0 in Gleich. (15.20) erhält man die Ladung: $Q_0 = \varphi_0 \cdot 4\pi\cdot\varepsilon\cdot r_0$.

Falls der Radius der Kugel gegenüber benachbarten Objekten hinreichend klein ist, wird die Ladung der Kugel als Punktladung aufgefasst. Man geht dann davon aus, dass sich diese Ladung in einem Feldpunkt FP_x befindet, der im Mittelpunkt der Kugel positioniert ist.

Für die Kapazität einer isoliert im Raum befindlichen Kugel mit dem Radius r_0 gilt:

$$C_K = \frac{Q_0}{U_0} = \frac{Q_0}{\varphi_0 - \varphi_{PB}} = 4\pi\cdot\varepsilon\cdot r_0 \qquad (\text{mit } \varphi_{PB} = 0\text{ V})$$

Ersetzt man nun eine Äquipotentialfläche im Bild 15.13 (z.B. die mit φ_3) durch eine Kugel mit dem Radius r_a, entsteht ein sogenannter Kugelkondensator. Die Kapazität einer solchen Anordnung wird über das Ladungsgesetz bestimmt. Mit $r_0 = r_i$ gilt:

$$C_{ia} = \frac{Q_0}{U_{ia}} = \frac{Q_0}{\varphi_i - \varphi_a} = \frac{Q_0}{\dfrac{Q_0}{4\pi\cdot\varepsilon\cdot r_i} - \dfrac{Q_0}{4\pi\cdot\varepsilon\cdot r_a}}$$

$$C_{ia} = \frac{4\pi\cdot\varepsilon\cdot r_i\cdot r_a}{r_a - r_i} \qquad (15.21)$$

Die Kugel mit dem Radius r_a bildet jetzt die Gegenelektrode. Ist diese Gegenelektrode unendlich weit entfernt ($r_a \rightarrow \infty$), erhält man wieder die Kapazität einer Kugel: $C_K = 4\pi\cdot\varepsilon\cdot r_i$.

Lehrbeispiel 15.2:

Wenden Sie die Berechnungsvorschrift für C_K auf eine sehr große Kugel an. Dazu kann z.B. unsere Erde näherungsweise als „Kugel" aufgefasst werden, die sich im Vakuum befindet ($\varepsilon = \varepsilon_0$).

Die Erde besitzt am Äquator einen Umfang von ca. 40.074 km. Das entspricht einen Radius der Kugel von ca. 6.378 km. Mit Gleich. (15.2) und r_0 = 6378 km erhält man:

$$C_K = 4\pi \cdot \varepsilon_0 \cdot r_0 = 4\pi \cdot 8{,}854 \cdot 10^{-12} \cdot 6378 \cdot 10^3 \text{ F} \approx 710 \text{ µF}$$

Diskussion:

Warum ist die Kapazität dieses riesigen Gebildes so klein? Einen Kondensator mit C = 710 µF könnte man doch eigentlich bequem in die Jackentasche stecken.

Die Antwort liegt auf der Hand. Unser „Erdkondensator" besitzt keine reale Gegenelektrode. Bei der verwendeten Berechnungsvorschrift für C_K liegt die Gegenelektrode im Unendlichen. Wenn man die Erde mit einer dünnen Folie überziehen könnte, die einen theoretischen Abstand von z.B. 0,1 mm von der Erdoberfläche aufweist, sieht die Sache etwas anders aus. Mit Gleich. (15.21) würde jetzt gelten:

$$C_{ia} = \frac{4\pi \cdot \varepsilon \cdot r_i \cdot r_a}{r_a - r_i} = \frac{4\pi \cdot 8{,}854 \cdot 10^{-12} \cdot 6378^2 \cdot 10^6}{10^{-4}} \text{ F} \approx 45{,}3 \cdot 10^6 \text{ F}$$

• Zylindersymmetrisches Feld:

Die Berechnung eines zylindersymmetrischen Feldes ist analog zum kugelsymmetrischen Feld möglich, wenn die Kugeloberfläche durch die Mantelfläche des Zylinders ersetzt wird.

ÜB: BB 15.2

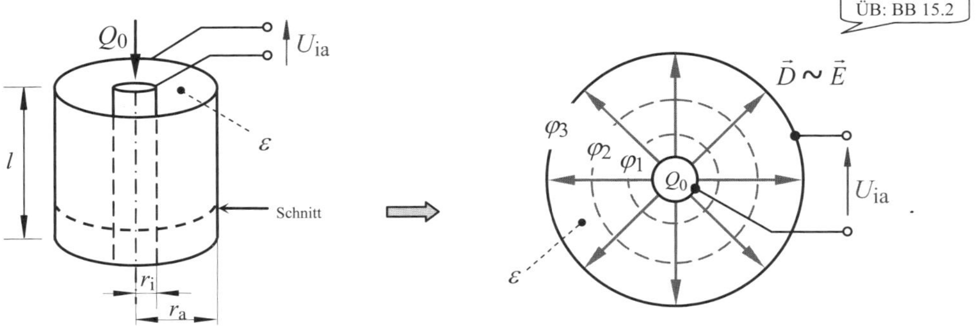

Bild 15.14: Zylindersymmetrische Anordnung

Vom Innen- zum Außenzylinder wird eine Spannung U_{ia} angelegt. Der Potentialbezugspunkt liegt (z.B.) auf dem Außenzylinder. Bei einem Schnitt quer durch die zylindrische Anordnung entsteht nun auf der Schnittfläche das im Bild 15.14 (rechts) dargestellte Feldbild. Für einen beliebigen Radius $r_i \le r \le r_a$ gilt dann:

ÜB: BB 15.4

$$D(r) = \frac{Q_0}{A_{Zylinder}} = \frac{Q_0}{2\pi \cdot l \cdot r} \quad \text{und:} \quad E(r) = \frac{D(r)}{\varepsilon} = \frac{Q_0}{2\pi \cdot \varepsilon \cdot l \cdot r}$$

Mit der Normierung: $\{r\} = r\,/\,1\text{m}$ gilt:

$$\varphi(r) = -\int_{r_a}^{r} E \cdot \mathrm{d}r = \frac{-Q_0}{2\pi \cdot \varepsilon \cdot l} \cdot \int_{r_a}^{r} \frac{1}{r} \cdot \mathrm{d}r = \frac{-Q_0}{2\pi \cdot \varepsilon \cdot l} \cdot \ln\{r\}\Big|_{r_a}^{r} = \frac{Q_0}{2\pi \cdot \varepsilon \cdot l} \cdot \ln\frac{r_a}{r}$$

Daraus kann die Gesamtkapazität einer zylindersymmetrischen Feldanordnung (Zylinderkondensator) bestimmt werden.

$$C_{ia} = \frac{Q_0}{\varphi_i - \varphi_a} = \frac{Q_0}{\frac{Q_0}{2\pi \cdot \varepsilon \cdot l} \cdot \ln\frac{r_a}{r_i}}$$

$$C_{ia} = \frac{2\pi \cdot \varepsilon \cdot l}{\ln\frac{r_a}{r_i}} \qquad (15.22)$$

15.4.4 Überlagerung elektrostatischer Felder

Überlagerungen von elektrostatischen Feldern treten immer dann auf, wenn das resultierende Feld von mehreren Ladungen, die sich an unterschiedlichen Orten des Raumes befinden, hervorgerufen wird. Die Regeln zur Berechnung der Feldgrößen gelten analog zum stationären elektrischen Strömungsfeld.

An jedem Ort des vom Feld erfüllten Raumes überlagern sich die von den einzelnen Ladungen verursachten Potentiale vorzeichenbehaftet zu einem resultierenden Gesamtpotential in diesem Feldpunkt FP_x: $\varphi_x = \pm\varphi_{x1} \pm \varphi_{x2} \pm \varphi_{x3} \pm \ldots \pm \varphi_{xn}$ ÜB: BB 15.5

An jedem Ort des vom Feld erfüllten Raumes überlagern sich außerdem die von den einzelnen Ladungen verursachten Feldstärkevektoren durch eine geometrische Addition zur resultierenden Gesamtfeldstärke in diesem Feldpunkt FP_x.

An jedem Ort des vom Feld erfüllten Raumes überlagern sich ebenso die von den einzelnen Ladungen verursachten elektrischen Flussdichtevektoren zur resultierenden Flussdichte in diesem Feldpunkt.

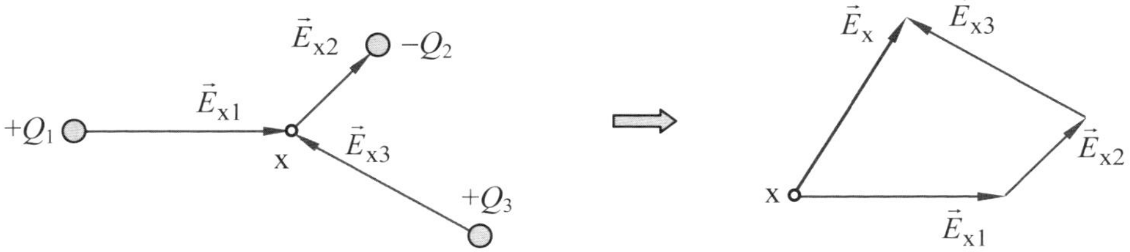

Bild 15.15: Überlagerung vektorieller Feldgrößen am Beispiel von Feldstärkevektoren

Die Richtung der einzelnen Vektoren wird durch die Polarität der jeweiligen Punktladung und durch die Position des Feldpunktes FP_x relativ zur jeweiligen Ladung bestimmt, die diesen Vektor verursacht.

$$\vec{E}_x = \vec{E}_{x1} + \vec{E}_{x2} + \vec{E}_{x3} + \ldots + \vec{E}_{xn} \qquad \text{bzw.:} \qquad \vec{D}_x = \vec{D}_{x1} + \vec{D}_{x2} + \vec{D}_{x3} + \ldots + \vec{D}_{xn}$$

Die Gesetze der Überlagerung können auch genutzt werden, um spezielle inhomogene elektrostatische Felder über radialsymmetrische Ersatzanordnungen zu beschreiben.

- **Spiegelladung:**

ÜB: BB 15.7

Ausgangspunkt der folgenden Betrachtungen ist das elektrische Feld einer (positiven +) Linienladung einer einzelnen Freileitung. Zur Vereinfachung der Schreibweise wird für den Wechselstromfall (Freileitung) im Weiteren auf die Angabe $f(t)$ verzichtet.

Der Potentialbezugspunkt (z.B. Erde) sei vorerst unendlich weit entfernt. Um die betrachtete Ladung bilden sich in der Schnittdarstellung kreisförmige Äquipotentiallinien aus, die bei räumlicher Betrachtung als Äquipotentialflächen (Mantelflächen eines Zylinders mit der Länge l) zu interpretieren sind (Bild 15.16 – links).

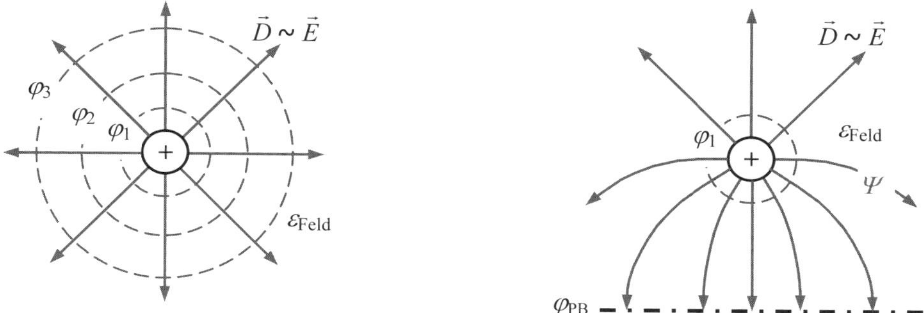

Bild 15.16: Schnittdarstellung des Feldverlaufes einer Linienladung ohne reale Gegenelektrode (links) und mit realer Gegenelektrode (rechts)

Außerhalb des Leiters existiert ein zylindersymmetrisches Feld mit dem bekannten radialsymmetrischen Verlauf. Der elektrische Fluss $\Psi = \int \vec{D} \cdot \mathrm{d}\vec{A}$ verläuft von der Zylinderoberfläche (Leiteroberfläche) radial nach außen. Da die Richtung der vektoriellen Feldgrößen bekannt ist, müssen lediglich die Beträge zur Beschreibung des Feldes berechnet werden:

$$E(r) = \frac{Q_0}{2\pi \cdot \varepsilon \cdot r \cdot l} \qquad \text{und:} \qquad \varphi(r) = -\int_{(r)} E(r) \cdot \mathrm{d}r = -\int_{(r)} \frac{Q}{2\pi \cdot \varepsilon \cdot r \cdot l} \cdot \mathrm{d}r$$

Das elektrische Potential auf einer Zylinderoberfläche (also in einem Feldpunkt im Abstand r vom Mittelpunkt des Zylinders / Leiters) wird dann wie folgt berechnet:

$$\varphi = -\frac{Q}{2\pi \cdot \varepsilon \cdot l} \int_{(r)} \frac{1}{r} \cdot \mathrm{d}r \qquad (15.23)$$

Wenn der betrachtete Zylinder eine relativ kleine Distanz zum Erdreich (Potentialbezugspunkt mit $\varphi_{PB} = 0$) aufweist, verliert das Feldbild seinen radialsymmetrischen Verlauf. Die Äquipotentialflächen sind nur noch in der näheren Umgebung des Leiters zylinderförmig. Die Linien des elektrischen Flusses Ψ (proportional zur elektrischen Flussdichte D) haben (unter Wahrung der erforderlichen Distanz zueinander) das Bestreben, die Erdoberfläche auf einem möglichst kurzen Weg zu erreichen, da das Erdreich als reale Gegenelektrode wirkt ($\varphi_{PB} = 0$). Damit gelten die im Zusammenhang mit dem Bild 15.14 angegebenen Berechnungsvorschriften nicht mehr.

Einen Ausweg zur Lösung dieses Problems bietet die Anwendung des Überlagerungssatzes. Man führt eine virtuelle <u>S</u>piegel<u>l</u>adung SL ein. Sie repräsentiert die Gegenladung zur originalen Ladung L und ist an der „ebenen" Erdoberfläche gespiegelt (Bild 15.17 – rechts).

Das hier verwendete Spiegelungsprinzip erinnert an die Einführung eines Spiegelerders im elektrischen Strömungsfeld (Abschn. 14.4.2). Dort wurde allerdings eine virtuelle Gegenelektrode eingeführt, die im Vergleich zur originalen Elektrode eine gleiche Polarität besitzen musste (Bild 15.17 – links). In beiden Fällen gilt: $r_{Kugel} = r_0 << h$ bzw. $r_{Zyl} = r_0 << h$.

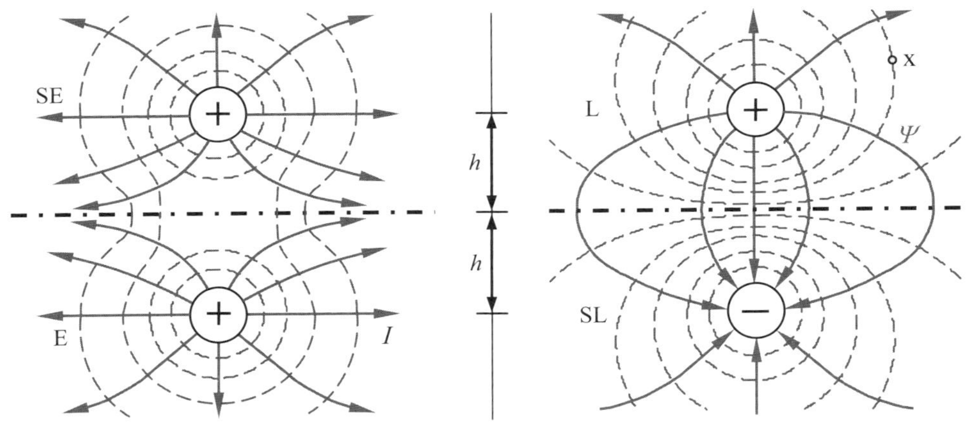

Bild 15.17: Skizze zum Vergleich der Feldverläufe bei Anwendung des Spiegelungsprinzips (links: Strömungsfeld – Kugelerder und rechts: Elektrostatisches Feld – Spiegelladung)

Das Potential in einem Punkt x oberhalb der Erdoberfläche (Bild 15.17 – rechts) ergibt sich dann aus der Überlagerung der Potentialbeiträge der beiden Ladungen.

Mit $|Q_L| = |Q_{SL}| = Q$ gilt: $\varphi_x = \varphi_x(\text{L}) + \varphi_x(\text{SL}) = -\dfrac{Q_L}{2\pi\cdot\varepsilon\cdot l}\int\limits_{(r)}\dfrac{1}{r}\cdot dr - \dfrac{Q_{SL}}{2\pi\cdot\varepsilon\cdot l}\int\limits_{(r)}\dfrac{1}{r}\cdot dr$

$$\varphi_x = -\frac{Q}{2\pi\cdot\varepsilon\cdot l}\int\limits_{PB}^{r_{xL}}\frac{1}{r}\cdot dr + \frac{Q}{2\pi\cdot\varepsilon\cdot l}\int\limits_{PB}^{r_{xSL}}\frac{1}{r}\cdot dr = \frac{Q}{2\pi\cdot\varepsilon\cdot l}\int\limits_{r_{xL}}^{r_{xSL}}\frac{1}{r}\cdot dr = \frac{Q}{2\pi\cdot\varepsilon\cdot l}\cdot\ln\frac{r_{xSL}}{r_{xL}}$$

Auf der Oberfläche der Ladung L (Radius r_0) liegt dann das Potential: $\varphi_0 = \dfrac{Q}{2\pi\cdot\varepsilon\cdot l}\cdot\ln\dfrac{2h}{r_0}$.

15.5 Energie und Kräfte im elektrostatischen Feld

15.5.1 Elektrostatisches Feld als Energiespeicher

In einem elektrostatischen Feld wird elektrische Energie W_{el} gespeichert. Diese Energie ist im Feld verteilt. Jedes Volumenelement dV des vom Feld erfüllten Raumes trägt mit einem differenziellen Anteil dW_{el} zu dieser Energie bei.

Ausgangspunkt der folgenden Betrachtungen ist ein vollständig entladenen Kondensator mit der Kapazität C, der auf die Spannung $U_{C\infty} = U_q$ aufgeladen werden soll. Dazu wird der Schalter im Bild 15.18 in die Stellung A (Aufladen) gebracht. Nun fließt so lange ein zeitlich veränderlicher Ladestrom $i_C\,(t)$, bis der Kondensator auf die Spannung $U_{C\infty} = U_q$ aufgeladen ist. Während des Ladevorganges gilt am Kondensator das Verbraucher-Zählpfeilsystem, da die Zählpfeile von u_C und i_C die gleiche Richtung haben (Bild 15.18 – Mitte). Der Kondensator nimmt demzufolge während dieses Vorganges Energie auf.

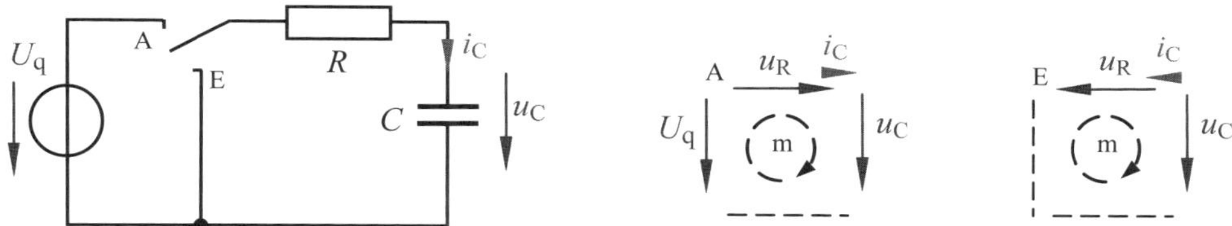

Bild 15.18: Aufladen (A) und Entladen (E) eines Kondensators

Diese Energie ist abhängig vom entsprechenden Zuwachs (Integral) der Ladungsmenge, die bei einer Spannungsänderung dU im Feld gespeichert wird. Wenn man einen vollständig entladenen Kondensator auf die Spannung $U = U_C$ auflädt, gilt:

ÜB: BB 15.6

$$W_{el} = \int_0^U Q \cdot dU \qquad \text{mit:} \qquad Q = C \cdot U \qquad \Rightarrow \qquad W_{el} = \int_0^{U_C} C \cdot U \cdot dU$$

$$W_{el} = \frac{C}{2} \cdot U_C^2 = \frac{Q^2}{2C} = \frac{Q \cdot U_C}{2} \tag{15.24}$$

Sollte der Kondensator bereits auf eine Spannung U_0 vorgeladen sein, so nimmt er zusätzliche Energie auf ($U_C > U_0$), oder ihm wird bereits gespeicherte Energie entzogen ($U_C < U_0$).

$$\Delta W_{el} = \int_{U_0}^{U_C} C \cdot U \cdot dU = \frac{C}{2} \cdot (U_C^2 - U_0^2)$$

Wenn der Schalter im Bild 15.18 in die Stellung E (Entladen) gebracht wird, gibt der Kondensator die gespeicherte Energie wieder ab. Er wirkt jetzt als Quelle (Energiespeicher), da der Entladestrom gegen den Zählpfeil der Kondensatorspannung gerichtet ist. Somit gilt während des Entladevorganges das Quellen-Zählpfeilsystem (siehe Bild 15.18 – rechts).

Wie bereits am Anfang dieses Abschnitts erwähnt, wird die elektrische Energie W_{el} im Feld selbst (also im Dielektrikum und nicht auf den Elektroden) gespeichert. Jedes Volumenelement $\mathrm{d}V$ des vom Feld erfüllten Raumes leistet dazu einen differenziellen Beitrag $\mathrm{d}W_{\mathrm{el}}$. Zur Bestimung eines Energieanteils ΔW geht man von Gleich. (15.24) aus und ersetzt den Ausdruck $C \cdot \mathrm{d}U$ durch einen Teil der Elektrodenladung ΔQ. Diese Elektrodenladung kann über den elektrischen Teilfluss $\Delta \Psi$ in einer Flussröhre zum Ausdruck gebracht werden.

Mit $\Delta \Psi = D \cdot \Delta A_{\perp}$ gilt: $\Delta W_{\mathrm{el}} = \dfrac{\Delta Q \cdot U_{\mathrm{C}}}{2} = \dfrac{\Delta \Psi \cdot U_{\mathrm{C}}}{2} = \dfrac{D \cdot \Delta A_{\perp} \cdot U_{\mathrm{C}}}{2}$

Die Spannung U_{C} liegt dabei zwischen den beiden Elektroden bzw. über der gesamten Flussröhre. ΔW_{el} bechreibt demzufolge die in einer Flussröhre gespeicherte Energie.

Nun wird die Röhre in differenziell kleine Elemente mit der Länge $\mathrm{d}s$ zerlegt. Über einem Element liegt dann die Spannung $\mathrm{d}U_{\mathrm{C}}$. In diesem differenziell kleinen Volumenelement mit $\mathrm{d}V = \mathrm{d}A \cdot \mathrm{d}s$ ist das Feld homogen. Für die Spannung gilt somit: $\mathrm{d}U_{\mathrm{C}} = E \cdot \mathrm{d}s$. Jetzt kann die Energie des gesamten Feldraums berechnet werden:

$$\mathrm{d}W_{\mathrm{el}} = \frac{D \cdot \mathrm{d}A \cdot E \cdot \mathrm{d}s}{2} = \frac{D \cdot E}{2} \cdot \mathrm{d}V \qquad \text{bzw.:} \qquad W_{\mathrm{el}} = \int_V \frac{D \cdot E}{2} \cdot \mathrm{d}V$$

Bezieht man den differenziellen Energiebeitrag eines Volumenelements auf das Volumenelement selbst, erhält man die Energiedichte eines elektrostatischen Feldes. Mit $D = \varepsilon \cdot E$ kann dieser Ausdruck noch umgeformt werden:

$$\frac{\mathrm{d}W_{\mathrm{el}}}{\mathrm{d}V} = \frac{D \cdot E}{2} = \frac{\varepsilon \cdot E^2}{2} = \frac{D^2}{2\varepsilon} \tag{15.25}$$

15.5.2 COULOMBsches Gesetz

Die Existenz einer Ladung kann durch ihre Kraftwirkung nachgewiesen werden. Diese Kraft wird als *COULOMB-Kraft* bezeichnet. Nach dem COULOMBschen Gesetz gilt:

$$\vec{F}_{\mathrm{C}} = Q \cdot \vec{E} \tag{15.26}$$

Zwischen zwei bzw. mehreren Ladungen wirken Kräfte in der Art, dass sich Ladungen ungleicher Polarität anziehen und Ladungen mit gleicher Polarität abstoßen. Zur Berechnung dieser Kraft soll ein einfaches Modell dienen, in dem die Kraftwirkung einer Punktladung Q_1 auf eine Punktladung Q_2 beschrieben wird. Die Punktladungen sollen kugelförmig ausgebildet und hinreichend klein gegenüber ihrem Abstand a zueinander sein.

Dann gelten die Regeln zur Berechnung kugelförmiger radialsymmetrischer elektrostatischer Felder. Bild 15.19 zeigt links eine Einzelladung Q_1 mit der Orientierung des Feldes in Richtung des Einheitsvektors $\vec{e}_x$. Auf der rechten Seite ist das Zusammenwirken mit einer zweiten Ladung Q_2 in vergrößerter Form dargestellt.

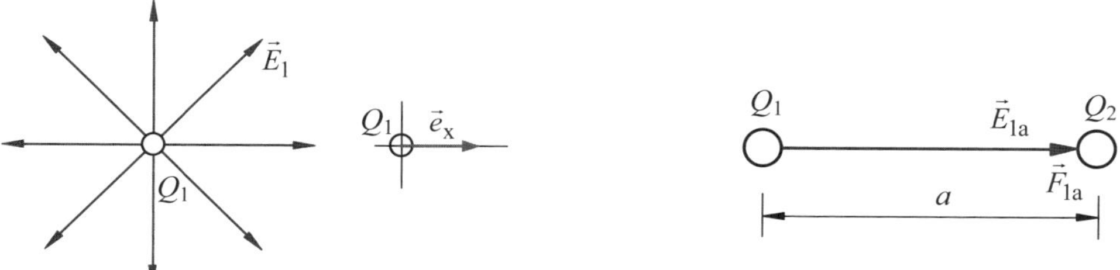

Bild 15.19: Kraftwirkung zwischen zwei Ladungen (rechts: vergrößerte Darstellung)

Der Betrag der Kraft, die von der Ladung 1 auf die Ladung 2 wirkt, ist mit dem Betrag der Kraft von Q_2 auf Q_1 identisch. Für den Betrag dieser Kraft gilt mit Gleich. (15.26):

$$|\vec{F}_{1a}| = Q_2 \cdot |\vec{E}_{1a}|$$

Durch Einsetzen der Gleich. (15.16) und (15.12) erhält man die Kraftwirkung zwischen zwei Punktladungen, die sich im Abstand a zueinander befinden. Es gilt:

$$E = \frac{D}{\varepsilon} = \frac{Q}{\varepsilon \cdot A_{\text{Kugel}}} \qquad \Rightarrow \qquad |\vec{E}_{1a}| = \frac{Q_1}{4\pi \cdot \varepsilon \cdot a^2}$$

$$|\vec{F}_{12}| = \frac{Q_1 \cdot Q_2}{4\pi \cdot \varepsilon \cdot a^2} \qquad (15.27)$$

Die Richtung dieser Kraft wird gemäß Gleich. (15.26) von der Richtung des resultierenden Feldstärkevektors (also von den Polaritäten beider Ladungen) bestimmt.

15.5.3 Kraft auf Trennflächen

Die Gleich. (15.27) gilt nur für Punktladungen. Bei flächenhaften Ladungsausbildungen wäre eine Anwendung von (15.27) mit einem unzumutbaren Aufwand verbunden. Die Flächenladung müsste in Punktquellen zerlegt werden. Die von diesen Teilladungen bewirkten Teilkräfte sind dann zu addieren. Man kann solche Kräfte auch über den Energiesatz bestimmen. Dazu wird das Prinzip der virtuellen Arbeit (Technische Mechanik) angewendet.

Als Ausgangspunkt für die weiteren Überlegungen wird eine Plattenanordnung nach Vorbild des Bildes 15.3 gewählt. Es handelt sich um ein homogenes elektrostatisches Feld. Die Anordnung soll bereits auf eine Ladung Q = const. vorgeladen sein. Als Trennfläche wird eine leitende Oberfläche (z.B. Platte b) betrachtet, die an das Dielektrikum angrenzt.

Zwischen den mit Q^+ und Q^- geladenen Elektroden bildet sich eine Kraft aus, die die Elektroden anzieht. Auf jeder einzelnen Platte wirken aber zwischen den Ladungen (gleiche Polarität) jeweils abstoßende Kräfte.

ÜB: BB 15.8

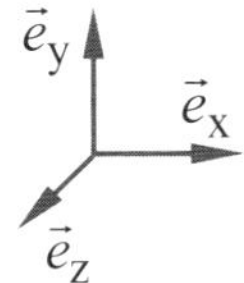

Bild 15.20: Kraft zwischen den Elektroden eines homogenen elektrostatischen Feldes

Aus diesen Kräften resultiert das Bestreben der Feldlinien:

1) sich zu verkürzen (Zugwirkung in x-Richtung) und zugleich:

2) sich möglichst weit voneinander zu entfernen (Druckwirkung in y-z-Richtung).

Die Feldlinien wollen also ihre Länge reduzieren und ihre Distanz zueinander vergrößern. Dieses Bestreben entspricht einer Erhöhung der Kapazität der Anordnung gemäß Gleich. (15.11). Wenn man eine differenziell kleine Verschiebung der rechten Elektrode unter Einwirkung der Zugkraft (1) zulässt, kann aus der Energiebilanz die Kraft berechnet werden.

Infolge der virtuellen Verschiebung der Elektrode um $\mathrm{d}x$ wird eine mechanische Arbeit $\mathrm{d}W_{\text{mech}} = F \cdot \mathrm{d}x$ verrichtet. Dabei kommt es zu einer Vergrößerung der Kapazität um den Anteil $\mathrm{d}C$. Die im Feld gespeicherte Energie ändert sich um $\mathrm{d}W_{\text{el}}$.

Für die Energieanteile gilt nach dem Energiesatz: $\mathrm{d}W_{\text{q}} = \mathrm{d}W_{\text{mech}} + \mathrm{d}W_{\text{el}}$

Da die Anordnung bereits auf eine definierte Ladung $Q = \text{const.}$ vorgeladen wurde, kann die Quelle abgetrennt werden. Dann ist der Energieanteil der Quelle $\mathrm{d}W_{\text{q}}$ gleich null. Es gilt:

$$0 = \mathrm{d}W_{\text{mech}} + \mathrm{d}W_{\text{el}} \qquad \text{bzw.:} \qquad \mathrm{d}W_{\text{el}} = -\mathrm{d}W_{\text{mech}} = -F \cdot \mathrm{d}x$$

Nun muss noch die Kapazitätsänderung berücksichtigt werden, die die Kraft $F = -\dfrac{\mathrm{d}W_{\text{el}}}{\mathrm{d}x}$ bewirkt hat. Für die Änderung der Feldenergie pro Kapazitätsänderung gilt mit (15.24):

$$\frac{\mathrm{d}W_{\text{el}}}{\mathrm{d}C} = \frac{\mathrm{d}\left(\dfrac{Q^2}{2C}\right)}{\mathrm{d}C} = -\frac{Q^2}{2C^2} = -\frac{U^2}{2} \qquad \text{oder:} \qquad \mathrm{d}W_{\text{el}} = -\frac{U^2}{2} \cdot \mathrm{d}C = -F \cdot \mathrm{d}x$$

Damit erhält man die Kraft auf die angegebene Trennfläche. Diese Kraft steht immer senkrecht auf der Trennfläche und versucht, die Kapazität der Anordnung zu vergrößern.

$$F = \frac{U^2}{2} \cdot \frac{\mathrm{d}C}{\mathrm{d}x} \tag{15.28}$$

Lehrbeispiel 15.3:

Bestimmen Sie die Kraft, die auf ein Flächenelement dA im inhomogenen elektrostatischen Feld wirkt. Drücken Sie dazu die Gleich. (15.28) über die Feldgrößen D und E aus.

Es wird ein Feldpunkt in der näheren Umgebung der rechten Elektrode betrachtet. Um diesen Feldpunkt legt man ein Volumenelement dV (im Bild 15.21 grau unterlegt). Für die weiteren Überlegungen gilt wieder die Annahme, dass die Anordnung bereits auf eine Ladung Q = const. vorgeladen ist.

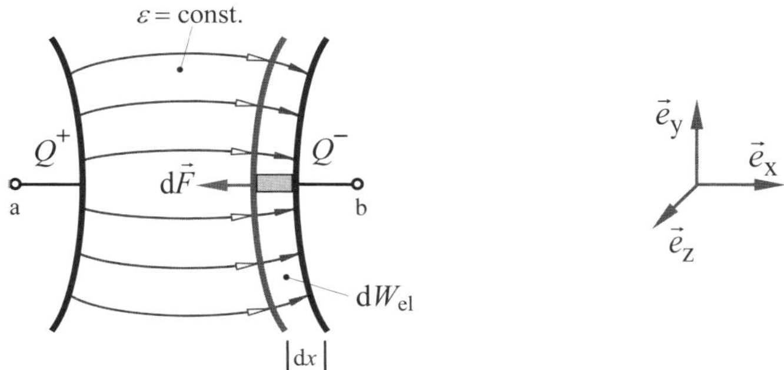

Bild 15.21: Kraft auf ein Flächenelement im inhomogenen elektrostatischen Feld

Auf ein Flächenelement dA des differenziellen Volumens dV wirkt nun die Teilkraft dF. Sie hat eine Änderung der Energiedichte gemäß Gleich. (15.25) und somit eine Änderung der Feldenergie im differenziellen Volumen dV zur Folge:

$$\frac{\mathrm{d}W_{\mathrm{el}}}{\mathrm{d}V} = \frac{D^2}{2\varepsilon} \qquad \text{bzw.:} \qquad \mathrm{d}W_{\mathrm{el}} = \frac{D^2}{2\varepsilon} \cdot \mathrm{d}V = \frac{D^2}{2\varepsilon} \cdot \mathrm{d}A \cdot \mathrm{d}x$$

Diese Energieänderung ist ein Maß für die „gewonnene“ mechanische Energie:

$$\mathrm{d}W_{\mathrm{el}} = \mathrm{d}W_{\mathrm{mech}} = F \cdot \mathrm{d}x \,.$$

Damit erhält man den gesuchten Betrag der Teilkraft auf ein Flächenelement dA im elektrostatischen Feld. Mit $D = \varepsilon \cdot E$ kann die Feldstärke noch in die Berechnungsvorschrift einbezogen werden:

$$\mathrm{d}F = \frac{D^2}{2\varepsilon} \cdot \mathrm{d}A = \frac{D \cdot E}{2} \cdot \mathrm{d}A = \frac{\varepsilon \cdot E^2}{2} \cdot \mathrm{d}A \qquad (15.29)$$

Die Kraft je Flächeneinheit ist demzufolge gleich der Energiedichte [vgl. (15.25)]:

$$\frac{\mathrm{d}F}{\mathrm{d}A} = \frac{\mathrm{d}W_{\mathrm{el}}}{\mathrm{d}V} = \frac{D^2}{2\varepsilon} = \frac{D \cdot E}{2} = \frac{\varepsilon \cdot E^2}{2}$$

Aus Gleich. (15.29) kann die Gesamtkraft zwischen den Elektroden ermittelt werden. Im inhomogenen Feld ergibt sich diese Kraft durch Integration von Gleich. (15.29) unter Berücksichtigung von $\vec{E} = f(x,y,z)$. In einem homogenen Feld gilt für diese Kraft auf eine ebene Fläche A:

$$F = \frac{D^2}{2\varepsilon} \cdot A = \frac{D \cdot E}{2} \cdot A = \frac{\varepsilon \cdot E^2}{2} \cdot A \qquad (15.30)$$

15.5.4 Influenz und Polarisation

• Effekt der Influenz:

Ausgangspunkt ist ein homogenes elektrostatisches Feld. Zwischen den beiden Platten verlaufen die Linien der elektrischen Feldstärke parallel zueinander. Sie haben den gleichen Abstand und die gleiche Richtung (Bild 15.22 – linke Seite). Zwischen den Ladungen der beiden Platten wirken Feldkräfte gemäß Gleich. (15.26).

Nun bringt man einen massiven Leiter (z.B. eine Metallplatte) isoliert in das elektrostatische Feld ein. Durch die Feldkräfte werden die beweglichen Ladungen im Leiter vom Inneren bis auf die Leiteroberfläche verschoben.

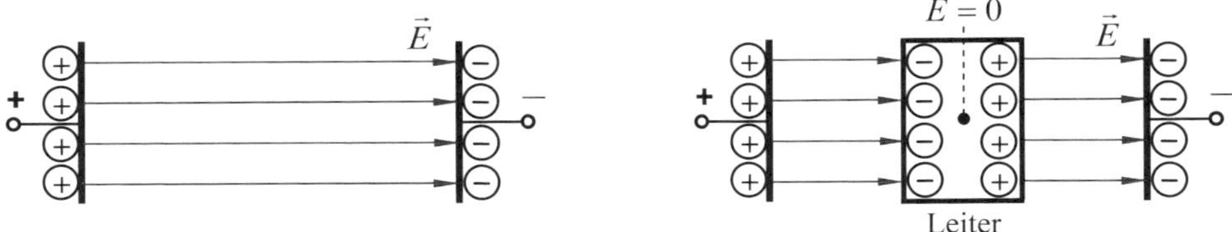

Bild 15.22: Ladungstrennung durch Influenz

Diese Ladungsverschiebung geht so vor sich, dass die Elektronen im Leiter des Bildes 15.22 gegen den Feldstärkevektor bewegt werden. Auf der rechten Seite des Leiters verbleiben die positiven Metallionen. Positive und negative Ladungen werden voneinander getrennt (Ladungstrennung durch Influenz). Im Inneren des metallischen Leiters entsteht infolge der Überlagerung von inneren und äußeren Feldkräften ein feldfreier Raum.

Dieser Effekt der Influenz tritt auch bei metallischen Hohlkörpern auf. Durch den Einsatz einer Metallhülle (z.B. Metallgitter) gelingt die Abschirmung eines Raumes innerhalb der Hülle gegenüber der äußeren Einwirkung eines elektrischen Feldes (*FARADAYscher Käfig*).

Schlussfolgerung:

In einem Leiterstück, das z.B. aus zwei Teilen gefertigt ist, die vorerst press aneinandergefügt sind, können sich die Ladungen unter dem Einfluss eines elektrostatischen Feldes bis an die Oberfläche verschieben. Durch Trennung dieser Leiterteile erhält man im Feld zwei geladene Körper. Zwischen diesen Teilen entsteht ein feldfreier Raum.

• Polarisation:

Bei der Einwirkung eines elektrischen Feldes auf ein Dielektrikum mit $\varepsilon_r > 1$ wird das Dielektrikum polarisiert. Man unterscheidet zwischen unterschiedlichen Polarisationseffekten.

• *Deformationspolarisation*:

Im Dielektrikum werden Ladungsschwerpunkte im Atomverband verschoben. Diese Form der Polarisation (auch Verschiebungspolarisation bzw. Elektronenpolarisation genannt) tritt in allen Isolierstoffen auf. Stoffe, bei denen <u>nur</u> dieser Effekt zur Polarisation führt, nennt man unpolare Dielektrika. Das sind z.B.: Polyäthylen ($\varepsilon_r = 2{,}3$) oder Polystyrol ($\varepsilon_r = 2{,}5$).

Durch die Verlagerung von Ladungsschwerpunkten entstehen elementare Dipole.

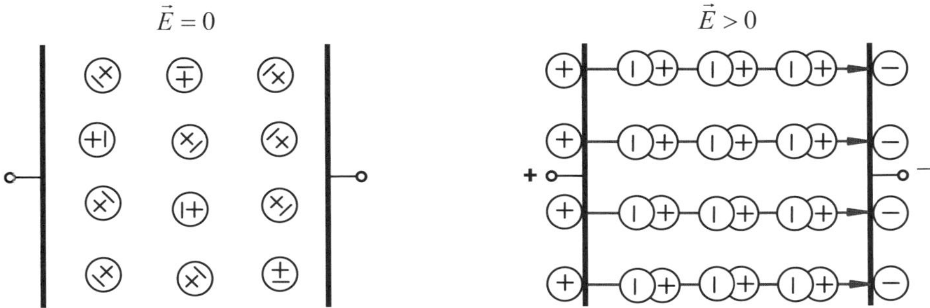

Bild 15.23: Modell zur Deformationspolarisation

- *Orientierungspolarisation*:

In einem polaren Dielektrikum werden bereits existierende Elementardipole ausgerichtet. Durch diese Polarisationsart entstehen im Inneren Ladungsketten, die an den Trennflächen als virtuelle Ladungen (positiv bzw. negativ) beginnen bzw. enden. Die echten Ladungen auf den Elektroden sind die tatsächlichen Quellen des Verschiebungsflusses. Solche Dielektrika sind aus Molekülen aufgebaut, die bereits über ein permanentes Dipolmoment verfügen. Typische Vertreter sind Epoxidharz ($\varepsilon_r = 3{,}7$), Phenolharz oder Silikon ($\varepsilon_r \approx 3{,}6$).

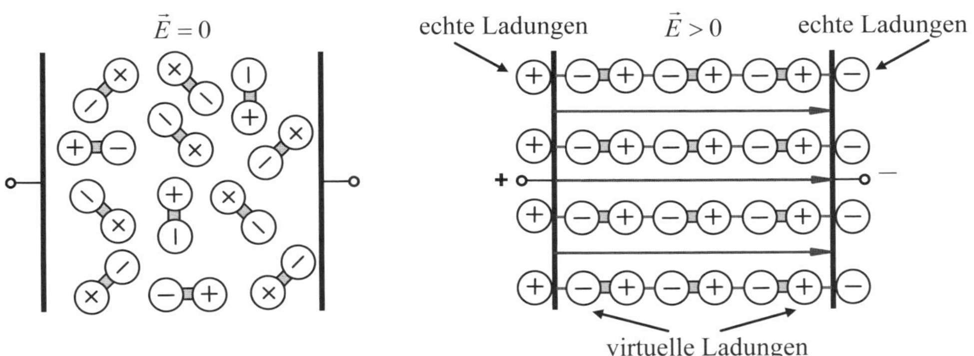

Bild 15.24: Modell zur Orientierungspolarisation

- *Ionenpolarisation*:

Bei Materialien, deren Kristallgitter aus Ionen aufgebaut ist, bewirkt das Anlegen eines äußeren elektrischen Feldes eine Verschiebung der positiven, sowie der negativen Ionen zu- bzw. gegeneinander. Im Dielektrikum entstehen Dipole. Solche Stoffe sind z.B. Materialien wie Keramik, Glas ($\varepsilon_r \approx 6$) oder Porzellan ($\varepsilon_r \approx 5{,}5$).

Polarisationseffekte bewirken dielektrische Verluste, die beim Einsatz des Kondensators als reales Bauelement unbedingt berücksichtigt werden müssen. Mit zunehmender Betriebsfrequenz steigen diese Verluste durch die Trägheit der zu verschiebenden Elemente an.

16 Elektrisches Verhalten des Kondensators

16.1 Regeln zur Berechnung von Kondensatorschaltungen

16.1.1 Reihenschaltung und kapazitiver Spannungsteiler

Ausgangspunkt für die folgenden Betrachtungen ist eine aus zwei idealen Kondensatoren bestehende Reihenschaltung. Eine Reihenschaltung von Kondensatoren ist dadurch gekennzeichnet, dass in allen Einzelkondensatoren die gleiche Ladungsmenge Q gespeichert wird. Da ein Richtungspfeil irreführend wäre, wird zur Kennzeichnung einer gespeicherten Ladungsmenge ein Kreuzchen auf der Leitung verwendet.

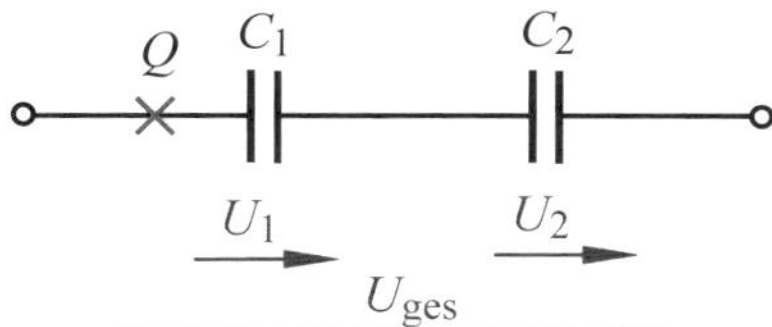

Bild 16.1: Reihenschaltung zweier Kondensatoren

Nach dem Maschensatz [vgl. Gleich. (2.4)] ist die Gesamtspannung gleich der Summe der beiden Teilspannungen. Es gilt: $U_{ges} = U_1 + U_2$

Mit dem Ladungsgesetz (15.10) findet man eine Berechnungsvorschrift zur Ermittlung der Gesamtkapazität C_{ges} einer Reihenschaltung von zwei Kondensatoren. Für die einzelnen Spannungen gilt $U = Q / C$.

$$\frac{Q}{C_{ges}} = \frac{Q}{C_1} + \frac{Q}{C_2} = Q \cdot \left(\frac{1}{C_1} + \frac{1}{C_2}\right)$$

Durch Kürzen der Ladung erhält man: $\frac{1}{C_{ges}} = \frac{1}{C_1} + \frac{1}{C_2}$ bzw.

$$C_{ges} = \frac{1}{\frac{1}{C_1} + \frac{1}{C_2}} \tag{16.1}$$

Ordnet man n Kondensatoren in einer Reihenschaltung an, so wird die Gesamtkapazität nach Gleich. (16.2) berechnet.

$$C_{ges} = \frac{1}{\sum\limits_{\nu=1}^{n} \frac{1}{C_\nu}} \tag{16.2}$$

In gemischten Schaltungen hat man häufig zwei in Reihe geschaltete Kondensatoren zu berechnen. Um das Rechnen mit Kehrwerten zu vermeiden, wird im Weiteren folgende Vereinfachung für zwei in Reihe geschaltete Kondensatoren verwendet:

$$C_{ges} = C_1 \mid C_2 = \frac{1}{\frac{1}{C_1} + \frac{1}{C_2}} = \frac{1}{\frac{C_2 + C_1}{C_1 \cdot C_2}}$$

♦ Vereinbarung: Als Symbol für eine Reihenschaltung von Kondensatoren wird ein senkrechter Strich | benutzt.

$$C_{ges} = C_1 \mid C_2 = \frac{C_1 \cdot C_2}{C_1 + C_2} \qquad (16.3)$$

In der schaltungstechnischen Praxis (z.B. analoge Filtertechnik) benötigt man gelegentlich neben einem bestimmten Kapazitätswert zugleich seinen doppelten und halben Wert. Bei Verwendung zweier Kondensatoren mit gleicher Kapazität bewirkt eine Parallelschaltung eine Kapazitätsverdopplung (vgl. Abschn. 16.1.2) und eine Reihenschaltung eine Kapazitätshalbierung. Für $C_1 = C_2$ gilt:

$$C_{ges} = C_1 \mid C_2 = \frac{C_1 \cdot C_1}{C_1 + C_1} = \frac{C_1}{2}$$

♦ Zwei Kondensatoren mit dem gleichen Kapazitätswert wirken in einer Reihenschaltung wie ein Kondensator mit der Hälfte seiner Einzelkapazität.

In einer Reihenschaltung teilt sich die Gesamtspannung in einzelne Teilspannungen auf. Dieser Teilung liegt eine Gesetzmäßigkeit zu Grunde, die aus der Reihenschaltung von zwei Kondensatoren abgeleitet werden kann (vgl. Bild 16.1). Die in der Reihenschaltung gespeicherte Ladungsmenge kann über drei verschiedene Ansätze berechnet werden:

$Q = C_1 \cdot U_1$ oder: $Q = C_2 \cdot U_2$ oder : $Q = C_{ges} \cdot U_{ges}$

Wenn die linken Seiten dieser Gleichungen gleich sind, müssen die rechten Seiten auch gleich sein.

$$C_1 \cdot U_1 = C_2 \cdot U_2 = C_{ges} \cdot U_{ges} \qquad (16.4)$$

Bringt man nun noch die Spannungen auf die linke und die Kapazitäten auf die rechte Seite, so erhält man die folgenden drei Gleichungen:

$$\frac{U_1}{U_2} = \frac{C_2}{C_1} \qquad (16.5)$$

$$\frac{U_1}{U_{ges}} = \frac{C_{ges}}{C_1} \qquad (16.6)$$

$$\frac{U_2}{U_{ges}} = \frac{C_{ges}}{C_2} \tag{16.7}$$

Die diesen Gleichungen zu Grunde liegende Gesetzmäßigkeit wird als kapazitive Spannungsteilerregel bezeichnet:

> In einer Reihenschaltung verhalten sich zwei Spannungen so zueinander wie die Kehrwerte der Kapazitäten, über denen diese Spannungen abfallen.

Bei der Anwendung dieser Regel ist Folgendes zu beachten: ÜB: BB 16.1

- Die Spannungsteilerregel darf nur in einer Reihenschaltung von Kondensatoren angewendet werden. Gemischte Schaltungen muss man erst in eine Reihenschaltung umrechnen. Nur dann kürzen sich die Ladungen heraus, und man erhält einen Ansatz gemäß Gleich. (16.4).
- Parallelelemente zur jeweils betrachteten Reihenschaltung haben nichts mit der aktuellen Spannungsteilung zu tun (vgl. Lehrbeispiel 16.1).

In vielen Aufgabenstellungen ist eine beliebige Teilspannung zu berechnen. Da die Gesamtspannung in der Regel bekannt ist, kann der Ansatz $\frac{\text{Teilspannung}}{\text{Gesamtspannung}}$ von Interesse sein.

Zur Herleitung der dieser Teilung zu Grunde liegenden Gesetzmäßigkeit soll von Gleich. (16.6) im Zusammenhang mit Bild 16.1 ausgegangen werden:

$$\frac{U_1}{U_{ges}} = \frac{C_{ges}}{C_1} = \frac{C_1 \mid C_2}{C_1} = \frac{C_1 \cdot C_2}{C_1 \cdot (C_1 + C_2)} = \frac{C_2}{C_1 + C_2}$$

> Eine Teilspannung verhält sich zur Gesamtspannung wie der Kapazitätswert, über dem die gesuchte Teilspannung nicht abfällt, dividiert durch die Summe der <u>beiden</u> an der Spannungsteilung beteiligten Kapazitäten.

Die Anwendung dieser vereinfachten Form des kapazitiven Spannungsteilers setzt voraus, dass jede gemischte Schaltung zuerst in eine aus zwei Kondensatoren bestehende Reihenschaltung umgerechnet wird.

$$\frac{U_1}{U_{ges}} = \frac{C_2}{C_1 + C_2} \tag{16.8}$$

Die Umrechnung gilt z.B. auch für drei in Reihe geschaltete Kondensatoren. Die Regel verlangt eine aus <u>zwei</u> Kondensatoren bestehende Reihenschaltung. Demzufolge sind die beiden Kapazitäten, über denen die gesuchte Teilspannung nicht abfällt, zu einer Ersatzkapazität zusammenzufassen. Die Ersatz-Reihenschaltung besteht dann z.B. aus: C_1 und $(C_2 \mid C_3)$.

Lehrbeispiel 16.1:

Berechnen Sie für die Schaltung im Bild 16.2 alle Spannungen mit dem kapazitiven Spannungsteiler.

a) Führen Sie für U_2 eine Probe mit Gleich. (16.7) durch.

b) Wie groß sind die Ladungen der einzelnen Kondensatoren im Vergleich zur Gesamtladung?

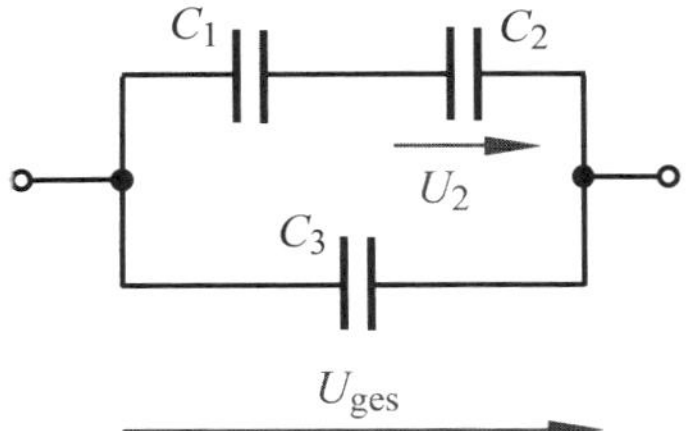

Geg.: $U_{ges} = 12\ \mathrm{V}$
$C_1 = 3 \cdot C$
$C_2 = 6 \cdot C$
$C_3 = 4 \cdot C$

Bild 16.2: Schaltung zum Lehrbeispiel 16.1

Für die Teilspannungen im oberen Zweig gilt: $U_1 = U_{ges} \cdot \frac{C_2}{C_1 + C_2}$ und: $U_2 = U_{ges} \cdot \frac{C_1}{C_1 + C_2}$.

Der Kondensator C_3 ist nicht an der Spannungsteilung beteiligt. Über ihm liegt die Gesamtspannung $U_3 = U_{ges}$. Mit den Werten des Bildes 16.2 erhält man:

$U_1 = \frac{6}{9} \cdot U_{ges} = \frac{2}{3} \cdot U_{ges} = 8\ \mathrm{V}$ und: $U_2 = \frac{3}{9} \cdot U_{ges} = \frac{1}{3} \cdot U_{ges} = 4\ \mathrm{V}$ sowie: $U_3 = U_1 + U_2 = 12\ \mathrm{V}$

Zu a) $\frac{U_2}{U_{ges}} = \frac{\frac{1}{C_2}}{\frac{1}{C_1 | C_2}} = \frac{C_1 | C_2}{C_2} = \frac{\frac{C_1 \cdot C_2}{C_1 + C_2}}{C_2} = \frac{C_1}{C_1 + C_2}$ bzw.: $U_2 = \frac{1}{3} \cdot U_{ges} = 4\ \mathrm{V}$ [stimmt]

Zu b) $Q_1 = C_1 \cdot U_1 = 3C \cdot \frac{2U_{ges}}{3} = 2C \cdot U_{ges}$ und: $Q_2 = C_2 \cdot U_2 = 6C \cdot \frac{U_{ges}}{3} = 2C \cdot U_{ges}$

$Q_3 = C_3 \cdot U_3 = C_3 \cdot (U_1 + U_2) = 4C \cdot U_{ges}$ $Q_{ges} = Q_1 + Q_3 = 2C \cdot U_{ges} + 4C \cdot U_{ges} = 6C \cdot U_{ges}$

Die in der Probe a) angewendete Variante des kapazitiven Spannungsteilers ist gleichwertig zu (16.8). Häufig führt jedoch die Gleich. (16.8) schneller zum Ziel, da die Berechnung einer Reihenschaltung (hier: $C_1 | C_2$) entfällt.

Aus den Ladungsbetrachtungen unter b) kann man auf die Gesamtkapazität schlussfolgern:

$C_{ges} = \frac{Q_{ges}}{U_{ges}} = \frac{6C \cdot U_{ges}}{U_{ges}} = 6C$ oder im Ergebnis von Abschn. 16.1.2: $C_{ges} = C_3 + C_1 | C_2 = 6C$

16.1.2 Parallelschaltung und Ladungsteiler

Eine Parallelschaltung von Kondensatoren ist dadurch gekennzeichnet, dass über allen Elementen dieselbe Spannung liegt. Mit dem Knotenpunktsatz (2.5) kann eine Berechnungsvorschrift für die Gesamtkapazität einer aus zwei Kondensatoren bestehenden Parallelschaltung abgeleitet werden. Im Bild 16.3 gilt:

$Q_{ges} = Q_1 + Q_2$ bzw.: $C_{ges} \cdot U = C_1 \cdot U + C_2 \cdot U = (C_1 + C_2) \cdot U$

In einer Parallelschaltung erhält man die Gesamtkapazität aus der Addition der einzelnen Kapazitätswerte. Kapazitäten tragen somit den Charakter eines Leitwertes.

$$C_{\text{ges}} = C_1 + C_2 \tag{16.9}$$

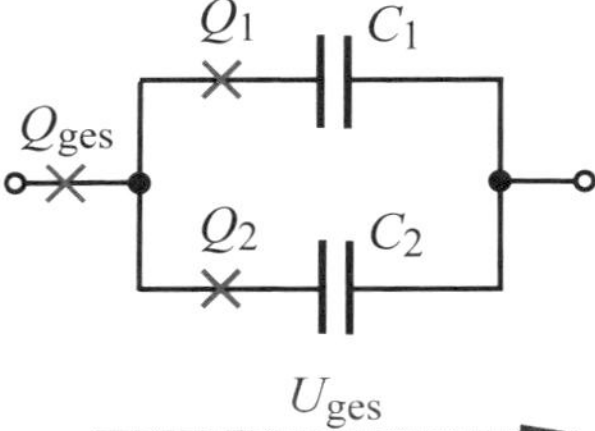

Bild 16.3: Parallelschaltung zweier Kondensatoren

Für n parallele Kondensatoren gilt dann:

$$C_{\text{ges}} = \sum_{\nu=1}^{n} C_\nu \tag{16.10}$$

In einer Parallelschaltung wird die Gesamtladung nach dem Knotenpunktsatz in einzelne Teilladungen aufgeteilt. Dieser Teilung liegt eine Gesetzmäßigkeit zu Grunde, die aus der Parallelschaltung von zwei Kondensatoren abgeleitet werden soll (vgl. Bild 16.3).

Die Spannung über dieser Schaltung liegt gleichermaßen über allen Schaltungselementen und ergibt sich aus den folgenden drei verschiedenen Ansätzen:

$$U = \frac{Q_1}{C_1} \qquad \text{oder:} \quad U = \frac{Q_2}{C_2} \qquad \text{oder :} \quad U = \frac{Q_{\text{ges}}}{C_{\text{ges}}}$$

Wenn die linken Seiten dieser Gleichungen gleich sind, müssen die rechten Seiten auch gleich sein.

$$\frac{Q_1}{C_1} = \frac{Q_2}{C_2} = \frac{Q_{\text{ges}}}{C_{\text{ges}}} \tag{16.11}$$

Bringt man nun noch die Ladungen auf die linke und die Kapazitäten auf die rechte Seite, so erhält man die folgenden drei Gleichungen:

$$\frac{Q_1}{Q_2} = \frac{C_1}{C_2} \tag{16.12}$$

$$\frac{Q_1}{Q_{\text{ges}}} = \frac{C_1}{C_{\text{ges}}} \tag{16.13}$$

$$\frac{Q_2}{Q_{\text{ges}}} = \frac{C_2}{C_{\text{ges}}} \tag{16.14}$$

Die diesen Gleichungen zu Grunde liegende Gesetzmäßigkeit wird als Ladungsteilerregel bezeichnet.

> In einer Parallelschaltung von Kondensatoren verhalten sich zwei Ladungen so zueinander wie die Kapazitäten, in denen diese Ladungen gespeichert werden.

Bei der Anwendung dieser Regel ist Folgendes zu beachten:

- Die Ladungsteilerregel darf nur in einer Parallelschaltung angewendet werden. Gemischte Schaltungen sind demzufolge erst in eine Parallelschaltung umzurechnen. Erst dann dürfen die Spannungen herausgekürzt werden, und man erhält einen Ansatz gemäß Gleich. (16.11).
- Reihenkondensatoren zur jeweils betrachteten Parallelschaltung haben keinen Einfluss auf die aktuelle Ladungsteilung.

Lehrbeispiel 16.2:

Berechnen Sie für die angegebene Schaltung im Bild 16.4 die Ladungsmenge Q_2. Beweisen Sie mit diesem Ergebnis die Aussage des kapazitiven Spannungsteilers für U_2.

Die Schaltung besteht aus einer Reihenschaltung des Kondensators C_3 mit der Parallelkombination (C_1 + C_2). Die Ladungsteilerregel darf nur in der Parallelschaltung C_1 und C_2 angewendet werden. Über beiden Elementen dieser Parallelschaltung liegt die gleiche Spannung U_2. Die Gesamtladung teilt sich nach dem Knotenpunktsatz in Q_1 und Q_2 ($Q_{ges} = Q_1 + Q_2$) auf.

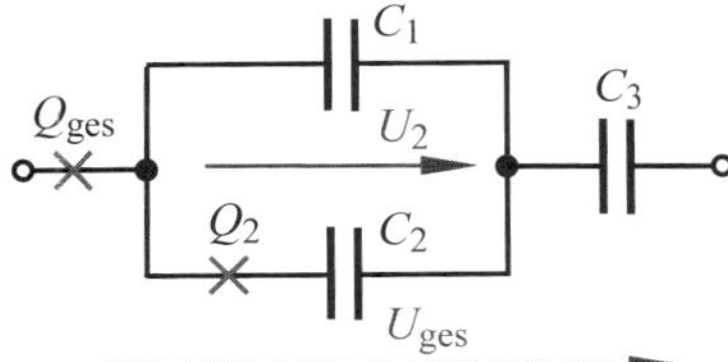

Geg.: U_{ges}, C_1, C_2, C_3

Bild 16.4: Schaltung zum Lehrbeispiel 16.2

Der Kondensator C_3 ist nicht an der Ladungsteilung beteiligt. Es gilt:

$$Q_2 = Q_{ges} \cdot \frac{C_2}{C_1 + C_2} = C_{ges} \cdot U_{ges} \cdot \frac{C_2}{C_1 + C_2} \qquad \text{mit:} \qquad C_{ges} = (C_1 + C_2) \mid C_3$$

$$Q_2 = \frac{(C_1 + C_2) \cdot C_3}{C_1 + C_2 + C_3} \cdot U_{ges} \cdot \frac{C_2}{C_1 + C_2} \qquad \text{bzw.:} \qquad Q_2 = U_{ges} \cdot \frac{C_2 \cdot C_3}{C_1 + C_2 + C_3}$$

Die Ladung Q_2 kann über $C_2 \cdot U_2$ ersetzt werden, und man erhält die vereinfachte Form des kapazitiven Spannungsteilers gemäß Gleich. (16.8).

$$C_2 \cdot U_2 = U_{ges} \cdot \frac{C_2 \cdot C_3}{C_1 + C_2 + C_3} \qquad \text{bzw.:} \qquad U_2 = U_{ges} \cdot \frac{C_3}{C_1 + C_2 + C_3}$$

Die Teilspannung U_2 verhält sich zur Gesamtspannung U_{ges} wie der Kapazitätswert C_3 (über dem die gesuchte Teilspannung nicht abfällt), dividiert durch die Summe der beiden an der Spannungsteilung beteiligten Kapazitäten. Diese Summe wird aus den beiden Kapazitäten der Ersatz-Reihenschaltung

$(C_1 + C_2)$ und C_3 gebildet. Man könnte den kapazitiven Spannungsteiler aber auch über die Kehrwerte der Kapazitäten [Gleich. (16.5) bis (16.7)] aufstellen:

$$\frac{U_2}{U_{ges}} = \frac{C_{ges}}{C_1 + C_2} = \frac{(C_1 + C_2)/C_3}{C_1 + C_2} = \frac{(C_1 + C_2) \cdot C_3}{(C_1 + C_2 + C_3) \cdot (C_1 + C_2)}$$

$$U_2 = U_{ges} \cdot \frac{C_3}{C_1 + C_2 + C_3}$$ Diese Berechnung ist allerdings etwas aufwendiger.

16.1.3 Gemischte Kondensatorschaltungen

Die im Abschn. 16.1 dargestellten Regeln zur Berechnung von Kondensatorschaltungen sollen nun auf schaltungstechnische Konfigurationen angewendet werden, in denen eine Spannung und/oder eine Ladung mehrfach geteilt werden. Bild 16.5 zeigt eine Schaltung, in der die Gesamtspannung $U_{AB} = U_1$ in die Spannungen U_2 (nicht eingezeichnet) und U_3 geteilt wird. U_5 entsteht dann aus einer weiteren Teilung der Spannung U_3 und ist somit das Ergebnis einer doppelten Spannungsteilung. Die Gesamtladung wird im Knoten α in die Teilladungen Q_1 und Q_2 geteilt. Die Ladung Q_3 entsteht durch eine weitere Teilung im Knoten β aus Q_2 und ist somit das Ergebnis einer doppelten Ladungsteilung.

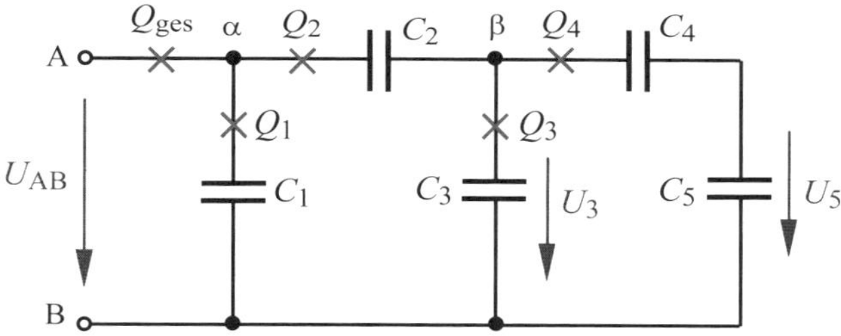

Bild 16.5: Doppelter Spannungs- und Ladungsteiler

Zur Berechnung der Spannung U_5 oder der Ladung Q_3 müssen die Teilerregeln schrittweise angewendet werden. Es gilt:

$$\frac{U_5}{U_{AB}} = \frac{U_5}{U_3} \cdot \frac{U_3}{U_{AB}} = \frac{C_4}{C_4 + C_5} \cdot \frac{C_2}{C_2 + C_3 + C_4 \mid C_5}$$

ÜB: BB 16.2

Man betrachtet also zunächst die „innere“ Reihenschaltung (hier: $C_4 \mid C_5$). Beide Kondensatoren speichern die gleiche Ladung (Q_4). Über beiden Kondensatoren liegt die Spannung U_3. Der Ansatz U_5 / U_3 ist mit der Spannungsteilerregel (Reihenschaltung) zulässig. Nun muss die Kombination $(C_3 + C_4 \mid C_5)$ als Ersatzkapazität aufgefasst werden. Über diesem Ersatzelement liegt wieder die Spannung U_3. Nun kann der Ansatz für U_3 / U_{AB} formuliert werden. Die Ersatz-Reihenschaltung besteht jetzt aus C_2 und $(C_3 + C_4 \mid C_5)$.

Die Ladungsteilerregel wird nach Vorbild der Gleich. (16.13) bzw. (16.14) angewendet, da für jeden Knoten das Verhältnis von Teilladung zur Gesamtladung zu bestimmen ist.

$$\frac{Q_3}{Q_{\text{ges}}} = \frac{Q_3}{Q_2} \cdot \frac{Q_2}{Q_{\text{ges}}} = \frac{C_3}{C_3 + C_4 \mid C_5} \cdot \frac{C_2 \mid (C_3 + C_4 \mid C_5)}{C_1 + C_2 \mid (C_3 + C_4 \mid C_5)}$$

Auch hier ist darauf zu achten, dass die Teilerregeln nur für Elementarschaltungen gelten. Die Schaltung muss jetzt für jeden Knoten (α und β) gesondert in eine elementare Parallelschaltung (bestehend aus zwei Ersatzkapazitäten) umgerechnet werden.

16.2 Schaltvorgänge in RC-Kombinationen

Schaltet man einen Kondensator über einen Widerstand an eine Gleichspannungsquelle, so fließt ein von der Zeit abhängiger Ladestrom $i_{\text{CA}} = + i_{\text{C}}$. Der Kondensator wird im Zeitraum $(t_{\text{A}} = 0) \leq t \leq (t \to \infty)$ auf den statischen Endzustand (hier: U_{q}) aufgeladen.

ÜB: BB 16.4

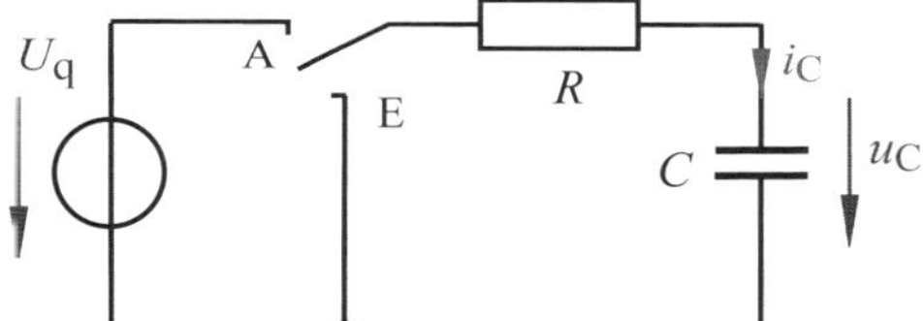

Bild 16.6: Auf- und Entladen eines Kondensators

Beim Entladen des Kondensators fließt ein Entladestrom $i_{\text{CE}} = - i_{\text{C}}$, der von der Spannung des auf U_{q} aufgeladenen Kondensators angetrieben wird. Dabei wird der Kondensator im Zeitraum $(t_{\text{E}} = 0) \leq t \leq (t \to \infty)$ vollständig entladen (Schalterstellung E im Bild 16.6).

16.2.1 Ladevorgang

In der Schalterstellung A des Bildes 16.6 fließt ein Aufladestrom i_{CA} (Vorgang A) von der Quelle durch die RC-Kombination. Er lädt den (hier: vollständig entladenen) Kondensator auf U_{q} auf und verursacht dabei einen Spannungsabfall über dem Widerstand (Bild 16.7).

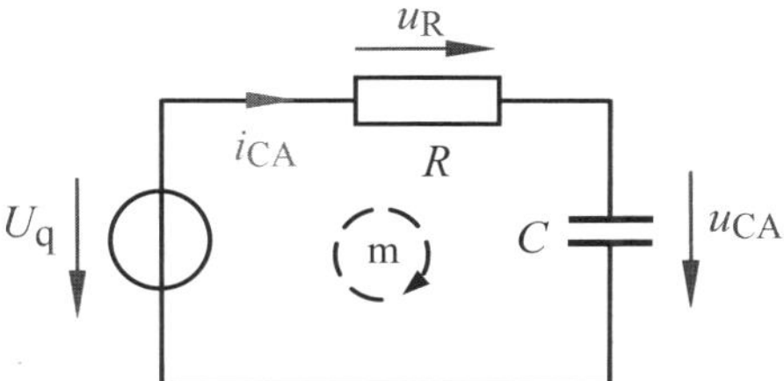

Bild 16.7: Ladevorgang

Zur mathematischen Beschreibung dieses Vorganges A dient der Maschensatz.

$$U_{\text{q}} = u_{\text{R}} + u_{\text{CA}} = i_{\text{CA}} \cdot R + u_{\text{CA}}$$

Der Strom i_C kann allgemein über das Ladungsgesetz $Q = C \cdot U$ berechnet werden.

$$\mathrm{d}Q = C \cdot \mathrm{d}u_C \qquad \text{mit:} \qquad \mathrm{d}Q = i_C \cdot \mathrm{d}t \qquad \Rightarrow \qquad i_C \cdot \mathrm{d}t = C \cdot \mathrm{d}u_C$$

$$i_C = C \cdot \frac{\mathrm{d}u_C}{\mathrm{d}t} \tag{16.15}$$

Dieser Strom i_C wird in die Maschengleichung eingesetzt. Es entsteht eine Differenzialgleichung 1. Ordnung.

ÜB: BB 16.3

$$U_q = R \cdot C \cdot \frac{\mathrm{d}u_{CA}}{\mathrm{d}t} + u_{CA}$$

Das Produkt von Widerstand und Kapazität ist ein Maß für die Trägheit einer RC- Kombination beim Laden bzw. Entladen und wird als Zeitkonstante τ bezeichnet.

$$\tau = R \cdot C \tag{16.16}$$

Durch Trennen der Variablen mit anschließender Integration kann die Differenzialgleichung gelöst werden. Da der natürliche Logarithmus für eine physikalische Größe infolge der Einheit nicht definiert ist, muss eine Normierung durchgeführt werden.

$$\int \frac{1}{U_q - u_{CA}} \cdot \mathrm{d}u_{CA} = \int \frac{1}{\tau} \cdot \mathrm{d}t \qquad \text{Normierung:} \quad \{U_q - u_{CA}\} = \frac{U_q - u_{CA}}{1\,\mathrm{V}}$$

$$\ln\{U_q - u_{CA}\} = -\frac{t}{\tau} + K_1 \tag{16.17}$$

Das negative Vorzeichen resultiert aus der ersten Ableitung des Spannungsausdruckes im Rahmen der Integration durch Substitution und wird auf die rechte Seite der Gleichung gebracht. Die Integrationskonstante K_1 kann aus der Anfangsbedingung (also bei $t = t_A = 0$) bestimmt werden.

$$\{u_{CA}\}_{t=0} = 0 \qquad \Rightarrow \qquad K_1 = \ln\{U_q\}$$

Diese Konstante wird in die allgemeine Lösung der Differenzialgleichung eingesetzt.

$$\ln \frac{\{U_q - u_{CA}\}}{\{U_q\}} = -\frac{t}{\tau} \qquad \Rightarrow \qquad \frac{U_q - u_{CA}}{U_q} = \mathrm{e}^{-\frac{t}{\tau}}$$

$$u_{CA} = U_q \cdot \left(1 - \mathrm{e}^{-\frac{t}{\tau}}\right) \tag{16.18}$$

Der Aufladestrom i_{CA} kann mit der Gleich. (16.15) berechnet werden.

$$i_{CA} = C \cdot U_q \cdot \frac{d\left(1 - e^{-\frac{t}{\tau}}\right)}{dt} = -C \cdot U_q \cdot e^{-\frac{t}{\tau}} \cdot \left(-\frac{1}{RC}\right)$$

$$i_{CA} = \frac{U_q}{R} \cdot e^{-\frac{t}{\tau}} = I_0 \cdot e^{-\frac{t}{\tau}} \qquad (16.19)$$

16.2.2 Entladevorgang

In der Schalterstellung E des Bildes 16.6 fließt ein Entladestrom i_{CE} (Vorgang E) von der positiv geladenen Platte des Kondensators durch den Widerstand zur negativen Platte. Er entlädt den Kondensator und verursacht dabei einen Spannungsabfall über dem Widerstand R (Bild 16.8). Zur mathematischen Beschreibung dieses Vorganges dient der Maschensatz.

$u_{CE} - u_R = 0$ bzw.: $u_{CE} = i_{CE} \cdot R$

Der bei $t_E = 0$ auf U_q geladene Kondensator wirkt jetzt wie eine Quelle. Der Strom i_{CE} fließt somit dem ursprünglichen Strom i_{CA} entgegen. Es gilt $i_{CE} = -\, i_{CA} = -\, i_C$.

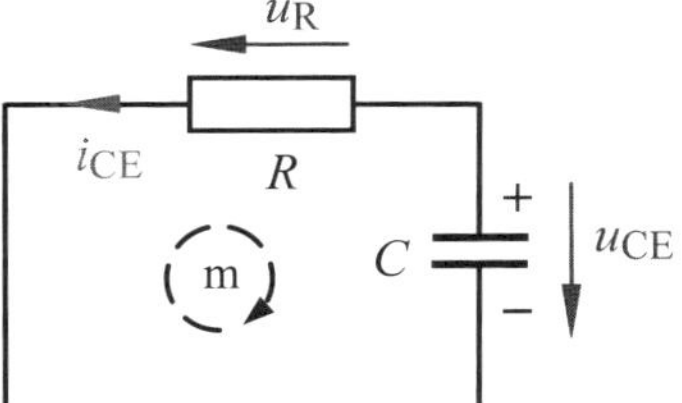

Bild 16.8: Entladevorgang

Dieser Strom wird gemäß Gleich. (16.15) in die Maschengleichung $u_{CE} - u_R = 0$ eingesetzt. Es entsteht wieder eine Differenzialgleichung 1. Ordnung.

$$u_{CE} = u_R = i_{CE} \cdot R = -i_{CA} \cdot R \qquad \text{bzw.:} \qquad u_{CE} = -R \cdot C \cdot \frac{du_{CE}}{dt}$$

Die Differenzialgleichung kann durch Trennen der Variablen mit anschließender Integration gelöst werden:

$$\int \frac{1}{u_{CE}} \cdot du_{CE} = -\int \frac{1}{\tau} \cdot dt \qquad \text{Normierung: } \{u_{CE}\} = \frac{u_{CE}}{1\,\text{V}}$$

$$\ln\{u_{CE}\} = -\frac{t}{\tau} + K_2$$

Die Integrationskonstante K_2 wird aus der Anfangsbedingung bei $t = t_E = 0$ bestimmt.

$$\{u_{CE}\}_{t=0} = \{U_q\} \qquad \Rightarrow \qquad K_2 = \ln\{U_q\}$$

Diese Konstante setzt man in die allgemeine Lösung der Differenzialgleichung ein.

$$\ln \frac{\{u_{CE}\}}{\{U_q\}} = -\frac{t}{\tau} \quad \text{bzw.:} \quad \frac{u_{CE}}{U_q} = e^{-\frac{t}{\tau}}$$

$$u_{CE} = U_q \cdot e^{-\frac{t}{\tau}} \qquad (16.20)$$

Der Kondensatorstrom $i_{CE} = -\, i_{CA} = -\, i_C$ ergibt sich dann aus Gleich. (16.15):

$$i_{CE} = -\frac{U_q}{R} \cdot e^{-\frac{t}{\tau}} = -I_0 \cdot e^{-\frac{t}{\tau}} \qquad (16.21)$$

Die Zeitfunktionen der Vorgänge A und E verlaufen dann (in jeweils einem gemeinsamen Diagramm dargestellt) wie folgt:

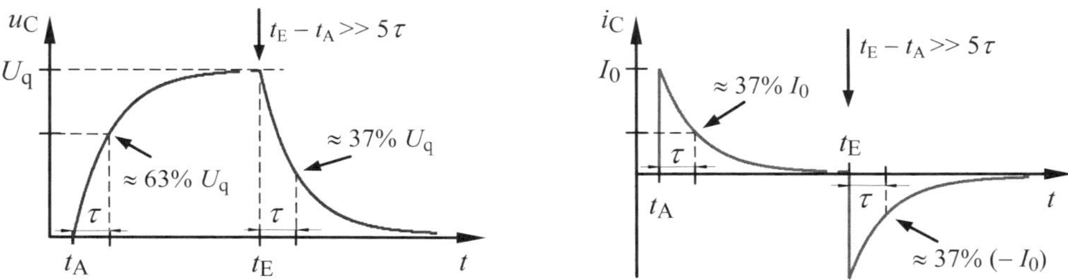

Bild 16.9: Spannungsverlauf (links) und Stromverlauf (rechts) beim Auf- und Entladen

Die Ladespannung erreicht nach 1 τ einen Wert von ca. 63% ihres Maximalwertes (vgl. auch Lehrbeispiel 16.3). Der Ladestrom ist dann auf ca. 37% seines Maximalwertes abgesunken. Die Entladespannung ist nach 1 τ auf ca. 37% ihres Maximalwertes abgesunken.

Lehrbeispiel 16.3:

Auf wieviel Prozent der Gesamtspannung ist ein Kondensator nach $t_x = 0{,}5\tau;\ 1\tau;\ 2\tau;\ 3\tau;\ 4\tau$ und 5τ aufgeladen bzw. entladen?

Nach Gleich. (16.18) gilt für den Ladevorgang: $\frac{u_{CA}}{U_q} = 1 - e^{-\frac{t_x}{\tau}}$ bzw.: $X_A = \frac{u_{CA}}{U_q} \cdot 100\ \%$

Für den Entladevorgang gilt: $X_E = 100\% - X_A$. Durch Einsetzen der jeweiligen Zeit für t_x findet man die Werte der Tabelle 16.1.

Der Vorgang des Ladens / Entladens kann nach ca. 5τ als abgeschlossen betrachtet werden. Der Kondensator hat sich nach dieser Zeit (sie liegt bei R / kΩ und C / µF in der Größenordnung von einigen

Millisekunden) auf über 99% der Gesamtspannung aufgeladen bzw. er wurde auf einen Wert kleiner $0{,}01 \cdot U_q$ entladen.

Tabelle 16.1: Lösung des Lehrbeispiels 16.3

t_x	$0{,}5\tau$	1τ	2τ	3τ	4τ	5τ
X_A	39,3%	63,2%	86,5%	95,0%	98,2%	99,3%
X_E	60,7%	36,8%	13,5%	5,0%	1,8%	0,7%

Die Zeitkonstante τ kann (z.B. mittels Oszilloskop) aus der Zeitfunktion mithilfe der Halbwertszeit t_H ermittelt werden. Als Halbwertszeit definiert man diejenige Zeit, in der ein Kondensator auf die halbe Gesamtspannung aufgeladen bzw. entladen ist. Für den Vorgang A gilt:

$$\frac{u_{CA}}{U_q} = 1 - e^{-\frac{t_H}{\tau}} = \frac{1}{2} \quad \Rightarrow \quad t_H = -\tau \cdot \ln 0{,}5$$

$$t_H = 0{,}693 \cdot \tau \tag{16.22}$$

Eine weitere Möglichkeit besteht darin, den Anstieg der Lade- bzw. Entladefunktion bei $t = 0$ zu ermitteln (1. Ableitung) und daraus die Zeitkonstante zu bestimmen. Mit (16.18) gilt:

$$\frac{du_{CA}}{dt} = -U_q \cdot e^{-\frac{t}{\tau}} \cdot \left(-\frac{1}{\tau}\right) \xrightarrow{t=0} \frac{du_{CA}}{dt} = \frac{U_q}{\tau}$$

Der zeitlich abhängige Vorgang des Ladens bzw. Entladens von Kondensatoren ist an die Existenz eines elektrischen Strömungsfeldes gebunden. Durch den Energieumsatz in diesem Strömungsfeld tritt aber bei jedem Ladevorgang ein Verlust an speicherbarer elektrischer Energie auf.

Wird z.B. einer RC-Kombination von einer Quelle die Energie $W_{ges} = U \cdot I \cdot t = U \cdot Q$ zugeführt, dann speichert der Kondensator eine elektrische Energie von:

$$W_{el} = \frac{C}{2} \cdot U^2 = \frac{Q \cdot U}{2} = \frac{W_{ges}}{2}$$

Die andere Hälfte der zugeführten Energie wird demzufolge in dem zum Ladungstransport erforderlichen elektrischen Strömungsfeld in Wärme umgesetzt.

16.2.3 Umschalten vorgeladener Kondensatoren

In den Abschnitten 16.2.1 bzw. 16.2.2 wurde davon ausgegangen, dass ein vollständig entladener Kondensator über den Zeitraum $(t_A = 0) \leq t \leq (t \to \infty)$ auf eine Gleichspannung U_q aufgeladen bzw. ein vollständig aufgeladener Kondensator über $(t_E = 0) \leq t \leq (t \to \infty)$ vollständig entladen wird.

Wenn für diese Vorgänge nur ein Zeitraum $\Delta t < 5\tau$ zur Verfügung steht (Bild 16.10), kann der Kondensator nur teilweise aufgeladen bzw. entladen werden.

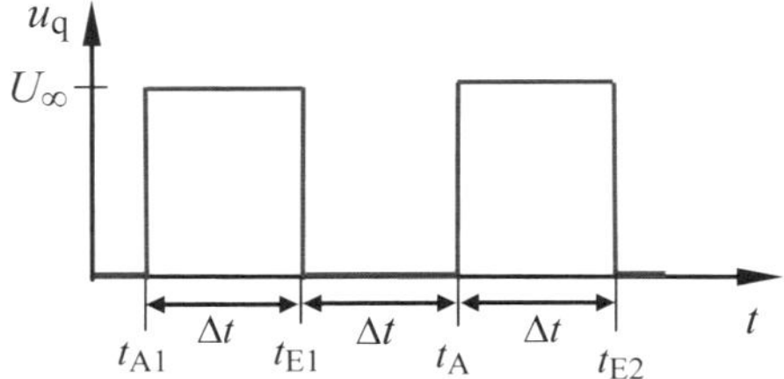

Bild 16.10: Vorgang des Umschaltens ($\Delta t < 5\tau$)

Wenn ein Kondensator bereits eine gewisse Vorladung besitzt und weiter aufgeladen bzw. weiter entladen werden soll oder wenn periodische Schaltwechsel vorliegen (Impulsbetrieb im Bild 16.10), muss dieser Vorladezustand U_0^* (U_{0A} oder U_{0E}) in die mathematische Beschreibung der Zeitfunktion einbezogen werden. Als Ausgangspunkt zur Berechnung dient die aus dem Ladevorgang ermittelte Lösung der Differenzialgleichung (16.17) mit einer anderen Integrationskonstanten K_3. Da die Ladespannung bei $t \to \infty$ nicht in jedem Fall U_q sein muss, wird für diesen Endzustand allgemein die Spannung U_∞ eingesetzt.

$$\ln\{U_\infty - u_C\} = -\frac{t}{\tau} + K_3$$

Der zu beschreibende Vorgang beginnt zum Zeitpunkt t^* (t_A oder t_E) und endet zum Zeitpunkt $(t^* + \Delta t)$. Für diesen Zeitraum gilt: $(t^* = 0) \le t \le (t^* + \Delta t)$.
Die Integrationskonstante K_3 wird aus der Anfangsbedingung bei $t^* = 0$ bestimmt.

$$\{u_C\}_{t^*=0} = \{U_0^*\} \quad \Rightarrow \quad K_3 = \ln\{U_\infty - U_0^*\}$$

Durch Einsetzen von K_3 erhält man:

$$\ln\frac{\{U_\infty - u_C\}}{\{U_\infty - U_0^*\}} = -\frac{t}{\tau} \quad \text{bzw.:} \quad \frac{U_\infty - u_C}{U_\infty - U_0^*} = e^{-\frac{t}{\tau}}$$

$$u_C = U_\infty - (U_\infty - U_0^*) \cdot e^{-\frac{t}{\tau}} \tag{16.23}$$

Der Stromverlauf beim Umschalten kann über Gleich. (16.15) berechnet werden.

$$i_C = C \cdot \frac{d\left(U_\infty - (U_\infty - U_0^*) \cdot e^{-\frac{t}{\tau}}\right)}{dt} = -(U_\infty - U_0^*) \cdot e^{-\frac{t}{\tau}} \cdot (-\frac{1}{RC}) \cdot C$$

$$i_C = \frac{U_\infty - U_0^*}{R} \cdot e^{-\frac{t}{\tau}} \tag{16.24}$$

Die Zeitfunktion der Kondensatorspannung hat beim Umschalten vorgeladener Kondensatoren den folgenden Verlauf:

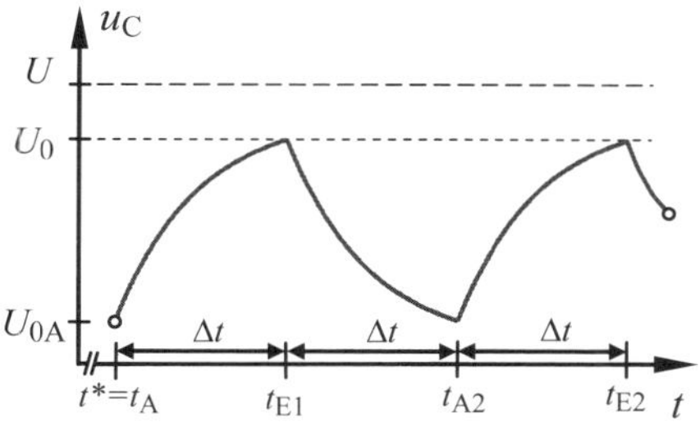

Bild 16.11: Spannungsverlauf beim Umschalten

Diese Funktion gilt bei gleicher Taktfrequenz des Umschaltens $\Delta t = t_{E1} - t_{A1} = t_{A2} - t_{E1}$ (vgl. Bild 16.10) und im eingeschwungenen Zustand nach $t^* >> \Delta t$.

Der Anfangswert im Umschaltmoment zum Aufladen ($t^* = t_{Ax}$) beträgt U_{0A}. Von diesem Wert aus steigt die Kondensatorspannung nach einer e-Funktion an. Sie könnte den Wert U_∞ erreichen, wenn genügend Zeit ($t > 5\tau$) zur Verfügung stehen würde. Im Umschaltmoment zum Entladevorgang (also bei t_{Ex}) hat die Kondensatorspannung den Wert U_{0E} erreicht und sinkt nun wieder nach der e-Funktion ab.

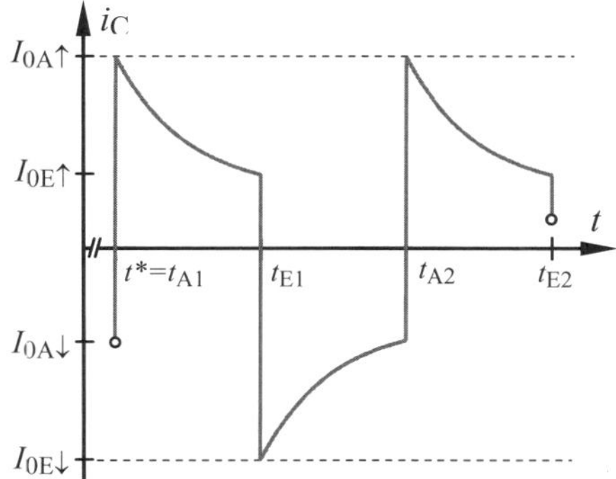

Bild 16.12: Stromverlauf beim Umschalten

Der Anfangswert des Stromes I_{0A} springt bei t_{Ax} von einem tiefen Wert (↓) auf einen hohen Wert (↑), sinkt nach der e-Funktion ab und springt dann bei t_{Ex} von einem hohen Wert wieder auf einen tiefen Wert. Diese Werte sind von Δt abhängig.

Lehrbeispiel 16.4:

Skizzieren Sie den Verlauf der Ausgangsspannung eines Differenziergliedes und eines Integriergliedes. An den Eingang wird jeweils eine Spannung angelegt, die einen rechteckförmigen periodischen Verlauf aufweist (vgl. Bild 16.10).

Bei einem Differenzierglied wird die Ausgangsspannung über dem Widerstand einer RC-Kombination abgegriffen. Sie verläuft wie die Zeitfunktion des Lade- bzw. Entladestromes. Ein Differenzierglied setzt man z.B. zur Erzeugung kurzer Nadelimpulse ein.

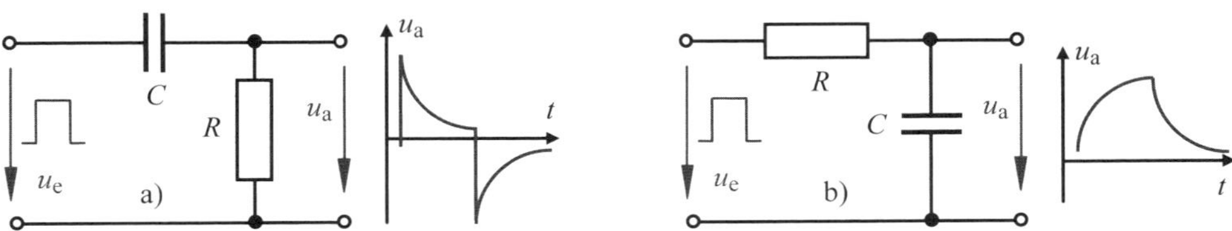

Bild 16.13: Differenzierglied (links) und Integrierglied (rechts)

Bei einem Integrierglied wird die Ausgangsspannung über dem Kondensator einer RC-Kombination abgegriffen. Sie verläuft wie die Zeitfunktion der Kondensatorspannung. Ein Integrierglied verwendet man z.B. zur Verzögerung von Schaltvorgängen.

16.3 Ladungsausgleich

16.3.1 Ladungsbilanz

Ausgleichsvorgänge finden in RC-Netzen immer dann statt, wenn z.B. zu einer bereits vorgeladenen Kondensatorschaltung weitere Bauelemente (Quellen, Kondensatoren, Widerstände) eingeschaltet bzw. bereits vorhandene Bauelemente durch Schaltvorgänge in ihrer schaltungstechnischen Position verändert werden. Solche Vorgänge laufen auch ab, wenn man die Kapazität vorgeladener Kondensatoren im RC-Netz ändert (z.B. Drehkondensator).

Das Ziel der folgenden Ausführungen besteht in der Beschreibung statischer Ladungszustände vor einem Schaltvorgang (Anfangszustand bei $t \leq 0$) und im Ergebnis des aus dem Schaltvorgang resultierenden Ladungsausgleiches (Endzustand bei $t \to 0$). Die zeitlichen Abläufe ($0 < t < \infty$) solcher Vorgänge werden hier nicht berechnet. Diese zeitlich abhängigen Übergangsprozesse sind mit Kenntnis der Anfangs- bzw. Endzustände über die Gleich. (16.23) und (16.24) mathematisch beschreibbar.

Da mehrere Ausgleichsvorgänge gleichzeitig oder nacheinander ablaufen können, ist eine Zuordnung zum Aufladen bzw. zum Entladen (Index A oder E – vgl. Abschn. 16.2) nicht mehr eindeutig möglich. In den folgenden Ausführungen werden die Anfangszustände mit dem Index „0“ und die statischen Endzustände mit dem Index „∞“ gekennzeichnet. Laufen mehrere Vorgänge nacheinander ab, kann ein statischer Endzustand zugleich ein neuer Anfangszustand sein. In diesem Fall wird zur Kennzeichnung zusätzlich der Index des Bauelementes verwendet, das diesen Vorgang auslöst.

Zur Bestimmung von Ladezuständen führt man das RC-Netz je nach aktueller schaltungstechnischer Konfiguration auf eine geeignete Ersatzschaltung (Reihenschaltung oder Parallelschaltung) zurück. Wenn lediglich statische Endzustände ($i_{C\infty} = 0$ A) zu berechnen sind, kann jeder bei $t \to \infty$ nicht mehr von einem Strom durchflossene Widerstand durch einen Kurzschluss ersetzt werden. Diese Widerstände beeinflussen lediglich die zeitliche Dauer ($\Delta t >> 5 \cdot RC$) eines Ausgleichsvorganges.

Zur Beschreibung des Endergebnisses eines Ausgleichsvorganges gilt: $Q_\infty = Q_0 + \Delta Q$

Die resultierende Endladung Q_∞ ergibt sich aus der Anfangsladung Q_0 bei $t = 0$ zuzüglich der während des Vorganges zugeführten (+) bzw. abgeflossenen (–) Ladung. Daraus kann die Spannung eines Kondensators im statischen Endzustand berechnet werden.

$$U_\infty \cdot C = U_0 \cdot C + \int_{t=0}^{\infty} i_C \cdot \mathrm{d}t$$

$$U_\infty = U_0 + \frac{1}{C} \int_{t=0}^{\infty} i_C \cdot \mathrm{d}t \qquad (16.25)$$

Zur Verdeutlichung solcher Vorgänge soll im Weiteren eine Reihenschaltung von zwei idealen Kondensatoren betrachtet werden, die vorerst vollständig entladen sind.

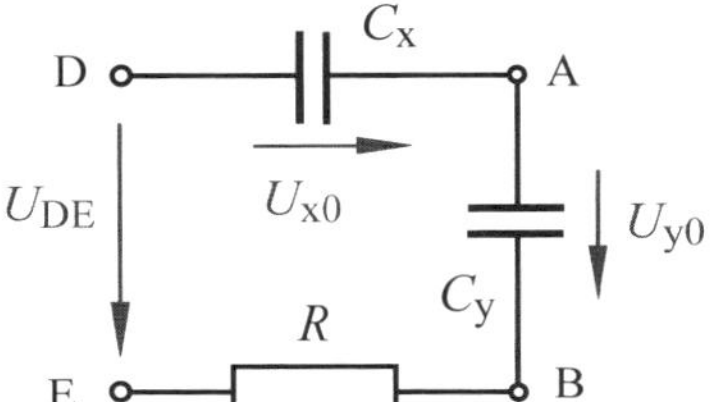

Bild 16.14: Anfangszustand

Legt man an die Punkte D und E der Anordnung im Bild 16.14 eine Spannung U_{DE}, so werden beide Kondensatoren nach den in 16.2 behandelten Gesetzen aufgeladen. Schließt man die Punkte D und E anschließend kurz, entladen sich die Kondensatoren über R vollständig. Der Ausgleichsstrom fließt dabei von A über D/E und B nach A.

Lädt man dagegen die beiden Kondensatoren im Bild 16.14 über die Punkte D und A bzw. über A und B einzeln auf die Spannungen U_{x0} bzw. U_{y0} auf, so fällt zwischen den Punkten D und E eine Spannung $U_{DE0} = U_{x0} + U_{y0}$ ab. Die Kondensatoren speichern im Zustand „0" folgende Ladungen: $Q_{x0} = C_x \cdot U_{x0}$ und $Q_{y0} = C_y \cdot U_{y0}$.

Schließt man nun die Punkte D und E kurz, kommt es zu einem Ausgleichsvorgang. Nach $t >> 5 \cdot \tau$ stellt sich zwischen den Punkten A und D/E eine Spannung $U_{AE\infty}$ ein.

Es gilt: $|U_{AE\infty}| = |U_{x\infty}| = |U_{y\infty}|$. In der Schaltung verbleibt (in der Regel) eine Restladung.

An der Richtung der Zählpfeile im Bild 16.14 ist zu erkennen, dass einer der Kondensatoren im Ergebnis dieses Ausgleichsvorganges seine Polarität wechseln muss (vgl. Abschn. 16.3.2 und 16.3.3).

16.3.2 Ladungsausgleich in einer Reihenersatzschaltung

Zur Berechnung des Ergebnisses eines Ausgleichsvorganges (Q_∞ bzw. U_∞) kann man die während dieses Vorganges verschobene Ladung ΔQ verwenden.

$$\Delta Q = Q_\infty - Q_0 \tag{16.26}$$

Wie Gleich. (16.26) zeigt, ist die verschobene Ladung vorzeichenbehaftet. Das Vorzeichen ergibt sich aus der Relation der Beträge der Anfangsladung Q_0 eines Kondensators und seiner Endladung Q_∞.

Da die Endladung in der Regel nicht bekannt ist, wird die Richtung der verschobenen Ladung mit einem Zählpfeil willkürlich festgelegt (siehe Bild 16.16).

Wie Bild 16.15 zeigt, kann ein mit $Q_{x0} > 0$ vorgeladener Kondensator C_x im Ergebnis eines Ladungsausgleiches $Q_{x\infty} = Q_{x0} + \Delta Q_x$:

a) weiter aufgeladen (nachgeladen) werden (mit $\Delta Q_x > 0$)

b) teilweise entladen werden (mit $\Delta Q_x < 0$ und $|\Delta Q_x| < |Q_{x0}|$)

c) vollständig entladen werden (mit $\Delta Q_x < 0$ und $|\Delta Q_x| = |Q_{x0}|$)

d) umgeladen werden (mit $\Delta Q_x < 0$ und $|\Delta Q_x| > |Q_{x0}|$)

Im Fall d) wechselt der Kondensator C_x seine Polarität. Die Spannung $U_{xd\infty}$ wird im Vergleich zu U_{x0} negativ.

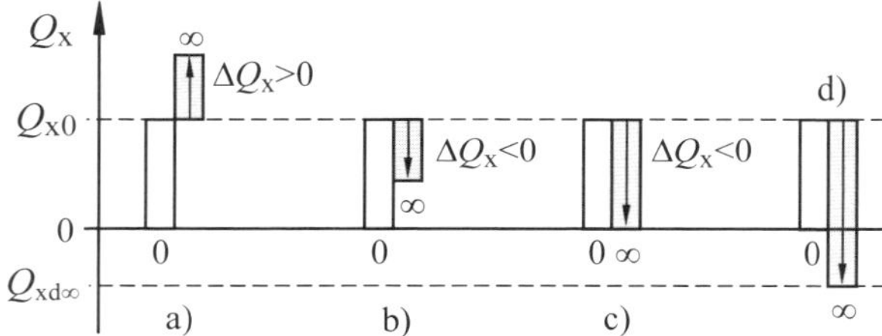

Bild 16.15: Verschobene Ladung

Ausgangspunkt für die folgenden Überlegungen ist die Schaltung nach Bild 16.14, die im Bild 16.16 für $t >> 5 \cdot \tau$ ohne R vereinfacht dargestellt ist.

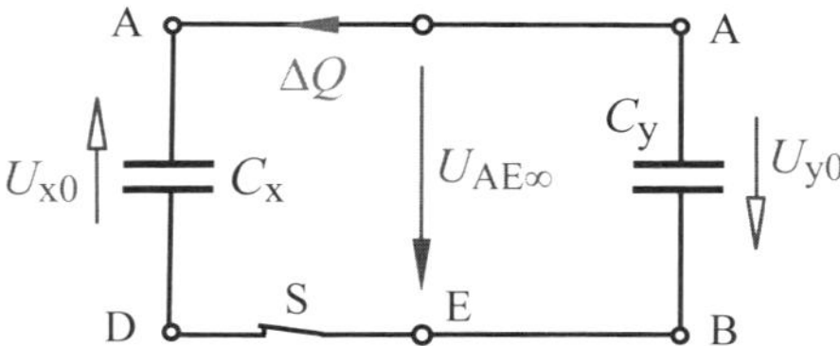

Bild 16.16: Ladungsausgleich in einer Reihenersatzschaltung

Die Kondensatoren werden durch externe Quellen getrennt auf die Spannungen U_{x0} und U_{y0} aufgeladen (siehe nicht ausgefüllte Zählpfeile im Bild 16.16). Für die weiteren Betrachtungen gilt die Annahme, dass C_y die größere Vorladung ($Q_{y0} > Q_{x0} > 0$) besitzt. Nun wird der Schalter S geschlossen. Dadurch kommt es zur Verschiebung einer Ladung ΔQ mit der im Bild 16.16 festgelegten Richtung. Dabei gibt C_y Ladung an C_x ab und wird teilweise entladen [Fall b) im Bild 16.15].

$$Q_{y\infty} = Q_{y0} + \Delta Q \tag{16.27}$$

C_x nimmt im Vergleich zu seinem Vorladezustand Q_{x0} (Richtung $U_{x0}\uparrow$) Ladung von C_y auf und wird in der Polarität verändert (Richtung $U_{x\infty}\downarrow$). Das entspricht im Bild 16.15 Fall d).

Für C_x gilt: $Q_{x\infty} = Q_{x0} + \Delta Q$ bzw.: $\Delta Q = Q_{x\infty} - Q_{x0}$

Durch Einsetzen dieser verschobenen Ladung ΔQ in die Gleich. (16.27) erhält man:
$Q_{y\infty} = Q_{y0} + Q_{x\infty} - Q_{x0}$

Mit $Q = C \cdot U$ bekommt man eine Aussage für die Spannung $U_{AE\infty} = |\,U_{x\infty}\,| = |\,U_{y\infty}\,|$ im statischen Endzustand. Die Schaltung verhält sich nun wie eine Parallelschaltung.

$C_y U_{y\infty} = C_y U_{y0} - C_x U_{x\infty} - C_x U_{x0}$ bzw. $C_y U_{AE\infty} = C_y U_{y0} - C_x U_{AE\infty} - C_x U_{x0}$

$$U_{AE\infty} = \frac{C_y \cdot U_{y0} - C_x \cdot U_{x0}}{C_x + C_y} \tag{16.28}$$

Lehrbeispiel 16.5:

Stellen Sie die Zeitfunktionen aller Spannungen und des Ausgleichsstromes für die Schaltung im Bild 16.16 grafisch dar. Es wirkt der Reihenwiderstand des Bildes 16.14 zwischen den Punkten B und E mit $R = 10\ \text{k}\Omega$. *Geg.*: $C_x = 1\ \mu\text{F}$ mit $U_{x0} = 10\ \text{V}$ und: $C_y = 4\ \mu\text{F}$ mit $U_{y0} = 20\ \text{V}$

Es gelten die im Bild 16.16 angegebenen Zählpfeile mit u_R (←). Bild 16.17 zeigt links den Verlauf aller Spannungen. Vor dem Einschaltmoment gilt der Maschensatz ($\Sigma\, U = 0$) infolge der von externen Quellen eingebrachten Vorladung noch nicht: $U_{x0} + U_{y0} = 10\ \text{V} + 20\ \text{V} = 30\ \text{V} > 0$.

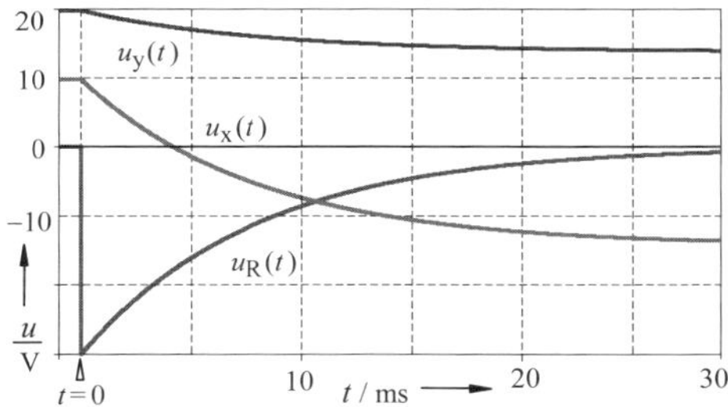

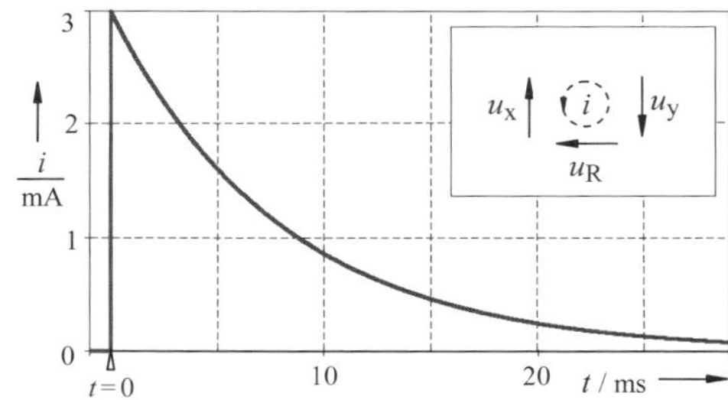

Bild 16.17: Spannungsverlauf (links) und Verlauf des Ausgleichsstromes (rechts) nach Bild 16.16

Zum Zeitpunkt $t = 0$ (S = Ein) springt die Spannung u_R von null auf den Wert – 30 V. Es ist deutlich zu erkennen, dass nun zu jedem Zeitpunkt $t \geq 0$ der Maschensatz gilt: $u_x + u_y + u_R = 0$.

Während des Ausgleichsvorganges gibt C_y Ladung an C_x ab. Der Kondensator C_x wird dabei umgeladen. Im statischen Endzustand, der im Bild 16.17 noch nicht erreicht ist, gilt nach Gleich. (16.28):

$$U_{y\infty} = \frac{4\ \mu\text{F} \cdot 20\ \text{V} - 1\ \mu\text{F} \cdot 10\ \text{V}}{5\ \mu\text{F}} = \frac{70}{5}\text{V} = 14\ \text{V}$$

Die Spannung $U_{x\infty}$ wird im Vergleich zu U_{x0} (siehe Zählpfeil im Bild 16.16) negativ.

$$U_{x\infty} = -\frac{C_y \cdot U_{y0} - C_x \cdot U_{x0}}{C_x + C_y} = -\frac{4\ \mu\text{F} \cdot 20\ \text{V} - 1\ \mu\text{F} \cdot 10\ \text{V}}{5\ \mu\text{F}} = -\frac{70}{5}\text{V} = -14\ \text{V}$$

Im Bild 16.17 (rechts) ist der Verlauf des Ausgleichsstromes dargestellt. Dieser Strom verschiebt die Ladung ΔQ in der im Bild 16.16 angegebenen Richtung. Zum Zeitpunkt $t = 0$ springt der Strom (siehe Zählpfeil) auf den maximal möglichen Wert: $I_{max} = \frac{-U_R}{R} = \frac{U_{x0} + U_{y0}}{R} = \frac{10\ \text{V} + 20\ \text{V}}{10\ \text{k}\Omega} = 3\ \text{mA}$

Nun soll die Schaltung im Bild 16.16 so verändert werden, dass zwischen die Punkte D und E in Reihe zum Schalter eine Quelle eingeschaltet wird. Die Kondensatoren werden wieder getrennt auf die Spannungen U_{x0} und U_{y0} aufgeladen.

Es ergibt sich folgender Anfangszustand bei $t < 0$ (also bei offenem Schalter im Bild 16.18):

$$Q_{x0} = C_x \cdot U_{x0} \quad \text{und:} \quad Q_{y0} = C_y \cdot U_{y0}$$

Zwischen den Punkten D und E fällt die Spannung $U_{DE0} = U_{x0} + U_{y0}$ ab.

ÜB: BB 16.5

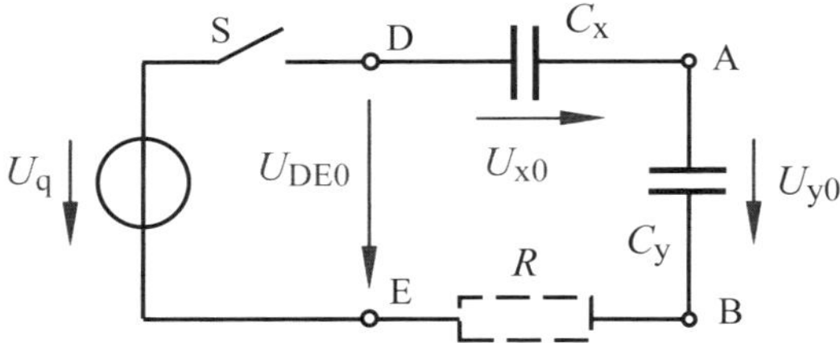

Bild 16.18: Ladungsausgleich in einer Reihenschaltung mit einer Quelle

Nun legt man durch Schließen des Schalters die Spannungsquelle mit der Spannung U_q an die Punkte D und E. Nach dem Ladungsausgleich stellt sich folgender Endzustand ein:

$$Q_{x\infty} = C_x \cdot U_{x\infty} \quad \text{und:} \quad Q_{y\infty} = C_y \cdot U_{y\infty}$$

Zwischen den Punkten D und E liegt jetzt die Spannung $U_q = U_{x\infty} + U_{y\infty}$. Im Weiteren wird vorerst davon ausgegangen, dass U_q größer als U_{DE0} ist. Beide Kondensatoren werden demzufolge nachgeladen. Aus dem Anfangs- und dem Endzustand kann die während des Ladungsausgleiches verschobene Ladung ΔQ (von D über A in Richtung E) ermittelt werden.

$$U_q = U_{x\infty} + U_{y\infty} = \frac{Q_{x\infty}}{C_x} + \frac{Q_{y\infty}}{C_y}$$

$$U_{\mathrm{q}} = \frac{Q_{\mathrm{x0}} + \Delta Q}{C_{\mathrm{x}}} + \frac{Q_{\mathrm{y0}} + \Delta Q}{C_{\mathrm{y}}} = U_{\mathrm{x0}} + \frac{\Delta Q}{C_{\mathrm{x}}} + U_{\mathrm{y0}} + \frac{\Delta Q}{C_{\mathrm{y}}}$$

Durch Umstellen dieser Gleichung nach ΔQ erhält man die verschobene Ladung.

$$\Delta Q = (U_{\mathrm{q}} - U_{\mathrm{x0}} - U_{\mathrm{y0}}) \cdot \frac{C_{\mathrm{x}} \cdot C_{\mathrm{y}}}{C_{\mathrm{x}} + C_{\mathrm{y}}}$$

Diese verschobene Ladung wird den beiden Kondensatoren C_{x} und C_{y} zugeführt.

$Q_{\mathrm{x}\infty} = Q_{\mathrm{x0}} + \Delta Q$ und: $Q_{\mathrm{y}\infty} = Q_{\mathrm{y0}} + \Delta Q$

Der Kondensator C_{x} erreicht im Ergebnis des Ausgleichsvorganges folgenden Ladezustand:

$$U_{\mathrm{x}\infty} = \frac{Q_{\mathrm{x}\infty}}{C_{\mathrm{x}}} = \frac{Q_{\mathrm{x0}} + \Delta Q}{C_{\mathrm{x}}} = U_{\mathrm{x0}} + \frac{\Delta Q}{C_{\mathrm{x}}} = U_{\mathrm{x0}} + \frac{(U_{\mathrm{q}} - U_{\mathrm{X0}} - U_{\mathrm{y0}}) \cdot C_{\mathrm{y}}}{C_{\mathrm{x}} + C_{\mathrm{y}}}$$

$$U_{\mathrm{x}\infty} = \frac{C_{\mathrm{x}} \cdot U_{\mathrm{x0}} - C_{\mathrm{y}} \cdot U_{\mathrm{y0}} + C_{\mathrm{y}} \cdot U_{\mathrm{q}}}{C_{\mathrm{x}} + C_{\mathrm{y}}} \qquad (16.29)$$

Der Kondensator C_{y} wird wie folgt nachgeladen: $U_{\mathrm{y}\infty} = U_{\mathrm{q}} - U_{\mathrm{x}\infty}$

$$U_{\mathrm{y}\infty} = \frac{C_{\mathrm{y}} \cdot U_{\mathrm{y0}} - C_{\mathrm{x}} \cdot U_{\mathrm{x0}} + C_{\mathrm{x}} \cdot U_{\mathrm{q}}}{C_{\mathrm{x}} + C_{\mathrm{y}}} \qquad (16.30)$$

Falls die Spannung des Vorladezustands U_{DE0} gegenüber der Quellenspannung U_{q} dominiert ($U_{\mathrm{DE0}} > U_{\mathrm{q}} > 0$), wird einem oder beiden Kondensatoren Ladung entzogen.

Je nach Vorladezustand laden sich die Kondensatoren so um, dass wieder der Maschensatz $U_{\mathrm{q}} = U_{\mathrm{x}\infty} + U_{\mathrm{y}\infty}$ gilt.

Setzt man für die Quellenspannung U_{q} in der Gleich. (16.30) den Wert $U_{\mathrm{q}} = 0$ V ein, so erhält man wieder die Berechnungsvorschrift gemäß Gleich. (16.28):

$$U_{\mathrm{y}\infty} = \frac{C_{\mathrm{y}} \cdot U_{\mathrm{y0}} - C_{\mathrm{x}} \cdot U_{\mathrm{x0}}}{C_{\mathrm{x}} + C_{\mathrm{y}}} \qquad \text{vgl. (16.28)}$$

Wie die bisherigen Ausführungen zeigen, laufen bereits bei einfachen Reihenschaltungen mit zwei vorgeladenen Kondensatoren relativ komplizierte Ausgleichsvorgänge ab.

Die Spannungsteilerregel gilt nicht mehr zu jedem Zeitpunkt in der im Abschn. 16.1.1 dargestellten Form. Da die Kondensatoren durch externe Quellen auf unterschiedliche Spannungen vorgeladen wurden, speichern sie auch unterschiedliche Ladungen (Zufälle ausgenommen). Die Bedingung für die Anwendung des Spannungsteilers lautet aber: $Q = \text{const.}$

16.3.3 Ladungsausgleich in einer Parallelersatzschaltung

Die Schaltung der beiden Kondensatoren im Bild 16.16 verhält sich im Ergebnis des Ladungsausgleiches wie eine Parallelschaltung. Durch das Herausführen der Knotenpunkte A und B/E (siehe Bild 16.19) wird dieser Sachverhalt deutlich. Man kann demzufolge eine vorgeladene Kondensatorschaltung als eine Parallelschaltung auffassen, wenn man sie zwischen zwei herausgezogenen Punkten betrachtet. Auf einen der beiden Punkte wird nun der Knotenpunktsatz für die Ladungen anwendet.

Die Summe der Ladungen an diesen definierten Punkten einer vorgeladenen Kondensatorschaltung bleibt im Ergebnis eines Ausgleichsvorganges erhalten, wenn dieser Ladungsausgleich lediglich durch das Einschalten eines Kurzschlusses bzw. eines Widerstandes oder durch das Zuschalten eines weiteren (vollständig entladenen) Kondensators im Inneren der vorgeladenen Kondensatorschaltung verursacht wird. Dann gilt:

$$\sum Q_\infty = \sum Q_0 \tag{16.31}$$

Diese Überlegung gilt in der dargestellten Form nicht mehr, wenn der Ausgleichsvorgang z.B. durch das Zuschalten eines Widerstandes/Kurzschlusses außerhalb der herausgeführten Knotenpunkte aktiviert wird. Falls dieser Vorgang zur Entladung der Kondensatorschaltung führt, kann man allerdings mit Gleich. (16.31) den Ladezustand im Schaltmoment (Anfangswert des Entladevorganges) bestimmen. Zur Verdeutlichung der dargestellten Sachverhalte soll wieder das Beispiel des Bildes 16.16 dienen.

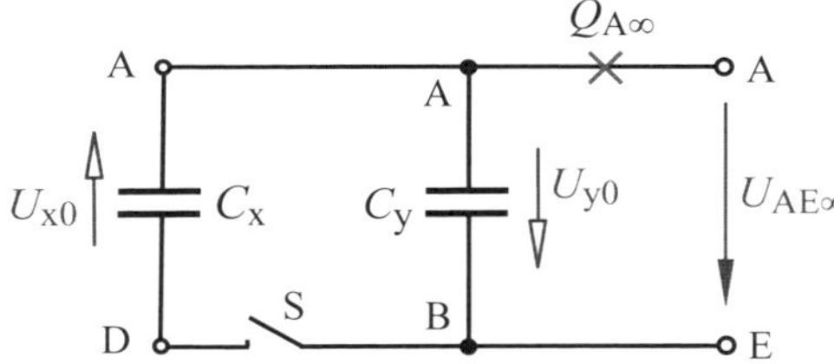

Bild 16.19: Ladungsausgleich in einer Parallelersatzschaltung

Die beiden Kondensatoren (siehe auch Bild 16.19) seien wieder auf die Spannungen U_{x0} und U_{y0} vorgeladen. Nun wird der Schalter S geschlossen und es findet ein Ladungsausgleich statt. Im Ergebnis dieses Ausgleichsvorganges liegt über den beiden Kondensatoren die Spannung $U_{AE\infty}$. Nach Gleich. (16.31) kann man die Ladung $Q_{A\infty}$ aus der Summe von Q_{x0} und Q_{y0} bestimmen. Für den Knoten A gilt: $Q_{A\infty} = Q_{y0} + Q_{x0} = C_y \cdot U_{y0} - C_x \cdot U_{x0}$

Daraus kann die Spannung $U_{AE\infty}$ im statischen Endzustand bestimmt werden:

$$U_{AE\infty} = U_{y\infty} = \frac{Q_{A\infty}}{C_{ges\infty}} = \frac{Q_{y0} + Q_{x0}}{C_x + C_y}$$

$$U_{y\infty} = \frac{C_y \cdot U_{y0} - C_x \cdot U_{x0}}{C_x + C_y} \qquad \text{vgl. (16.28)}$$

Die Methode der Berechnung von Endzuständen über die Summe der Ladungen wird häufig angewendet, wenn sich im Ergebnis eines Schaltvorganges die schaltungstechnische Konfiguration an einer definierten Trennstelle zwischen einer Quelle und einer vorgeladenen Kondensatorschaltung verändert.

Lehrbeispiel 16.6:

Berechnen Sie die Spannung $U_{AE\infty}$ des Bildes 16.20 über die Summe der Ladungen.

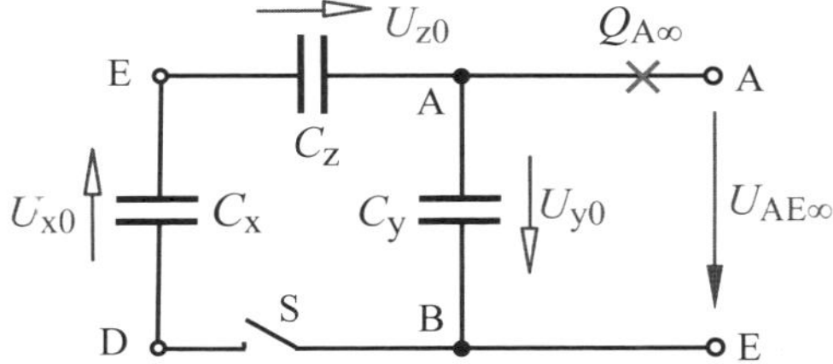

Bild 16.20: Summe der Ladungen im Lehrbeispiel 16.6

Man berechnet zunächst die gesuchte Spannung $U_{AE\infty}$ mit folgendem allgemeinen Ansatz:

$$U_{AE\infty} = U_{y\infty} = \frac{Q_{A\infty}}{C_{ges\infty}} = \frac{Q_{y0} - Q_{xz,ers}}{C_y + C_x \mid C_z}$$

Nun wird die Ersatzladung der Reihenschaltung der Kapazitäten C_x und C_z benötigt. Dazu wendet man die sog. Methode zur Berechnung vorgeladener Ersatzkapazitäten an. Diese Methode beruht auf der Anwendung des Maschensatzes (Zusammenfassung von Reihenelementen) und auf der Anwendung des Knotenpunktsatzes (Zusammenfassung von Parallelelementen).

Im vorliegenden Fall muss für die vorgeladene Ersatzkapazität $C_{xz,ers}$ die Ladung bestimmt werden.

$$Q_{xz,ers} = C_{xz,ers} \cdot U_{xz,ers} = C_x \mid C_z \cdot (U_{x0} + U_{z0})$$

Die Spannung über dieser Ersatzkapazität ist hier die Spannung zwischen den Punkten D und A. Der Zählpfeil zeigt von D nach A. Falls z.B. der Kondensator C_z in der entgegengesetzten Richtung vorgeladen wurde (←), würde für diese Spannung gelten: $U_{xz,ers} = (U_{x0} - U_{z0})$.

Für die Spannung $U_{AE\infty}$ erhält man: $U_{AE\infty} = \dfrac{Q_{y0} - Q_{xz,ers}}{C_y + C_x \mid C_z} = \dfrac{C_y \cdot U_{y0} - C_x \mid C_z \cdot (U_{x0} + U_{z0})}{C_y + C_x \mid C_z}$

16.3.4 Kapazitive Netzwerke

In größeren schaltungstechnischen Konfigurationen und insbesondere bei der Existenz mehrerer Quellen ist die Berechnung des statischen Endzustandes über die verschobene Ladung oder über die Summe der Ladungen häufig sehr aufwendig. Aus diesem Grund wird zur Lösung einer solchen Aufgabenstellung die Knotenanalyse (vgl. Abschn. 5.4.2) eingesetzt.

Der Vorteil dieses Verfahrens ergibt sich aus der Tatsache, dass mit der Kenntnis der Potentiale aller Knoten eines kapazitiven Netzes (entweder bei $t = 0$ oder bei $t \to \infty$) die Spannungen über allen Kondensatoren einfach berechnet werden können. Da Kapazitäten Leitwertcharakter tragen, entfällt das Arbeiten mit Kehrwerten.

ÜB: BB 16.6

Wenn mehrere Ausgleichsvorgänge nacheinander ablaufen und aufeinander aufbauen, werden die jeweiligen statischen Endzustände mit dem Index des Schalters gekennzeichnet, der den aktuell betrachteten Ladungsausgleich auslöst (z.B. A für Schalter S_A = Ein).

Zum Aufstellen des Koeffizientenschemas sind folgende Schritte auszuführen:

1. Bezeichnung aller Knotenpunkte und Festlegung des Bezugsknotens ($\varphi_{Bez} = 0$). Der Bezugsknoten sollte möglichst an einem Anschluss einer Spannungsquelle positioniert werden, die im Endzustand des Ladungsausgleiches noch wirksam ist. Dann ist das Potential des Knotens am anderen Anschluss dieser Quelle bereits bekannt. Dadurch kann man die Anzahl der Unbekannten und damit den Umfang des Gleichungssystems um eine Gleichung reduzieren.

2. Eintragung der Knotenkapazitäten (Summe aller Ersatzkapazitäten der am aktuellen Knoten angeschlossenen Zweige) als Elemente der Hauptdiagonalen im Koeffizientenschema. Knotenkapazitäten haben immer ein positives Vorzeichen.

3. Die restlichen Elemente sind Koppelkapazitäten zwischen dem aktuellen Knoten und möglichen Nachbarknoten. Allen Koppelkapazitäten ist generell ein negatives Vorzeichen zuzuordnen. Befinden sich in einem Zweig mehrere Kapazitäten, so ergibt sich die Knoten- oder Koppelkapazität aus der Gesamtkapazität dieses Zweiges.

4. Auf der rechten Seite jeder Gleichung werden die eingespeisten Ladungen der Quellen eingetragen, die am aktuellen Knoten angeschlossen waren ($t < 0$) und die nach $t \to \infty$ noch angeschlossen sind. Es gilt die übliche Vorzeichenregel.

Der absolute Ausdruck *Abs.* berücksichtigt somit den Vorladezustand der Kondensatoren, also den Ladezustand vor dem Umschalten, sowie den Ladungsbeitrag durch das Zuschalten zusätzlicher Quellen. Dieser Sachverhalt gilt auch, wenn eine Quelle vor einem Schaltvorgang eine Ladung eingespeist hat und nach dem Umschalten nicht mehr wirksam ist.

5. Bei einer Reihenschaltung einer Spannungsquelle und eines Kondensators kann im Bedarfsfall zwischen beiden Elementen ein virtueller Knoten eingeführt werden. Sein Potential ist bekannt, wenn man den Bezugsknoten am anderen Anschluss der Quelle positioniert.

Zur Demonstration der Anwendung dieses Verfahrens wird wieder (wie bereits unter 16.3.2 und 16.3.3) der statische Endzustand im Bild 16.16 berechnet, wenn die Punkte D und E kurzgeschlossen sind. Wählt man den Knoten E als Bezugsknoten ($\varphi_E = 0$), so kann das Potential des Knotens A und damit die Spannung $U_{AE\infty} = \varphi_{A\infty}$ wie folgt bestimmt werden:

$$\varphi_{A\infty} \cdot (C_x + C_y) = Q_{y0} + Q_{x0} \qquad \text{bzw.:} \qquad \varphi_{A\infty} = U_{AE\infty} = \frac{C_y \cdot U_{y0} - C_x \cdot U_{x0}}{C_x + C_y}$$

Man erhält wieder das Ergebnis der Gleich. (16.28) gemäß Abschn. 16.3.2 und 16.3.3.

Lehrbeispiel 16.7:

Man berechne für die Schaltung im Bild 16.21 (wie Bild 16.18) allgemein die Spannungen $U_{x\infty}$ und $U_{y\infty} = U_{AE\infty}$ durch Anwendung der Knotenanalyse.

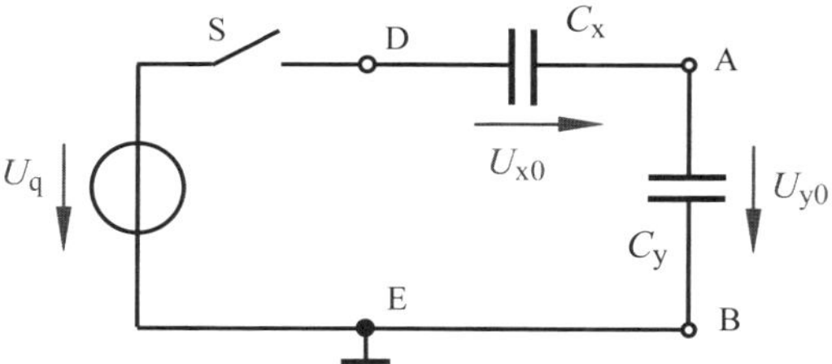

Bild 16.21: Anwendung der Knotenanalyse

Wenn man den Knoten E als Bezugsknoten wählt ($\varphi_E = 0$), ist das Potential des Knotens D bereits bekannt ($\varphi_{D\infty} = U_q$). Das Potential des Punktes A ist dann gleich $\varphi_{A\infty} = U_{y\infty}$.

Zur Bestimmung des Potentials des virtuellen Knotens A wird zunächst das vollständige Koeffizientenschema (Tabelle 16.2) aufgestellt.

Tabelle 16.2: Koeffizientenschema zum Lehrbeispiel 16.7

$\varphi_{D\infty} = U_q$	$\varphi_{A\infty} = U_{y\infty}$	*Abs.*
C_x	$-C_x$	$Q_{DE\infty} + C_x \cdot U_{x0}$
$-C_x$	$C_x + C_y$	$C_y \cdot U_{y0} - C_x \cdot U_{x0}$

ÜB [14]:
BB 16.7
BB 16.8
BB 16.9
BB 16.10
BB 16.11

Das Potential $\varphi_{A\infty} = U_{y\infty}$ kann über die zweite Gleichung berechnet werden:

$$-\varphi_D \cdot C_x + \varphi_A (C_x + C_y) = C_y \cdot U_{y0} - C_x \cdot U_{x0}$$

$$U_{y\infty}(C_x + C_y) = C_y \cdot U_{y0} - C_x \cdot U_{x0} + C_x \cdot U_q \quad \text{bzw.} \quad U_{y\infty} = \frac{C_y \cdot U_{y0} - C_x \cdot U_{x0} + C_x \cdot U_q}{C_x + C_y}$$

Für die Spannung $U_{x\infty}$ gilt dann: $U_{x\infty} = U_q - U_{y\infty}$

$$U_{x\infty} = U_q - \frac{C_y \cdot U_{y0} - C_x \cdot U_{x0} + C_x \cdot U_q}{C_x + C_y} = \frac{C_x \cdot U_{x0} - C_y \cdot U_{y0} + C_y \cdot U_q}{C_x + C_y}$$

Es ergeben sich wieder die Lösungen aus dem Abschn. 16.3.2 [Gleich. (16.29) und (16.30)].

$$Probe: U_{x\infty} + U_{y\infty} = \frac{C_x \cdot U_{x0} - C_y \cdot U_{y0} + C_y \cdot U_q}{C_x + C_y} + \frac{C_y \cdot U_{y0} - C_x \cdot U_{x0} + C_x \cdot U_q}{C_x + C_y} = U_q \frac{C_x + C_y}{C_x + C_y} = U_q$$

Mit der ersten Gleichung kann bei Bedarf die Ladung berechnet werden, die die Quelle während des Ausgleichsvorganges in die Schaltung eingebracht hat.

$$Q_{DE\infty} = C_x \cdot U_q - C_x \cdot U_{y\infty} - C_x \cdot U_{x0} == C_x \cdot (U_q - U_{y\infty} - U_{x0})$$

17 Stationäres magnetisches Feld

17.1 Eigenschaften des magnetischen Feldes

Ein elektrisch erregtes magnetisches Feld bildet sich um bewegte Ladungen aus. Die Feldlinien sind Wirbel, die im Inneren eines stromdurchflossenen Leiters eine elektrische Teilströmung und außerhalb eines oder mehrerer stromdurchflossener Leiter (vgl. Abschn. 17.4) die resultierende elektrische Gesamtströmung umfassen.

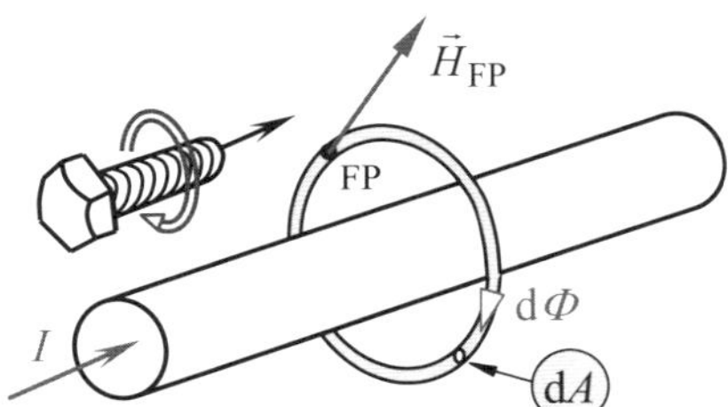

Bild 17.1: Modell des magnetischen Feldes eines stromdurchflossenen Leiters

Bild 17.1 zeigt die Ausbildung eines magnetischen Feldes außerhalb eines geraden (sehr langen) stromdurchflossenen Leiters. Um die bewegte Ladung bilden sich sog. magnetische Flussröhren aus. Diese Röhren symbolisieren einen differenziellen magnetischen Fluss $\mathrm{d}\Phi$, der senkrecht durch die differenziellen Flächenelemente $\mathrm{d}A$ einer Röhre hindurchdringt. Als Hilfsmittel zur Felddarstellung dienen hier die Linien der magnetischen Feldstärke.

Die magnetische Feldstärke $\vec{H}$ ist ein Vektor, der in einem Feldpunkt FP tangential zu einer magnetischen Flussröhre (Linie) in Richtung dieser Linie ansetzt (Bild 17.2). Da es sich jetzt im Vergleich zum elektrostatischen Feld (Quellenfeld) um ein Wirbelfeld handelt, haben diese Linien keinen Anfang und kein Ende. Die Richtung der magnetischen Feldlinien wird mit der Rechtsschrauben-Regel bestimmt.

♦ Dreht man eine Rechtsschraube in Richtung des fließenden Stromes in den Leiter hinein (Bild 17.1), so gibt die Drehrichtung der Schraube die Richtung der magnetischen Feldstärke an. Zur Richtungskennzeichnung des Stromes dient in einer Schnittdarstellung ein Kreuz (Strom fließt vom Betrachter weg) oder ein Punkt (Strom fließt auf den Betrachter zu).

Der Betrag der magnetischen Feldstärke steigt im Inneren eines massiven stromdurchflossenen Leiters linear an und fällt außerhalb dieses Leiters nach einer Hyperbelfunktion ab. Das Maximum der magnetischen Feldstärke entsteht auf der Oberfläche des Leiters.

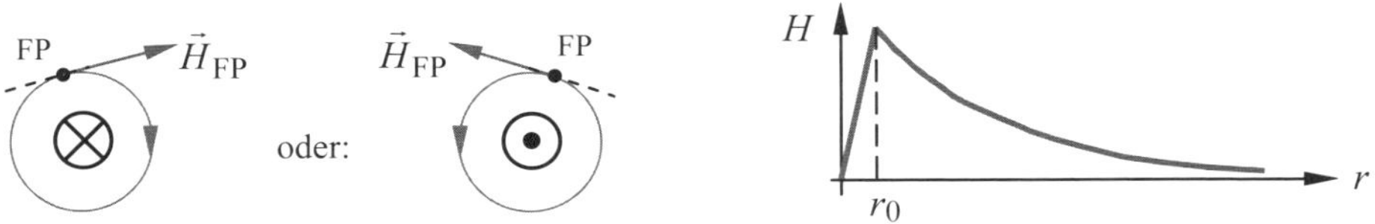

Bild 17.2: Verlauf der magnetischen Feldstärke eines stromdurchflossenen Leiters

Die Ursache für die Ausbildung eines magnetischen Feldes (hier: Strom durch einen Leiter) kann man vervielfachen, wenn der Leiter als Wicklung (z.B. auf einem Trägerkörper) mit N Windungen angeordnet wird. Bei einem zylindrischen Trägerkörper entsteht eine Zylinderspule. Betrachtet man diese Spule in einem Längsschnitt (Bild 17.3), so werden die Beiträge der einzelnen Windungen zum resultierenden magnetischen Feld deutlich.

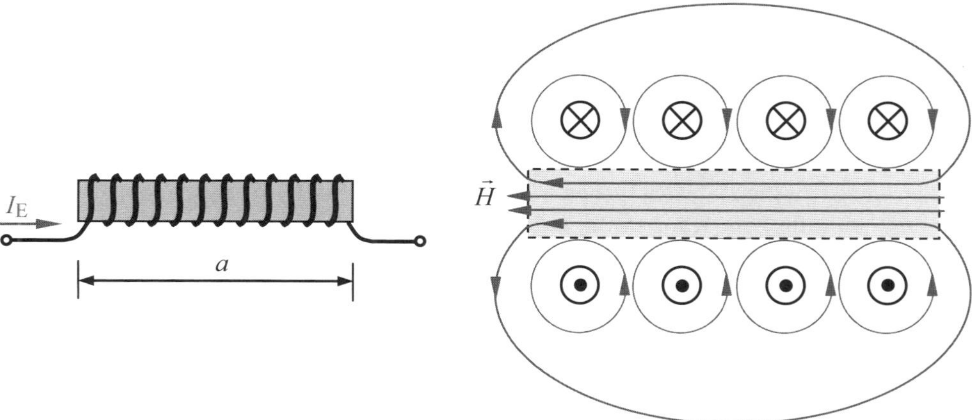

Bild 17.3: Zylinderspule (links) und idealisiertes Feldbild einer Zylinderspule (rechts)

Der Strom fließt in jeder Leiterschleife in die obere Leiterfläche hinein (Kreuz) und kommt aus der unteren Leiterfläche wieder heraus (Punkt). Zwischen jeweils zwei benachbarten Leitern (oben oder unten) heben sich die magnetischen Feldstärken auf. Sie haben den gleichen Betrag (gleicher Radius des Leiters und gleicher Strom) und die entgegengesetzte Richtung. Es entsteht ein resultierendes magnetisches Feld, das sich im Inneren des Zylinders konzentriert. Vernachlässigt man das relativ stark streuende Feld außerhalb der Spule, so kann der Betrag der magnetischen Feldstärke im Inneren einer eng bewickelten Zylinderspule näherungsweise über Gleich. (17.7) berechnet werden. Mit $\Theta = I_E \cdot N$ und $s \approx a$ gilt:

$$H \approx \frac{I_E \cdot N}{a}$$

ÜB: BB 17.2

Das im Inneren des Zylinders (im Bild 17.3 grau unterlegt) existierende magnetische Feld weist Ähnlichkeiten mit einem homogenen Feld auf. Die Feldlinien verlaufen nahezu parallel (allerdings nicht so ideal, wie im Bild 17.3 dargestellt), haben annähernd den gleichen Abstand und die gleiche Richtung. Magnetische Felder können somit in ausgewählten Feldbereichen als homogen aufgefasst werden.

Zur Beschreibung der Eigenschaften eines Stoffes, in dem sich ein magnetisches Feld ausbreitet, dient die Permeabilität μ. Sie ist ein Maß für die magnetische Durchlässigkeit eines Stoffes und wird in der Praxis als Produkt der magnetischen Feldkonstanten μ_0 und der relativen Permeabilität μ_r angegeben. Die relative Permeabilität μ_r ist dann eine reine Verhältniszahl, die die Eigenschaften eines Magnetwerkstoffes relativ zum Vakuum charakterisiert.

$$\mu = \mu_0 \cdot \mu_r \qquad (17.1)$$

Die magnetische Feldkonstante μ_0 ist eine definierte Naturkonstante und beschreibt die magnetische Durchlässigkeit des Vakuums.

ÜB: BB 17.1

$$\mu_0 = 0{,}4 \cdot \pi \cdot 10^{-6} \frac{\mathrm{V \cdot s}}{\mathrm{A \cdot m}} \approx 1{,}2566 \cdot 10^{-6} \frac{\mathrm{V \cdot s}}{\mathrm{A \cdot m}} \qquad (17.2)$$

Man unterscheidet zwischen nichtferromagnetischen und ferromagnetischen Stoffen. Zu den nichtferromagnetischen Stoffen gehören diamagnetische Stoffe (z.B. Kupfer) und paramagnetische Stoffe (z.B. Kunststoffe) mit $\mu_r \approx 1$. Bei diamagnetischen und bei paramagnetischen Stoffen ist die Permeabilität unabhängig von der magnetischen Feldstärke.

Ferromagnetische Stoffe sind Eisenwerkstoffe mit $\mu_r >> 1$ (Abschn. 17.3.1). Sie haben die Eigenschaft, ihre Permeabilität nichtlinear mit der magnetischen Feldstärke zu verändern.

17.2 Beschreibung des magnetischen Feldes

17.2.1 Integrale Größen

Der Strom ist die Ursache für das Entstehen eines (elektrisch erregten) magnetischen Feldes. Dabei soll es sich vorerst um einen Gleichstrom handeln (stationäres magnetisches Feld). Diese ursächliche Größe kann vervielfacht werden, wenn statt eines stromdurchflossenen Leiters mehrere (n) Leiter wirken oder der einzelne stromdurchflossene Leiter bei einer Spule mit N Windungen N-fach wirksam ist (siehe z.B. Spule im Bild 17.3). Die daraus resultierende Erregungsströmung wird als Durchflutung Θ bezeichnet. Die Durchflutung mit der Einheit $[\Theta] = 1$ A besitzt wie der elektrische Strom Richtungscharakter.

$$\Theta = I \cdot N = \sum_{\nu=1}^{n} I_\nu \qquad (17.3)$$

Wickelt man einen Draht mit N Windungen auf einen Trägerkörper (Kern mit der Querschnittsfläche A und der Länge a), so entsteht ein Bauelement in Form einer Spule. Bei einer Luftspule wird der Trägerkörper nach dem Aufbringen der Wicklung wieder entfernt. Dieses Bauelement hat einen magnetischen Leitwert Λ analog zum Leitwert im elektrischen Strömungsfeld (Bauelemente-Kenngröße). Der Kehrwert des magnetischen Leitwertes ist der magnetische Widerstand R_m. Für ein homogenes magnetisches Feld gilt:

$$\Lambda = \frac{1}{R_\mathrm{m}} = \mu \cdot \frac{A}{s} \qquad (17.4)$$

Der magnetische Leitwert hat die Einheit: $[\Lambda] = 1 \frac{\mathrm{V \cdot s}}{\mathrm{A}}$.

Der magnetische Widerstand mit $R_\mathrm{m} = \dfrac{s}{\mu \cdot A}$ (17.4) hat dann die Einheit: $[R_\mathrm{m}] = 1\dfrac{\mathrm{A}}{\mathrm{V \cdot s}}$.

Ein magnetisches Feld entsteht in einem Feldraum um eine bewegte Ladung herum. Im einfachsten (und aus praktischer Sicht häufigsten) Fall ist dieser Feldraum der Kernbereich einer Spule. Bei aktiver Ursache I_E (Erregerstrom) kommt es zum Aufbau eines magnetischen Feldes. Dabei bildet sich ein magnetischer Flusses Φ mit der Einheit $[\Phi] = 1$ V·s um den Leiter bzw. im Kernbereich aus. Zur Verdeutlichung dieses Sachverhalts dient Bild 17.4:

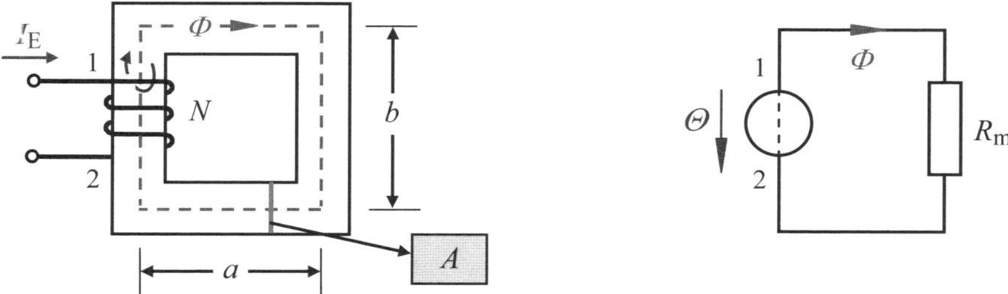

Bild 17.4: Unverzweigter magnetischer Kreis (links) und magnetische Ersatzschaltung (rechts)

Auf einem Kern mit dem Querschnitt A befindet sich eine Wicklung mit der Windungszahl N. Der Wicklungsanfang ist mit „1" und das Wicklungsende ist mit „2" gekennzeichnet. In diese Wicklung wird ein Erregerstrom I_E eingespeist. Der Erregerstrom bewirkt (vervielfacht durch N) einen magnetischen Fluss Φ, der den Kern durchsetzt. Streuflüsse werden vorerst vernachlässigt. Das Produkt von Erregerstrom und Windungszahl wird mit Durchflutung $\Theta = I_\mathrm{E} \cdot N$ (17.3) bezeichnet und kann nach Vorbild einer elektrischen Quelle in einer magnetischen Ersatzschaltung als sog. magnetische Quelle (alte Bezeichnung: magnetische „Urspannung" oder „MMK") aufgefasst werden. Da es keine Spannungsquelle ist, wurde der Mittelstrich des Schaltsymbols gestrichelt dargestellt.

Die Richtung des magnetischen Flusses Φ wird mit der Rechtsschrauben-Regel (Abschn. 17.1) bestimmt. Im Bild 17.4 durchläuft die Drehrichtung der Schraube den Kernabschnitt am stromdurchflossenen Leiter vom Punkt „1" weg durch den Kern und bestimmt so die positive Zählrichtung des magnetischen Flusses (Φ-Richtung im Bild 17.4).

Zur Beschreibung des Zusammenhanges zwischen Ursache und Wirkung dient in einem homogenen magnetischen Feld das HOPKINSONsche Gesetz. Es wird in Analogie zum elektrischen Strömungsfeld auch als OHMsches Gesetz des magnetischen Kreises bezeichnet. Im Bild 17.4 (rechts) ist die magnetische Ersatzschaltung des unverzweigten Kernes der linken Seite des Bildes 17.4 dargestellt. Die magnetische Quelle $\Theta = I_\mathrm{E} \cdot N$ treibt einen magnetischen Fluss Φ gegen den Zählpfeil der Quelle (Quellen-Zählpfeilsystem) durch den Kreis. Dieser Fluss wird durch den magnetischen Widerstand R_m begrenzt.

$$\Phi = \Lambda \cdot \Theta = \frac{\Theta}{R_\mathrm{m}} \qquad (17.5)$$

Dabei stellt der magnetische Fluss Φ (wie auch der elektrische Strom I im elektrischen Strömungsfeld) eine in sich geschlossene Erscheinung dar. Der Querschnitt des Kernes wird vom magnetischen Fluss vollständig durchsetzt. Die Flusslinien sind demzufolge Bögen, die an den Ecken des Kernes nicht im rechten Winkel (wie im Bild 17.4) abknicken. Um die Berechnung einer solchen Anordnung zu vereinfachen, geht man von der Annahme aus, dass sich der magnetische Fluss im Mittelpunkt der durchsetzten Fläche konzentriert. Bei dieser Näherung haben die Flusslinien im Bild 17.4 eine mittlere Länge $s = 2 \cdot (a + b)$.

Vergleicht man die in den Kap. 14 und 15 dargestellten integralen Ursache-Wirkungs-Mechanismen, stellt man Ähnlichkeiten fest, die auf die im Kap. 13 bereits angedeuteten Analogien zwischen den Feldern der Elektrotechnik hinweisen. Danach ist die Ursache eine Quellengröße, die Bedingung eine Bauelemente-Kenngröße und die Wirkung eine sich einstellende Flussgröße.

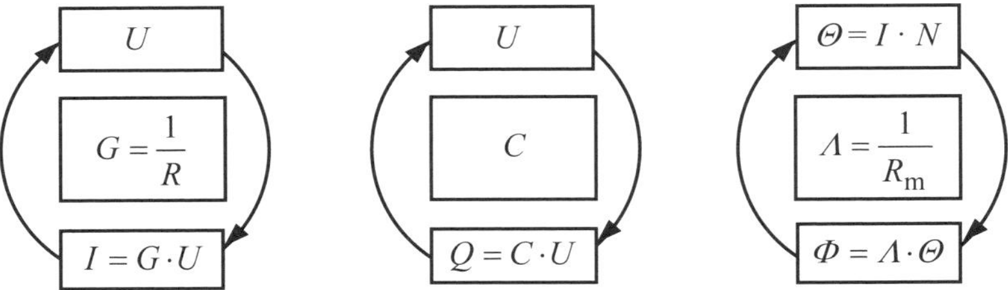

Bild 17.5: Ursache-Wirkungs-Mechanismen im elektrischen und magnetischen Feld

Ein Vergleich der Bauelemente-Kenngrößen sowie der Stoff-Kenngrößen weist ebenfalls auf diese Ähnlichkeiten hin. Für ein als homogen angenommenes Feld gilt:

$G = \kappa \cdot \frac{A}{l}$ bzw.: $R = \frac{l}{\kappa \cdot A}$ mit: $[\kappa] = 1\,\frac{\mathrm{S \cdot m}}{\mathrm{m}^2} = 1\,\frac{\mathrm{A}}{\mathrm{V \cdot m}}$

$C = \varepsilon \cdot \frac{A}{d}$ mit: $[\varepsilon] = [\varepsilon_0 \cdot \varepsilon_r] = 1\,\frac{\mathrm{A \cdot s}}{\mathrm{V \cdot m}}$

$\Lambda = \mu \cdot \frac{A}{s}$ bzw.: $R_m = \frac{s}{\mu \cdot A}$ mit: $[\mu] = [\mu_0 \cdot \mu_r] = 1\,\frac{\mathrm{V \cdot s}}{\mathrm{A \cdot m}}$

17.2.2 Ortsbezogene Größen

Integriert man in einem magnetischen Feld vom Feldpunkt FP_X über einen beliebigen geschlossenen Umlauf mit der Bogenlänge s wieder bis zum Punkt X, so erhält man die Durchflutung durch die von s umrandete Fläche über das Umlaufintegral der magnetischen Feldstärke. Die Gleich. (17.6) wird als Durchflutungsgesetz bezeichnet:

$$\Theta = \oint \vec{H} \cdot \mathrm{d}\vec{s} \qquad (17.6)$$

Die magnetische Feldstärke $\vec{H}$ kann in einem ortsbezogenen Ursache-Wirkungs-Modell als Ursache für die magnetische Flussdichte aufgefasst werden. In magnetischen Kreisen, bei denen bestimmte Bereiche des magnetischen Feldes nahezu homogene Eigenschaften aufweisen und die nur über einen einzigen magnetischen Widerstand verfügen, ergibt sich die magnetische Feldstärke aus dem Quotienten von Durchflutung und Feldlinienlänge. Die magnetische Feldstärke hat die Einheit: $[H] = 1\ \mathrm{A}/\mathrm{m}$.

$$H = \frac{\Theta}{s} \tag{17.7}$$

Der magnetische Fluss Φ ist eine in sich geschlossene Erscheinung. Er bildet sich als Wirbel um den elektrischen Strom I bzw. um $\Theta = I \cdot N$ aus. Die Dichte dieser Wirbel wird über die magnetische Flussdichte B beschrieben. Wenn man den gesamten Fluss Φ in einzelne Teilflüsse mit gleichem Betrag $\Delta\Phi$ zerlegt, gilt: $\Phi = \Sigma(\Delta\Phi)$. Jeder Teilfluss $\Delta\Phi$ durchsetzt dann senkrecht ($\perp$) die Fläche ΔA einer Flussröhre.

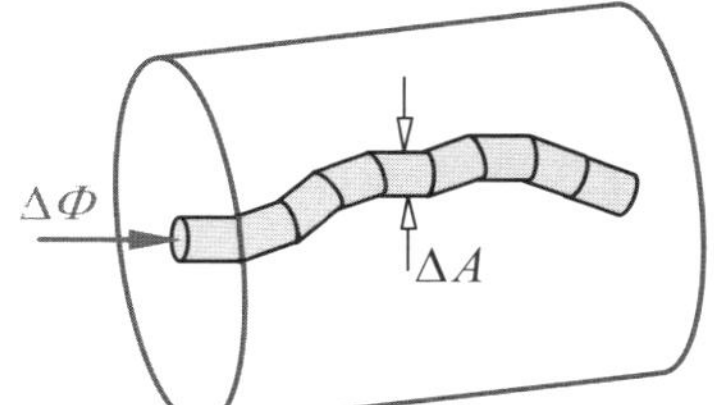

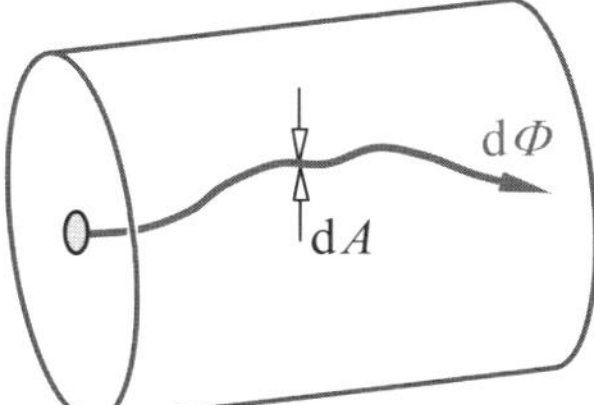

Bild 17.6: Modell zur Erklärung der magnetischen Flussdichte

Bezieht man den Teilfluss auf die Teilfläche der Röhre, und führt den Grenzübergang zu differenziell dünnen Flussröhren durch, gilt für den Betrag der magnetischen Flussdichte:

$$B = \frac{\mathrm{d}\Phi}{\mathrm{d}A_{\perp}} \tag{17.8}$$

Die magnetische Flussdichte hat die Einheit: $[B] = 1 \frac{\mathrm{V} \cdot \mathrm{s}}{\mathrm{m}^2} = 1\ \mathrm{T}$ (TESLA).

In einem als homogen angenommenen Bereich des magnetischen Feldes kann der Zusammenhang zwischen B und H in einfacher Form berechnet werden. Durch eine Kernfläche A (z.B. in Bild 17.4) dringt gemäß (17.5) ein magnetischer Fluss Φ:

$\Phi = \Lambda \cdot \Theta$ mit (17.8): $B = \frac{\Phi}{A}$ und (17.4): $\Lambda = \mu \cdot \frac{A}{s}$

$$B = \frac{\Phi}{A} = \frac{\Lambda \cdot \Theta}{A} = \mu \cdot \frac{A}{s} \cdot \frac{\Theta}{A} = \mu \cdot \frac{\Theta}{s} = \mu \cdot H$$

Die magnetische Flussdichte und die magnetische Feldstärke verhalten sich proportional zueinander. Beide Vektoren zeigen in jedem Feldpunkt in die gleiche Richtung.

$$\vec{B} = \mu \cdot \vec{H} \tag{17.9}$$

Durch Bildung des Flächenintegrals über der magnetischen Flussdichte erhält man mit Gleich. (17.8) denjenigen magnetischen Fluss Φ, der durch eine Fläche A dringt:

$$\Phi = \int_A \vec{B} \cdot \mathrm{d}\vec{A} \tag{17.10}$$

Der magnetische Fluss Φ wird von der Durchflutung Θ angetrieben und durch den magnetischen Widerstand begrenzt (Bild 17.4). Er dringt durch den Kern oder eine andere räumliche Anordnung mit der Fläche A. Analog zur Stromdichte J im elektrischen Strömungsfeld und zur elektrischen Flussdichte D im elektrostatischen Feld führt man zur Beschreibung des magnetischen Feldes die magnetische Flussdichte B ein. Diese Flussdichte kann in einem ortsbezogenen Ursache-Wirkungs-Modell als Wirkungsgröße aufgefasst werden.

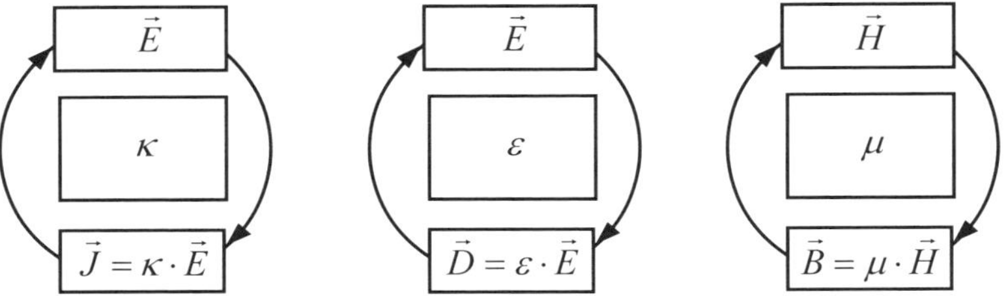

Bild 17.7: Ortsbezogene Ursache-Wirkungs-Modelle zum elektrischen und magnetischen Feld

Bild 17.7 zeigt in einer Analogiedarstellung (links: Strömungsfeld; Mitte: elektrostatisches Feld und rechts: magnetisches Feld) die Zusammenhänge zwischen der jeweiligen Feldstärke und der Dichtegröße.

17.3 Magnetische Kreise

17.3.1 Magnetisierungskennlinie

Magnetische Felder bilden sich in unterschiedlichen Stoffen verschiedenartig aus. Verantwortlich dafür ist die jeweilige Permeabilität μ (vgl. Abschn. 17.1) des aktuellen Stoffes. Nichtferromagnetische Stoffe (Nichtferromagnetika) haben eine konstante Permeabilität mit $\mu \approx \mu_0$. Zwischen der magnetischen Flussdichte B und der magnetischen Feldstärke H existiert ein linearer Zusammenhang. Es gilt: $B \approx \mu_0 \cdot H$.

Ferromagnetische Stoffe (Ferromagnetika) haben eine Permeabilität mit $\mu_r >> 1$. Zwischen der magnetischen Flussdichte B und der magnetischen Feldstärke H besteht ein nichtlinearer

Zusammenhang. Die Permeabilität ist vom eingestellten Arbeitspunkt in der Magnetisierungskennlinie (Bild 17.9) abhängig. Es gilt: $\mu = f(H_\mathrm{E})$.

Zur Aufnahme der Magnetisierungskennlinie eines bestimmten ferromagnetischen Stoffes verwendet man einen vollständig entmagnetisierten Kern mit Luftspalt. Auf dem Kern befindet sich eine Wicklung mit der Windungszahl N. In die Wicklung wird ein Erregerstrom mit $0 \leq I_\mathrm{E} \leq I_\mathrm{E,max}$ [Gleich. (17.7) proportional zur magnetischen Feldstärke H] eingespeist.

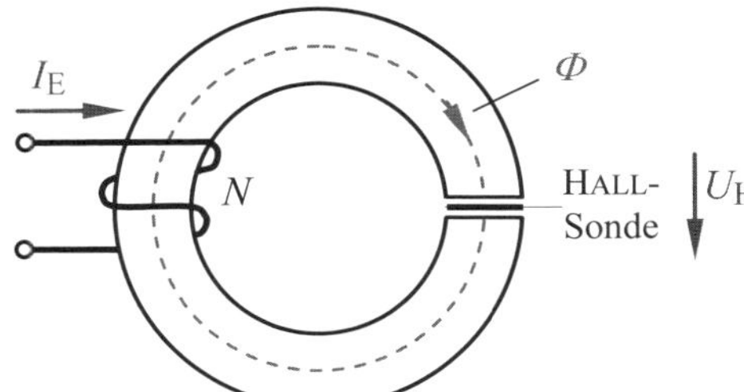

Bild 17.8: Aufnahme einer Magnetisierungskennlinie

Die im Luftspalt des Kernes positionierte HALL-Sonde ermöglicht die messtechnische Erfassung einer Spannung $U_\mathrm{H} = f(I_\mathrm{E})$. Daraus kann dann der Verlauf der magnetischen Flussdichte $B = f(H_\mathrm{E})$ berechnet werden (vgl. Lehrbeispiel 17.4 und [11] – Beispiel 2.10).

ÜB [14]:
BB 17.13
BB 17.14

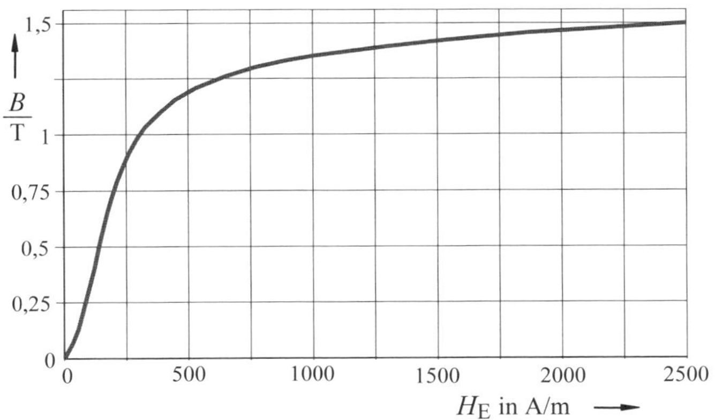

Bild 17.9: Magnetisierungskennlinie

Der Kennlinienverlauf ist mit der bezirksweisen Existenz atomarer Elementarmagnete (sog. WEIßsche Bezirke) in ferromagnetischen Stoffen erklärbar. Im magnetisch neutralen Zustand unterliegt die Vorzugsrichtung dieser Elementarmagnete einer statistischen Gleichverteilung. Im Bild 17.10 sind jeweils $16{,}\overline{6}\,\%$ nach unten, nach oben, nach links, nach rechts, nach hinten und nach vorn gerichtet (siehe angedeutete Richtungen ausgewählter Bezirke).

Eine sehr kleine (von außen einwirkende) Feldstärke z.B. in $+\vec{e}_\mathrm{x}$ -Richtung bewirkt noch keine merkliche Ausrichtung. Sobald jedoch die äußere magnetische Feldstärke einen Betrag erreicht, der die WEIßschen Bezirke um 90° zu kippen vermag, richten sich schlagartig viermal $16{,}\overline{6}\,\%$ der Elementarmagnete danach aus (steil ansteigender Teil der Magnetisierungskennlinie im Bild 17.9). Im Bild 17.10 sind das die nach unten, nach oben, nach hinten und nach vorn zeigenden Bezirke. Eine weitere Erhöhung der Feldstärke bringt den Kern bei $I_E \to I_{E,max}$ in die Sättigung. Der Betrag der von außen einwirkenden magnetischen Feldstärke ist jetzt in der Lage, die restlichen $16{,}\overline{6}\,\%$ der Elementarmagnete, deren Vorzugsrichtung ja entgegen der äußeren Feldstärke gerichtet war, auszurichten.

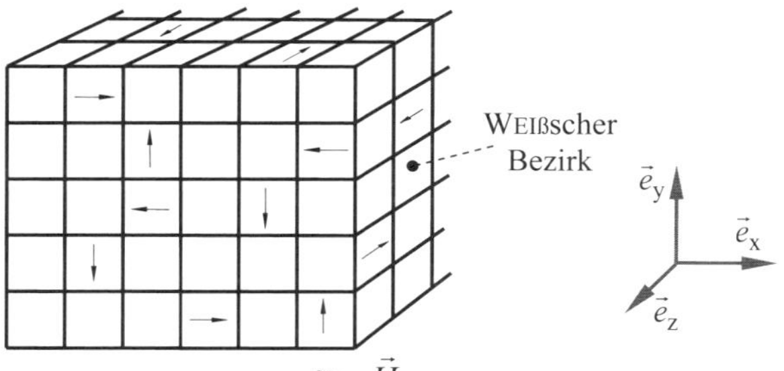

Annahme (vereinfachte Darstellung): Die WEIßschen Bezirke sind nach Vorbild der drei Basisvektoren ausgerichtet. Damit ergeben sich (nur als Diskussionsgrundlage) sechs unterschiedliche Vorzugsrichtungen, wenn man die Gegenvektoren $\pm\vec{e}$ mit in die Betrachtung einbezieht.

Bild 17.10: Modell zu den WEIßschen Bezirken

Entfernt man nun den Werkstoff aus dem magnetischen Feld, so werden nicht alle Elementarmagnete in ihre ursprüngliche Lage zurückkippen. Ein Teil der WEIßschen Bezirke behält die neue Lage als Vorzugsrichtung bei. Der Stoff ist nun nach außen hin nicht mehr magnetisch neutral. Er verhält sich mit seinem Restmagnetismus jetzt wie ein Permanentmagnet.

Zur Verdeutlichung dieses Sachverhalts wird in die Wicklung des Bildes 17.8 ein Erregerstrom mit $-I_{E,max} \leq I_E \leq +I_{E,max}$ eingespeist.

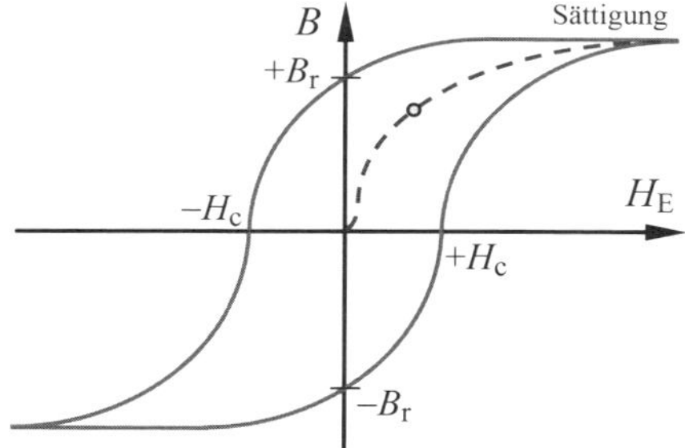

Bild 17.11: Hystereseschleife

Beim ersten Aufmagnetisieren eines vollständig entmagnetisierten Kernes durchläuft der Arbeitspunkt ∘ die Neukurve (gestrichelter Verlauf im Bild 17.11 – wie im Bild 17.9).

Verringert man nun nach Erreichen der Sättigung (1. Quadrant im Bild 17.11 – rechts oben) den Erregerstrom bis auf den Wert null, so läuft der Arbeitspunkt nicht wieder auf der Neukurve in Richtung des Koordinatenursprungs. Er erreicht bei $H_E = 0$ einen Wert der magnetischen Flussdichte, der den im Kern verbleibenden Restmagnetismus beschreibt und der mit Remanenzflussdichte B_r bezeichnet wird.

Bei einem negativen Erregerstrom ändert sich nun die Richtung der magnetischen Feldstärke im Bild 17.10 und die WEIßschen Bezirke werden genau entgegengesetzt ausgerichtet.

Der Arbeitspunkt erreicht bei einer magnetischen Flussdichte $B = 0$ einen Wert der magnetischen Feldstärke, den man als Koerzitivfeldstärke H_c bezeichnet. Mit Erreichen von $-I_{E,max}$ befindet sich der Kern jetzt in einer richtungsveränderten Sättigung. Der Arbeitspunkt des Kernes durchläuft die im Bild 17.11 dargestellte Hystereseschleife vollständig, wenn der Erregerstrom den angegebenen Wertevorrat $-I_{E,max} \leq I_E \leq +I_{E,max}$ durchläuft, oder wenn in die Wicklung ein Wechselstrom $i_E(t) = I_{E,max} \cdot \sin \omega t$ eingespeist wird.

Der Kern kann auch wieder vollständig entmagnetisiert werden. Dazu speist man als Erregerstrom im Bild 17.8 einen Wechselstrom $i_E(t)$ ein, dessen Maximalwert (beginnend mit dem Wert von $I_{E,max}$) gegen null gefahren wird. Dadurch nehmen die WEIßschen Bezirke wieder Richtungen ein, die statistisch gleichverteilt sind.

17.3.2 Ersatzschaltungen für magnetische Kreise

Es hat sich als methodisch sinnvoll erwiesen, die Berechnung magnetischer Kreise über Ersatzschaltungen durchzuführen. Diese Ersatzschaltungen sollen die grundlegende Struktur der Anordnung modellmäßig erfassen und so die Berechnung erleichtern. Dazu wird jede von einem Strom durchflossene Wicklung als Ersatzquelle mit der Durchflutung Θ dargestellt. Die Richtung des magnetischen Flusses Φ, den diese Ersatzquelle durch den magnetischen Kreis treibt (siehe Bild 17.12), wird mit der Rechtsschrauben-Regel bestimmt. Dreht man im Bild 17.12 eine Rechtsschraube vom Punkt a in Richtung des angegebenen Erregerstromes $I_E > 0$ in den Leiter ein (siehe Drehpfeil), so gibt die Richtung des durch den Kern verlaufenden Drehpfeils die Richtung des magnetischen Flusses an. Im Beispiel des Bildes 17.12 verursacht der Erregerstrom einen magnetischen Fluss, der vom Punkt a weg im Uhrzeigersinn durch den Kern dringt.

Der Zählpfeil der Ersatzquelle mit der Quellengröße Θ wird in der magnetischen Ersatzschaltung (Bild 17.12) nach Vorbild einer elektrischen Spannungsquelle festgelegt (also über das Quellen-Zählpfeilsystem definiert). Dieser Zählpfeil ist dann vom Punkt a zum Punkt b gerichtet und verläuft gegen den Zählpfeil des magnetischen Flusses.

- **Unverzweigte magnetische Kreise:**

In unverzweigten magnetischen Kreisen entsteht (auch bei mehreren Wicklungen) nur <u>ein</u> resultierender magnetischer Fluss. Dieser magnetische Fluss dringt durch einen oder durch mehrere magnetische Widerstände. Jeder Teil des magnetischen Kreises, der durch eine Veränderung des Querschnittes oder des Magnetwerkstoffes gekennzeichnet ist, wird mit einem magnetischen Ersatzwiderstand abgebildet. Bild 17.12 zeigt links eine Ringspule mit Luftspalt (Luftspaltlänge δ). Der Kern soll dicht bewickelt sein.

ÜB: BB 17.5

Die Ersatzschaltung (Bild 17.12 – rechts) besteht aus der Reihenschaltung einer Ersatzquelle mit der Durchflutung Θ sowie den magnetischen Widerständen des Kernes R_{mE} und des Luftspaltes R_{mL}. Ohne Luftspalt würde in der Ersatzschaltung nur der magnetische Widerstand des Kernes $R_m = R_{mE}$ in Reihe zu Θ wirken.

Die Ersatzschaltung zeigt recht anschaulich, dass der magnetische Fluss Φ von der Durchflutung Θ verursacht und von der Reihenschaltung der magnetischen Widerstände begrenzt wird [Gleich. (17.5)]. Die Berechnung über D_m ist als Näherungsrechnung zu bewerten.

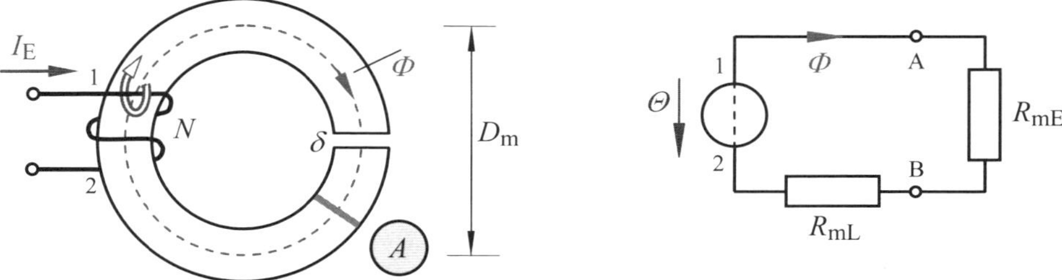

Bild 17.12: Ringspule mit Luftspalt (links) und Ersatzschaltung (rechts)

Für den magnetischen Fluss gilt näherungsweise: $\Phi = \dfrac{\Theta}{R_{mE} + R_{mL}} = \dfrac{I_E \cdot N}{\dfrac{\pi \cdot D_m - \delta}{\mu_0 \cdot \mu_r \cdot A} + \dfrac{\delta}{\mu_0 \cdot A}}$

Bild 17.13 zeigt einen unverzweigten magnetischen Kreis mit zwei getrennten Wicklungen. Die wechselseitige Beeinflussung beider Spulen wird vorerst vernachlässigt.

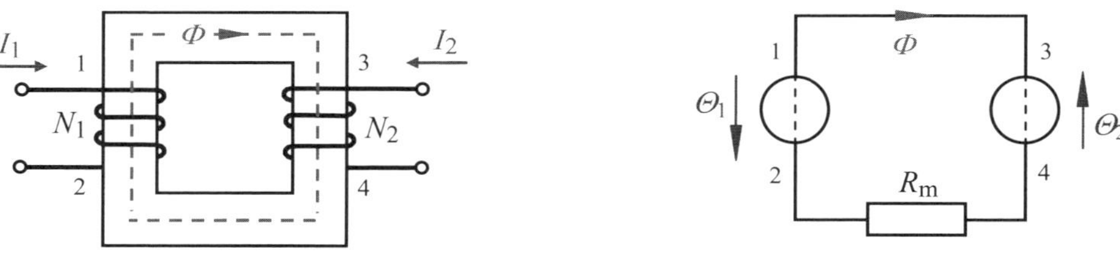

Bild 17.13: Unverzweigter magnetischer Kreis (links) und Ersatzschaltung (rechts)

ÜB: BB 17.7

Der Strom durch die Wicklung 1 verursacht einen magnetischen Flussanteil, der im Bild 17.13 vom Punkt 1 weg nach oben gerichtet ist. Der Strom durch die Wicklung 2 verursacht einen magnetischen Flussanteil, der vom Punkt 3 weg nach unten gerichtet ist. Beide Flussanteile überlagern sich positiv zum resultierenden magnetischen Fluss Φ.

Die Ersatzschaltung besteht aus einer Reihenschaltung von zwei gleichsinnig geschalteten Ersatzquellen und dem magnetischen Widerstand des Kernes.

Für den magnetischen Fluss im Bild 17.13 gilt: $\Phi = \dfrac{\Theta_1 + \Theta_2}{R_m} = \dfrac{I_1 \cdot N_1 + I_2 \cdot N_2}{R_m}$

- **Verzweigte magnetische Kreise:**

In verzweigten magnetischen Kreisen kommt es nach dem Knotenpunktsatz zu einer Aufteilung des magnetischen Gesamtflusses in Teilflüsse. Die beiden Teilflüsse im Bild 17.14 sind betragsmäßig gleich, wenn der Kern symmetrisch zur Mittellinie des Mittelsteges aufgebaut ist. Die Ersatzschaltung besteht jetzt aus drei parallelen Zweigen.

Für den magnetischen Gesamtfluss dieser Anordnung gilt: $\Phi_{ges} = \Phi_1 + \Phi_2$.

ÜB [14]:
BB 17.8
BB 17.9

$$\Phi_{ges} = \frac{\Theta}{R_{m,ges}} = \frac{I_E \cdot N}{R_{m3} + R_{mL} + R_{m1} \,//\, R_{m2}}$$

Im Symmetriefall ist $R_{m1} = R_{m2}$. Dann gilt: $R_{m,ges} = R_{m3} + R_{mL} + 0{,}5 \cdot R_{m1}$

Infolge der Symmetrie des Kernes und des gewählten Flächenverhältnisses von $A_3 = 2 \cdot A_1$ bzw. $A_3 = 2 \cdot A_2$ werden alle drei Bereiche des Kernes im gleichen Arbeitspunkt betrieben.

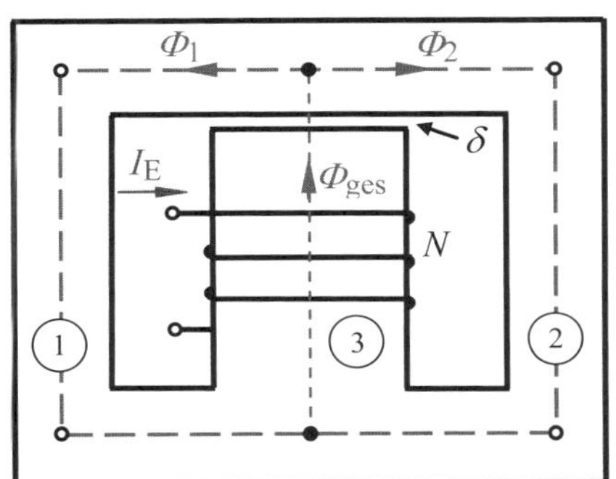

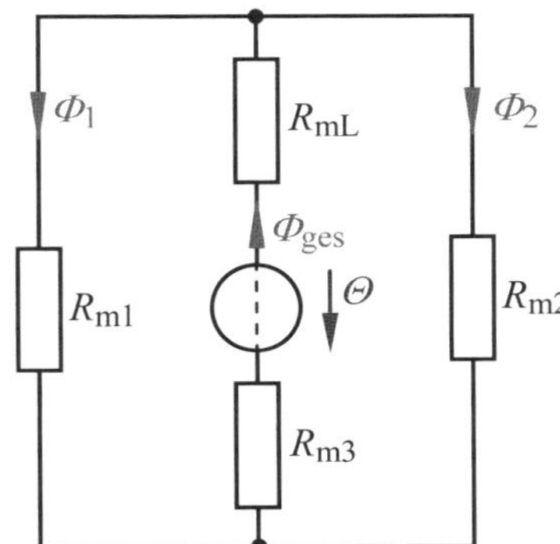

Bild 17.14: Verzweigter magnetischer Kreis (links) und Ersatzschaltung (rechts)

17.3.3 Berechnung magnetischer Kreise

Die eigentliche Berechnung eines magnetischen Kreises erfolgt analog zur Berechnung elektrischer Stromkreise unter Verwendung einer entsprechenden Ersatzschaltung. Dabei geht man davon aus, dass sich der jeweilige magnetische Fluss im Mittelpunkt des Querschnittes eines Kernbereiches konzentriert (siehe Bilder 17.12, 17.13 und 17.14), obwohl er in Wirklichkeit den gesamten Querschnitt dieses Kernbereiches durchsetzt. Die Anordnung wird dann mit den Gesetzen zur Berechnung homogener magnetischer Felder beschrieben.

Als Grundlage der Berechnung müssen zunächst die konstruktiven Daten des Kernes bestimmt werden. Bei einem vorgegebenen Kern sind diese Daten auszumessen oder sie sind bereits bekannt. Wählt man dagegen einen Kern aus einem Datenblatt, so gibt der Hersteller eines Kernes in der Regel die konstruktiven Daten als mittlere Größen im Datenblatt an. Mit diesen Angaben kann die Kernquerschnittsfläche A und die mittlere Länge s der Flusslinien bestimmt werden. Bei Existenz eines Luftspaltes ist zusätzlich die Kenntnis der Luftspaltlänge δ erforderlich.

Zur weiteren Berechnung wird die Permeabilität $\mu = \mu_0 \cdot \mu_r$ benötigt. Bei Nichtferromagnetika ist sie als feste Werkstoffkenngröße (z.B. $\mu \approx \mu_0$) bekannt. Für Ferromagnetika muss die Permeabilität aus einer materialspezifischen Magnetisierungskennlinie ermittelt werden. Dazu ist der Arbeitspunkt vorzugeben bzw. für den geplanten Einsatzfall zu wählen.

Bei einem unverzweigten Kern ohne Luftspalt wird die Lage des Arbeitspunktes lediglich durch $H_E^* = \Theta / s$ bestimmt (siehe AP1 im Bild 17.15). Er kann durch Variation des Erregerstromes und der Windungszahl beeinflusst werden. Eine Veränderung des Kernes durch die Variation der Eisenweglänge s wäre sicherlich keine praktikable Maßnahme.

Bei einem Kern aus einem nichtferromagnetischen Stoff oder bei einem Eisenkern ohne Luftspalt ist die Berechnung über den magnetischen Widerstand [Gleich. (17.4)] und das HOPKINSONsche Gesetz (17.5) sinnvoll. Der Kernquerschnitt muss bekannt sein bzw. über die Kerndaten bestimmt werden. Zur Berechnung der magnetischen Flussdichte und der magnetischen Feldstärke wird dann folgender Lösungsweg beschritten:

$$R_m \rightarrow \Phi = \frac{\Theta}{R_m} \rightarrow B = \frac{\Phi}{A} \rightarrow H = \frac{B}{\mu}$$

Falls der Kernquerschnitt nicht exakt beschrieben werden kann, wird das Durchflutungsgesetz nach Gleich. (17.11) zur Berechnung eingesetzt.

Durch Einbringen eines Luftspaltes verändert sich die Lage des Arbeitspunktes (siehe AP2 im Bild 17.15). Zur grafischen Bestimmung dieses Arbeitspunktes ist die Quellenkennlinie in Form der Luftspaltgeraden (LSG) mit in die Magnetisierungskennlinie einzuzeichnen. Die Luftspaltgerade verbindet $H_E^* = \Theta / s$ mit B^*. Ihr Schnittpunkt mit der Kennlinie legt dann den Arbeitspunkt AP2 = (B_{AP} ; H_{AP}) fest (vgl. auch Abschn. 6.4).

ÜB: BB 17.3

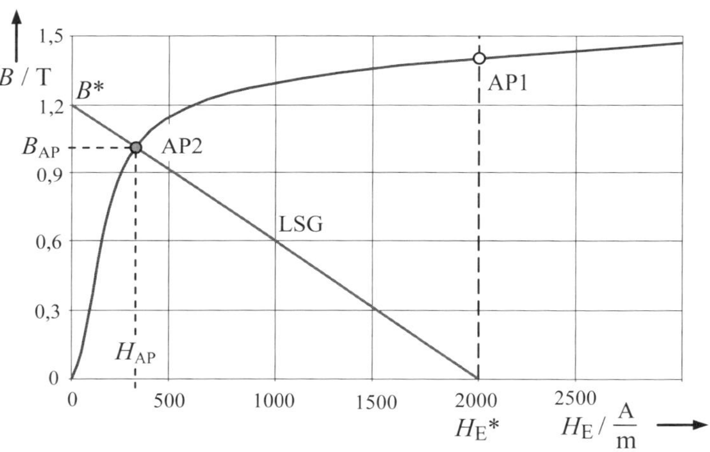

Bild 17.15: Festlegung des Arbeitspunktes in der Magnetisierungskennlinie

Die Berechnung dieser Luftspaltgeraden soll am Beispiel der Anordnung im Bild 17.12 mit einem ferromagnetischen Kern (R_{mE} und R_{mL}) demonstriert werden. Die Ersatzschaltung (siehe Bild 17.12 – rechts) wird an den Punkten A und B in einen aktiven Zweipol (lineares Verhalten vorausgesetzt) und in einen passiven Zweipol (nichtlineares Verhalten) aufgetrennt. Die Durchflutung Θ und der magnetische Widerstand des Luftspaltes R_{mL} bilden jetzt eine Ersatzquelle, die mit dem magnetischen Widerstand R_{mE} belastet wird.

In homogenen Kreisen kann das Durchflutungsgesetz (17.6) in vereinfachter Form und nach Vorbild des Maschensatzes angewendet werden. Das Produkt $H \cdot s$ beschreibt dabei den magnetischen Spannungsabfall über einem magnetischen Widerstand.

$$\sum \Theta = \sum H \cdot s \tag{17.11}$$

Nach Gleich. (17.11) gilt für die Anordnung im Bild 17.12:

$$\Theta = H_1 \cdot s_1 + H_2 \cdot s_2 = H_E \cdot s_E + H_L \cdot \delta$$

mit: $H_L = \dfrac{B}{\mu_0} \quad \Rightarrow \quad \Theta = H_E \cdot s_E + \dfrac{B \cdot \delta}{\mu_0}$

ÜB: BB 17.14

Durch Umstellen dieser Beziehung nach B kann der Zusammenhang $B = f(H_E)$ als Magnetisierungskennlinie (Bild 17.9 oder Bild 17.15) beschrieben werden. Mit $\Theta = I_E \cdot N$ gilt:

$$B = \frac{\mu_0}{\delta} \cdot (I_E \cdot N - H_E \cdot s_E)$$

Die beiden Schnittpunkte der Luftspaltgeraden mit den Achsen der Magnetisierungskennlinie B^* ($H_E = 0$) und H_E^* ($B = 0$) erhält man dann durch Einsetzen der jeweiligen Randbedingung (siehe Bild 17.15):

$$H_E = 0: \Rightarrow B^* = I_E \cdot N \cdot \frac{\mu_0}{\delta} \tag{17.12}$$

$$B = 0: \Rightarrow H_E^* = \frac{I_E \cdot N}{s_E} \tag{17.13}$$

Die Permeabilität eines vorliegenden ferromagnetischen Stoffes ergibt sich nun aus dem Quotienten von magnetischer Flussdichte und Feldstärke im eingestellten Arbeitspunkt.

$$\mu_E\big|_{AP} = \mu_0 \cdot \mu_r\big|_{AP} = \frac{B_{AP}}{H_{AP}}$$

ÜB: BB 17.10

Die gesuchten Größen können jetzt mit dem HOPKINSONschen Gesetz (17.5) oder mit dem Durchflutungsgesetz nach (17.11) berechnet werden. B_{AP} und H_{AP} sind allerdings schon durch die grafische Bestimmung des Arbeitspunktes bekannt.

Bei der Herleitung der Gleich. (17.12) / (17.13) wurde eine eventuelle Flussverbreiterung im Luftspalt nicht berücksichtigt. Diese Verbreiterung ergibt sich aus der Ausdehnung der magnetischen Flusslinien im Bereich eines Luftspaltes über den Kernquerschnitt A_E hinaus und nimmt mit wachsender Luftspaltlänge zu. Die magnetischen Flussdichten im Kern und im Luftspalt sind dann voneinander verschieden. In einem Kernbereich mit Luftspalt gilt:

$B_E = \dfrac{\Phi}{A_E} \quad$ und: $\quad B_L = \dfrac{\Phi}{A_L}$

Der magnetische Fluss ist in beiden Bereichen gleich: $\Phi = B_E \cdot A_E = B_L \cdot A_L$.

Der Zusammenhang zwischen B_E und B_L wird durch das Flächenverhältnis A_L / A_E bestimmt. Die Flussdichte im Eisenweg ist dann größer als im Luftspalt. Es gilt:

$$B_E = B_L \cdot \frac{A_L}{A_E} \qquad \text{mit: } A_L > A_E.$$

Lehrbeispiel 17.1:

Eine Ringspule mit Luftspalt (Bild 17.12) hat eine mittlere Eisenweglänge $s_E = \pi \cdot D_m - \delta = 360$ mm. Auf dem Ring befindet sich eine Wicklung mit $N = 720$ Windungen. In diese Wicklung wird ein Erregerstrom von $I_E = 1$ A eingespeist. Die Länge des Luftspaltes beträgt $\delta = 0{,}75$ mm. Der kreisförmige Querschnitt des Kernes hat einen Durchmesser von $d = 20$ mm. Es gilt die Annahme: $A_L = A_E$.

Bestimmen Sie die magnetische Flussdichte, den magnetischen Widerstand sowie die Feldstärken im Eisenweg und im Luftspalt.

Es wird zunächst die Magnetisierungskennlinie betrachtet. Falls diese Kennlinie nicht bekannt ist (z.B. vom Datenblatt des Herstellers des Kernes), muss sie gemäß Bild 17.8 messtechnisch erfasst werden. Mit den gegebenen Daten des Kernes erhält man folgende Luftspaltgerade:

ÜB: BB 17.6

$$B^* = I_E \cdot N \cdot \frac{\mu_0}{\delta} = 720 \cdot \frac{0{,}4 \cdot \pi}{0{,}75} \cdot 10^{-3} \cdot \frac{\text{V} \cdot \text{s}}{\text{A} \cdot \text{m}} \approx 1{,}2 \text{ T}$$

$$H_E^* = \frac{I_E \cdot N}{s_E} = \frac{720}{0{,}36} \frac{\text{A}}{\text{m}} \approx 2000 \frac{\text{A}}{\text{m}}$$

Diese Gerade muss als LSG in die Magnetisierungskennlinie eingezeichnet werden. Die berechneten Schnittpunkte mit den Achsen stimmen mit dem Beispiel im Bild 17.15 überein.

Es ergibt sich folgender Arbeitspunkt (PC-Grafik mit Zoom und Raster): AP2 $\approx$ (1,0 T; 330 $\frac{\text{A}}{\text{m}}$).

Damit sind die magnetische Flussdichte und die magnetische Feldstärke im Eisenweg bereits bekannt. Die magnetische Feldstärke im Luftspalt kann über die Permeabilität berechnet werden:

$$\mu_{AP} = \frac{B_{AP}}{H_{AP}} = \frac{1}{330} \cdot \frac{\text{V} \cdot \text{s}}{\text{A} \cdot \text{m}} = 3{,}03 \cdot 10^{-3} \frac{\text{V} \cdot \text{s}}{\text{A} \cdot \text{m}} \qquad \text{und:} \qquad \mu_r = \frac{\mu_{AP}}{\mu_0} = 2411$$

Bei $A_L = A_E = A$ gilt $B_L = B_E$: $\qquad \mu_0 \cdot H_L = \mu_0 \cdot \mu_r \cdot H_E$

$$H_L = \mu_r \cdot H_E = 2411 \cdot 330 \frac{\text{A}}{\text{m}} = 795{,}63 \cdot 10^3 \frac{\text{A}}{\text{m}}$$

Probe: $H_L = \frac{B_{AP}}{\mu_0} = \frac{1}{0{,}4 \cdot \pi} \cdot 10^6 \frac{\text{A}}{\text{m}} = 795{,}77 \cdot 10^3 \frac{\text{A}}{\text{m}}$ (Probe stimmt !)

Zur Berechnung des magnetischen Widerstandes wird die vom Fluss durchsetzte Fläche des Kernes benötigt. Mit $d = 20$ mm erhält man:

$$A = \frac{\pi \cdot d^2}{4} = 314{,}2 \text{ mm}^2 \qquad \Rightarrow \qquad \text{mit (17.8): } \Phi = B_{AP} \cdot A = 314{,}2 \cdot 10^{-6} \text{ V} \cdot \text{s}$$

und (17.5): $R_{\mathrm{m}} = \frac{\Theta}{\Phi} = \frac{720}{314{,}2 \cdot 10^{-6}} \frac{\mathrm{A}}{\mathrm{V \cdot s}} = 2{,}29 \cdot 10^{6} \frac{\mathrm{A}}{\mathrm{V \cdot s}}$

Der magnetische Widerstand kann auch über die Reihenschaltung von R_{mE} und R_{mL} (siehe Ersatzschaltung im Bild 17.12) bestimmt werden.

$$R_{\mathrm{m}} = R_{\mathrm{mE}} + R_{\mathrm{mL}} = \frac{s_{\mathrm{E}}}{\mu_0 \cdot \mu_{\mathrm{r}} \cdot A} + \frac{\delta}{\mu_0 \cdot A} = (0{,}38 + 1{,}9) \cdot 10^{6} \frac{\mathrm{A}}{\mathrm{V \cdot s}} = 2{,}28 \cdot 10^{6} \frac{\mathrm{A}}{\mathrm{V \cdot s}}$$

17.4 Magnetische Felder stromdurchflossener Leiter

Magnetische Felder entstehen infolge eines Ladungstransportes und bilden Wirbel um die jeweilige Strömung herum (Wirbelfeld). Der Zusammenhang zwischen der magnetischen Feldstärke und der umfassten Strömung kann mit dem Durchflutungsgesetz [Gleich. (17.6)] beschrieben werden. Bild 17.16 zeigt eine magnetische Flusslinie Φ (idealisiert dargestellt), die sich bei der Überlagerung von vier Einzelfeldern ausbildet.

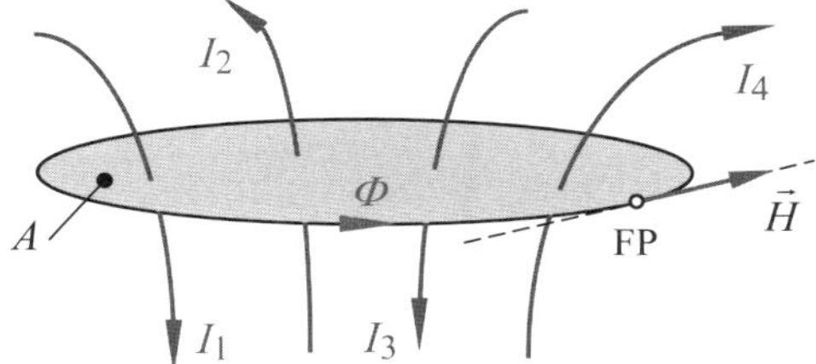

Bild 17.16: Resultierendes magnetisches Feld mehrerer stromdurchflossener Leiter

Der Vektor der magnetischen Feldstärke tangiert in jedem Feldpunkt FP eine Flusslinie in Richtung des magnetischen Flusses. Die Durchflutung in einer Fläche ergibt sich aus der Summe aller durch diese Fläche dringenden Ströme bzw. aus dem Integral der Stromdichte über dieser Fläche. Für das Beispiel im Bild 17.16 erhält man für die Fläche A:

$$\Theta = \int_A \vec{J} \cdot \mathrm{d}\vec{A} = \sum_{\nu=1}^{4} I_\nu = -I_1 + I_2 - I_3 + I_4$$

Die Richtung der Flusslinie Φ wird mit der Rechtsschrauben-Regel bestimmt. Dabei gilt im Bild 17.16 die Annahme: $(I_2 + I_4) > (I_1 + I_3)$.

• Massivleiter:

Befindet sich im betrachteten Raum nur ein vom Strom I_0 durchflossener Leiter, der als gerader unendlich langer Leiter mit einem kreisförmigen Querschnitt A_0 aufgefasst werden darf, kann der Betrag der magnetischen Feldstärke in einem Feldpunkt $\mathrm{FP_X}$ über (17.7) berechnet werden. Der Punkt X soll einen Abstand r vom Mittelpunkt des Leiters haben.

$$H(r) = \frac{I(r)}{2\pi \cdot r} \qquad (17.14)$$

Im Inneren des Leiters ist der Strom $I(r)$ vom jeweiligen Radius $0 \le r \le r_0$ der umfassten Teilfläche $A(r)$ abhängig und wird über die Stromdichte nach (14.5) im Leiter berechnet.

Mit $J = \frac{I_0}{A_0} = \frac{I_0}{\pi \cdot r_0^2}$ gilt: $I(r) = J \cdot A(r) = \frac{I_0}{\pi \cdot r_0^2} \cdot \pi \cdot r^2 = I_0 \cdot \frac{r^2}{r_0^2}$

Dieser Strom wird in Gleich. (17.14) eingesetzt: $H(r) = \frac{I_0 \cdot r^2}{2\pi \cdot r \cdot r_0^2} = \frac{I_0}{2\pi \cdot r_0^2} \cdot r$

Die berechnete Funktion ist eine Gerade. Die magnetische Feldstärke steigt somit im Inneren eines stromdurchflossenen Leiters ($r < r_0$) linear an. Außerhalb des Leiters ($r > r_0$) fällt sie nach einer Hyperbelfunktion ab, da der umfasste Strom jetzt bei $r \ge r_0$ immer der Gesamtstrom ist. Man unterscheidet zwischen den magn. Feldstärkeverläufen $H_i(r)$ und $H_a(r)$.

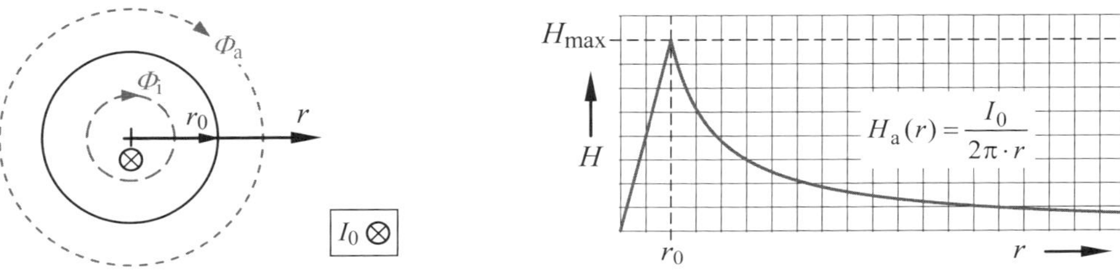

Bild 17.17: Magnetische Feldstärke eines stromdurchflossenen Massivleiters

Bild 17.17 zeigt den prinzipiellen Verlauf des Betrages der magnetischen Feldstärke innerhalb und außerhalb eines stromdurchflossenen Massivleiters. Da die magnetische Feldstärke im Inneren des Leiters ansteigt und außen wieder abfällt, muss sie auf der Oberfläche des stromdurchflossenen Leiters (also bei $r = r_0$) ein Maximum aufweisen.

$$H_i(r) = \frac{I_0}{2\pi \cdot r_0^2} \cdot r \qquad H_{max} = \frac{I_0}{2\pi \cdot r_0} \qquad H_a(r) = \frac{I_0}{2\pi \cdot r}$$

- **Hohlleiter:**

Bei einem hohlen Leiter bzw. bei einem stromdurchflossenen Rohr (Bild 17.18) muss man drei Feldbereiche (gekennzeichnet mit I, II und III) unterscheiden. Es gilt: $r_{III} > r_a$.

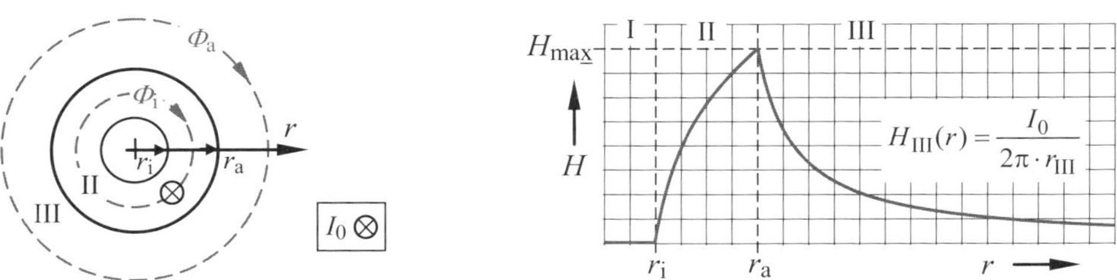

Bild 17.18: Feldstärkeverlauf eines hohlen Leiters (stromdurchflossenes Rohr)

Das sich ausbildende magnetische Feld ist (wie bei einem Massivleiter) radialsymmetrisch. Im Bereich I befindet sich ein Nichtleiter. Es wird keine Strömung umfasst. Die magnetische Feldstärke ist demzufolge in diesem Bereich gleich null. Der Bereich II ist ein leitfähiges Rohr mit dem Innenradius r_i und dem Außenradius r_a. Durch dieses Rohr fließt der Strom I_0. Für den Betrag der magnetischen Feldstärke im Bereich II wird Gleich. (17.14) angesetzt. Den Strom $I\,(r)$ erhält man über die Stromdichte im Rohr.

$$I(r) = J \cdot A(r) = \frac{I_0}{\pi(r_a^2 - r_i^2)} \cdot \pi(r^2 - r_i^2) \quad \text{bzw.:} \quad H_{II}(r) = \frac{I(r)}{2\pi \cdot r} = \frac{I_0}{2\pi \cdot r} \cdot \frac{(r^2 - r_i^2)}{(r_a^2 - r_i^2)}$$

Diese Funktion wird aus der Differenz einer Geraden und einer Hyperbel gebildet.

$$H_I(r) = 0 \qquad H_{II}(r) = \frac{I_0}{2\pi \cdot r} \cdot \frac{(r^2 - r_i^2)}{(r_a^2 - r_i^2)} \qquad H_{max} = \frac{I_0}{2\pi \cdot r_a} \qquad H_{III}(r) = \frac{I_0}{2\pi \cdot r_{III}}$$

Das Maximum der magnetischen Feldstärke existiert auf der Außenfläche des Rohres. Im Bereich III ($r_{III} > r_a$) hat der Betrag der magnetischen Feldstärke den gleichen Verlauf wie außerhalb eines massiven Leiters.

ÜB: BB 17.11

• Koaxialleitung:

Aus praktischer Sicht ist weiterhin der Verlauf der magnetischen Feldstärke eines abgeschirmten Antennenkabels (Koaxialleitung) interessant. Die Koaxialleitung soll im folgenden Beispiel als Hin- und Rückleitung (also im einfachsten Fall bei Kurzschluss am Leitungsende) betrachtet werden. Der durch den Innenleiter (Bereich I) fließende Strom I_A wird über die Abschirmung (Bereich III) zurückgeleitet. Es gilt: $I_B = -I_A$.

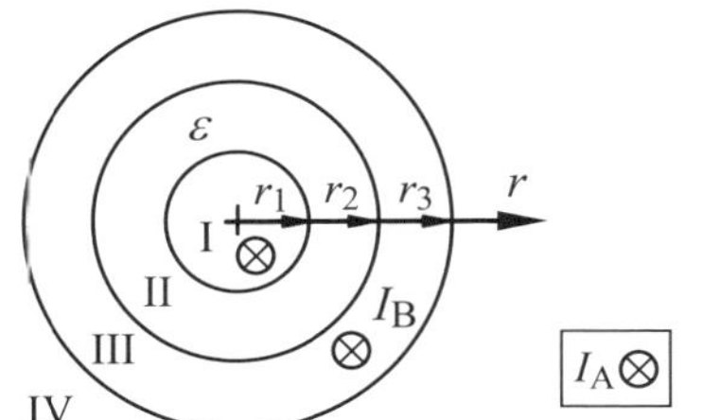

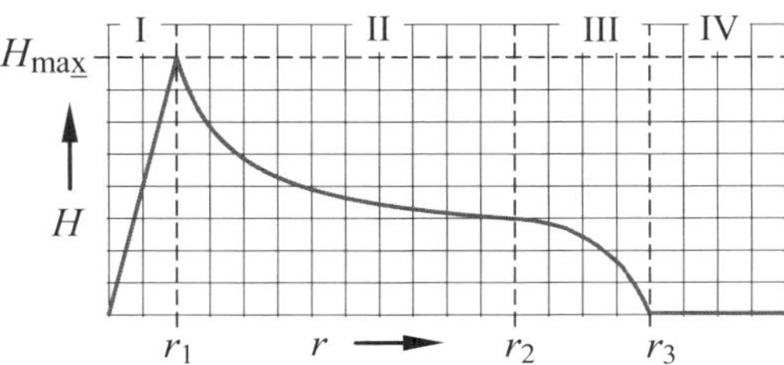

Bild 17.19: Koaxialleitung (links – nicht maßstäblich) und Feldstärkeverlauf (rechts)

Der Bereich I ist ein massiver Innenleiter. Die Feldstärke verläuft in diesem Bereich analog zum Massivleiter. Gleiches gilt im Bereich II. Dieser Bereich wird von einem Nichtleiter ausgefüllt, und die magnetische Feldstärke fällt nach einer Hyperbelfunktion ab.

$$H_I(r) = \frac{I_A}{2\pi \cdot r_1^2} \cdot r \quad \text{für}: 0 \le r \le r_1 \qquad\qquad H_{II}(r) = \frac{I_A}{2\pi \cdot r} \quad \text{für}: r_1 \le r \le r_2$$

Der Bereich III wird von der Abschirmung gebildet. Die magnetische Feldstärke kann wieder über Gleich. (17.14) ermittelt und der Strom $I_{III}\,(r)$ über die Stromdichte in diesem Bereich berechnet werden.

$$I_{\text{III}}(r) = I_\text{A} + J_\text{B} \cdot A_{\text{III}}(r) \qquad \text{mit: } J_\text{B} = \frac{-I_\text{A}}{\pi \cdot r_3^2 - \pi \cdot r_2^2} \qquad \text{und: } A_{\text{III}}(r) = \pi \cdot r^2 - \pi \cdot r_2^2$$

$$H_{\text{III}}(r) = \frac{I_{\text{III}}(r)}{2\pi \cdot r} = \frac{I_\text{A}}{2\pi \cdot r} \cdot \left(1 - \frac{r^2 - r_2^2}{r_3^2 - r_2^2}\right) \qquad \text{für}: r_2 \le r < r_3$$

Diese Funktion wird aus der Differenz einer Hyperbel und einer Geraden gebildet. Die magnetische Feldstärke im Bereich IV (Raum außerhalb der Koaxialleitung) ist null, da die umfasste Strömung in diesem Bereich null ergibt ($I_\text{A} + I_\text{B} = I_\text{A} - I_\text{A} = 0$).

Lehrbeispiel 17.2:

Berechnen Sie für die im Abschn. 17.4 behandelten Anordnungen die maximale magnetische Feldstärke und diskutieren Sie spezielle Funktionswerte von $H_{\max}$.

a) Massivleiter mit $I_0 = 10$ A und $r_0 = 1$ cm: In welchem Abstand r_x vom Mittelpunkt der Anordnung ist die Feldstärke auf den halben Wert von $H_{\max}$ abgesunken?

b) Rohrleiter mit $I_0 = 10$ A und $r_\text{i} = 1$ cm sowie $r_\text{a} = 3$ cm: Berechnen Sie mit $H_{\text{II}}(r)$ die maximale Feldstärke $H_{\max}$. Diskutieren Sie $H_{\max}$ bei einer Veränderung von r_i. Der Radius r_a ändert sich nicht.

c) Koaxialleitung mit $I_\text{A} = 100$ mA und $r_1 = 1$ mm sowie $r_2 = 10$ mm und $r_3 = 11$ mm: Berechnen Sie $H_{\max}$ und den Wert der Feldstärke bei $r_\text{x} = r_2$ (Innenfläche der Abschirmung).

Zu a) $$H_{\max} = \frac{I_0}{2\pi \cdot r_0} = \frac{10}{2\pi \cdot 0{,}01} \frac{\text{A}}{\text{m}} = 159{,}15 \frac{\text{A}}{\text{m}}$$

Für den Abstand (Radius r_x) gilt: $r_\text{x}\left(\frac{H_{\max}}{2}\downarrow\right) = 2 \cdot r_0 = 2$ cm

Zu b) $$H_{\text{II}}(r) = \frac{I_0}{2\pi \cdot r} \cdot \frac{(r^2 - r_\text{i}^2)}{(r_\text{a}^2 - r_\text{i}^2)} \qquad \text{bzw.:} \qquad H_{\text{II}}(r = r_\text{a}) = \frac{I_0}{2\pi \cdot r_\text{a}} \cdot \frac{(r_\text{a}^2 - r_\text{i}^2)}{(r_\text{a}^2 - r_\text{i}^2)} = \frac{I_0}{2\pi \cdot r_\text{a}}$$

oder auch: $$H_{\text{III}}(r = r_\text{a}) = \frac{I_0}{2\pi \cdot r_\text{a}} \qquad \Rightarrow \qquad H_{\max} = \frac{I_0}{2\pi \cdot r_\text{a}} = \frac{10}{2\pi \cdot 0{,}03} \cdot \frac{\text{A}}{\text{m}} = 53{,}05 \cdot \frac{\text{A}}{\text{m}}$$

Man erkennt, dass eine Veränderung von r_i mit ($0 < r_\text{i} < r_\text{a}$) keinen Einfluss auf die maximale Feldstärke hat. Welche Auswirkung hat dann die Veränderung der Wanddicke ($r_\text{a} - r_\text{i}$) im Bereich II des Rohres? Der Feldstärkeverlauf im Bild 17.18 liefert eine erste Antwort:

Im Bereich II wird die Feldstärke über die Differenz einer Geraden und einer Hyperbel berechnet:

$$H_{\text{II,Ger}} = \frac{I_0}{2\pi \cdot (r_\text{a}^2 - r_\text{i}^2)} \cdot r \qquad \text{und:} \qquad H_{\text{II,Hyp}} = \frac{I_0 \cdot r_\text{i}^2}{2\pi \cdot (r_\text{a}^2 - r_\text{i}^2)} \cdot \frac{1}{r}$$

Läuft r_i gegen null, verschwindet der Anteil der Hyperbelfunktion. Der Feldstärkeverlauf wird von der Geraden bestimmt und entspricht dann dem Verlauf der Feldstärke innerhalb eines Massivleiters. Läuft r_i in Richtung r_a, wird die Wanddicke des Rohres immer dünner. Das hat eine Reduzierung der Fläche A (r) und gleichzeitig eine Vergrößerung der Stromdichte zur Folge.

Somit ändert sich lediglich der Anstieg der Funktion $H_{\text{II}}\ (r)$. Der Anfangswert $H_{\text{II}}(r_{\text{i}}) = 0$ und der Endwert $H_{\text{II}}(r_{\text{a}}) = H_{\text{max}}$ ändern sich nicht.

Zu c) $H_{\text{max}} = \dfrac{I_{\text{A}}}{2\pi \cdot r_1} = \dfrac{0{,}1}{2\pi \cdot 0{,}001}\ \dfrac{\text{A}}{\text{m}} = 15{,}92\ \dfrac{\text{A}}{\text{m}}$

$$H_{\text{III}}(r_{\text{x}}) = \frac{I_{\text{A}}}{2\pi \cdot r_2} \cdot \left(1 - \frac{r_2^2 - r_2^2}{r_3^2 - r_2^2}\right) = \frac{I_{\text{A}}}{2\pi \cdot r_2} = \frac{0{,}1}{2\pi \cdot 0{,}01}\ \frac{\text{A}}{\text{m}} = 1{,}59\ \frac{\text{A}}{\text{m}} = 0{,}1 \cdot H_{\text{max}}$$

Eine Probe bestätigt diese Aussage: $H_{\text{III}}(r_{\text{x}}) = H_{\text{II}}(r_{\text{x}}) = \dfrac{I_{\text{A}}}{2\pi \cdot r_2}$

17.5 Energie und Kräfte im magnetischen Feld

17.5.1 Magnetische Energie

In einem magnetischen Kreis, durch den ein magnetischer Fluss dringt, wird eine magnetische Energie W_{m} gespeichert. Dieser Fluss durchsetzt in der Regel mehr als nur eine Windung der Spule des magnetischen Kreises und wird als verketteter Fluss Ψ bezeichnet. Bei einer Spule mit N Windungen, die um einen geschlossenen Eisenkern gewickelt sind, und bei vernachlässigbarem Streufluss, gilt für den verketteten Fluss:

$$\Psi = N \cdot \Phi \qquad (17.15)$$

Für den magnetischen Fluss Φ kann Gleich. (17.5) eingesetzt werden.

$$\Psi = N \cdot \frac{\Theta}{R_{\text{m}}} = N \cdot \frac{I \cdot N}{R_{\text{m}}} = \frac{N^2}{R_{\text{m}}} \cdot I = L \cdot I$$

ÜB: BB 17.16

Der Ausdruck N^2 / R_{m} stellt eine neue Bauelemente-Kenngröße dar. Sie berücksichtigt neben der Materialkenngröße und den konstruktiven Daten eines magnetischen Kreises zusätzlich die Windungszahl der auf den Kern aufgebrachten Wicklung.

Diese Bauelemente-Kenngröße wird als Induktivität L bezeichnet (vgl. auch Abschn. 18.2).

Sie ist abhängig vom Arbeitspunkt und hat die Einheit $[L] = 1\ \dfrac{\text{V} \cdot \text{s}}{\text{A}} = 1\ \text{H}$ (HENRY).

$$L = \frac{\Psi}{I} = \frac{N^2}{R_{\text{m}}} = N^2 \cdot \Lambda \qquad (17.16)$$

Ausgangspunkt der folgenden Betrachtungen ist eine vollständig entmagnetisierte Spule mit der Induktivität L, die über eine Quelle U_{q} aufmagnetisiert werden soll. Dazu wird der Schalter im Bild 17.20 in die Stellung A (Aufmagnetisieren) gebracht. Nun fließt so lange ein zeitlich veränderlicher Strom i_L (t), bis das magnetische Feld vollständig aufgebaut ist. Während dieses Magnetisierungsvorganges gilt an der Induktivität das Verbraucher-Zählpfeilsystem, da die Zählpfeile von u_L und i_L die gleiche Richtung haben (siehe Bild 17.20 – Mitte). Die Induktivität nimmt demzufolge während dieses Vorganges Energie auf.

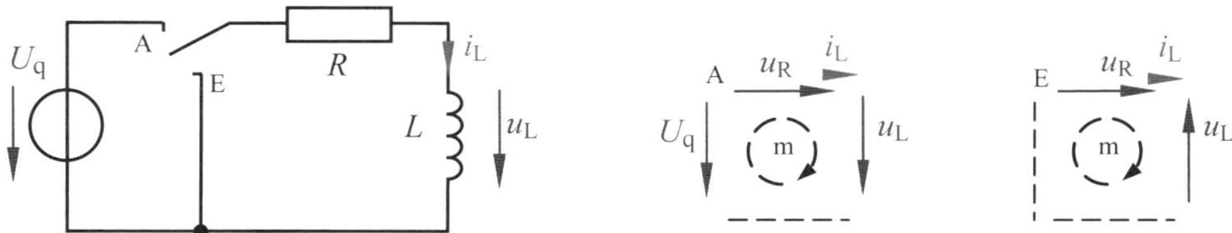

Bild 17.20: Aufmagnetisieren (A) und Entmagnetisieren (E) einer Spule

Wenn der Schalter im Bild 17.20 in die Stellung E (Entmagnetisieren) gebracht wird, gibt die Induktivität die gespeicherte Energie wieder ab. Sie wirkt jetzt als Quelle (Energiespeicher), da die Spulenspannung gegen den Zählpfeil des Spulenstromes gerichtet ist. Somit gilt während der Entmagnetisierung das Quellen-Zählpfeilsystem (Bild 17.20 – rechts).

Wie bereits bei der Behandlung des elektrostatischen Feldes (Kap.15) dargestellt, wird die Energie im Feld selbst gespeichert. Jedes Volumenelement $\mathrm{d}V$ des vom Feld erfüllten Raumes leistet dazu einen differenziellen Beitrag $\mathrm{d}W$.

Die im magnetischen Feld gespeicherte Energie ist vom entsprechenden Zuwachs (Integral) des verketteten magnetischen Flusses abhängig. Integriert man über dem (vom Spulenstrom abhängigen) verketteten Fluss, so erhält man die in einem magnetischen Kreis mit der Induktivität L gespeicherte Energie:

$$W_\mathrm{m} = \int_I \Psi \cdot \mathrm{d}I = \int_I L \cdot I \cdot \mathrm{d}I = L \cdot \frac{I^2}{2}$$

$$W_\mathrm{m} = \frac{L}{2} \cdot I^2 \qquad (17.17)$$

Sollte die Induktivität unbekannt und nur der Arbeitspunkt in der Magnetisierungskennlinie gegeben (gewählt) sein, so ist die magnetische Energie (im unverzweigten homogenen magnetischen Kreis) auch mit der nachfolgenden Rechnung bestimmbar:

$$W_\mathrm{m} = \frac{L}{2} \cdot I^2 = \frac{N^2}{2R_\mathrm{m}} \cdot I^2 = \frac{N^2 \cdot I^2}{2} \cdot \frac{\Phi}{\Theta} \qquad \text{mit:} \quad \Theta = I \cdot N \quad \text{und:} \quad \Phi = B \cdot A$$

$$W_\mathrm{m} = \frac{\Theta^2 \cdot \Phi}{2\Theta} = \frac{\Theta \cdot B \cdot A}{2} = \frac{H \cdot s \cdot B \cdot A}{2}$$

$$W_\mathrm{m} = \frac{B \cdot H}{2} \cdot A \cdot s \qquad (17.18)$$

Lehrbeispiel 17.3:

Gegeben ist eine Ringspule mit einem Pressmassekern ($\mu_r = 20 \approx$ const.) ohne Luftspalt. Der Kern sei vollständig und eng bewickelt ($N = 1000$). Sein Querschnitt $A = (r_a - r_i) \cdot h$ ist rechteckförmig.

Berechnen Sie den magnetischen Fluss, die Induktivität und die magnetische Energie für $I_E = 800$ mA.

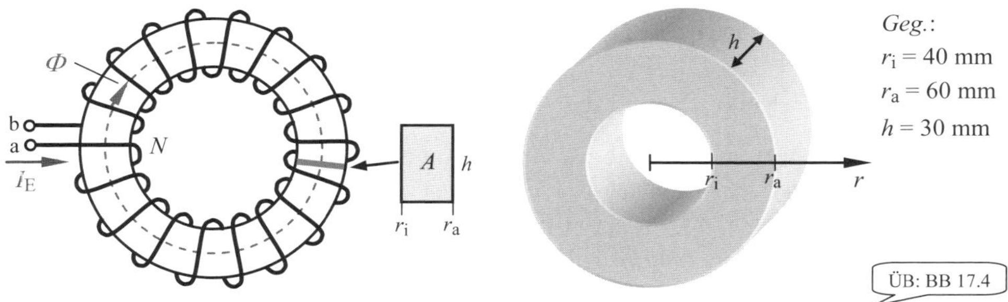

Bild 17.21: Nicht maßstäbliche Skizze einer Ringspule (links) und Kerndarstellung (rechts)

Ein Pressmassekern besteht aus Kunststoff und wird während des Fertigungsprozesses möglichst gleichmäßig mit sog. Magnetpulver versetzt. Nach dem Aushärten sind die winzigen Magnetteilchen im Kunststoff „eingebunden". Der Zusammenhang zwischen Flussdichte und Feldstärke ist (≈) linear. Die Permeabilität ist keine Funktion der Feldstärke und weist einen nahezu konstanten Wert auf.

Durch den vollständig und eng bewickelten Kern wird der Fluss im Inneren des Kernes kreisförmig geführt. Mit zunehmendem Radius r ändert sich die Feldstärke im Kern. Das Feld ist somit nicht homogen. Für die Flussberechnung gilt Gleich. (17.10). Die differenziellen Flusslinien durchsetzen von r_i bis r_a senkrecht jedes Flächenelement $\mathrm{d}A = h \cdot \mathrm{d}r$ (Bild 17.21 – links).

(17.10): $\mathrm{d}\Phi = B \cdot \mathrm{d}A = \mu \cdot H \cdot h \cdot \mathrm{d}r$ bzw. mit (17.7): $\Phi = \int_{r_i}^{r_a} \mu \cdot \frac{I_E \cdot N}{2\pi \cdot r} \cdot h \cdot \mathrm{d}r$

$$\Phi = \mu_0 \cdot \mu_r \cdot \frac{I_E \cdot N}{2\pi} \cdot h \cdot \int_{r_i}^{r_a} \frac{1}{r} \cdot \mathrm{d}r = \mu_0 \cdot \mu_r \cdot \frac{I_E \cdot N}{2\pi} \cdot h \cdot \ln\frac{r_a}{r_i}$$

Zahlenwert: $\Phi = (0{,}4\pi \cdot 10^{-6} \cdot 20 \cdot \frac{0{,}8 \cdot 1000}{2\pi} \cdot 30 \cdot 10^{-3} \cdot \ln\frac{60}{40})\ \mathrm{V \cdot s} = 38{,}9 \cdot 10^{-6}\ \mathrm{V \cdot s}$

Die Induktivität wird mit Gleich. (17.16) und die magnetische Energie mit Gleich. (17.17) berechnet:

$L = \frac{\Psi}{I_E} = \frac{N \cdot \Phi}{I_E} = \frac{38{,}9}{0{,}8} \cdot 10^{-3}\ \mathrm{H} = 48{,}63\,\mathrm{mH}$ und: $W_m = \frac{L}{2} \cdot I_E^2 = 15{,}56\,\mathrm{mW \cdot s}$

Mit der in der Praxis üblichen vereinfachten Berechnung über den mittleren Durchmesser des Ringes $D_m = r_a + r_i = 100$ mm und $A = (r_a - r_i) \cdot h = 600\ \mathrm{mm}^2$ kann eine grobe Probe durchgeführt werden:

$$L = \frac{N^2}{R_m} = \frac{N^2}{s_E} \cdot \mu \cdot A = \frac{N^2}{\pi \cdot D_m} \cdot \mu_0 \cdot \mu_r \cdot A = \frac{10^6}{\pi \cdot 100} \cdot 0{,}4\pi \cdot 10^{-6} \cdot 20 \cdot 600 \cdot 10^{-3}\ \mathrm{H} = 48{,}0\,\mathrm{mH}\,.$$

Diese geringfügige Abweichung sollte man bei einer Näherungsrechnung akzeptieren.

17.5.2 LORENTZ-Kraft

Wenn in einem Magnetfeld mit der Flussdichte $\vec{B}$ eine Ladung Q mit der Geschwindigkeit $\vec{v}$ bewegt wird, wirkt auf die Ladung die LORENTZ-Kraft.

$$\vec{F}_\mathrm{L} = Q \cdot (\vec{v} \times \vec{B}) \tag{17.19}$$

Dieser Kraftvektor steht immer senkrecht auf der von den Vektoren $\vec{v}$ und $\vec{B}$ aufgespannten Ebene und bewirkt eine Ablenkung der Ladung quer zu ihrer ursprünglichen Bewegungsrichtung. Bild 17.22 zeigt als Beispiel eine positive Ladung $Q+$. Sie wird mit der Geschwindigkeit $\vec{v}$ in einem Magnetfeld mit der magnetischen Flussdichte $\vec{B}$ bewegt.

Die Richtung des Kraftvektors $\vec{F}_\mathrm{L}$ kann man wie folgt über die Rechtsschrauben-Regel bestimmen:

♦ Im Ansatzpunkt der beiden Vektoren $\vec{v}$ und $\vec{B}$ denkt man sich eine Rechtsschraube, auf die der Vektor $\vec{v}$ wie ein Schraubenschlüssel wirkt. Dreht man nun den Vektor $\vec{v}$ auf dem kürzesten Weg im Rechtssinn auf den Vektor $\vec{B}$, so gibt die Vorschubbewegung der Schraube die Richtung der auf die bewegte Ladung wirkenden LORENTZ-Kraft $\vec{F}_\mathrm{L}$ an.

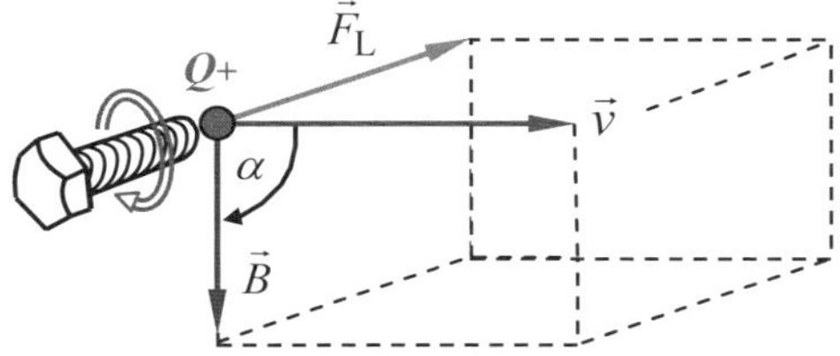

Bild 17.22: Richtung der LORENTZ-Kraft

Der Betrag der LORENTZ-Kraft wird aus dem Produkt der Beträge von Ladung, Ladungsgeschwindigkeit, magnetischer Flussdichte und dem Sinus des zwischen den Vektoren $\vec{v}$ und $\vec{B}$ eingeschlossenen Winkels bestimmt: $F_\mathrm{L} = Q \cdot v \cdot B \cdot \sin\alpha$ mit: $\alpha = \angle(\vec{v};\vec{B})$

Die LORENTZ-Kraft wird demzufolge gleich null, wenn die Ladung in Richtung des Vektors der magnetischen Flussdichte (also entlang einer Feldlinie) bewegt wird.

Stehen die Geschwindigkeit und die magnetische Flussdichte senkrecht ($\perp$) aufeinander, so gilt für den Betrag der LORENTZ-Kraft: $F_\mathrm{L} = Q \cdot v \cdot B_\perp$

Bild 17.23 zeigt einen geraden Leiter, der sich mit der Länge l_w in einem homogenen Magnetfeld befindet. Der Flussdichtevektor $\vec{B}$ soll senkrecht auf den Leiter einwirken. Wird dieser Leiter von einem Strom durchflossen ($I \rightarrow \otimes$), so erzeugt er ein weiteres Magnetfeld (siehe angedeutete Feldlinie auf der linken Seite des Bildes 17.23). Dieses vom stromdurchflossenen Leiter erzeugte Magnetfeld $\vec{B}_\mathrm{I}$ überlagert sich mit dem auf ihn von außen einwirkenden homogenen Magnetfeld $\vec{B}_\perp$ zu einem resultierenden inhomogenen magnetischen Feld $\vec{B}_{\text{res}}$ (siehe Mitte des Bildes 17.23).

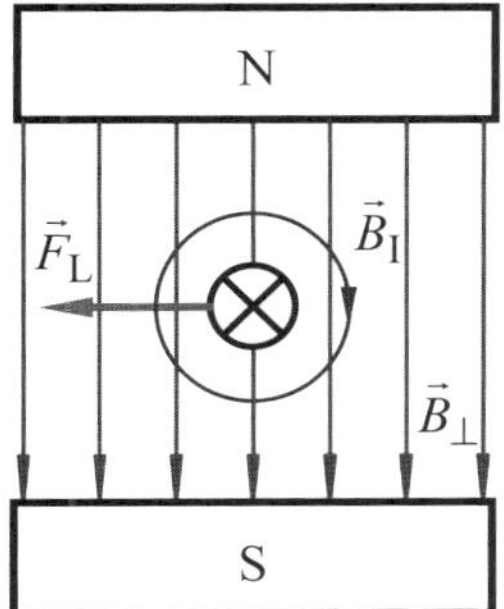

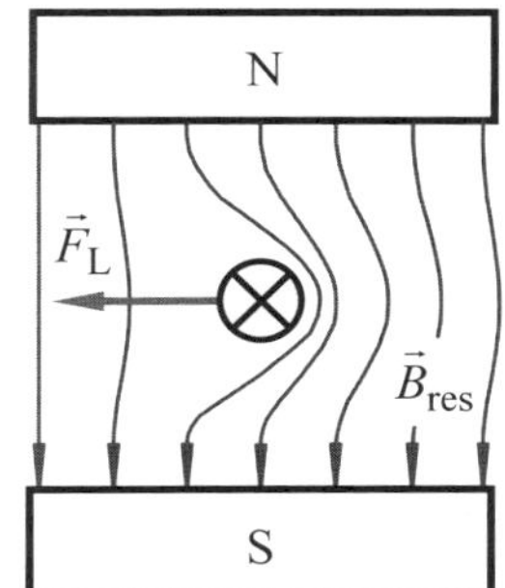

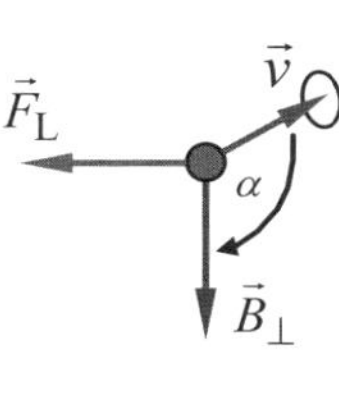

Bild 17.23: Kraft auf einen stromdurchflossenen unendlich langen Leiter (Skizze)

Auf den Leiter wirkt die LORENTZ-Kraft:

$$F_L = Q \cdot v \cdot B_\perp \quad \text{mit}: Q = I \cdot t \quad \text{und}: v = \frac{l_w}{t} \qquad \Rightarrow \qquad F_L = I \cdot t \cdot v \cdot B_\perp = I \cdot t \cdot \frac{l_w}{t} \cdot B_\perp$$

$$F_L = B_\perp \cdot I \cdot l_w \tag{17.20}$$

Der Betrag dieser Kraft ist vom Betrag der auf den Leiter einwirkenden magnetischen Flussdichte, von der Stromstärke im Leiter und von der wirksamen Leiterlänge (das ist diejenige Länge, mit der sich der Leiter im magnetischen Feld befindet) abhängig.

Die Richtung der Kraft kann wieder mit der Rechtsschrauben-Regel (Bild 17.22) bestimmt werden. Der Geschwindigkeitsvektor $\vec{v}$ zeigt in Richtung des fließenden Stromes ($I \rightarrow \otimes$, also in die Bildebene „hinein"). Dreht man diesen Vektor im Rechtssinn auf dem kürzesten Weg zum Vektor $\vec{B}$ (im Bild 17.22 nach unten), so erfährt die Rechtschraube einen Vorschub nach links. Die wirkende LORENTZ-Kraft versucht demzufolge, den stromdurchflossenen Leiter nach links aus dem ursprünglichen Magnetfeld zu „verdrängen".

Solche Kräfte wirken auch zwischen zwei stromdurchflossenen Leitern. Bild 17.24 zeigt in einer Schnittdarstellung (links) die Ausbildung der Einzelfelder zweier unendlich langer stromdurchflossener Leiter und rechts die resultierende Überlagerung.

Auf jeden Leiter wirkt eine Kraft, die vom Magnetfeld des anderen Leiters verursacht wird. Im vorliegenden Fall (gleiche Stromrichtung) ziehen sich die Leiter an. Nach der Rechtsschrauben-Regel muss der in die Bildebene hineinzeigende Geschwindigkeitsvektor des Stromes $I_2 \rightarrow \otimes$ im Rechtssinn nach unten auf den Vektor $\vec{B}_{1a}$ gedreht werden. Die Rechtsschraube erfährt dabei einen Vorschub nach links. Der Geschwindigkeitsvektor des Stromes $I_1 \rightarrow \otimes$ wird im Rechtssinn nach oben auf den Vektor $\vec{B}_{2a}$ gedreht. Die Rechtsschraube erfährt dabei einen Vorschub nach rechts.
Bei einer ungleichen Stromrichtung würden sich die Leiter abstoßen ($\leftarrow \vec{F}_1$ und $\vec{F}_2 \rightarrow$).

Zur Berechnung des Betrages der Kraft wird folgende Überlegung angestellt (Bild 17.24): Das magnetische Feld des Leiters 1 durchsetzt mit einer magnetischen Flussdichte $\vec{B}_{1a}$ den im Abstand a verlaufenden stromdurchflossenen Leiter 2. Mit l_w wird die wirksame Länge beschrieben, mit der die beiden Leiter im Abstand a parallel zueinander verlaufen.

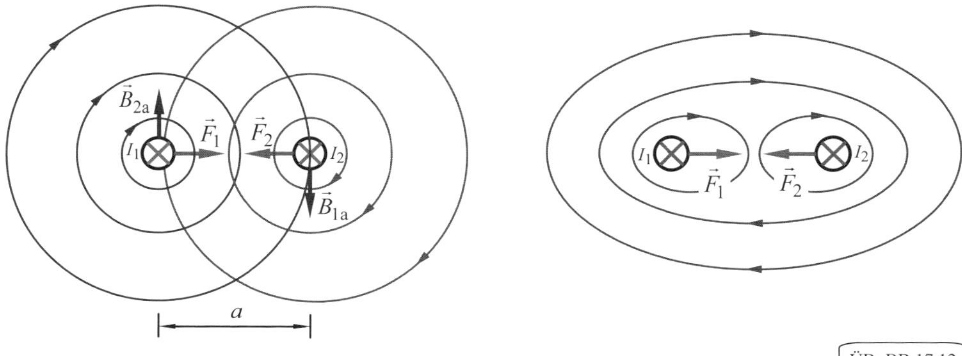

Bild 17.24: Kraftwirkung zwischen zwei stromdurchflossenen Leitern (Skizze)

ÜB: BB 17.12

Auf den Leiter 2 wirkt dann die Kraft: $|\vec{F}_{1a}| = |\vec{B}_{1a}| \cdot I_2 \cdot l_w$

Durch Einsetzen der Gleich. (17.9) und (17.7) erhält man den Betrag der Kraftwirkung vom Leiter 1 auf den Leiter 2 und umgekehrt.

$$B_{1a} = \mu_0 \cdot H_{1a} = \mu_0 \cdot \frac{I_1}{s} = \mu_0 \cdot \frac{I_1}{2\pi \cdot a}$$

$$|\vec{F}_{12}| = \frac{I_1 \cdot I_2 \cdot \mu_0 \cdot l_w}{2\pi \cdot a} \qquad (17.21)$$

Diese Gleichung wird auch als Grundgesetz der Elektrodynamik bezeichnet.

Lehrbeispiel 17.4:

Zur Messung des Betrages der magnetischen Flussdichte soll eine HALL-Sonde eingesetzt werden. Dabei handelt es sich um ein Halbleiterplättchen, das mit einem konstanten Steuerstrom I_S gespeist wird. Dieses stromdurchflossene Halbleiterplättchen ist so in dem zu messenden Magnetfeld zu positionieren, dass es senkrecht von den magnetischen Flussdichtelinien durchsetzt wird. Diskutieren Sie die Wirkung der LORENTZ-Kraft auf bewegliche positive und negative Ladungen [+/− Q in (17.22)].

Im Bild 17.25 ist das Prinzip einer HALL-Sonde dargestellt. Positive Ladungen bewegen sich im Richtungssinn des Steuerstromes. Negative Ladungen bewegen sich in der entgegengesetzten Richtung. Durch die LORENTZ-Kraft werden beide Ladungsträgerarten von ihrer ursprünglichen Bewegungsrichtung abgelenkt (im Bild 17.25 nach rechts). Infolge dieser Ablenkung verändert sich die Konzentration der Ladung an der im Bild 17.25 rechts dargestellten Elektrode x. An der gegenüberliegenden Elektrode y bildet sich eine entsprechende Gegenladung aus.

Damit entsteht zwischen den beiden Elektroden eine Potentialdifferenz: $U_H = \varphi_x - \varphi_y$. Die an der Elektrode x überwiegende Ladungsträgerart bestimmt das Vorzeichen von U_H. Wenn ausschließlich negative Ladungsträger bewegt werden, gilt im Bild 17.25: $U_H < 0$ V.

ÜB: BB 17.13

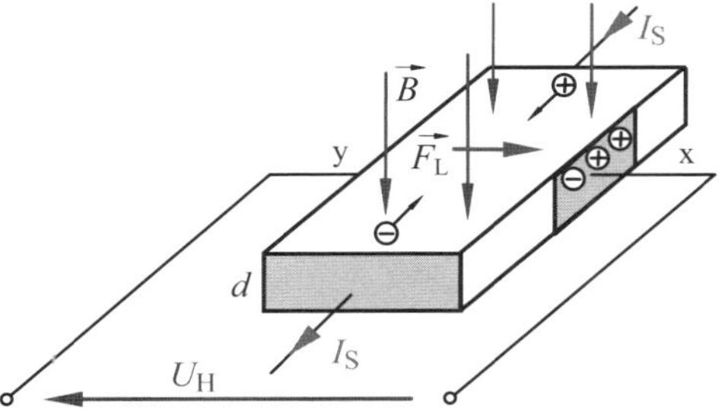

$$U_H = K_H \cdot \frac{B \cdot I_S}{d} \quad (17.22)$$

Bild 17.25: Prinzip einer HALL-Sonde

Die HALL-Spannung ist abhängig von der HALL-Konstanten K_H, der Dicke des Plättchens d, der magnetischen Flussdichte B und vom Steuerstrom I_S, der in die Sonde eingespeist wird.

17.5.3 Energiedichte und Induktivität einer Leitung

Es soll noch einmal ein stromdurchflossener Massivleiter betrachtet werden. Der im Leiter geführte Strom bewirkt (um die bewegte Ladung herum) einen magnetischen Fluss Φ. Die Flusslinien $\Phi\,(r)$ umwirbeln im Inneren des Leiters, auf der Außenhaut und natürlich auch außerhalb des Leiters den Strom I. Im Leiterinneren handelt es sich um einen Strom $I\,(r)$. Auf der Außenhaut und außerhalb des Leiters ist es dann der Gesamtstrom I_0.

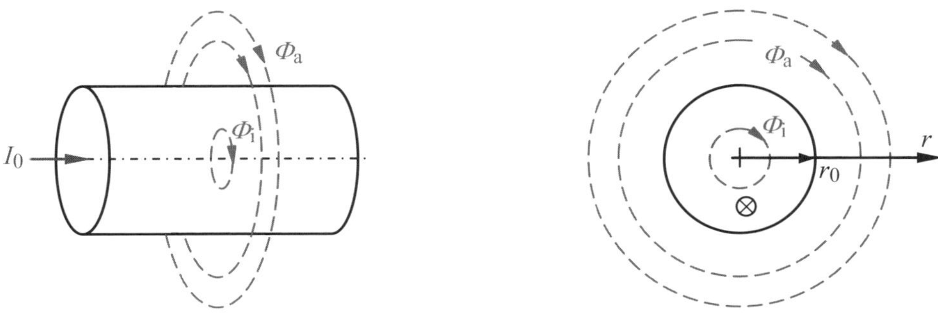

Bild 17.26: Magnetische Flusslinien eines stromdurchflossenen Massivleiters

Aus Abschn. 17.5.1 ist bekannt, dass ein magnetischer Fluss die Existenz einer Induktivität zur Folge hat. Mit Gleich. (17.16) gilt:

$$L = \frac{\Psi}{I} = \frac{N \cdot \Phi}{I} \qquad \text{mit: } N = 1 \qquad \Rightarrow \qquad L = \frac{\Phi}{I}$$

Ein einfacher Massiveiter besitzt eine Induktivität, die vom Fluss und von der umfassten Strömung abhängig ist. Diese Induktivität muss sich demzufolge aus zwei verschiedenen Komponenten zusammensetzen:

(L_i) $\Rightarrow$ Induktivität im Bereich I (innerhalb des Leiters): $0 \le r \le r_0$ und

(L_a) $\Rightarrow$ Induktivität im Bereich II (außerhalb des Leiters): $r_0 \le r$.

• Energiedichte:

Diese Induktivitäten können über die magnetische Energie berechnet werden. Dazu betrachtet man die in einer Anordnung (im Feld) gespeicherte magnetische Energie.

Gemäß Gleich. (17.17) gilt: $W_m = \int\limits_{(I)} \Psi \cdot \mathrm{d}I = \int\limits_{(I)} N \cdot \Phi \cdot \mathrm{d}I = \frac{L}{2} \cdot I^2$

Diese Energie ist im Feld verteilt. Jedes Volumenelement ∂V des vom Feld erfüllten Raumes enthält eine Teilenergie ∂W_m. Daraus folgt für die Energiedichte im magnetischen Feld:

$$\frac{\partial W_m}{\partial V} = \int\limits_{(B)} H \cdot \mathrm{d}B \qquad \text{mit:} \qquad H = \frac{B}{\mu}$$

$$\frac{\partial W_m}{\partial V} = \int\limits_{(B)} \frac{B}{\mu} \cdot \mathrm{d}B = \frac{B^2}{2\mu} = \frac{B \cdot \mu \cdot H}{2\mu} \qquad \text{bzw.:} \qquad \frac{\partial W_m}{\partial V} = \frac{B \cdot H}{2}$$

Über diese Energiedichte erhält man folgende Berechnungsvorschrift für die magnetische Energie:

$$W_m = \int\limits_{(V)} \frac{B \cdot H}{2} \cdot \mathrm{d}V$$

Das Volumenelement wird über das Produkt eines Flächenelements und der Bogenlänge s (Länge der jeweils betrachteten Feldlinie) ersetzt: $\mathrm{d}V = s \cdot \mathrm{d}A = 2\pi \cdot r \cdot \mathrm{d}A = 2\pi \cdot r \cdot l \cdot \mathrm{d}r$.

Mit $B = \mu \cdot H$ gilt dann: $W_m = \int\limits_{(r)} \frac{B \cdot H}{2} \cdot 2\pi \cdot r \cdot l \cdot \mathrm{d}r = \int\limits_{(r)} \mu \cdot H^2 \cdot \pi \cdot r \cdot l \cdot \mathrm{d}r$

Daraus kann die innere Induktivität und die äußere Induktivität eines Leiters ($N = 1$) in Luft ($\mu \approx \mu_0$) bestimmt werden.

• Innere Induktivität:

Für die von der inneren Induktivität L_i gespeicherten magnetischen Energie $W_{m,i}$ erhält man für $r \le r_0$:

$$W_{m,i} = \int\limits_0^{r_0} \mu \cdot H^2(r) \cdot \pi \cdot r \cdot l \cdot \mathrm{d}r = \mu \cdot \pi \cdot l \cdot \int\limits_0^{r_0} H^2(r) \cdot r \cdot \mathrm{d}r \qquad \text{mit:}$$

$$H(r) = \frac{I(r)}{2\pi \cdot r} = \frac{J_0 \cdot A(r)}{2\pi \cdot r} \qquad \text{sowie:} \quad J_0 = \frac{I_0}{A_0} = \frac{I_0}{\pi \cdot r_0^2} \qquad \text{und:} \quad A(r) = \pi \cdot r^2$$

$$H(r) = \frac{I(r)}{2\pi \cdot r} = \frac{I_0 \cdot \pi r^2}{\pi \cdot r_0^2 \cdot 2\pi \cdot r} = \frac{I_0 \cdot r^2}{2\pi \cdot r_0^2 \cdot r} = \frac{I_0 \cdot r}{2\pi \cdot r_0^2}$$

$$W_{\mathrm{m,i}} = \mu \cdot \pi \cdot l \cdot \int_0^{r_0} \frac{I_0^2 \cdot r^2}{4\pi^2 r_0^4} \cdot r \cdot \mathrm{d}r = \frac{\mu \cdot \pi \cdot l \cdot I_0^2}{4\pi^2 r_0^4} \cdot \int_0^{r_0} r^3 \cdot \mathrm{d}r$$

$$W_{\mathrm{m,i}} = \frac{\mu \cdot \pi \cdot l \cdot I_0^2}{4\pi^2 r_0^4} \cdot \frac{r^4}{4} \bigg|_0^{r_0} = \frac{\mu \cdot \pi \cdot l \cdot I_0^2}{4\pi^2 r_0^4} \cdot \frac{r_0^4}{4} = \frac{\mu \cdot l \cdot I_0^2}{16\pi}$$

Mit (17.17) ergibt sich: $L_\mathrm{i} = \dfrac{2W_{\mathrm{m,i}}}{I_0^2} = \dfrac{2 \cdot \mu \cdot l \cdot I_0^2}{I_0^2 \cdot 16\pi} = \dfrac{\mu \cdot l}{8\pi}$ bzw.: $L_\mathrm{i} = \dfrac{\mu_0 \cdot l}{8\pi}$

• Äußere Induktivität:

Für die in der äußeren Induktivität L_a gespeicherten Energie erhält man für $r_0 \le r$:

$$W_{\mathrm{m,a}} = \int_{r_0}^{r} \mu \cdot H^2(r) \cdot \pi \cdot r \cdot l \cdot \mathrm{d}r = \mu \cdot \pi \cdot l \cdot \int_{r_0}^{r} H^2(r) \cdot r \cdot \mathrm{d}r \qquad \text{mit:} \qquad H(r) = \frac{I_0}{2\pi \cdot r}$$

$$W_{\mathrm{m,a}} = \mu \cdot \pi \cdot l \cdot \int_{r_0}^{r} \frac{I_0^2}{4\pi^2 \cdot r^2} \cdot r \cdot \mathrm{d}r = \mu \cdot \pi \cdot l \cdot \frac{I_0^2}{4\pi^2} \int_{r_0}^{r} \frac{1}{r} \cdot \mathrm{d}r = \mu \cdot l \cdot \frac{I_0^2}{4\pi} \cdot \ln \frac{r}{r_0}$$

Mit (17.17) ergibt sich: $L_\mathrm{a} = \dfrac{2W_{\mathrm{m,a}}}{I_0^2} = \dfrac{2\mu \cdot l \cdot I_0^2}{4\pi \cdot I_0^2} \ln \dfrac{r}{r_0} = \dfrac{\mu \cdot l}{2\pi} \cdot \ln \dfrac{r}{r_0} = \dfrac{\mu_0 \cdot l}{2\pi} \cdot \ln \dfrac{r}{r_0}$

Die Gesamtinduktivität L_{ges} eines Leiter setzt sich dann aus der inneren und der äußeren Induktivität zusammen.

$$L_{\mathrm{ges}} = L_\mathrm{a} + L_\mathrm{i} = \frac{\mu_0 \cdot l}{2\pi} \cdot \left[\ln\left(\frac{r}{r_0}\right) + \frac{1}{4} \right] \qquad (17.23)$$

Der Radius r beschreibt dabei den Abstand eines betrachteten Feldpunktes FPx vom Mittelpunkt des Leiters. Bei einer Doppelleitung wäre das der Abstand a zum Nachbarleiter.

Lehrbeispiel 17.5:

Diskutieren Sie die Aussage: „Gesamtinduktivität eines Leiters“.

ÜB: BB 17.15

Einen einzelnen stromdurchflossenen Leiter gibt es (streng genommen) nicht. Der Strom ist eine in sich geschlossene Erscheinung. Bei der Betrachtung eines Leiters muss immer die Existenz eines Rückleiters berücksichtigt werden. Hin- und Rückleiter bilden eine „Schleife“, die eine Fläche einschließt. Die rein theoretische Aussage von Gleich. (17.23) bekommt einen praktisch realen Sinn, wenn man diese Berechnungsvorschrift in Kombination mit einem Nachbarleiter anwendet.

18 Zeitlich veränderliches magnetisches Feld

18.1 Elektromagnetische Induktion

Die Ausführungen des Kapitels 17 haben gezeigt, dass sich ein von bewegten elektrischen Ladungen verursachter Zustand des Raumes in Form eines magnetischen Feldes wieder in Kraftwirkungen auf bewegte Ladungen auswirkt. Diese Kräfte treten außerhalb [Gleich. (17.21)] und auch innerhalb eines Leiters auf. Die Kraftwirkungen im Inneren eines elektrischen Leiters führen zur Trennung von Ladungen. Die auf diese Art getrennten Ladungen treten als induzierte elektrische Spannungen in Erscheinung.

Induktionswirkungen entstehen bei einer zeitlichen Änderung der Lage eines Leiters in einem zeitinvarianten magnetischen Feld (Relativbewegung zwischen Leiter und Magnetfeld: Bewegungsinduktion) oder bei der Einwirkung eines zeitlich veränderlichen Magnetfeldes auf einen ruhenden Leiter (Ruheinduktion). Beide Induktionseffekte können in kombinierter Form ablaufen. Dann ändert sich die Lage eines Leiters im magnetischen Feld bei gleichzeitiger Änderung der auf ihn einwirkenden magnetischen Feldintensität.

Solche Änderungen können unterschiedliche Ursachen haben. Zur Verdeutlichung dieses Sachverhalts wird von einem Leiter ausgegangen, der als Schleife eine bestimmte Fläche umfasst. Der Leiter bildet also mit seiner Bogenlänge s den Rand dieser Fläche (vom Punkt a zum Punkt b). Diese Fläche soll von einem magnetischen Fluss Φ durchsetzt werden.

Aus Gründen der Vergleichbarkeit wird in den folgenden Bildern dieses Abschnitts immer die gleiche Grundanordnung betrachtet. Die Erregerwicklung befindet sich auf einer Art „Polschuh" (bekannt von elektrischen Maschinen – allerdings hier in ebener Ausführung).

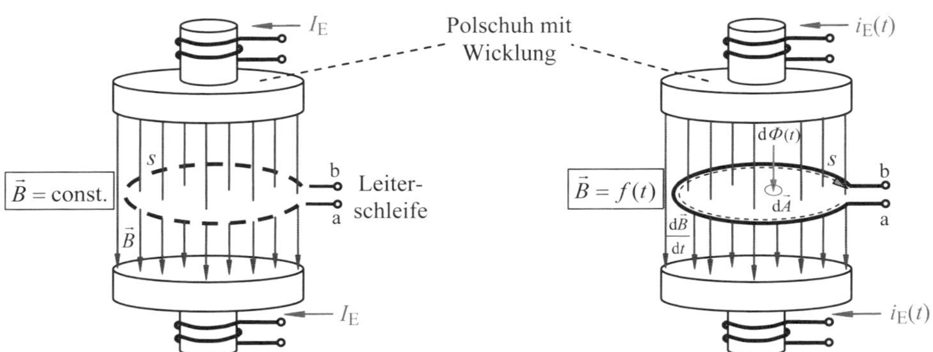

Bild 18.1: Modell (Grundanordnung) zur Erklärung von Induktionsvorgängen

ÜB: BB 18.1

Im vorliegende Fall erzeugt diese stromdurchflossene Erregerwicklung einen magnetischen Fluss, der flächenbezogen als magnetische Flussdichte $\vec{B} = \text{const.}$ (Bild 18.1 – links) oder als zeitlich veränderliche Dichtefunktion $\vec{B} = f(t)$ (Bild 18.1 – rechts) auf die Leiterschleife (bzw. im elementaren Fall auf einen einzelnen Leiterstab) in „homogener Form" einwirkt.

18.1.1 Induktionsgesetz – Bewegungsinduktion

Kommt es zwischen einem Leiter, der sich in einem zeitlich konstanten Magnetfeld befindet, und dem Magnetfeld selbst zu einer Änderung der Lage (Relativbewegung), so wird über dem Leiter eine Spannung induziert. Bild 18.2 zeigt eine Anordnung, in der ein gerader Leiter (Leiterstab) mit konstanter Geschwindigkeit senkrecht zu den Flussdichtelinien durch ein homogenes zeitinvariantes Magnetfeld bewegt wird.

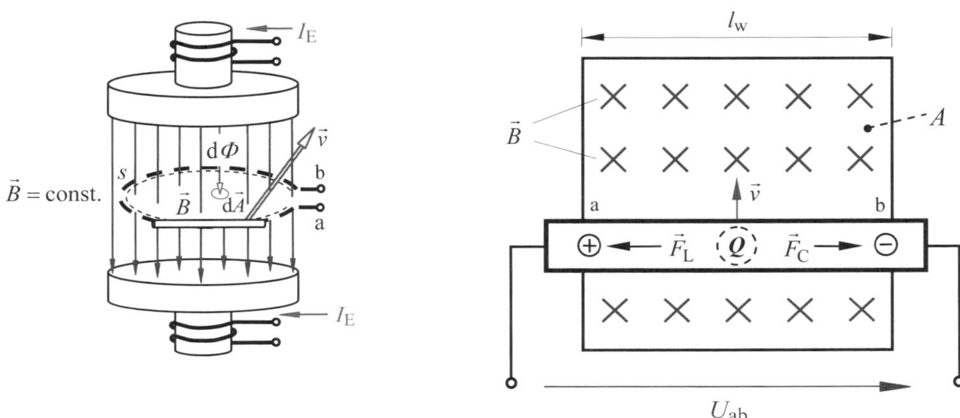

Bild 18.2: Modell zur Erklärung der Bewegungsinduktion

Der Vektor der magnetischen Flussdichte $\vec{B}$ dringt von oben bzw. in Richtung der Kreuze in die Fläche A (Bildebene) ein. Der Leiter (Teil der Schleife aus Bild 18.1) befindet sich mit der Länge l_w (also zwischen den Punkten a und b) im Magnetfeld und bewegt sich mit dem Vektor $\vec{v}$ parallel zur Bildebene (Bild 18.2 – rechts).

Auf die mit dem Leiter bewegte Ladung Q wirkt die LORENTZ-Kraft und führt zu einer Ladungstrennung. Dabei werden die Elektronen zum Punkt b bewegt. Der Punkt a erscheint somit gegenüber dem Punkt b als positiv geladen. Durch die Ladungstrennung entsteht im Leiter ein elektrisches Feld, das von der positiven zur negativen Ladung gerichtet ist. Daraus resultiert eine COULOMB-Kraft [Gleich. (15.26)], die im Inneren des Leiters auf positive Ladungen vom Punkt a zum Punkt b wirkt. Sie ist gegen die LORENTZ-Kraft gerichtet, die für positive Ladungen nach der Rechtsschrauben-Regel nach links zeigt.

Es stellt sich ein Gleichgewicht der beiden Kräfte ein: $\vec{F}_L + \vec{F}_C = 0$.

Diese Kräfte haben gleiche Beträge und unterschiedliche Richtungen.

Es gilt: $\left|\vec{F}_L\right| = \left|\vec{F}_C\right|$ und $\vec{F}_L = -\vec{F}_C$.

Durch Einsetzen der Einflussgrößen in diese Gleichgewichtsbedingung kann man die Spannung berechnen, die infolge der Bewegung des Leiters im Magnetfeld über dem Leiter induziert wird.
Für die LORENTZ-Kraft gilt Gleich. (17.19) und für die COULOMB-Kraft Gleich. (15.26):
$\vec{F}_L = Q \cdot (\vec{v} \times \vec{B})$ und $\vec{F}_C = Q \cdot \vec{E}$

Die Gleichgewichtsbedingung führt dann zu folgendem Ansatz:

$$Q\cdot(\vec{v}\times\vec{B})=-Q\cdot\vec{E} \quad \text{bzw.:} \quad (\vec{v}\times\vec{B})=-\vec{E} \quad \text{oder:} \quad \vec{E}=-(\vec{v}\times\vec{B})$$

Integriert man gemäß Gleich. (14.9) über der wirksamen Leiterlänge (im Bild 18.2 vom Punkt a zum Punkt b), so erhält man die über dem Leiter induzierte Spannung. Bei der im Bild 18.2 angenommenen Situation handelt es sich dabei um eine Gleichspannung, wenn der Leiter mit einer konstanten Geschwindigkeit senkrecht zum Vektor $\vec{B}$ durch ein homogenes Magnetfeld bewegt wird. Im Leerlauffall gilt: $U_{ab} = U_{ind}$.

ÜB: BB 18.2

$$U_{ab}=U_{ind}=\int_a^b \vec{E}\cdot d\vec{l}=-\int_a^b (\vec{v}\times\vec{B})\cdot d\vec{l}$$

$$U_{ind}=-\int_a^b (\vec{v}\times\vec{B})\cdot d\vec{l} \qquad (18.1)$$

Bei einem <u>geraden</u> Leiter, der durch ein homogenes Magnetfeld bewegt wird, kann die Integration durch eine Multiplikation ersetzt werden. Dann gilt: $U_{ind}=-(\vec{v}\times\vec{B})\cdot\vec{l}$.

Wenn die Vektoren $\vec{v}$, $\vec{B}$ und $\vec{l}$ jeweils senkrecht ($\perp$) aufeinander stehen, wird die induzierte Spannung maximal. Da der Vektor $(\vec{v}\times\vec{B})$ gegen die Integrationsrichtung von (18.1) und damit gegen den gewählten Zählpfeil von U_{ab} gerichtet ist, ergibt sich ein Vorzeichenwechsel [vgl.: $U_{ind}=-(\vec{v}\times\vec{B})\cdot\vec{l}=-(v\cdot B\cdot\sin\alpha)\cdot(l\cdot\cos\beta)$ mit: $\alpha = 90°$ und $\beta = 180°$]:

$$U_{ind}=B_{\perp}\cdot v\cdot l_w \qquad (18.2)$$

Zusammenfassend kann festgestellt werden, dass ein Leiter, der mit der Geschwindigkeit $\vec{v}$ in einem zeitinvarianten Magnetfeld [magnetische Flussdichte $\vec{B}\neq f(t)$] bewegt wird, wie eine Spannungsquelle wirkt. Wenn der Leiter mit konstanter Geschwindigkeit in einem zeitinvarianten Magnetfeld bewegt wird, ist die induzierte Spannung eine Gleichspannung. Für die Quellenspannung gilt dann: $U_{ind} = U_q$.

Erfolgt die Bewegung des Leiters mit einem variablen Winkel zwischen dem Geschwindigkeitsvektor des Leiters und dem Vektor der magnetischen Flussdichte oder mit einer zeitlich sich ändernden Geschwindigkeit, wird über dem Leiter eine zeitlich veränderliche Spannung induziert. Dann gilt die im Weiteren verwendete allgemeine Form: $u_{ind}(t) = u_q(t)$.

Für die Anordnung im Bild 18.2 kann im Leerlauffall (dann ist die induzierte Spannung gleich der Quellenspannung und gleich der Klemmenspannung u_{ab}) die im Bild 18.3 dargestellte Ersatzschaltung angegeben werden. Bei dieser Schaltung geht man davon aus, dass der im Magnetfeld bewegte Leiter widerstandslos ist. Dann wirkt er wie eine ideale Spannungsquelle u_q. Sein tatsächlich existierender Widerstand muss als Ersatz-Innenwiderstand (gestrichelt im Bild 18.3 – rechts) zur idealen Quelle in Reihe geschaltet werden.

Im Belastungsfall ist dann die Klemmenspannung u_{ab} kleiner als die Quellenspannung. Für u_q gilt das Quellen-Zählpfeilsystem. Für u_{ab} gilt das Verbraucher-Zählpfeilsystem.

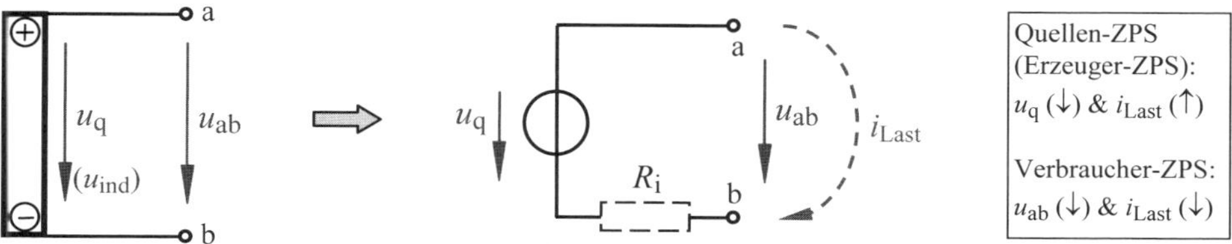

Bild 18.3: Ersatzschaltung zum Bild 18.2

Zur Erzeugung einer sinusförmigen Wechselspannung ordnet man den Leiter als Schleife im Magnetfeld an und dreht ihn (Bild 18.4). Um den Einfluss der einzelnen Leiterabschnitte diskutieren zu können, wird die Schleife als Rechteckschleife (siehe Bild 18.5) aufgefasst. Die Schleife soll sich zwischen den Punkten a, b, c und d vollständig im Magnetfeld befinden und wird in der im Bild 18.5 dargestellten Ausgangssituation senkrecht von den Flussdichtelinien durchsetzt.

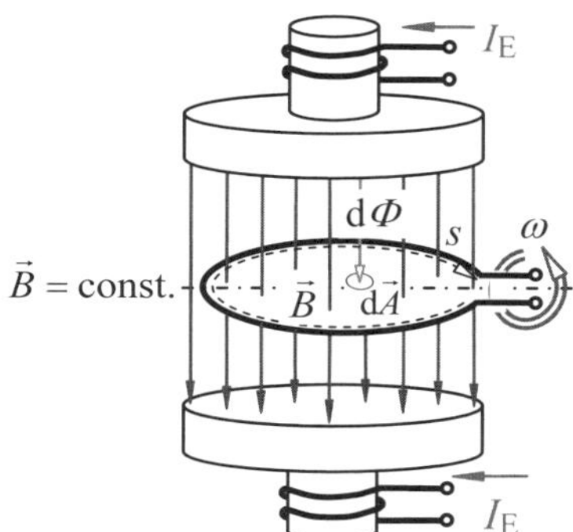

Bild 18.4: Drehung einer Leiterschleife im Magnetfeld

Zwischen den Schleifringen der geöffneten Schleife (○) kann die in der Schleife induzierte Spannung abgegriffen werden. Der Zählpfeil von u_{ind} wird dem Zählpfeil des magnetischen Flusses, wenn er die Fläche im Richtungssinn der Flächennormalen $d\vec{A}$ durchsetzt, nach [10] rechtswendig zugeordnet. Die in der Schleife induzierte Spannung kann gemäß Gleich. (18.1) über die Bewegung der einzelnen Leiterabschnitte berechnet werden.

Bild 18.5: Leiterschleife im homogenen Magnetfeld mit der Vektorsituation (rechts)

Die quer zur Rotationsachse liegenden Leiterabschnitte ($\overline{\text{ab}}$ und $\overline{\text{cd}}$) leisten keinen Beitrag zur induzierten Spannung, da der Vektor $\vec{v} \times \vec{B}$ in diesen Bereichen immer senkrecht auf $\mathrm{d}\vec{l}$ steht (siehe $\overline{\text{cd}}$ im Bild 18.5 – rechts). In den parallel zur Rotationsachse verlaufenden Leiterabschnitten $\overline{\text{bc}}$ und $\overline{\text{da}}$ ist der Vektor $\vec{v} \times \vec{B}$ gegen die Integrationsrichtung $\mathrm{d}\vec{l}$ gerichtet (siehe $\overline{\text{bc}}$ im Bild 18.5 – rechts). Im Symmetriefall leisten beide Leiterabschnitte den gleichen Beitrag zur induzierten Spannung. Es gilt:

$$u_{\text{ind}} = -\int_{\text{b}}^{\text{c}} (\vec{v} \times \vec{B}) \cdot \mathrm{d}\vec{l} - \int_{\text{d}}^{\text{a}} (\vec{v} \times \vec{B}) \cdot \mathrm{d}\vec{l}$$

Zur Darstellung der unterschiedlichen Winkelsituationen zwischen den Vektoren $\vec{v}$ und $\vec{B}$ wird der Schnitt ① – ② des Bildes 18.5 (links) betrachtet. Bild 18.6 (links) zeigt die zugehörige Schnittdarstellung mit der Blickrichtung auf die Schleifringe für eine Ausgangsposition, in der die (vorerst) linke Seite der Leiterschleife mit ① und die rechte Seite mit ② gekennzeichnet ist.

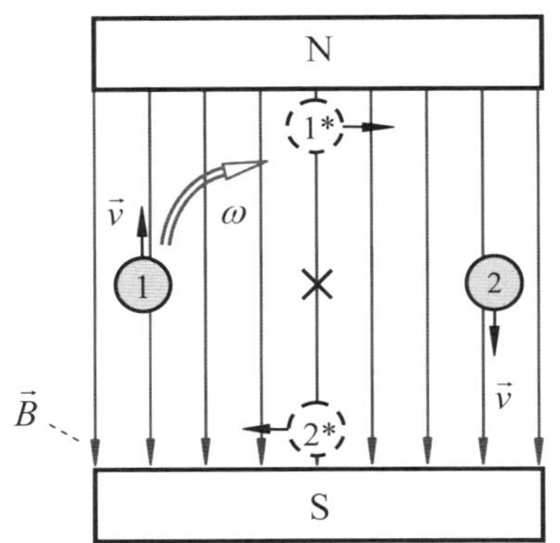

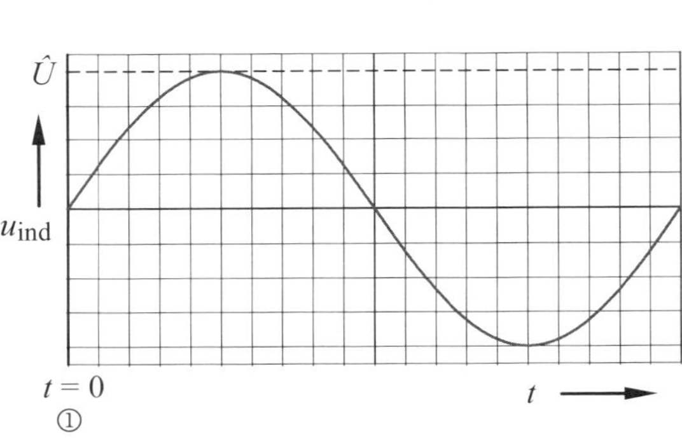

Bild 18.6: Induktion einer Wechselspannung (links) mit Zeitfunktion bei ω = const. (rechts)

Die Leiterschleife wird nun mit einer konstanten Winkelgeschwindigkeit ω gedreht. In der Ausgangsposition sind die Geschwindigkeitsvektoren genau parallel zu den Flussdichtelinien gerichtet. Die induzierte Spannung ist null, da der Geschwindigkeitsvektor $\vec{v}$ und der Vektor der magnetischen Flussdichte $\vec{B}$ bei ① einen Winkel von $\alpha_1 = 180°$ (bzw. bei ② einen Winkel von $\alpha_2 = 0°$) einschließen. Infolge der Drehung der Leiterschleife ändern sich die Winkel zwischen dem Geschwindigkeitsvektor des Leiters und den Flussdichtelinien.

Für einen einheitlichen (zeitabhängigen) Winkel $\alpha = \omega \cdot t$ gilt:

$\alpha_1 = 180° - \alpha$ und: $\alpha_2 = 0° + \alpha = \alpha$

Mit fortschreitender Bewegung der Leiterschleife wird der Winkel α_1 immer kleiner ($180° > \alpha_1 \rightarrow 90°$) und der Winkel α_2 immer größer ($0° < \alpha_2 \rightarrow 90°$). In der Schleifenstellung

①*–②* stehen beide Vektoren senkrecht aufeinander. Der Betrag der induzierten Spannung wird gemäß Gleich. (18.3) maximal.

Eine weitere Drehung der Leiterschleife lässt die induzierte Spannung wieder bis auf null absinken. Bei Erreichen der Stellung ② → ① bzw. ① → ② beginnt der gleiche Vorgang erneut mit verändertem Vorzeichen, da ja beide Enden der Leiterschleife im Vergleich zur Ausgangssituation vertauscht sind.

Bei der hier angenommenen Situation erhält man über Gleich. (18.2) und mit $l = \overline{\text{bc}} = \overline{\text{da}}$:
$u_{\text{ind}} = v \cdot B \cdot l \cdot \sin(180° - \alpha) + v \cdot B \cdot l \cdot \sin\alpha$

Mit $\sin(180° - \alpha) = \sin\alpha = \sin\omega t$ gilt: $u_{\text{ind}} = v \cdot B \cdot l \cdot 2 \cdot \sin\alpha = v \cdot B \cdot l \cdot 2 \cdot \sin\omega t$

Nun wird noch die wirksame Leiterlänge einer Schleife eingeführt: $l_{\text{w}} = \overline{\text{bc}} + \overline{\text{da}} = 2l$.
Damit ändert sich die induzierte Spannung nach einer Sinusfunktion über der Zeit.

$$u_{\text{ind}}(t) = v \cdot B \cdot l_{\text{w}} \cdot \sin\omega t \qquad (18.3)$$

> Bei der Drehung einer Leiterschleife in einem homogenen Magnetfeld wird eine sinusförmige Wechselspannung induziert, deren Frequenz der Drehzahl der Schleife entspricht.

18.1.2 Induktionsgesetz – Ruheinduktion

Eine Spannung kann auch induziert werden, wenn der Leiter ruht und das auf ihn einwirkende Magnetfeld verändert wird. Dazu bringt man eine Leiterschleife in ein zeitlich veränderliches magnetisches Feld mit der magnetischen Flussdichte $\vec{B} = f(t)$ (Bild 18.1 – rechts).

Wie Bild 18.7 zeigt, wird dabei eine zeitlich veränderliche Umlaufspannung $u_{\text{ab}}(s)$ in einer Umlaufrichtung $\text{d}\vec{s}$ längs des Randes der Leiterschleife induziert, die eine von s umfasste Fläche einschließt. Diese Umlaufspannung kann zwischen den Klemmen b und a als induzierte Spannung u_{ind} nachgewiesen werden. Der Zählpfeil von u_{ind} wird dem Zählpfeil des magnetischen Flusses, wenn er die Fläche im Richtungssinn der Flächennormalen $\text{d}\vec{A}$ durchsetzt, rechtswendig (vgl. Rechtsschrauben-Regel) zugeordnet. Diese rechtswendige Zuordnung (vgl. [10]) entspricht dem Quellen-(Erzeuger)-Zählpfeilsystem für u_{ind}.

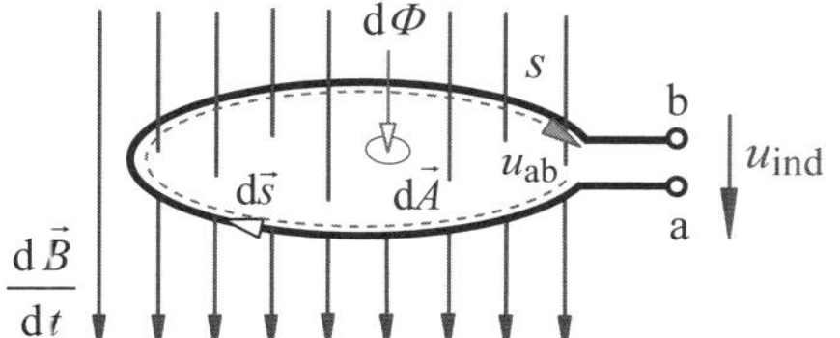

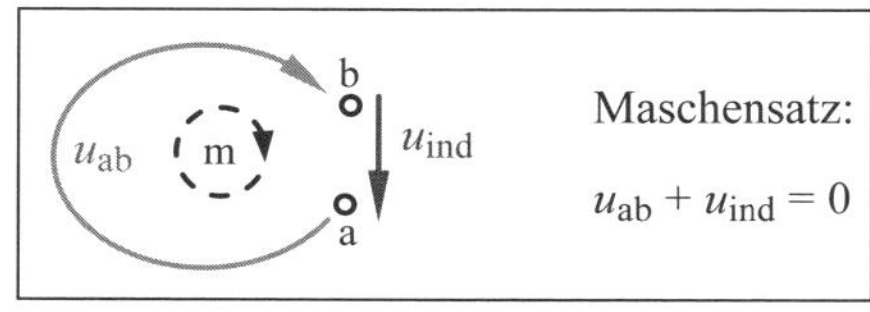

Bild 18.7: Ruheinduktion

Die induzierte Spannung ist von der Änderungsgeschwindigkeit der magnetischen Flussdichte $\text{d}\vec{B}/\text{d}t$ sowie von der Größe und der Position der Fläche abhängig, die von der

Leiterschleife im Magnetfeld eingeschlossen wird. Längs des im Bild 18.7 angedeuteten Umlaufs (siehe Pfeil auf der Schleife) gilt dann zwischen den Klemmen a und b:

$$u_{ab}(s) = -u_{ind} \quad \text{bzw.:} \quad \int_A \frac{\partial \vec{B}}{\partial t} \cdot d\vec{A} = -u_{ind}$$

Nach Gleich. (17.10) ist die magnetische Flussdichte mit dem magnetischen Fluss Φ verknüpft. Falls die Leiterschleife im Bild 18.7 aus mehreren Windungen besteht, ist gemäß Gleich. (17.15) der magnetische Fluss Φ zusätzlich über die Windungszahl N zu $\Psi = N \cdot \Phi$ verkettet. Für die induzierte Spannung (siehe oben) gilt dann:

ÜB: BB 18.3

$$u_{ind} = -\int_A \frac{\partial \vec{B}}{\partial t} \cdot d\vec{A} = -\frac{d\Psi}{dt}$$

Die induzierte Spannung kann demzufolge auch über die Änderungsgeschwindigkeit des magnetischen Flusses beschrieben werden. Bei $N > 1$ (z.B. bei einer Spule mit N Windungen) ist die induzierte Spannung außerdem von der vom magnetischen Fluss durchsetzten Windungszahl abhängig.

$$u_{ind} = -N \cdot \frac{d\Phi}{dt} \tag{18.4}$$

Hat diese induzierte Spannung einen Strom zur Folge, so bewirkt er die Existenz eines sekundären Magnetfeldes. Dieses Sekundärfeld (Wirkung) ist dem ursächlichen magnetischen Feld (Flussänderung in der Schleife des Bildes 18.7) nach der LENZschen Regel stets entgegengerichtet.

Lehrbeispiel 18.1:

ÜB: BB 18.4

Berechnen Sie mit Gleich. (18.4) die in der Leiterschleife des Bildes 18.7 induzierte Spannung, wenn die Schleife gedreht wird. Diese Spannung ergibt sich jetzt aus dem zeitlich veränderlichen Fluss, der aus der Drehung der Schleife in einem zeitinvarianten Magnetfeld resultiert.

Die Schleife schließt eine ebene Fläche ein, die von einem homogenen Magnetfeld durchsetzt wird. Damit wirkt die magnetische Flussdichte in allen Punkten der Fläche mit dem gleichen Betrag und dem gleichen Winkel zur Flächennormalen.

Mit Gleich. (17.10) gilt dann: $\Phi = \int_A \vec{B} \cdot d\vec{A} = \vec{B} \cdot \vec{A} = |\vec{B}| \cdot |\vec{A}| \cdot \cos\alpha$

Dieser Fluss wird in Gleich. (18.4) eingesetzt: $u_{ind} = -N \cdot \frac{d\Phi}{dt} = -1 \cdot \frac{d}{dt} \cdot (B \cdot A \cdot \cos\alpha)$

Mit $\alpha = \omega t$ erhält man:

$$u_{ind} = -\frac{d}{dt} \cdot (B \cdot A \cdot \cos\omega t) = -B \cdot A \cdot \frac{d(\cos\omega t)}{dt} = -B \cdot A \cdot [-\omega \cdot \sin\omega t] = B \cdot A \cdot \omega \cdot \sin\omega t$$

Die Winkelgeschwindigkeit eines parallel zur Rotationsachse bewegten Leiterabschnitts ist von der Geschwindigkeit und von seinem Abstand zur Rotationsachse abhängig.

Mit den Angaben des Bildes 18.5 gilt: $\omega = v \,/\, 0{,}5\,\overline{\mathrm{cd}}$. Nun wird die von der Schleife umrandete Fläche $A = \overline{\mathrm{cd}} \cdot \overline{\mathrm{bc}} = \overline{\mathrm{cd}} \cdot l = \overline{\mathrm{cd}} \cdot 0{,}5\, l_{\mathrm{w}}$ mit der Winkelgeschwindigkeit multipliziert und in die Berechnungsvorschrift für u_{ind} eingesetzt: $A \cdot \omega = \overline{\mathrm{cd}} \cdot 0{,}5\, l_{\mathrm{w}} \cdot v \,/\, 0{,}5\,\overline{\mathrm{cd}} = l_{\mathrm{w}} \cdot v$

Damit erhält man wieder die Gleich. (18.3): $u_{\mathrm{ind}} = v \cdot B \cdot l_{\mathrm{w}} \cdot \sin \omega t$.

18.2 Selbstinduktion und Induktivität

Gemäß Gleich. (17.16) wird eine Spule mit der Windungszahl N über ihre Induktivität L beschrieben. Diese Bauelemente-Kenngröße L gilt bei Eisenkreisen nur für einen fest eingestellten Arbeitspunkt AP und charakterisiert das elektrische Verhalten einer idealen Spule als passives Bauelement. Wird ihre Wicklung von einem zeitlich veränderlichen Strom durchflossen, so entsteht ein zeitlich veränderlicher magnetischer Fluss $\Phi(t)$, der die Spule selbst durchsetzt. Dieser zeitlich veränderliche magnetische Fluss induziert über der Induktivität selbst eine zeitlich sich ändernde Spannung (Selbstinduktionsspannung).

Durch Einsetzen des HOPKINSONschen Gesetzes (17.5) in Gleich. (18.4) erhält man die Selbstinduktionsspannung nach Abschn. 18.1.2 im Erzeuger-Zählpfeilsystem (Q-ZPS):

$$u_{\mathrm{ind}} = -N \cdot \frac{\mathrm{d}\Phi}{\mathrm{d}t} = -N \cdot \frac{\mathrm{d}\Theta}{R_{\mathrm{m}} \cdot \mathrm{d}t} = -\frac{N^2}{R_{\mathrm{m}}} \cdot \frac{\mathrm{d}i}{\mathrm{d}t}$$

Der Quotient N^2 / R_{m} wird mit Gleich. (17.16) noch durch die Induktivität L ersetzt. Für eine konstante Induktivität kann nun das Induktionsgesetz als Strom-Spannungs-Beziehung beschrieben werden.

$$u_{\mathrm{ind}} = -L \cdot \frac{\mathrm{d}i}{\mathrm{d}t} \qquad (18.5)$$

Stellt man das Induktionsgesetz im Sinne des passiven Bauelements L nach Gleich. (18.5) im Verbraucher-Zählpfeilsystem dar, so erhält man Gleich. (18.5_a):

$$u_{\mathrm{L}} = L \cdot \frac{\mathrm{d}i_{\mathrm{L}}}{\mathrm{d}t} \qquad (18.5\_a)$$

Lehrbeispiel 18.2:

ÜB: BB 18.8

Gegeben ist eine Ringspule ohne Luftspalt. Der Kern besteht aus Kunststoff ($\mu_{\mathrm{r}} = 1$) und ist mit einer Wicklung (N = 500) vollständig und eng bewickelt. Der Ring hat einen mittleren Durchmesser von D_{m} = 50 mm (vgl. Bild 17.12) und einen rechteckförmigen Querschnitt mit A = 5 cm^2.

Berechnen Sie die Induktivität der Anordnung. Skizzieren Sie den Verlauf der über der Spule induzierten Spannung, wenn in die Wicklung ein periodischer Spulenstrom i_{L} (Bild 18.8) eingespeist wird.

Zunächst wird der magnetische Widerstand ermittelt. Daraus kann dann mit Gleich. (17.16) die Induktivität berechnet werden. Durch die Verwendung von D_m handelt es sich um eine Näherungsrechnung!

$$R_m = \frac{\pi \cdot D_m}{\mu_0 \cdot \mu_r \cdot A} = \frac{\pi \cdot 50 \cdot 10^{-3}}{0{,}4\pi \cdot 10^{-6} \cdot 5 \cdot 10^{-4}} \frac{A}{V \cdot s} = 250 \cdot 10^6 \frac{A}{V \cdot s} \qquad \text{und:} \qquad L = \frac{N^2}{R_m} = 1 \text{ mH}$$

Mit Gleich. (18.5_a) gilt: $u_L = L \cdot \frac{di_L}{dt}$. Die Änderungsgeschwindigkeit des Spulenstromes i_L beträgt:

a) Anstiegsflanke: $\frac{di_{La}}{dt} = \frac{500\,\text{mA}}{10\text{ ms}} = 50\,\frac{A}{s}$ b) Abfallflanke: $\frac{di_{Lb}}{dt} = \frac{500\,\text{mA}}{5\,\text{ms}} = 100\,\frac{A}{s}$

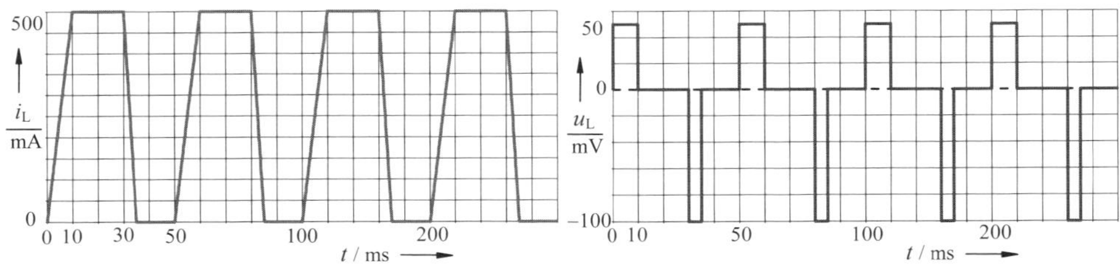

Bild 18.8: Trapezförmiger Erregerstrom (links) und Selbstinduktionsspannung (rechts)

Wie Gleich. (18.5) aussagt, wird nur dann eine Spannung über der Spule induziert, wenn sich der Erregerstrom zeitlich verändert. Im Fußbereich des Trapezes und im Dachbereich ist das nicht der Fall. Bei einem jeweils konstanten Stromanstieg bzw. Stromabfall entsteht der im Bild 18.8 (rechts) dargestellte Spannungsverlauf.

a) Anstiegsflanke: $u_{La} = L \cdot \frac{di_{La}}{dt} = 50$ mV b) Abfallflanke: $u_{Lb} = -L \cdot \frac{di_{Lb}}{dt} = -100$ mV

Für die Unterschiede der Extremwerte der induzierten Spannung ist die Änderungsgeschwindigkeit des Spulenstromes di_L / dt verantwortlich. Das Vorzeichen wird durch die Art der Änderung (Anstieg oder Abfall) bestimmt.

18.3 Gegeninduktion und Gegeninduktivität

Eine Spannung kann im Vergleich zu den Ausführungen des Abschn. 18.2 auch induziert werden, wenn sich eine weitere Wicklung (2) mit N_2 auf dem Kern der betrachteten Spule (1) oder in ihrer näheren Umgebung befindet (Bild 18.9).

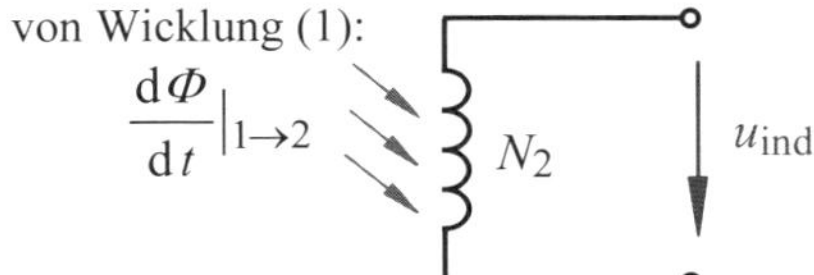

Bild 18.9: Gegeninduktionsspannung

Der durch die Wicklung (1) fließende Erregerstrom $i_1\,(t)$ verursacht einen zeitlich sich ändernden magnetischen Fluss, der mit bestimmten Anteilen auch die Wicklung (2) durchsetzt

(1→2). Dadurch wird auch über der Wicklung (2) eine Spannung induziert (Gegeninduktionsspannung). Der dafür verantwortliche Flussanteil soll im Weiteren bestimmt werden.

Zwei stromdurchflossene Leiter oder Spulen (und natürlich auch mehr als zwei) mit den Induktivitäten L_1 und L_2 sind über den Kopplungsfaktor k miteinander verkoppelt. Bild 18.10 zeigt ein Modell dieser Verkopplung am Beispiel einer stromdurchflossenen Spule 1. Sie erzeugt einen magnetischen Fluss, der teilweise auch die Spule 2 (Φ_{12}) durchsetzt. Die umgekehrte Wirkung würde auftreten, wenn durch die Spule 2 ein Strom fließt.

ÜB: BB 18.5

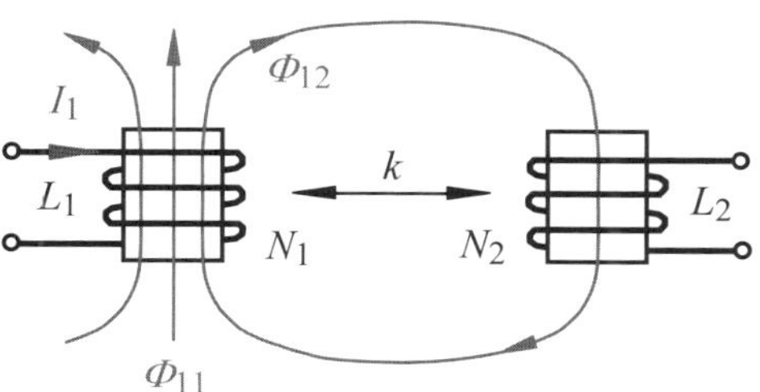

Bild 18.10: Magnetisch verkoppelte Spulen

Solche Verkopplungen können vernachlässigbar sein (vollständig entkoppelte Spulen mit $k \to 0$). Das wäre der Fall, wenn der Abstand der Spulen im Bild 18.10 unendlich groß ist oder zwischen beiden Spulen eine ideale Abschirmung existiert. In der Regel sind die Spulen über $0 < k < 1$ verkoppelt. Der Kopplungsfaktor k gibt den Grad der Verkopplung an.

Zur Erklärung der Eigenschaften miteinander verkoppelter magnetischer Kreise soll der verzweigte magnetische Kreis im Bild 18.11 dienen. Dieses Beispiel verdeutlicht das Entstehen eines Streuflusses durch die Existenz eines Mittelsteges in anschaulicher Weise. Ein solcher Streufluss würde auch ohne Mittelsteg (dann allerdings mit einer geringeren Intensität) existieren. Demzufolge gelten die aus dem Beispiel des Bildes 18.11 abgeleiteten Schlussfolgerungen prinzipiell auch für andere Kernformen (also auch ohne Mittelsteg) und natürlich auch für miteinander verkoppelte Luftspulen.

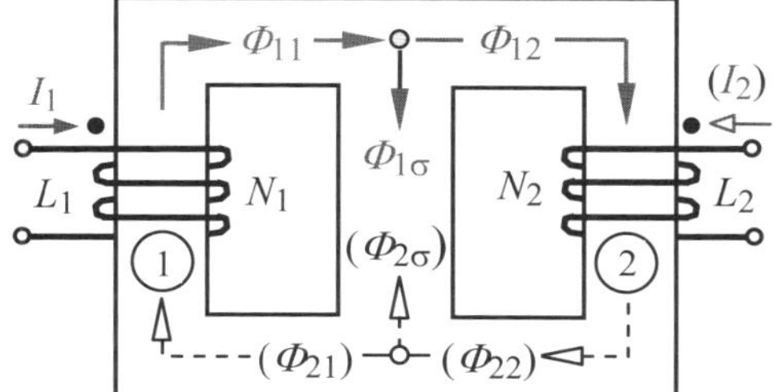

Festlegung zur Indizierung von Φ (Φ_{xy}):

Prinzip: Ursache → Wirkung

x = Ursache von Spule x

y = Wirkung in/auf Spule x oder y
oder als Streufluss σ

Bild 18.11: Verzweigter magnetischer Kreis

Beide Spulen sollen eine konstante Induktivität aufweisen. Das entstehende magnetische Feld sei vorerst stationär. Zunächst wird nur die Wirkung der Spule 1 auf die Spule 2 betrachtet. Der Strom I_1 verursacht einen Gesamtfluss Φ_{11} im Bereich der Spule 1. Ein Teil dieses Gesamtflusses fließt über den Mittelschenkel (oder über eine Luftstrecke) als Streufluss $\Phi_{1\sigma}$ ab (siehe Knotenpunkt im Bild 18.11). Der restliche Fluss dringt als Hauptfluss Φ_{12} durch den Bereich der Spule 2.

Magnetische Flüsse sind gemäß Gleich. (17.15) mit der Windungszahl der jeweiligen Spule verkettet, die sie durchsetzen. Streuflüsse sind nur mit der sie verursachenden Spule selbst verkettet, während Hauptflüsse auch mit der jeweils anderen Spule verkettet sind.

Der Kopplungsfaktor kann als k_{12} von der Spule 1 auf die Spule 2 und umgekehrt als k_{21} von Spule 2 auf Spule 1 (nicht ausgefüllte Zählpfeile im Bild 18.11) berechnet werden.

Der Kopplungsfaktor ist definiert als das Verhältnis zwischen Hauptfluss und Gesamtfluss.

$$k_{12} = \frac{\Phi_{12}}{\Phi_{11}} \quad \text{und:} \quad k_{21} = \frac{\Phi_{21}}{\Phi_{22}}$$ [Indizierung: von (Ursache) … auf (Wirkung)]

Aus beiden Faktoren wird dann der totale Kopplungsfaktor k gebildet.

$$k = \sqrt{k_{12} \cdot k_{21}} \tag{18.6}$$

Die Ausführungen zum Beispiel des Bildes 18.11 weisen darauf hin, dass bei miteinander verkoppelten Spulen eine klare Zuordnung der einzelnen Flusskomponenten zu den Erregerströmen, die diese magnetischen Flüsse verursachen, vorgenommen werden muss. In der grafischen Darstellung eines magnetischen Kreises ist diese Zuordnung noch mit der Rechtsschrauben-Regel möglich.

Wie Bild 18.11 zeigt, verursachen beide Erregerströme Gesamtflusskomponenten, die sich mit den jeweiligen Hauptflusskomponenten der anderen Spule positiv überlagern. Diese Art der Überlagerung hängt aber nicht nur von der Richtung der Erregerströme, sondern auch von den Wicklungsrichtungen der beiden Spulen ab.

Im Bild 18.12 sind die beiden Varianten in der Wicklungsrichtung einer Spule in Analogie zum Links- oder Rechtsgewinde von Schrauben an einem Beispiel dargestellt.

ÜB: BB 18.6

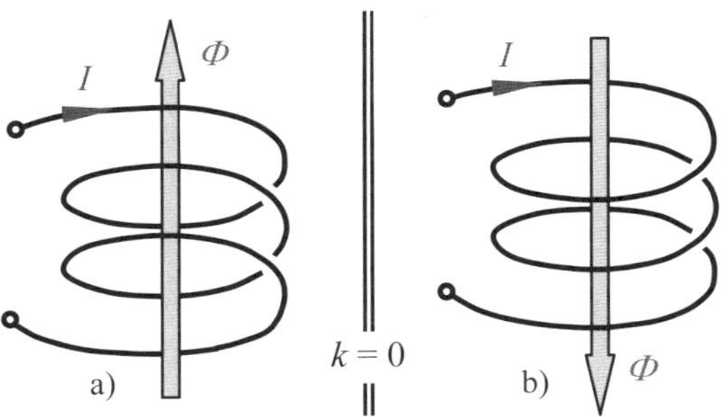

Bild 18.12: Wicklungsrichtung
a) linkswendig
b) rechtswendig

Ein Vergleich der Varianten a) und b) zeigt, dass sich die Richtung des magnetischen Flusses bei Änderung der Wicklungsrichtung umkehrt. Die Richtung des magnetischen Flusses würde sich auch ändern, wenn man im Bild 18.12 bei a) oder bei b) die Stromrichtung verändert.

In einer elektrischen Ersatzschaltung (oder in einem Schaltbild) können die Richtungen der Flusskomponenten nicht mehr mit der Rechtsschrauben-Regel bestimmt werden. Es ist demzufolge erforderlich, einen für den Anwender erkennbaren Zusammenhang zwischen der Richtung des Erregerstromes in Verbindung mit der Wicklungsrichtung der jeweiligen Spule und der daraus resultierenden Art der Überlagerung der Flusskomponenten herzustellen.

Dieser Zusammenhang wird über den Wicklungssinn beschrieben. Dazu kennzeichnet man jede Wicklung eines Spulenpaares an je einem Wicklungsanschluss mit einem Punkt (•) und trägt dort die Stromzählpfeile ein. Diese Punkte sagen dann aus, ob sich die Flusskomponenten im Kern addieren (gleichsinniger Wicklungssinn) oder subtrahieren (gegensinniger Wicklungssinn). Wenn die Erregerströme wie im Bild 18.11 am Wicklungsanschluss zum jeweiligen Punkt hinfließen, dann addieren sich die Flusskomponenten in den Kernbereichen (1) und (2). Ansonsten werden sie voneinander subtrahiert.

Aus Gründen der Einheitlichkeit und Verständlichkeit werden in den weiteren Ausführungen verkoppelte magnetische Kreise betrachtet, die aus zwei Wicklungen auf einem gemeinsamen Kern bestehen. Zur Herleitung der folgenden Zusammenhänge wird davon ausgegangen, dass die linke Wicklung linkswendig und die rechte Wicklung rechtswendig auf dem Kern positioniert ist (vgl. Bild 18.11). In beide Wicklungen fließt ein Erregerstrom am oberen Anschluss zum jeweiligen Punkt hin. Der resultierende Fluss in den Bereichen (1) und (2) verläuft dann im Uhrzeigersinn. Diese positive Überlagerung der beiden Flusskomponenten entspricht einem gleichsinnigen Wicklungssinn.

Zur Beschreibung der gegenseitigen Beeinflussung zweier miteinander verkoppelter Spulen führt man als weitere Bauelemente-Kenngröße für verkoppelte magnetische Kreise die Gegeninduktivität M ein.

Sie hat die Einheit: $[M]=1\dfrac{\text{V}\cdot\text{s}}{\text{A}}=1\text{ H}.$

ÜB: BB 18.7

Die Beeinflussung der Spule 2 im Bild 18.11 (verursacht von der Spule 1) kann mit dem magnetischen Fluss durch den Bereich der Spule 2 erklärt werden. Dieser Fluss im Bereich 2 ist mit der Windungszahl der Spule 2 verkettet.

Mit der ursprünglichen Definition einer Induktivität gilt nach Gleich. (17.16):

$$M_{12}=\frac{\Psi_{12}}{I_1}=\frac{N_2\cdot\Phi_{12}}{I_1}\quad \text{mit: } \Phi_{12}=k_{12}\cdot\Phi_{11}\qquad\Rightarrow\qquad M_{12}=\frac{N_2\cdot k_{12}\cdot\Phi_{11}}{I_1}$$

Eine analoge Aussage gilt für die Gegeninduktivität M_{21}. Sie beschreibt die Beeinflussung der Spule 1 durch die Spule 2 (offene Zählpfeile im Bild 18.11).

$$M_{21}=\frac{\Psi_{21}}{I_2}=\frac{N_1\cdot\Phi_{21}}{I_2}\quad \text{mit: } \Phi_{21}=k_{21}\cdot\Phi_{22}\qquad\Rightarrow\qquad M_{21}=\frac{N_1\cdot k_2\cdot\Phi_{22}}{I_2}$$

Zur Bestimmung einer resultierenden Bauelemente-Kenngröße werden nun die beiden einzelnen Gegeninduktivitäten miteinander multipliziert.

$$M_{12}\cdot M_{21}=\frac{N_2\cdot k_{12}\cdot\Phi_{11}}{I_1}\cdot\frac{N_1\cdot k_2\cdot\Phi_{22}}{I_2}$$

Nach Umstellen der Gleichung erhält man: $M_{12} \cdot M_{21} = \dfrac{N_1 \cdot \Phi_{11}}{I_1} \cdot \dfrac{N_2 \cdot \Phi_{22}}{I_2} \cdot k_{12} \cdot k_{21}$

$$\sqrt{M_{12} \cdot M_{21}} = \sqrt{\frac{N_1 \cdot \Phi_{11}}{I_1} \cdot \frac{N_2 \cdot \Phi_{22}}{I_2}} \cdot \sqrt{k_{12} \cdot k_{21}} \qquad (18.7)$$

Die Wurzelausdrücke links und ganz rechts beschreiben geometrische Mittelwerte.

Es gilt: $M = \sqrt{M_{12} \cdot M_{21}}$ und: $k = \sqrt{k_{12} \cdot k_{21}}$

Im mittleren Ausdruck von Gleich. (18.7) steht unter der Wurzel das Produkt der beiden Selbstinduktivitäten.

Mit (17.16) gilt: $L_1 = \dfrac{\Psi_{11}}{I_1} = \dfrac{N_1 \cdot \Phi_{11}}{I_1}$ bzw.: $L_2 = \dfrac{\Psi_{22}}{I_2} = \dfrac{N_2 \cdot \Phi_{22}}{I_2}$

Daraus ergibt sich die Gegeninduktivität:

$$M = k \cdot \sqrt{L_1 \cdot L_2} \qquad (18.8)$$

Speist man nun in die Spule 1 des Bildes 18.11 einen zeitlich veränderlichen Erregerstrom i_1 ein, so ändern sich die mit einem ausgefüllten Zählpfeil eingezeichneten magnetischen Flüsse ebenfalls über der Zeit. Der Gesamtfluss $\Phi_{11}(t)$ ist mit der Windungszahl N_1 verkettet. Er bewirkt nach Gleich. (18.5_a) eine Selbstinduktionsspannung u_{1L}. Der Hauptfluss $\Phi_{12}(t)$ ist mit der Windungszahl N_2 verkettet. Er bewirkt eine Gegeninduktionsspannung u_{2M}. Für die über der Spule 2 induzierte Gegeninduktionsspannung u_{2M} (verursacht durch den Strom i_1 der Spule 1) oder für u_{1M} (verursacht durch den Strom i_2 der Spule 2) gilt:

$$u_{2M} = \frac{\mathrm{d}\Psi_{12}(t)}{\mathrm{d}t} = N_2 \cdot \frac{\mathrm{d}\Phi_{12}(t)}{\mathrm{d}t} \qquad \text{oder:} \qquad u_{1M} = \frac{\mathrm{d}\Psi_{21}(t)}{\mathrm{d}t} = N_1 \cdot \frac{\mathrm{d}\Phi_{21}(t)}{\mathrm{d}t}$$

Lehrbeispiel 18.3:

Gegeben ist eine Ringspule aus Kunststoff ($\mu_r = 1$) ohne Luftspalt. Im Vergleich zum Lehrbeispiel 18.2 sind jetzt zwei Wicklungen übereinander (vollständig und eng bewickelt) aufgebracht.

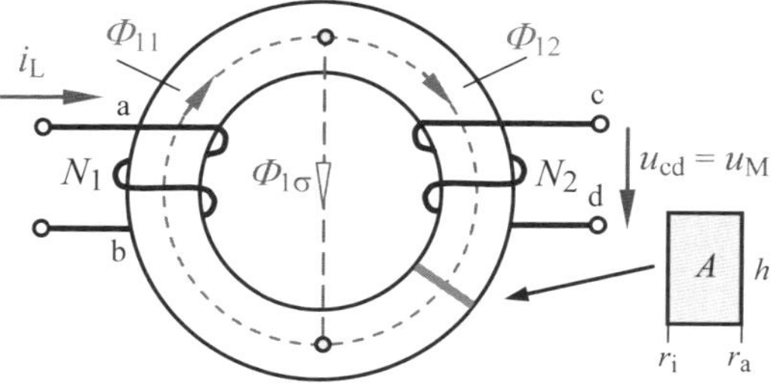

Geg.: $N_1 = 500$; $N_2 = 300$
$r_i = 15$ mm; $r_a = 35$ mm
$h = 25$ mm; $A = 5\ \mathrm{cm}^2$
i_L : wie im Bild 18.8 (links)

Bild 18.13: Skizze der Ringspule mit zwei Wicklungen (übereinander)

Berechnen Sie die Gegeninduktivität und skizzieren Sie den Verlauf der über der Spule 2 induzierten Spannung, wenn in die Wicklung ein periodischer Spulenstrom i_L (Bild 18.8 – links) eingespeist wird.

Der Kern hat Eigenschaften (Material und Abmessungen), die einen Vergleich mit Lehrbeispiel 18.2 ermöglichen sollen. Dann müsste eigentlich die Selbstinduktivität den dort bereits berechneten Wert aufweisen. Bei der Berechnung von R_m wurde im Lehrbeispiel 18.2 allerdings darauf hingewiesen, dass es sich infolge der Verwendung von D_m um eine Näherungsrechnung handelt. Bei dieser Näherung geht man von der Annahme aus, dass sich der magnetische Fluss in der Mitte des Kerns als eine Flusslinie konzentriert, obwohl der Fluss den gesamten Kernquerschnitt durchsetzt.

Für den magnetischen Fluss im Lehrbeispiel 18.3 gilt in diesem Zusammenhang folgende Überlegung: Im eng und vollständig bewickelten Kern bilden sich kreisförmige Flusslinien aus. Ihr Abstand zueinander wird im Kern von r_i in Richtung r_a größer (inhomogenes Feld). Die differenziellen Flusslinien durchsetzen senkrecht ein Flächenelement $\mathrm{d}A = h \cdot \mathrm{d}r$. Mit Gleich. (17.10) gilt:

$$\mathrm{d}\Phi = B \cdot \mathrm{d}A = \mu \cdot H \cdot h \cdot \mathrm{d}r \qquad \text{bzw.:} \qquad \Phi = \int_{r_i}^{r_a} \mu \cdot H \cdot h \cdot \mathrm{d}r \qquad \text{mit: } H_{\text{Ring}} = \frac{i_L \cdot N}{2\pi \cdot r}$$

$$\Phi_{\text{Ring}} = \mu_0 \cdot \frac{i_L \cdot N}{2\pi} \cdot h \cdot \int_{r_i}^{r_a} \frac{1}{r} \cdot \mathrm{d}r = \mu_0 \cdot \frac{i_L \cdot N}{2\pi} \cdot h \cdot \ln\frac{r_a}{r_i} \qquad \text{bzw.:} \qquad \hat{\Phi} = \mu_0 \cdot \frac{\hat{I}_L \cdot N}{2\pi} \cdot h \cdot \ln\frac{r_a}{r_i}$$

$$\hat{\Phi} = \left[0{,}4\pi \cdot 10^{-6} \cdot \frac{0{,}5 \cdot 500}{2\pi} \cdot 25 \cdot 10^{-3} \cdot \ln\frac{35}{15}\right] \mathrm{V \cdot s} = 1{,}059\ \mu\mathrm{V \cdot s} \qquad \text{und:} \qquad L = \frac{N \cdot \hat{\Phi}}{\hat{I}_L} = 1{,}059\ \mathrm{mH}$$

Damit ist die Selbstinduktivität im Vergleich zur Rechnung im Lehrbeispiel18.2 etwa 6% größer. Die Selbstinduktionsspannung (die gilt auch für das Lehrbeispiel 18.3) steigt leicht an (Bild 18.14 – links).

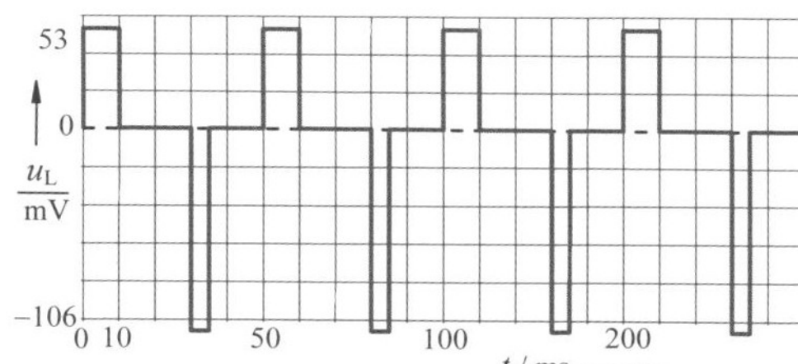

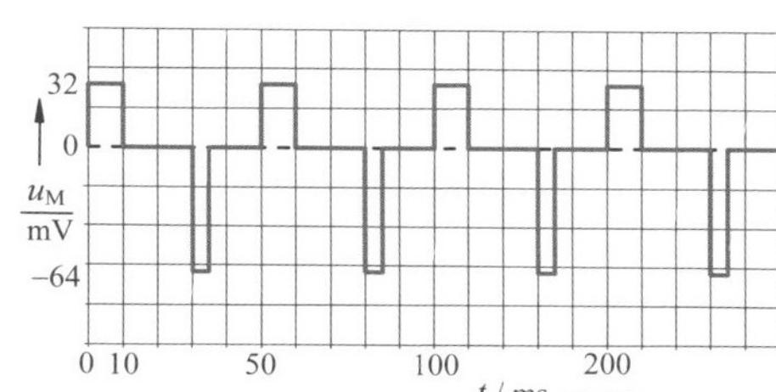

Bild 18.14: Zeitfunktionen zum Lehrbeispiel 18.3

Mit diesen Vorbetrachtungen kann nun der Rest des Lehrbeispiels 18.3 leicht bearbeitet werden. Für die Gegeninduktivität (1 → 2) gilt mit der Annahme $k_{12} = 1$ ($\Phi_{1\sigma} = 0$, weil alle Windungen von N_1 <u>und</u> von N_2 den gleichen Fluss umfassen):

$$M_{12} = \frac{N_2 \cdot k_{12} \cdot \Phi_{11}}{I_1} = \frac{N_2 \cdot \Phi_{\text{Ring}}}{I_L} = \frac{N_2 \cdot \mu_0 \cdot \hat{I}_L \cdot N_1 \cdot h}{\hat{I}_L \cdot 2\pi} \cdot \ln\frac{r_a}{r_i} = \frac{N_1 \cdot N_2 \cdot \mu_0 \cdot h}{2\pi} \cdot \ln\frac{r_a}{r_i} \approx 635{,}5\ \mu\mathrm{H}$$

Damit ergeben sich folgende Extremwerte der Gegeninduktionsspannung (vgl. Bild 18.14 – rechts):

a) Anstiegsflanke: $u_{Ma} = M_{12} \cdot \frac{\mathrm{d}i_{La}}{\mathrm{d}t} \approx 31{,}8\ \mathrm{mV}$ b) Abfallflanke: $u_{Mb} = -M_{12} \cdot \frac{\mathrm{d}i_{Lb}}{\mathrm{d}t} \approx -63{,}5\ \mathrm{mV}$

18.4 Transformatorgleichungen

Gekoppelte magnetische Kreise werden in der Praxis unter anderem dazu verwendet, Wechselspannungen in ihrer Amplitude zu verändern (vgl. Kap. 19: Transformator), elektrische Kreise voneinander zu trennen bzw. sie aneinander anzupassen (Übertrager) oder Messinstrumente optimal in eine spezifische messtechnische Aufgabe einzubinden (Wandler).

Solche Anordnungen bestehen in der Regel aus zwei (oder mehr) Spulen, die auf einem gemeinsamen Kern oder einem anderen Trägerkörper aufgebracht sind. Durch diesen Kern kann ein unverzweigter oder ein verzweigter magnetischer Kreis ohne oder mit Luftspalt entstehen. Bild 18.15 (links) zeigt die Grundstruktur eines Transformators.

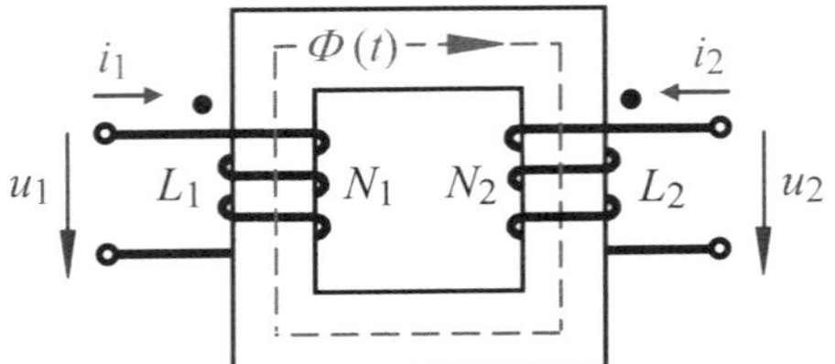

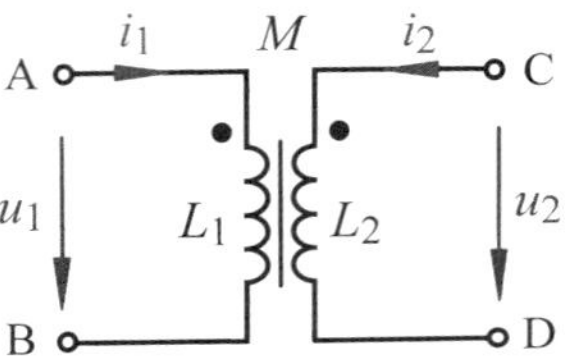

Bild 18.15: Grundstruktur eines Transformators (links) und Schaltbild (rechts)

ÜB: BB 18.9

Die Spule, in die die originale Zeitfunktion (Eingangssignal) eingespeist wird, nennt man Primärspule. Das Ausgangssignal wird über der Sekundärspule abgegriffen. Es entstehen zwei Stromkreise, die elektrisch voneinander getrennt und magnetisch miteinander verkoppelt sind. Bei diesem Bauelement handelt es sich um einen so genannten Vierpol (Zweitor). Ein Vierpol besitzt zwei Eingangs- und zwei Ausgangsklemmen. Bild 18.15 (rechts) zeigt das entsprechende elektrische Ersatzschaltbild.

Das Übertragungsverhalten eines Vierpols (vgl. Abschn. 10.4) muss sowohl eingangsseitig (primärseitig) als auch ausgangsseitig (sekundärseitig) beschrieben werden. Dazu benötigt man zwei Gleichungen. Zur Bestimmung dieser Gleichungen soll das Beispiel im Bild 18.15 dienen. Es entspricht einer vereinfachten Darstellung des Bildes 18.11 ohne den Mittelsteg des Kerns. Dieser Mittelsteg sollte ja lediglich die Existenz eines Streuflusses repräsentieren. Der Streufluss ist auch im Bild 18.15 vorhanden und wird gemäß Gleich. (18.8) über die Gegeninduktivität beschrieben.

Die Punkte an beiden Spulen kennzeichnen den Wicklungssinn (hier: gleichsinniger Wicklungssinn; vgl. Abschn. 18.3). Mit dieser Kennzeichnung kann man im elektrischen Ersatzschaltbild (Bild 18.15 – rechts) auf die Art der Überlagerung der Flusskomponenten schlussfolgern, obwohl diese Komponenten hier nicht mehr dargestellt werden können.

Für die folgenden Betrachtungen gilt wieder das Verbraucher-Zählpfeilsystem. Der Stromkreis der Spule 2 im Bild 18.15 wird jetzt geschlossen. Speist man nun in die Spule 1 einen zeitlich veränderlichen Erregerstrom i_1 ein, so bewirkt er nach Gleich. (18.5_a) eine Selbstinduktionsspannung u_{1L} über der Spule 1.

$$u_{1L} = L_1 \cdot \frac{\mathrm{d}i_1}{\mathrm{d}t} \tag{18.9}$$

Gemäß Abschn. 18.3 verursacht der Strom i_1 einen Hauptfluss $\Phi_{12}(t)$ im Bereich der Spule 2 und bewirkt damit eine Gegeninduktionsspannung u_{2M}.

$$u_{2M} = M \cdot \frac{d\,i_1}{d\,t} \tag{18.10}$$

Sekundärseitig fließt ein Strom i_2 durch die Spule 2. Dieser Strom induziert eine Selbstinduktionsspannung u_{2L} über der Spule 2.

$$u_{2L} = L_2 \cdot \frac{d\,i_2}{d\,t} \tag{18.11}$$

Gemäß Abschn. 18.3 verursacht der Strom i_2 einen Hauptfluss $\Phi_{21}(t)$ im Bereich der Spule 1 und bewirkt eine Gegeninduktionsspannung u_{1M}.

$$u_{1M} = M \cdot \frac{d\,i_2}{d\,t} \tag{18.12}$$

Fasst man die Erkenntnisse der letzten beiden Abschnitte (18.2 und 18.3) zusammen, so findet man einen Ansatz zur Ableitung eines Gleichungssystems für die Beschreibung des Übertragungsverhaltens eines verlustlosen Transformators.

Über jeder Spule, durch die ein zeitlich veränderlicher Erregerstrom fließt, wird eine Selbstinduktionsspannung induziert [Gleich. (18.9) bzw. (18.11)]. Bei verkoppelten Spulen induziert eine von einem zeitlich veränderlichen Erregerstrom durchflossene Spule über der jeweils anderen Spule eine Gegeninduktionsspannung [Gleich. (18.10) bzw. (18.12)].

Die resultierenden Spannungen über der Primärspule 1 und der Sekundärspule 2 müssen sich demzufolge aus der Überlagerung von jeweils zwei Komponenten ergeben. Das im Bild 18.16 dargestellte Modell soll diesen Sachverhalt verdeutlichen. Es gelten die Zählpfeile des Bildes 18.15 im Zusammenhang mit den Festlegungen des Abschn. 18.3. Im Bild 18.16 sind alle Selbst- und Gegeninduktionsspannungen eines verlustlosen Transformators im Verbraucher-Zählpfeilsystem eingezeichnet.

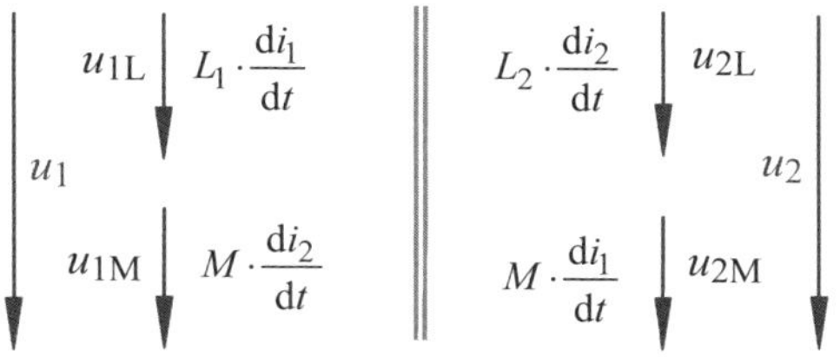

u_{1L} $L_1 \cdot \frac{di_1}{dt}$ $L_2 \cdot \frac{di_2}{dt}$ u_{2L}

u_1 u_2

u_{1M} $M \cdot \frac{di_2}{dt}$ $M \cdot \frac{di_1}{dt}$ u_{2M}

Bild 18.16: Modell zur Interpretation von Selbst- und Gegeninduktionsspannungen

Die beiden Gleichungen zur Beschreibung des Übertragungsverhaltens eines verlustlosen Transformators erhält man durch die Überlagerung der Spannungen aus dem Vorgang der Selbstinduktion und aus dem Vorgang der Gegeninduktion.

Nach dem Maschensatz gilt: $u_1 = u_{1L} + u_{1M}$ und: $u_2 = u_{2L} + u_{2M}$

$$u_1 = L_1 \cdot \frac{di_1}{dt} + M \cdot \frac{di_2}{dt} \qquad (18.13)$$

$$u_2 = M \cdot \frac{di_1}{dt} + L_2 \cdot \frac{di_2}{dt} \qquad (18.14)$$

Beide Gleichungen bilden ein Gleichungssystem. Sie existieren nur dann unabhängig voneinander, wenn z.B. die Gegeninduktivität null ist.

Verändert man die Wicklungsrichtung einer Spule oder die Richtung des Zählpfeils eines Erregerstromes (Änderung des Wicklungssinnes), so ändern sich in den Gleich. (18.13) und (18.14) die Vorzeichen der Gegeninduktivität M.

Lehrbeispiel 18.4:

Berechnen Sie für einen verlustlosen Transformator mit L_1, L_2 und M, in den primärseitig ein zeitlich veränderlicher Strom di_1 / dt eingespeist wird, die Primärspannung u_1 bei:

a) sekundärseitigem Leerlauf ($i_2 = 0$) b) sekundärseitigem Kurzschluss ($u_2 = 0$).

c) Wie ändern sich die Transformator-Gleichungen, wenn die Richtung eines Stromes verändert wird?

Zu a) Gleich. (18.13): $u_1 = L_1 \cdot \frac{di_1}{dt}$

Zu b) Gleich. (18.14): $0 = M \cdot \frac{di_1}{dt} + L_2 \cdot \frac{di_2}{dt}$ $\Rightarrow$ umstellen nach: $\frac{di_2}{dt} = -\frac{M}{L_2} \cdot \frac{di_1}{dt}$

$\Rightarrow$ Einsetzen in Gleich. (18.13): $u_1 = L_1 \cdot \frac{di_1}{dt} + M \cdot (-\frac{M}{L_2}) \cdot \frac{di_1}{dt} = (L_1 - \frac{M^2}{L_2}) \cdot \frac{di_1}{dt}$

Zu c) Als Beispiel wird die Änderung der Richtung des Sekundärstromes i_2 gewählt: ÜB: BB 18.10

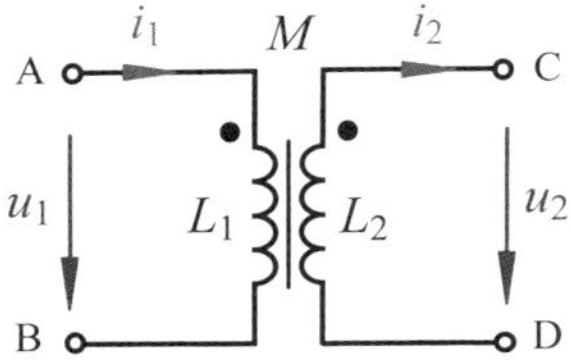

Bild 18.17: Änderung der Richtung des Sekundärstromes

Jetzt gilt sekundärseitig das Quellen-Zählpfeilsystem. Damit wird das Vorzeichen von i_2 verändert. Man erhält folgende Gleichungen:

$u_1 = L_1 \cdot \frac{di_1}{dt} - M \cdot \frac{di_2}{dt}$ und: $u_2 = M \cdot \frac{di_1}{dt} - L_2 \cdot \frac{di_2}{dt}$

19 Elektrisches Verhalten der Spule

19.1 Zusammenschaltung von Induktivitäten

19.1.1 Unverkoppelte Induktivitäten

Die folgenden Betrachtungen beziehen sich zunächst auf idealisierte unverkoppelte Spulen, die lediglich über ihre Induktivitäten beschrieben werden können. Die Verlustwiderstände R_L der Spulen sollen vorerst vernachlässigbar sein.

Eine Reihenschaltung von Spulen ist dadurch gekennzeichnet, dass durch alle Wicklungen der gleiche Strom i fließt.

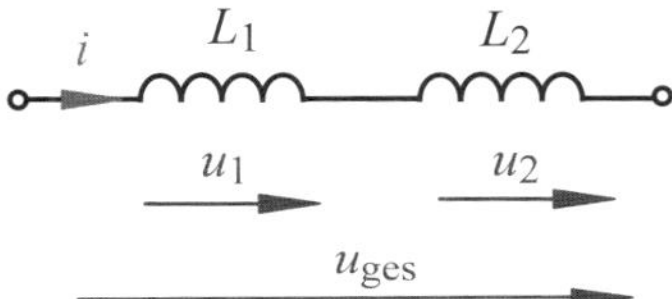

Bild 19.1: Reihenschaltung idealer Spulen

Über jeder Spule im Bild 19.1 wird eine Spannung induziert. Nach dem Maschensatz kann die Gesamtspannung über einer Reihenschaltung aus der Summe der Teilspannungen berechnet werden. Mit Gleich. (18.5_a) erhält man eine Vorschrift zur Bestimmung der Gesamtinduktivität einer Reihenschaltung zweier unverkoppelter Spulen analog zur Reihenschaltung ohmscher Widerstände.

$$u_{ges} = u_1 + u_2 \qquad \text{mit:} \quad u = L \cdot \frac{di}{dt} \qquad \Rightarrow \qquad L_{ges}\frac{di}{dt} = L_1\frac{di}{dt} + L_2\frac{di}{dt} \qquad \text{bzw.:}$$

$$L_{ges} = L_1 + L_2 \tag{19.1}$$

Zur Berechnung der Gesamtinduktivität einer Parallelschaltung zweier Spulen wird der Knotenpunktsatz angewendet.

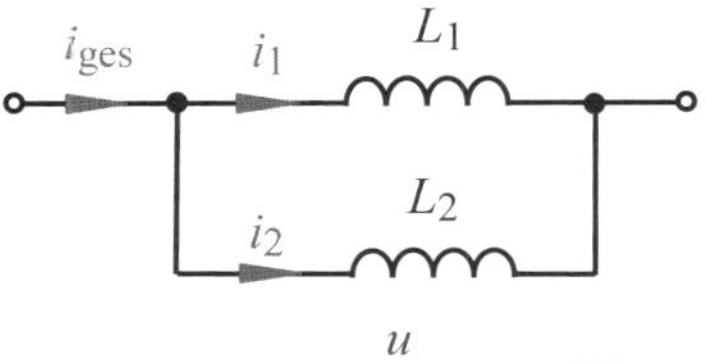

Bild 19.2: Parallelschaltung idealer Spulen

$$i_{ges} = i_1 + i_2 \qquad \text{mit:} \quad i = \frac{1}{L} \cdot \int_t u \cdot dt \qquad \Rightarrow \qquad \frac{1}{L_{ges}} \cdot \int_t u \cdot dt = \frac{1}{L_1} \cdot \int_t u \cdot dt + \frac{1}{L_2} \cdot \int_t u \cdot dt$$

$$\frac{1}{L_{ges}} = \frac{1}{L_1} + \frac{1}{L_2} \qquad \text{bzw.:}$$

$$L_{ges} = \frac{L_1 \cdot L_2}{L_1 + L_2} = L_1 /\!/ L_2 \tag{19.2}$$

Man erhält eine Vorschrift zur Bestimmung der Gesamtinduktivität einer Parallelschaltung zweier Spulen analog zur Parallelschaltung ohmscher Widerstände. Als Abkürzung für diese Berechnungsvorschrift soll wieder (wie bereits im Abschn. 3.2.2) das //-Zeichen verwendet werden. Spulen haben reale (nicht vernachlässigbare) Verlustwiderstände. Sie werden in der Reihenschaltung addiert ($R_{Lr} = R_{L1} + R_{L2}$) und in einer Parallelschaltung als Parallel-Ersatzwiderstand ($R_{Lp} = R_{L1} /\!/ R_{L2}$) berechnet.

19.1.2 Verkoppelte Induktivitäten

Die betrachteten Spulen sollen nun durch den Kopplungsfaktor k miteinander verkoppelt sein. Zwischen ihnen wirkt die Gegeninduktivität M [Gleich. (18.8)]. Zur Berechnung der resultierenden Gesamtinduktivität muss jetzt zusätzlich der Wicklungssinn (•) beider Spulen berücksichtigt werden. Zur Herleitung der Berechnungsvorschrift dienen die Transformatorgleichungen [Gleich. (18.13) und (18.14)].

Zunächst wird die gleichsinnige Reihenschaltung zweier Spulen (Bild 19.3) betrachtet.

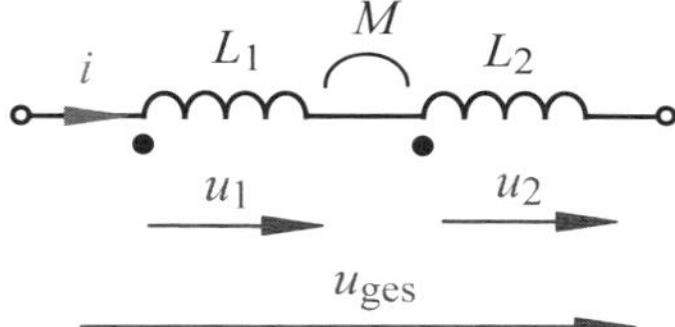

Bild 19.3: Gleichsinnige Reihenschaltung

Ausgangspunkt ist wieder die Anwendung des Maschensatzes.

$u_{ges} = u_1 + u_2$ mit (18.13) und (18.14): $\quad u_{ges} = L_1 \cdot \frac{di_1}{dt} + M \cdot \frac{di_2}{dt} + M \cdot \frac{di_1}{dt} + L_2 \cdot \frac{di_2}{dt}$

In der Reihenschaltung gilt: $i = i_1 = i_2$ bzw.: $\quad L_{ges} \cdot \frac{di}{dt} = (L_1 + 2M + L_2) \cdot \frac{di}{dt}$

$$L_{ges} = L_1 + L_2 + 2M \tag{19.3}$$

Bei einem entgegengesetzten Wicklungssinn ändert sich in den Gleich. (19.3) und (19.5) das Vorzeichen bei $2M$.

Bild 19.4 zeigt eine gleichsinnige Parallelschaltung zweier miteinander verkoppelter Spulen. Für diese Schaltung gilt: $u = u_1 = u_2$ und $i_{ges} = i_1 + i_2$.

Durch Gleichsetzen von Gleich. (18.13) und (18.14) erhält man:

$$L_1 \cdot \frac{di_1}{dt} + M \cdot \frac{di_2}{dt} = M \cdot \frac{di_1}{dt} + L_2 \cdot \frac{di_2}{dt}$$

Diese Beziehung kann nach $\mathrm{d}i_2/\mathrm{d}t$ umgestellt werden [Gleich. (19.4)]:

$$\frac{\mathrm{d}i_2}{\mathrm{d}t}(L_2 - M) = \frac{\mathrm{d}i_1}{\mathrm{d}t}(L_1 - M) \qquad \text{bzw.:} \qquad \frac{\mathrm{d}i_2}{\mathrm{d}t} = \frac{\mathrm{d}i_1}{\mathrm{d}t} \cdot \frac{(L_1 - M)}{(L_2 - M)} \tag{19.4}$$

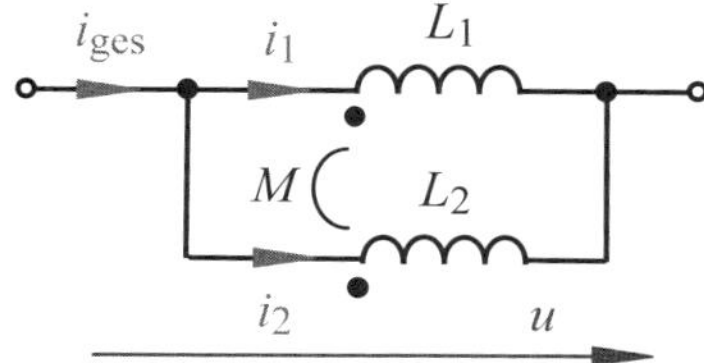

Bild 19.4: Gleichsinnige Parallelschaltung

Zur Bestimmung der resultierenden Gesamtinduktivität L_{ges} verwendet man:

$$u = L_{ges} \cdot \frac{\mathrm{d}i_{ges}}{\mathrm{d}t} \qquad \text{bzw.:} \qquad \frac{u}{L_{ges}} = \frac{\mathrm{d}i_{ges}}{\mathrm{d}t} \qquad \Rightarrow \qquad \frac{1}{L_{ges}} \cdot u = \frac{\mathrm{d}i_{ges}}{\mathrm{d}t} = \frac{\mathrm{d}i_1}{\mathrm{d}t} + \frac{\mathrm{d}i_2}{\mathrm{d}t}$$

Die Spannung $u = u_1$ wird nun durch die erste Transformatorgleich. (18.13) ersetzt.

$\frac{1}{L_{ges}}\left(L_1 \cdot \frac{\mathrm{d}i_1}{\mathrm{d}t} + M \cdot \frac{\mathrm{d}i_2}{\mathrm{d}t}\right) = \frac{\mathrm{d}i_1}{\mathrm{d}t} + \frac{\mathrm{d}i_2}{\mathrm{d}t}$. Jetzt setzt man Gleich. (19.4) für $\frac{\mathrm{d}i_2}{\mathrm{d}t}$ ein.

$$\frac{L_1}{L_{ges}} \cdot \frac{\mathrm{d}i_1}{\mathrm{d}t} + \frac{M}{L_{ges}} \cdot \frac{(L_1 - M)}{(L_2 - M)} \cdot \frac{\mathrm{d}i_1}{\mathrm{d}t} = \frac{\mathrm{d}i_1}{\mathrm{d}t} + \frac{\mathrm{d}i_1}{\mathrm{d}t} \cdot \frac{(L_1 - M)}{(L_2 - M)}$$

$$\frac{1}{L_{ges}}\left(L_1 + M \cdot \frac{L_1 - M}{L_2 - M}\right) = \left(1 + \frac{L_1 - M}{L_2 - M}\right)$$

$$L_{ges} = \frac{L_1 \cdot L_2 - M^2}{L_1 + L_2 - 2M} \tag{19.5}$$

19.1.3 Transformator-Ersatzschaltungen

Die Berechnung der Gesamtinduktivität kann für miteinander verkoppelte Spulen über die Transformatorgleichungen teilweise sehr aufwendig werden. Eine Vereinfachung solcher Berechnungen und insbesondere die einfache Beschreibung des Übertragungsverhaltens eines Transformators erreicht man durch das Arbeiten mit Ersatzschaltungen.

Zur Herleitung der Aufbauelemente einer solchen Ersatzschaltung geht man zunächst von einem verlustlosen Transformator aus. Die real existierenden Verluste werden dann später über Ersatzelemente nachgebildet, mit denen die Ersatzschaltung des verlustlosen Transformators von außen beschaltet wird (siehe Abschn. 19.3).

Als Ersatzgebilde entsteht so ein allgemeines Übertragungsglied mit zwei Eingangs- und zwei Ausgangsklemmen (Zweitor oder Vierpol). Die Ersatzschaltung muss gewährleisten, dass an ihren Eingangsklemmen und an ihren Ausgangsklemmen gleiches elektrisches Verhalten im Vergleich zum Original (hier: verlustloser Transformator) vorliegt.

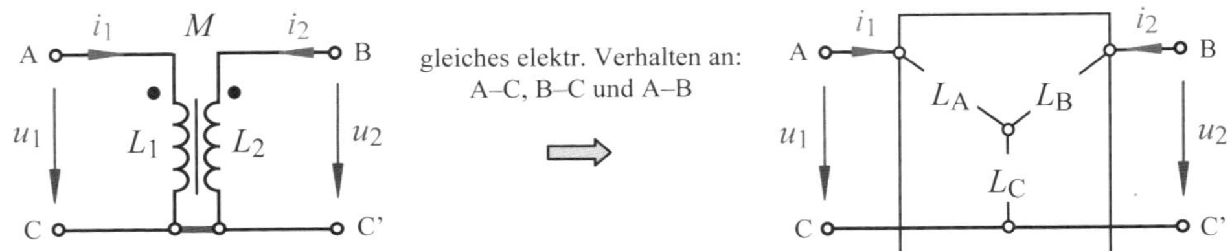

Bild 19.5: Ersatzschaltung des Transformators

In der schaltungstechnischen Praxis haben sich die T-Ersatzschaltung und die Π-Ersatzschaltung bewährt. Bedingt durch die Ähnlichkeit in der Struktur ist die T-Ersatzschaltung (Bild 19.5) besonders gut zur Beschreibung des Transformators geeignet. Bei der T-Ersatzschaltung handelt es sich eigentlich um einen Dreipol (Sternschaltung), dessen unterer Anschluss C eingangsseitig und ausgangsseitig als Bezugspunkt verwendet wird.

Wenn man einen Transformator in eine solche Ersatzschaltung umrechnen will, muss die Trennung zwischen Primärkreis und Sekundärkreis aufgehoben werden. Es ist zulässig, zwei voneinander getrennte elektrische Kreise an einer Stelle elektrisch leitend miteinander zu verbinden. Damit wird das elektrische Verhalten der beiden einzelnen Kreise nicht verändert. Sie sind dann lediglich nicht mehr elektrisch voneinander getrennt.

Zur Berechnung der Ersatzelemente gilt die Überlegung, dass beide Schaltungen genau dann zueinander schaltungstechnisch äquivalent sind, wenn sie an den drei Anschlussklemmen-Paaren A – B und B – C sowie A – C jeweils die gleiche Ersatzinduktivität aufweisen (Bild 19.5 – links und rechts):

ÜB: BB 19.1

(a) $L_{AB} = L_A + L_B \quad \Rightarrow \quad L_A = L_{AB} - L_B$

(b) $L_{BC} = L_B + L_C \quad \Rightarrow \quad L_B = L_{BC} - L_C$

(c) $L_{AC} = L_A + L_C \quad \Rightarrow \quad L_C = L_{AC} - L_A$

Die Gleichungen (b) und (c) werden nun in Gleichung (a) eingesetzt.

$$L_A = L_{AB} - L_B = L_{AB} - L_{BC} + L_C \text{ bzw.:} \qquad L_A = L_{AB} - L_{BC} + L_{AC} - L_A$$

Diese Gleichung kann jetzt nach L_A umgestellt werden. Durch Einsetzen von L_A in die Gleichung (c) bzw. von L_C in die Gleichung (b) erhält man dann eine Lösung für die zwei anderen Ersatzinduktivitäten.

$$L_A = \frac{L_{AB} + L_{AC} - L_{BC}}{2}\,; \qquad L_B = \frac{L_{AB} + L_{BC} - L_{AC}}{2}\,; \qquad L_C = \frac{L_{AC} + L_{BC} - L_{AB}}{2}$$

Diese Berechnungsvorschriften werden nun auf den Transformator (mit elektrisch leitender Verbindung; vgl. Bild 19.5 – links) angewendet. Man erhält folgende Ersatzinduktivitäten an den drei Klemmen-Paaren: $L_{AC} = L_1$; $\quad L_{BC} = L_2$; $\quad L_{AB} = L_1 + L_2 - 2M$.

Die Ersatzinduktivität L_{AB} gilt für eine gegensinnige Reihenschaltung verkoppelter Induktivitäten gemäß Gleich. (19.3). Durch Einsetzen dieser Ersatzgrößen erhält man die Aufbauelemente der T-Ersatzschaltung des Transformators. Für L_A gilt z.B.:

$$L_A = \frac{L_1 + L_2 - 2M + L_1 - L_2}{2} = \frac{2L_1 - 2M}{2}$$

Diese Berechnungsvorschrift wird (auch für L_B und L_C) noch wie folgt vereinfacht:

$$L_A = L_1 - M \qquad (19.6)$$

$$L_B = L_2 - M \qquad (19.7)$$

$$L_C = M \qquad (19.8)$$

Bei diesen Aufbauelementen handelt es sich um reine Rechengrößen (Ersatzgrößen), die durchaus auch negativ werden können.

ÜB: BB 19.2

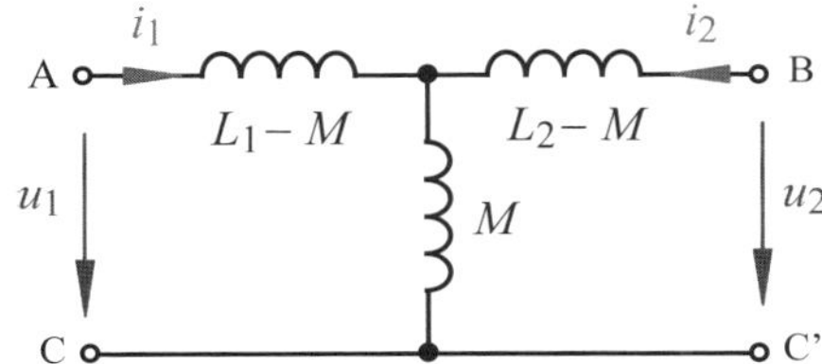

Bild 19.6: Aufbauelemente der T-Ersatzschaltung

Die Aufbauelemente der Π-Ersatzschaltung (Dreieckschaltung) kann man sehr einfach mit einer Stern-Dreieck-Transformation [Abschn. 4.4.3 – Gleich. (4.22) bis (4.24)] aus der T-Ersatzschaltung berechnen.

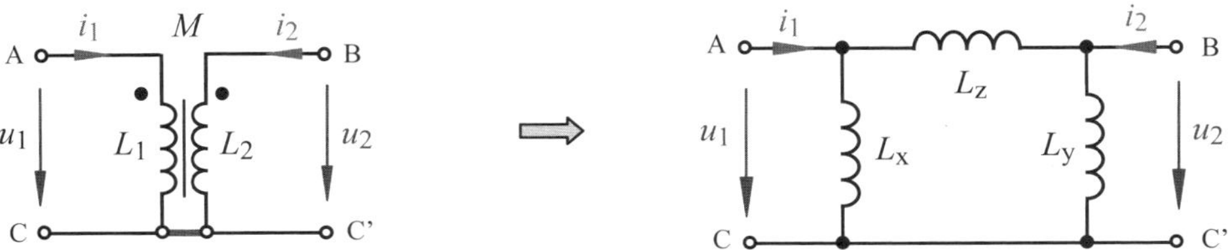

Bild 19.7: Π-Ersatzschaltung des Transformators

Der Zähler ist für alle drei Ersatzinduktivitäten nach Gleich. (4.22) gleich:

$$(L_1 - M)M + (L_2 - M)M + (L_1 - M)(L_2 - M) = L_1 M + L_2 M - 2M^2 + L_1 L_2 - L_1 M - L_2 M + M^2$$

$$\mathit{Zähler} := L_1 \cdot L_2 - M^2$$

Im Nenner steht dann diejenige Ersatzinduktivität, die dem zu berechnenden Dreieckselement in der Sternschaltung gegenüberliegt.

Im Ergebnis der Transformation erhält man die drei Aufbauelemente (Ersatzinduktivitäten) der Π-Ersatzschaltung: ÜB: BB 19.3

$$L_{\mathrm{x}} = \frac{L_1 \cdot L_2 - M^2}{L_2 - M} \tag{19.9}$$

$$L_{\mathrm{y}} = \frac{L_1 \cdot L_2 - M^2}{L_1 - M} \tag{19.10}$$

$$L_{\mathrm{z}} = \frac{L_1 \cdot L_2 - M^2}{M} \tag{19.11}$$

19.2 Schaltvorgänge an Spulen

Wird eine vollständig entmagnetisierte Spule mit der Induktivität L über einen Widerstand an eine Gleichspannung angeschlossen, so fließt ein von der Zeit abhängiger Spulenstrom $i_{\mathrm{LA}} = i_{\mathrm{L}}$ (Bild 19.8). Dieser Strom wächst im Zeitraum $(t_{\mathrm{A}} = 0) \leq t \leq (t \rightarrow \infty)$ vom Wert null auf sein Maximum $I_{\infty} = U_{\mathrm{q}}/R$ an. Bei $t \rightarrow \infty$ wird die Spannung u_{L} gleich null.

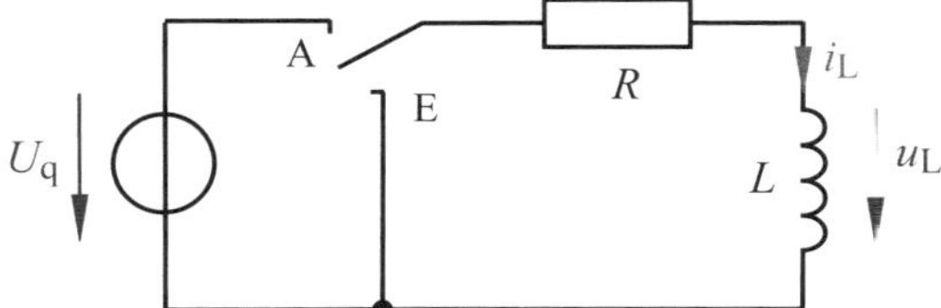

Bild 19.8: Spule an einer Gleichspannung

Die über der Spule induzierte Spannung ist von der zeitlichen Änderung des Spulenstromes abhängig. Da diese Stromänderung im Einschaltmoment am größten ist, wird beim Einschalten (Schalterstellung A für „Aufmagnetisieren" im Bild 19.8) die maximale Spannung über der Spule induziert.

Beim Ausschalten (Schalterstellung E für „Entmagnetisieren" im Bild 19.8) wirkt die aufmagnetisierte Spule wie eine Quelle, d.h., sie gibt ihre gespeicherte Energie im Zeitraum $(t_{\mathrm{E}} = 0) \leq t \leq (t \rightarrow \infty)$ wieder ab.

19.2.1 Einschaltvorgang

In der Schalterstellung A des Bildes 19.8 fließt ein Strom (Spulenstrom i_{LA}) von der Spannungsquelle durch die RL-Kombination. Dieser Strom verursacht Spannungsabfälle über dem Widerstand und der Induktivität (Vorgang A – siehe linke Seite des Bildes 19.9). Die rechte Seite dieses Bildes zeigt eine Übersicht der aktuellen Zählpfeile. Daraus kann die Schlussfolgerung abgeleitet werden, dass beim Aufmagnetisieren die Zählpfeile von u_{L} und

i_L die gleiche Richtung aufweisen. Es gilt das Verbraucher-Zählpfeilsystem. Die Induktivität nimmt Energie auf. Diese Energie wird im Feld gespeichert.

Nach dem Maschensatz ist die Summe der beiden Spannungen u_R und u_L gleich U_q. Die Spannung u_{LA} kann über das Induktionsgesetz gemäß Gleich. (18.5_a) beschrieben werden.

Es entsteht eine Differenzialgleichung erster Ordnung: $U_q = u_R + u_{LA} = i_{LA} \cdot R + L \cdot \frac{di_{LA}}{dt}$.

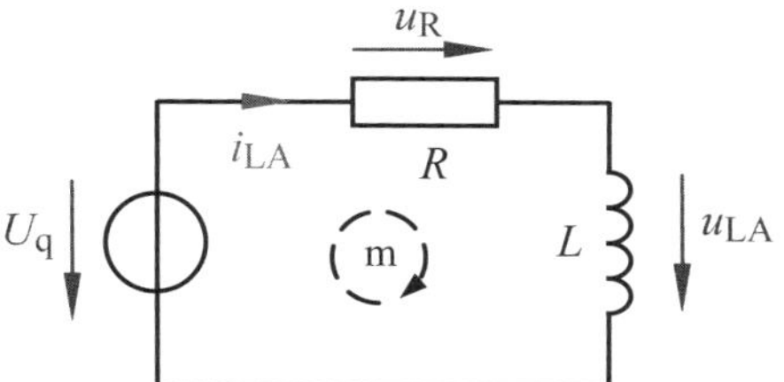

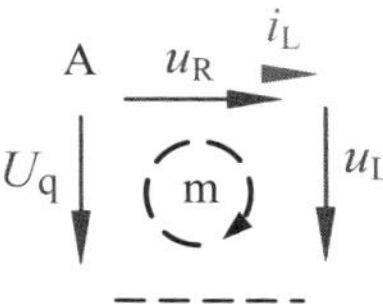

Bild 19.9: Berechnung des Einschaltvorganges

Eine Division durch R führt zu folgendem Zwischenergebnis:

$$\frac{U_q}{R} = i_{LA} + \frac{L}{R} \cdot \frac{di_{LA}}{dt} = i_{LA} + \tau \cdot \frac{di_{LA}}{dt}$$

Der Quotient von Induktivität und Widerstand ist ein Maß für die Trägheit einer RL-Kombination beim Auf- und auch beim Entmagnetisieren und wird als Zeitkonstante τ bezeichnet (vgl. auch Abschn. 16.2).

$$\tau = \frac{L}{R} \qquad (19.12)$$

Durch Trennen der Variablen mit anschließender Integration kann die Differenzialgleichung gelöst werden. Der Strom U_q / R fließt bei $t \to \infty$ und wird im Weiteren mit I_∞ bezeichnet.

$$\int \frac{1}{\frac{U_q}{R} - i_{LA}} di_{LA} = \int \frac{1}{\tau} dt \qquad \text{Normierung:} \quad \{I_\infty - i_{LA}\} = \frac{I_\infty - i_{LA}}{1\,\text{A}}$$

$$\ln\{I_\infty - i_{LA}\} = -\frac{t}{\tau} + K_1 \qquad (19.13)$$

Das negative Vorzeichen resultiert aus der ersten Ableitung des Stromausdruckes im Rahmen der Integration durch Substitution und wird auf die rechte Seite der Gleichung gebracht. Die Integrationskonstante K_1 ergibt sich dann aus den Anfangsbedingungen im Einschaltmoment (also bei $t = t_A = 0$): $\{i_{LA}\}_{t=0} = 0 \quad \Rightarrow \quad K_1 = \ln\{I_\infty\}$.

Diese Konstante setzt man in die allgemeine Lösung der Differenzialgleichung ein.

$$\ln\frac{\{I_\infty - i_{\text{LA}}\}}{\{I_\infty\}} = -\frac{t}{\tau} \quad \Rightarrow \quad \frac{I_\infty - i_{\text{LA}}}{I_\infty} = \mathrm{e}^{-\frac{t}{\tau}}$$

$$i_{\text{LA}} = I_\infty \cdot \left(1 - \mathrm{e}^{-\frac{t}{\tau}}\right) \tag{19.14}$$

Der Spannungsabfall über der Induktivität wird mit dem Induktionsgesetz berechnet.

$$u_{\text{LA}} = L \cdot \frac{\mathrm{d}i_{\text{LA}}}{\mathrm{d}t} = L \cdot \frac{\mathrm{d}\left(I_\infty - I_\infty \cdot \mathrm{e}^{-\frac{t}{\tau}}\right)}{\mathrm{d}t} \qquad u_{\text{LA}} = -I_\infty \cdot \mathrm{e}^{-\frac{t}{\tau}} \cdot \left(-\frac{R}{L}\right) \cdot L$$

$$u_{\text{LA}} = I_\infty \cdot R \cdot \mathrm{e}^{-\frac{t}{\tau}} = U_{\text{q}} \cdot \mathrm{e}^{-\frac{t}{\tau}} \tag{19.15}$$

19.2.2 Ausschaltvorgang

In der Schalterstellung E des Bildes 19.8 fließt der Strom i_{LE} infolge seiner Trägheit weiter in der gleichen Richtung (also wie im Vorgang A) durch die RL-Kombination. Er baut das Magnetfeld wieder ab und verursacht dabei die Spannungsabfälle u_{R} und u_{LE}.

Zur Beschreibung dieses Vorganges E dient der Maschensatz: $u_{\text{R}} - u_{\text{LE}} = 0$.

Die Spannung über der Induktivität ist jetzt gegen den Spulenstrom gerichtet (Bild 19.10). Die Spule wirkt in diesem Fall wie eine Quelle. Sie gibt ihre während des Vorganges A gespeicherte Energie an den Widerstand ab (siehe Zählpfeile im Bild 19.10 – rechts).

ÜB: BB 19.4

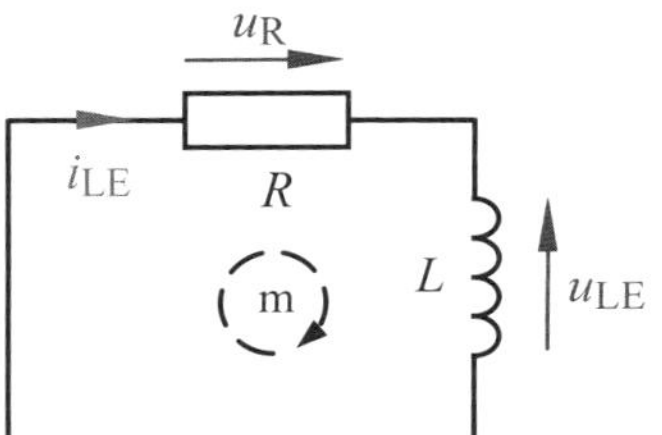

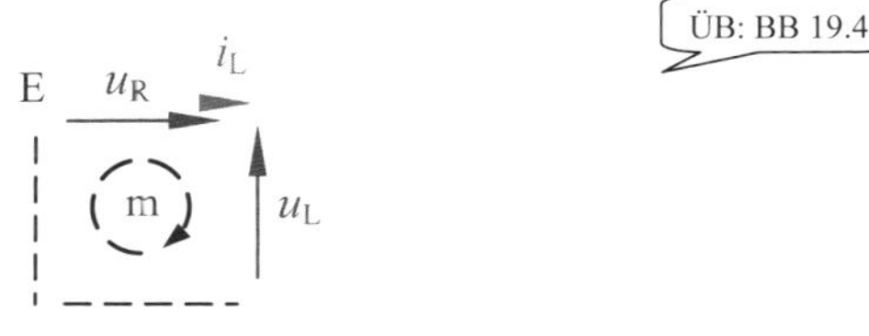

Bild 19.10: Berechnung des Ausschaltvorganges

Durch die Anwendung des Maschensatzes entsteht eine Differenzialgleichung erster Ordnung, die durch Trennen der Variablen mit nachfolgender Integration lösbar ist.

$$i_{\text{LE}} \cdot R = -L \cdot \frac{\mathrm{d}i_{\text{LE}}}{\mathrm{d}t} \quad \Rightarrow \quad i_{\text{LE}} = -\frac{L}{R} \cdot \frac{\mathrm{d}i_{\text{LE}}}{\mathrm{d}t}$$

$$\int \frac{1}{i_{\text{LE}}}\mathrm{d}i_{\text{LE}} = -\int \frac{R}{L}\mathrm{d}t \Rightarrow \int \frac{1}{i_{\text{LE}}}\mathrm{d}i_{\text{LE}} = -\int \frac{1}{\tau}\mathrm{d}t \qquad \text{mit: } \{i_{\text{LE}}\} = \frac{i_{\text{LE}}}{1\ \text{A}} \quad \Rightarrow \quad \ln\{i_{\text{LE}}\} = -\frac{t}{\tau} + K_2$$

Die Integrationskonstante K_2 kann aus der Anfangsbedingung bei $t = t_E = 0$ bestimmt werden [Annahme: i_{LE} ($t_E = 0$) = I_∞A]: $\{i_{LE}\}_{t=0} = \{I_\infty\} \quad \Rightarrow \quad K_2 = \ln\{I_\infty\}$.

Diese Konstante wird in die allgemeine Lösung der Differenzialgleichung eingesetzt.

$$\ln\frac{\{i_{LE}\}}{\{I_\infty\}} = -\frac{t}{\tau} \qquad \text{bzw.:} \qquad \frac{i_{LE}}{I_\infty} = \mathrm{e}^{-\frac{t}{\tau}}$$

$$i_{LE} = I_\infty \cdot \mathrm{e}^{-\frac{t}{\tau}} \qquad (19.16)$$

Die Spannung über der Induktivität kann aus Gleich. (19.16) abgeleitet werden.

$$u_{LE} = L \cdot \frac{\mathrm{d}\, i_{LE}}{\mathrm{d}t} = L \cdot \frac{\mathrm{d}\left(I_\infty \cdot \mathrm{e}^{-\frac{t}{\tau}}\right)}{\mathrm{d}t} = I_\infty \cdot \mathrm{e}^{-\frac{t}{\tau}} \cdot \left(-\frac{R}{L}\right) \cdot L$$

$$u_{LE} = -I_\infty \cdot R \cdot \mathrm{e}^{-\frac{t}{\tau}} = -U_q \cdot \mathrm{e}^{-\frac{t}{\tau}} \qquad (19.17)$$

Die Zeitfunktionen für den Einschalt- und den Ausschaltvorgang verlaufen dann (in jeweils einem gemeinsamen Diagramm dargestellt) wie folgt:

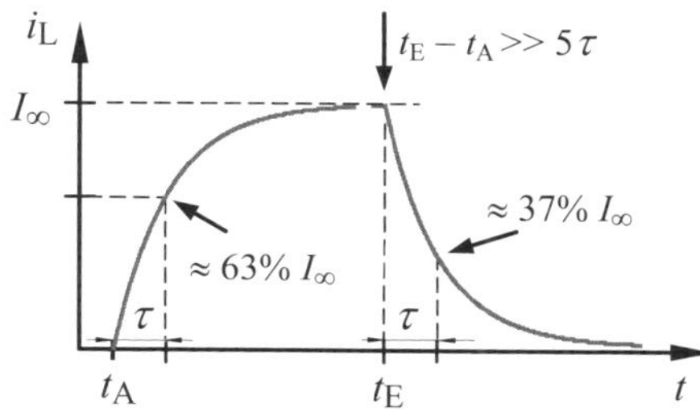

Bild 19.11: Stromverlauf

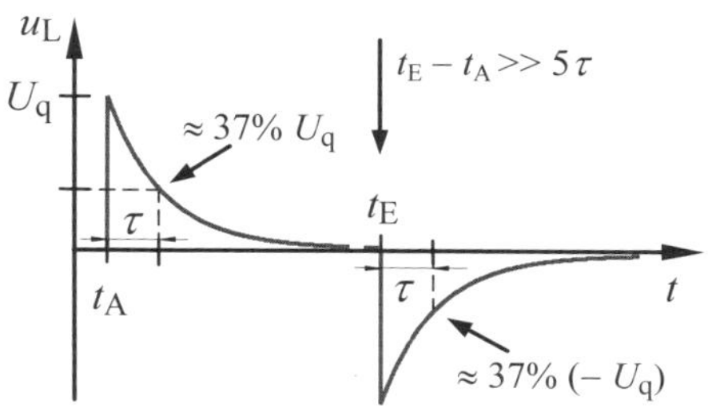

Bild 19.12: Spannungsverlauf

Nach der Zeit τ ist der Strom auf ca. 63% seines Maximalwertes angestiegen bzw. beim Ausschalten auf 37% abgefallen. Die Spannung über der Induktivität sinkt in diesem Zeitraum auf jeweils 37% ihres Extremwertes. Es gilt: $u_{LE} = -\,u_{LA}$.

Alle zeitlich abhängigen Vorgänge sind analog zum Lade- bzw. Entladeprozess des Kondensators aus praktischer Sicht nach ca. 5τ abgeschlossen (vgl. Abschn. 16.2):

Probe (19.14): $i_{LA} = I_\infty \cdot \left(1 - \mathrm{e}^{-\frac{t}{\tau}}\right) = I_\infty \cdot \left(1 - \mathrm{e}^{-\frac{5\tau}{\tau}}\right) = I_\infty \cdot (1 - \mathrm{e}^{-5}) = 0{,}993 \cdot I_\infty$

Der Spulenstrom erreicht nach einer Zeit von 5τ über 99% des möglichen Maximalwertes.

Lehrbeispiel 19.1:

Gegeben ist eine Spule mit L = 100 mH und R_L = 10 Ω. Berechnen Sie den Spannungsverlauf über der Induktivität, wenn ein Strom $0 \leq i \leq 1$ A gemäß Bild 19.13 (links) eingespeist wird. Stellen Sie diesen Spannungsverlauf grafisch dar.

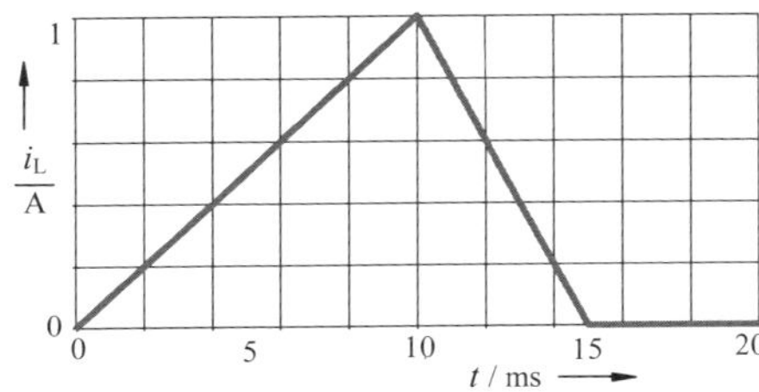

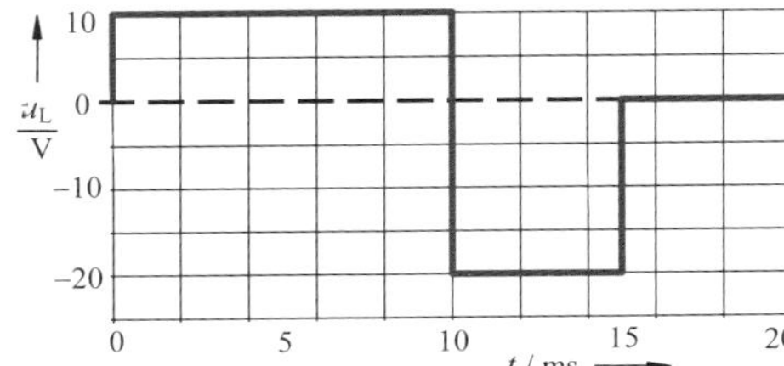

Bild 19.13: Funktionsverläufe zum Lehrbeispiel 19.1

Der Spulenstrom steigt im Zeitraum $0 \leq t \leq 10$ ms linear an. Danach verläuft er wieder linear zurück auf den Wert null (Zeitraum 10 ms $\leq t \leq$ 15 ms). Die Änderungsgeschwindigkeit des Spulenstromes beträgt:

a) Anstiegsflanke: $\frac{\mathrm{d}i_{La}}{\mathrm{d}t} = \frac{1\,\mathrm{A}}{10\,\mathrm{ms}} = 100\,\frac{\mathrm{A}}{\mathrm{s}}$ b) Abfallflanke: $\frac{\mathrm{d}i_{Lb}}{\mathrm{d}t} = \frac{1\,\mathrm{A}}{5\,\mathrm{ms}} = 200\,\frac{\mathrm{A}}{\mathrm{s}}$

Mit Gleich. (18.5_a) gilt: $u_L = L \cdot \frac{\mathrm{d}i_L}{\mathrm{d}t}$.

Bei einem jeweils konstanten Stromanstieg bzw. Stromabfall entsteht der im Bild 19.13 (rechts) dargestellte Spannungsverlauf.

a) Anstiegsflanke: $u_{La} = L \cdot \frac{\mathrm{d}i_{La}}{\mathrm{d}t} = +10\,\mathrm{V}$ b) Abfallflanke: $u_{Lb} = -L \cdot \frac{\mathrm{d}i_{Lb}}{\mathrm{d}t} = -20\,\mathrm{V}$

Für die Unterschiede im Wert der induzierten Spannung ist die Änderungsgeschwindigkeit des Spulenstromes verantwortlich. Das Vorzeichen wird durch die Art der Änderung (Anstieg oder Abfall) bestimmt. Beim Stromanstieg ($0 \leq t \leq 10$ ms) wird eine positive Spannung induziert [Gleich. (18.5_a)]. Es gilt das Verbraucher-Zählpfeilsystem. Die Induktivität nimmt Energie auf und speichert sie im sich aufbauenden Magnetfeld. Beim Stromabfall (10 ms $\leq t \leq$ 15 ms) wird eine negative Spannung induziert [Gleich. (18.5_a)]. Das sagt auch Gleich. (18.5) aus. Jetzt gilt das Quellen-Zählpfeilsystem. Die Induktivität gibt die im Feld gespeicherte Energie wieder ab.

19.2.3 Umschalten vormagnetisierter Spulen

Falls eine Spule bereits eine gewisse Vormagnetisierung besitzt und entweder weiter aufmagnetisiert oder weiter entmagnetisiert werden soll, muss dieser Vormagnetisierungszustand in Form des im Schaltmoment fließenden Spulenstromes I_0^* (I_{0A} oder I_{0E}) in die mathematische Beschreibung der Zeitfunktion einbezogen werden.

Als Ausgangspunkt zur Berechnung dient die aus dem Einschaltvorgang ermittelte Lösung der Differenzialgleichung (19.13) mit einer neuen Integrationskonstanten K_3. Diese Konstante ergibt sich aus den Anfangsbedingungen bei $t^* = 0$.

$\ln\{I_\infty - i_L\} = -\frac{t}{\tau} + K_3$ $\{i_L\}_{t^*=0} = \{I_0^*\}$ $\Rightarrow$ $K_3 = \ln\{I_\infty - I_0^*\}$

Diese Konstante setzt man in die allgemeine Lösung der Differenzialgleichung ein. Der zu beschreibende Vorgang beginnt zum Zeitpunkt t^* (t_A oder t_E) und endet bei $t^* + \Delta t$ (siehe Bild 19.14). Für diesen Zeitraum gilt: $(t^* = 0) \le t \le (t^* + \Delta t)$.

$$\ln\frac{\{I_\infty - i_L\}}{\{I_\infty - I_0^*\}} = -\frac{t}{\tau} \qquad \text{bzw.:} \qquad \frac{I_\infty - i_L}{I_\infty - I_0^*} = e^{-\frac{t}{\tau}}$$

$$i_L = I_\infty - (I_\infty - I_0^*) \cdot e^{-\frac{t}{\tau}} \qquad (19.18)$$

Die Spulenspannung kann mit dem Induktionsgesetz (18.5_a) berechnet werden:

$$u_L = L \cdot \frac{di_L}{dt} = L \cdot \frac{d\left(I_\infty - (I_\infty - I_0^*) \cdot e^{-\frac{t}{\tau}}\right)}{dt} = -(I_\infty - I_0^*) \cdot e^{-\frac{t}{\tau}} \cdot (-\frac{R}{L}) \cdot L$$

$$u_L = R \cdot (I_\infty - I_0^*) \cdot e^{-\frac{t}{\tau}} \qquad (19.19)$$

Die Zeitfunktion des Spulenstromes hat beim Umschalten vormagnetisierter Spulen [bei einer gleichen Taktfrequenz des Umschaltens Δt und im eingeschwungenen Zustand (siehe Bild 19.14 nach $t^* >> \Delta t$) den nachfolgend beschriebenen Verlauf:

ÜB: BB 19.5

Ausgehend vom Wert im Umschaltmoment I_{0A} steigt der Spulenstrom nach einer e-Funktion an. Der Strom i_L könnte den Wert I_∞ erreichen, wenn genügend Zeit ($t > 5\tau$) zur Verfügung stehen würde. Er erreicht aber nur den Wert $I_{0E} < I_\infty$ (Zeitraum: $t_A \le t \le t_E$).

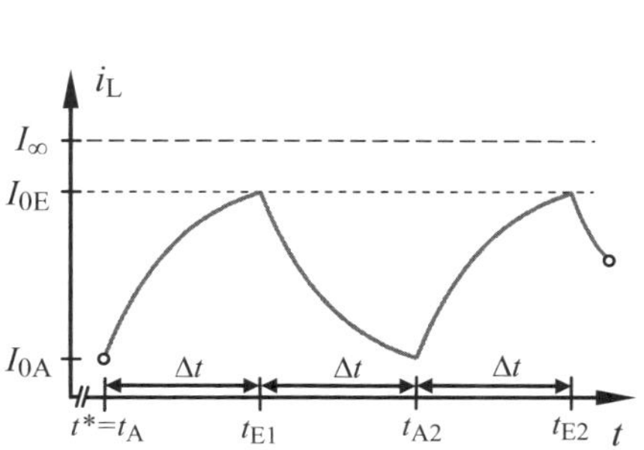

Bild 19.14: Stromverlauf beim Umschalten

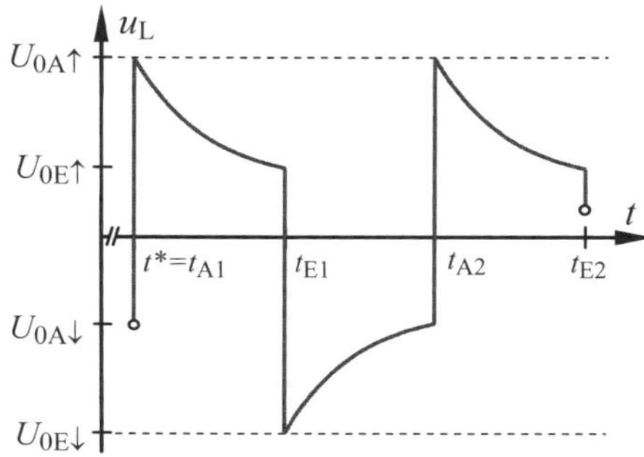

Bild 19.15: Spannungsverlauf beim Umschalten

Im Umschaltmoment zum Entmagnetisieren (also bei $t^* = t_{Ex}$) sinkt der Spulenstrom vom aktuellen Wert I_{0E} nun wieder nach der e-Funktion bis auf I_{0A} ab (Zeitraum: $t_E \le t \le t_A$). Danach beginnt der Vorgang wieder mit I_{0A} als Anfangswert.

Der Anfangswert der Spannung U_{0A} springt bei t_{Ax} von einem tiefen Wert (↓) auf einen hohen Wert (↑) und sinkt dann nach der e-Funktion auf einen tiefen Wert U_{0E}↑ ab (Zeitraum: $t_A \le t \le t_E$). Die Spannung u_L könnte den Wert null erreichen, wenn genügend Zeit ($t > 5\,\tau$) zur Verfügung stehen würde. Sie erreicht aber nur den Wert $U_{0E}\uparrow > 0$. Infolge des nächsten Schaltmoments springt sie bei t_{Ex} von diesem hohen Wert auf einen tiefen Wert $U_{0E}\downarrow < 0$ (usw. – siehe Bild 19.15).

Lehrbeispiel 19.2:

Berechnen Sie den Spannungshub im Bild 19.15 ($U_{0E}\uparrow > 0$ bis $U_{0E}\downarrow < 0$ bzw. $U_{0A}\downarrow < 0$ bis $U_{0E}\uparrow > 0$) für eine positive Rechteck-Impulsfolge mit einem Tastverhältnis von $T_V = 0{,}5$. Die Periodendauer beträgt $T = 20$ ms. Die Rechteckspannung liegt in folgendem Bereich: $0 \le u_q \le 10$ V (Bild 19.16 – links). Für die Spule gelten die Werte des Lehrbeispiels 19.1: $L = 100$ mH und $R_L = 10\ \Omega$.

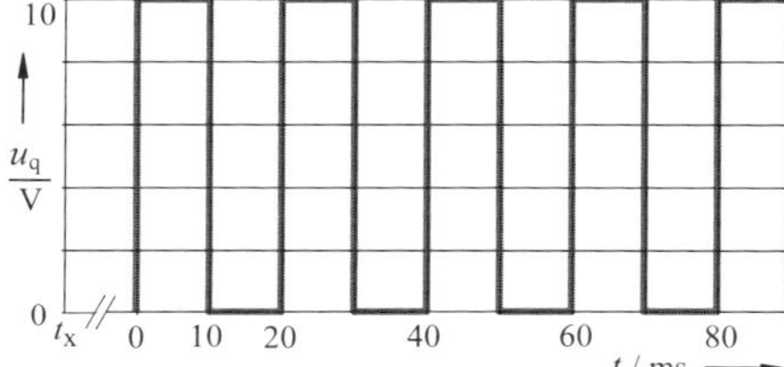

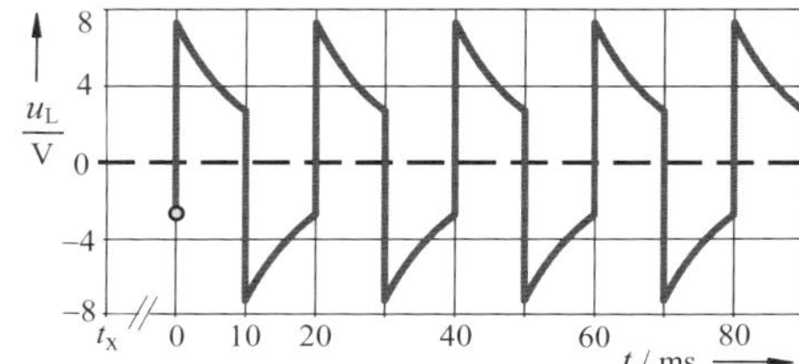

Bild 19.16: Funktionsverläufe zum Lehrbeispiel 19.2

Die zeitlich abhängigen Vorgänge sind bei einer periodischen Einspeisung durch Einschwingeffekte gekennzeichnet. Es gilt die Regel, dass der Einschwingvorgang nach $t_x > 5\,\tau$ aus praktischer Sicht abgeschlossen ist. Die Funktionsverläufe im Bild 19.16 gelten für den eingeschwungenen Zustand.
Bei $t = 0$ schaltet der Eingangsimpuls von $U_q = 0$ auf $U_q = +10$ V. Die Spannung über der Induktivität hat während des letzten Schaltvorganges einen Wert von $U_{0A}\downarrow = -2{,}7$ V erreicht und springt jetzt mit dem Hub $\Delta U = U_q = +10$ V auf den Wert $U_{0A}\uparrow = U_{0A}\downarrow + U_q = +7{,}3$ V. Danach sinkt die Spannung nach einer e-Funktion auf $U_{0E}\uparrow = +2{,}7$ V. Der Eingangsimpuls schaltet bei $t_{Ex} = 10$ ms die Quellenspannung von $U_q = +10$ auf $U_q = 0$. Die Spannung über der Induktivität reagiert auf diesen Ausschaltvorgang mit $U_{0E}\downarrow = U_{0E}\uparrow - U_q = -7{,}3$ V. In der Impulspause steigt diese Spannung wieder nach einer e-Funktion auf $U_{0A}\downarrow = -2{,}7$ V an (usw.).

Bild 19.16 (rechts) bestätigt diese Werte im Ergebnis einer PSPICE-Simulation. Zu den Eckwerten im Funktionsverlauf können folgende Proben mit Gleich. (19.19) durchgeführt werden:

Zeitkonstante: $\tau = \dfrac{L}{R_L} = \dfrac{100}{10} \cdot 10^{-3}\ \text{s} = 10\ \text{ms}$

$t_{E1} = 10$ ms: $U_{0E\uparrow} = R_L \cdot (I_\infty - I_0^*) \cdot e^{-\frac{t}{\tau}} = U_{0A\uparrow} \cdot e^{-\frac{t_{E1}}{\tau}} = 7{,}3\ \text{V} \cdot e^{-1} \approx +2{,}7\ \text{V}$

$t_{A2} = 20$ ms: $U_{0A\downarrow} = U_{0E\downarrow} \cdot e^{-\frac{(t_{A2} - t_{E1})}{\tau}} = -7{,}3\ \text{V} \cdot e^{-1} \approx -2{,}7\ \text{V}$ (beide Proben stimmen!)

19.3 Modelle zum Transformator

Transformatoren werden in der Energietechnik zum Herauf- oder Heruntertransformieren von Wechselspannungen und Wechselströmen (Leistungstransformator) oder zur galvanischen Trennung von Netzteilen (Trenntransformator), in der Nachrichtentechnik zur breitbandigen Anpassung (Übertrager) und in der Messtechnik zur Reduzierung von Messspannungen oder Messströmen eingesetzt.

Ein Transformator ist ein Wandler-Bauelement. Sein Energiefluss auf der Primärseite bewirkt einen Energiefluss auf der Sekundärseite mit dem primärseitigen Informationsgehalt.

Zur Beschreibung des Übertragungsverhaltens eines Transformators (Trafo) benutzt man Modelle, die sein elektrisches Verhalten je nach Abstraktionsgrad des Modells mehr oder weniger detailliert darstellen.

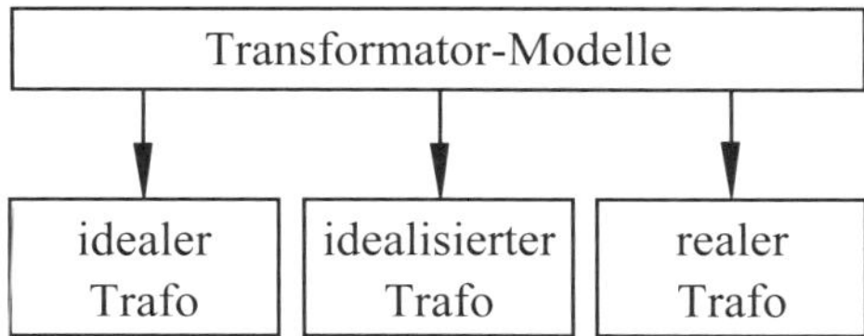

Bild 19.17: Modellvorstellungen zum Trafo

Ein Transformator mit zwei Wicklungen kann als Vierpol aufgefasst werden. Die Richtung seines Energieflusses gibt an, welche Wicklung als Primärspule (Eingang) und welche Wicklung als Sekundärspule (Ausgang) zu interpretieren ist. In diesem Kapitel wird das elektrische Verhalten des Transformators lediglich bei sinusförmiger Einspeisung betrachtet. Es gilt vorerst noch das symmetrische Zählpfeilsystem (vgl. Abschn. 10.4).

19.3.1 Idealer Transformator

Ein idealer Transformator (technisch so nicht realisierbar) wird lediglich durch sein Übersetzungsverhältnis *ü* beschrieben.

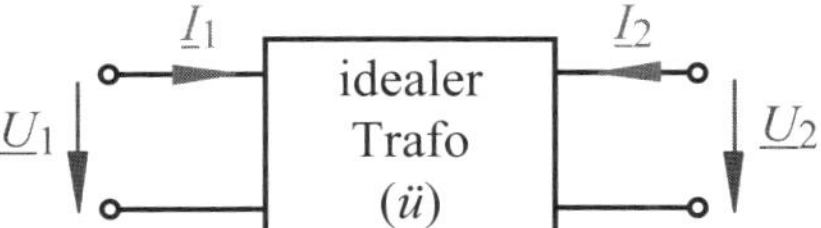

Bild 19.18: Modell zum idealen Transformator

Er bewirkt keine Blindleistung und nimmt keine Wirkleistung auf. Das Übersetzungsverhältnis *ü* beschreibt den Zusammenhang zwischen den Beträgen der Eingangsspannung $|\underline{U}_1|$ und der Ausgangsspannung $|\underline{U}_2|$.

$$ü = \frac{|\underline{U}_1|}{|\underline{U}_2|} \tag{19.20}$$

Das Übersetzungsverhältnis kann auch über den Kehrwert der Beträge der Ströme definiert werden. Gleich. (19.20) ist für den Kurzschlussfall und Gleich. (19.21) ist für den Leerlauffall nicht definiert.

$$\ddot{u} = \frac{|\underline{I}_2|}{|\underline{I}_1|} \tag{19.21}$$

Ein idealer Transformator überträgt die komplexe Leistung $\underline{S}_1$ direkt von der Primärseite auf die Sekundärseite. Da er keine Wirkleistung aufnimmt und keine Blindleistung verursacht, hat die Sekundärspannung die gleiche Phasenlage wie die Primärspannung. Die gleiche Aussage gilt für die Ströme.

$$\underline{U}_2 = |\underline{U}_2| \cdot e^{j\varphi_{u2}} = \frac{|\underline{U}_1|}{\ddot{u}} \cdot e^{j\varphi_{u1}} \qquad \text{und:} \qquad \underline{I}_2 = |\underline{I}_2| \cdot e^{j\varphi_{i2}} = \ddot{u} \cdot |\underline{I}_1| \cdot e^{j\varphi_{i1}}$$

Belastet man einen idealen Transformator mit einem Lastwiderstand $\underline{Z}_a$, so kann seine Wirkung auf der Primärseite $\underline{Z}_{aÜ}$ über Leistungsbetrachtungen bestimmt werden.

Bild 19.19: Scheinwiderstandsübersetzung

Die Wirkung des Lastwiderstandes $\underline{Z}_a$ wird über die komplexe Leistung $\underline{S}_2$ am Ausgang berechnet. Sie muss gleich der komplexen Leistung $\underline{S}_1$ am Eingang sein. Es gilt:

$$\underline{S}_2 = \underline{S}_1 \qquad \text{bzw.:} \qquad \underline{U}_2 \cdot \underline{I}_2^* = \underline{U}_1 \cdot \underline{I}_1^*$$

Da die Nullphasenwinkel der Spannungen und die Nullphasenwinkel der Ströme gleich sind, kann man mit ihren Beträgen weiterrechnen.

Mit $\underline{I} = \dfrac{\underline{U}}{\underline{Z}}$ gilt: $\qquad \underline{S}_2 = \dfrac{|\underline{U}_2|^2}{\underline{Z}_a}$ und: $\underline{S}_1 = \dfrac{|\underline{U}_1|^2}{\underline{Z}_{aÜ}} = \underline{S}_2$

$$\frac{|\underline{U}_1|^2}{\underline{Z}_{aÜ}} = \frac{|\underline{U}_2|^2}{\underline{Z}_a} \qquad \Rightarrow \qquad \underline{Z}_{aÜ} = \frac{|\underline{U}_1|^2}{|\underline{U}_2|^2} \cdot \underline{Z}_a$$

$$\underline{Z}_{aÜ} = \ddot{u}^2 \cdot \underline{Z}_a \tag{19.22}$$

Der Lastwiderstand $\underline{Z}_a$ wirkt mit dem Faktor $\ddot{u}^2$ übersetzt auf der Primärseite eines idealen Transformators als Parallelwiderstand (Scheinwiderstandsübersetzung).

Lehrbeispiel 19.3:

Ein idealer Transformator mit einem Übersetzungsverhältnis $ü = 0{,}25$ wird mit einem als ideal angenommenen Kondensator $C = 1\ \mu\text{F}$ belastet. Berechnen Sie die Wirkung des Lastwiderstandes am Eingang dieser Anordnung bei $f = 50$ Hz.

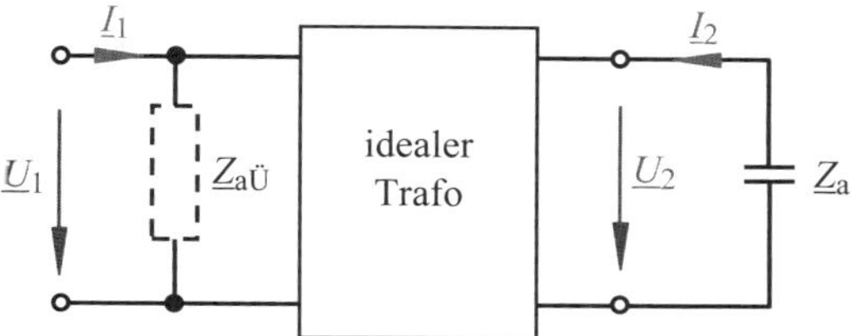

Bild 19.20: Idealer Trafo mit kapazitiver Last

Die Wirkung des Lastwiderstandes $\underline{Z}_a$ wird mit Gleich. (19.22) auf die Primärseite umgerechnet:

$$\underline{Z}_{aÜ} = ü^2 \cdot \underline{Z}_a \qquad \text{mit:} \qquad \underline{Z}_a = \frac{1}{\mathrm{j}\omega C} = -\mathrm{j}\frac{1}{2\pi \cdot 50 \cdot 10^{-6}}\ \Omega = -\mathrm{j} \cdot 3{,}18\ \text{k}\Omega$$

$$\underline{Z}_{aÜ} = 0{,}25^2 \cdot (-\mathrm{j} \cdot 3{,}18\ \text{k}\Omega) \approx -\mathrm{j} \cdot 200\ \Omega$$

Dieser auf die Primärseite umgerechnete Widerstand entspricht einer Kapazität von $C_Ü \approx 15{,}9\ \mu\text{F}$.

$$\underline{Z}_{aÜ} \approx -\mathrm{j} \cdot 200\ \Omega = -\mathrm{j} \cdot \frac{1}{\omega C_Ü} \qquad \text{bzw.:} \qquad C_Ü = \frac{1}{2\pi \cdot 50 \cdot 200}\ \text{F} \approx 15{,}9\ \mu\text{F}$$

19.3.2 Verlustloser und streuungsfreier Transformator

Der Verlustlose und Streuungsfreie Transformator (VST) ist ein Modell, das den Transformator in idealisierter Form darstellt. Die Ersatzschaltung besteht lediglich aus den beiden Selbstinduktivitäten L_1 und L_2 sowie der Gegeninduktivität M. Streuflüsse treten nicht auf, und die Wicklungen sowie der Kern werden als verlustlos angenommen. Ein verlustloser und streuungsfreier Transformator verursacht demzufolge nur Blindleistung und nimmt keine Wirkleistung auf.

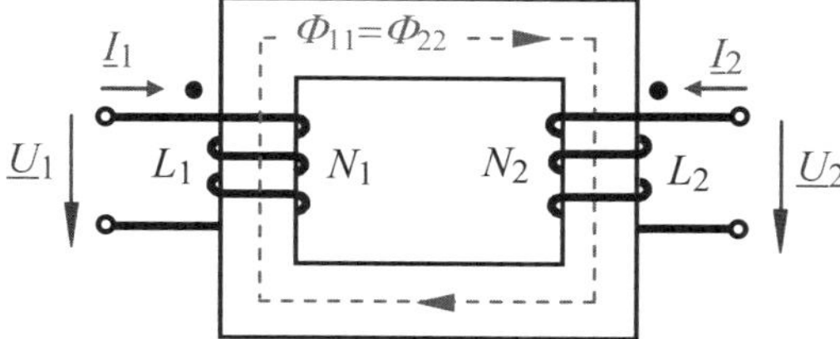

Bild 19.21: Modell zum unbelasteten VST

Die Struktur dieses Modells geht von zwei Wicklungen mit den Windungszahlen N_1 und N_2 aus, die auf einem unverzweigten Kern positioniert sind und von einem gemeinsamen Gesamtfluss durchsetzt werden (hier: $\Phi_{11} = \Phi_{22} = \Phi_{ges}$). Die wechselseitige Beeinflussung von Primär- und Sekundärspule wird über die Gegeninduktivität M (vgl. Abschn. 18.3) beschrieben. Beim VST ist der Kopplungsfaktor gleich eins (Hauptfluss gleich Gesamtfluss, d.h., der Streufluss ist gleich null).

Die Gegeninduktivität wird mit $k = 1$ über Gleich. (18.8) berechnet: $M = \sqrt{L_1 \cdot L_2}$.

Das Übersetzungsverhältnis kann über das Verhältnis der beiden Windungszahlen bestimmt werden. Mit $N = \sqrt{L \cdot R_\mathrm{m}}$ [siehe Gleich. (17.16)] erhält man:

$$\ddot{u} = \frac{U_1}{U_2} = \frac{N_1}{N_2} = \frac{\sqrt{L_1 \cdot R_{\mathrm{m}1}}}{\sqrt{L_2 \cdot R_{\mathrm{m}2}}}$$

Bei einem VST sind die beiden magnetischen Widerstände infolge $k = 1$ gleich groß (beide Wicklungen werden vom gleichen Fluss durchdrungen). Es gilt:

$$\ddot{u} = \frac{N_1}{N_2} = \sqrt{\frac{L_1}{L_2}} \tag{19.23}$$

Das Prinzip des VST wird häufig als Grundmodell zur Berechnung realer Transformatoren verwendet. Zur Beschreibung des Übertragungsverhaltens eines verlustlosen und streuungsfreien Transformators dienen die Transformatorgleichungen (18.13) und (18.14).

Bild 19.22: Transformatorgleichungen zum VST im Zeitbereich (links) und im Bildbereich (rechts)

Die Darstellung im Bildbereich gilt lediglich bei sinusförmiger Einspeisung. Alle Induktivitäten (Selbst- und Gegeninduktivität) werden als konstant angenommen, obwohl diese Bauelemente-Kenngrößen bei der Verwendung von ferromagnetischen Kernen vom jeweiligen Arbeitspunkt abhängig sind (Magnetisierungskennlinie).

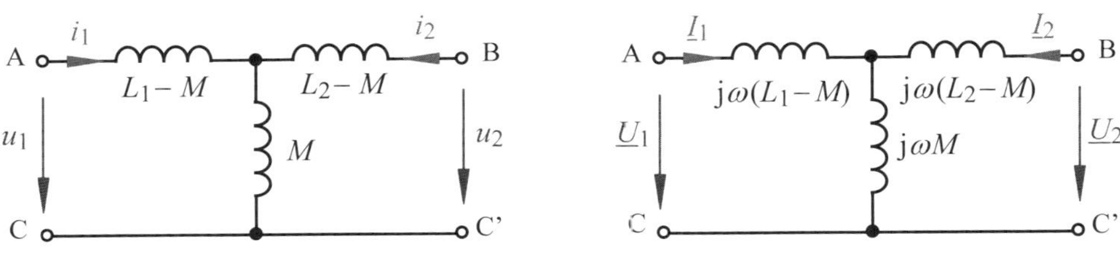

Bild 19.23: T-Ersatzschaltbild des VST (links: Zeitbereich und rechts: Bildbereich)

ÜB: BB 19.7

Durch eine Aufhebung der Trennung zwischen Primärwicklung und Sekundärwicklung (Verbindung der Wicklungsenden; siehe Stern * im Bild 19.22) kann der VST in eine T-Ersatzschaltung (vgl. Abschn. 19.1.3) umgerechnet werden. Die Ersatzbauelemente im Bild 19.23 stellen dann reine Rechengrößen dar, die durchaus auch negativ werden können.

Lehrbeispiel 19.4:

ÜB: BB 19.6

Berechnen Sie den Leerlauf- und den Kurzschluss-Eingangswiderstand sowie die Ausgangsspannung im T-Ersatzschaltbild des verlustlosen und streuungsfreien Transformators nach Bild 19.23.

Für den Leerlauf-Eingangswiderstand gilt: $\underline{Z}_{1L} = j\omega(L_1 - M) + j\omega M = j\omega L_1$

Für den Kurzschuss-Eingangswiderstand gilt: $\underline{Z}_{1K} = j\omega(L_1 - M) + j\omega M // j\omega(L_2 - M)$

$$\underline{Z}_{1K} = j\omega(L_1 - M) - \frac{\omega^2(L_2 M - M^2)}{j\omega L_2} = j\omega(L_1 - M + \frac{L_2 M - M^2}{L_2}) = j\omega(L_1 - \frac{M^2}{L_2})$$

Die Ausgangsspannung des sekundärseitig leerlaufenden VST ($\underline{I}_2 = 0$) kann mit der Spannungsteilerregel bestimmt werden: $\underline{U}_2 = \underline{U}_1 \cdot \frac{j\omega M}{j\omega(L_1 - M) + j\omega M} = \underline{U}_1 \cdot \frac{M}{L_1}$

19.3.3 Realer Transformator

Bei praktischen Realisierungen ist es üblich, die Spannungen und Ströme im Ketten-Zählpfeilsystem darzustellen. Infolge der Verwendung dieses Zählpfeilsystems ändert sich gegenüber (18.13) / (18.14) das Vorzeichen bei $\underline{I}_2$. Der Sekundärseite wird damit eine Quellen-Charakteristik zugeordnet. Der Strom $\underline{I}_2$ fließt jetzt im Belastungsfall gegen die Richtung von $\underline{U}_2$ (Q-ZPS). Er fließt aber in Richtung des Zählpfeils von $\underline{U}_a$ durch den Lastwiderstand R_a. Dort gilt dann das Verbraucher-Zählpfeilsystem (Bild 19.24 – rechts).

$$\underline{U}_1 = j\omega L_1 \cdot \underline{I}_1 - j\omega M \cdot \underline{I}_2$$
$$\underline{U}_2 = j\omega M \cdot \underline{I}_1 - j\omega L_2 \cdot \underline{I}_2 \qquad (19.24)$$

Das allgemeine Modell des VST erfährt die erste Präzisierung, wenn man den real existierenden Streufluss Φ_σ (Hauptfluss minus Gesamtfluss) berücksichtigt.

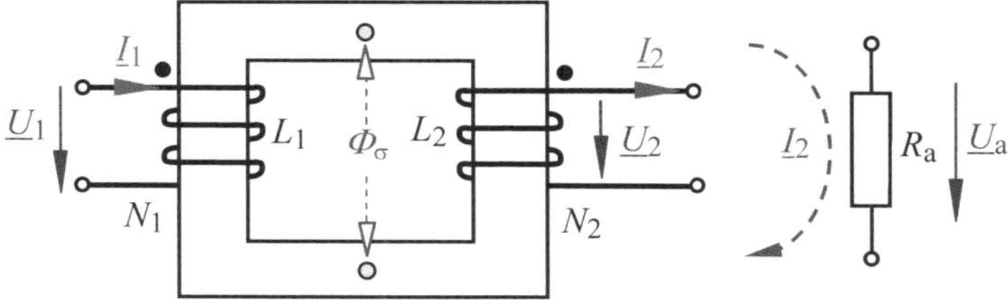

Bild 19.24: Funktionsmodell zum VT

Die Wicklungen und der Kern werden immer noch als verlustlos angenommen (Verlustloser Transformator VT). Der Kopplungsfaktor ist jetzt kleiner als eins. Die Gegeninduktivität wird mit Gleich. (18.8) berechnet. Es gilt: $M = k \cdot \sqrt{L_1 \cdot L_2}$.

Berücksichtigt man nun noch die Verluste der Wicklung und des Kernes, entsteht ein vereinfachtes Modell eines realen Transformators (Bild 19.25).

Ein realer Transformator nimmt Wirkleistung auf und verursacht Blindleistung. Die Wirkleistung wird in den Wicklungen und im Kern in Wärme umgesetzt (vgl.: Transformator-Verluste). Alle induktiven Blindwiderstände verursachen Blindleistung. Die auftretenden Streuflüsse werden entweder durch den Kopplungsfaktor ($k < 1$) berücksichtigt oder durch zusätzliche induktive Blindwiderstände in der Außenbeschaltung eines VST nachgebildet.

Eine solche Anordnung entspricht dem Funktionsmodell im Bild 19.24. Es besteht aus zwei Wicklungen mit den Windungszahlen N_1 und N_2, die von einem resultierenden magnetischen Fluss durchsetzt werden. Die wechselseitige Beeinflussung der beiden Spulen wird (wie beim VST bzw. beim VT) über die Gegeninduktivität M (Abschn. 18.3) beschrieben.

Die Verluste eines Transformators setzen sich aus den Wicklungsverlusten und den Eisenverlusten zusammen. Sie werden über die Außenbeschaltung eines VST oder eines VT mit ohmschen Widerständen nachgebildet.

- Wicklungsverluste R_{L1} und R_{L2}: Ohmsche Widerstände der beiden Wicklungen.
- Eisenverluste R_E (Kernverluste): Ummagnetisierungsverluste, Hystereseverluste und Wirbelstromverluste. R_E* bildet die Eisenverluste als Ersatzwiderstand (*) parallel zum VST ab.

Durch Berücksichtigung dieser Verluste entsteht das vereinfachte Ersatzschaltbild eines realen Transformators auf der Basis der T-Ersatzschaltung eines VST bzw. VT.

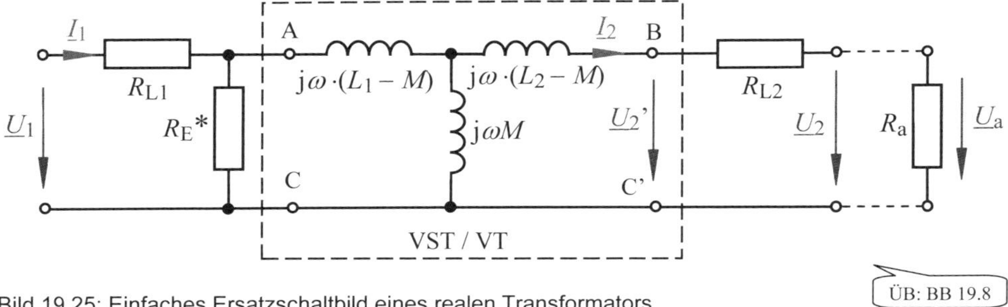

Bild 19.25: Einfaches Ersatzschaltbild eines realen Transformators

ÜB: BB 19.8

Im Nennbetrieb eines Transformators können die Eisenverluste in vielen Fällen gegenüber den Wicklungsverlusten vernachlässigt werden. Für diese Situation gilt dann für den realen Transformator näherungsweise das Gleichungssystem (19.25):

$$\underline{U}_1 = (R_{L1} + j\omega L_1) \cdot \underline{I}_1 - j\omega M \cdot \underline{I}_2 \qquad (19.25\_a)$$

$$\underline{U}_2 = j\omega M \cdot \underline{I}_1 - (R_{L2} + j\omega L_2) \cdot \underline{I}_2 \qquad (19.25\_b)$$

In der Energietechnik ist es häufig üblich, alle Größen der Sekundärseite (Spannungen, Ströme und Widerstände) auf die Primärseite umzurechnen. Damit erhält man ein mit dem Übersetzungsverhältnis $ü$ reduziertes Ersatzschaltbild. Die reduzierten Größen (gekennzeichnet mit einem Kreuz) sind reine Rechengrößen zur Vereinfachung der mathematischen Analyse von Transformatorschaltungen.

Ausgangspunkt zur Bestimmung der reduzierten Größen sind die Gleich. (19.25_a) und (19.25_b). Durch eine Erweiterung von $\underline{I}_2$ mit $ü/ü$ erhält man für (a) und (b):

(a) $\underline{U}_1 = (R_{L1} + j\omega L_1)\cdot \underline{I}_1 - (j\omega \cdot M)\cdot \frac{ü}{ü}\cdot \underline{I}_2 = (R_{L1} + j\omega L_1)\cdot \underline{I}_1 - j\omega \cdot ü \cdot M \cdot \frac{\underline{I}_2}{ü}$

(b) Hier ist die gesamte Gleichung (b) zusätzlich mit $ü$ zu multiplizieren:

$$ü\cdot \underline{U}_2 = j\omega \cdot ü \cdot M \cdot \underline{I}_1 - ü\cdot (R_{L2} + j\omega \cdot L_2)\cdot \frac{ü}{ü}\cdot \underline{I}_2 = j\omega \cdot ü \cdot M \cdot \underline{I}_1 - (ü^2 R_{L2} + j\omega \cdot ü^2 L_2)\cdot \frac{\underline{I}_2}{ü}$$

Nun werden die mit $ü$ erweiterten Größen durch die reduzierten Größen ersetzt:

$\underline{U}_2^{x} = ü\cdot \underline{U}_2$ $\quad \underline{I}_2^{x} = \underline{I}_2 / ü$ $\quad R_{L2}^{x} = ü^2 R_{L2}$ $\quad j\omega L_2^{x} = j\omega \cdot ü^2 L_2$ $\quad j\omega M^{x} = j\omega \cdot ü \cdot M$

Durch Einsetzen der reduzierten Größen und ein geschicktes Umformen erhält man:

(a) $\underline{U}_1 = (R_{L1} + j\omega L_1)\cdot \underline{I}_1 - j\omega M^{x}\cdot \underline{I}_2^{x}$ Addition rechte Seite: $j\omega M^{x}\cdot \underline{I}_1 - j\omega M^{x}\cdot \underline{I}_1$

(b) $\underline{U}_2^{x} = j\omega M^{x}\cdot \underline{I}_1 - (R_{L2}^{x} + j\omega L_2^{x})\cdot \underline{I}_2^{x}$ Addition rechte Seite: $j\omega M^{x}\cdot \underline{I}_2^{x} - j\omega M^{x}\cdot \underline{I}_2^{x}$

(a) $\underline{U}_1 = [R_{L1} + j\omega(L_1 - M^{x})]\cdot \underline{I}_1 + j\omega M^{x}\cdot (\underline{I}_1 - \underline{I}_2^{x})$

(b) $\underline{U}_2^{x} = j\omega M^{x}\cdot (\underline{I}_1 - \underline{I}_2^{x}) - [R_{L2}^{x} + j\omega(L_2^{x} - M^{x}]\cdot \underline{I}_2^{x}$

Es entsteht das Gleichungssystem (19.26). Diese Gleichungen beschreiben die beiden Maschen des reduzierten Ersatzschaltbildes im Bild 19.26 bei $\underline{I}_\mu{}^{x} \approx \underline{I}_0{}^{x}$ (Nennbetrieb).

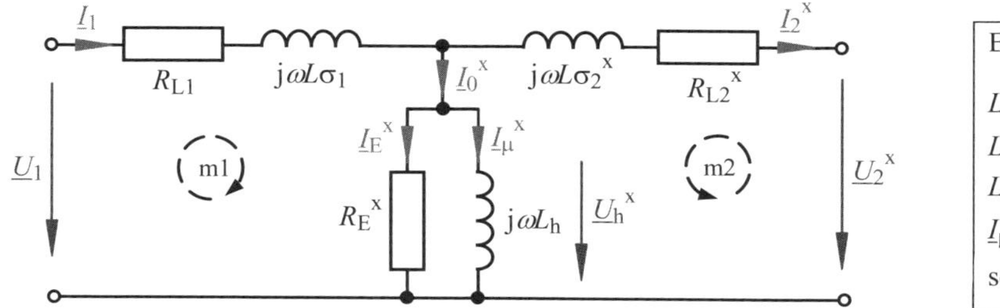

Bild 19.26: Reduziertes Ersatzschaltbild des Transformators

Ersatzgrößen:

$L_{\sigma 1} = L_1 - M^{x}$

$L_{\sigma 2}{}^{x} = L_2{}^{x} - M^{x}$

$L_h = M^{x}$

$\underline{I}_\mu{}^{x} = \underline{I}_1 - \underline{I}_2{}^{x}$

sowie $R_{L2}{}^{x}$

$$\underline{U}_1 = (R_{L1} + j\omega L_{\sigma 1})\cdot \underline{I}_1 + j\omega L_h \cdot \underline{I}_\mu^{x}$$
$$\underline{U}_2^{x} = j\omega L_h \cdot \underline{I}_\mu^{x} - (R_{L2}^{x} + j\omega L_{\sigma 2}^{x})\cdot \underline{I}_2^{x} \qquad (19.26)$$

ÜB: BB 19.9

Die Ersatzgrößen können wie folgt interpretiert werden:

$L_{\sigma 1}$ = primäre Streuinduktivität; $L_{\sigma 2}{}^{x}$ = reduz. sekundäre Streuinduktivität
L_h = Hauptinduktivität; $\underline{I}_\mu{}^{x}$ = Magnetisierungsstrom
$R_{L2}{}^{x}$ = reduz. sekundärer Wicklungswiderstand

20 Wechselwirkungen

20.1 Ladungsbewegungen in leitfähigen und nichtleitfähigen Medien

Alle Vorgänge und Erscheinungen der Elektrotechnik hängen mit ruhenden oder bewegten Ladungen zusammen.

Ruhende Ladungen verbindet man mit dem Begriff „Ladungstrennung“. Bei bewegten Ladungen spricht man auch von einem „Ladungstransport“. Es fließt ein elektrischer Strom [Schreibweise: I bei $i \neq f(t)$ oder $I \mathrel{\hat{=}} I_{\text{eff}}$ bei $i = f(t)$], der immer in direkter Kopplung mit einem magnetischen Feld auftritt.

Grundüberlegung:

Der Strom ist eine in sich geschlossene Erscheinung, die durch Kontinuität gekennzeichnet ist. Im stationären Strömungsfeld gilt die Kontinuitätsgleichung mit A = Hüllfläche (V):

(14.12) $$\oint_{\text{Hülle}(V)} \vec{J} \cdot \mathrm{d}\vec{A} = 0$$

Bei Verwendung des Begriffs „Bewegung“ stellt man fest, dass zwischen zwei verschiedenen Erscheinungsformen einer Ladungsbewegung unterschieden werden muss:

1) Ladungsbewegung in einem leitfähigen Medium: Konvektionsstrom I_k

2) Ladungsbewegung in einem nichtleitfähigen Medium: Verschiebungsstrom I_V

20.1.1 Konvektionsstrom

Der Konvektionsstrom beschreibt eine gerichtete Bewegung elektrischer Ladungen. Er tritt in einem leitfähigen Medium auf und repräsentiert die drei bekannten Eigenschaften:

a) Energieumsatz in Wärme b) Ursache für ein magnetisches Feld c) Stofftransport

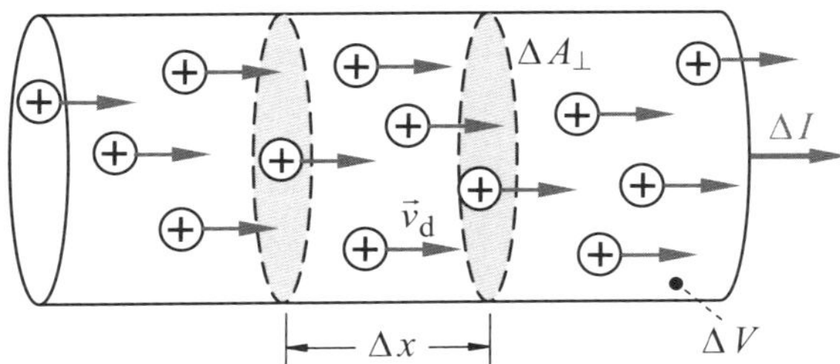

Bild 20.1: Einfaches Modell zum Konvektionsstrom

Für die weiteren Überlegungen gilt die Annahme, dass sich in einem Volumenelement ΔV des von einem Strömungsfeld erfüllten Raumes (z.B. in einer Stromröhre) ΔN Ladungen in gleichmäßig verteilter Form befinden. Sie bewegen sich mit der mittleren Driftgeschwindigkeit $\vec{v}_\text{d}$. Durch das betrachtete Volumenelement $\Delta V = \Delta A_\perp \cdot \Delta x$ bewegt sich eine Ladung $\Delta Q = \Delta I \cdot \Delta t$. Der Betrag der mittleren Driftgeschwindigkeit beträgt $v_\text{d} = \Delta x \,/\, \Delta t$. In diesem Teilvolumen ΔV tritt die Teilladung ΔQ als Raumladung in Erscheinung. Nach Vorbild von

Gleich. (15.3) erhält man für den Quotienten $\Delta Q \,/\, \Delta V$ eine mittlere Angabe für die Raumladungsdichte:

$$\overline{\rho} = \frac{\Delta Q}{\Delta V} = \frac{\Delta I \cdot \Delta t}{\Delta A_{\perp} \cdot \Delta x} = \frac{\Delta I}{\Delta A_{\perp}} \cdot \frac{\Delta t}{\Delta x} = \frac{\Delta I}{\Delta A_{\perp}} \cdot \frac{1}{v_{\mathrm{d}}} \qquad \text{bzw.:} \qquad \overline{\rho} \cdot v_{\mathrm{d}} = \frac{\Delta I}{\Delta A_{\perp}}$$

Beim Übergang zu einem differenziell kleinen Volumen gilt dann: $\rho \cdot v_{\mathrm{d}} = \dfrac{\mathrm{d}I}{\mathrm{d}A_{\perp}} = |\vec{J}_{\mathrm{k}}|$.

Die Konvektionsstromdichte $\vec{J}_{\mathrm{k}}$ kann allgemein aus dem Produkt von Raumladungsdichte ρ und der mittleren Driftgeschwindigkeit der Ladungsträger $\vec{v}_{\mathrm{d}}$ berechnet werden.

$$\vec{J}_{\mathrm{k}} = \rho \cdot \vec{v}_{\mathrm{d}} \tag{20.1}$$

Danach bewirkt eine Änderung der mittleren Driftgeschwindigkeit der Ladungsträger eine Veränderung der Konvektionsstromdichte.

Was ist nun die Ursache für diese gerichtete Bewegung elektrischer Ladungen?

a) Ladungen bewegen sich in Richtung eines Gradienten. Der Gradient einer skalaren Größe beschreibt einen Vektor, der in Richtung des größten Funktionsanstieges zeigt. Ein negativer Gradient gibt die Richtung des größten Funktionsgefälles an. Dann gilt: $\vec{Y} = -\mathrm{grad}(X)$.

b) Die positiven Ladungen bewegen sich in einem elektrischen Feld in Richtung des größten Potentialgefälles (Energieabnahme einer positiven Ladung). Sie bewegen sich also in jedem Feldpunkt in Richtung des Vektors der elektrischen Feldstärke: $\vec{E} = -\mathrm{grad}(\varphi)$ [vgl. (14.2)].

c) Ein ähnlicher Effekt ist auch bei einem Konzentrationsgefälle zu beobachten. Ladungen bewegen sich längs des größten Gefälles der Ladungsträgerkonzentration n mit einer Diffusionsstromdichte proportional zu $[-\mathrm{grad}(n)]$. In diesem Fall fließt ein Diffusionsstrom.

Der Konvektionsstrom beschreibt einen Feldstrom <u>und</u> einen Diffusionsstrom.

20.1.2 Feldstrom

Der Feldstrom I_{F} ist (wie der Name bereits sagt) eine Ladungsbewegung unter dem Einfluss eines elektrischen Feldes. Die negativen Ladungen (Elektronen) bewegen sich gegen den einwirkenden Feldstärkevektor. Der Strom wird nach der technischen Stromrichtung positiv in Richtung der positiven Ladungen bewertet (Bedingung für den Richtungspfeil: $I > 0$). Die ortsfesten positiven Atomrümpfe (z.B. in einem metallischen Leiter) führen dann eine Relativbewegung gegen die Bewegung der Elektronen aus.

ÜB: BB 20.1

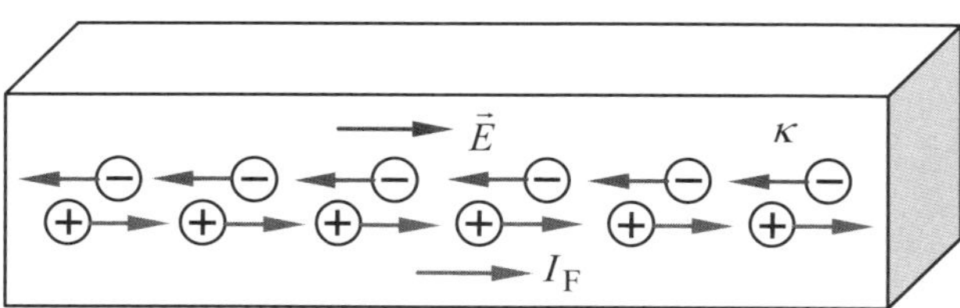

Bild 20.2: Einfaches Modell zum Ladungstransport (Feldstrom)

Der Zusammenhang zwischen der mittleren Driftgeschwindigkeit und der elektrischen Feldstärke wird über einen Proportionalitätsfaktor hergestellt, der die Beweglichkeit b der Ladungsträger beschreibt.

$$\vec{v}_{\mathrm{d}} = b \cdot \vec{E} \tag{20.2}$$

Durch Einsetzen der Gleich. (20.2) in die Gleich. (20.1) erhält man: $\vec{J}_{\mathrm{F}} = \rho \cdot b \cdot \vec{E}$. Das Produkt von Raumladungsdichte und Ladungsträgerbeweglichkeit ist als spezifische elektrische Leitfähigkeit κ definiert: $\kappa = \rho \cdot b$. Für den Zusammenhang zwischen der Dichte des Feldstromes und der elektrischen Feldstärke gilt dann nach Vorbild von Gleich. (14.7):

$$\vec{J}_{\mathrm{F}} = \kappa \cdot \vec{E} \tag{20.3}$$

Für die Ladungsbewegung mit der Feldstromdichte $\vec{J}_{\mathrm{F}}$ gilt: $I_{\mathrm{F}} = \int_A \vec{J}_{\mathrm{F}} \cdot \mathrm{d}\vec{A}$.

Wie bereits erwähnt, bewegen sich Ladungen mit der mittleren Driftgeschwindigkeit $\vec{v}_{\mathrm{d}}$. Das bedeutet aber nicht, dass jeder Ladungsträger an jedem Ort / in jedem Feldpunkt die gleiche Geschwindigkeit aufweist. Das elektrische Feld beschleunigt die Ladungsträger. Infolge der Kollision von Ladungsträgern mit einem Atom wird Bewegungsenergie an das jeweilige Atom abgegeben. Damit ist eine Reduzierung der Geschwindigkeit der Ladungsträger in Feldrichtung $\vec{v}_{\mathrm{d}}$ verbunden. Sie nehmen wieder Energie aus dem Feld auf, d.h., sie werden unter dem Einfluss des elektrischen Feldes erneut beschleunigt. Zur Aufrechterhaltung eines elektrischen Strömungsfeldes ist demzufolge eine ständige Energiezufuhr durch eine elektrische Quelle erforderlich.

20.1.3 Diffusionsstrom

Der Diffusionsstrom I_{D} ist eine Ladungsbewegung infolge einer örtlichen Veränderung der Ladungsträgerkonzentration. Dazu stellt man sich z.B. ein Volumen vor, dass vorerst durch einen Schieber (Trennfläche) in zwei Teile geteilt ist.

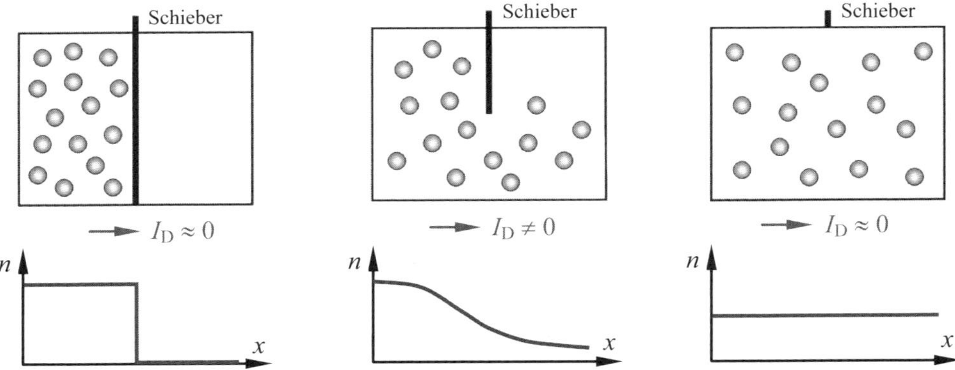

Bild 20.3: Einfaches Modell zum Diffusionsstrom

Im Sinne des Erwerbs eines grundlegenden Verständnisses zum Vorgang der Diffusion wird nur eine Ladungsträgerart betrachtet. Auf der linken Seite des Volumens existiert eine sehr hohe Konzentration einer definierten Ladungsträgerart. Auf der rechten Seite ist diese Konzentration sehr klein. Ein Ausgleich ist infolge des geschlossenen Schiebers nicht möglich (Bild 20.3 – links).

Nun wird der Schieber geöffnet. Die Ladungen finden eine Möglichkeit zum Ausgleich des existierenden Konzentrationsgefälles. Es fließt ein Ausgleichsstrom (Diffusionsstrom). Die Ladungen diffundieren von der linken Seite in die rechte Hälfte des verfügbaren Volumens. Bei einem vollständigen Ausgleich des Konzentrationsgefälles strebt dieser Diffusionsstrom gegen null. Diese Teilchenbewegung tritt ohne die Existenz eines Feldes in Erscheinung. Dieser Sachverhalt wäre z.B. auch bei einer Kombination eines p- und eines n-leitenden Halbleitermaterials gegeben, wenn das stationäre Gleichgewicht noch nicht erreicht ist.

Infolge des Stroms I_D ändert sich die Ladungsträgerkonzentration n. Die Aussage $I_\mathrm{D} \approx 0$ im Bild 20.3 (rechts) soll zusätzliche Diffusionseffekte berücksichtigen, die durch eventuell noch existierende Wärmegradienten im leitfähigen Medium entstehen können.

Die Diffusionsstromdichte kann man nach [7] (hier: ohne Herleitung) wie folgt berechnen:

$$\vec{J}_\mathrm{D} = -q \cdot D \cdot \mathrm{grad}(n) \tag{20.4}$$

Der Diffusionskoeffizient D (nicht mit der elektrischen Flussdichte verwechseln) verhält sich proportional zur Beweglichkeit der Ladungsträger b und ist vom Material und der Art der Ladungsträger abhängig. Für Elektronen in Silizium beträgt er beispielsweise 35 $\mathrm{cm^2/s}$ (vgl. auch [14] – BB 20.1). Die ausführliche Darstellung von Gleich. (20.4) lautet:

$$\vec{J}_\mathrm{D} = -q \cdot D \cdot \left[\frac{\partial n}{\partial x} \cdot \vec{e}_\mathrm{x} + \frac{\partial n}{\partial y} \cdot \vec{e}_\mathrm{y} + \frac{\partial n}{\partial z} \cdot \vec{e}_\mathrm{z} \right] \tag{20.5}$$

Dabei beschreibt n die (in der Regel ortsabhängige) Ladungsträgerkonzentration (siehe auch Bild 20.3). Im Gegensatz zur Raumladungsdichte (Ladungsmenge pro Volumen) definiert diese Konzentration die Anzahl der Ladungen pro Volumen:

$$n = \frac{\mathrm{d}N}{\mathrm{d}V} \tag{20.6}$$

Der Vektor der Diffusionsstromdichte zeigt in jedem Feldpunkt in Richtung der Bewegung positiver Ladungen $q = +e$ (also in Richtung des Konzentrationsgefälles der positiven Ladungen). Bei negativen Ladungen ($q = -e$) hat dieser Vektor die entgegengesetzte Richtung.

Für diese Ladungsbewegung mit der Diffusionsstromdichte $\vec{J}_\mathrm{D}$ gilt: $I_\mathrm{D} = \int\limits_A \vec{J}_\mathrm{D} \cdot \mathrm{d}\vec{A}$.

Der Konvektionsstrom I_k beschreibt in seiner Gesamtheit eine Ladungsbewegung, die von einem magnetischen Feld umwirbelt wird. Unter dem Einfluss einer elektrischen Feldstärke bewegen sich Ladungen als Feldstrom I_F. Bei einer örtlichen Veränderung der Ladungsträgerkonzentration entsteht eine Ladungsbewegung in Form des Diffusionsstromes I_D.

20.1.4 Verschiebungsstrom (nach [7])

Die Ladungen auf den Elektroden eines Kondensators sind die Quellen und die Senken des elektrischen Flusses. Dieser Fluss bildet sich im Dielektrikum aus, wenn sich Ladungen auf den Elektroden befinden. Ändert sich die Ladungssituation auf den Elektroden, ändert sich auch der elektrische Fluss im Dielektrikum.

ÜB: BB 20.2

Ausgangspunkt ist ein idealer Kondensator (C = const.), der mit Q_0 bzw. U_0 bereits eine Vorladung besitzt. Die Ladung Q_0 = const. bewirkt im Dielektrikum einen elektrischen Fluss mit Ψ = const.

Im Bild 20.4 (links) gilt: $U_{ab} = U_0 = \text{const.} \quad \Rightarrow \quad \frac{dQ}{dt} = 0 \quad \text{und:} \quad \frac{d\Psi}{dt} = 0$

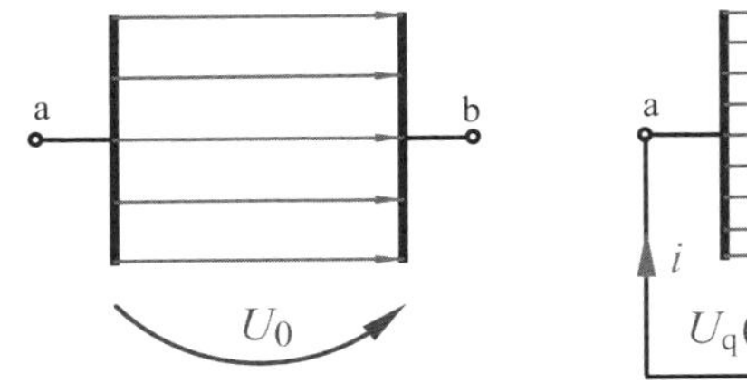

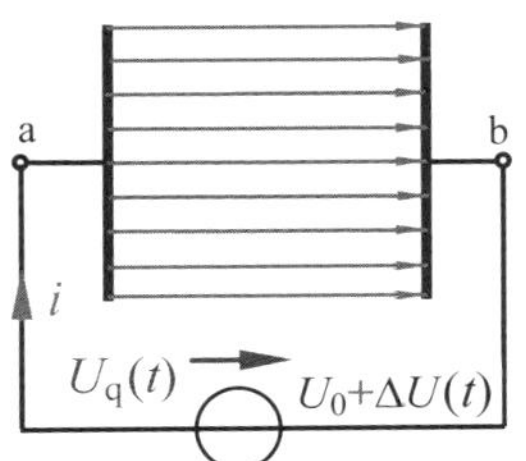

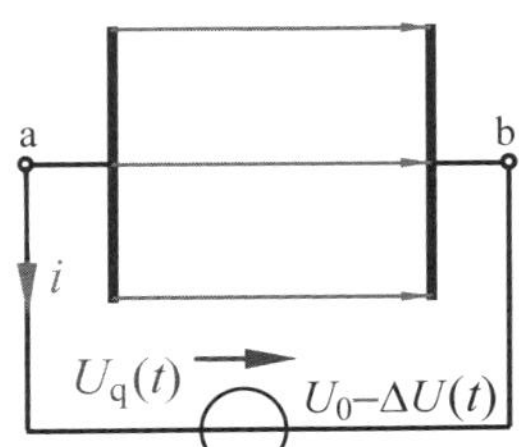

Bild 20.4: Verschiebungsstrom

Nun wird eine Quelle mit einer zeitlich veränderlichen Spannung $U_q(t) = U_0 + \Delta U(t)$ angeschaltet. Der Kondensator nimmt zusätzliche Ladung auf, d.h. er wird in diesem Fall nachgeladen. Die Ladungssituation auf den Elektroden verändert sich.

Während dieses Vorganges fließt ein Strom i, der als Konvektionsstrom zu interpretieren ist. Er sorgt für einen Ladungszufluss dQ / dt. Damit ist eine Änderung des Verschiebungsflusses mit $d\Psi / dt$ verbunden. Die Dichte der elektrischen Flusslinien wird größer.

Im Bild 20.4 (Mitte) gilt: $U_{ab} = f(t) \quad \Rightarrow \quad \frac{dQ}{dt} > 0 \quad \text{und:} \quad \frac{d\Psi}{dt} > 0$

Falls die Quelle eine Spannung $U_q(t) = U_0 - \Delta U(t)$ liefert, wird dem Kondensator Ladung entzogen. Der jetzt fließende Strom zeigt in Richtung des Zählpfeils der Quellenspannung und bewirkt eine teilweise oder vollständige Entladung des Kondensators. Die Strömungslinien ändern ihre Richtung – die elektrischen Flusslinien behalten aber ihre Richtung bei. Durch den Ladungsabfluss wird aber die Dichte der Verschiebungslinien reduziert.

Im Bild 20.4 (rechts) gilt: $U_{ab} = f(t) \quad \Rightarrow \quad \frac{dQ}{dt} < 0 \quad \text{und:} \quad \frac{d\Psi}{dt} < 0$

Fazit: Bei $U_{ab} = f(t)$ ändert sich auf den Elektroden die Ladungssituation: $\frac{dQ}{dt} \neq 0$.

Diese Ladungsänderung bewirkt im Dielektrikum eine Änderung des Flusses: $\frac{d\Psi}{dt} \neq 0$.

Mit $\mathrm{d}Q = C \cdot \mathrm{d}U_{\mathrm{ab}}$ ergibt sich die folgende Wirkungskette:

Quelle	$\Rightarrow$	Zuleitung	$\Rightarrow$	Elektroden	$\Rightarrow$	Dielektrikum
$\frac{\mathrm{d}U_{\mathrm{ab}}}{\mathrm{d}t}$	$\Rightarrow$	i	$\Rightarrow$	$\frac{\mathrm{d}Q}{\mathrm{d}t} = C \cdot \frac{\mathrm{d}U_{\mathrm{ab}}}{\mathrm{d}t}$	$\Rightarrow$	$\frac{\mathrm{d}\Psi_{\mathrm{ges}}}{\mathrm{d}t}$

Die Änderung der Ladung auf den Elektroden ist die Ursache für die Veränderung des Verschiebungsflusses im Dielektrikum. Diese Ladungsbewegung definiert man als Verschiebungsstrom [$I_{\mathrm{V}} \mathrel{\hat{=}} I_{\mathrm{V,eff}}$, da $i_{\mathrm{V}} = f(t)$].

$$\frac{\mathrm{d}Q}{\mathrm{d}t} = \frac{\mathrm{d}\Psi_{\mathrm{ges}}}{\mathrm{d}t} \qquad \text{bzw.:} \qquad I_{\mathrm{V}} = \frac{\mathrm{d}\Psi_{\mathrm{ges}}}{\mathrm{d}t}$$

Für den Betrag der Dichte des Verschiebungsstromes (Verschiebungsstromdichte) gilt dann:

$$J_{\mathrm{V}} = \frac{\mathrm{d}I_{\mathrm{V}}}{\mathrm{d}A_{\perp}} \tag{20.7}$$

Damit kann der Verschiebungsstrom auch über die Verschiebungsstromdichte beschrieben werden.

$$I_{\mathrm{V}} = \int_{(A)} \vec{J}_{\mathrm{V}} \cdot \mathrm{d}\vec{A} \tag{20.8}$$

Den Verschiebungsstrom stellt man über Verschiebungsstromlinien (vgl. Bild 20.4) dar. An der Übergangsfläche Elektrode $\leftrightarrow$ Dielektrikum bilden diese Linien die Fortsetzung der Linien des Konvektionsstromes. Es gilt wieder die Kontinuitätsgleichung (14.12).

Bei einer homogenen Verteilung der Ladung auf den Elektroden ist die Flächenladungsdichte nach Gleich. (15.5) gleich dem Betrag der elektrischen Flussdichte: $\sigma = D$.

Ein Konvektionsstrom $I_{\mathrm{k}} \neq 0$ bewirkt eine zeitliche Änderung der Flächenladungsdichte. An der Übergangsfläche gilt: $I_{\mathrm{k}} = \frac{\mathrm{d}Q}{\mathrm{d}t} = \frac{\mathrm{d}\Psi_{\mathrm{ges}}}{\mathrm{d}t} = I_{\mathrm{V}}$ mit: $Q = \Psi_{\mathrm{ges}}$ bzw.: $\frac{\mathrm{d}Q}{\mathrm{d}A} = \frac{\mathrm{d}\Psi_{\mathrm{ges}}}{\mathrm{d}A}$.

Für die partielle Differenziation von I_{V} erhält man dann: $\partial I_{\mathrm{V}} = \frac{\mathrm{d}}{\mathrm{d}t} \cdot (\partial \Psi)$.

Durch die differenzielle Änderung ∂I_{V} verändert sich die Verschiebungsstromdichte:

$$\frac{\partial I_{\mathrm{V}}}{\partial A_{\perp}} = \frac{\frac{\mathrm{d}(\partial \Psi)}{\mathrm{d}t}}{\partial A_{\perp}} = \frac{\mathrm{d}}{\mathrm{d}t} \cdot \left(\frac{\partial \Psi}{\partial A_{\perp}} \right) = \frac{\mathrm{d}D}{\mathrm{d}t}$$ und damit die Flächenladungsdichte über der Zeit.

$$\vec{J}_{\mathrm{V}} = \frac{\mathrm{d}\vec{D}}{\mathrm{d}t} = \varepsilon \cdot \frac{\mathrm{d}\vec{E}}{\mathrm{d}t} \tag{20.9}$$

Danach bewirkt die zeitliche Änderung der elektrischen Feldstärke einen Verschiebungsstrom im Dielektrikum, der über die Verschiebungsstromdichte beschrieben werden kann.

20.2 MAXWELLsche Gleichungen

Aus der Bearbeitung des vorliegenden Lehrbuches ist bekannt, dass eine bewegte Ladung die Entstehung eines magnetischen Feldes zur Folge hat. Ladungsbewegungen wurden im letzten Abschnitt ausführlich besprochen. Die gesetzmäßigen Zusammenhänge zwischen den Erscheinungsformen der Ladung und der damit direkt gekoppelten Existenz des magnetischen Feldes können über die MAXWELLschen Gleichungen beschrieben werden. In den folgenden Ausführungen werden diese Gesetze in integraler Form, die für ausgedehnte Raumgebiete Gültigkeit hat, dargestellt.

20.2.1 Durchflutungsgesetz

Das Durchflutungsgesetz sagt aus, dass das Umlaufintegral der magnetischen Feldstärke gleich der Summe derjenigen Ströme ist, die der Integrationsweg umfasst.

Nach (17.6) gilt: $\Theta = \Sigma I(s) = \oint\limits_s \vec{H} \cdot \mathrm{d}\vec{s}$

Der vom Integrationsweg s umfasste Strom setzt sich aus dem Konvektionsstrom I_k und dem dielektrischen Verschiebungsstrom I_V zusammen. Es gilt: $\Sigma I(s) = I_\mathrm{k} + I_\mathrm{V}$. Dieser Strom bewirkt die Existenz eines magnetischen Feldes.

$$\oint\limits_s \vec{H} \cdot \mathrm{d}\vec{s} = \int\limits_A \vec{J}_\mathrm{k} \cdot \mathrm{d}\vec{A} + \int\limits_A \vec{J}_\mathrm{V} \cdot \mathrm{d}\vec{A} \qquad \text{mit (20.9):} \qquad \vec{J}_\mathrm{V} = \frac{\mathrm{d}\vec{D}}{\mathrm{d}t}$$

Aus diesem Durchflutungsgesetz folgt die 1. MAXWELLsche Gleichung:

$$\oint\limits_s \vec{H} \cdot \mathrm{d}\vec{s} = \int\limits_A \left(\vec{J}_\mathrm{k} + \frac{\partial \vec{D}}{\partial t}\right) \cdot \mathrm{d}\vec{A} \qquad (20.10)$$

In dieser Gleichung beschreibt s die Länge des Randes der betrachteten Fläche A. Der Ausdruck $\partial \vec{D} / \partial t$ ist ein Maß für diejenige magnetische Wirkung, die bei schnellen Feldvorgängen durch die zeitliche Änderung des elektrischen Feldes in einem Nichtleiter entsteht (dielektrischer Verschiebungsstrom I_V).

Mit der Kontinuitätsgleichung erhält man die Quellenfreiheit des elektrischen Stromes im elektrischen Strömungsfeld (Knotenpunktsatz). Bildet man das Hüllenintegral der elektrischen Stromdichte, so wird das Integrationsergebnis null. Es gilt mit A = Hülle (V):

$$(14.12) \qquad \oint\limits_{A=\text{Hülle}(V)} \vec{J} \cdot \mathrm{d}\vec{A} = 0$$

• In einem elektrischen Feld sind die von den Ladungsbewegungen erzeugten Dichtelinien in sich geschlossen. Dieses Feld (elektrisches Potentialfeld) ist quellenfrei.

20.2.2 Induktionsgesetz

Nach dem Induktionsgesetz (18.4) entstehen in einem induzierten elektrischen Feld in sich geschlossene elektrische Feldstärkelinien, die ihre Ursache (Änderung des magnetischen Flusses) umwirbeln. Diese Änderung des magnetischen Flusses durch eine Fläche, die durch eine Veränderung dieser Fläche oder durch eine (zeitliche) Veränderung der magnetischen Flussdichte entsteht, induziert eine Umlaufspannung auf dem Rand dieser Fläche.

$$u_{\text{ind}} = \oint_s \vec{E} \cdot \mathrm{d}\vec{s} = -N \cdot \frac{\mathrm{d}\Phi}{\mathrm{d}t} = -\frac{\mathrm{d}\Psi}{\mathrm{d}t} \qquad \text{mit (17.10):} \qquad \mathrm{d}\Psi = \vec{B} \cdot \mathrm{d}\vec{A}$$

Aus diesem Induktionsgesetz folgt die 2. MAXWELLsche Gleichung:

$$\oint_s \vec{E} \cdot \mathrm{d}\vec{s} = -\int_A \frac{\partial \vec{B}}{\partial t} \cdot \mathrm{d}\vec{A} \qquad (20.11)$$

Die Bogenlänge s beschreibt die Länge des Randes derjenigen Fläche A, die vom magnetischen Fluss durchsetzt wird.

Wenn man das Hüllenintegral über der magnetischen Flussdichte mit A = Hülle (V) bildet, erhält man die Quellenfreiheit des magnetischen Flusses:

$$(17.10) \qquad \oint_{\text{Hülle }(V)} \vec{B} \cdot \mathrm{d}\vec{A} = 0$$

• In einem zeitlich veränderlichen magnetischen Feld entstehen in sich geschlossene magnetische Flussdichtelinien, die ihre erregende Größe [Durchflutung nach (17.6)] umwirbeln. Es handelt sich demzufolge um ein quellenfreies Wirbelfeld.

Schlussfolgerungen:

Das elektromagnetische Feld stellt in seiner <u>Gesamtheit</u> eine einheitliche Erscheinung dar. Die MAXWELLschen Gleichungen (20.10) und (20.11) sagen aus, dass:

• ein zeitlich veränderliches elektrisches Feld von einem magnetischen Feld umwirbelt wird

• ein zeitlich veränderliches magnetisches Feld von einem elektrischen Feld umwirbelt wird.

Bild 20.5 zeigt die Ausbildung eines magnetischen Wirbelfeldes infolge eines zeitlich veränderlichen elektrischen Feldes (links) und in umgekehrter Form (rechts).

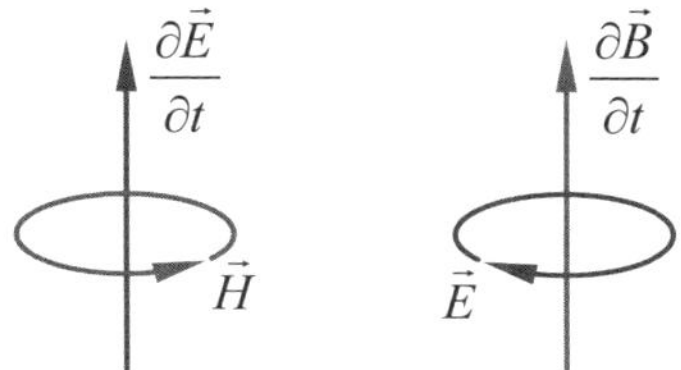

Bild 20.5: Ausbildung von Wirbelfeldern (für d / dt > 0)

Die Umkehrbarkeit beider Erscheinungen unterstreicht die oben genannte Einheitlichkeit.

20.2.3 Wirbelfreies Quellenfeld

Eine Ausnahme von den bisher abgeleiteten Aussagen der MAXWELLschen Gleichungen bildet das elektrostatische Feld. Als Feld ruhender Ladungen (zeitinvariantes Feld) kann das ideale elektrostatische Feld auch ohne ein Magnetfeld existieren. Dieses wirbelfreie Feld ist ein Zustand des Raumes, in dem die elektrischen Flussdichtelinien einen Anfang (Quelle) und ein Ende (Senke) haben.

Bildet man gemäß Gleich. (15.14) das Hüllenintegral der elektrischen Flussdichte, so erhält man die im eingehüllten Volumen befindliche Ladung (Raumladung). Dieses Integrationsergebnis wird im Vergleich zu den Gleich. (14.12) bzw. (17.10) nur dann gleich null, wenn:

– die Hülle keine Ladung einschließt oder

– die positiven und negativen Ladungen im eingehüllten Volumen gleiche Beträge haben.

Mit A = Hülle (V) erhält man den GAUßschen Satz der Elektrostatik:

$$\oint_A \vec{D} \cdot \mathrm{d}\vec{A} = \int_V \rho \cdot \mathrm{d}V = Q \tag{20.12}$$

Dieser Satz besagt, dass elektrische Ladungen die Quellen und Senken der elektrischen Flussdichte sind. Die elektrischen Flussdichtelinien beginnen und enden auf Ladungen unterschiedlicher Polarität (Wirbelfreiheit des elektrischen Flusses).

$$\Psi = \oint_A \vec{D} \cdot \mathrm{d}\vec{A} = Q$$

Der Flächenvektor $\mathrm{d}\vec{A}$ in Gleich. (20.12) zeigt aus der Hüllfläche heraus. Mit dieser Festlegung stimmt das Vorzeichen des elektrischen Flusses mit dem Vorzeichen der von der Hüllfläche erfassten Ladung überein.

Ändert sich in diesem eingehüllten Volumen V die Gesamtladung z.B. durch Ausströmen einer Ladung $-\dfrac{\mathrm{d}Q}{\mathrm{d}t}$ aus der Hüllfläche A, so gilt für diesen elektrischen Hüllenstrom die Kontinuitätsgleichung in allgemeingültiger Form gemäß Gleich. (20.13):

$$\oint_A \vec{J} \cdot \mathrm{d}\vec{A} = -\int_V \frac{\partial \rho}{\partial t} \cdot \mathrm{d}V = -\frac{\mathrm{d}Q}{\mathrm{d}t} \tag{20.13}$$

Diese allgemeingültige Aussage berücksichtigt jetzt auch die Möglichkeit, dass sich die Gesamtladung Q innerhalb eines betrachteten Feldraumes (Volumen V) verändert.

20.3 Wechselseitige Verkopplungen im elektromagnetischen Feld

Wie Bild 20.5 bereits zeigte, sind die Felder der Elektrotechnik wechselseitig miteinander verkoppelt. Zusammenfassend können dazu folgende Aussagen abgeleitet werden:

Ein von außen einwirkendes elektrisches Feld bewirkt mit dem Strom I_a in einem elektrischen Leiter (κ) eine Stromdichte $\vec{J}_a$, die eine Fläche A durchsetzt. Als Wirkung entsteht im Leiter eine magnetische Flussdichte $\vec{B}$ (im Bild 20.6 aus Übersichtsgründen nur mit einer Feldlinie dargestellt), die den von außen einwirkenden Erregerstrom I_a nach der Rechtsschraubenregel umwirbelt. Eine Änderung dieses magnetischen Feldes induziert um den Vektor $\vec{B}$ herum eine innere elektrische Feldstärke $\vec{E}_i$, die nach dem Induktionsgesetz gegen den Vektor $\vec{B}$ gerichtet ist (Bild 20.6 – links).

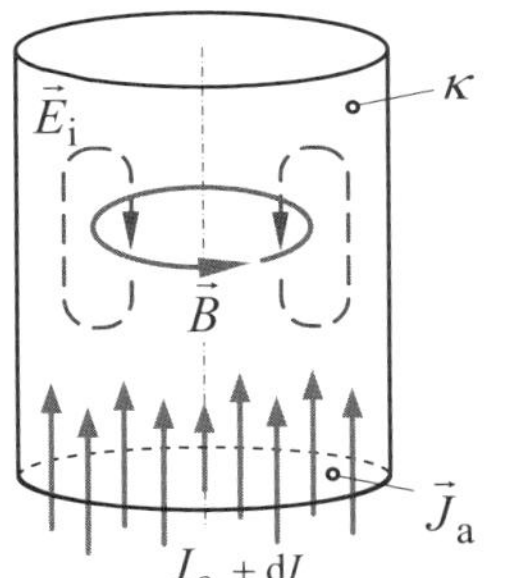

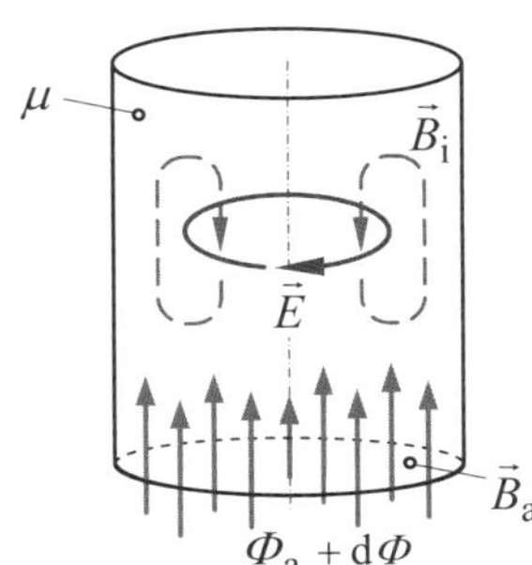

Bild 20.6: Wirbelfelder bei schnellen Feldvorgängen (links: bei schnellen Stromänderungen im Leiter; rechts: bei schnellen Flussänderungen im Magnetkern) nach [7]

Ein von außen einwirkendes magnetisches Feld bewirkt in einem magnetischen Leiter (μ) mit dem Fluss Φ_a eine magnetische Flussdichte $\vec{B}_a$, die eine Fläche A durchsetzt. Als Wirkung entsteht im magnetischen Leiter eine elektrische Feldstärke $\vec{E}$, die den von außen einwirkenden magnetischen Fluss Φ_a umwirbelt. Eine Änderung dieses elektrischen Feldes induziert um den Vektor $\vec{E}$ herum eine innere magnetische Flussdichte $\vec{B}_i$, die nach dem Induktionsgesetz gegen den Vektor $\vec{E}$ gerichtet ist (Bild 20.6 – rechts).

20.3.1 Wirbelverkopplungen bei Änderungen des magnetischen Flusses

Wenn ein Leiter mit einem zeitlich sich ändernden Magnetfeld Φ_a in Wechselwirkung tritt (das Magnetfeld durchsetzt den Leiter oder ein geschlossener Leiter umschließt das Magnetfeld), wird im Leiter eine Umlaufspannung induziert. Diese Spannung hat Wirbelströme I_{Wb} im Leiter zur Folge, die bei einer hohen spezifischen elektrischen Leitfähigkeit bereits bei kleinen Umlaufspannungen große Werte annehmen können.

Wirbelströme führen zur Erwärmung des Kernes eines magnetischen Kreises und treten als Verlustleistung (Wirbelstromverluste) in Erscheinung. Als Strom bewirken sie ein „eigenes"

Magnetfeld mit Φ_{Wb}. Dieses Feld überlagert sich mit dem von außen einwirkenden Magnetfeld Φ_a (Bild 20.6 – rechts). Dadurch kommt es im Inneren der Stromschleife zu einer Feldschwächung und im äußeren Bereich zu einer Verstärkung. Dieser Effekt nimmt zu, wenn:

a) die induzierte Umlaufspannung größer wird ($d\Phi_a / dt$ steigt an)

b) der induzierte Wirbelstrom I_{Wb} ansteigt (κ_{Leiter} wird erhöht).

ÜB: BB 20.3

In einem massiven Eisenkern können sich die Wirbelströme in großen Umläufen ausbilden. Daraus resultiert eine unerwünschte Verlustleistung, die durch die Aufteilung des Kernes in einzelne Bleche (Blätterung: siehe [14] – Berechnungsbeispiel 20.3) reduziert werden kann. Die voneinander isolierten Bleche mit einer Stärke von $d \approx 0{,}5$ mm ordnet man so an, dass die Isolationsflächen parallel zur Richtung des magnetischen Flusses verlaufen.

In der darauf senkrecht stehenden Fläche bilden sich dann die Umlaufspannungen und damit die Wirbelströme aus. Die Einzelflächen jedes Bleches mit der Stärke d lassen jetzt nur noch kleine Umlaufspannungen (Wirbelströme) zu, die in ihrer resultierenden Wirkung relativ zu einem massiven Eisenkern zu folgendem praktikablen Ergebnis führt:

Bei einem vergleichbaren Kernquerschnitt nimmt die durch die Wirbelströme verursachte Verlustleistung mit dem Quadrat der Anzahl n der Bleche ab.

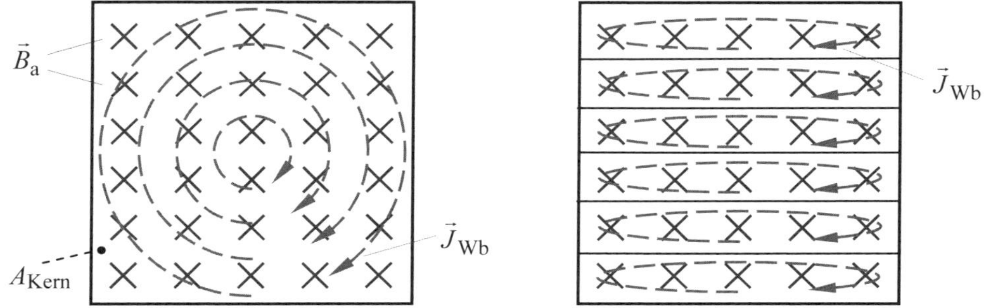

Bild 20.7: Wirbelströme in einem massiven Kern (links) und in einem geblätterten Kern (rechts)

Bild 20.7 zeigt die Ausbildung von Wirbelströmen, wenn der magnetische Fluss in Richtung der Kreuze in die Bildebene eindringt. Der geblätterte Kern im rechten Bild konnte aus Gründen der Übersichtlichkeit nur mit wenigen Blechen dargestellt werden.

20.3.2 Wirbelverkopplungen bei schnellen Stromänderungen

Schnelle zeitliche Änderungen des Stromes (Bild 20.6 – links) bewirken einen Stromdichtevektor $\vec{J}_a + d\vec{J}_a$, der in Richtung des von außen einwirkenden Stromes $I_a + dI_a$ zeigt. Dieser Stromdichtevektor hat nach Gleich. (20.10) eine magnetische Flussdichte $\vec{B} + d\vec{B}$ zur Folge, die den Vektor der Stromdichte nach der Rechtschraubenregel umwirbelt. Die zeitliche Änderung des Flussdichtevektors bewirkt eine elektrische Feldstärke $\vec{E}_i$, die relativ zu $\vec{B}$ gegen die Rechtsschraubenregel verläuft. Bild 20.8 zeigt diese Situation.

Der Vektor $\vec{E}_\text{i}$ ist also im Inneren eines stromdurchflossenen Leiter gegen den Vektor $\vec{J}_\text{a}$ gerichtet. Es kommt zu einer Reduzierung der Stromdichte im Leiter, die von der Außenhaut des Leiters nach Innen zunimmt. Dieser Effekt wird als SKIN-Effekt bezeichnet. Er tritt ab einer bestimmten Frequenz erkennbar in Erscheinung.

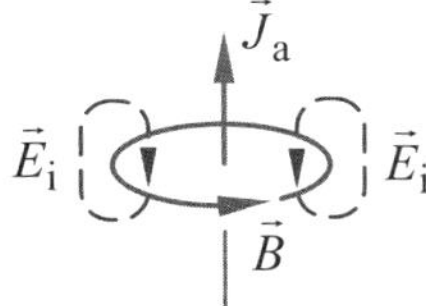

Bild 20.8: Wirbelverkopplungen bei schnellen Stromänderungen

Bei höheren Frequenzen nimmt demzufolge der Widerstand eines Leiters zu. Zur Berechnung dieses Widerstandes wird ein Korrekturfaktor $k\,(x)$ eingeführt. Es gilt:

$$R_\text{Skin} = R_{\_} \cdot k\,(x) \tag{20.14}$$

Die Berechnung des Korrekturfaktors $k\,(x)$ gelingt mit einer definierten Hilfsvariablen x:

$$k\,(x \leq 1) = 1 + 0{,}3 \cdot x^4 \tag{20.15}$$

$$k\,(x > 1) = 0{,}25 + x + \frac{3}{64x} \tag{20.16}$$

Die Hilfsvariable x wird für einen Leiter mit dem Radius r_0 über die Eindringtiefe δ berechnet. Sie ist von der spezifischen elektrischen Leitfähigkeit κ und der Permeabilität μ des Leitermaterials sowie von der Frequenz f abhängig.

$$\delta = \frac{1}{\sqrt{\pi \cdot f \cdot \kappa \cdot \mu}} \tag{20.17}$$

Dann gilt für die Hilfsvariable x:

$$x = \frac{r_0}{2} \cdot \frac{1}{\delta} = \frac{r_0}{2} \cdot \sqrt{\pi \cdot f \cdot \kappa \cdot \mu} \tag{20.18}$$

Bei $x = 0$ (hier: $f = 0$) gilt: $k\,(x) = 1$. Dann ist $R_\text{Skin} = R_{\_}$. Bei $x = 1$ schneiden sich die Funktionsverläufe der Gleich. (20.15) und (20.16). Zur Entscheidung für die Anwendung von Gleich. (20.15) oder (20.16) muss zunächst die Hilfsvariable x berechnet werden.

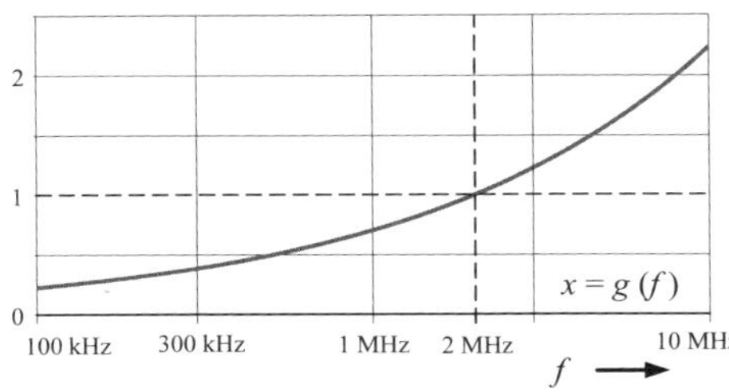

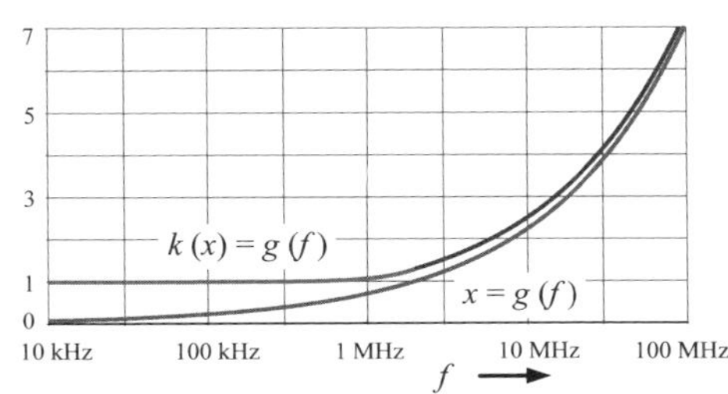

Bild 20.9: Frequenzgänge von $x = g\,(f)$ und von $k\,(x) = g\,(f)$ im Vergleich

Bild 20.9 zeigt den Verlauf der Hilfsvariablen und des Korrekturfaktors. Als Zahlenbeispiel für die Erstellung der Grafik wurden gewählt: $r_0 = 0{,}5$ mm ; $\kappa = 2$ S·m/mm^2 und $\mu \approx \mu_0$.

Für die Entscheidung bei $x = 1$ reicht ein kleinerer Frequenzbereich (Bild 20.9 – links) aus. Das hier betrachtete Zahlenbeispiel ergibt einen Grenzwert von $f \approx 2$ MHz.

20.3.3 Parasitäre Effekte im HF-Bereich

Bei höheren Frequenzen treten parasitäre Effekte in Erscheinung, die über Ersatzelemente (parasitäre Elemente) in einem HF-Ersatzschaltbild dargestellt werden. Ihre Wirkung tritt je nach Bauform des Bauelementes und des verwendeten Werkstoffs ab ca. 1 MHz erkennbar in Erscheinung. Der Einfluss dieser parasitären Elemente kann reduziert werden, wenn man Bauelemente ohne zusätzliche Anschlussleitungen verwendet. Solche Elemente stehen in der SMD-Ausführung (Surface Mounted Devices) zur Verfügung. Sie sind für eine Oberflächenmontage ausgelegt und werden vorzugsweise im HF-Bereich eingesetzt.

• HF-Ersatzschaltbild des ohmschen Widerstandes:

Die induktive Wirkung des hochfrequenten Stromes (induzierte Spannung $\underline{U}_L$) wird mit einer Ersatzinduktivität L_{ers} nachgebildet. Die kapazitive Wirkung (Verschiebungsstrom $\underline{I}_C$) modelliert man mit einer Ersatzkapazität C_{ers}. Der eigentliche Widerstand R wächst ab einer bestimmten Frequenz erkennbar auf den Wert $R_{Skin} = R_{\_} \cdot k(x)$ [vgl. Gleich. (20.14)] an.

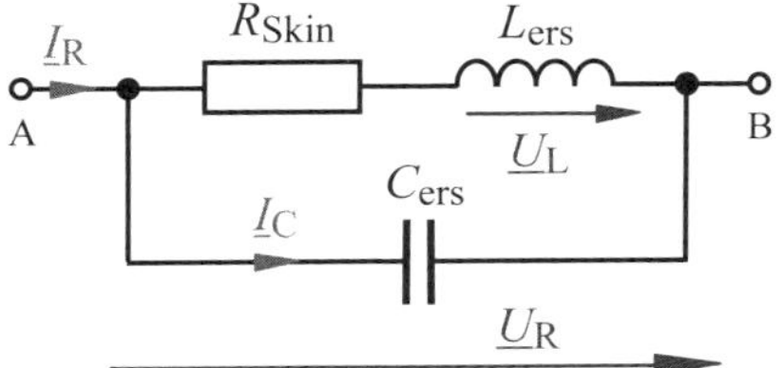

Für den komplexen Widerstand gilt:

$$\underline{Z}_{AB} = (R_{Skin} + j\omega L_{ers}) // \frac{1}{j\omega C_{ers}}$$

Bild 20.10: HF-Ersatzschaltbild des ohmschen Widerstandes

Bild 20.11 zeigt die Frequenzgänge der Beträge des komplexen Widerstandes in einem Vergleich zwischen $R_1 = 50\ \Omega$ und $R_2 = 1$ kΩ (Frequenzbereich: 1 MHz $\leq f \leq$ 5 GHz). Die Wirkung des SKIN-Effektes wurde in diesem Bild nicht berücksichtigt.

Die kartesische Form des komplexen Widerstandes liefert eine Information zur Grenze zwischen dem induktiven und dem kapazitiven Verhalten. Für die Berechnung gilt $R = R_{Skin}$:

$$\underline{Z}_{AB} = (R + j\omega L_{ers}) // \frac{1}{j\omega C_{ers}} = \frac{(R + j\omega L_{ers}) \cdot \dfrac{1}{j\omega C_{ers}}}{R + j\omega L_{ers} + \dfrac{1}{j\omega C_{ers}}} = \frac{R + j\omega L_{ers}}{1 - \omega^2 L_{ers} C_{ers} + j\omega C_{ers} R}$$

$$\underline{Z}_{AB} = \frac{(R + j\omega L_{ers}) \cdot (1 - \omega^2 L_{ers} C_{ers} - j\omega C_{ers} R)}{(1 - \omega^2 L_{ers} C_{ers})^2 + \omega^2 C_{ers}^2 R^2} = \frac{R + j(\omega\{L_{ers} - C_{ers} R^2\} - \omega^3 L_{ers}^2 C_{ers})}{(1 - \omega^2 L_{ers} C_{ers})^2 + \omega^2 C_{ers}^2 R^2}$$

Der Ausdruck in der geschweiften Klammer kann positive oder negative Werte annehmen. Der Grenzfall liegt bei $L_{ers} = C_{ers} R^2$. Dann gilt für den ohmschen Widerstand:

$$R = \sqrt{\frac{L_{ers}}{C_{ers}}} = Z_0 \qquad \text{[vgl. auch Gleich. (10.7)]}$$

$\Rightarrow$ induktives Verhalten: $R < Z_0$ $\Rightarrow$ kapazitives Verhalten: $R > Z_0$

$\Rightarrow$ „ohmsches" Verhalten: $R = Z_0$

Der Phasenfrequenzgang (hier nicht dargestellt) des Widerstandes R_1 durchläuft bis 5 GHz positive Werte (induktives Verhalten). Für den Phasenwinkel von R_2 gilt: $\varphi \leq 0$ (kapazitiv). Bei höheren Frequenzen entsteht immer ein kapazitives Verhalten. Das Ersatzschaltbild ist dann für diesen Frequenzbereich nicht mehr definiert.

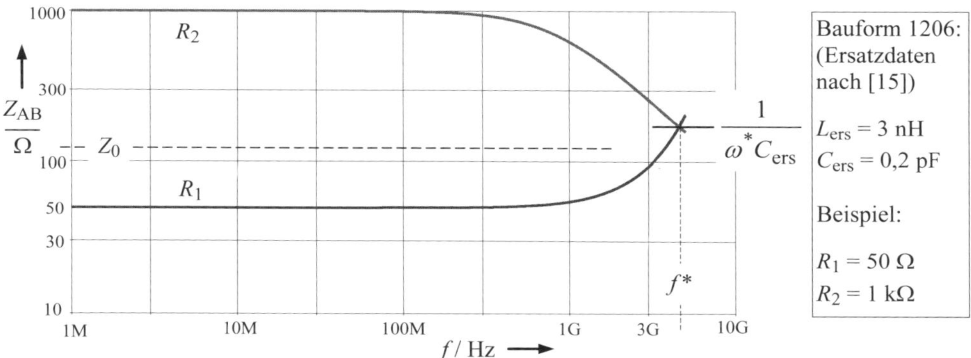

Bild 20.11: Frequenzgänge $|\underline{Z}_{AB}| = g\,(f)$ von SMD-Widerständen der Bauform 1206

Wenn man in das Bild 20.11 die Frequenzgänge von weiteren Widerständen einzeichnet, können folgende Sachverhalte festgestellt werden:

Ein Widerstand mit $R = Z_0$ weist einen Frequenzgang auf, der bis zu einer Frequenz von ca. 2 GHz seinen Wert (im Bild B_20.11 mit $R \approx 122{,}5\ \Omega$ mit $\varphi \approx 0°$) beibehält.

Alle Frequenzgänge schneiden sich bei $f^* \approx 4{,}6$ GHz in einem gemeinsamen Punkt mit dem Betrag des komplexen Widerstandes von $Z_{AB}^* \approx 173\ \Omega$. In diesem Punkt ist der Betrag des Stromes $\underline{I}_R$ (Bild 20.10) gleich dem Betrag des Stromes $\underline{I}_C$. Das Ersatzschaltbild verhält sich in diesem Fall wie der Betrag des kapazitiven Blindwiderstandes mit $Z_{AB}^* = \dfrac{1}{\omega^* C_{ers}}$.

$$\underline{I}_C = \underline{I}_R \qquad \text{bzw.:} \qquad \underline{U}_R \cdot j\omega^* C_{ers} = \underline{U}_R \cdot (j\omega^* C_{ers} + \frac{1}{R + j\omega^* L_{ers}})$$

Der komplexe Leitwert des oberen Zweiges wird bei f^* gleich null: $0 = \dfrac{1}{R + j\omega^* L_{ers}}$.

• HF-Ersatzschaltbild des Kondensators:

Die ohmschen Verluste werden mit einem Ersatz-Reihenwiderstand R_{ESR} nachgebildet. Dieser Widerstand (Equivalent Series Resistor) modelliert die Verluste der Zuleitungen und die unvollkommenen Isolationseigenschaften des Dielektrikums (vgl. Abschn. 15.5.4). Die induktive Wirkung wird mit einer Ersatzinduktität L_{ers} beschrieben.
Es entsteht ein elementarer (verlustbehafteter) Reihenschwingkreis.

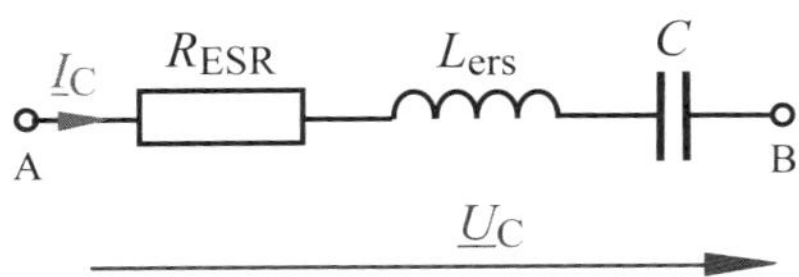

Für den komplexen Widerstand gilt:

$$\underline{Z}_{AB} = R_{ESR} + j\omega L_{ers} + \frac{1}{j\omega C}$$

Bild 20.12: HF-Ersatzschaltbild des Kondensators

Bild 20.13 zeigt die Frequenzgänge der Beträge des komplexen Widerstandes in einem Vergleich zwischen $C_1 = 3{,}3$ pF und $C_2 = 330$ pF (Frequenzbereich: 1 MHz $\leq f \leq$ 5 GHz). Die Wirkung des SKIN-Effektes auf R_{ESR} wurde nicht zusätzlich berücksichtigt.

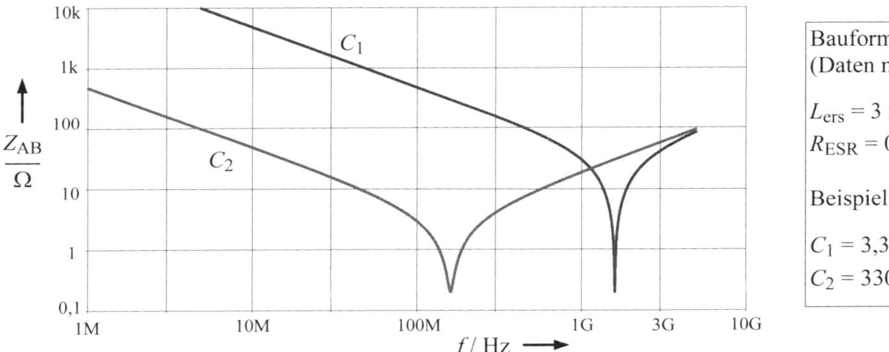

Bild 20.13: Frequenzgänge $|\underline{Z}_{AB}| = g(f)$ von SMD-Kondensatoren der Bauform 1206

Der Resonanzeffekt bildet sich deutlich aus. Für die Resonanzfrequenz gilt Gleich. (8.11):

$$f_{01} = \frac{1}{2\pi \cdot \sqrt{L_{ers} C_1}} \approx 1{,}6 \text{ GHz} \qquad \text{und:} \qquad f_{02} = \frac{1}{2\pi \cdot \sqrt{L_{ers} C_2}} \approx 160 \text{ MHz}$$

Die Güte des Ersatz-Bauelementes kann mit Gleich. (10.8) bestimmt werden.

$$Q_1 = \frac{Z_{01}}{R_{ESR}} = \frac{30{,}15}{0{,}2} \approx 151 \qquad \text{und:} \qquad Q_2 = \frac{Z_{02}}{R_{ESR}} = \frac{3{,}015}{0{,}2} \approx 15$$

Interessanter ist hier aber die Güte des Kondensators Q_C, da sie den Verlauf der Verluste bei Variation der Frequenz charakterisiert:

$$Q_C(f) = \frac{|\operatorname{Im}\{\underline{Z}_{AB}\}|}{\operatorname{Re}\{\underline{Z}_{AB}\}} = \frac{1}{2\pi \cdot f \cdot R_{ESR} \cdot C}$$

- **HF-Ersatzschaltbild der Spule:**

Das Ersatzschaltbild der Spule erinnert an den Aufbau des HF-Ersatzschaltbildes für den ohmschen Widerstand. Hier muss man aber die Wirksamkeit des SKIN-Effektes zusätzlich berücksichtigen. Die parasitäre Kapazität $C_{ers} = C_W$ beschreibt die Kapazität der Wicklung. Jede Windung hat gegenüber ihren Nachbarwindungen eine gewisse Kapazität (Wicklungskapazität – auch kapazitive Bürde genannt).

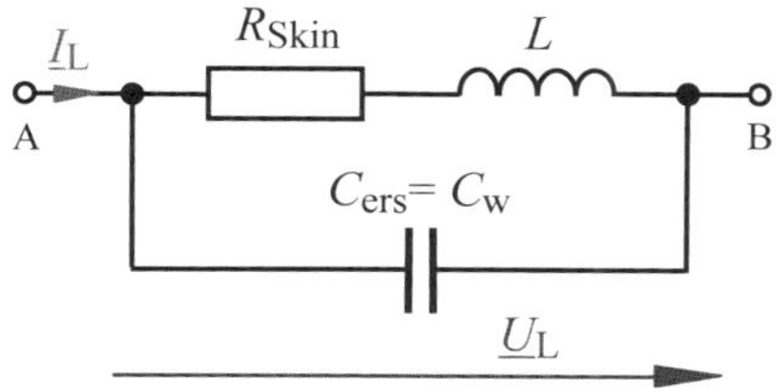

Für den komplexen Widerstand gilt:

$$\underline{Z}_{AB} = (R_{Skin} + j\omega L) // \frac{1}{j\omega C_W}$$

Bild 20.14: HF-Ersatzschaltbild der Spule

Bild 20.15 zeigt die Frequenzgänge der Beträge des komplexen Widerstandes in einem Vergleich zwischen $L_1 = 33$ nH und $L_2 = 330$ nH (Frequenzbereich: 1 MHz $\leq f \leq$ 5 GHz).

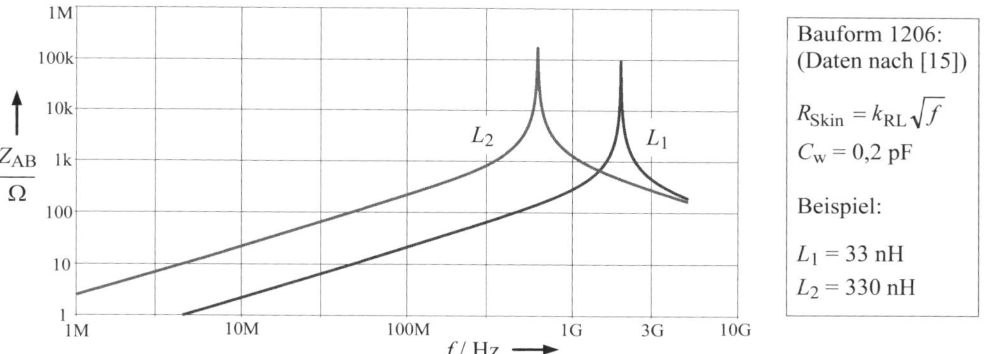

Bild 20.15: Frequenzgänge $|\underline{Z}_{AB}| = g(f)$ von SMD-Spulen der Bauform 1206

Die Wirkung des SKIN-Effektes wird mit $R_{Skin} = R_L(f)$ berücksichtigt. Zur Berechnung dient der absolute Verlustwiderstandskoeffizient k_{RL}. Er verhält sich bis $L \leq 10$ µH etwa proportional zur Induktivität und wird für die Bauform 1206 über den relativen Verlustwiderstandskoeffizienten $k_L = 1200\ \Omega/(\mathrm{H}\cdot\sqrt{\mathrm{Hz}})$ beschrieben. [15]

Für den absoluten Verlustwiderstandskoeffizienten gilt dann: $k_{RL} = k_L \cdot L$. Daraus kann der parasitäre Widerstand R_{Skin} bestimmt werden: $R_{Skin} = k_{RL} \cdot \sqrt{f} = k_L \cdot L \cdot \sqrt{f}$.

Der Resonanzeffekt ($\varphi = 0$) bildet sich bei $f_0 = \frac{1}{2\pi} \cdot \sqrt{\frac{L - C_W R_{Skin}^2}{L^2 C_W}}$ aus.

20.4 Grundlegende Zusammenhänge

Die Existenz eines elektrischen Feldes ist an die Existenz eines magnetischen Feldes gebunden. Bewegte Ladungen sind mit einem magnetischen Feld direkt verkoppelt.

Die Existenz eines zeitlich veränderlichen magnetischen Feldes bewirkt die Existenz eines zeitlich veränderlichen elektrischen Feldes. Diese Wirkung tritt an den Klemmen eines Leiters oder einer Leiterschleife, auf den/die das magnetische Feld einwirkt, als induzierte Spannung messbar in Erscheinung.

Die Felder der Elektrotechnik können mit fünf Feldvektoren beschrieben werden:

ÜB: BB 20.4

$\vec{E}$: Elektrische Feldstärke

$\vec{J}$: Elektrische Stromdichte mit: $\vec{J} = \kappa \cdot \vec{E}$

$\vec{D}$: Elektrische Flussdichte mit: $\vec{D} = \varepsilon \cdot \vec{E}$

$\vec{H}$: Magnetische Feldstärke

$\vec{B}$: Magnetische Flussdichte mit: $\vec{B} = \mu \cdot \vec{H}$

Die durch bewegte Ladungen verursachten Felderscheinungen sind quellenfrei. Es gilt die Kontinuitätsgleichung. Daraus folgt, dass die in sich geschlossene Wirkung null ist. Solche Felderscheinungen werden als quellenfreie Wirbelfelder bezeichnet.

$$\oint\limits_{\text{Hülle }(V)} \vec{J} \cdot \mathrm{d}\vec{A} = 0 \qquad \text{bzw.:} \qquad \oint\limits_{\text{Hülle }(V)} \vec{B} \cdot \mathrm{d}\vec{A} = 0$$

Für das Quellenfeld einer elektrischen Ladung gilt:

$$\oint\limits_{\text{Hülle }(V)} \vec{D} \cdot \mathrm{d}\vec{A} = Q$$

Dieses elektrostatische Feld kann (als ideal angenommen) für sich allein existieren. Die in sich geschlossene Wirkung beschreibt hier die im Feldraum existierende Ladung. Solche Felderscheinungen werden als wirbelfreie Quellenfelder bezeichnet

Zur Beschreibung dieser Sachverhalte dienen die MAXWELLschen Gleichungen:

(20.10): $$\oint\limits_{s} \vec{H} \cdot \mathrm{d}\vec{s} = \int\limits_{A} (\vec{J}_{\mathrm{k}} + \frac{\partial \vec{D}}{\partial t}) \cdot \mathrm{d}\vec{A}$$

(20.11): $$\oint\limits_{s} \vec{E} \cdot \mathrm{d}\vec{s} = -\int\limits_{A} \frac{\partial \vec{B}}{\partial t} \cdot \mathrm{d}\vec{A}$$

Übungsaufgaben

In diesem Anhang befinden sich weitere Übungsaufgaben (ÜA) zu den wichtigsten Schwerpunkten des vorliegenden Lehrbuches. Die Nummer der Übungsaufgabe ermöglicht eine direkte Zuordnung zu den einzelnen Abschnitten des Buches. Zeichnen Sie sich zur Lösung einer Aufgabe alle erforderlichen Zählpfeile in die jeweilige Schaltung ein. Die Schaltbilder zu den Übungsaufgaben sind aus diesem Grund im Vergleich zu den Aufgaben der vorherigen Kapitel etwas vergrößert dargestellt.

Um den Rahmen des Buches nicht zu sprengen, werden die Lösungen im Internet unter: https://www.ostfalia.de/cms/de/pws/ose oder www.plus.hanser-fachbuch.de veröffentlicht.

ÜA_1: Gleichstromlehre

ÜA_1_3.3.A: Berechnen Sie die Teilerverhältnisse U_6 / U_2 und I_5 / I_7 sowie den Strom durch den Widerstand R_2 in Form einer allgemeinen Lösung als Funktion der gegebenen Größen U_q und R.

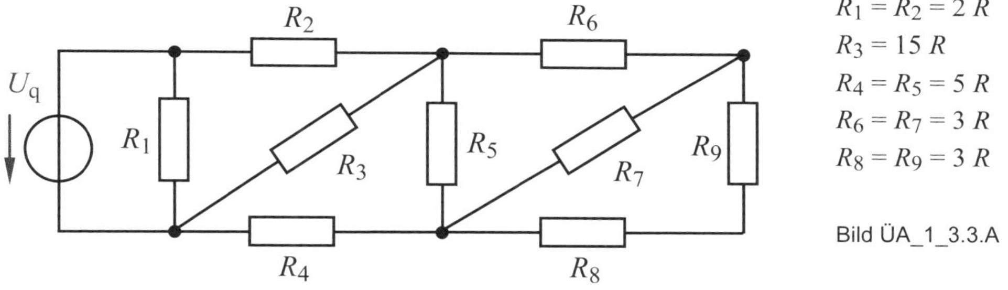

$R_1 = R_2 = 2\,R$
$R_3 = 15\,R$
$R_4 = R_5 = 5\,R$
$R_6 = R_7 = 3\,R$
$R_8 = R_9 = 3\,R$

Bild ÜA_1_3.3.A

ÜA_1_3.3.B: Bestimmen Sie allgemein die folgenden Teilerverhältnisse:

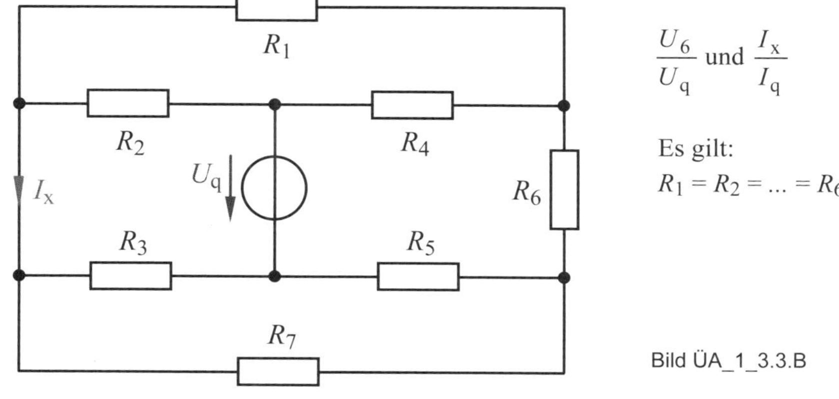

$\frac{U_6}{U_q}$ und $\frac{I_x}{I_q}$

Es gilt:
$R_1 = R_2 = \ldots = R_6 = R_7 = R$

Bild ÜA_1_3.3.B

ÜA_1_3.3.C: In welchem Verhältnis stehen die Spannungen U_2 und U_7 sowie die Ströme I_3 und I_6 zueinander?

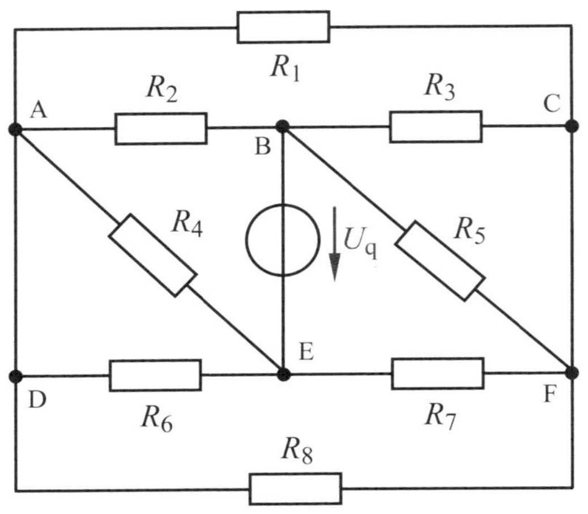

Geg.:
$U_q = 24$ V
$R_1 = R_4 = R_6 = R_8 = 4$ kΩ
$R_2 = R_7 = 2$ kΩ
$R_3 = 6$ kΩ; $R_5 = 3$ kΩ

Berechnen Sie außerdem die in der Schaltung umgesetzte Gesamtleistung.

Bild ÜA_1_3.3.C

ÜA_1_3.3.D: In welchem Verhältnis stehen die Spannungen U_x und U_q? Bestimmen Sie den Strom I_y und das Verhältnis I_4 / I_8. Berechnen Sie außerdem die in der Schaltung umgesetzte Gesamtleistung.

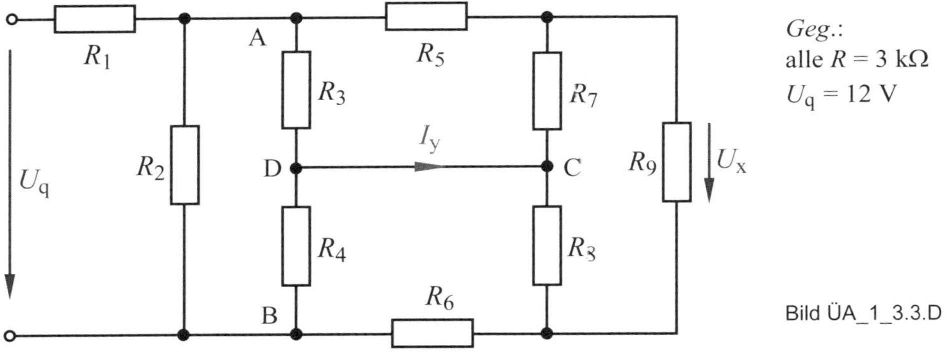

Geg.:
alle $R = 3$ kΩ
$U_q = 12$ V

Bild ÜA_1_3.3.D

ÜA_1_3.5.A: Berechnen Sie für eine mit R_a belastete Stromquellen-Ersatzschaltung alle Spannungsabfälle über dem Lastwiderstand, die einen gleichen Leistungsumsatz P_a bewirken. Es gilt: $0 < P_a < P_{a,max}$.

Lösungshinweis: R_a sollte über gegebene bzw. gesuchte Größen ausgedrückt werden!

Gesucht sind: a) Herleitung: $U_a = f(I_K; R_i; P_a)$

b) Zahlenwerte für: $I_K = 100$ mA; $R_i = 100$ Ω; $P_a = 90$ mW

ÜA_1_3.5.B: Wie groß muss der Widerstand R_4 sein, damit in ihm die gleiche Leistung umgesetzt wird wie im Widerstand R_7? Es gilt: $R_1 = R_2 = R_3 = R_5 = R_6 = R_7 = R = 2\ \text{k}\Omega$. Gesucht ist eine allgemeine Lösung $R_4 = f(U_A; I_B; R)$ und der Zahlenwert.

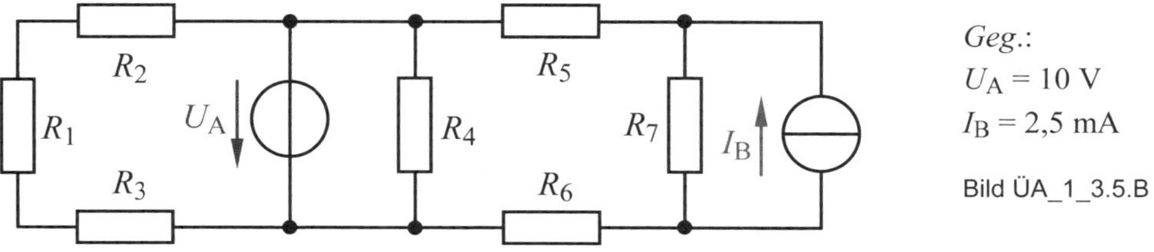

Bild ÜA_1_3.5.B

ÜA_1_3.5.C: Berechnen Sie die in allen Widerständen umgesetzte Leistung und stellen Sie die vollständige Leistungsbilanz auf.

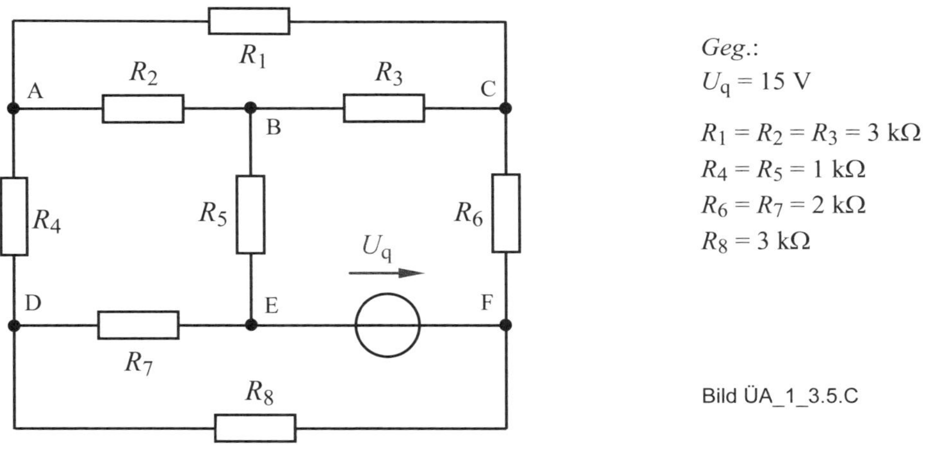

Bild ÜA_1_3.5.C

ÜA_1_5.2.A: Wie groß muss der Strom der Quelle C sein, damit der Akkumulator B mit einem Strom $I_B = 50\ \text{mA}$ geladen wird? Gesucht ist eine allgemeine Lösung $I_C = f(U_A; U_B; R)$ und der Zahlenwert. Es gilt: $R_1 = R_2 = R_3 = R_4 = R_5 = R = 200\ \Omega$.

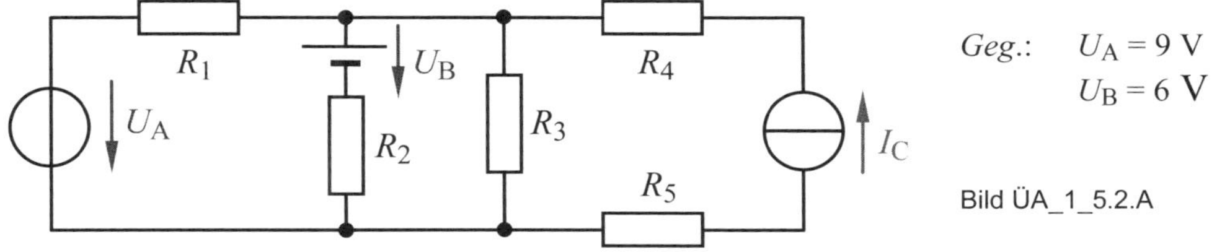

Bild ÜA_1_5.2.A

ÜA_1_5.2.B: Wie groß muss der Strom der Quelle D sein, damit der Akkumulator B mit einem Strom $I_B = 20$ mA geladen wird? Welche Leistung gibt die Stromquelle D dann ab?

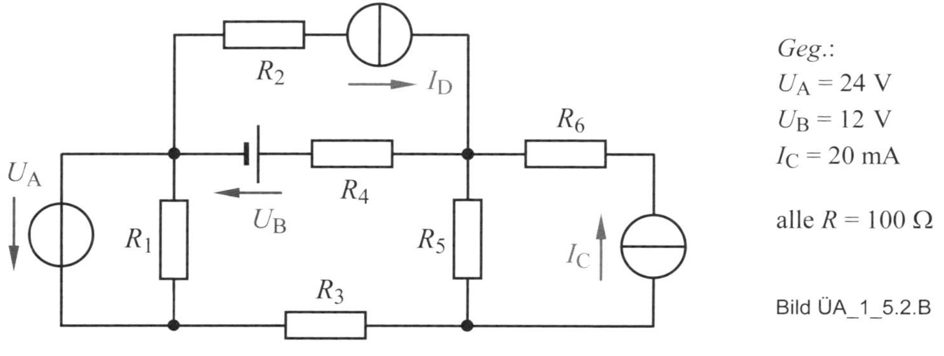

Bild ÜA_1_5.2.B

ÜA_1_5.2.C: Wie groß muss der Strom der Quelle B sein, damit der Akkumulator A mit dem Strom I_A geladen wird? Gesucht ist eine allgemeine Lösung $I_B = f(U_A; I_A; U_C; R)$.
Es gilt: $R_1 = R_2 = R_3 = R_4 = R_5 = R$.

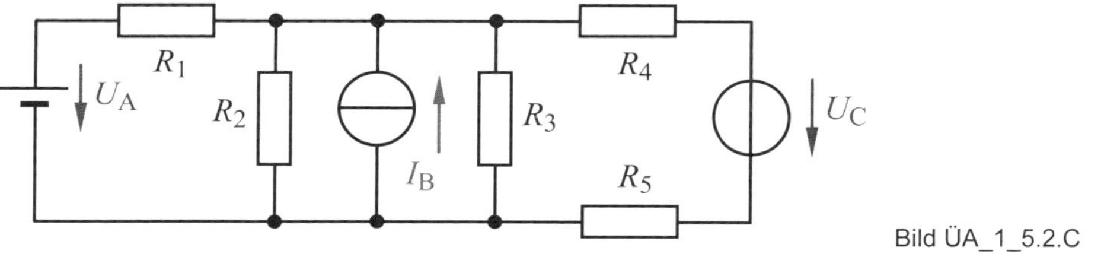

Bild ÜA_1_5.2.C

ÜA_1_5.3.A: Ermitteln Sie für den vorgegebenen Zweipol den Innenwiderstand.

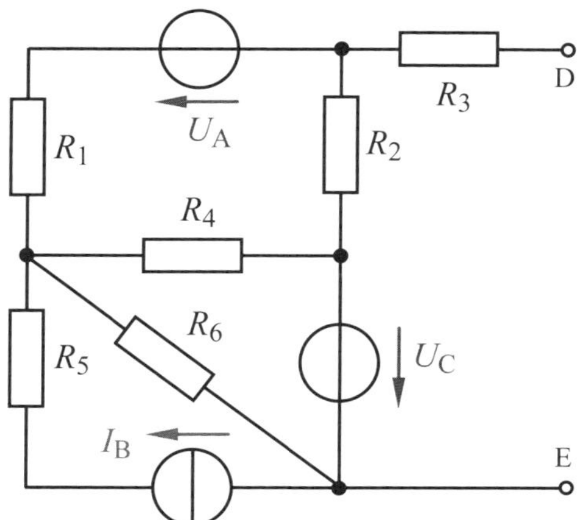

Wie groß muss der Quellenstrom I_B sein, damit sich an der Trennstelle D – E eine Leerlaufspannung von 24 V einstellt?

Geg.: $U_A = 25$ V; $U_C = 15$ V
alle $R = 1\ \text{k}\Omega$

Bild ÜA_1_5.3.A

ÜA_1_5.3.B: Rechnen Sie mit dem Maschensatz und dem Überlagerungssatz das Netzwerk für die Trennstelle X – Y in die Spannungsquellen-Ersatzschaltung um.
Gesucht ist eine allgemeine Lösung: $U_L = f(U_A;\ U_B;\ I_C;\ U_D;\ R)$ bzw. $R_i = f(R)$.

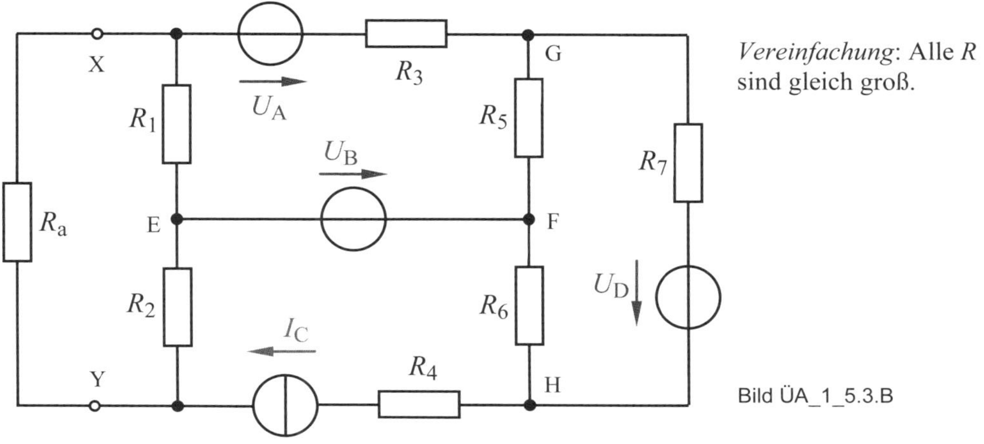

Vereinfachung: Alle R sind gleich groß.

Bild ÜA_1_5.3.B

ÜA_1_5.3.C: Rechnen Sie die Schaltung für $R_3 = R_a$ in die Spannungs- und die Stromquellen-Ersatzschaltung um. Gesucht ist eine allgemeine Lösung:
$U_L;\ I_K = f(U_A;\ U_B;\ I_C;\ R)$ bzw. $R_i = f(R)$. Es gilt: $R_1 = R_2 = R_3 = R_4 = R_5 = R_6 = R$.

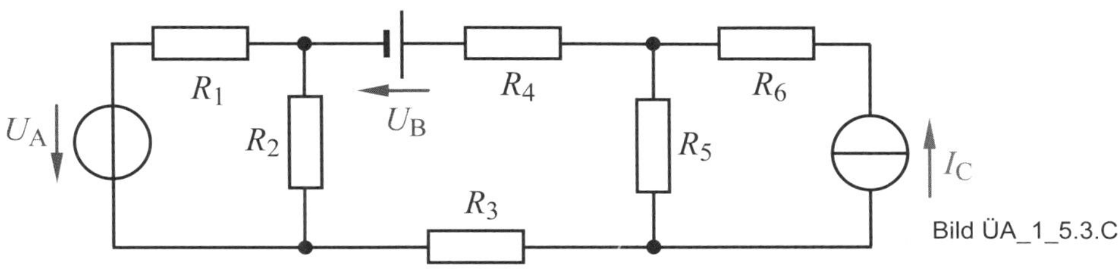

Bild ÜA_1_5.3.C

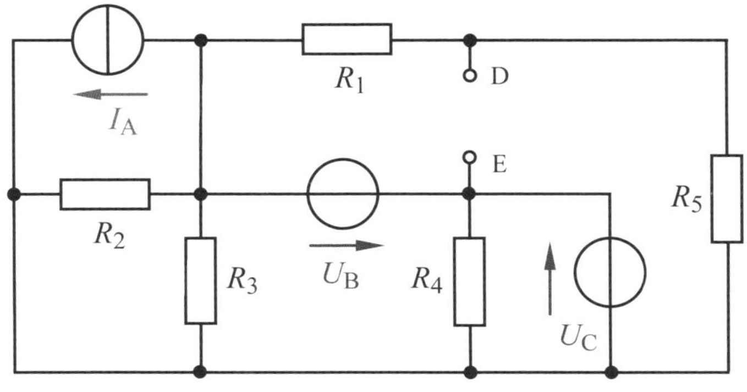

ÜA_1_5.3.D:

Berechnen Sie für die Trennstelle D – E den Kurzschlussstrom und den Innenwiderstand in allgemeiner Form:

$I_K = f(I_A;\ U_B;\ U_C;\ R)$

$R_i = f(R)$

Bild ÜA_1_5.3.D

ÜA_1_5.4.A: Stellen Sie mit beiden Analyseverfahren das Koeffizientenschema auf. Es sind alle Vorteile auszunutzen, die eine Reduzierung der Anzahl der Gleichungen im Gleichungssystem ermöglichen. Stellen Sie für das Netzwerk die vollständige Leistungsbilanz auf. Zur Berechnung der erforderlichen Größen ist das optimale Analyseverfahren zu verwenden!

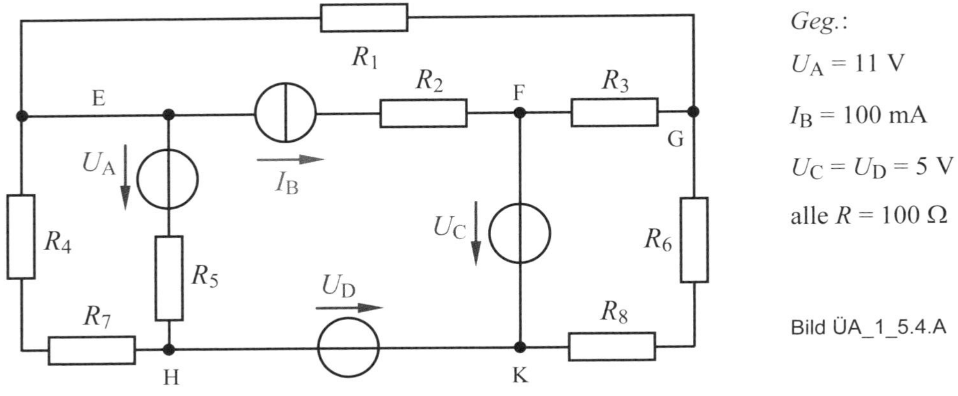

Geg.:

$U_A = 11\ \text{V}$

$I_B = 100\ \text{mA}$

$U_C = U_D = 5\ \text{V}$

alle $R = 100\ \Omega$

Bild ÜA_1_5.4.A

ÜA_1_5.4.B: Berechnen Sie alle Zweigströme des Netzwerkes und stellen Sie die vollständige Leistungsbilanz auf.

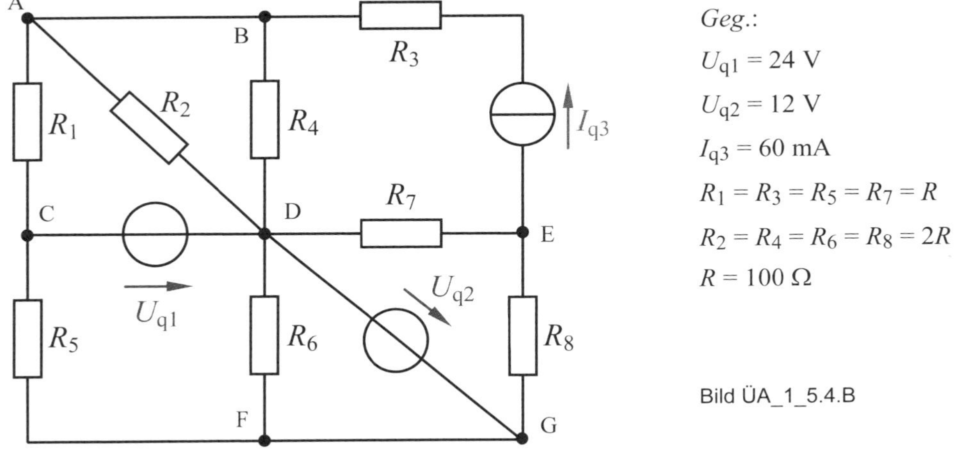

Geg.:

$U_{q1} = 24\ \text{V}$

$U_{q2} = 12\ \text{V}$

$I_{q3} = 60\ \text{mA}$

$R_1 = R_3 = R_5 = R_7 = R$

$R_2 = R_4 = R_6 = R_8 = 2R$

$R = 100\ \Omega$

Bild ÜA_1_5.4.B

ÜA_1_5.4.C: Lösen Sie diese Übungsaufgabe unter Verwendung des Maschensatzes, des Überlagerungssatzes und der Zweipoltheorie. Stellen Sie für beide Analyseverfahren das vollständige Koeffizientenschema auf und bestimmen Sie alle Leistungen.
Die Aufgabenstellung finden Sie mit der Lösung im Internet.

ÜA_1_5.4.D: Berechnen Sie allgemein die Spannung $U_3 = f(U_A; U_B; I_C; U_D; R)$. Bestimmen Sie für die gegebenen Werte alle Quellenleistungen im Quellen-Zählpfeilsystem.

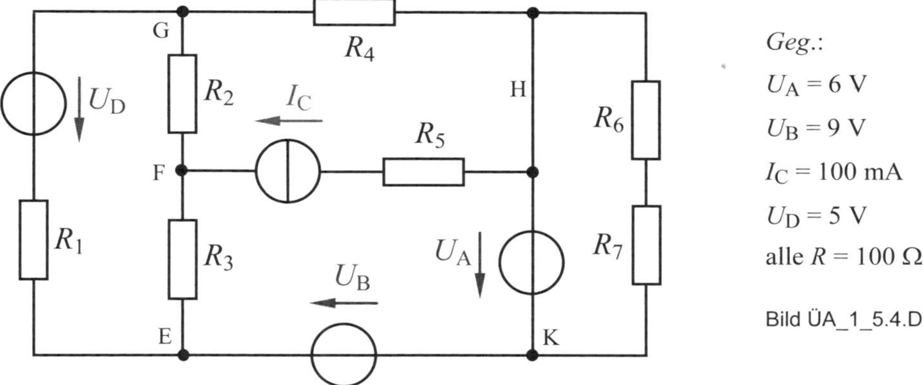

Geg.:
$U_A = 6$ V
$U_B = 9$ V
$I_C = 100$ mA
$U_D = 5$ V
alle $R = 100\ \Omega$

Bild ÜA_1_5.4.D

ÜA_1_6.4.A: In welchem Arbeitspunkt wird die Z-Diode betrieben? Auf welchen Wert $U_q{}^*$ muss die Quellenspannung verändert werden, damit die in der Z-Diode umgesetzte Leistung auf die Hälfte reduziert wird?

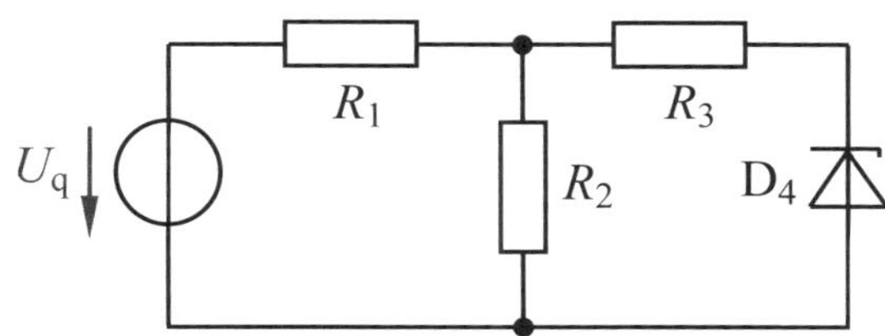

Geg.: $U_q = 18$ V
$R_1 = R_2 = 100\ \Omega$
$R_3 = 50\ \Omega$
$U_Z = 5{,}1$ V; $r_Z = 3\ \Omega$
(idealisierte Kennlinie)

Bild ÜA_1_6.4.A

ÜA_1_6.4.B: Die Kennlinie der Glühlampe ist bekannt.

a) In welchem Arbeitspunkt werden die Diode und die Glühlampe betrieben?

b) Welche Leistung P_{4a} wird dann in der Glühlampe H_4 umgesetzt?

c) Auf welchen Wert U_{qc} muss die Quellenspannung U_q geändert werden, damit der Leistungsumsatz in der Glühlampe verdoppelt wird?

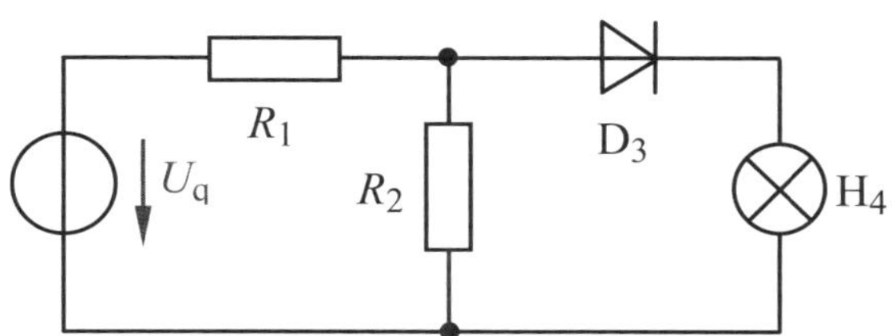

Geg.:
$U_q = 8$ V
$R_1 = 20\ \Omega$; $R_2 = 20\ \Omega$
$U_{S3} = 0{,}8$ V; $r_{F3} = 2\ \Omega$

Bild ÜA_1_6.4.B

ÜA_2: Wechselstromtechnik

ÜA_2_8.4.A: Konstruieren Sie für die Brückenschaltung ein maßstäbliches Zeigerbild aller Spannungen und bestimmen Sie daraus den Zeiger $\underline{U}_{EF}$. Berechnen Sie diese Spannung $\underline{U}_{EF}$ zusätzlich in der Exponentialform unter Verwendung der gegebenen Größen.

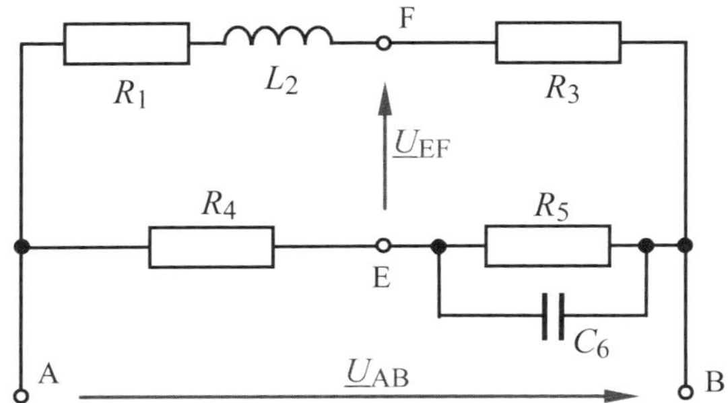

Geg.:
$\underline{U}_{AB} = 15\ \text{V} \cdot e^{j\,0°}$
$R_1 = 40\ \Omega$; $jX_2 = j\,60\ \Omega$
$R_3 = 40\ \Omega$; $R_4 = 25\ \Omega$
$R_5 = 150\ \Omega$; $jX_6 = -j\,150\ \Omega$

Bild ÜA_2_8.4.A

ÜA_2_8.4.B: Konstruieren Sie für die gegebenen Werte das maßstäbliche Zeigerbild aller Spannungen für den Fall, dass der Spannungszeiger $\underline{U}_x$ senkrecht auf dem Zeiger der Gesamtspannung steht.

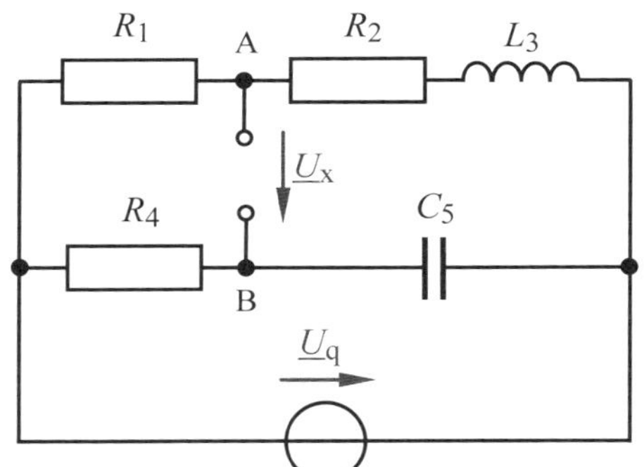

Geg.: $|\underline{U}_q| = 12$ V; $f = 50$ Hz
$R_1 = 30\ \Omega$; $R_2 = 15\ \Omega$; $R_4 = 45\ \Omega$
$C_5 = 48\ \mu\text{F}$

a) Ermitteln Sie aus diesem Zeigerbild die Größe der Induktivität L_3.

b) Berechnen Sie $\underline{U}_x$ allgemein als Funktion der Gesamtspannung $\underline{U}_q$.
Vereinfachung: $R_1 = R_2 = X_3 = R_4 = |X_5|$.

Bild ÜA_2_8.4.B

ÜA_2_8.4.C: Konstruieren Sie mit den gegebenen Werten das maßstäbliche Zeigerbild aller Spannungen für den Fall, dass die Gesamtspannung $\underline{U}_q$ senkrecht auf $\underline{U}_x$ steht.

a) Lesen Sie aus dem Zeigerbild alle Spannungen in der Exponentialform ab und bestimmen Sie den Wert der Induktivität L_{5a}.

b) Auf welchen Wert muss der Blindwiderstand X_5 verändert werden, damit der Spannungszeiger $\underline{U}_x$ gegenüber $\underline{U}_q$ um 45° nacheilt? Gesucht sind eine grafische und eine rechnerische Lösung.

Lösungshinweis: $R_1 = R$, $R_2 = 3R$, $R_4 = 6R$, $X_{5b} = n\,R$.

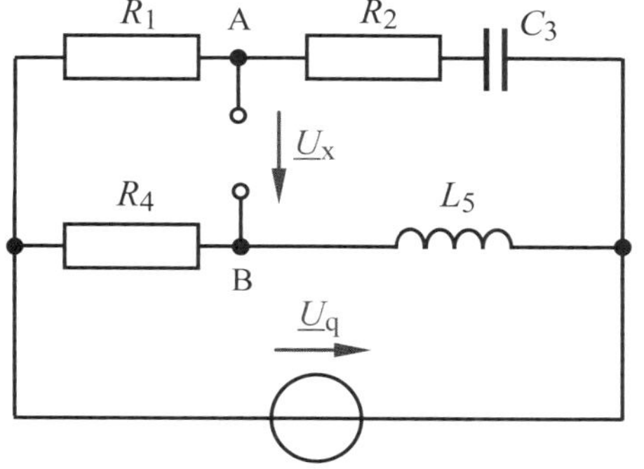

Geg.:
$\underline{U}_3 = 6\ \text{V} \cdot e^{-j\,90°}$
$f = 50$ Hz
$R_1 = 10\ \Omega$; $R_2 = 30\ \Omega$
$R_4 = 60\ \Omega$; $C_3 = 106\ \mu\text{F}$

Bild ÜA_2_8.4.C

c) Berechnen Sie folgende Größen allgemein als Funktion von $\underline{U}_q$ und ω sowie der Bauelementekenngrößen $R_1 = R_2 = R_4 = R$, $C_3 = C$ und $L_5 = L$:

- $\underline{U}_3$ und $\underline{I}_5$ in der Exponentialform.
- den Winkel zwischen den Spannungszeigern $\underline{U}_2$ und $\underline{U}_4$.
- den komplexen Leitwert in der kartesischen Form und den Strom im Resonanzfall.

ÜA_2_9.3.A: Konstruieren Sie für die Schaltung das maßstäbliche Zeigerbild der Widerstände / Leitwerte und lesen Sie daraus den Leitwertzeiger $\underline{Y}_{AB}$ in der Exponentialform ab.

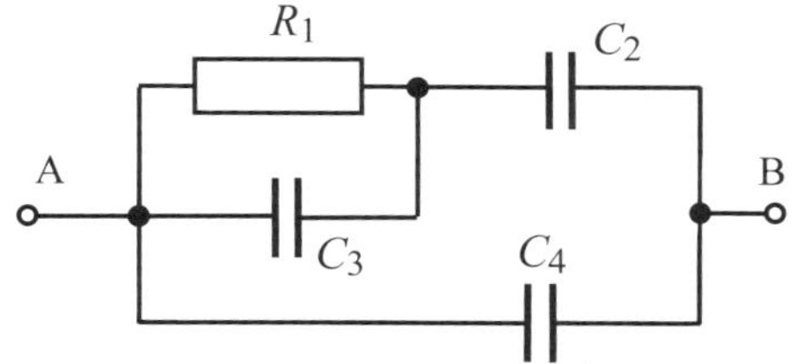

Geg.: $R_1 = 25\ \Omega$; $jX_2 = -j\,12\ \Omega$
$jX_3 = jX_4 = -j\,50\ \Omega$

Bild ÜA_2_9.3.A

ÜA_2_9.3.B: Berechnen Sie die folgenden Größen allgemein als Funktion der Gesamtspannung $\underline{U}_q$ und der Bauelementekenngrößen sowie der Kreisfrequenz ω:

a) die Spannung $\underline{U}_3$ in der Exponentialform b) den Strom $\underline{I}_2$ in der kartesischen Form

c) den Winkel zwischen den Spannungszeigern $\underline{U}_2$ und $\underline{U}_4$.

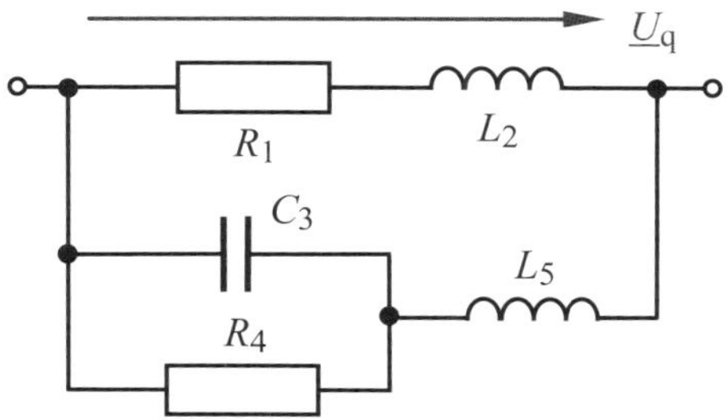

Geg.: $\underline{U}_q$; ω; $R_1 = R_4 = R$
$C_3 = C$; $L_2 = L_5 = L$

Es gilt die Vereinfachung:
$\omega^2 \cdot LC = 0{,}5$

Bild ÜA_2_9.3.B

ÜA_2_9.3.C: Berechnen Sie allgemein der Strom $\underline{I}_3$ in der Exponentialform, die Spannung $\underline{U}_2$ in der kartesischen Form und den Winkel zwischen $\underline{U}_6$ und $\underline{U}_3$.

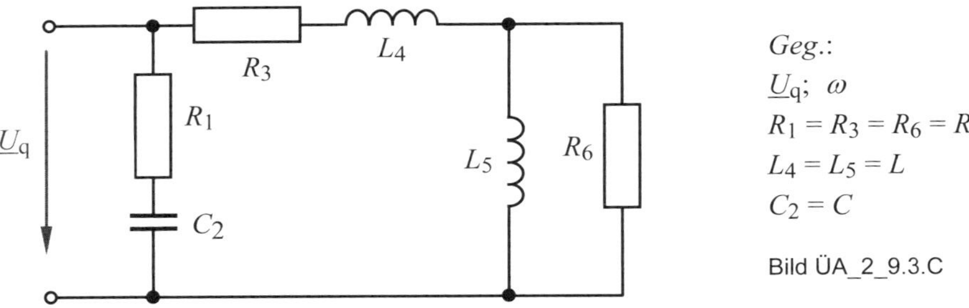

Bild ÜA_2_9.3.C

ÜA_2_9.4.A: Bei welcher Kreisfrequenz ist die Ausgangsspannung des angegebenen Übertragungsgliedes gegenüber der Eingangsspannung um 45° phasenverschoben?

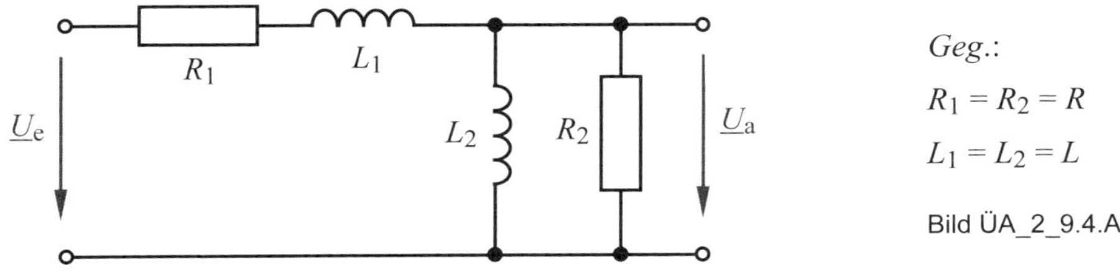

Bild ÜA_2_9.4.A

ÜA_2_9.4.B: Wie muss der Widerstand R_4 bemessen werden, damit die Ausgangsspannung gegenüber der Eingangsspannung um 45° nacheilt?

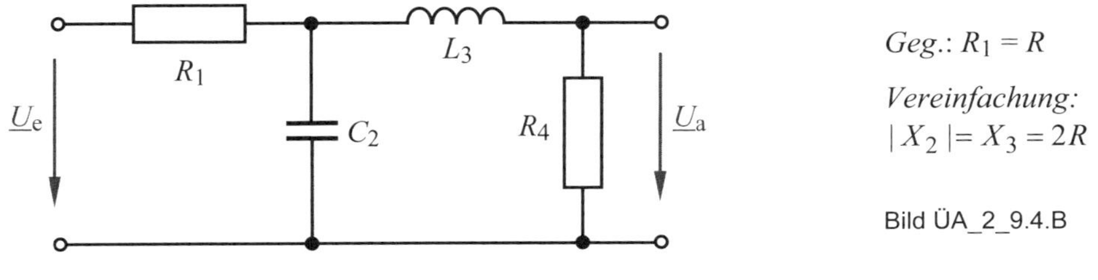

Bild ÜA_2_9.4.B

ÜA_2_9.5.A: Konstruieren Sie für die vorgegebene Brückenschaltung das maßstäbliche Zeigerbild der Spannungen so, dass $|\underline{U}_{AB}|$ ein Maximum wird.

a) Bestimmen Sie die Beträge der Spannungen $\underline{U}_{AB}$ und $\underline{U}_q$ aus dem Zeigerbild.

b) Ermitteln Sie aus dem Zeigerbild die Werte der Widerstände R_4 und X_5.

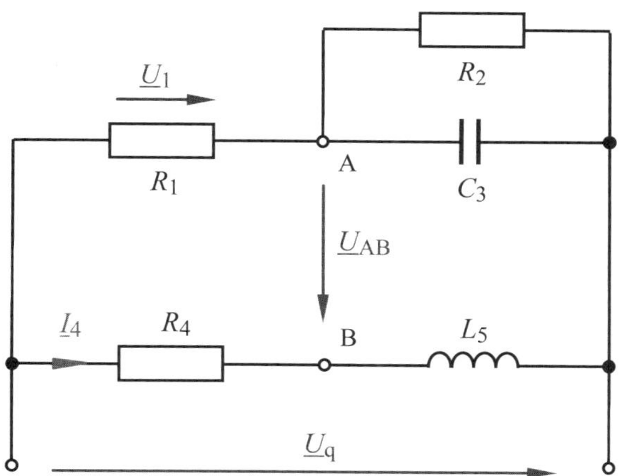

c) Berechnen Sie mit den verfügbaren Werten des Zeigerbildes die komplexe Leistung $\underline{S}$ und geben Sie die einzelnen Wirk- und Blindleistungen an.

Geg.: $\underline{U}_1 = 10\ \text{V} \cdot e^{j\,0°}$

$|\underline{I}_4| = 380\ \text{mA}$

$R_1 = 100\ \Omega$

$R_2 = |X_3| = 200\ \Omega$

Bild ÜA_2_9.5.A

ÜA_2_9.5.B: Berechnen Sie den Kurzschlussstrom $\underline{I}_{AB}$ durch den Querzweig der Brücke. *Lösungshinweis*: Zweipoltheorie anwenden!

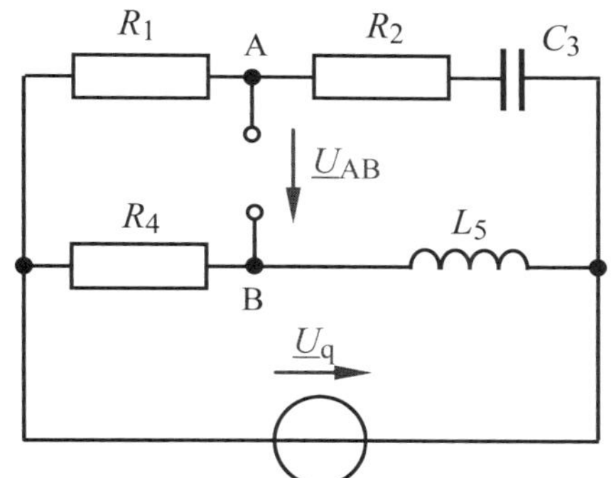

Geg.: $\underline{U}_q = 10\ \text{V} \cdot e^{j0°}$

$f = 50\ \text{Hz}$

$R_1 = 10\ \Omega$; $R_2 = 30\ \Omega$

$R_4 = 60\ \Omega$

$j\,X_3 = -j\ 30\ \Omega$; $j X_5 = j\,80\ \Omega$

Bild ÜA_2_9.5.B

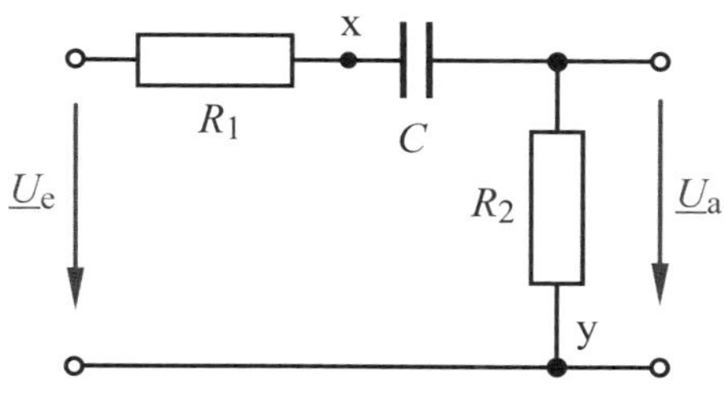

ÜA_2_10.2.A: Leiten Sie eine allgemeine Berechnungsvorschrift für die Grenzfrequenz der angegebenen Schaltung her.
Die Grenzfrequenz ist erreicht bei:

$|\underline{U}_a| = A_0 \cdot 0{,}707\ |\underline{U}_{a,max}|$

Als Vereinfachung gilt: $R_1 = R_2 = R$

Bild ÜA_2_10.2.A

ÜA_2_10.2.B: Leiten Sie eine allgemeine Berechnungsvorschrift für die Grenzfrequenz der Schaltung im Bild ÜA_2_10.2.A her, wenn die Ausgangsspannung $\underline{U}_a$ über den Punkten x und y abgegriffen wird. Wie ändert sich dann der Amplitudenfrequenzgang $|\underline{U}_a| = f(\omega)$?

ÜA_2_10.4.A: Berechnen Sie für das Übertragungssystem im Bild ÜA_2_10.4.A die Kettenparameter $\underline{A}_{11}$ und $\underline{A}_{22}$ in der kartesischen Form. Bestimmen Sie den Leerlauf- und Kurzschluss-Eingangswiderstand $\underline{Z}_{1L}$ und $\underline{Z}_{1K}$ in der Exponentialform. Setzen Sie dazu die angegebenen Vereinfachungen in Ihre Rechnung ein.

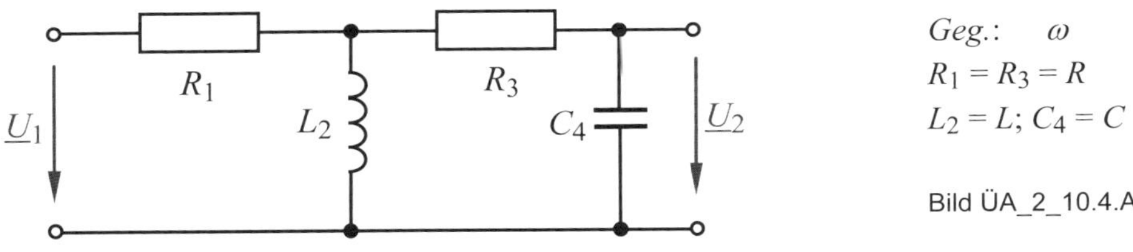

Bild ÜA_2_10.4.A

ÜA_2_10.4.B: Gegeben ist ein frequenzabhängiger Übertragungsvierpol. Es handelt sich um ein LC-Netz mit mehreren Resonanzstellen.

Berechnen Sie den komplexen Frequenzgang $\underline{F}\,(\mathrm{j}\Omega)$. Diskutieren Sie kurz den Funktionsverlauf und stellen Sie die Funktion grafisch dar.

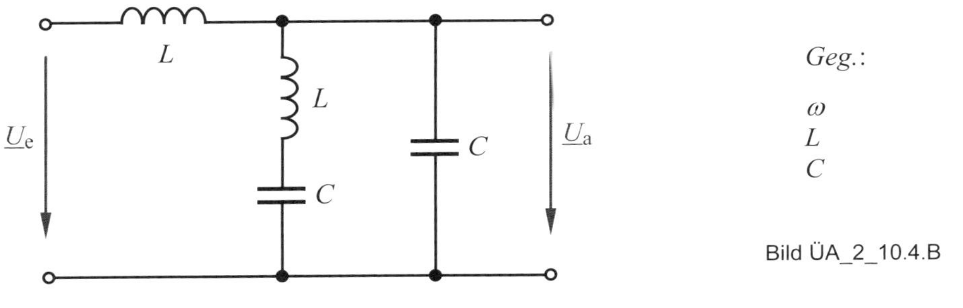

Bild ÜA_2_10.4.B

ÜA_2_10.4.C: Berechnen und skizzieren Sie den Frequenzgang des Betrages der Kettenparameter $|\,\underline{A}_{12}\,|$ sowie $|\,\underline{A}_{22}\,|$ und geben Sie die Nullstellen und Pole an.

Für die Rechnung gilt die Vereinfachung: $\Omega^2 = \omega^2 LC$.

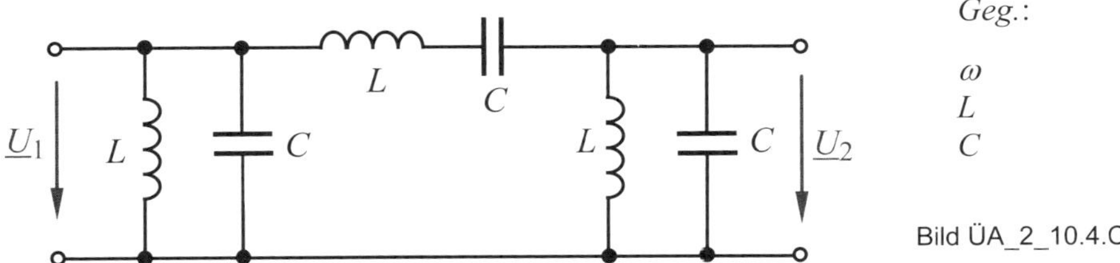

Bild ÜA_2_10.4.C

ÜA_2_10.4.D: Gegeben ist ein frequenzabhängiger Übertragungsvierpol. Es handelt sich um ein LC-Netz mit mehreren Resonanzstellen.

Berechnen Sie den komplexen Frequenzgang $\underline{F}$ (jΩ) und diskutieren Sie kurz den Funktionsverlauf. Stellen Sie diese Funktion grafisch dar.

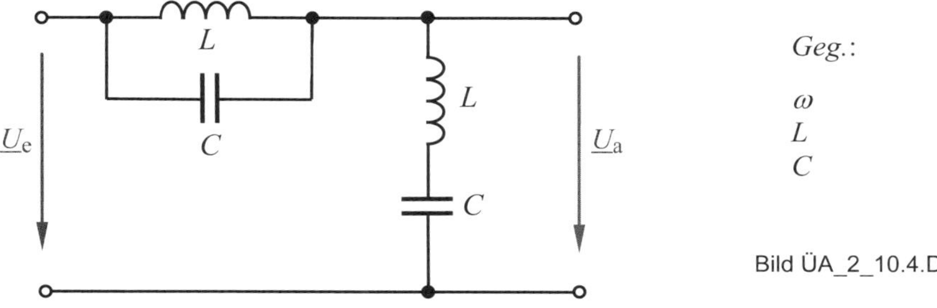

Bild ÜA_2_10.4.D

ÜA_2_11.3.A: Rechnen Sie die vorgegebene Schaltung für die Trennstelle A–B in die Spannungsquellen-Ersatzschaltung um und bestimmen Sie für den Lastwiderstand $\underline{Z}_5$ die komplexe Leistung.

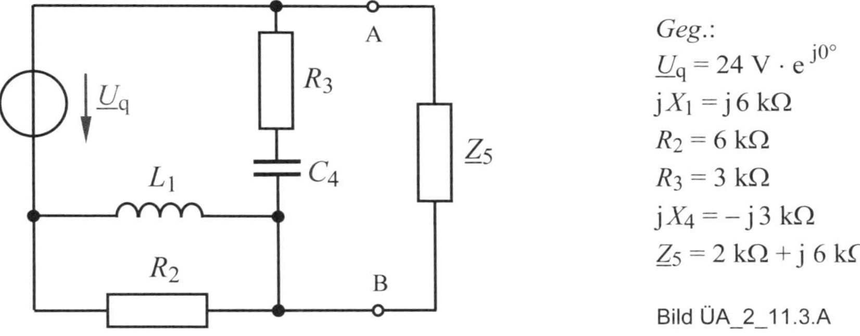

Geg.:
$\underline{U}_q = 24\ \text{V} \cdot e^{j0°}$
$jX_1 = j\,6\ \text{k}\Omega$
$R_2 = 6\ \text{k}\Omega$
$R_3 = 3\ \text{k}\Omega$
$jX_4 = -j\,3\ \text{k}\Omega$
$\underline{Z}_5 = 2\ \text{k}\Omega + j\,6\ \text{k}\Omega$

Bild ÜA_2_11.3.A

ÜA_2_11.3.B: Berechnen Sie für den angegebenen Lastzweipol alle Wirkleistungen und alle Blindleistungen. Führen Sie über die komplexe Leistung $\underline{S}_{AB}$ eine Probe durch.

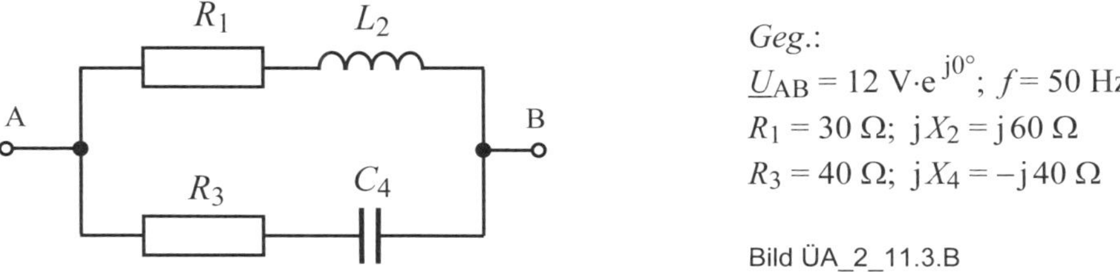

Geg.:
$\underline{U}_{AB} = 12\ \text{V} \cdot e^{j0°}$; $f = 50$ Hz
$R_1 = 30\ \Omega$; $jX_2 = j\,60\ \Omega$
$R_3 = 40\ \Omega$; $jX_4 = -j\,40\ \Omega$

Bild ÜA_2_11.3.B

ÜA_2_12.4.A: Berechnen Sie die von der ARON-Schaltung angezeigten Wirkleistungen. Vergleichen Sie diese Ergebnisse mit den komplexen Leistungen der Verbraucherstränge. Gesucht ist eine Lösung für die folgende Vereinfachung: alle R = alle $|X|$

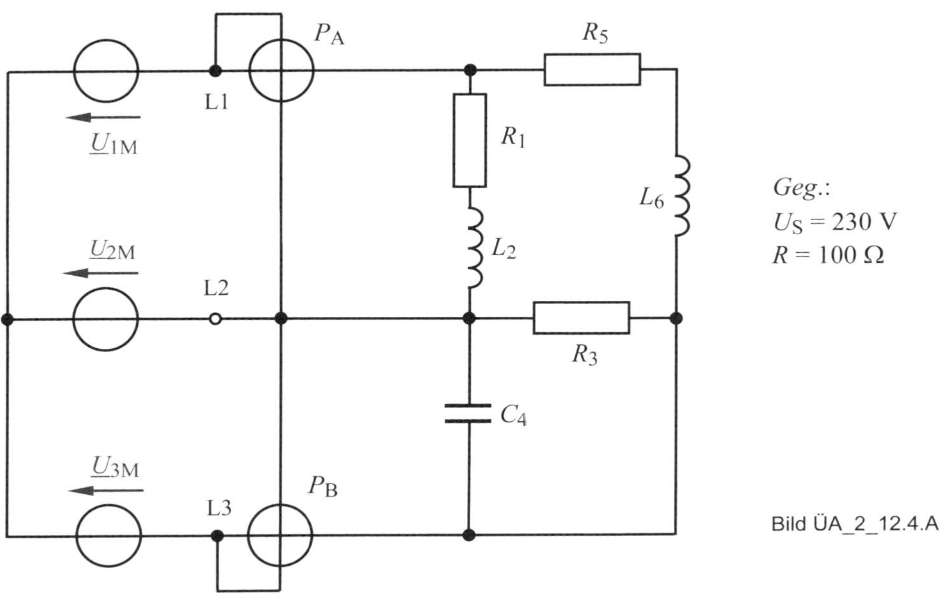

Geg.:
$U_S = 230$ V
$R = 100\ \Omega$

Bild ÜA_2_12.4.A

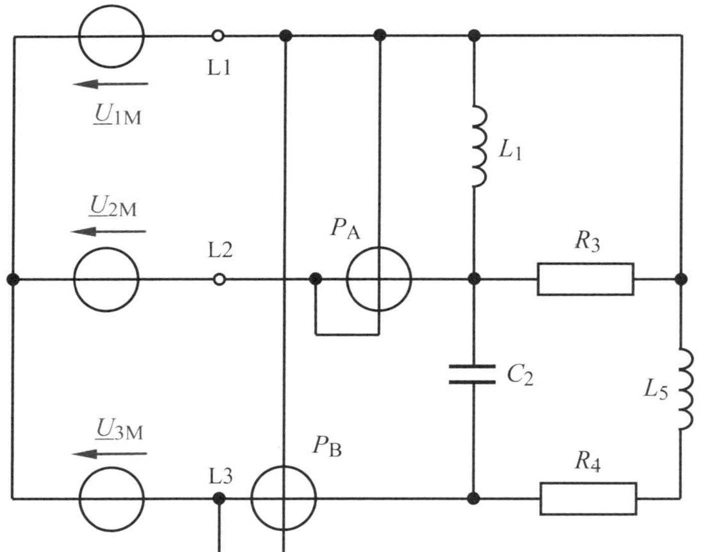

ÜA_2_12.4.B:

Wie Aufgabe ÜA_2_12.4.A.

Geg.:
$U_S = 230$ V
$R = 100\ \Omega$

Bild ÜA_2_12.4.B

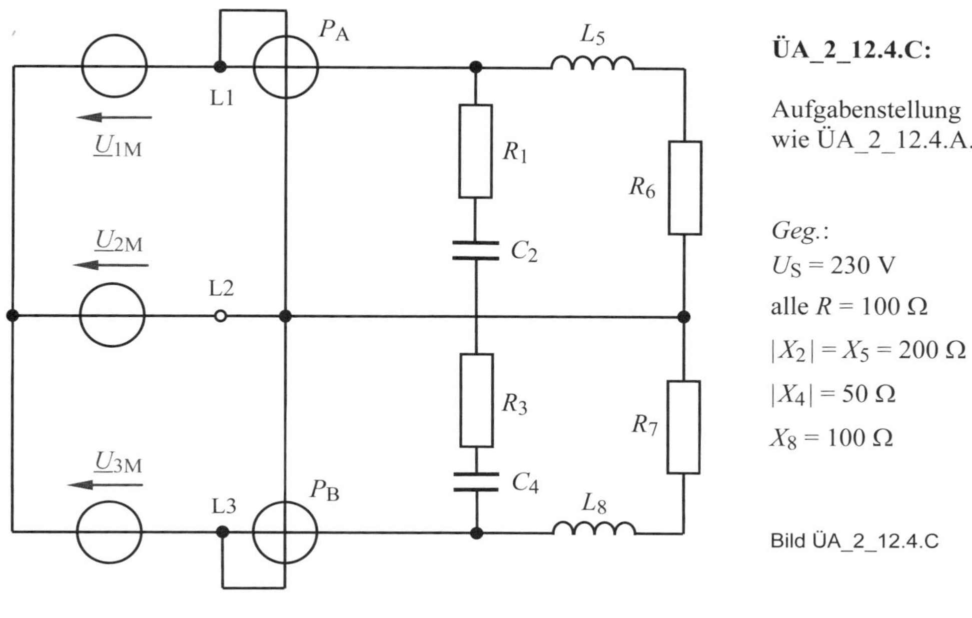

ÜA_2_12.4.C:

Aufgabenstellung wie ÜA_2_12.4.A.

Geg.:
$U_S = 230$ V
alle $R = 100\ \Omega$
$|X_2| = X_5 = 200\ \Omega$
$|X_4| = 50\ \Omega$
$X_8 = 100\ \Omega$

Bild ÜA_2_12.4.C

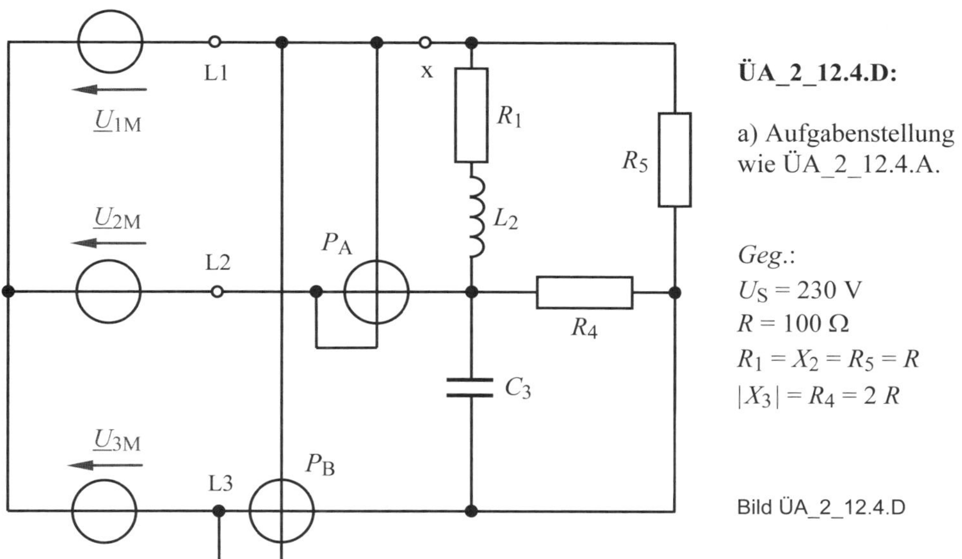

ÜA_2_12.4.D:

a) Aufgabenstellung wie ÜA_2_12.4.A.

Geg.:
$U_S = 230$ V
$R = 100\ \Omega$
$R_1 = X_2 = R_5 = R$
$|X_3| = R_4 = 2\ R$

Bild ÜA_2_12.4.D

b) Auf welchen Wert ändert sich die komplexe Leistung der Lastkonfiguration, wenn die Phase L1 verbraucherseitig an der Stelle x infolge eines Defektes unterbrochen ist?

ÜA_3: Elektrische und magnetische Felder

ÜA_3_14.4.A: In einen Vollkugelerder, der in einer Tiefe h_1 = 3 m eingegraben ist, fließt ein Strom I_1 = 500 A hinein. Ein zweiter Vollkugelerder wird im Abstand $d = 3\ h_1$ von der Eingrabstelle des ersten Vollkugelerders positioniert. Aus ihm fließt ein Strom I_2 = 500 A heraus. Für beide Erder liegt der Potentialbezugspunkt PB im Erdmittelpunkt ($r \rightarrow \infty$). Auf der Erdoberfläche wird an der Stelle $x = d / 3$ ein Potential $\varphi_x = -$ 1000 V gemessen.

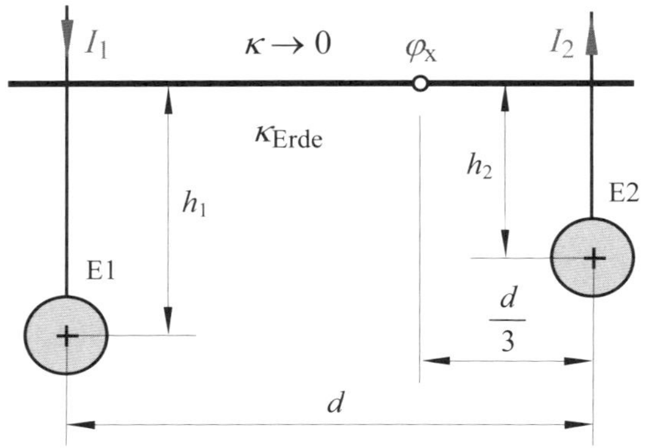

a) Berechnen Sie die Eingrabtiefe h_2.

b) Welche Feldstärkekomponenten (nur die Beträge) ruft der Erder E1 auf der Oberfläche des Erders E2 hervor?

Gesucht ist eine allgemeine Lösung $E = f(I_1;\ h_1;\ \kappa)$ für den Fall $h_2 = h_1 / 2$.

Geg.: $\kappa_{Erde} = 10^{-2}$ S / m; $r_{01} = r_{02} << d$

Bild ÜA_3_14.4.A

ÜA_3_14.4.B: In einen Vollkugelerder mit r_0 = 10 cm, der in einer Tiefe h_1 = 3 m eingegraben ist, fließt ein Strom I_1 = 500 A hinein. Auf der Erdoberfläche wird ein Potential von φ_{x1} = 5300 V gemessen. Der Potentialbezugspunkt PB ist unendlich weit entfernt.

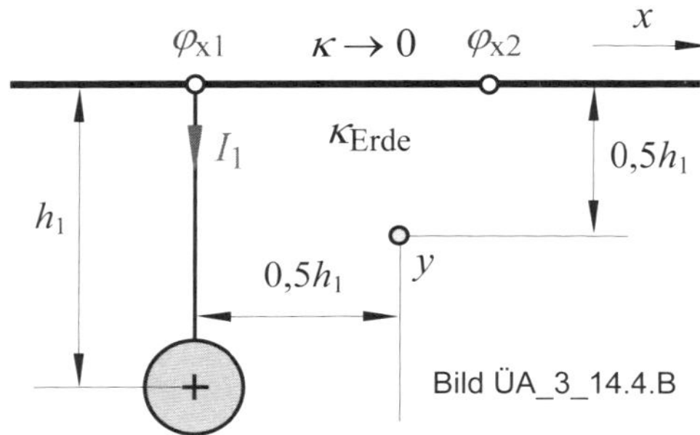

Bild ÜA_3_14.4.B

a) Berechnen Sie die mittlere spezifische elektr. Leitfähigkeit des Erdreichs und den Übergangswiderstand des Erders.

b) An welcher Stelle x_2 ist das Potential auf den Wert $0{,}5\varphi_{x1}$ abgesunken?

c) Welche elektrische Feldstärke ruft der Erder an der Stelle y hervor? Gesucht ist eine grafische Lösung.

ÜA_3_14.4.C: In einen Vollkugelerder VE mit r_0 = 5 cm wird ein Strom von I_E = 1000 A eingespeist. Zur Messung der mittleren spezifischen Leitfähigkeit des Erdreichs werden gemäß Bild ÜA_3_14.4.C zwei Halbkugelerder als Hilfserder (HE) gesetzt. Die Eingrabstelle des Erders VE liegt auf der Verbindungslinie zwischen HE1 und HE2. Der Potentialbezugspunkt PB ist unendlich weit entfernt. Auf dem Erder VE wird im Fall a) ein Potential von φ_E = 30000 V und auf dem Hilfserder HE2 ein Potential von φ_2 = 500 V gemessen.

a) Bestimmen Sie die spezifische elektrische Leitfähigkeit des Erdreichs und die Strecke a.

b) Berechnen Sie für den Fall a) die Schrittspannung an der Eingrabstelle VE bei einem Schritt $s = 1$ m in Richtung des Hilfserders HE1.

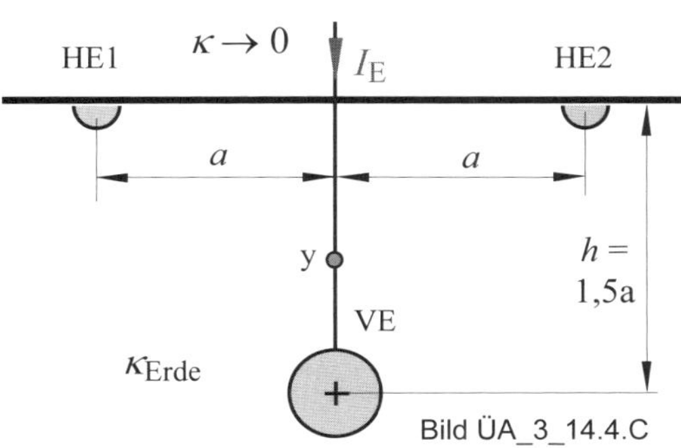

Bild ÜA_3_14.4.C

c) Nach der Leitfähigkeitsmessung wird zusätzlich in beide Hilfserder ein Strom von je 500 A eingespeist. Ermitteln Sie das Potential auf der Erdoberfläche direkt über dem VE. Es gilt: $r_0 << a; h$.

d) An welcher Stelle auf der Erdoberfläche ist für den Fall c) die elektrische Feldstärke gleich null? Wie groß ist ihr Betrag im Punkt y ($0{,}5a$ über dem Mittelpunkt von VE)?

ÜA_3_14.4.D: Leiten Sie eine allgemeine Berechnungsvorschrift für den Betrag der resultierenden elektrischen Feldstärke eines Vollkugelerders her und diskutieren Sie den Verlauf der Schrittspannung für mehrere Anfangsstandorte und Bewegungsrichtungen.
Die ausführliche Aufgabenstellung finden Sie mit Lösung im Internet. www

---

ÜA_3_15.4: Drei metallische Kugeln werden in gleicher Höhe an den Eckpunkten eines gleichseitigen Dreiecks mit der Seitenlänge a frei im Raum aufgehängt. Alle Kugeln haben den gleichen Durchmesser. Auf ihnen befindet sich betragsmäßig die gleiche Ladung Q. Der Radius der Kugeln ist viel kleiner als ihr Abstand zueinander. Gegenelektrode und Potentialbezugspunkt PB sind unendlich weit entfernt. Der vom Feld erfüllte Raum sei unendlich groß. Skizzieren Sie das resultierende elektrische Potentialfeld für unterschiedliche Polaritäten der Ladungen.
Die ausführliche Aufgabenstellung finden Sie mit Lösung im Internet. www

---

ÜA_3_16.2.A: Alle Kondensatoren im Bild ÜA_3_16.2.A sind vollständig entladen.

a) Zunächst wird der Schalter S_A geschlossen. Berechnen Sie allgemein den Strom $i_2\,(t)$ und die Spannung $u_6\,(t)$.

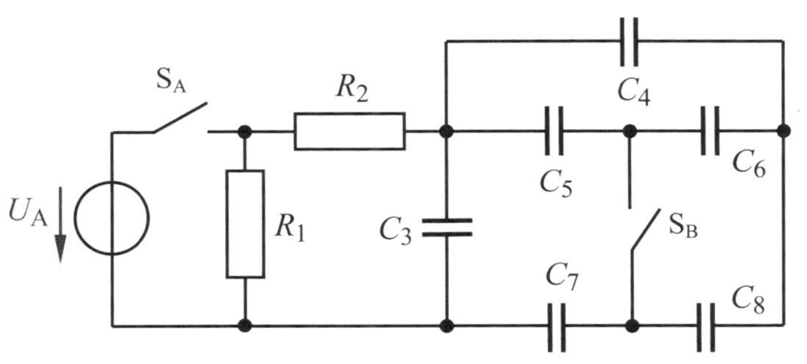

Geg.:
$U_A = 24$ V
alle $C = 10$ µF
alle $R = 10$ kΩ

Bild ÜA_3_16.2.A

b) Nach $t_A >> 5 \cdot \tau_A$ wird der Schalter S_A geöffnet und zugleich der Schalter S_B geschlossen. Berechnen (allgemein) und skizzieren Sie (Eckpunkte angeben) den zeitlichen Verlauf des Stromes durch den Widerstand R_1 für die Fälle A und B.

ÜA_3_16.2.B: Alle Kondensatoren im Bild ÜA_3_16.2.B sind vollständig entladen.

a) Zunächst wird der Schalter S_A geschlossen. Berechnen Sie allgemein den Strom i_2 (t) und die Spannung u_6 (t).

b) Dann wird der Schalter S_A geöffnet und zugleich der Schalter S_B geschlossen. Berechnen (allgemein) und skizzieren Sie (Eckpunkte als Zahlenwerte angeben) den zeitlichen Verlauf des Stromes durch den Widerstand R_2 für den Fall B.

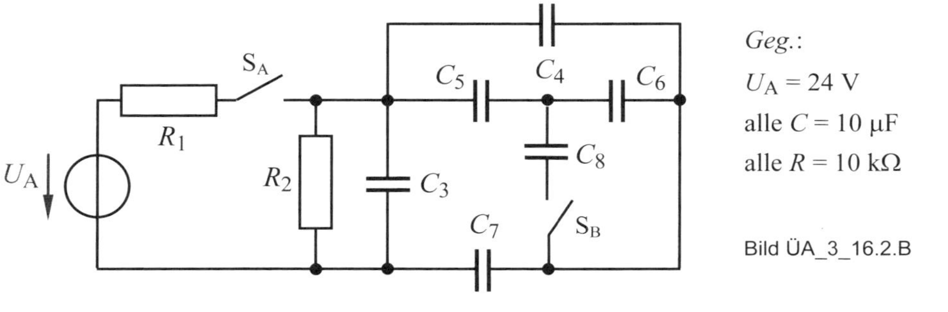

Bild ÜA_3_16.2.B

ÜA_3_16.2.C: Alle Kondensatoren im Bild ÜA_3_16.2.C sind vollständig entladen.

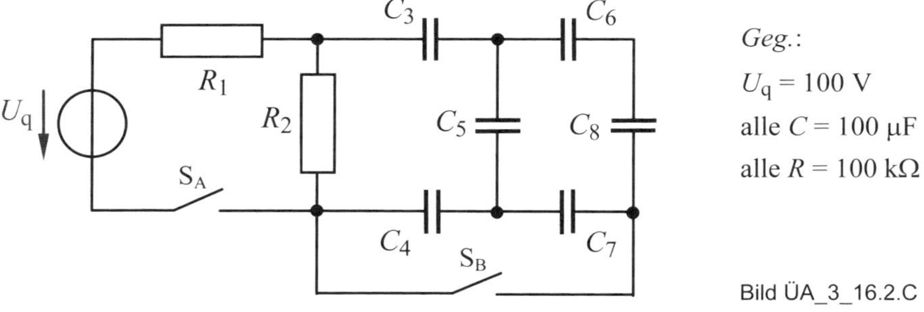

Bild ÜA_3_16.2.C

a) Zunächst wird der Schalter S_A geschlossen. Berechnen Sie allgemein den Strom i_2 (t) sowie die Spannung u_5 (t) und die zugehörigen Funktionswerte für $t = 3$ s.

b) Dann wird der Schalter S_A geöffnet und zugleich der Schalter S_B geschlossen. Berechnen Sie allgemein den Strom i_2 (t) durch den Widerstand R_2 für den Fall B.

c) Skizzieren Sie (Eckpunkte als Zahlenwerte angeben) den zeitlichen Verlauf des Stromes durch den Widerstand R_2 für die Fälle A und B in einem Diagramm.

ÜA_3_16.3.A: Alle Kondensatoren des kapazitiven Netzes sind vollständig entladen.

a) Zunächst wird der Schalter S_A geschlossen, bis sich ein statischer Zustand A einstellt. Auf welche Spannungen laden sich die Kondensatoren auf (Zahlenwerte)? Berechnen Sie allgemein die Funktion $u_8 = f(t)$ für den Vorgang A über die Größen U_A, R und C.

b) Nach dem Vorgang A wird der Schalter S_A wieder geöffnet und zugleich S_B geschlossen. Ermitteln Sie die Spannungen über allen Kondensatoren im statischen Zustand B.

c) Berechnen Sie die während des Vorganges B durch den Kondensator C_4 verschobene Ladungsmenge ΔQ_4.

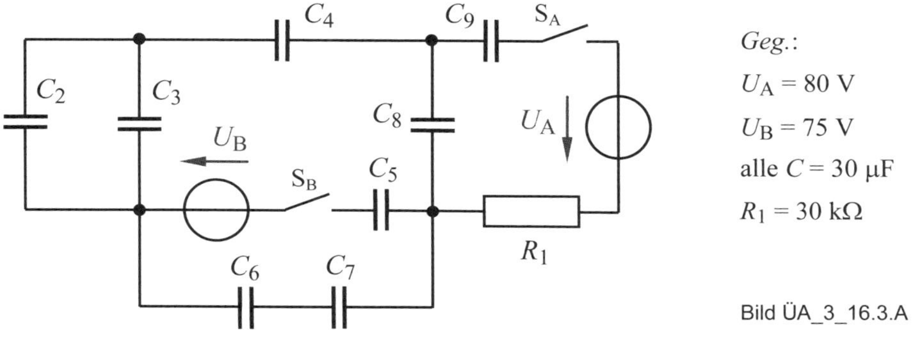

Bild ÜA_3_16.3.A

ÜA_3_16.3.B: Alle Kondensatoren des kapazitiven Netzes sind vollständig entladen.

a) Zunächst wird der Schalter S_A geschlossen, bis sich ein statischer Zustand A einstellt. Auf welche Spannungen laden sich die Kondensatoren auf (Zahlenwerte)?

b) Nach dem Vorgang A wird der Schalter S_A wieder geöffnet und zugleich S_B geschlossen. Ermitteln Sie alle Kondensatorspannungen im statischen Zustand B (Zahlenwerte / Probe).

c) Berechnen Sie die während des Vorganges B durch den Kondensator C_3 verschobene Ladungsmenge ΔQ_3 sowie die im Netzwerk gespeicherte Gesamtladung Q_B.

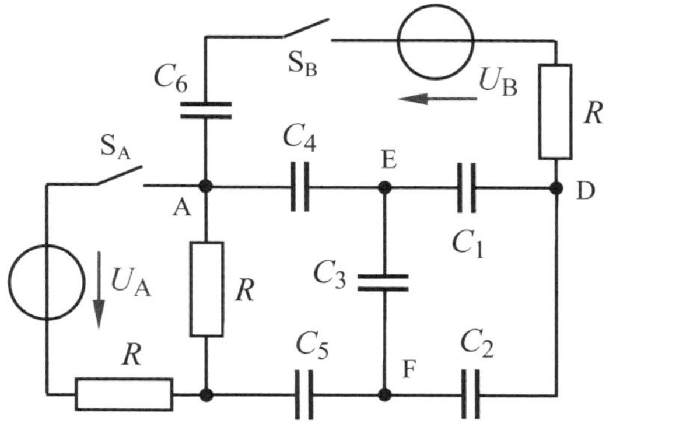

Geg.:

$U_A = 65$ V; $U_B = 70$ V

$C_1 = C_2 = C_3 = C_4 = C$

$C_5 = C_6 = 2 \cdot C$

$C = 50\ \mu$F

alle $R = 30$ kΩ

Bild ÜA_3_16.3.B

ÜA_3_17.3.A: Eine Ringspule wird zunächst nur über eine Wicklung mit der Windungszahl N_1 ohne Luftspalt betrieben. Es gilt die Magnetisierungskennlinie nach DIN 46400.

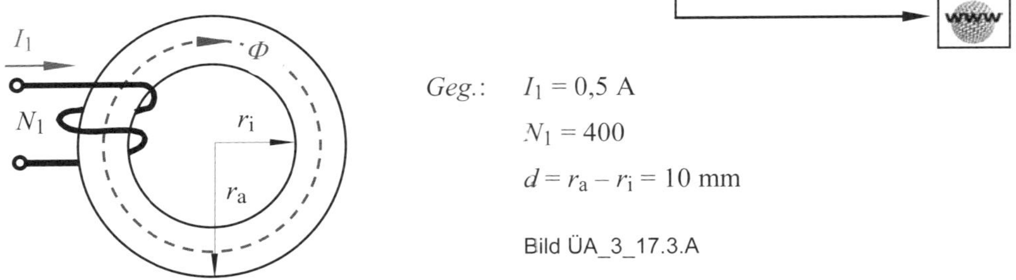

Geg.: $I_1 = 0{,}5$ A

$N_1 = 400$

$d = r_a - r_i = 10$ mm

Bild ÜA_3_17.3.A

a) Bestimmen Sie den magnetischen Widerstand R_{ma}, den magnetischen Fluss Φ_a und den Arbeitspunkt AP_a für eine magnetische Flussdichte von $B_a = 1{,}3$ V·s / m^2.

b) Nun wird ein Luftspalt mit $\delta = 0{,}5$ mm eingebracht. Ermitteln Sie den magnetischen Widerstand R_{mb}, den magnetischen Fluss Φ_b und den Arbeitspunkt AP_b.

c) Dann schaltet man für den Fall b) eine Wicklung 2 ($N_2 = N_1$) zur Wicklung 1 gleichsinnig in Reihe. Wo liegt nun der Arbeitspunkt AP_c und wie ändert sich der magnetische Fluss Φ_c?

d) Schließlich wird für den Fall c) der Luftspalt um ein Drittel vergrößert. Wo liegt jetzt der Arbeitspunkt AP_d und wie ändert sich der magnetische Fluss Φ_d?

Nach jeder Maßnahme [a) bis d)] wird der Kern vollständig entmagnetisiert!

ÜA_3_17.3.B: In allen Bereichen des im Bild ÜA_3_17.3.B dargestellten Eisenkernes soll die magnetische Flussdichte gleich groß sein. Streuung und Flussverbreiterung im Luftspalt seien vernachlässigbar klein. *Geg.*: $I = 1$ A; $N = 500$; $a = b = 6$ cm; $c = 8$ cm

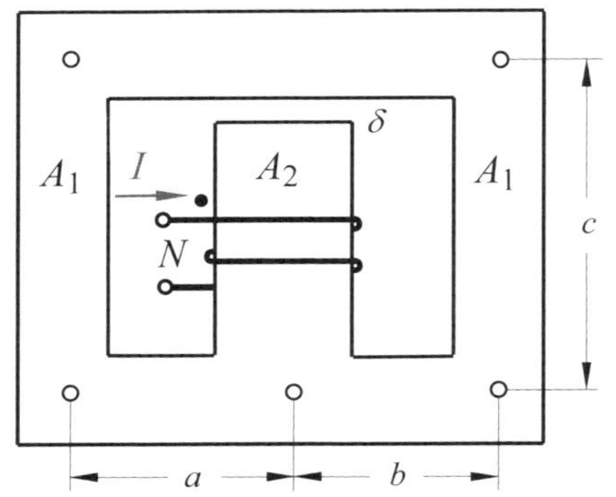

a) In welchem Arbeitspunkt wird der Kern bei einem Luftspalt $\delta_a = 1$ mm betrieben?

b) Bestimmen Sie die Kernquerschnitte A_1 und A_2 für den Fall a) so, dass die Anordnung eine magnetische Energie von: $W_m = 60$ mW·s speichert.

c) Auf welchen Wert δ_c muss die Luftspaltlänge geändert werden, damit der magnetische Fluss in allen Bereichen um 50% vergrößert wird?

Bild ÜA_3_17.3.B

Für den Kern gilt die Magnetisierungskennlinie für Trafoblech nach DIN 46400.

ÜA_3_17.3.C: Der im Bild ÜA_3_17.3.C dargestellte magnetische Kreis ist für verschiedene Betriebsfälle zu untersuchen.

Geg.: $I = I_{Ea} = 1$ A; $N = 300$
$a = 6$ cm; $b = 9$ cm; $c = 2$ cm

a) In welchem Arbeitspunkt wird der Kern (Pakethöhe $h = 2$ cm) ohne Luftspalt betrieben?

b) Wie verändert sich der Arbeitspunkt (nach der Entmagnetisierung), wenn ein Luftspalt mit $\delta_b = 0{,}5$ mm eingebracht wird?

c) Berechnen Sie für den Fall b) die Induktivität der Anordnung.

Magnetisierungskennlinie:

Bild ÜA_3_17.3.C

d) Wie ändern sich für den Fall b) die Werte des Arbeitspunktes, wenn:

d1) der Erregerstrom auf $I_E = I_{Ed} = 1{,}5$ A erhöht wird?

d2) für den Kern eine quadratische Form mit der Kantenlänge a gewählt wird ($I_{Ea} = 1$ A)?

ÜA_3_17.3.D: Die Spule wird zunächst ohne Luftspalt über die Wicklung N_1 betrieben.

a) Bestimmen Sie den magnetischen Widerstand R_{ma}, den magnetischen Fluss Φ_a und den Arbeitspunkt AP_a für eine magnetische Flussdichte von $B_a = 1{,}3$ V·s / m^2.
Es gilt die Magnetisierungskennlinie nach DIN 46400:

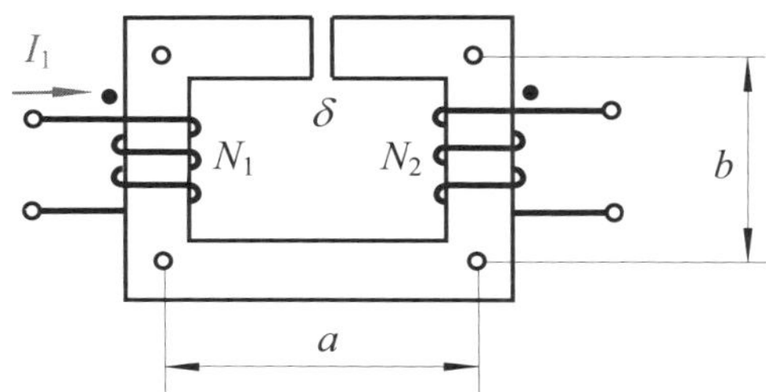

Geg.: $I_1 = 0{,}5$ A; $N_1 = 400$
$a = 7$ cm; $b = 5$ cm
$A = 100$ mm^2

Bild ÜA_3_17.3.D

b) Nun wird ein Luftspalt mit $\delta = 0{,}5$ mm eingebracht. Ermitteln Sie den magnetischen Widerstand R_{mb}, den magnetischen Fluss Φ_b und den Arbeitspunkt AP_b.

c) Dann schaltet man für den Fall b) eine Wicklung 2 ($N_2 = N_1$) zur Wicklung 1 gleichsinnig in Reihe. Wo liegt nun der Arbeitspunkt AP_c und wie ändert sich der magnetische Fluss Φ_c?

d) Schließlich wird für den Fall c) der Luftspalt um ein Drittel vergrößert. Wo liegt jetzt der Arbeitspunkt AP_d und wie ändert sich der magnetische Fluss Φ_d?

Führen Sie zu allen Teilaufgaben eine sinnvolle Probe durch.

ÜA_3_18.1: Auf einen drehbar gelagerten (schmalen) Rahmen wird eine Wicklung mit N Windungen aufgebracht. Diese rechteckige Spule dreht man mit $\omega_S = \text{const.}$ in einem homogenen Magnetfeld um eine Achse, die senkrecht zum einwirkenden Feld ausgerichtet ist.

a) Berechnen Sie allgemein die induzierte Spannung, die über den beiden Wicklungsanschlüssen messbar in Erscheinung tritt.

b) Wie ändert sich die Spannung von a), wenn sich das auf die gedrehte Spule einwirkende Magnetfeld nach einer Kosinusfunktion über der Zeit verändert? [$B(t) = \hat{B} \cdot \cos \omega_F t$]

ÜA_3_18.3: Auf einem Rechteckkern befinden sich zwei separate Spulen. Ihre Selbstinduktivitäten und die Gegeninduktivität sind unbekannt. Die Messung der Wicklungswiderstände führt zu folgendem Ergebnis: R_{L1} = 70 Ω und R_{L2} = 130 Ω. Infolge einer Stromeinspeisung mit $\underline{I} = |\underline{I}| \cdot e^{j\omega t}$ und $|\underline{I}| = 500\ \text{mA} = \text{const.}$ sowie f = 50 Hz kann die Spannung über jeder Spule gemessen werden.

Berechnen Sie allgemein die Gegeninduktivität. In der Lösung zu dieser Übungsaufgabe werden Ihnen Messwerte vorgeschlagen, mit denen Sie dann auch die entsprechenden Zahlenwerte für diese Aufgabe ermitteln können (Praxisbezug).

ÜA_3_19.2.A: Beide Schalter sind geöffnet. Der Strom durch R_3 ist null.

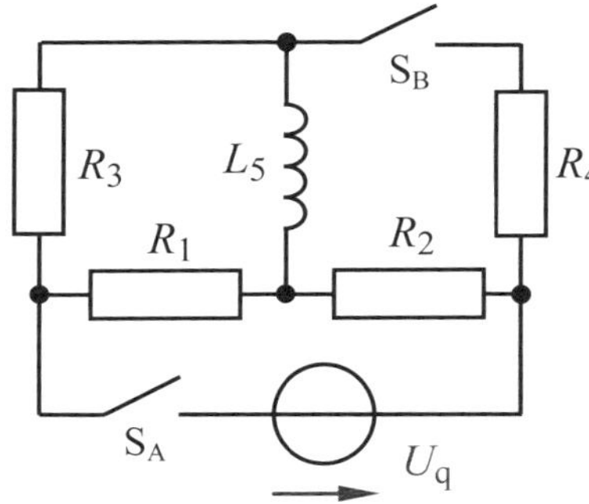

Geg.: U_q = 24 V
$R_1 = R_2$ = 8 Ω
R_3 = 3 Ω; R_4 = 6 Ω
L_5 = 1 H

Bild ÜA_3_19.2.A

Zum Zeitpunkt t_x wird der Schalter S_A geschlossen und zum Zeitpunkt $t_y = 3 \cdot \tau_A$ wird zusätzlich der Schalter S_B geschlossen. Berechnen Sie die Funktionswerte für u_5 zu den Zeitpunkten t_x sowie t_y und skizzieren Sie den Funktionsverlauf unter Verwendung der errechneten Zahlenwerte.

ÜA_3_19.2.B: Der Schalter S im Bild ÜA_3_19.2.B wird bei $t = 0$ geschlossen. Berechnen Sie allgemein die Zeitfunktion $i_x = f(t)$ und bestimmen Sie die Zahlenwerte dieses Stromes für die Fälle I_x (t_x = 0,5 s) sowie $I_{x\infty}$ ($t_x \to \infty$).

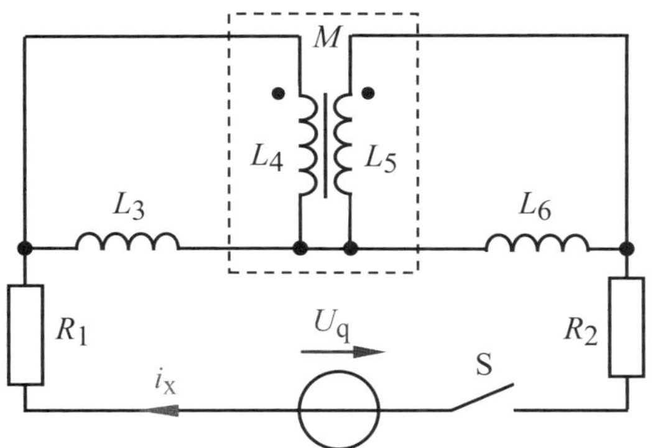

Geg.: $U_q = 12\ \text{V}$
$R_1 = 1{,}5 \cdot R$; $R_2 = 2{,}5 \cdot R$
$R = 2\ \Omega$
$L_3 = L_6 = 2\ L$
$L_4 = L_5 = 5\ L$
$L = 1\ \text{H}$; $k = 0{,}6$

Bild ÜA_3_19.2.B

ÜA_3_19.3.A: Gegeben ist ein Transformator gemäß Bild ÜA_3_19.3.A. Seine Wicklungsverluste und seine Eisenverluste sind vernachlässigbar. Der Transformator läuft sekundärseitig leer.

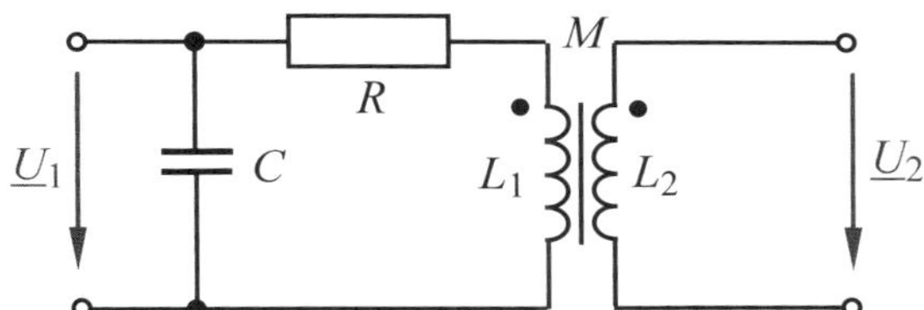

Geg.: ω, R und C
$L_1 = L_2 = L$
$k = 0{,}5$

Bild ÜA_3_19.3.A

a) Berechnen Sie für dieses Übertragungssystem das Spannungsverhältnis $\underline{U}_2 \,/\, \underline{U}_1$.

b) Bei welchem kapazitiven Blindwiderstand $|X_C|$ sind Eingangsspannung und Eingangsstrom in Phase?

ÜA_3_19.3.B: Berechnen Sie allgemein den Betrag der Ausgangsspannung eines verlustlosen Übertragers, der primärseitig mit einem Vorwiderstand $R_1 = 10\ \Omega$ beschaltet und sekundärseitig mit einem Widerstand $R_a = 100\ \Omega$ belastet wird. Simulieren Sie den Verlauf dieser Ausgangsspannung bei Variation des Kopplungsfaktors mit PSPICE.

Ein Übertrager ist eine spezielle Ausführung eines Transformators mit $\ddot{u} = 1$. Für diesen Spezialfall gilt: $L_1 = L_2 = L$ und: $M = k \cdot \sqrt{L_1 L_2} = k \cdot L$.

Bei einem Kopplungsfaktor mit $k \to 1$ gilt außerdem: $L_1 = L_2 = L \approx M$.

ÜA_3_19.3.C: Ein streuungsfreier Transformator ($k = 1$) mit $L_1 = 45$ mH und $L_2 = 20$ mH sowie $R_{L1} = R_{L2} = 10\ \Omega$ wird mit einem Kondensator $C_3 = 159\ \mu\text{F}$ überbrückt. Berechnen Sie die Widerstände $\underline{Z}_{1L}$ und $\underline{Z}_{1K}$ in der Exponentialform ($f = 50$ Hz).

Berechnungsbeispiele im Übungsbuch [14]

Gleichstromlehre

ÜB: BB x.y

Nr. BB	Thema Berechnungsbeispiel (BB)	Nr. Lehrbuch
1.1	Berechnung: Leitungsquerschnitt	1.5.1
1.2	Vergleich von Leiterwerkstoffen	1.5.3
1.3	Quellen-& Verbraucher-Charakteristik	1.4
1.4	Belastete Spannungsquelle	1.4
1.5	Temperaturabhängigkeit: Leiter (R)	1.5.2
2.1	Lastfälle im Grundstromkreis	2.1
2.2	Unabhängigkeit: Knotenpunktgleichungen	2.2.2
2.3	Vollständige Leistungsbilanz	2.3
3.1	Abgleich: Widerstandswert	3.3
3.2	Einstellung: Spannungsverhältnis	3.3
3.3	Berechnung: gemischte Schaltung A	3.3
3.4	Berechnung: gemischte Schaltung B	3.3
3.5	Einstellung eines Spannungsabfalls	3.3
3.6	Gleicher Leistungsumsatz	3.5.2
3.7	Überlastung von Widerständen	3.5.2
3.8	Leistungsaufnahme eines Lastwiderstandes	3.5.2
3.9	Leistung und Wirkungsgrad	3.5.2
3.10	Lampe im Nennbetrieb	3.5.4
3.11	Funktionsverläufe im Grundstromkreis	3.5.3
4.1	Erweiterung: Strom-Messbereich	4.1
4.2	Austausch von Messinstrumenten	4.1
4.3	Belastungskennlinie: Akkumulator	4.2.2
4.4	Abgleich einer Brücke	4.3
4.5	Gesamtwiderstand: nicht abgeglichene Brücke	4.4 & 4.4.2
4.6	Berechnung: nicht abgeglichene Brücke	4.4.3
6.5	Brücke zur Temperaturmessung	4.3
5.1	Masche eines Netzwerkes	5.1
5.2	Zweigströme über KIRCHHOFF	5.1
5.3	Gleichungssystem: KIRCHHOFF	5.1
5.4	Dimensionierung: Emitterschaltung	5.1
5.5	HELMHOLTZ A	5.2
5.6	HELMHOLTZ B	5.2
5.7	HELMHOLTZ C	5.2
5.8	Zweipoltheorie A	5.3.1
5.9	Spannungsquellen-Ersatzschaltbild	5.3.1
5.10	Leerlaufspannung	5.3.1
5.11	Kettenschaltung (Zweipoltheorie)	5.3.1
5.12	Brückenschaltung (Zweipoltheorie)	5.3.1
5.13	Zweipoltheorie B	5.3.2
5.14	Zweipoltheorie C	5.3.1
5.15	Umlaufanalyse	5.4.1
5.16	Umlaufanalyse – Leistungsbilanz	5.4.1

Nr. BB	Thema Berechnungsbeispiel (BB)	Nr. Lehrbuch
5.17	Vergleich der Analyseverfahren	5.4
5.18	Knotenanalyse	5.4.2
5.19	Komplexbeispiel	5.3.1 & 5.3.2
2.2	Unabhängigkeit von Knotenpunktgleichungen	5.1
6.1	Bestimmung eines Arbeitspunktes	6.4
6.2	Brücke mit Dioden	6.2
6.3	Leistungsumsatz: Glühlampen	6.4
6.4	Arbeitspunkt: Glühlampe und Diode	6.4
6.5	Brücke zur Temperaturmessung	6.2
5.4	Dimensionierung: Emitterschaltung	6

Wechselstromtechnik

Nr. BB	Thema Berechnungsbeispiel (BB)	Nr. Lehrbuch
7.1	Symmetrische Dreieck-Impulsfolge	7.3.3
7.2	Sägezahn-Impulsfolge	7.4
7.3	Periodische Rechteck-Impulsfolge	7.4
8.1	Kapazitätsbestimmung	8.1.3
8.2	Phasenverschiebung	8.1.2
8.3	Güte einer realen Spule	8.2.1
8.4	Zeigerbild: realer Reihenschwingkreis	8.3
8.5	Zeigerbild realer Parallelschwingkreis	8.3
8.6	Anwendung: THALES-Kreis	8.4.2
8.7	Zeigerbild: allg. WS-Schaltung	8.4.1
8.8	Maßstäbliches Spannungszeigerbild	8.4.2
8.9	Prinzip- Zeigerbild: Freileitung	8.4.1
9.1	Konstruktion eines Leitwertzeigers	9.3.2
9.2	Zeigerbild der Widerstände/Leitwerte	9.3.2
9.3	Berechnung: allg. WS-Schaltung A	9.3.1
9.4	Ortskurve eines komplexen Widerstandes	9.3.3
9.5	Berechnung: allg. WS-Schaltung B	9.3.1
9.6	Berechnung: Lastzweipol A	9.3.1
9.7	Berechnung: Lastzweipol B	9.3.1
9.8	Anwendung der Teilerregeln	9.3.1
9.9	Ortskurve: Strom	9.3.3
9.10	RC-Phasenschiebekette	9.4
9.11	HUMMEL-Schaltung	9.4
9.12	WS-Paradoxon	9.4
9.13	Erzeugung einer Phasenverschiebung A	9.4
9.14	Erzeugung einer Phasenverschiebung B	9.4
9.15	Umrechnungen	9.4
9.16	Abgleichbarkeit: Brücke A (Kapazitäts-MB)	9.5.2
9.17	Induktivitäts-Messbrücke	9.5.1
9.18	Abgleichbarkeit: Brücke B	9.5.3
9.19	Maßstäbliches Spannungszeigerbild	9.5
9.20	Einstellung gleicher Spannungszeiger	9.5.3

Nr. BB	Thema Berechnungsbeispiel (BB)	Nr. Lehrbuch
9.21	Anwendung: Überlagerungssatz	9.6.1
9.22	Anwendung: Zweipoltheorie	9.6.2
9.23	Anwendung: Analyseverfahren	9.6.3
9.24	RC- Phasenschiebekette mit Analyseverfahren	9.4 & 9.6.3
10.1	RL-Tiefpass	10.2
10.2	RL-Hochpass	10.2
10.3	Vergleich: RC-& RL-Glieder	10.2
10.4	RC-Tiefpass mit Parallelwiderstand	10.2
10.5	RC-Tiefpass: Zweipoltheorie	10.2
10.6	RC-Tiefpass mit Reihenwiderstand	10.2
10.7	RC-Hochpass mit Parallelwiderstand	10.2
10.8	RC-Hochpass mit Reihenwiderstand	10.2
10.9	RL-Tiefpass mit Reihenwiderstand	10.2
10.10	RC-Tiefpass 2. Ordnung	10.2
10.11	Reihenschwingkreis mit realen Bauelementen	10.3
10.12	Parallelschwingkreis mit realen Bauelementen	10.3
10.13	Spannungsüberhöhung	10.3
10.14	Elementarer Reihenschwingkreis	10.3
10.15	LC-Übertragungsvierpol	10.3
10.16	CR-RC-Übertragungsvierpol	10.3
10.17	Vergleich der Berechnungsverfahren	10.4
11.1	Zeitfunktion der Leistung	11.1
11.2	Blindstromkompensation	11.4
11.3	Blindleistungskompensation	11.4
11.4	Maximale Wirkleistung	11.2
11.5	Komplexe Anpassung	11.1
11.6	Leistungsbilanz: Lastzweipol	11.2
11.7	Vollständige Leistungsbilanz A	11.3
11.8	Vollständige Leistungsbilanz B	11.3
12.1	Sternschaltung Elektroherd	12.3
12.2	Umrechnung: Dreieck → Stern	12.3
12.3	Verbraucher-Dreieckschaltung A	12.4
12.4	Verbraucher-Dreieckschaltung B	12.4
12.5	Verbraucher-Dreieckschaltung C	12.4
12.6	Symmetrierung: Verbraucher-Dreieck	12.3
12.7	Stromzeigerbild: Verbraucher- Dreieck	12.3
12.8	Betriebskapazität eines Gürtelkabels	12.5.2
11.1	Zeitfunktion der Leistung	12.2

Elektrische und magnetische Felder

Nr. BB	Thema Berechnungsbeispiel (BB)	Nr. Lehrbuch
13.1	Potential → Bezugspunkt	13.3
13.2	Potential → Bezugswert	13.3
13.3	Wert einer Äquipotentiallinie	13.2
14.1	Messtechn. Beschreibung: Feldmodell	14.1
14.2	Einfache Feldstärkemessung	14.2.2
14.3	Leitfähiger Bügel	14.2.3
14.4	Bezugspunkt im zylindersymm. Feld	14.3.2
14.5	Übergangswiderstand: Halbkugelerder	14.4.1
14.6	Zusammenwirken von zwei Halbkugelerdern	14.4.1
14.7	Schrittspannung: Vollkugelerder	14.4.2
14.8	Feldstärkeverlauf: Vollkugelerder	14.4.2
15.1	Übung zur Kapazitätsberechnung	15.3.1
15.2	Koaxialkabel	15.4.3
15.3	Zylinder mit geschichtetem Dielektrikum	15.4.2
15.4	Maximale Feldstärke	15.4.3
15.5	Drei Punktladungen im Raum	15.4.4
15.6	Gespeicherte Energie	15.5.1
15.7	Kapazität eines Freileitung	15.4.4
15.8	Kräfte auf Schichtflächen	15.5.3
16.1	Dimensionierung eines Kondensators	16.1.1
16.2	Gemische Kondensatorschaltung	16.1.3
16.3	Laden eines Kondensators	16.2.1
16.4	Laden und Entladen	16.2
16.5	Ausgleichsvorgang: Reihenersatzschaltung	16.3.2
16.6	Kapazitives Netz A	16.3.4
16.7	Kapazitives Netz B	16.3.4
16.8	Kapazitives Netz C	16.3.4
16.9	Kapazitives Netz D	16.3.4
16.10	Brückenähnliches kapazitives Netz	16.3.4
16.11	Kapazitives Netz mit zwei Quellen	16.3.4
17.1	Permeabilität (nichtferromagnetisch)	17.1
17.2	Induktivität einer Zylinderspule	17.1
17.3	Vergleich von Magnetwerkstoffen	17.3.3
17.4	Ringspule (Kunststoff)	17.5.1
17.5	Ringspule (Ferro)	17.3.2
17.6	Geteilter Ring (Magnetisierungskennlinie)	17.3.3
17.7	Rechteckkern	17.3.2
17.8	Verzweigter magnetischer Kreis A	17.3.2
17.9	Verzweigter magnetischer Kreis B	17.3.2
17.10	Verzweigter magnetischer Kreis C	17.3.3
17.11	Feldstärke: stromdurchflossenes Rohr	17.4
17.12	Kraft zwischen zwei Leitern	17.5.2
17.13	Messung: HALL-Spannung	17.5.2 & 17.3.1
17.14	Berechnung der Magnetisierungskennlinie	17.3.3 & 17.3.1

Nr. BB	Thema Berechnungsbeispiel (BB)	Nr. Lehrbuch
17.15	Induktivität einer Doppelleitung	17.5.3
17.16	Dimensionierung eines Ferrittopfkernes	17.5.1
18.1	Bewegungsinduktion – Radialfeld	18.1
18.2	Bewegungsinduktion – induzierte Spannung	18.1.1
18.3	Ruheinduktion	18.1.2
18.4	Leiter im Magnetfeld	18.1.2
18.5	Selbst- und Gegeninduktion	18.3
18.6	Wicklungssinn	18.3
18.7	Induktivität einer Freileitung	18.2
18.8	Speicherung magnetischer Energie	18.2
18.9	Hysterese – Oszilloskop	18.4
18.10	Hysterese – Simulation	18.4
19.1	Verkopplung von Induktivitäten	19.1.3
19.2	RS & PS verkoppelter Induktivitäten	19.1.3
19.3	Induktivitätsberechnung	19.1.3
19.4	Schaltvorgänge RL	19.2.2
19.5	Umschalten vormagnetisierter Induktivitäten	19.2.3
19.6	Leerlauf-Eingangswiderstand	19.3.2
19.7	Leerlauf & Kurzschluss beim Transformator	19.3.3
19.8	Lastfälle beim Transformator	19.3.3
19.9	Zeigerbild des Transformators	19.3.3
20.1	Ladungsbewegungen im pn-Übergang	20.1.2 & 20.1.3
20.2	Plattenkondensator – Verschiebungsstrom	20.1.4
20.3	Wirbelströme im Eisenkern	20.3.1
20.4	Grundbeziehungen (Analogietabelle)	20.4

Literaturverzeichnis

[1] *Bartsch, H.-J.*: Taschenbuch mathematischer Formeln. – 22. Auflage. – Leipzig: Fachbuchverlag, 2011

[2] *Clausert, H.; Wiesemann, G.*: Grundgebiete der Elektrotechnik 1. – 8. Auflage 2004. – Grundgebiete der Elektrotechnik 2. – 11. Auflage 2011. – München-Wien: Oldenbourg Verlag

[3] *Flosdorff, R.; Hilgarth, G.*: Elektrische Energieverteilung. – 9. Auflage. – Wiesbaden: Vieweg+Teubner Verlag, 2008

[4] *Frohne, H.*: Elektrische und magnetische Felder. – 1. Auflage. – Stuttgart: B.G.Teubner Verlag, 1994

[5] *Führer, A.; Heidemann, K.; Nerreter, W.*: Grundgebiete der Elektrotechnik. Band 1: Stationäre Vorgänge. Band 2: Zeitabhängige Vorgänge. – 9. Auflage. – München-Wien: Carl Hanser Verlag, 2011

[6] *Hilgarth, G.*: Hochspannungstechnik. – 3. Auflage. – Stuttgart: B.G. Teubner Verlag, 1997

[7] *Lunze, K.*: Einführung in die Elektrotechnik – Lehrbuch. – 13. Auflage. – Berlin: Verlag Technik, 1991

[8] *Lunze, K.; Wagner, E.*: Einführung in die Elektrotechnik – Arbeitsbuch. – 7. Auflage. – Berlin: Verlag Technik, 1991

[9] *Lunze, K.*: Theorie der Wechselstromschaltungen – Lehrbuch. – 8. Auflage. – Berlin: Verlag Technik, 1991

[10] *Moeller, F.; Frohne, H.; Löcherer, K.-H.; Müller, H.*: Grundlagen der Elektrotechnik. – 22. Auflage. – Stuttgart: Vieweg+Teubner Verlag, 2011

[11] *Ose, R.*: Elektrotechnik für Ingenieure. Bauelemente und Grundschaltungen mit PSPICE. – 1. Auflage. – München: Fachbuchverlag Leipzig im Carl Hanser Verlag, 2007

[12] *Ose, R.*: Elektrotechnik Grundlagen. Elektrotechnik Aufbau. –Studienbriefe. ELT225. – Stuttgart: AKAD, 2014 / ELT233. – Stuttgart: AKAD, 2015 und ELT235. – Stuttgart: AKAD, 2015

[13] *Ose, R.*: Elektrische und magnetische Felder. Online-Projekt LINAVO im Hochschulverbund „Virtuelle Fachhochschulen". – Lübeck: VFH, 2018

[14] *Ose, R.*: Elektrotechnik für Ingenieure. Grundlagen (Übungsbuch). – 1. Auflage. – München: Carl Hanser Verlag, 2020

[15] *Tietze, U.; Schenk, Ch.*: Halbleiter-Schaltungstechnik. – 12. Auflage. – Berlin-Heidelberg-New York: Springer Verlag, 2002

Sachwortverzeichnis

Rainer Ose

Formelsammlung

Elektrotechnik für Ingenieure

– Grundlagen –

7. Auflage

I GLEICHSTROMLEHRE

1 Elektrische Grundgrößen

Bezeichnung	Formel	Einheit	Gl.-Nr.
Elementarladung	$e_0 \approx 1{,}602 \cdot 10^{-19}\ \mathrm{A \cdot s}$	A·s	(1.1)
Ladungsmenge	$\lvert Q \rvert = n \cdot e_0$	A·s	(1.2)
Elektrischer Strom	$i = \frac{\mathrm{d}Q}{\mathrm{d}t}$	A	(1.3)
Transportierte Ladung im Zeitraum $\Delta t = t_2 - t_1$	$\Delta Q = \int_{t_1}^{t_2} i \cdot \mathrm{d}t$	A·s	(1.4)
Elektrische Spannung	$U_{\mathrm{ab}} = \varphi_{\mathrm{a}} - \varphi_{\mathrm{b}}$	V	(1.5)
Elektrischer Widerstand (Bemessungsgleichung)	$R = \frac{l}{\kappa \cdot A} = \rho \cdot \frac{l}{A}$	Ω	(1.6)
Elektrischer Leitwert (Bemessungsgleichung)	$G = \frac{1}{R} = \frac{\kappa \cdot A}{l}$	S	(1.7)
Temperaturkoeffizient	$\alpha = \frac{\mathrm{d}R}{\mathrm{d}T} \cdot \frac{1}{R}$	K^{-1}	(1.8)
Elektrischer Widerstand (Temperaturgleichung)	$R = R_{20} \cdot (1 + \alpha \cdot \Delta T)$	Ω	(1.9)

2 Gesetze zur Berechnung elektrischer Stromkreise

Bezeichnung	Formel	Einheit	Gl.-Nr.
OHMsches Gesetz	$I = G \cdot U = \frac{U}{R}$	A	(2.1)
Gleichstromwiderstand	$R_{-} = \frac{U}{I}\Big\vert_{\mathrm{AP}}$	Ω	(2.2)
Differenzieller Widerstand	$r = \frac{\mathrm{d}U}{\mathrm{d}I}\Big\vert_{\mathrm{AP}}$	Ω	(2.3)
Maschensatz	$\sum_{\nu=1}^{n} U_{\nu} = 0$	–	(2.4)

Bezeichnung	Formel	Einheit	Gl.-Nr.
Knotenpunktsatz	$\sum_{\nu=1}^{n} I_\nu = 0$	–	(2.5)
Elektrische Energie	$W = U \cdot Q = U \cdot I \cdot t$	W·s	(2.6)
Elektrische Leistung	$P = U \cdot I = \frac{U^2}{R} = I^2 \cdot R$	W	(2.7)
Quellen- und Verbraucherleistung	$\Sigma P_\mathrm{q} = \Sigma P_\mathrm{V}$	W	(2.8)
Leistungsbilanz in beiden Zählpfeilsystemen	$\sum_{\nu=1}^{n} P_\nu = 0$	–	(2.9)

3 Lineare elektrische Gleichstromkreise

Bezeichnung	Formel	Einheit	Gl.-Nr.
Gesamtwiderstand einer Reihenschaltung	$R_\mathrm{ges} = \sum_{\nu=1}^{n} R_\nu$	Ω	(3.1)
Spannungsteilerregel a)	$\frac{U_1}{U_2} = \frac{R_1}{R_2}$	–	(3.3)
Spannungsteilerregel b)	$\frac{U_1}{U_\mathrm{ges}} = \frac{R_1}{R_\mathrm{ges}}$	–	(3.4)
Gesamtwiderstand einer Parallelschaltung	$R_\mathrm{ges} = \frac{1}{\sum_{\nu=1}^{n} \frac{1}{R_\nu}}$	Ω	(3.6)
Gesamtwiderstand zweier paralleler Widerstände	$R_\mathrm{ges} = R_1 \,//\, R_2 = \frac{R_1 \cdot R_2}{R_1 + R_2}$	Ω	(3.7)
Stromteilerregel a)	$\frac{I_1}{I_2} = \frac{R_2}{R_1}$	–	(3.9)
Stromteilerregel b)	$\frac{I_1}{I_\mathrm{ges}} = \frac{R_\mathrm{ges}}{R_1}$	–	(3.10)
Stromteilerregel c)	$\frac{I_1}{I_\mathrm{ges}} = \frac{R_2}{R_1 + R_2}$	–	(3.12)

Bezeichnung	Formel	Einheit	Gl.-Nr.
Wirkungsgrad, allgemein	$\eta = \frac{P_{ab}}{P_{zu}}$	–	(3.13)
Wirkungsgrad (Spannungsquelle)	$\eta_U = \frac{R_a}{R_i + R_a}$	–	(3.14)
Wirkungsgrad (Stromquelle)	$\eta_I = \frac{R_i}{R_i + R_a}$	–	(3.15)
Leistungsanpassung	$R_a = R_i$	Ω	(3.16)
Leistungsmaximum	$P_{a,max} = \frac{U_L^2}{4R_i} = \frac{I_K^2 \cdot R_i}{4}$	W	(3.17)
Innenwiderstand	$R_i = \frac{U_L}{I_K}$	Ω	(3.18)

4 Grundschaltungen der elektrischen Messtechnik

Bezeichnung	Formel	Einheit	Gl.-Nr.
Innenwiderstand eines Messgerätes	$R_{iM} = \frac{U_M}{I_M}$	Ω	(4.1)
Erweiterung des Spannungsmessbereiches	$R_V = R_{iM} \cdot (n-1)$	Ω	(4.2)
Erweiterung des Strommessbereiches	$R_N = \frac{R_{iM}}{n-1}$	Ω	(4.4)
Korrekturrechnung für die stromrichtige Messung	$R_x = R_x' - R_{iA}$	Ω	(4.5)
Korrekturrechnung für die spannungsrichtige Messung	$R_x = \frac{1}{\frac{1}{R_x''} - \frac{1}{R_{iV}}}$	Ω	(4.7)
WHEATSTONEsche Brückengleichung	$R_x = R_N \cdot \frac{R_1}{R_2}$	Ω	(4.10)
Ersatzwiderstand einer Dreipolschaltung	$R_{A0} = \frac{R_{AB} + R_{AC} - R_{BC}}{2}$	Ω	(4.14)
Ersatzwiderstand einer Dreipolschaltung	$R_{B0} = \frac{R_{AB} + R_{BC} - R_{AC}}{2}$	Ω	(4.13)

Bezeichnung	Formel	Einheit	Gl.-Nr.
Ersatzwiderstand einer Dreipolschaltung	$R_{C0} = \frac{R_{AC} + R_{BC} - R_{AB}}{2}$	Ω	(4.15)
Dreieck-Stern-Transformation	$R_{A0} = \frac{R_b \cdot R_c}{R_a + R_b + R_c}$	Ω	(4.16)
Dreieck-Stern-Transformation	$R_{B0} = \frac{R_a \cdot R_c}{R_a + R_b + R_c}$	Ω	(4.17)
Dreieck-Stern-Transformation	$R_{C0} = \frac{R_a \cdot R_b}{R_a + R_b + R_c}$	Ω	(4.18)
Stern-Dreieck-Transformation mit G	$G_a = \frac{G_{B0} \cdot G_{C0}}{G_{A0} + G_{B0} + G_{C0}}$	S	(4.19)
Stern-Dreieck-Transformation mit G	$G_b = \frac{G_{A0} \cdot G_{C0}}{G_{A0} + G_{B0} + G_{C0}}$	S	(4.20)
Stern-Dreieck-Transformation mit G	$G_c = \frac{G_{A0} \cdot G_{B0}}{G_{A0} + G_{B0} + G_{C0}}$	S	(4.21)
Stern-Dreieck-Transformation mit R	$R_a = \frac{R_{A0}R_{B0} + R_{B0}R_{C0} + R_{A0}R_{C0}}{R_{A0}}$		(4.22)
Stern-Dreieck-Transformation mit R	$R_b = \frac{R_{A0}R_{B0} + R_{B0}R_{C0} + R_{A0}R_{C0}}{R_{B0}}$		(4.23)
Stern-Dreieck-Transformation mit R	$R_c = \frac{R_{A0}R_{B0} + R_{B0}R_{C0} + R_{A0}R_{C0}}{R_{C0}}$		(4.24)

5 Verfahren zur Berechnung linearer Netzwerke

Bezeichnung	Formel		Einheit	Gl.-Nr.
KIRCHHOFFsche Sätze	$\sum_{\nu=1}^{n} U_\nu = 0$	$\sum_{\nu=1}^{n} I_\nu = 0$	–	(5.1)
Leerlaufspannung	$U_L = I_K \cdot R_i$		V	(5.5)

6 Stromkreise mit nichtlinearen Bauelementen

Bezeichnung	Formel	Einheit	Gl.-Nr.
Diode (I-U-Kennlinie)	$I = I_S \cdot \left(e^{\frac{U_{AK}}{U_T}} - 1\right)$	A	(6.1)
Varistor (I-U-Kennlinie)	$U = C \cdot \{I\}^{\beta}$	V	(6.2)
Widerstand eines Thermistors (NTC)	$R = a \cdot e^{b/T}$	Ω	(6.3)
Energiekonstante eines Thermistors (NTC)	$b = \frac{\ln (R_1 / R_2)}{1/T_1 - 1/T_2}$	K	(6.4)
Temperaturkoeffizient eines Thermistors (NTC)	$\alpha = -\frac{b}{T^2}$	K^{-1}	(6.5)

II Wechselstromtechnik

7 Beschreibung von Wechselgrößen

Bezeichnung	Formel	Einheit	Gl.-Nr.
Frequenz	$f = \frac{1}{T}$	Hz	(7.1)
Wechselspannung (Sinus)	$u = \hat{U} \cdot \sin(\omega t + \varphi_u)$	V	(7.2)
Wechselstrom (Sinus)	$i = \hat{I} \cdot \sin(\omega t + \varphi_i)$	A	(7.3)
Kreisfrequenz	$\omega = 2\pi \cdot f = \frac{2\pi}{T}$	s^{-1}	(7.4)
Arithmetischer Mittelwert	$\bar{I} = \frac{1}{T} \cdot \int_0^T i(t) \cdot dt$	A	(7.5)
Gleichrichtwert	$\overline{\lvert I \rvert} = \frac{1}{T} \cdot \int_0^T \lvert i(t) \rvert \cdot dt$	A	(7.6)
Gleichrichtwert (Sinus)	$\overline{\lvert I \rvert} = \frac{2}{\pi} \cdot \hat{I} \approx 0{,}637 \cdot \hat{I}$	A	(7.8)
Effektivwert	$I_{eff} = \sqrt{\frac{1}{T} \cdot \int_0^T i^2(t) \cdot dt}$	A	(7.9)

Bezeichnung	Formel	Einheit	Gl.-Nr.
Effektivwert (Sinus)	$I_{\text{eff}} = \frac{\hat{I}}{\sqrt{2}} = 0{,}707 \cdot \hat{I}$	A	(7.11)
FOURIER-Reihe	$f(t) = A_0 + \sum_{n=1}^{\infty} A_n \cos n\omega_0 t + \sum_{n=1}^{\infty} B_n \sin n\omega_0 t$		(7.13)
FOURIER-Koeffizient	$A_0 = \frac{1}{T_0} \cdot \int_0^{T_0} f(t) \cdot \mathrm{d}t$		(7.14)
FOURIER-Koeffizient	$A_n = \frac{2}{T_0} \cdot \int_0^{T_0} f(t) \cdot \cos n\omega_0 t \cdot \mathrm{d}t$		(7.15)
FOURIER-Koeffizient	$B_n = \frac{2}{T_0} \cdot \int_0^{T_0} f(t) \cdot \sin n\omega_0 t \cdot \mathrm{d}t$		(7.16)
Amplitude der n-ten Harmonischen	$\hat{U}_n = \sqrt{A_n^2 + B_n^2}$	V	(7.17)
Phasenlage der n-ten Harmonischen	$\varphi_{\text{u},n} = \arctan \frac{A_n}{B_n}$	in °	(7.18)
Klirrfaktor	$k = \frac{\sqrt{U_2^2 + U_3^2 + \ldots + U_\text{m}^2}}{\sqrt{U_1^2 + U_2^2 + U_3^2 + \ldots + U_\text{m}^2}}$	–	(7.20)

8 Widerstände im Wechselstromkreis

Bezeichnung	Formel	Einheit	Gl.-Nr.
Scheinwiderstand (Betrag der Impedanz)	$Z = \frac{U}{I} = \frac{1}{Y}$	Ω	(8.1)
Definition Phasenwinkel	$\varphi = \varphi_\text{u} - \varphi_\text{i}$	in °	(8.2)
Induktiver Blindwiderstand	$Z_\text{L} = \frac{\hat{U}}{\hat{I}} = \frac{U}{I} = \omega L$	Ω	(8.3)
Phasenwinkel des induktiven Blindwiderstandes	$\varphi = \varphi_\text{u} - \varphi_\text{i} = +90°$	in °	(8.4)

Bezeichnung	Formel	Einheit	Gl.-Nr.
Kapazitiver Blindwiderstand	$Z_C = \frac{\hat{U}}{\hat{I}} = \frac{U}{I} = \frac{1}{\omega C}$	Ω	(8.5)
Phasenwinkel des kapazitiven Blindwiderstandes	$\varphi = \varphi_u - \varphi_i = -90°$	in °	(8.6)
Definition des Verlustfaktors	$\tan\delta = d = \frac{1}{Q}$	–	(8.7)
Gesamtspannung (Betrag) des Reihenschwingkreises	$U = \sqrt{U_R^2 + (U_L - U_C)^2}$	V	(8.8)
Scheinwiderstand des Reihenschwingkreises	$Z = \sqrt{R^2 + (\omega L - \frac{1}{\omega C})^2}$	Ω	(8.9)
Phasenwinkel im Reihenschwingkreis	$\varphi = \arctan\frac{U_L - U_C}{U_R}$ $\varphi = \arctan\frac{\omega L - \frac{1}{\omega C}}{R}$	in ° in °	(8.10)
THOMSONsche Schwingungsgleichung	$f_0 = \frac{1}{2\pi \cdot \sqrt{LC}}$	Hz	(8.11)

9 Berechnung von Stromkreisen bei sinusförmiger Einspeisung

Bezeichnung	Formel	Einheit	Gl.-Nr.
Komplexer Zeiger in der kartesischen Form	$\underline{A} = \mathrm{Re}\{\underline{A}\} + \mathrm{j} \cdot \mathrm{Im}\{\underline{A}\}$	–	(9.1)
Komplexer Zeiger in der trigonometrischen Form	$\underline{A} = \lvert\underline{A}\rvert \cdot (\cos\alpha + \mathrm{j} \cdot \sin\alpha)$	–	(9.2)
Komplexer Zeiger in der Exponentialform	$\underline{A} = \lvert\underline{A}\rvert \cdot \mathrm{e}^{\mathrm{j}\alpha}$	–	(9.3)
Betrag eines komplexen Zeigers	$\lvert\underline{A}\rvert = \sqrt{\mathrm{Re}^2\{\underline{A}\} + \mathrm{Im}^2\{\underline{A}\}}$	–	(9.4)

Bezeichnung	Formel	Einheit	Gl.-Nr.
Phasenlage eines komplexen Zeigers	$\alpha = \arctan \frac{\mathrm{Im}\{\underline{A}\}}{\mathrm{Re}\{\underline{A}\}}$	–	(9.5)
Addition bzw. Subtraktion von komplexen Zeigern	$\underline{A} \pm \underline{B} = A_1 \pm B_1 + \mathrm{j} \cdot (A_2 \pm B_2)$	–	(9.6)
Multiplikation von komplexen Zeigern	$\underline{A} \cdot \underline{B} = \lvert\underline{A}\rvert \cdot \lvert\underline{B}\rvert \cdot \mathrm{e}^{\mathrm{j}(\alpha+\beta)}$	–	(9.7)
Division von komplexen Zeigern	$\frac{\underline{A}}{\underline{B}} = \frac{\lvert\underline{A}\rvert \cdot \mathrm{e}^{\mathrm{j}\alpha}}{\lvert\underline{B}\rvert \cdot \mathrm{e}^{\mathrm{j}\beta}} = \frac{\lvert\underline{A}\rvert}{\lvert\underline{B}\rvert} \mathrm{e}^{\mathrm{j}(\alpha-\beta)}$	–	(9.8)
Differenziation eines rotierenden Zeigers	$\frac{\mathrm{d}\underline{a}}{\mathrm{d}t} = \mathrm{j}\omega \cdot \underline{a}$	–	(9.9)
Integration eines rotierenden Zeigers	$\int_t \underline{a} \cdot \mathrm{d}t = \frac{\underline{a}}{\mathrm{j}\omega}$	–	(9.10)
Komplexer Widerstand (allgemein)	$\underline{Z} = \frac{\underline{U}}{\underline{I}} = \frac{1}{\underline{Y}}$	Ω	(9.11)
Komplexer Widerstand (kartesische Form)	$\underline{Z} = R + \mathrm{j} \cdot X$	Ω	(9.12)
Komplexer Widerstand (Exponentialform)	$\underline{Z} = \lvert\underline{Z}\rvert \cdot \mathrm{e}^{\mathrm{j}\varphi}$	Ω	(9.13)
Betrag des komplexen Widerstandes	$\lvert\underline{Z}\rvert = \sqrt{R^2 + X^2}$	Ω	(9.14)
Phasenwinkel des komplexen Widerstandes	$\varphi = \arctan \frac{X}{R}$	in °	(9.15)
Zeiger des ohmschen Widerstandes	$\underline{Z}_\mathrm{R} = R$	Ω	(9.16)
Zeiger des induktiven Blindwiderstandes	$\underline{Z}_\mathrm{L} = \mathrm{j}\omega L = \mathrm{j}X_\mathrm{L}$	Ω	(9.17)
Zeiger des kapazitiven Blindwiderstandes	$\underline{Z}_\mathrm{C} = \frac{1}{\mathrm{j}\omega C} = -\mathrm{j}\frac{1}{\omega C} = \mathrm{j}X_\mathrm{C}$	Ω	(9.18)

Bezeichnung	Formel	Einheit	Gl.-Nr.
Komplexer Leitwert (allgemein)	$\underline{Y} = \frac{\underline{I}}{\underline{U}} = \frac{1}{\underline{Z}}$	S	(9.19)
Radius eines Inversionskreises	$r_0 = \sqrt{\frac{1}{M_Z \cdot M_Y}}$	m	(9.24)
Darstellung einer Ortskurve	$\mathrm{Im}\,\{\underline{A}\} = f(\mathrm{Re}\,\{\underline{A}\})$	–	(9.25)
Realteil von $\underline{Z}_p$ bei einer Umrechnung RS → PS	$R_p = \frac{R_r^2 + X_r^2}{R_r}$	Ω	(9.26)
Imaginärteil von $\underline{Z}_p$ (Umrechnung RS → PS)	$X_p = \frac{R_r^2 + X_r^2}{X_r}$	Ω	(9.26)
Realteil von $\underline{Z}_r$ bei einer Umrechnung PS → RS	$R_r = \frac{R_p \cdot X_p^2}{R_p^2 + X_p^2}$	Ω	(9.27)
Imaginärteil von $\underline{Z}_r$ (Umrechnung PS → RS)	$X_r = \frac{R_p^2 \cdot X_p}{R_p^2 + X_p^2}$	Ω	(9.27)
Komplexer Widerstand (abgeglichene Brücke)	$\underline{Z}_x = \underline{Z}_N \cdot \frac{\underline{Z}_1}{\underline{Z}_2}$	Ω	(9.28)
Realteil von $\underline{Z}_x$ (abgeglichene Brücke)	$R_x = R_N \cdot \frac{R_1}{R_2}$	Ω	(9.29)
Imaginärteil von $\underline{Z}_x$ (abgeglichene Brücke)	$X_x = X_N \cdot \frac{R_1}{R_2}$	Ω	(9.30)
Betrag von $\underline{Z}_x$ (abgeglichene Brücke)	$\lvert\underline{Z}_x\rvert = \lvert\underline{Z}_N\rvert \cdot \frac{\lvert\underline{Z}_1\rvert}{\lvert\underline{Z}_2\rvert}$	Ω	(9.31)
Phasenwinkel von $\underline{Z}_x$ (abgeglichene Brücke)	$\varphi_x = \varphi_N + \varphi_1 - \varphi_2$	in °	(9.32)
Verlustwiderstand (Induktivitätsmessbrücke)	$R_x = \frac{R_N \cdot R_1}{R_2}$	Ω	(9.33)
Induktivität (Induktivitätsmessbrücke)	$L_x = C_2 \cdot R_1 \cdot R_N$	H	(9.34)

RS: Reihenschaltung PS: Parallelschaltung

Bezeichnung	**Formel**	Einheit	Gl.-Nr.
Kapazität (Kapazitätsmessbrücke)	$C_x = C_N \cdot \frac{R_2}{R_1}$	F	(9.35)
Verlustfaktor (Kapazitätsmessbrücke)	$d_x = \tan \delta_x = \omega C_2 \cdot R_2$	–	(9.37)

10 Frequenzabhängigkeit der Wechselstromkreise

Bezeichnung	Formel	Einheit	Gl.-Nr.
Komplexer Frequenzgang	$\underline{F}(j\omega) = \frac{\underline{U}_a(j\omega)}{\underline{U}_e(j\omega)}$	–	(10.1)
Betrag eines komplexen Frequenzganges	$\lvert \underline{F}(j\omega) \rvert = A(\omega)$	–	(10.2)
Argument eines komplexen Frequenzganges	$\arg[\underline{F}(j\omega)] = \varphi(\omega)$	–	(10.3)
Ortskurve eines komplexen Frequenzganges	$\mathrm{Im}\{\underline{F}\} = f\ [\mathrm{Re}\{\underline{F}\}]$	–	(10.4)
Grenzfrequenz eines Tief- oder Hochpasses	$f_g = \frac{\omega_g}{2\pi} = \frac{1}{2\pi \cdot R \cdot C}$	Hz	(10.5) (10.6)
Kennwiderstand eines Schwingkreises	$Z_0 = \sqrt{\frac{L}{C}}$	Ω	(10.7)
Güte eines Reihenschwingkreises	$Q_S = \frac{Z_0}{R_S} = \frac{1}{R_S} \cdot \sqrt{\frac{L}{C}}$	–	(10.8)
Bandbreite	$B = f_{go} - f_{gu}$	Hz	(10.11)
Bandbreite	$B = \frac{f_0}{Q}$	Hz	(10.12)
Grenzfrequenzen eines Reihenschwingkreises	$f_g = \frac{\pm f_0 + f_0\sqrt{1+4Q^2}}{2Q}$	Hz	(10.13) (10.14)
Spannungsüberhöhung	$\lvert \underline{U}_{L0} \rvert = \lvert \underline{U}_{C0} \rvert = Q \cdot U_q$	V	(10.15)
Normierte Frequenz	$\Omega = \frac{\omega}{\omega_0} = \frac{f}{f_0}$	–	(10.16)

Bezeichnung	Formel	Einheit	Gl.-Nr.
Strompegel	$\frac{\lvert \underline{A}^* \rvert}{\text{dB}} = 20 \cdot \lg \frac{I_x}{I_{x,max}}$	dB	(10.18)
Spannungspegel	$\frac{\lvert \underline{A}^* \rvert}{\text{dB}} = 20 \cdot \lg \frac{U_x}{U_{x,max}}$	dB	(10.18)
$\underline{A}$-Matrix (Kettenschaltung)	$(\underline{A}) = (\underline{A})_1 \cdot (\underline{A})_2$	–	(10.21)
Kettenparameter	$\underline{U}_1 = \underline{A}_{11} \cdot \underline{U}_2 + \underline{A}_{12} \cdot \underline{I}_2$ $\underline{I}_1 = \underline{A}_{21} \cdot \underline{U}_2 + \underline{A}_{22} \cdot \underline{I}_2$	V A	(10.22)
Leerlaufspannungs-rückwirkung	$\underline{A}_{11} = \frac{\underline{U}_1}{\underline{U}_2}\Big\rvert_{(\underline{I}_2=0)}$	–	(10.23)
Kurzschlussübertragungs-widerstand	$\underline{A}_{12} = \frac{\underline{U}_1}{\underline{I}_2}\Big\rvert_{(\underline{U}_2=0)}$	Ω	(10.24)
Leerlaufübertragungs-leitwert	$\underline{A}_{21} = \frac{\underline{I}_1}{\underline{U}_2}\Big\rvert_{(\underline{I}_2=0)}$	S	(10.25)
Kurzschlussstrom-rückwirkung	$\underline{A}_{22} = \frac{\underline{I}_1}{\underline{I}_2}\Big\rvert_{(\underline{U}_2=0)}$	–	(10.26)

11 Leistungsbetrachtungen im Wechselstromkreis

Bezeichnung	Formel	Einheit	Gl.-Nr.
Zeitfunktion der Leistung	$p(t) = u(t) \cdot i(t)$	W	(11.1)
Wirkleistung	$P = \frac{1}{T} \cdot \int_0^T u(t) \cdot i(t) \cdot \mathrm{d}t$	W	(11.3)
Wirkleistung	$P = U \cdot I \cdot \cos\varphi$	W	(11.4)
Blindleistung	$Q = U \cdot I \cdot \sin\varphi$	var	(11.5)
Scheinleistung	$S = \sqrt{P^2 + Q^2}$	V·A	(11.6)
Scheinleistung	$S = U \cdot I$	V·A	(11.7)

Bezeichnung	Formel	Einheit	Gl.-Nr.
Komplexe Leistung	$\underline{S} = P + \mathrm{j}Q$	V·A	(11.8)
Komplexe Leistung	$\underline{S} = \underline{U} \cdot \underline{I}^* = \lvert \underline{S} \rvert \cdot \mathrm{e}^{\mathrm{j}\varphi}$	V·A	(11.9)
Wirkleistung (Reihenschaltung)	$P = \lvert \underline{I} \rvert^2 \cdot R$	W	(11.10)
Blindleistung (Reihenschaltung)	$Q = \lvert \underline{I} \rvert^2 \cdot X$	var	(11.11)
Wirkleistung (Parallelschaltung)	$P = \frac{\lvert \underline{U} \rvert^2}{R}$	W	(11.12)
Blindleistung (Parallelschaltung)	$Q = \frac{\lvert \underline{U} \rvert^2}{X}$	var	(11.13)
Leistungsfaktor	$\cos\varphi = \frac{P}{S}$	–	(11.14)
Scheinleistung nach einer Kompensation	$S_{\mathrm{K}} = \sqrt{P^2 + (Q_{\mathrm{L}} - Q_{\mathrm{CK}})^2}$	V·A	(11.15)
Leistungsfaktor nach einer Kompensation	$\cos\varphi_{\mathrm{K}} = \frac{P}{S_{\mathrm{K}}}$	–	(11.16)

12 Dreiphasensysteme

Bezeichnung	Formel	Einheit	Gl.-Nr.
Phasenoperator	$\underline{a} = \mathrm{e}^{\mathrm{j}\,120°}$	–	(12.1)
Umrechnung des Phasenoperators	$\underline{a} = \cos 120° + \mathrm{j}\sin 120°$ $\underline{a} = -\frac{1}{2} + \mathrm{j}\frac{\sqrt{3}}{2}$	–	(12.2)
Strangspannung L1 – M	$\underline{U}_{1\mathrm{M}} = \lvert \underline{U}_{\mathrm{S}} \rvert \cdot \mathrm{e}^{\mathrm{j}0°}$	V	(12.3)
Strangspannung L2 – M	$\underline{U}_{2\mathrm{M}} = \lvert \underline{U}_{\mathrm{S}} \rvert \cdot \mathrm{e}^{\mathrm{j}240°}$	V	(12.4)
Strangspannung L3 – M	$\underline{U}_{3\mathrm{M}} = \lvert \underline{U}_{\mathrm{S}} \rvert \cdot \mathrm{e}^{\mathrm{j}120°}$	V	(12.5)

Bezeichnung	Formel	Einheit	Gl.-Nr.
Leiterspannung L1 – L2	$\underline{U}_{12} = \lvert\underline{U}_S\rvert \cdot \sqrt{3} \cdot e^{j30°}$	V	(12.6)
Leiterspannung L2 – L3	$\underline{U}_{23} = \lvert\underline{U}_S\rvert \cdot \sqrt{3} \cdot e^{-j90°}$	V	(12.7)
Leiterspannung L3 – L1	$\underline{U}_{31} = \lvert\underline{U}_S\rvert \cdot \sqrt{3} \cdot e^{j150°}$	V	(12.8)
Betrag einer Leiterspannung (allgemein)	$\lvert\underline{U}_L\rvert = \lvert\underline{U}_S\rvert \cdot \sqrt{3}$	V	(12.9)
Σ aller Strangspannungen	$\sum \underline{U}_S = 0$	V	(12.10)
Σ aller Leiterspannungen	$\sum \underline{U}_L = 0$	V	(12.11)
Leiterstrom L1 (bei Symm.)	$\underline{I}_1 = I_S \cdot \sqrt{3} \cdot e^{j0°}$	A	(12.15)
Leiterstrom L2 (bei Symm.)	$\underline{I}_2 = I_S \cdot \sqrt{3} \cdot e^{-j120°}$	A	(12.16)
Leiterstrom L3 (bei Symm.)	$\underline{I}_3 = I_S \cdot \sqrt{3} \cdot e^{j120°}$	A	(12.17)
Betrag eines Leiterstromes (allgemein)	$\lvert\underline{I}_L\rvert = \lvert\underline{I}_S\rvert \cdot \sqrt{3}$	A	(12.18)
Verbraucher-Strangstrom	$\underline{I}_{12} = I_S \cdot e^{j30°}$	A	(12.19)
Verbraucher-Strangstrom	$\underline{I}_{23} = I_S \cdot e^{-j90°}$	A	(12.20)
Verbraucher-Strangstrom	$\underline{I}_{31} = I_S \cdot e^{j150°}$	A	(12.21)
Komplexe Leistung des Generatorstranges L1 – M	$\underline{S}_{1M} = \underline{U}_{1M} \cdot \underline{I}_1^*$	V·A	(12.22)
Komplexe Leistung des Generatorstranges L2 – M	$\underline{S}_{2M} = \underline{U}_{2M} \cdot \underline{I}_2^*$	V·A	(12.23)
Komplexe Leistung des Generatorstranges L3 – M	$\underline{S}_{3M} = \underline{U}_{3M} \cdot \underline{I}_3^*$	V·A	(12.24)
Komplexe Leistung eines Verbraucherstranges	$\underline{S}_{12} = \underline{U}_{12} \cdot \underline{I}_{12}^*$	V·A	(12.25)
Komplexe Leistung eines Verbraucherstranges	$\underline{S}_{23} = \underline{U}_{23} \cdot \underline{I}_{23}^*$	V·A	(12.26)
Komplexe Leistung eines Verbraucherstranges	$\underline{S}_{31} = \underline{U}_{31} \cdot \underline{I}_{31}^*$	V·A	(12.27)

Bezeichnung	Formel	Einheit	Gl.-Nr.
Leistungsbilanz	$\underline{S}_{\mathrm{G}} = \underline{S}_{\mathrm{V}}$	V·A	(12.28)
Gesamtwirkleistung bei symmetrischer Last	$P_{\mathrm{ges}} = \sqrt{3} \cdot U_{\mathrm{L}} \cdot I_{\mathrm{L}} \cdot \cos\varphi$	W	(12.30)

III Elektrische und magnetische Felder

13 Feldbegriff

Bezeichnung	Abkürzung
Stationäres elektrische Strömungsfeld	SESF
Elektrostatisches Feld	ESF
Stationäres magnetisches Feld	SMF
Zeitlich veränderliches magnetisches Feld	ZVMF

14 Stationäres elektrisches Strömungsfeld

Bezeichnung	Formel	Einheit	Gl.-Nr.
Definition des Potentials in einem Feldpunkt FP	$\varphi_{\mathrm{FP}} = \frac{W_{\mathrm{FP}}}{Q_{\mathrm{FP}}}$	V	(14.1)
Elektrische Feldstärke	$\vec{E} = -\operatorname{grad}(\varphi)$	$\frac{\mathrm{V}}{\mathrm{m}}$	(14.2)
Elektrisches Potential	$\varphi = -\int_{s} \vec{E} \cdot \mathrm{d}\vec{s}$	V	(14.3)
Berechnung des Potentials in einem Feldpunkt FPx	$\varphi_{\mathrm{FPx}} = -\int_{\mathrm{P_B}}^{\mathrm{FPx}} \vec{E} \cdot \mathrm{d}\vec{s}$	V	(14.4)
Elektrische Stromdichte	$J = \frac{\mathrm{d}I}{\mathrm{d}A_{\perp}}$	$\frac{\mathrm{A}}{\mathrm{m}^2}$	(14.5)
Vektor der elektrischen Stromdichte	$\vec{J} = \kappa \cdot \vec{E}$	$\frac{\mathrm{A}}{\mathrm{m}^2}$	(14.7)
Leistungsdichte	$p = \frac{\mathrm{d}P}{\mathrm{d}V} = \vec{E} \cdot \vec{J}$	$\frac{\mathrm{W}}{\mathrm{m}^3}$	(14.8)

Bezeichnung	Formel	Einheit	Gl.-Nr.
Linienintegral der elektrischen Feldstärke	$U_{ab}=\int_a^b \vec{E}\cdot d\vec{s}$	V	(14.9)
Umlaufintegral der elektrischen Feldstärke	$\oint \vec{E}\cdot d\vec{s}=0$	–	(14.10)
Flächenintegral der elektrischen Stromdichte	$I=\int_A \vec{J}\cdot d\vec{A}$	A	(14.11)
Kontinuitätsgleichung (stationäres Strömungsfeld)	$\oint_{A=\text{Hülle}(V)} \vec{J}\cdot d\vec{A}=0$	–	(14.12)
Potential im kugel-symmetrischen SESF	$\varphi(r)=\frac{I_0}{4\pi\cdot\kappa_{Feld}\cdot r}$	V	(14.14)
Potential im zylinder-symmetrischen SESF	$\varphi(r)=\frac{I_0}{2\pi\cdot\kappa_{Feld}\cdot l}\cdot\ln\frac{r_a}{r}$	V	(14.17)

15 Elektrostatisches Feld

Bezeichnung	Formel	Einheit	Gl.-Nr.
Permittivität	$\varepsilon=\varepsilon_0\cdot\varepsilon_r$	$\frac{A\cdot s}{V\cdot m}$	(15.1)
Elektrische Feldkonstante	$\varepsilon_0=8{,}854\cdot 10^{-12}\frac{A\cdot s}{V\cdot m}$	$\frac{A\cdot s}{V\cdot m}$	(15.2)
Raumladungsdichte	$\rho=\frac{dQ}{dV}$	$\frac{A\cdot s}{m^3}$	(15.3)
Raumladung	$Q=\int_V \rho\cdot dV$	A·s	(15.4)
Flächenladungsdichte	$\sigma=\frac{dQ}{dA}$	$\frac{A\cdot s}{m^2}$	(15.5)
Flächenladung	$Q(A)=\int_A \sigma\cdot dA$	A·s	(15.6)
Linienladungsdichte	$\lambda=\frac{dQ}{dl}$	$\frac{A\cdot s}{m}$	(15.7)
Linienladung	$Q(l)=\int_l \lambda\cdot dl$	A·s	(15.8)

Bezeichnung	Formel	Einheit	Gl.-Nr.
Ladungserhaltungssatz	$\sum_{\nu=1}^{n} Q_\nu = \int_{V_{aS}} \rho \cdot \mathrm{d}V = \text{const.}$	A·s	(15.9)
Ladungsgesetz	$Q = C \cdot U$	A·s	(15.10)
Definition der Kapazität	$C = \frac{Q}{U} = \varepsilon \cdot \frac{A}{d}$	$\frac{\mathrm{A \cdot s}}{\mathrm{V}} = \mathrm{F}$	(15.11)
Elektrische Flussdichte (Verschiebungsflussdichte)	$D = \frac{\mathrm{d}\Psi}{\mathrm{d}A_\perp}$	$\frac{\mathrm{A \cdot s}}{\mathrm{m}^2}$	(15.12)
Hüllenintegral der elektrischen Flussdichte	$Q = \oint_A \vec{D} \cdot \mathrm{d}\vec{A} = \int_V \rho \cdot \mathrm{d}V$	A·s	(15.14)
Vektor der elektrischen Flussdichte	$\vec{D} = \varepsilon \cdot \vec{E}$	$\frac{\mathrm{A \cdot s}}{\mathrm{m}^2}$	(15.16)
Kapazität eines Plattenkondensators	$C = \varepsilon \cdot \frac{A}{d}$	F	(15.17)
Brechungsgesetz	$\frac{\tan\alpha_1}{\tan\alpha_2} = \frac{\varepsilon_1}{\varepsilon_2}$	–	(15.19)
Potential im kugel-symmetrischen ESF	$\varphi(r) = \frac{Q_0}{4\pi \cdot \varepsilon \cdot r}$	V	(15.20)
Kapazität eines Kugelkondensators	$C_{\mathrm{ia}} = \frac{4\pi \cdot \varepsilon \cdot r_\mathrm{i} \cdot r_\mathrm{a}}{r_\mathrm{a} - r_\mathrm{i}}$	F	(15.21)
Kapazität eines Zylinderkondensators	$C_{\mathrm{ia}} = \frac{2\pi \cdot \varepsilon \cdot l}{\ln \frac{r_\mathrm{a}}{r_\mathrm{i}}}$	F	(15.22)
Potential im zylinder-symmetrischen ESF	$\varphi = -\frac{Q}{2\pi \cdot \varepsilon \cdot l} \int_{(r)} \frac{1}{r} \cdot \mathrm{d}r$	V	(15.23)
Energie des elektrostatischen Feldes	$W_{\mathrm{el}} = \frac{C}{2} \cdot U_\mathrm{C}^2 = \frac{Q^2}{2C}$	W·s	(15.24)
Energiedichte im elektrostatischen Feld	$\frac{\mathrm{d}W_{\mathrm{el}}}{\mathrm{d}V} = \frac{D \cdot E}{2} = \frac{D^2}{2\varepsilon}$	$\frac{\mathrm{W \cdot s}}{\mathrm{m}^3}$	(15.25)

Bezeichnung	Formel	Einheit	Gl.-Nr.
COULOMBsches Gesetz	$\vec{F}_C = Q \cdot \vec{E}$	$\frac{W \cdot s}{m} = N$	(15.26)
Betrag der Kraft zwischen zwei Punktladungen	$\mid \vec{F}_{12} \mid = \frac{Q_1 \cdot Q_2}{4\pi \cdot \varepsilon \cdot a^2}$	N	(15.27)
Kraft auf eine Trennfläche	$F = \frac{U^2}{2} \cdot \frac{dC}{dx}$	N	(15.28)

16 Elektrisches Verhalten des Kondensators

Bezeichnung	Formel	Einheit	Gl.-Nr.
Gesamtkapazität einer Reihenschaltung	$C_{ges} = \frac{1}{\sum_{\nu=1}^{n} \frac{1}{C_\nu}}$	$\frac{A \cdot s}{V} = F$	(16.2)
Gesamtkapazität zweier Kondensatoren in Reihe	$C_{ges} = C_1 \mid C_2 = \frac{C_1 \cdot C_2}{C_1 + C_2}$	F	(16.3)
Kapazitiver Spannungsteiler a)	$\frac{U_1}{U_2} = \frac{C_2}{C_1}$	–	(16.5)
Kapazitiver Spannungsteiler b)	$\frac{U_1}{U_{ges}} = \frac{C_{ges}}{C_1}$	–	(16.6)
Kapazitiver Spannungsteiler c)	$\frac{U_1}{U_{ges}} = \frac{C_2}{C_1 + C_2}$	–	(16.8)
Gesamtkapazität zweier paralleler Kondensatoren	$C_{ges} = C_1 + C_2$	F	(16.9)
Gesamtkapazität einer Parallelschaltung	$C_{ges} = \sum_{\nu=1}^{n} C_\nu$	F	(16.10)
Kapazitiver Ladungsteiler a)	$\frac{Q_1}{Q_2} = \frac{C_1}{C_2}$	–	(16.12)
Kapazitiver Ladungsteiler b)	$\frac{Q_1}{Q_{ges}} = \frac{C_1}{C_{ges}}$	–	(16.13)

Bezeichnung	Formel	Einheit	Gl.-Nr.
Zeitfunktion des Kondensatorstromes	$i_C = C \cdot \frac{du_C}{dt}$	A	(16.15)
Zeitkonstante	$\tau = R \cdot C$	s	(16.16)
Spannungsverlauf beim Aufladen	$u_{CA} = U_q \cdot \left(1 - e^{-\frac{t}{\tau}}\right)$	V	(16.18)
Stromverlauf beim Aufladen	$i_{CA} = \frac{U_q}{R} \cdot e^{-\frac{t}{\tau}} = I_0 \cdot e^{-\frac{t}{\tau}}$	A	(16.19)
Spannungsverlauf beim Entladen	$u_{CE} = U_q \cdot e^{-\frac{t}{\tau}}$	V	(16.20)
Stromverlauf beim Entladen	$i_{CE} = -I_0 \cdot e^{-\frac{t}{\tau}}$	A	(16.21)
Halbwertszeit	$t_H = 0{,}693 \cdot \tau$	s	(16.22)
Spannungsverlauf beim Umschalten	$u_C = U_\infty - (U_\infty - U_0^*) \cdot e^{-\frac{t}{\tau}}$	V	(16.23)
Stromverlauf beim Umschalten	$i_C = \frac{U_\infty - U_0^*}{R} \cdot e^{-\frac{t}{\tau}}$	A	(16.24)
Ladungsbilanz	$U_\infty = U_0 + \frac{1}{C}\int_0^\infty i_C \cdot dt$	V	(16.25)
Verschobene Ladung	$\Delta Q = Q_\infty - Q_0$	A·s	(16.26)
Summe der Ladungen	$\sum Q_\infty = \sum Q_0$	A·s	(16.31)

17 Stationäres magnetisches Feld

Bezeichnung	Formel	Einheit	Gl.-Nr.
Permeabilität	$\mu = \mu_0 \cdot \mu_r$	$\frac{V \cdot s}{A \cdot m}$	(17.1)
Magnetische Feldkonstante	$\mu_0 = 0{,}4 \cdot \pi \cdot 10^{-6} \frac{V \cdot s}{A \cdot m}$	$\frac{V \cdot s}{A \cdot m}$	(17.2)

Bezeichnung	Formel	Einheit	Gl.-Nr.
Durchflutung	$\Theta = I \cdot N = \sum_{\nu=1}^{n} I_\nu$	A	(17.3)
Magnetischer Leitwert	$\Lambda = \frac{1}{R_\text{m}} = \mu \cdot \frac{A}{s}$	$\frac{\text{V} \cdot \text{s}}{\text{A}}$	(17.4)
Magnetischer Fluss	$\Phi = \Lambda \cdot \Theta = \frac{\Theta}{R_\text{m}}$	$\text{V} \cdot \text{s}$	(17.5)
Durchflutungsgesetz	$\Theta = \oint \vec{H} \cdot \text{d}\vec{s}$	A	(17.6)
Magnetische Feldstärke im homogenen Feld	$H = \frac{\Theta}{s}$	$\frac{\text{A}}{\text{m}}$	(17.7)
Magnetische Flussdichte	$B = \frac{\text{d}\Phi}{\text{d}A_\perp}$	$\frac{\text{V} \cdot \text{s}}{\text{m}^2} = \text{T}$	(17.8)
Vektor der magnetischen Flussdichte	$\vec{B} = \mu \cdot \vec{H}$	$\frac{\text{V} \cdot \text{s}}{\text{m}^2}$	(17.9)
Flächenintegral der magnetischen Flussdichte	$\Phi = \int_A \vec{B} \cdot \text{d}\vec{A}$	$\text{V} \cdot \text{s}$	(17.10)
Durchflutungsgesetz im homogenen SMF	$\sum \Theta = \sum H \cdot s$	A	(17.11)
Schnittpunkt der LSG mit der *B*-Achse (MK)	$H_\text{E} = 0\text{:} \quad B* = I_\text{E} \cdot N \cdot \frac{\mu_0}{\delta}$	$\frac{\text{V} \cdot \text{s}}{\text{m}^2}$	(17.12)
Schnittpunkt der LSG mit der *H*-Achse (MK)	$B = 0\text{:} \quad H_\text{E}^* = \frac{I_\text{E} \cdot N}{s_\text{E}}$	$\frac{\text{A}}{\text{m}}$	(17.13)
Radialsymmetrischer Feldstärkeverlauf	$H(r) = \frac{I(r)}{2\pi \cdot r}$	$\frac{\text{A}}{\text{m}}$	(17.14)
Verketteter magn. Fluss	$\Psi = N \cdot \Phi$	$\text{V} \cdot \text{s}$	(17.15)
Induktivität	$L = \frac{\Psi}{I} = \frac{N^2}{R_\text{m}} = N^2 \cdot \Lambda$	$\frac{\text{V} \cdot \text{s}}{\text{A}} = \text{H}$	(17.16)
Magnetische Energie	$W_\text{m} = \frac{L}{2} \cdot I^2$	$\text{W} \cdot \text{s}$	(17.17)
Magnetische Energie (homogenes SMF)	$W_\text{m} = \frac{B \cdot H}{2} \cdot A \cdot s$	$\text{W} \cdot \text{s}$	(17.18)

Bezeichnung	Formel	Einheit	Gl.-Nr.
LORENTZ-Kraft	$\vec{F}_\mathrm{L} = Q \cdot (\vec{v} \times \vec{B})$	$\frac{\mathrm{W \cdot s}}{\mathrm{m}} = \mathrm{N}$	(17.19)
Betrag der Kraft auf einen stromdurchflossenen Leiter	$F_\mathrm{L} = B_\perp \cdot I \cdot l_\mathrm{w}$	N	(17.20)
Kraft zwischen zwei stromdurchflossenen Leitern	$\lvert \vec{F}_{12} \rvert = \frac{I_1 \cdot I_2 \cdot \mu_0 \cdot l_\mathrm{w}}{2\pi \cdot a}$	N	(17.21)
HALL-Spannung	$U_\mathrm{H} = K_\mathrm{H} \cdot \frac{B \cdot I_\mathrm{S}}{d}$	V	(17.22)
Induktivität einer Leitung	$L_\mathrm{ges} = \frac{\mu_0 \cdot l}{2\pi}\left[\ln\left(\frac{r}{r_0}\right) + \frac{1}{4}\right]$	$\frac{\mathrm{V \cdot s}}{\mathrm{A}} = \mathrm{H}$	(17.23)

18 Zeitlich veränderliches magnetisches Feld

Bezeichnung	Formel	Einheit	Gl.-Nr.
Induktionsspannung (allgemeine Definition)	$U_\mathrm{ind} = -\int_\mathrm{a}^\mathrm{b} (\vec{v} \times \vec{B}) \cdot \mathrm{d}\vec{l}$	V	(18.1)
Induktionsspannung ($\vec{B} \perp \vec{v}$)	$U_\mathrm{ind} = B_\perp \cdot l_\mathrm{w} \cdot v$	V	(18.2)
Induktionsspannung bei Bewegungsinduktion	$u_\mathrm{ind}(t) = B \cdot l_\mathrm{w} \cdot v \cdot \sin\alpha$	V	(18.3)
Induktionsspannung bei Ruheinduktion	$u_\mathrm{ind} = -N \cdot \frac{\mathrm{d}\Phi}{\mathrm{d}t}$	V	(18.4)
Selbstinduktionsspannung	$u_\mathrm{ind} = -L \cdot \frac{\mathrm{d}i}{\mathrm{d}t}$	V	(18.5)
Kopplungsfaktor	$k = \sqrt{k_1 \cdot k_2}$	–	(18.6)
Gegeninduktivität	$M = k \cdot \sqrt{L_1 \cdot L_2}$	$\frac{\mathrm{V \cdot s}}{\mathrm{A}} = \mathrm{H}$	(18.8)
Transformatorgleichungen (Symmetr. Zählpfeilsystem)	$u_1 = L_1 \cdot \frac{\mathrm{d}i_1}{\mathrm{d}t} + M \cdot \frac{\mathrm{d}i_2}{\mathrm{d}t}$ $u_2 = M \cdot \frac{\mathrm{d}i_1}{\mathrm{d}t} + L_2 \cdot \frac{\mathrm{d}i_2}{\mathrm{d}t}$	V	(18.13) (18.14)

19 Elektrisches Verhalten der Spule

Bezeichnung	Formel	Einheit	Gl.-Nr.
Gesamtinduktivität zweier unverkoppelter Spulen (RS)	$L_{\text{ges}}=L_1+L_2$	$\frac{\text{V}\cdot\text{s}}{\text{A}}=\text{H}$	(19.1)
Gesamtinduktivität zweier unverkoppelter Spulen (PS)	$L_{\text{ges}}=\frac{L_1 \cdot L_2}{L_1+L_2}=L_1 // L_2$	H	(19.2)
Gesamtinduktivität zweier verkoppelter Spulen (RS)	$L_{\text{ges}}=L_1+L_2+2M$	H	(19.3)
Gesamtinduktivität zweier verkoppelter Spulen (PS)	$L_{\text{ges}}=\frac{L_1 \cdot L_2 - M^2}{L_1+L_2-2M}$	H	(19.5)
Ersatzinduktivität (T–Schaltung)	$L_{\text{A}}=L_1-M$	H	(19.6)
Ersatzinduktivität (T–Schaltung)	$L_{\text{B}}=L_2-M$	H	(19.7)
Ersatzinduktivität (T–Schaltung)	$L_{\text{C}}=M$	H	(19.8)
Ersatzinduktivität (Π–Schaltung)	$L_{\text{x}}=\frac{L_1 \cdot L_2 - M^2}{L_2-M}$	H	(19.9)
Ersatzinduktivität (Π–Schaltung)	$L_{\text{y}}=\frac{L_1 \cdot L_2 - M^2}{L_1-M}$	H	(19.10)
Ersatzinduktivität (Π–Schaltung)	$L_{\text{z}}=\frac{L_1 \cdot L_2 - M^2}{M}$	H	(19.11)
Zeitkonstante	$\tau=\frac{L}{R}$	s	(19.12)
Stromverlauf beim Aufmagnetisieren	$i_{\text{LA}}=I_\infty \cdot \left(1-\text{e}^{-\frac{t}{\tau}}\right)$	A	(19.14)
Spannungsverlauf beim Aufmagnetisieren	$u_{\text{LA}}=I_\infty \cdot R \cdot \text{e}^{-\frac{t}{\tau}}$	V	(19.15)
Stromverlauf beim Entmagnetisieren	$i_{\text{LE}}=I_\infty \cdot \text{e}^{-\frac{t}{\tau}}$	A	(19.16)
Spannungsverlauf beim Entmagnetisieren	$u_{\text{LE}}=-I_\infty \cdot R \cdot \text{e}^{-\frac{t}{\tau}}$	V	(19.17)

RS: Reihenschaltung PS: Parallelschaltung

Bezeichnung	Formel	Einheit	Gl.-Nr.
Stromverlauf beim Ummagnetisieren	$i_\mathrm{L} = I_\infty - (I_\infty - I_0^*) \cdot \mathrm{e}^{-\frac{t}{\tau}}$	A	(19.18)
Spannungsverlauf beim Ummagnetisieren	$u_\mathrm{L} = R \cdot (I_\infty - I_0^*) \cdot \mathrm{e}^{-\frac{t}{\tau}}$	V	(19.19)
Übersetzungsverhältnis	$\ddot{u} = \frac{\lvert \underline{U}_1 \rvert}{\lvert \underline{U}_2 \rvert} = \frac{\lvert \underline{I}_2 \rvert}{\lvert \underline{I}_1 \rvert}$	–	(19.20) (19.21)
Scheinwiderstands-übersetzung	$\underline{Z}_{\mathrm{aÜ}} = \ddot{u}^2 \cdot \underline{Z}_\mathrm{a}$	Ω	(19.22)
Übersetzungsverhältnis beim VST	$\ddot{u} = \frac{N_1}{N_2} = \sqrt{\frac{L_1}{L_2}}$	–	(19.23)
Transformator-Gleichungen (Ketten-Zählpfeilsystem)	$\underline{U}_1 = \mathrm{j}\omega L_1 \cdot \underline{I}_1 - \mathrm{j}\omega M \cdot \underline{I}_2$ $\underline{U}_2 = \mathrm{j}\omega M \cdot \underline{I}_1 - \mathrm{j}\omega L_2 \cdot \underline{I}_2$	V	(19.24)

20 Wechselwirkungen

Bezeichnung	Formel	Einheit	Gl.-Nr.
Konvektionsstromdichte	$\vec{J}_\mathrm{k} = \rho \cdot \vec{v}_\mathrm{d}$	$\frac{\mathrm{A}}{\mathrm{m}^2}$	(20.1)
Dichte des Feldstroms	$\vec{J}_\mathrm{F} = \kappa \cdot \vec{E}$	$\frac{\mathrm{A}}{\mathrm{m}^2}$	(20.3)
Diffusionsstromdichte	$\vec{J}_\mathrm{D} = -q \cdot D \cdot \mathrm{grad}(n)$	$\frac{\mathrm{A}}{\mathrm{m}^2}$	(20.4)
Ladungsträgerkonzentration	$n = \frac{\mathrm{d}N}{\mathrm{d}V}$	$\frac{1}{\mathrm{m}^3}$	(20.6)
Betrag der Verschiebungsstromdichte	$J_\mathrm{V} = \frac{\mathrm{d}I_\mathrm{V}}{\mathrm{d}A_\perp}$	$\frac{\mathrm{A}}{\mathrm{m}^2}$	(20.7)
Verschiebungsstrom	$I_\mathrm{V} = \int_{(A)} \vec{J}_\mathrm{V} \cdot \mathrm{d}\vec{A}$	A	(20.8)

Bezeichnung	Formel	Einheit	Gl.-Nr.
Verschiebungsstromdichte	$\vec{J}_V = \frac{d\vec{D}}{dt} = \varepsilon \cdot \frac{d\vec{E}}{dt}$	$\frac{A}{m^2}$	(20.9)
1. MAXWELLsche Gleichung	$\oint_s \vec{H} \cdot d\vec{s} = \int_A (\vec{J}_k + \frac{\partial \vec{D}}{\partial t}) \cdot d\vec{A}$		(20.10)
2. MAXWELLsche Gleichung	$\oint_s \vec{E} \cdot d\vec{s} = -\int_A \frac{\partial \vec{B}}{\partial t} \cdot d\vec{A}$		(20.11)
GAUßscher Satz der Elektrostatik	$\Psi = \oint_A \vec{D} \cdot d\vec{A} = \int_V \rho \cdot dV = Q$		(20.12)
Kontinuitätsgleichung in allgemeingültiger Form	$\oint_A \vec{J} \cdot d\vec{A} = -\int_V \frac{\partial \rho}{\partial t} \cdot dV = -\frac{dQ}{dt}$		(20.13)

- **Analogiebetrachtungen für homogene Felder**

Bezeichnung	Stationäres elektr. Strömungsfeld	Elektrostatisches Feld	Stationäres magnetisches Feld
Quellengröße	U_q	U_q	Θ
Flussgröße	I	Ψ	Φ
Materialkenngröße	κ	$\varepsilon = \varepsilon_0 \cdot \varepsilon_r$	$\mu = \mu_0 \cdot \mu_r$
BE-Kenngröße	$G = \frac{1}{R} = \frac{\kappa \cdot A}{l}$	$C = \frac{\varepsilon \cdot A}{d}$	$\Lambda = \frac{1}{R_m} = \frac{\mu \cdot A}{s}$
Gesetz	$I = G \cdot U = \frac{U}{R}$	$Q = C \cdot U$	$\Phi = \Lambda \cdot \Theta = \frac{\Theta}{R_m}$
Feldstärke	$E = \frac{U}{l}$	$E = \frac{U}{d}$	$H = \frac{\Theta}{s}$
Dichtegröße	$J = \frac{I}{A} = \kappa \cdot E$	$D = \frac{Q}{A} = \varepsilon \cdot E$	$B = \frac{\Phi}{A} = \mu \cdot H$
Energie	$W = U \cdot Q = U \cdot I \cdot t$	$W_{el} = \frac{C}{2} \cdot U^2$	$W_m = \frac{L}{2} \cdot I^2$